DNA 科学导论

D. A. 米克勒斯
〔美〕 G. A. 弗里尔　　著
D. A. 克罗蒂

陈永青　谢建平　等 译
明　凤　余　龙　　校

科 学 出 版 社
北　京

图字:01-2003-5020号

内 容 简 介

DNA科学是一门建立在生命分子基础上的科学。本书是冷泉港实验室出版社出版的*DNA Science：A First Course*第二版的中文翻译版，介绍了学科发展中的重要人物和他们做的一些重要实验，深入浅出阐释实验技术，展示了现今研究的最前沿，让读者深入了解当今的实验技术。主要内容包括：遗传学的基本原理，DNA的结构和功能，基因调控；小规模及大规模的DNA分析技术，研究单基因的现代技术，全基因组分析的现代方法；癌症的DNA科学原理，DNA科学在人类遗传和进化中的应用，人类物种形成问题等等。本书所包含的思想和技术是DNA实验操作中必需的、最基本的思想和技术，借助本书能正确地预见和阐释在未来很多年里科学发展的主流趋势。本书也是初次探索生命分子的人手中一张简单的地图。

本书适于生物化学、分子生物、细胞生物学、遗传学、免疫学、蛋白质组学、功能基因组学等生命科学相关领域研究院所、高校相关院系、实验室的教师、研究生、科研人员，以及生物技术企业的研发者和决策者参考阅读。

图书在版编目(CIP)数据

DNA科学导论/(美)米克勒斯(Micklos，D. A.)等著；陈永青等译. —北京：科学出版社，2005

ISBN 978-7-03-013943-6

Ⅰ. D… Ⅱ. ①米… ②陈… Ⅲ. 脱氧核糖核酸-研究 Ⅳ. Q523

中国版本图书馆CIP数据核字(2004)第084763号

责任编辑：莫结胜 宋立明 / 责任校对：张 琪
责任印制：吴兆东 / 封面设计：王 浩

科学出版社 出版
北京东黄城根北街16号
邮政编码：100717
http://www.sciencep.com
北京厚诚则铭印刷科技有限公司印刷
科学出版社发行 各地新华书店经销
*
2005年5月第 一 版 开本：787×1092 1/16
2025年1月第四次印刷 印张：31 1/4
字数：711 000

定价：90.00元

(如有印装质量问题，我社负责调换)

For Charles and Charlotte,
My connections to the past

For Richard, Marian, Carol, and Ann,
My connections to my childhood

For Dana, Alec, and Andrew,
My connections to the future

For Ellie Greenan,
Who will tell you that DNA is "the thing"

— David A. Micklos

To my wife Joadie,
and my three sons Kurt, Eric, and Alec

— Greg A. Freyer

译 校 者

内容	译者	审校者
前言	郭金虎	余 龙
基础理论篇		
第一章	谢建平	陈永青
第二章	谢建平	陈永青
第三章	谢建平	陈永青
第四章	谢建平	陈永青
第五章	谢建平	陈永青
第六章	谢 君	余 龙
第七章	江松敏	余 龙
第八章	郭金虎	余 龙
实验教程篇		
实验一至十二	郭 滨 韩颖颖 王静文	明 凤
附 录	郭 滨 韩颖颖 王静文	明 凤
索 引	陈永青	

修 订 者

王晓玲 董 伟 杨焕明

修 订 序

DNA双螺旋结构的发现被誉为现代生命科学史上的“第一次革命”，距今已六十多年。James Watson于1988年在冷泉港的一次午餐会上首次提出“DNA科学”(DNA science)一词，也有近三十年的光景。这本由冷泉港实验室出版社出版的*DNA Science：A First Course*(2nd edition)翻译而来的中文版《DNA科学导论》，在我国发行已十年有余。此次美国冷泉港DNA研究中心和亚洲冷泉港(苏州)在中国的国际联合教育项目都将继续使用这本书作为内部培训指导教材。受原作者的嘱托，我们特将本书原中译稿全篇通读，重新审订并润色出版。

这是一本深入浅出地将DNA科学推荐给初学者的难得好书。它不仅较全面地叙述了DNA科学发展过程中的诸多尘封故事、历史事实和学科发展脉络，而且还用较大的篇幅介绍了与DNA科学相关的基础实验技术。为使此书的中译版更忠实于原著，更好地传达原作者的科学理念和思想，征得原作者的同意并与多方协商，我们对原中译本作了较大程度的修订和整改，统一了全文的汉译用词，调整了一些句子的结构和表达方式。借此，特向原译者和所有参与者表示衷心的感谢。

也许时间易逝，但书中的科学精神依旧能从文字中散发出它那原有的光芒。书中有趣的往事，严谨的笔风，精美的插图，考究的编排，再一次使我们领略DNA之美。

王晓玲　董伟　杨焕明

2016年7月

序

去年,我自告奋勇组织一个班子翻译了这本书,在不时地翻阅原著和纵览这个翻译本时,常会自言自语,好像有话要与读者说说。

我先问自己,既然已经从教学、科研、管理的前沿阵地退下来了,为啥对这本书的翻译感兴趣呢?

我还清楚地记得,差不多去年这个时候,我与青年学生一起从网上关注全球范围内开展纪念 DNA 双螺旋结构发现 50 周年的庆典活动,各国网站上(包括我国)各种庆典活动所提供的学术资源和信息可以说是铺天盖地,充分展现了 50 年来人类探索生命奥秘的伟大成就和对未来 50 年生命科学发展的预见和展望。正当我们想把这一百年的回顾与遐想编撰成生命科学之旅中一本有价值的教科书时,接到了科学出版社寄来的由美国冷泉港出版社出版的 *DNA Science: A First Course*。最初被吸引的是书中 100 多张珍贵的历史和人物的照片以及新鲜的书名:DNA 科学(DNA Science)。这是一本难得的教科书,让人爱不释手。

DNA,这个缩写的英文学术名词,不作翻译,家喻户晓。可 DNA Science 的含义呢?它讲些什么?恐怕不会有很多人能说得头头是道。据本书的作者 David Micklos 和 Greg Freyer 指点,DNA 科学一词是 1988 年 Jim Watson 提出来的。那时,这位分子生物学的奠基人从事 DNA 研究差不多已经 40 年了。原著的作者认为 DNA 科学这个复合名词恰到好处地反映了他们向学生介绍的新的 DNA 世界所具有的简单特征:一门建立在生命分子上的科学和一本将这门科学生动地介绍给学生的书。他们还希望这本 *DNA Science* 成为初次探索生命分子的人手中一张简单的地图。我把这本书的名字翻译成《DNA 科学导论》,是不是更贴近他们的初衷?

为便于读者浏览阅读和更适用于教材,我在原著的目录基础上把章细化出节,当然在课堂教学中还可以灵活应用。

参与这本书翻译的是一支战斗在教学和科研第一线的博士队伍,他们也是翻译高手,我感谢他们辛勤和出色的工作;余龙教授百忙之中帮我做校对工作,何颖同学为本书的出版鼎力相助。在此一并致谢。

我纵览全书,统一翻译稿时发现,由于我的索引名词翻译的滞后,使各个章节翻译的规范不完全统一,虽尽力做了改动,还会出现不尽如人意的地方,望读者谅解和指正。

最后,我还想强调的是 DNA 科学是了解生命奥秘的关键学科,与读者同学习,共勉之。

陈永青

2004 年 9 月

前　言

1984 年，Greg 是冷泉港实验室的一个博士后，导师是 Rich Robert。如果说研究工作是 Greg 生活中的首要内容，那么本书的撰写工作则可以看作 Greg 生活内容的第二个组成部分。本书的另一作者 Dave① 认为，书中涉及的内容是引导读者通向未知的 DNA 世界的钥匙。鉴于当时没有为中学高年级学生和大学低年级学生开设的分子生物学实验技术课程，Greg 想到：为什么不建立一系列实验方法，让任何学生都有机会制备和分析重组 DNA 分子呢？

由此 Dave 开始了本书的撰写工作，利用在 Robert 实验室工作之余的零碎时间，他写了一个 14 页的参考手册，其中包含了 Greg 对开设重组 DNA 技术实验室入门教程的内容的设想。Rich Robert（后来荣膺诺贝尔奖）以及很多杰出的科学家，非常慷慨地将他们的想法和各种实验技巧提供给了我们。Doug Hanahan 将他所采用的转化大肠杆菌的极为简化的方法与我们分享，ED Harlow 实验室的吹风机则向我们提供了一种灵敏而时髦的干燥 DNA 沉淀的方法。

最终呈现在眼前的《重组 DNA 技术入门指南》是一部长达 124 页的手稿，该手稿于 1985 年夏季在长岛的师生中首次试用。次年我们添置了两辆“载体大篷车”，装载着离心机、加液器、电泳槽、水浴锅、温箱、试剂等物品，一直塞到了车顶，这么多装备足以在任何地方“重组”搭建起一个分子遗传学实验室。很多年夏天，我们驾驶着大篷车往来于美国各地，用本书中提及的实验技术对成千上万的生物教师进行培训，因此在那些夏天里浮现在我们脑海中的记忆是很多地方和很多张面孔的模糊印象。此间，Greg 离开了冷泉港，赴哥伦比亚大学执教。Dave 则成立了 Dolan DNA 学习中心。

1988 年吉姆·沃森（James Watson）在冷泉港的一次午餐时，提出了“DNA 科学（DNA science）”一词。对吉姆而言那不过是日常的、无意的评论——到那时他从事 DNA 研究差不多已经 40 年了。但对我们而言则是听者有意，因为这个词恰到好处地反映了我们想向学生介绍的新的 DNA 世界所具有的简单特性：一门建立在生命分子基础上的科学和一本将这门科学生动地介绍给学生的书。

在本书的第二版中，我们沿用了第一版中深入浅出的说明文字讲解屡经验证的实验技术的成功套路。我们保留了第一版中基本的实验顺序安排，即先介绍 DNA 的限制酶切、转化、分离和分析，然后介绍如何应用这些技术来构建分析一个简单的 DNA 重组分子。我们在新版里避免对实验技术进行过多的修改，因为这些实验技术经检验证明是最好的，并且是在教学实验中应用最为广泛的基因操作技术。这些实验和另外一些类似的实验为带领美国高中和大学生物系的学生登堂入室、了解分子遗传学提供了帮助。 1

在过去的几年中，我们对实验技术和实验思想的教学进行了改进，国家癌症中心（National Cancer Institute）的 Steve Hughes 向我们提供了用玻璃珠涂布大肠杆菌的方法，这让

① Dave 是 David 的爱称。——出版者注

我们再也不必使用酒精灯。我们也收录了另外一些专门对基因产物进行操作的实验技术，这至少也是对“生物学不只是研究DNA”批评的部分回应。有人提供了用比色法测β-内酰胺酶(即青霉素酶、氨苄青霉素抗性基因的蛋白产物)活性的简易方法，以及用绿色荧光蛋白(GFP)来跟踪蛋白质的表达和蛋白质纯化的原理，免除了使用柱子纯化的麻烦。

新版虽然保留了第一版中一些经典的实验方法，但对全书文字比例进行了大幅度的调整，增加了200多页的新内容，展示了现今研究的最前沿。本书不仅仅是罗列事实，而且是进一步让学生深入了解当今的实验技术，介绍学科发展中的重要人物和他们做的一些重要实验。分子生物学和发育生物学家David Crotty也为新版提供了许多资料和深刻见解。

本书第二版前三章内容主要讲述遗传学的基本原理、DNA的结构和功能。在第一、二章中，通过简单讲解“如何得知DNA是遗传物质”和“如何了解DNA的功能”来介绍发现DNA的历史背景。第三章“基因调控”则讲述了从经典的乳糖操纵子的研究时代直到现在我们所了解的基因的多重调控机制。

接下来的三章介绍的是小规模及大规模的DNA分析技术：第四章“DNA科学的基本工具和技术”讲解实验原理，第五章“重要基因的鉴别和表达”讲述了研究单基因的现代技术，第六章“全基因组分析的现代方法”介绍了人类基因组测序时的各种竞争和同时处理上百个基因的新技术。

最后几章着重讨论了人类面临的主要问题。第七章“癌症的DNA科学原理”描述了人们与癌症抗争的历程以及近年来在与这种最为恐怖的疾病斗争中所取得的进步；第八章“DNA科学在人类遗传学和进化研究中的应用”探索了人类遗传变异的分子基础及其与疾病的关系，还讨论了人类物种形成问题，这一章也涉及了美国生物学意义上最初的优生学的真实情形。

尽管从第一版付梓至今，生物学有了很大的发展，但本书所包含的思想和技术是DNA实验操作中必需的、最基本的思想和技术。尽管当前分子生物学研究越来越依靠测序仪和基因芯片，然而凝胶电泳仍然是初学者初登DNA殿堂的必经之路。虽然高等生物实验材料在实验中越来越受重视，但是只要有温箱等简单的设备，以及花费几个小时，低等的大肠杆菌仍能对生物学研究有所裨益。

与第一版的初衷相同，我们希望第二版的《DNA科学导论》[①]能正确地预见和阐释在未来很多年里科学发展的主流趋势。我们希望《DNA科学导论》成为初次探索生命分子的人手中一张简单的地图。随着世界上越来越多的生物教师认识到为学生自由操作DNA提供机会的重要性，我们相信本书的意义将弥显重要。

D. A. 米克勒斯(Dave A. Micklos)与G. A. 弗里尔(Greg A. Freyer)

2002年11月

(郭金虎 译　余　龙 校)

---

① 此书英文原名为DNA Science: A First Course，冷泉港实验室出版社2003年出版了此书的第二版，并由科学出版社引进、组织翻译。——出版者注

致　　谢

MANY PEOPLE HAVE BEEN GENEROUS WITH THEIR TIME and resources over the years. *DNA Science* would not have been possible without them:

To Rich Roberts, who provided us both a place to think and to tinker.

To Wendy Russell and Mary Jeanne and Henry Harris, who have supported Dave from the very beginning.

To Charles and Helen Dolan, who gave Dave a great place to work.

To Clarence Michalis and David Luke, of the Josiah Macy, Jr. Foundation, who twice took the chance to support new ideas in science education.

To the National Science Foundation, which has enabled us to help a lot of teachers move into the DNA world.

To Mark Bloom, who helped perfect these experiments and taught them to as many teachers as anyone.

To Sue Lauter, who conceived much of the art.

To Ellen Skaggs and Judy Cumella-Korabik, who minded the store when Dave was away.

To Shirley Chan and all who worked on "DNA From The Beginning" (http://www.dnaftb.org), which proved to be a valuable resource in assembling this book.

To Scott Bronson and Jennie Aizenman, who made and tested the new molecules and protocols in this edition.

To J. Jiji Miranda, who produced many of the photographs of gels found in the Laboratory section.

To the Carolina Biological Supply Company for their assistance throughout the development of this edition.

To Jamie Lee for his thorough and helpful review of the manuscript.

To Alex Gann, Laurie Goodman, and the many other scientists who contributed suggestions about the content and illustrations and figures.

To Emily Huang and Beth Nickerson for their editorial contributions, and to Siân Curtis and Tamara Howard for fact-checking portions of the material.

To Mary Cozza, Dorothy Brown, and Susan Schaefer for their hard work in organizing and assembling our material into book form.

To Jim Watson, the dean of DNA, who has made Cold Spring Harbor a place where any good idea can grow.

And to the teachers and students who have made this book a success.

Development and testing of the laboratory sequence was made possible through the support of the following:

Citicorp/Citibank
Brinkmann Instruments
Josiah Macy, Jr. Foundation
National Science Foundation
J.M. Foundation
Richard Lounsbery Foundation
The Banbury Fund
Esther A. and Joseph Klingenstein Fund

Amersham Corporation
Argonne National Laboratory
Bethany College
Biology Teachers' Organization, Winnipeg, Manitoba
Center for Biotechnology, State University of New York at Stony Brook
Cleveland Clinic Foundation
Cooperating School Districts of St. Louis Suburban Area, Inc.
Dorcas Cummings Memorial fund of the Long Island Biological Association
Samuel Freeman Charitable Trust
GIBCO/BRL Research Products, a division of Life Technologies, Inc.
Fotodyne Incorporated
Harris Trust
Eli Lilly and Company
New England Biolabs Foundation
North Carolina Biotechnology Center
Pioneer Hi-Bred International, Inc.
San Francisco State University
University of California at Davis

and THE COLD SPRING HARBOR CURRICULUM STUDY:
Cold Spring Harbor Central School District
Commack Union Free School District
East Williston Union Free School District
Great Neck Public Schools
Harborfields Central School District
Half Hollow Hills Central School District
Herricks Union Free School District
Huntington Union Free School District
Island Trees Union Free School District
Irvington Union Free School District
Jericho Union Free School District
Lawrence Public Schools
Lindenhurst Public Schools
Locust Valley Central School District
Manhasset Public Schools
Northport–East Northport Union Free School District
North Shore Central School District
Oyster Bay–East Norwich Central School District
Plainedge Public Schools
Plainview–Old Bethpage Central School District
Portledge School
Port Washington Union Free School District
Sachem Central School District at Holbrook
South Huntington Union Free School District
Syosset Central School District

目　　录

实验教程篇

基础理论篇

遗传学基本原理和DNA结构与功能

DNA分析方法

人类遗传学

Francis Crick 和 James Watson 1953 在英国剑桥

（承蒙 the James D. Watson Special Collection. Cold Spring Harbor Laboratory Archives 许可引用。
引自 Watson J. D. 1968. *The Double Helix*. Atheneum Press，New York.）

第一章 DNA 是遗传物质 3

DNA 科学(DNA science)诞生于 1953 年。Francis Crick 和 James Watson 在英国的《自然》杂志发表关于 DNA 分子双螺旋结构的文章是其诞生的标志。2001 年公布了人类基因组序列草图,该图揭示了人类几乎所有 DNA 密码,这标志着 DNA 时代(DNA era)的来临。1933 年至 2001 年正是基因克隆、遗传工程、基因剪辑、重组 DNA 等 DNA 科学的发展时期。DNA 科学发展的成熟可以帮助我们找到下述问题的答案:人类来自何处?人为何会生老病死?我们如何记忆以及预测未来?

在这个时代,大多数人每天耳濡目染最多的是"生物技术"这个词。那让我们牢记这个词,开始对 DNA 的探索吧。从字面上讲,"生物技术"指的是"生命技术",将关于生命的知识实际应用到为人类谋福利。广义上,古代利用酵母制造面包、酿酒、细菌制造奶酪等都属于生物技术(图 1-1)。但是,现代生物技术革命的基础是深入了解生命、解说生命的技术。

图 1-1 埃及关于酿酒的象形文字

生物技术最早的例子之一是发酵葡萄酿酒。(承蒙 the Metropolitan Museum of Art 许可引用)

从技术角度,生命包括任何活细胞体内数以千计的分子之间发生的复杂化学反应。 4
DNA(脱氧核糖核酸)是主要的分子。DNA 结构中编码了创造和指导生命化学及其所需要的所有信息。分子遗传学研究的对象是 DNA、RNA(核酸)和蛋白质之间的信息传递和调控。

广义上,分子遗传学和分子生物学几乎同义。我们对生命理解的改变导致了极速爆发的生物学革命。革命包括了变革和演化两层意思。无论与过去相去多远,这都提示我们革命背后的长期的、螺旋式的历史演变。通过对引发生物学革命的概念的追述,我们可以把握主题和发展趋势,更好地理解分子生物学。

第一节 分子生物学是综合学科

图 1－2 分子生物学是几个学科交叉的产物
（Lisa Shoemaker 绘图）

5

分子生物学的技术几乎应用到生物学所有主要领域——从神经生理学到植物学，从免疫学到法庭论辩术。分子遗传学甚至使得生物学、物理学、化学之间的界线模糊，许多科学家在这些学科之间变换角色。虽然如此，不少学生还是认为不同学科之间相去甚远。物理就是物理，化学就是化学，生物学就是生物学——这三者决不会混为一谈。这种人为的划分甚至在部分科学家的思想中也将存在相当长的时间。

与上述学科之间孤立的观点不同，分子生物学是自然科学中多学科交叉的产物——主要是遗传学、物理化学、X 射线晶体学、生物化学、微生物学、细菌学、病毒学（图 1－2）。20 世纪初，量子理论统一了物理学和化学，解释了物质的精细结构。20 世纪 50 年代，生物学开始受益于物理化学思想的输入。

两个量子物理学家——Delbrück 和薛定谔（Erwin Schrödinger）是打破不同学科之间障碍的极具影响的人

图 1－3 1949 年，Max Delbrück 与加州理工学院的学生在一起
（承蒙 the California Institute of Technology 许可引用）

物。前者可以称之为分子生物学之父，他师从玻尔（Niels Bohr）——原子物理学家，他推测电子围绕原子核占据不同的能级（轨道）。薛定谔的波方程确定了电子在轨道内运动。两人都认为可以利用量子——机械理论解释生命自我复制之谜。Delbrück 在中年时转向生物学研究，此后不再从事物理学研究（图 1－3）。

薛定谔从来未转向生物学研究，但是他的著作《生命是什么？——从物理学角度看活细胞》整整影响了一代物理学家，使他们能够深入地研究生物系统。虽然薛定谔承认生物学是其业余爱好，但他推测“……从所有我们对生命物质结构的了解来看，生命物质发挥作用的方式不能简单地还原为物理学法则”。薛定谔因此吸引了一代物理学家从事遗传物质研究，希望发现全新的物质定律。

虽然没有发现新的定律，Delbrück 和其他新加入到生物学领域的科学家发现物理学的公理和方法同样适用于生物学。没有这个观念，分子生物学不可能成为一个独立的学科。如果对于分子在试管中的反应或者对老师在黑板上演示的讲解都不理解，更谈不上研究分子如何在最简单的有机体内进行反应。

第二节　分子生物学的基础是物理/化学原理和理论

所有生命现象都遵循基本的原理。生命活动服从所有的物理和化学定律。基本粒子的物理和化学行为最终确定任何复杂生物系统行为的参数：细菌、植物、青蛙、人。生物学是物理和化学交叉，这种认识的直接结果就是采用还原论的方法解释生命。

历史上，生物学主要采用直接观察现实世界中复杂自然现象的方法。分子生物学借
鉴了物理学经常建立模型的方法——简化和抽象现实、限制变量、控制实验条件。形成分 6
子生物学的动力在很大程度上来自希望发现最本质的生命过程，然后抽象化这些过程。遗传实验系统从复杂、多细胞的有机体（如 20 世纪早期采用的豌豆、果蝇）到简单、单细胞的有机体（20 世纪 40 年代开始采用的细菌、病毒），到纯化的细胞组分（20 世纪 60 年代开始的体外系统）。实验系统越来越高级，将基因或修饰过的基因导入细菌（20 世纪 70 年代）、哺乳动物和植物（20 世纪 80 年代）只是一项常规操作，能定向改变特定细胞的基因，也能够在特定的发育时段改变基因（20 世纪 90 年代）。

第三节　基因组时代的综合研究手段

分子生物学前 50 年的主要分析方法是科学家将生物学问题还原至基因水平。该方
法在发现与复制发育有关的关键基因、罕见的遗传紊乱相关基因，如纤维化囊肿、亨廷顿 7
病、纤维神经瘤等非常有效。但是，了解关键生物事件，如发育和记忆形成中所涉及的大量基因的协同作用比较困难。筛选诸如哮喘、糖尿病等涉及多基因的疾病需要不同的方法。一些因素导致问题更加复杂：①经过 RNA 转录物重排，一个基因可以形成几个不同的蛋白质；②蛋白质在核糖体上装配后，翻译后修饰可以产生其他形式。更复杂的是研究基因与环境的相互作用，这也是一直需要研究的自然与环境关系的问题。

全面了解基因、蛋白质和环境对生物过程的影响，需要生物学家采取综合分析方法，同时研究多个基因的协同表达。DNA 芯片可以提供许多基本线索，可以发现应对环境或发育不同阶段中数以百计或是数以万计的基因同一时刻的表达。这种分析绝非人脑所能胜任，检测和分析一张芯片包括数千个独立实验，需要计算机程序才能完成。生物信息学

应运而生，利用计算机算法管理和分析大规模实验数据。

研究特定代谢途径中涉及的基因的功能需要多种方法。可以利用软件从先前已经发现的人或其他物种基因的数据库中发现相关基因。可以将修饰过的基因插入小鼠，构建转基因鼠，然后分析转基因动物的代谢或行为改变。这种综合思考的方法需要研究人员整合离体研究（试管实验）、体内研究（活细胞或有机体）、生物信息学（计算机）等方面的知识（图 1－4）。

图 1－4　DNA 芯片可以同时分析数千基因的表达

（承蒙 Bowtell D，Sambrook J 许可引用。*DNA Microarrays：A Molecular Cloning Manual*. Cold Spring Harbor Laboratory Press，Cold Spring Harbor，New York.）

第四节　分子生物学源于结构-功能一体的传统

自然科学家往往试图发现有机体的结构与功能之间的关系，分子生物学将之发挥到极致。分子生物学家研究有机体的组织结构，直至最终了解活细胞内发生的分子之间的相互作用。研究工作一般从显而易见的物理性质着手。

在人类文明早期阶段，医生试图将其关于人体的知识与疾病治疗结合起来。自然科学中结构-功能主义的传统模式就是研究解剖和生理。17 世纪的解剖学家 William Harvey（图1－5）发现，包括心脏、肺、血管、动脉和心脏瓣膜等器官的物理结构作为一个系统发挥作用，使得血液在全身循环。心脏的功能类似泵，而血管的功能类似管道。

图 1－5　William Harvey
（承蒙 the Moody Medical Library 许可引用）

19 世纪 30 年代晚期，Matthias Schleiden 和 Theodor Schwann 提出的细胞学说是重要的里程碑，即促使结构功能主义的研究对象扩展到肉眼可见范围之外。Schleiden 和 8
Schwann 推测，细胞具有核，细胞是动物和植物基本的结构和功能单元（图 1－6）。器官由不同的组织构成，具有类似结构、履行特定功能的细胞群体。呼吸道上皮细胞具有纤毛，通过纤毛颤动排斥诸如烟尘等异物。细胞由细胞器等亚细胞结构组成。每种细胞器具有特定的功能。线粒体供能，液泡的功能是储藏，叶绿体进行光合作用，核糖体负责蛋白质合成。

20 世纪 30 年代，结构功能主义发展到研究具有重要生物学意义分子的条件基本成熟。物理化学家 Linus Pauling 确定了研究分子内原子排列的物理规律。与此同时，J. Desmond Bernal 发现 X 射线晶体学可以研究诸如蛋白质等大分子的结构。

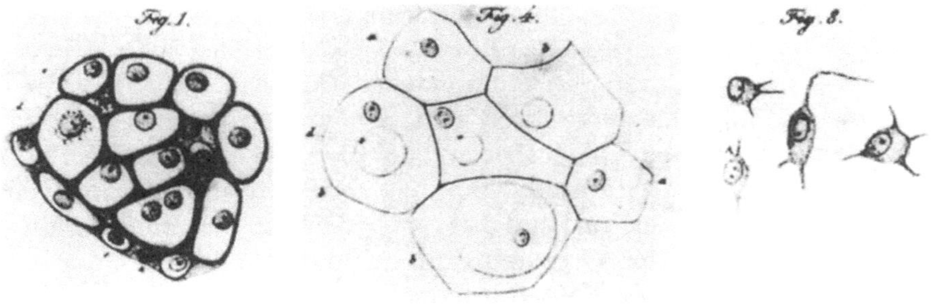

图 1－6　Thecdor Schwann 绘制具有细胞核的脊椎动物细胞
（引自 *Microsopical researches into the accordance in the structure and growth of animals and plants*, 1839. Sydenham Society, London.）

第五节　分子生物学与遗传本质的探索

生命最显著的特征可能是繁殖或者自主复制。解释细胞复制以及不同世代之间性状的遗传实际上是在定义生命。分子生物学发展过程中，科学家逐步探询对遗传性质的简明解释，通过连续解释遗传过程追溯分子生物学的发展历程：

- 生物群体的多样性和变化（林奈、达尔文、华莱士）
- 生物个体的性状遗传（孟德尔）
- 体细胞和生殖细胞的区分（Weismann）
- 细胞内染色体的行为（Boveri、Sutton、Morgan、McClintock）
- 细胞内的生化反应（Beadle、Tatum）
- 细胞内 DNA 相互作用（Avery、Hershey）
- DNA 的分子结构（Watson、Crick、Franklin、Wilkins）

9 沃森和克里克双螺旋模型隐藏的问题是:DNA,也就是生命,可以被操纵吗? 回答这个问题可以促进生物技术革命。这也是本书的主题。回答这个问题需要先了解双螺旋之前存在的问题。回答这些“前 DNA”问题实质上是全面了解基础生物学以及 DNA 革命。

在阅读本书时,可能会遇到一些问题,正是这些问题导致了分子生物学的重要发展(图 1-7)。也就是在 100 年前,还无法解释为何兄弟姊妹间有的是棕色眼睛,有的是蓝眼睛。75 年前还不了解简单有机分子的物理结构。50 年前还不清楚人类染色体的准确数目。25 年前,我们根本不了解肿瘤相关的基因。关于人基因组中准确的基因数目也还不甚清楚。需要我们去探询和回答的问题还很多。

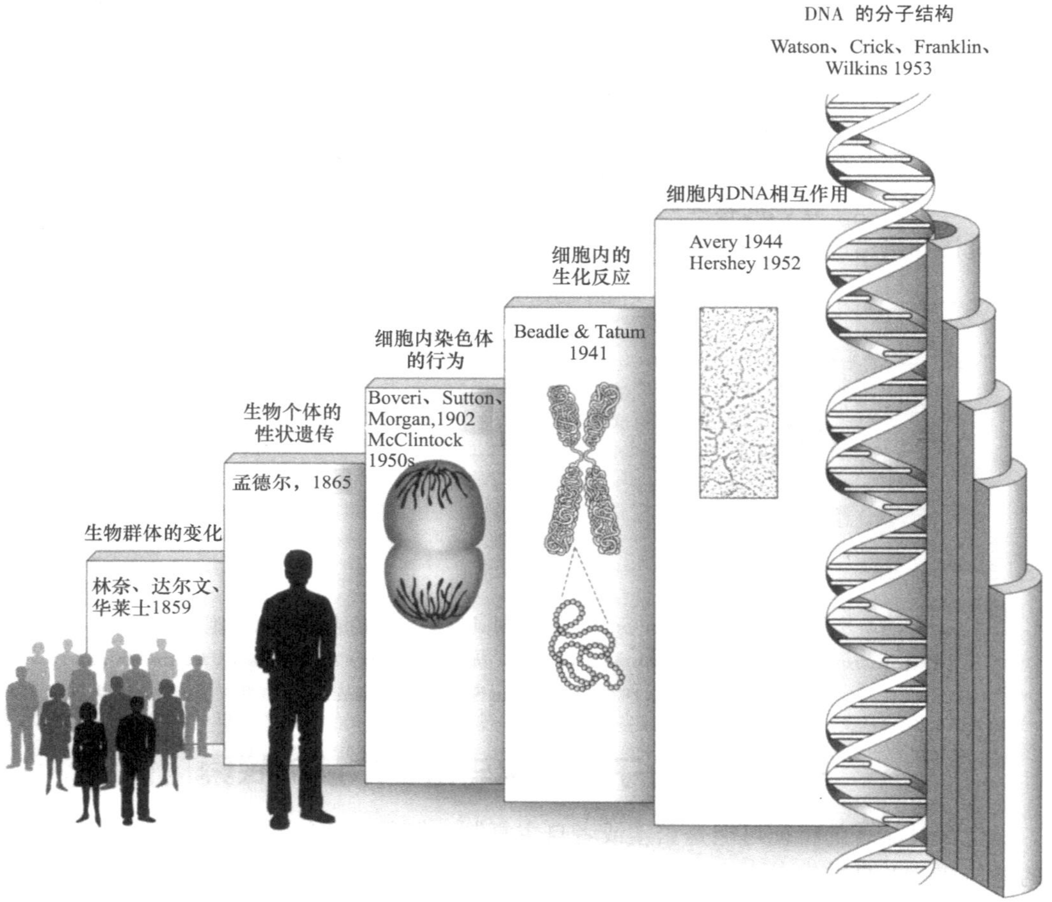

图 1-7 逐步探索遗传的简明的定义

(Lisa Shoemaker 绘图)

10 第六节 物种多样性

瑞典生物学家林奈(Carolus Linnaeus)首先建立了根据“种”单元对所有生物进行分类的系统。17 世纪林奈及其学生对生物进行的大规模分类发现,生命具有广泛的多样性。同时,他的分类方法强调了同一界、门、纲、目、科和属成员间的细微和大的相似性。

即使这样，在18世纪和19世纪，如何解释生物之间的多样性和相似性根本不值一提。这个问题已经通过解读圣经中创世纪有关的故事得到解决。圣经上说，所有多样性的生物在创世纪之初就已经具备了完美的形式。圣经并未明确说明地球、人类存在的时间。但是，17世纪时，爱尔兰教士，主教James Ussher通过对圣经的研究得出地球是公元前4004年形成的。之后，生命几乎没有时间发生大的改变。各主要类型的生命几乎完美地以现有形式保留。谈物种多样性如果不提创世纪，那么即使不是亵渎，至少也算非常荒唐。不过，19世纪英国的自然科学家华莱士和达尔文明确质疑圣经的说法。他们分别独立得到了相同的结论：在数千年的历史中，过去的生物通过演化而逐渐形成今天的物种。

图1-8　Charles Darwin，1859

（承蒙美国自然历史博物馆许可引用）

1859年，达尔文（图1-8）出版了《物种起源》（*On the Origin of Species*）一书。这是生物学革命的第一阶段。经过近100年的发展，沃森-克里克的DNA双螺旋模型的建立标志着这场革命的高潮。演化理论讲的是生物体大群体中的遗传： 11

- 长期的演化过程中，自然选择，适者生存。
- 种间、种内生物竞争有限的食物和其他资源，导致自然选择。
- 群体中最适的成员才能生存、繁殖。

极少数情况下，随机物理变化提高个体适应环境的能力以及利用新食物来源的能力。这种适应性的变化提高了个体生存和繁殖的机遇。适应性变化遗传给下一代，遗传了这些性状的个体比其他个体的适应能力更强，并且将这些性状进一步遗传给下一代，这可以

图1-9　无翅鸬鹚（左）和始祖鸟（右）

达尔文观察了几个大陆物种，如适应在Galápagos岛特定生活方式的无翅鸬鹚。这种又似鸟类又似爬行类的始祖鸟化石，为生命在长期地质时间内的逐步适应提供了证据。

（承蒙Taurus Photos；美国自然历史博物馆许可引用）

称为适应性辐射。适应性辐射后，种群演化的结果是利用了特殊的食物资源，限制了其他种群的竞争，增加了存活的机会。

达尔文深受英国地理学家 Charles Lyell 爵士及其均一论的影响。在很长时期内，连续和统一的气候以及地理变化，可以解释地球的物理特征。现在还可以见到的这些普遍的过程，如火山喷发、沉降、珊瑚礁形成、腐蚀等，正是形成喜马拉雅山和其他看来固定的物理特征的原因。这与圣经中的解释不同，圣经中认为所有的地理现象是几次大的、独特性灾难性事件所致——一次创造和一次大洪水。Lyell 认为沉降岩石层是地理时间线的标志，据其可以追溯到数百万年前的地球历史。通过岩石层中的化石可以了解物种的出现和灭绝。

达尔文在世界环球旅行途中，仔细阅读了 Lyell 的《地理学原则》(*Principles of Geology*，1830)，期间他做了仔细观察，据此形成了演化理论。比较相关化石独特的形态变化，达尔文了解了史前时期长时间内的演化。比如，对 Galápagos 岛鸟类的比较形态学研究，阐明了相对近期内的适应性辐射。达尔文在生物学领域得到了与地理学统一理论类似的结论。类似 Galápagos 岛新物种形成的选择机制，也是最近新物种分化的原因(图 1－9)。

第七节　性状的遗传

图 1－10　Gregor Mendel, ca. 1860
(承蒙 the Austrian Press and Information Service 许可引用)

达尔文不知道个体差异的原因，而其演化过程正好作用在这些个体上，他也不知道个体差异如何传给后代。在其后来提出的泛生论(pangenesis)中，达尔文提出身体细胞包裹着“泛子”(gemmules，或 pangenes)，集中在性器官中，并传给下一代。这个想法很少有其他科学家支持。达尔文的外甥——博物学家和数学家 Francis Galton 发表了一个实验来反驳达尔文的想法。

12 孟德尔(图 1－10)将遗传与个体联系起来，阐述了驱动演化的机制。1865 年，孟德尔发表论文《植物杂交实验》(*Experiments in Plant-Hybridization*)。该论文为采用数学手段分析遗传现象提供了基础。通过利用花园中豌豆进行杂交实验，孟德尔发现遗传通过可以预测方式的“因子”进行遗传，这些因子现在称为基因。

根据常识，总体而言，后代为亲本性状的综合。但是，孟德尔发现控制个体性状的基因并不混合。基因作为控制遗传信息的独立单位而存在，在不同世代中并不改变。他推测基因类似原子——能够以不同的方式组合，但保持其独立性。

几个世纪的动物和植物育种实践表明，通过控制杂交可以集中有用的性状，如速度快的马匹、力气大的牛、果实大的作物。但是无法准确预测特定两个亲本杂交后代的性状。孟德尔的方法将农业育种从艺术变成了科学。他采用遗传背景已知的亲本作为材料，以此比较所产生后代的遗传类型。随后，他仔细计算杂交后代的性状。而且，他并不将豌豆植物当作一个整体考察，而是集中在 7 对容易区分的性状上(图 1－11)。每种性状具有两个形式。例如，豌豆花色可以为红色，也可以为白色。孟德尔推测每个亲本植物分别贡献一个花色基因给后代，构成每个性状所需要的一对基因。图 1－12 展示了孟德尔实验中使用过的一片叶子。

14 为研究基因如何从亲代传递给子代，孟德尔首先需要确信每个亲本所携带的基因。

通过反复与自身杂交，他构建了纯系豌豆。这种豌豆的特定性状只由一对基因决定，传递给下一代的也只有一种基因形式。两个纯系红花植物杂交产生的后代仅为红花。两个纯系白花植物杂交产生的后代仅为白花。

据此，可能会认为红花植物和白花植物杂交产生的后代要么是粉红，要么是红花和白花混合的中间色。而孟德尔发现这种杂交仅仅产生红花后代。尽管这些后代接受了各自亲本决定性状的一个基因，但是花色并未混合。孟德尔推测，如果子代遗传了各自亲本决定花色的一个基因，那么，决定红花的基因(C，代表花色)相对于决定白花的基因(c)为显性。子代之间杂交产生的后代中又出现了白花。据此，孟德尔推测遗传两个拷贝的隐性基因组合(cc)时，花色为白色。这样，他将植物可见性状(表型，phenotype)与其遗传构成(基因型，genotype)联系起来。

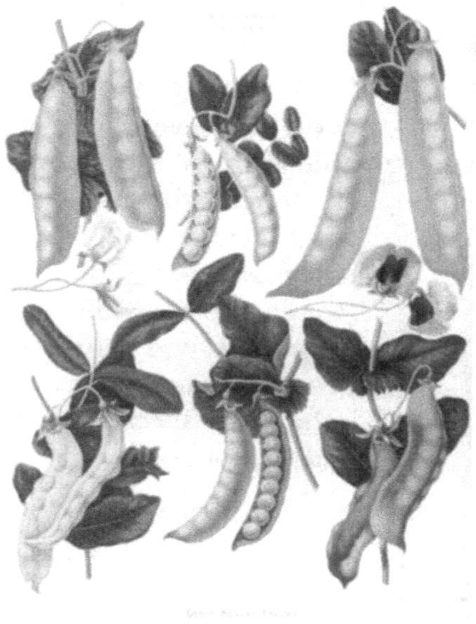

图 1－11　Mendel 和 Album Bernay 所研究的部分豌豆性状

Album Bernay (1876－1893)展示了孟德尔使用的部分豌豆性状。(John Innes Foundation Historical Collections. 承蒙 the John Innes Foundation 许可引用)

孟德尔发现基因型和表型之间具有一致的数学关系。例如，两株红花植物杂交产生的后代中，红花植株∶白花植株＝3∶1。对 7 对性状分别进行类似杂交，孟德尔发现了显性与隐性的表型比为 3∶1。这是孟德尔著名的 3∶1 分离规律。

假设一对基因决定一种性状，这样可能产生一个难题。如果父代将一对基因传递给后代，则后代的每个性状将有 4 个基因。遗传物质的倍增在此后的世代中将继续下去。孟德尔推测配子形成时，基因数量减半，这样每个配子(性细胞)只有一对基因的一半。受精过程中，雌雄配子融合，后代中形成一对基因。

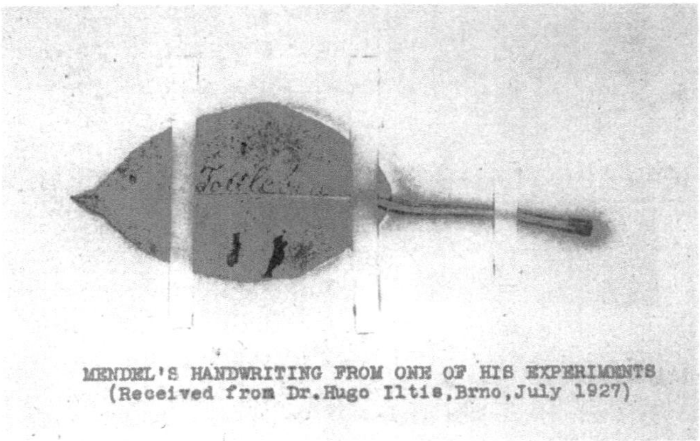

图 1－12　孟德尔的实验中使用过的一片叶子

叶子上写的德文“fouleben”的意思是“平均”。(承蒙 the American Philosophical Society Curn Stern Papers 许可引用)

杂交时(图 1-13),亲代基因在子代中有三种可能的基因型组合:CC、Cc 和 cc。两个显性基因都存在时,即 CC,表现为显性表型(红花),基因型 Cc 也产生红花,只有两隐性基因都存在,即 cc 基因型才表现为隐性表型白花。

同时考虑第二个性状:花的位置。轴生为显性(P,代表位置),而顶生为隐性(p)。两个亲本的基因型为 CcPp,孟德尔的实验证明,决定各个性状的基因分离,最终每个性细胞

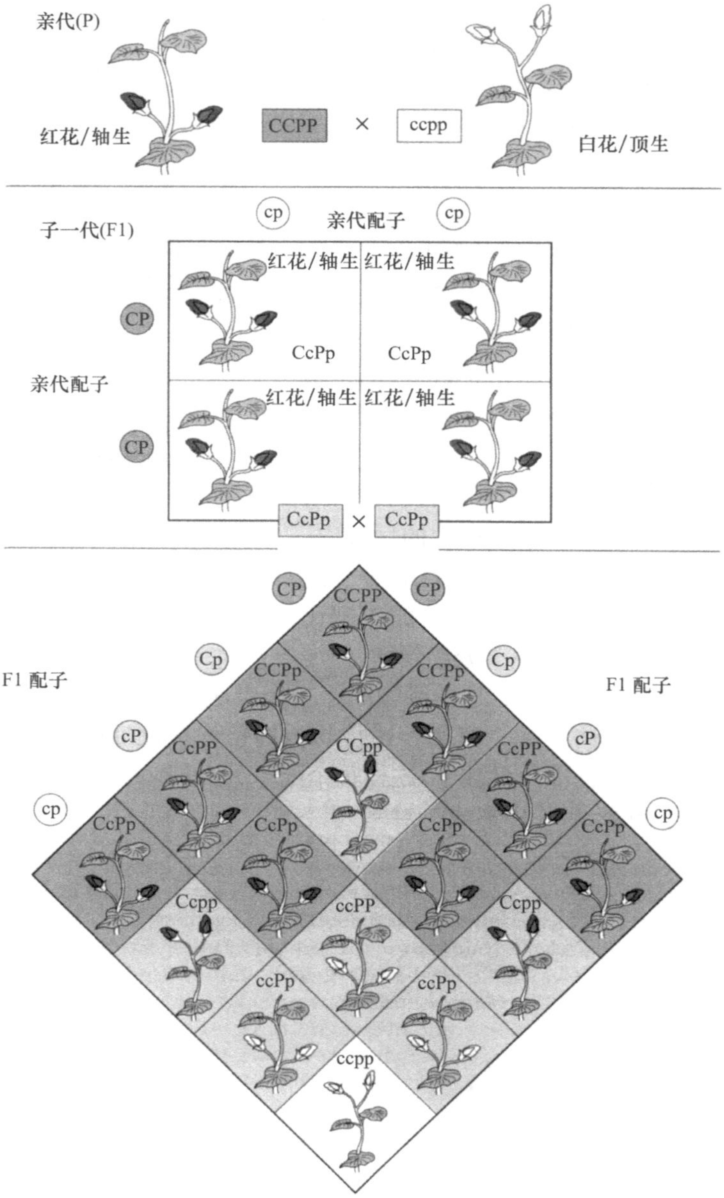

图 1-13 双杂交实验

豌豆两种性状遗传的双杂交实验。花色(C)和花的位置(P)。(深色)只要具有一个显性等位基因,上述两种性状都呈现显性。(浅色)一种性状具有显性等位基因,其他性状具有两个隐性等位基因则呈现混合表型。(白色)双隐性等位基因则使表型为隐性。

仅含有一个基因。每个基因对在配子中分布的概率相同：C 或 c 以及 P 或 p。决定每个不同性状的基因相互独立，因此可能出现下列组合：CP、Cp、cP、cp。双杂交产生的表型比 15
为：9 红花/轴生∶3 红花/顶生∶3 白花/轴生∶1 白花/顶生（9∶3∶3∶1）。

第八节 基因定位

孟德尔虽然为达尔文同时代的人，但是他的工作直到 20 世纪初才被认可。1900 年，荷兰科学家 Hugo de Vries（图 1－14）、德国科学家 Carl Correns（图 1－15）和奥地利科学家 Erich von Tschermak-Seysenegg 重新发现了孟德尔的论文，并发表了确证孟德尔工作的研究论文。de Vries 认为孟德尔的“因子”（factors）与他所称的“泛基因”（pangenes）是同一意思。1909 年，Wilhelm Johansson 将其缩短为“基因”（gene）。

图 1－14　Hugo de Vries，
（承蒙 Cold Spring Harbor Laboratory Archives 许可引用）

图 1－15　Carl Correns
（承蒙 the American Philosophical Society，Curt Stery Papers 许可引用）

历史学家至今还不明白孟德尔的论文为何滞后了 35 年才被认可。孟德尔当时发表论文的刊物名气虽然不大，但发行量至少也有 140 份，主要是在欧洲发行。不过，他关于基因的概念太抽象，当时的博物学家得到的训练主要是观察和分类，还不能理解他的抽象概念。他关于遗传过程的理论超越当时的理论框架，其他科学家不可能理解。天才的定义可能也如此。

19 世纪多数时间，占统治地位的是自学成才的法国科学家拉马克（Jean-Baptiste de Lamarck）（图 1－16）的遗传理论。人们很少怀疑其理论。在其著作《脊椎动物的系统学》（*Systeme des Animaux sans Vertebres*，1800 年）中，拉马克认为生物应对环境改变，获得了相应的性状，这些性状传递给后代。表面上看，拉马克的获得性遗传理论与演化论一致，达尔文也喜欢这个理论。不过，对于社会改革者，拉马克主义为在欧洲新兴的工厂和袜子店提供了比达尔文主义的更好的选择。社会达尔文主义者认为艰苦的工作和生活条件是对勤奋个体的自然选择之一。拉马克主义者还认为，好的环境最终产生好的遗传，为善待穷苦、患病者提供了基础。

图 1－16　Jean-Baptiste de Lamarck
（承蒙 the Wellcome Institute Library，London 许可引用）

到 19 世纪 80 年代，细胞生物学和染色体行为的关键发现为理解孟德尔的抽象的遗传工作提供了基础。Schleiden 和 Schwann 的细胞理论可以用于解释受精过程——精卵细胞融合形成合子。煤炭工业的副产物——苯胺染料揭示了核仁中的丝状染色体。不同生物具有不同数目的染色体，提示染色体可能携带各种生命形式特定的遗传信息。1882 年，Walther Flemming 描述了细胞分裂产生两个子代细胞的有丝分裂过程中染色体的复制和运动。

16 1883—1885 年，德国医生 August Weismann(图 1－17)在 Freiburg 大学做了一系列精彩的演讲，驳斥了拉马克主义，提出了关于不同世代间遗传的机制。他认为构成身体组织的体细胞与性器官产生的生殖细胞明显不同。他推测生殖细胞从形成开始就与体细胞终生隔离。与体细胞不同，生殖细胞几乎不受诸如营养、损伤和疾病等外界因素的影响。他关于“生殖细胞胞质连续”的概念很容易解释决定动植物物种独特物理形式的关键遗传信息如何在不同世代间传递而几乎保持不变的现象。

图 1－17　August Weismann
(承蒙 the National Library of Medicine 许可引用)

图 1－18　Theodor Boveri
(承蒙 the American Philosophical Society, Curt Stern Papers 许可引用)

在上述科学发展的大背景下，1900 年遗传学完全形成。1902 年，德国科学家 Theodor Boveri(图 1－18)和哥伦比亚大学学生 Walter Sutton 首先直接将遗传与染色体行为(细胞学)联系起来。Boveri 发现海胆的一个卵被两个精子受精时，合子死亡或者发育不正常。受精最初形成三个子代细胞，然后不对称分裂，产生染色体不完全的细胞。Sutton 分析蚱蜢有丝分裂过程中染色体运动，这形成了关于遗传的染色体理论的基础。Sutton 发现蚱蜢的遗传物质由 11 对同源染色体构成，有丝分裂过程中形成的配子只得到了各同源染色体对的一条染色体。该行为与孟德尔遗传因子分离类似，这提示基因位于染色体上。

1905 年，Nettie Stevens(图 1－19)和 Edmund Wilson(Sutton 在哥伦比亚大学的导师)(图 1－20)分别独立描述了性染色体的行为，这提供了支持遗传染色体理论的第一个直接证据。他们发现性分别由 X 和 Y 染色体决定。雌性的特征是两个拷贝，XX；雄性的特征包含两种类型染色体的各一个拷贝，XY。精卵细胞形成过程中，X 和 Y 染色体的运
17 动正如孟德尔遗传学所预测：各个卵细胞得到 X 染色体一个拷贝，每个精细胞获得各一个 X 或 Y 染色体(图 1－21)。

图 1-19　Nettie Stevens
（承蒙 the Camegie Institute of Washington 许可引用）

图 1-20　Edmund Wilson
（承蒙 the American Sodery of Zoologists 许可引用）

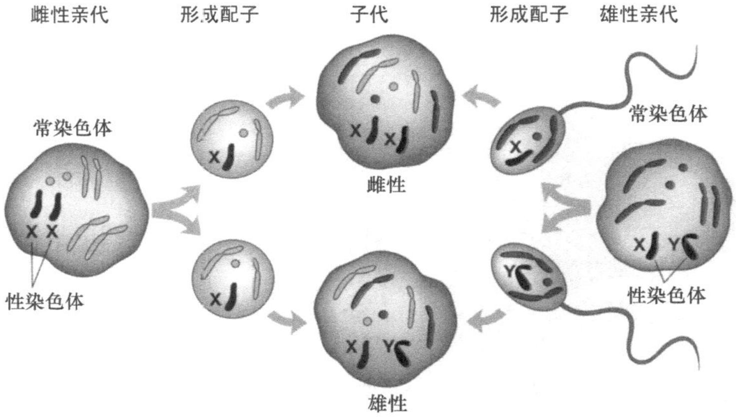

图 1-21　果蝇 X 和 Y 染色体的分离

1920 年左右，已经证明性别以外的性状决定因素位于染色体上。在这个时期，摩尔根和他的杰出学生们——Alfred Sturtevant、Calvin Bridges、Hermann Muller 奠定了现代遗传学的基础，并将果蝇用作遗传研究的工具。摩尔根位于哥伦比亚大学动物学系的中等规模的实验室以果蝇室而著名。

第九节　演化与遗传学

20 世纪初，了解遗传学的途径之一是细胞生物学，另外一条途径是演化。生物学的学生可以理解演化理论和遗传理论之间的联系，但是两者理念之间的直接转移发生在现代生物学史上短暂而几乎不为人所知的一刻。这一刻就是遗传过程性质的研究从群体水平集中到个体。而作为现今冷泉港实验室前身的先驱者们抓住了这一机遇。

孟德尔工作被重新发现之前的两年，在哈佛接受过训练的生物学家 Charles Davenport（图 1-22）担任冷泉港生物学实验室的主任。该实验室建于 1890 年，其前身是 1888 年建立在麻省 Woods Hole 的海洋生物学实验室。实验室是在达尔文出版《物种起源》

图 1 - 22　Charles Davenport
（承蒙 the National Library of Medicine 许可引用）

后，仿照欧洲沿海岸线建立在海边的。海陆交界处被认为是研究生物如何演化、适应的理想场所，因为这些地方提供了水生、半水生和陆生的生态环境。这些地方的生物学家往往满足于观察自然界演化的结果。许多人对生物与其环境之间动态的相互作用感兴趣，并成为第一代生态学家。

虽然 Davenport 受的训练是传统的动物学观察方法和比较形态学，但他对在实验室直接创造演化的新动向感兴趣。他和日益增多的其他生物学家相信，控制动植物的杂交，进行实验能够更好地阐明演化过程。华盛顿的卡内基研究所是按照 Andrew Carnegies 遗嘱建立的几所慈善机构之一，Davenport 的研究引起了该研究所董事会的注意，并从那里得到资助在冷泉港建立了演化研究实验室（图 1 - 23）。

1904 年，该实验室第一座建筑物落成时，发现孟德尔开创性工作的 Hugo de Vries 在其主旨发言中勾勒了演化研究的未来。Davenport 在该实验室集中了志同道合的研究人员，他

图 1 - 23　实验演化研究站的鸡舍
（承蒙 Cold Spring Harbor Laboratory Archives 许可引用）

们以农业植物和动物为其研究对象。实验室类似农场，具有鸡笼、羊舍、猫、金丝雀玉米地
18 和曼陀罗。实验室的多数研究人员接受孟德尔定律、Reginald Punnet 宣扬的简化方法来研究实验性杂交的性状。遗传学的复杂性最终包括对演化的实验研究。1920 年，演化研究实验室悄然改名为卡内基遗传学研究所。这里的科学家也成为第一代遗传学家。

第十节　基因的物理实体

摩尔根（图 1 - 24）本应当属于实验演化学家之列。与其他许多人一样，他感兴趣的是导致新种发生的变异是渐进产生还是突变产生。这仍然是当今争论不休的一个话题。

身处纽约，摩尔根缺乏足够空间从事其他实验演化学家的家养植物和动物的驯养。他选择果蝇作为材料。原因是果蝇的世时短、后代多、培养容易。另外，他没有足够的资金和设备来养如小鼠这样的高等生物。

图 1－24　Thomas Hunt Morgan

（承蒙 the American Society of Zoologists 许可引用）

图 1－25　哥伦比亚大学的果蝇室

香蕉是果蝇的食物。该房间在哥伦比亚大学已经不存在。（承蒙 the American Philosophical Society，Curt Stern Papers 许可引用）

1910 年，摩尔根实验室出现了一只白眼果蝇（图 1－25），这纯属意外，且令人大跌眼镜。因为野生型果蝇应当为红眼。幸运的是，当时还是本科生的 Calvin Bridges（图 1－26）认识到其潜在价值并保留了那只独特的雄性果蝇。白眼变异果蝇可能被看作是小的、非适应性的演化步骤。但恰恰相反，它成了将孟德尔学说、染色体遗传、性别遗传有机整合的基石。白眼雄性果蝇也奠定了可观察的突变或者与常态不同的变异作为遗传 19
分析起点的重要性。

图 1－26　Calvin Bridges

（承蒙 the American Society of Zoologists 许可引用）

将白眼雄果蝇与其红眼姊妹蝇交配，连续几代观察性状。按照孟德尔理论分析，在多数类型的杂交中，白眼只出现在雄性中。摩尔根小组发现，白眼与人的秃顶和血友病类似，是性连锁的隐性性状。因此，决定眼睛颜色的基因定位在 X 染色体上（图 1－27）。

20

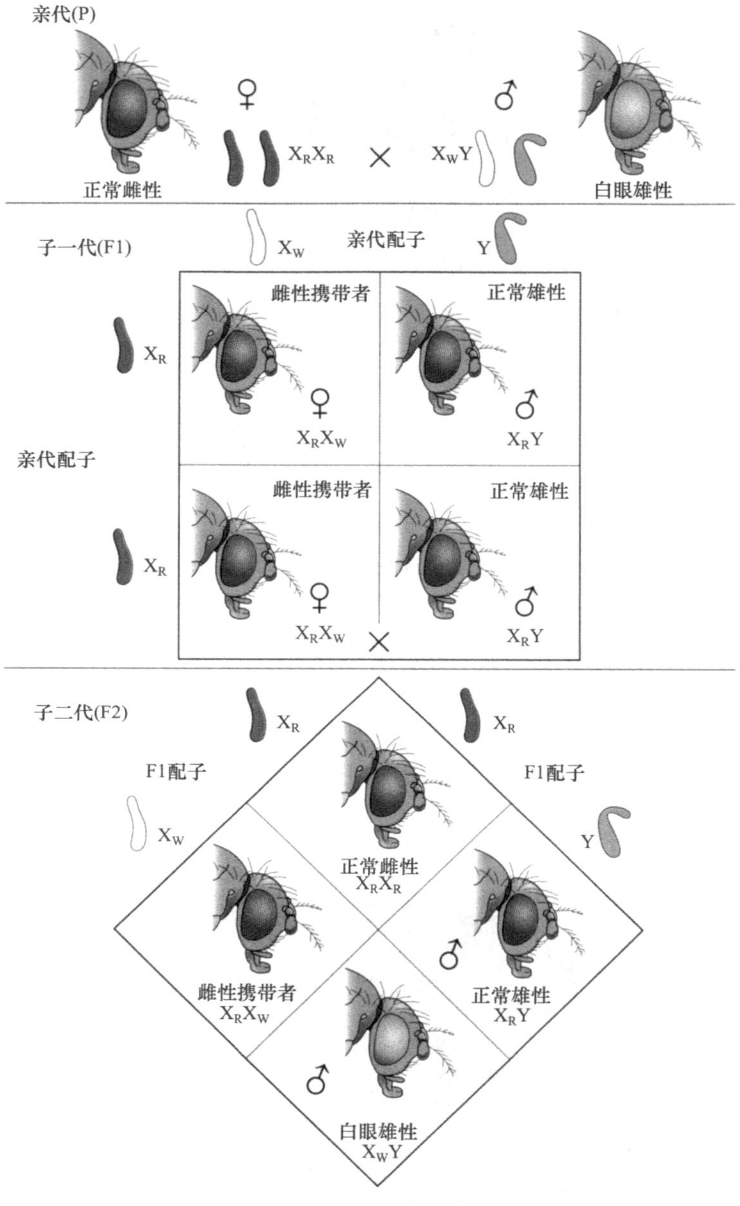

图 1－27　果蝇白眼伴性遗传

随后几年，摩尔根和他的学生发现了果蝇的其他多种突变，利用这些突变株进一步研
21 究遗传的物理和染色体理论。最初，他们认为遗传是连锁的，或者作为单一的物理单位整
体遗传。所有的基因分为四个连锁群，对应于显微镜下可见的果蝇染色体的数目。

比利时细胞学家 F.A. Janssens 发现，减数分裂早期，同源染色体发生交联和片段交换。这个过程后来称为交换(crossing over)。摩尔根认为交换可以测定两个基因之间的相对距离。而紧密连锁的基因很难通过交换分开，距离远的基因更容易被分开。因此，两个基因间交换的频率越低，说明它们在染色体上的距离越近。Alfred Sturtevant(图 1－28)在其博士论文中提 22
出了这个概念。他在该论文中描述了利用连锁数据建立的第一张基因的染色体图谱(图 1－29)。

不过，直到 1931 年，Barbara McClintock 和 Harriet Creighton(图 1－30)才获得细胞学证据，证明交换过程中新基因组合的遗传是特定染色体片段物理交换的结果。其实验的关键是，9 号染色体含有独特结的玉米，该结由中心粒样的异染色质构成，这样可以在光学显微镜下方便地进行观察。对该玉米株进行改造，构建了携带几个可见性状显性等位基因的株系，然后与只带隐性等位基因、未标记染色体的株系杂交。将染色体标记和未标记的交换，后代表型兼具显性和隐性

图 1－28　Alfred Sturtevant
(承蒙 the American Philosophical Society, Curt Stern Papers 许可引用)

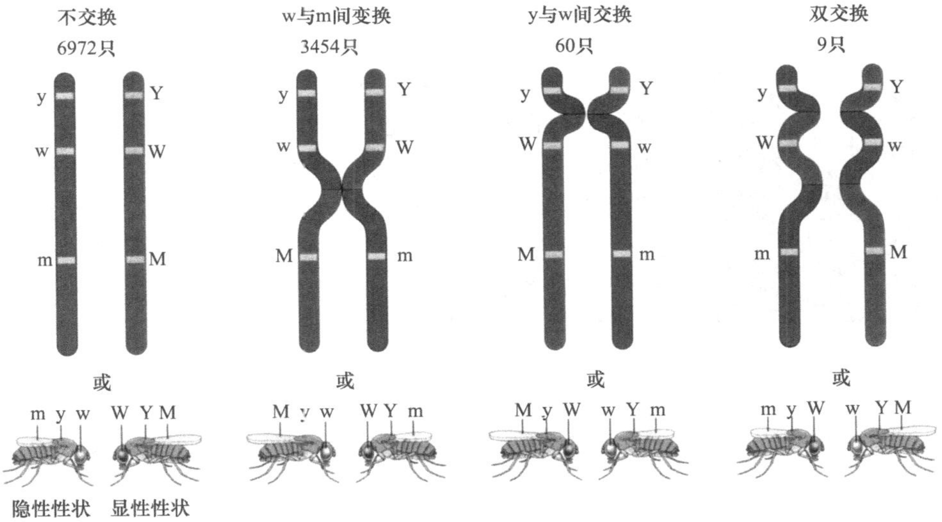

图 1－29　Sturtevant 在 1913 年进行的果蝇连锁分析

Sturtevant 研究三种隐性性状的 X 连锁遗传：黄色身体(y)、白眼(w)和小翅(m)。隐性雄性(y、w、m)与杂合子雌性交配。雌性果蝇一条 X 染色体具有隐性基因(y、w、m)，另外一条染色体上具有显性基因(Y、X、M)。雄性亲代只能通过其 X 染色体将隐性基因传递给下一代。雄性或雌性子代的表型完全取决于母本 X 染色体的遗传。根据孟德尔遗传分析，Sturtevants 实验得到的 10 495 子代果蝇的表型应当或者都为显性(身体、眼色、翅膀均正常)，或者都为隐性(黄色身体、白眼、小翅)。但是，子代具有显性和隐性的杂合特征。Sturtevant 推测混合表型可能源于配子形成过程中，雌性两条 X 染色体之间的遗传交换。交换频率反映同一染色体上两个基因之间的距离。

图 1－30　Barbara McClintock(左)和 Harriet Creighton(右)在冷泉港一次会议上
(承蒙 Cold Spring Harbor Laboratory Archives 许可引用)

表型。显微镜观察发现，结节标记往往伴随显性表型。同一年，柏林大学的 Curt Stern 报道了利用类似方法研究果蝇的 X 染色体。

23 第十一节　基因的功能

图 1－31　Archibald Garrod
(引自 *Genetics: A periodical record of investigations bearing on heredity and variation* 56: frontispiece, 1967)

遗传学发展的前 40 年，基因还仅仅只是一个概念。其真实性质还是一个谜。人们还只能通过可见表型了解基因，基因在生物的生化反应中的具有哪些功能尚一无所知。

1908 年，英国外科医生 Archibald Garrod 爵士(图 1－31)推测，人类的部分疾病是天生的代谢障碍，源于缺乏生化功能所需要的特定酶。他推测酶功能缺乏源于产生时基因有缺陷。证明这些先知性的假说是 30 年后的事，因为当时的遗传学家还不可能验证。他们当时采用的实验系统——主要是果蝇、小鼠、家养植物和动物——高度演化，多细胞。作为模式，这些系统太复杂，不能阐明基因和细胞生化之间的联系。

斯坦福大学的 Edward Tatum(图 1－32)和 George Beadle(图 1－33)最终将真菌作为可能研究代谢的第一个遗传模型。红色面包霉——脉孢菌能够在只含有葡萄糖、无机盐和生物素的基本培养基上生长。他们推测该微生物一定具有一系列特定酶，负责代谢转化这些简单的营养(加水和氧)为氨基酸、维生素以及生命需要的其他复杂分子。

他们假定，如果能够在产生这些酶的基因中引入突变，霉菌将会死亡。他们采用了 1927 年发明的强大的遗传工具。Hermann Muller(当时还在得克萨斯大学)发现 X 射线辐射生物可以任意产生突变。他们天才的实验设计允许他们选择那些在通常环境下可能致死的 X 射线诱导的突变。

首先，他们利用 X 射线辐射脉孢菌，将其杂交，产生孢子。然后检测孢子在基本培养基上的生长情况。对于基本培养基上不能生长的孢子，分别在几种类型的培养基上检测，

图 1-32　Edward Tatum
（承蒙 the Rockefeller Archive Center 许可引用）

图 1-33　George W. Beadle
（承蒙 the Stanford University News Service 许可引用）

这些培养基分别含有单一的营养添加成分。他们所研究的 299 号孢子只能在含有维生素 B_6 的培养基上生长。这样一来，说明合成维生素 B_6 所需酶的基因发生了突变。许多其他必需氨基酸和维生素的代谢突变菌株也被鉴定。而且，不能产生精氨酸的多重突变菌株也被鉴定出来。他们发现不同突变菌株缺乏合成精氨酸途径中的不同的酶。

1941 年，Tatum 和 Beadle 发表了其研究结果（图 1-34）。他们首先引入了基因通过产生特定的酶介导细胞化学的概念。Garrod 的假说得到验证，现在直接被表述为“一个基因一个酶”（将该概念扩展为一个基因一个蛋白质或一段肽更切实际）。他们的工作也说明了将微生物用作模式生物的优点。利用他们在选择性培养基上划线的方法，可以发现稀有的遗传突变，比如发生概率在百万分之一的生化突变菌株。 24

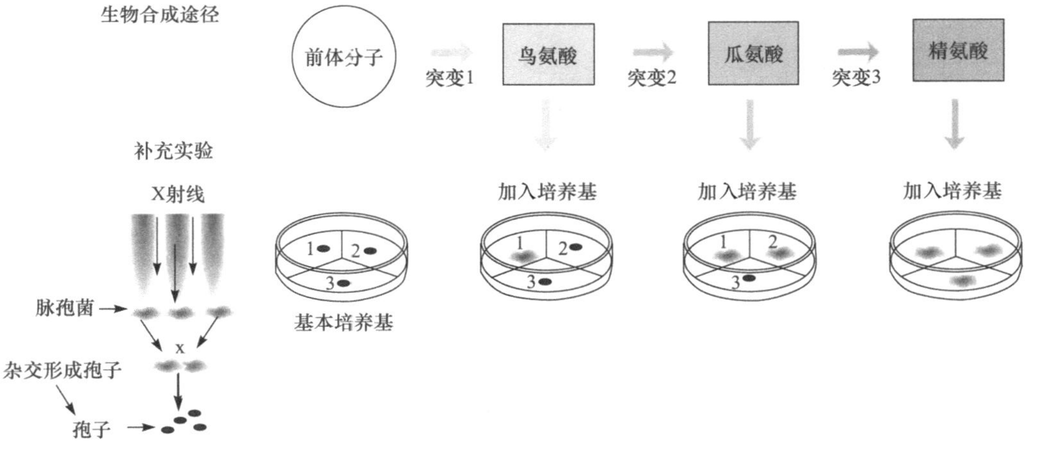

图 1-34　Beadle 和 Tatum 的“一个基因一个酶”实验

辐射后，对不能在基本培养基上萌发的脉孢菌孢子进行连续筛选。三种培养基分别补充精氨酸生物合成途径中的 3 种营养成分。孢子 1、2 和 3 的补充类型指编码途径中相应酶的基因的突变。

第十二节 遗传物质的分子基础

肺炎双球菌是引发肺炎的球状细菌。在利用它进行的一系列实验中，英国微生物学家 Fred Griffith 发现了回答分子生物学发展中下一个问题的关键模式系统。肺炎球菌的两个天然发生的菌株具有明显不同的性质。毒力株光滑(S)，具有感染所需要的光滑多糖荚膜；无毒株粗糙(R)，缺乏荚膜，表面粗糙。

25 注射 S 菌株后几天，小鼠死于肺炎。活 R 菌株或者热失活的 S 菌株单独注射都不能致病，奇怪的是，Griffith 发现两种产物一起注射导致致死性感染。而且，从感染混合细菌的小鼠中，他重新分离到了有毒的 S 菌株。通过某些未知的过程，接种的 R 菌株转变为具有感染力的 S 菌株。1928 年，Griffith 报告了其假说：从杀死的 S 菌株来的某些因子将 R 菌株变成了有毒株，主要是使得后者合成了新的多糖荚膜(图 1-35)。

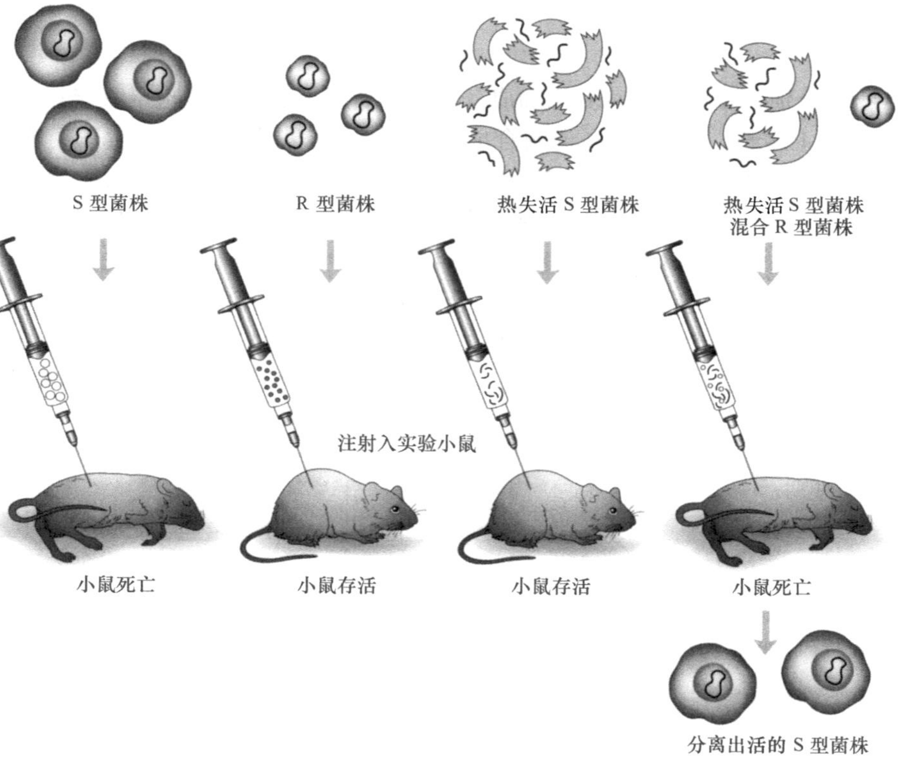

图 1-35 Griffith 利用粗糙和光滑肺炎球菌菌株分别进行的转化实验(1928 年)

洛克菲勒大学的 Oswald T. Avery 领导的小组(图 1-36)在随后的 10 多年中，一直在寻找转化因子。1930～1933 年间，他们在活小鼠体外获得了转化。在显微镜下，他们发现利用热失活的 S 菌株的提取物处理培养的 R 菌，后者形成了多糖荚膜。该小组的新成员 Colin MacLeod 发现，只含有多糖的提取物不能转化 R 菌，驳斥了转化过程中荚膜本身传递的观点。

26 1944 年，Avery、MacLeod 和 Maclyn McCarty(图 1-37)报道纯化了转化因子(图 1-38)。分子质量和组成分析提示高活性的组分主要是 DNA。几个酶检测是决定性的。胰蛋白酶、胰凝乳蛋白酶(消化蛋白)和核酸酶(消化 RNA)处理不影响转化活性。但是,脱氧核糖核酸酶处理可以破坏转化活性。他们的实验非常谨慎,Avery 的解释非常明了,“诱导物质与基因有关,荚膜被认为是基因的产物”。因此,基因由 DNA 组成(现在我们知道,荚膜抗原的合成需要几个基因,而不是 Avery 最初所指的一个基因)。

图 1-36　Oswald Avery(前排中)与其助手(1932 年)
(承蒙 the Rockefeller Archive Center 许可引用)

图 1-37　Maclyn McCarty
(承蒙 The Rockefeller Archive Center 许可引用)

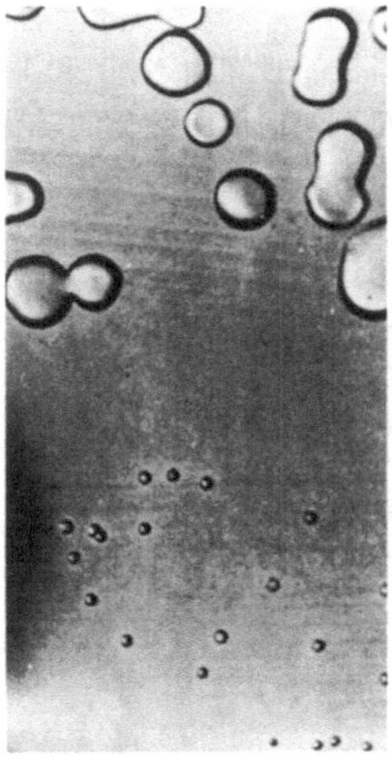

图 1-38　粗糙和光滑肺炎球菌的克隆
(经许可引自 Avery et al. 1944. Studies on the chemical nature of the substance inducing transformation of pneumococcal types. *J. Exp. Med.* *79*: 137－158; © The Rockefeller University Press.)

Avery 的工作本应该立即集中在 DNA 作为遗传分子上，但事实并非如此。与许多科学进展一样，他的结论与当时流行的观点不吻合。当时认为蛋白质比 DNA 更“聪明”。大家认为遗传的载体必须具有储存大量遗传信息的功能，可能在其分子结构中。同蛋白质相比，DNA 并非一个非常聪明的分子。

图 1－39　Phoebus Levene
(承蒙 The Rockefeller Archive Center 许可引用)

如果将遗传信息比作语言，DNA 语言较蛋白质语言贫乏。蛋白质具有 20 个字母(氨基酸)，而 DNA 只有 4 个字母(核苷酸)。DNA 的组合能力弱，其语言的单词较少(当然，这是在知道计算机如何利用两个字母的语言很好工作之前)。而且，氨基酸组成无数大而且复杂的蛋白质分子，履行重要而多样的细胞功能，作为酶和结构元件。当时尚未发现 DNA 具有明显的功能。

DNA 虽然是大分子，但当时人们认为它只是重复的聚合物，不能编码信息。这种解释主要是洛克菲勒研究所的 Phoebus Levene(图 1－39)提出的“四核苷酸假说”。Levene 是化学家，他深受聚合物化学的影响。聚合物化学当时产生了聚乙酸和聚苯乙烯等非常好的材料。与 DNA 一样，这些聚合物由小单位组装为极长链。因此，也难怪 Levene 认为 DNA 也是规则的聚合物，核苷酸依次单调、不变地形成规则的聚合物。

在相当长的时间内，常识和 Levene 的残余影响使得多数科学家不能接受 Avery 的结论。他们不相信他所纯化的转化因子是否完全去除了蛋白质。说不定 DNA 只不过只是起骨架作用——真正的转化因子是逃过酶切的少量蛋白质。

随着第二次世界大战的结束，一群杰出的科学家团结在三个人周围。这三个人主要

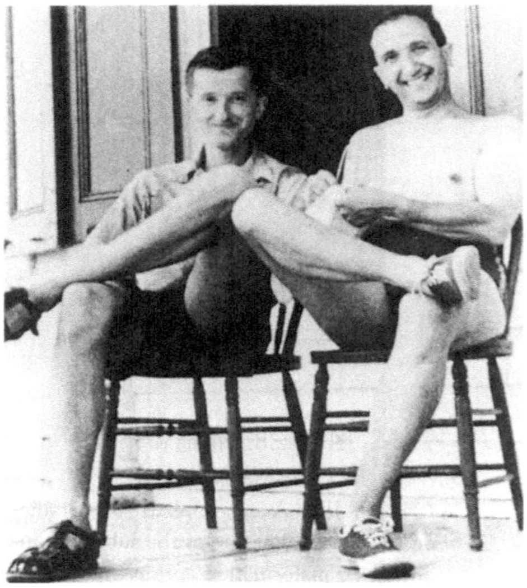

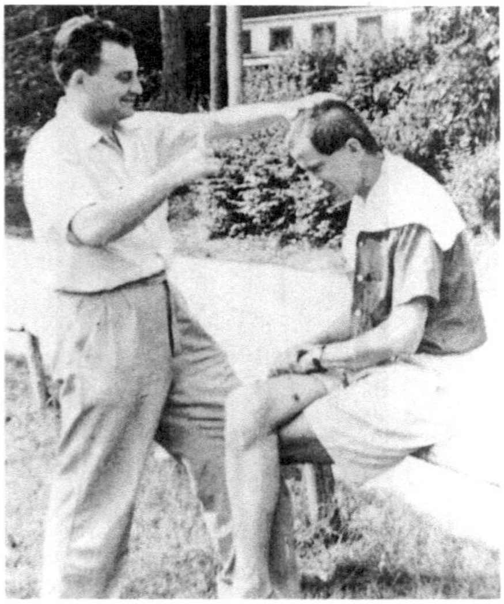

图 1－40　美国噬菌体小组每年夏天在冷泉港集中

成员间的友谊特别深厚。照片摄于 1953 年。左图为 Max Delbrück(左)和 Salvador Luria 在一起；右图为 Seymour Benzer 给 Max Delbrück 理发。(承蒙 Cold Spring Harbor Laboratory Archives 许可引用)

负责寻找导致生命和非生命差异的遗传的物质基础，他们是在范得比尔特大学工作的德国科学家 Max Delbrück（图 1－40），他从纳粹统治下的欧洲逃到美国，还有在印第安纳大学工作的意大利科学家 Salvador Luria，以及在纽约冷泉港卡内基研究所的遗传部工作的美国人 Alfred Hershey。

其研究对象是一组小的称为噬菌体的细菌病毒 27
（图 1－41）。感染时，噬菌体在细菌细胞内繁殖，细菌细胞破裂后，释放出新一代的病毒。Delbrück、Luria 和 Hershey 推测细菌与其病毒之间的遗传相互作用可能是研究遗传机制的理想模式系统。

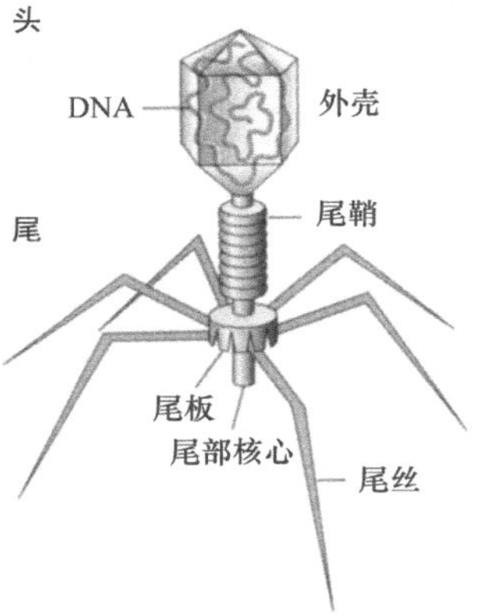

图 1－41 噬菌体
噬菌体基本上是包裹 DNA 的蛋白质颗粒。

1917 年，加拿大科学家 Felix d′Hérelle 发现了噬菌体，但是 Delbrück 和 Luria 首先采用定量方法研究噬菌体的生活史。其中关键的是“一步生长”，确保所有的病毒同时开始感染循环。这种同步对于不能进行个别研究的微小生物的研究非常必要。

1945 年，Delbrück 在冷泉港组织了一个课程班，介绍他和 Luria 开发的方法。历史学家们认为噬菌体课程是分子生物学的一个知识分水岭。该课程使得不同领域的科学家在一起，包括生物学和物理学领域，经过他们的仔细推敲，终于明白了遗传的分子机制。噬菌体课程在冷泉港连续举办了 26 年，成为头两代分子生物学家的训练营。

通过对噬菌体的研究，终于确证了 DNA 是遗传分子（图 1－42）。1952 年，Hershey 28
与其助手 Martha Chase（图 1－43）的搅拌器实验集中于 DNA，这种实验方式是 Avery 实验所没有采用过的。尽管他们的实验从生化角度看有些粗糙，但是更加清晰地将 DNA 和遗传联系起来。

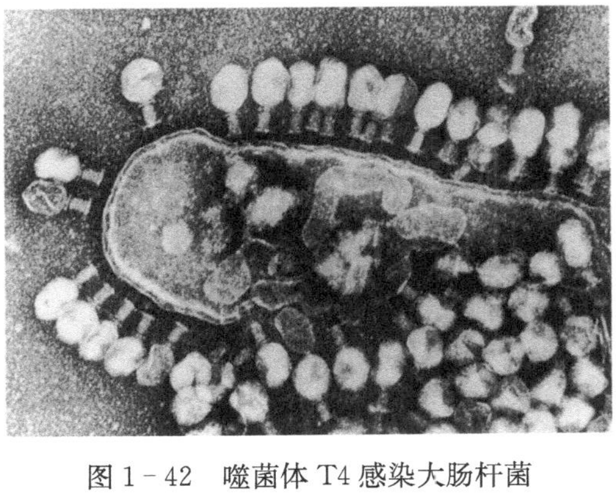
图 1－42 噬菌体 T4 感染大肠杆菌
细菌病毒在大肠杆菌内的繁殖提供了研究遗传分子机制的简单模型。（承蒙 Lee D. Simon，Photo Researchers，Inc. 许可引用）

图 1－43 Martha Chase 和 Alfred Hershey 1953 年在一起
（承蒙 Cold Spring Harbor Laboratory Archives 许可引用）

实验设计利用了噬菌体结构独特的优点。噬菌体核心是 DNA，外膜为蛋白。再没有 30
其他生物如此适合用来解决关于遗传物质是蛋白质还是 DNA 的争论。实验的另外一个关键是放射性同位素，这在二战后才能得到。放射性标记使得他们能够追踪噬菌体复制过程中蛋白质和DNA的轨迹。

Hershey和Chase利用两组噬菌体进行平行实验(图1-44)。一组用放射性^{35}S标记外壳蛋白，另外一组用放射性的^{32}P标记DNA。放射性标记的噬菌体感染细菌，时间足够噬菌体黏附到细菌细胞。冷激细菌，阻止生长，在搅拌器中搅动几分钟，使噬菌体从细菌脱落(图1-45)。高速离心，使细菌沉淀在管底，较小的噬菌体颗粒留在上清液。分析沉

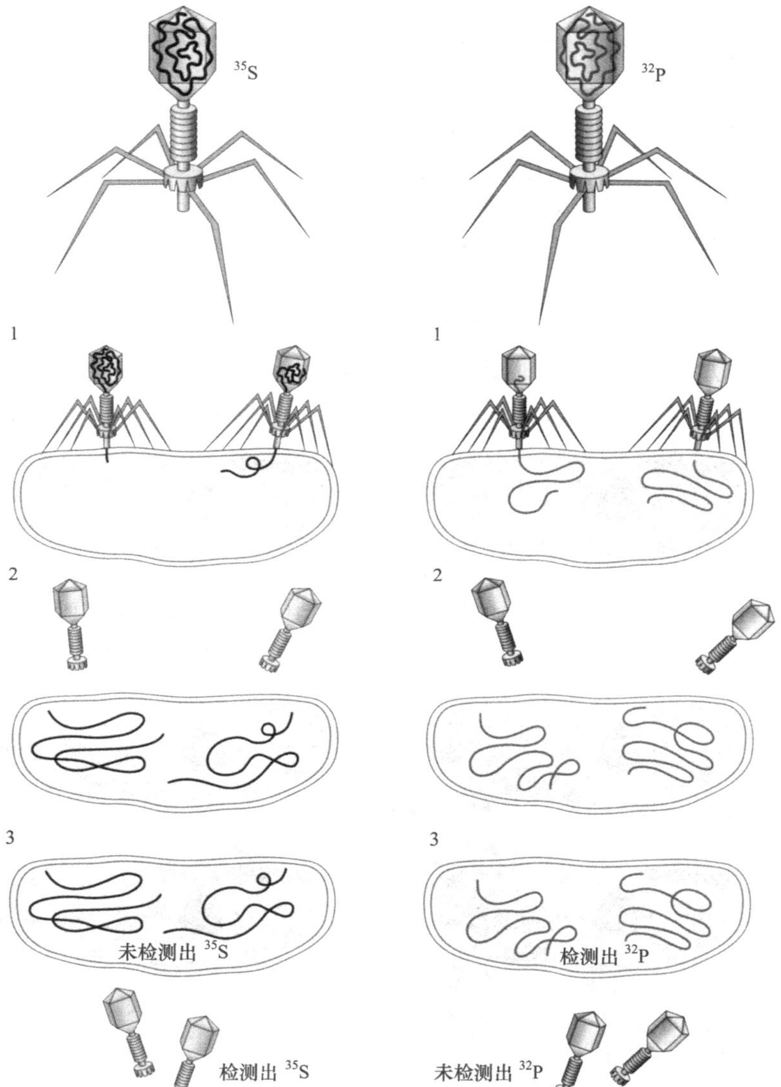

图1-44 Hershey和Chase平行实验(1952年)

用不同同位素分别标记的噬菌体做平行实验。外壳蛋白用放射性硫标记，核心DNA用放射性磷标记。1. 放射性标记的噬菌体感染细菌。2. 在搅拌器中搅动使细菌与噬菌体脱离。3. 离心细胞，将其与上清液中的噬菌体颗粒分开。放射性硫主要位于上清液。放射性磷主要位于细胞组分，并从细菌组分中产生新一代的感染性噬菌体。

淀和上清液，确定其中的放射性标记的噬菌体蛋白或 DNA。在后来的文章中，Hershey 归纳出如下要点：

- 多数噬菌体 DNA 留在细菌细胞中。
- 多数噬菌体蛋白位于上清液中。
- 多数最初被感染的细菌仍然能够产生噬菌体。
- 如果不进行机械搅动，蛋白质和 DNA 将与细菌一起沉淀。
- 搅动去除的噬菌体蛋白包括多少完整、空的噬菌体外壳，因此，这些空壳可以被认为是在细胞之间运输 DNA 的载体，除此之外，在噬菌体生长中没有其他功能。

图 1－45　Hershey-Chase 实验所采用的搅拌器

第十三节　DNA 分子的结构

解析 DNA 结构是 20 世纪最重要的生物学发现。James Watson 是经过噬菌体小组训练的遗传学家，Francis Crick 是受过 X 射线晶体学训练的物理学家。他们体现了遗传学和物理学的合作，从而全面了解遗传的物理学基础。在其 1953 年写给《自然》(*Nature*)杂志的信中他们拼凑了那些积累了 80 多年的化学基团。

具有讽刺意味的是，DNA 是 1869 年发现的，距离达尔文的《物种起源》出版仅仅 10 年，距孟德尔的"植物杂交实验"发表仅 4 年。一个富有进取心的德国医生 Friedrich Miescher 从白细胞的细胞核中分离了他称为核素的物质。他的细胞来自被污染的外科手术绷带上的脓。

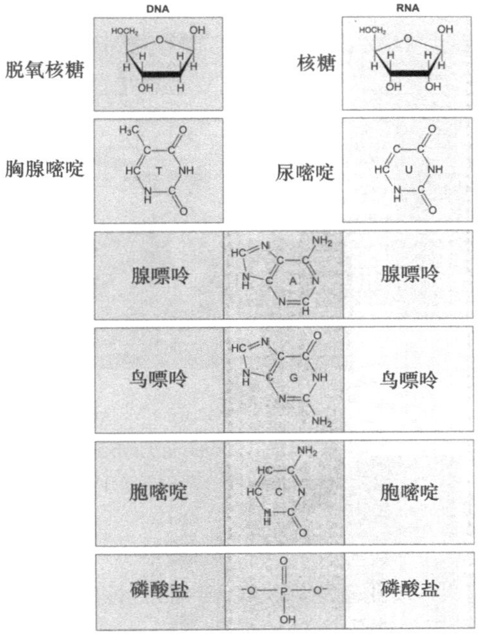

图 1－46　DNA 和 RNA 分子的组分

(Lisa Shoemaker 绘图)

图 1－47　Linus Pauling

(承蒙 the Archives, California Institute of Technology 许可引用)

1900 年，已经解析了核素的基础化学性质。这是由三种不同的化学亚基组成的长分子：五碳糖、磷酸和五种富含氮的碱基（腺嘌呤、胸腺嘧啶、鸟嘌呤、胞嘧啶和尿嘧啶）。20 世纪 20 年代，根据糖组分的不同，区分了两种核酸：核糖核酸和脱氧核糖核酸。碱基组成略有不同，胸腺嘧啶仅仅在 DNA 中具有，而尿嘧啶仅存在于 RNA（图 1－46）。

32 二战前的两项成就促进了研究 DNA 分子内原子的物理排列——物理化学和 X 射线晶体学。泡利（Pauling）（图 1－47）在加州理工大学工作期间（1928—1935 年）写了一系列的文章，在《化学键的性质》（*The Nature of the Chemical Bond*）一书中控制分子内原子排列的化学键规律已经阐明。Watson 和 Crick 对 DNA 感兴趣的时候，关于 DNA 各个亚组分的分子结构已经阐明——脱氧核糖、磷酸和四种核苷酸之一。

泡利定律不能解决 DNA 大分子内亚基的三维排列。这需要利用 X 射线晶体学。1912 年，德国物理学家 Max von Laue 发现 X 射线能够被单晶规则排列的原子衍射。同年，奥地利物理学家 Henry Bragg 和他儿子 William Lawrence 解决了解析衍射类型所需要的数学方程，利用该方程确定了食盐（氯化钠）的分子结构。但是，直到 1934 年，剑桥大学的 John Desmond Bernal 才获得第一个具有生物重要性的分子——胃蛋白酶的 X 射线图谱。这表明，可以用 X 射线衍射研究包括 DNA 在内的有机大分子的晶体结构。

33 关于 DNA 的最后三个谜团在 Watson-Crick 发表《自然》杂志论文前几年解开。1950 年，哥伦比亚大学的 Erwin Chargaff（图 1－48）发现了 DNA 样品中腺嘌呤和胸腺嘧啶，以及鸟嘌呤和胞嘧啶具有 1∶1 的关系，不同来源生物都具有该数量关系。1951 年，泡利和 R. B. Corey 获得了螺旋型多肽结构——α 螺旋的精确原子尺度。同时，Maurice Wilkins（图 1－49）和 Rosalind Franklin（图 1－50）获得了清晰的 DNA 的 X 射线衍射图（图 1－51）。衍射类型提示具有 34Å 重复构成的螺旋，直径为 20Å。

图 1－48　Erwin Chargaff
（承蒙 Cold Spring Harbor Laboratory Archives 许可引用）

图 1－49　Maurice Wilkins
（承蒙 Cold Spring Harbor Laboratory Archives 许可引用）

Watson 和 Crick 需要解决的问题是，将 DNA 亚基组装为结构，而且该结构需要和已知的生化数据、物理化学定律吻合，同时还适合用作遗传信息的载体。通过摆弄纸模型和金属模型，他们获得了一个简单、漂亮的模型。他们的模型为α螺旋，类似梯度平缓的楼梯。楼

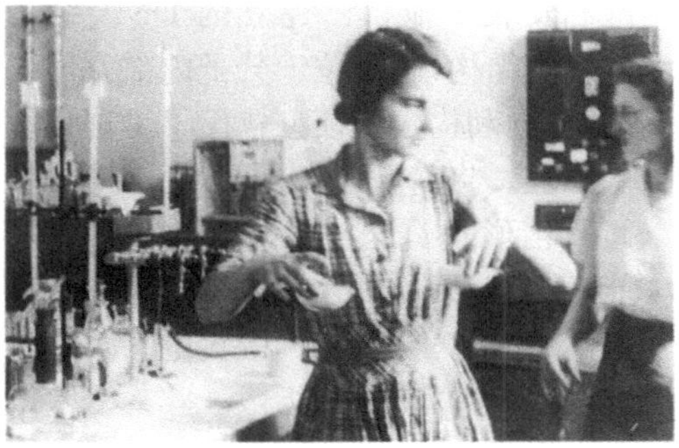

图 1－50　Rosalind Franklin

（承蒙 Anne Sayre 许可引用）

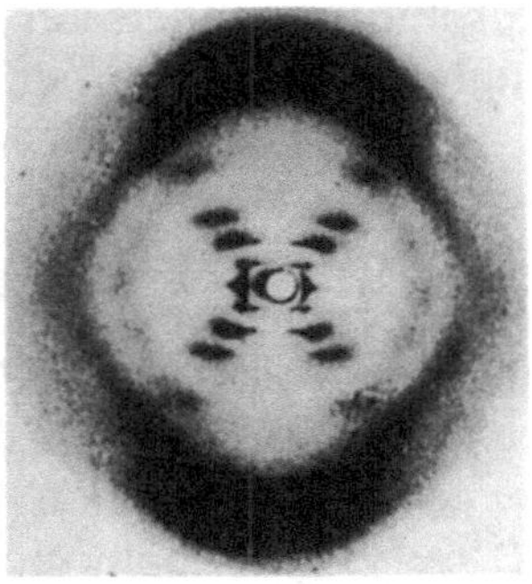

图 1－51　Rosalind Franklin 的 DNA X 射线衍射图(1953)

梯的栏杆含有脱氧核糖和磷酸，两条链方向相反(反平行)。平面上的核苷互相紧密堆积，形成螺旋式楼梯的横档。每个横档由一对核苷组成(碱基对)，通过弱的氢键结合在一起。与通过 X 射线衍射得到的 34Å 重复一致，每个螺旋具有 10 个碱基对，邻近的碱基对之间距离为 3.4Å。关键的是每对碱基之间的互补关系。与 Chargaff 的结果吻合，腺嘌呤总与胸腺嘧啶配对，而胞嘧啶总与鸟嘌呤配对。这样，DNA 双螺旋一条链上核苷排列的顺序决定了另外一条链上核苷排列的顺序(图 1－52，图 1－53)。

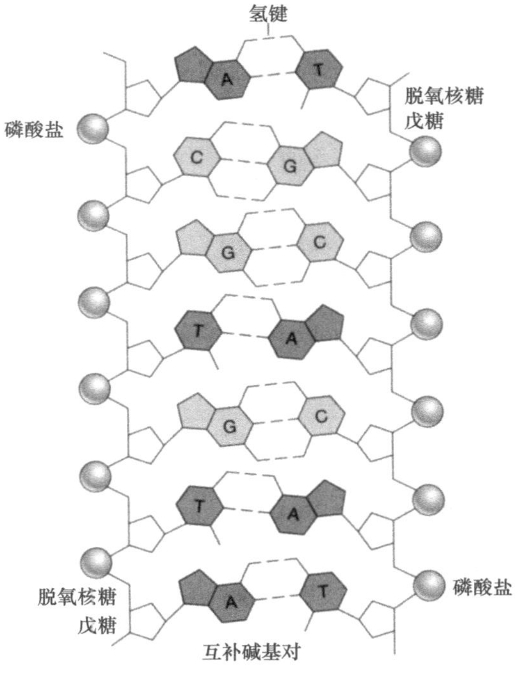

图 1－52　DNA 的化学结构

34

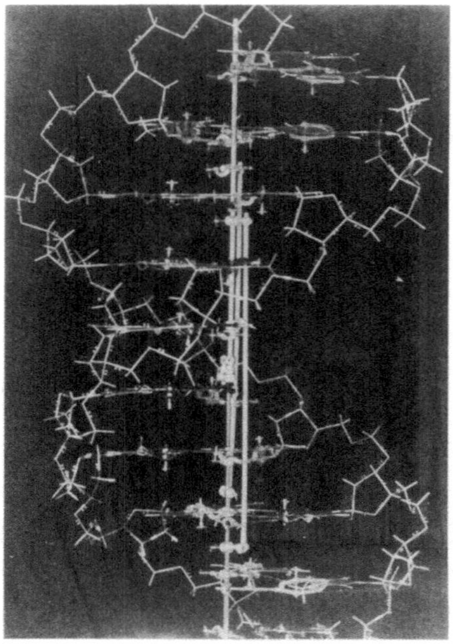

图 1-53 Watson 和 Crick 1953 年制作的 6 英尺高的 DNA 金属模型

（承蒙 the James D. Watson Special Collection. Cold Spring Harbor Laboratory Archives 许可引用自 Watson J. D. 1968. *The Double Helix*. Atheneum Press, New York.）

在 Watson-Crick 解析该结构前几周，泡利发表了他自己建立的 DNA 结构——三螺旋结构，磷酸位于分子内部。出人意料的是，泡利构建该模型违反了物理化学的基础原理。将磷酸位于分子中心需要采用非离子化形式。这与 DNA 作为有机酸的功能不相容，因为在溶液状态下，磷酸释放出氢离子。离子状态下，带负电的磷酸将会强烈互相排斥，将结构拆散。

当时最伟大甚至一直最伟大的物理化学家为什么会得到错误的结构呢？为何 Rosalind Franklin 的 X 射线衍射数据提供了关键坐标，Watson-Crick 在 Rosalind Franklin 前解析了 DNA 结构？最简单的答案是 Watson 是该小组中惟一的生物学家，他清楚地了解作为基因分子必须具备的条件。其他人，往往将 DNA 看作是智力挑战——一个需要解析结构的大分子。对 Watson 来讲，DNA 就是生命的分子。

35

参考文献

Cairns J., Stent G.S., and Watson J.D., eds. 1992. *Phage and the origins of molecular biology*, expanded edition. Cold Spring Harbor Laboratory Press, Cold Spring Harbor, New York.

Carlson E.A. 1981. *Genes, radiation, and society: The life and work of H.J. Muller*. Cornell University Press, Ithaca, New York.

Comfort N. 2001. *The tangled field: Barbara McClintock's search for the patterns of genetic control*. Harvard University Press, Cambridge.

Crick F. 1988. *What mad pursuit*. Basic Books, New York.

Fischer E.P. and Lipson C. 1988. *Thinking about science: Max Delbrück and the origins of molecular biology*. W.W. Norton, New York.

Garland A. 1978. *Thomas Hunt Morgan: The man and his science*. Princeton University Press, New Jersey.

Judson H.F. 1979. *The eighth day of creation*. Simon and Schuster, New York.

Korey K., ed. 1984. *The essential Darwin*. Little, Brown and Company, Boston.

McCarty M. 1985. *The transforming principle: Discovering that genes are made of DNA*. W.W. Norton, New York.

Micklos D., ed. 1999. DNA from the beginning (http://www.dnaftb.org). Dolan DNA Learning Center, Cold Spring Harbor, New York.

Perutz M. 1998. *I wish I'd made you angry earlier*. Cold Spring Harbor Laboratory Press, Cold Spring Harbor, New York.

Sayre A. 1975. *Rosalind Franklin and DNA*. W.W. Norton, New York.

Schrödinger E. 1992. *What is Life? The physical aspect of the living cell with mind and matter & autobiographical sketches*, reprint edition. Cambridge University Press, New York.
Sturtevant A.H. 2001. *A history of genetics*. Cold Spring Harbor Laboratory Press, Cold Spring Harbor, New York.
Watson J.D. 1980. *The double helix: A personal account of the discovery of the structure of DNA*. W.W. Norton, New York.

37

第二章　DNA 的功能

解析 DNA 结构开创了生物学研究激动人心而又紧张的年代。这为研究 DNA 如何担当遗传物质提供了明显线索。遗传物质必须复制、传递给每个新细胞和新一代，指导蛋白质合成。每个互补链可以作为另外一条链合成的模板，DNA 如何复制为两个新的 DNA 分子就非常清晰。但是，这些具体的过程如何呢？此后的几年，一组天才科学家用精巧研究回答了这些问题。他们的研究开启了分子生物学的新领域并最终迎来了生物技术时代的黎明。

第一节　DNA 结构与复制

Watson-Crick 的结构直接明晰了 DNA 如何担当生命的信息分子。这个“漂亮分子”（Watson 非正式称该分子）体现了分子生物学的组织要点——通过分子的结构了解其功能。Watson-Crick 的结构可以巧妙解释 DNA 分子如何在细胞周期过程中巧妙复制，确保每个子代细胞都获得一组理想的遗传指令。该结构显示 DNA 分子由两条反向链组成（5′→3′）。每个碱基与相对的糖磷酸链上的碱基配对，碱基通过氢键连接在一起。这样，通过一条 DNA 链的信息可以预测另外一条链。DNA 分子复制时，连接互补分子的氢键断裂，DNA 解链。这样每个互补的一半都可以作为模板，合成另外一半分子。最终形成两个相同的 DNA 分子，每个子代细胞分配到一个。

1958 年，该假说得到了实验的证明。加州理工大学的 Matthew Meselson 和 Frank Stahl 设计了创新性的实验证明 DNA 通过半保留机制进行复制（图 2－1）。每个新一代 DNA 分子中，保留了一条亲代的 DNA 链，该链是合成新互补链的模板。换句话说，每个新合成的 DNA 分子由新链和旧链（保守链）组成。

Frank Stahl　　　　Matthew Meselson

图 2－1　Meselson 和 Stahl 提供 DNA 半保留复制的实验证据

（承蒙 Cold Spring Harbor Laboratory Archives；California Institute of Technology Archives 许可引用）

他们的实验依赖于可以区分密度的两个同位素：重同位素^{15}N 和轻同位素^{14}N。大肠杆菌先在^{15}N 为惟一氮源的营养培养基上生长几代。重氮掺入了新合成的细菌 DNA 中。14 代后，迅速将细菌转移到只含有^{14}N 的培养基，生长两代。这时，新合成的 DNA 将掺入轻氮。 38

细胞样品包括：1 为转移到轻氮培养基前的一代，2、3 为转移后两代。从细胞抽提 DNA，并将 DNA 加入含有氯化铯的溶液。氯化铯在高速离心多个小时后形成密度梯度。不同密度的 DNA 分子在离心过程中形成不连续的带。每个 DNA 带所在的位置正好与代表氯化铯梯度的密度等同。

结果就像图 2－2 展示的那样完美。一代的 DNA 梯度只有一条高密度带——所有来自亲代的 DNA 分子具有两条含重氮(^{15}N/^{15}N)组分的链。二代含有一条中等密度的带。这表明每个子代 DNA 含有一条重链(来自亲本 DNA)和一条含轻氮组分的互补链。三代的 DNA 密度含有两条带，一条中等密度(与第二代相同)，一条轻密度。中等密度 DNA 条带包括了第二代的重链和新的轻互补链。轻密度带中的 DNA 由两条轻链组成，一条遗传自第二代，另外一条为新互补链。该实验证明 DNA 通过半保留机制复制。

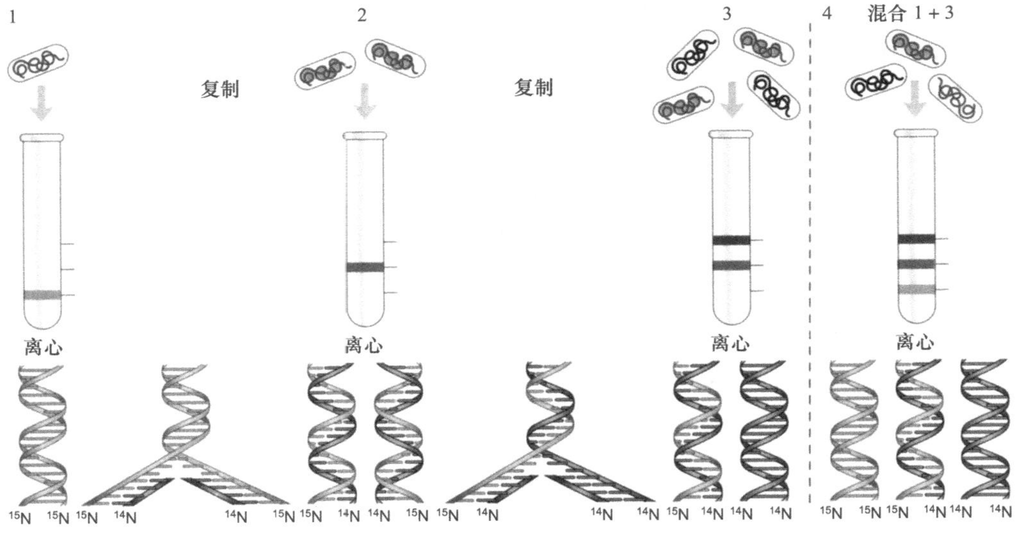

图 2－2 Meselson-Stahl 关于 DNA 半保留复制的实验

1. 密度梯度离心后，在含有重氮培养基中生长多代的细菌的 DNA 形成密度较大的条带。2. 从转移到含有轻氮的培养基上生长的细菌分离的 DNA 形成的条带位于中间。3. 随后一代的细菌 DNA 分开成轻重两条带。4. 培养物 1 和 3 的 DNA 混合，比较三条密度不同的带。

第二节 DNA 的无穷复制 39

对 DNA 复制机制的了解源于生化研究，利用纯化或部分纯化的细胞成分在试管(体外或者玻璃试管)中进行反应。该工作始于 1960 年。华盛顿大学的 Arthur Kornberg (图 2－3)分离纯化了大肠杆菌负责合成 DNA 的酶：DNA 聚合酶Ⅰ(polⅠ)。他发现体外合成 DNA 需要聚合酶Ⅰ、四种脱氧核苷三磷酸(dNTP)、双链 DNA 模板和 Mg^{2+}。

结果发现，DNA 聚合酶Ⅰ并非参与 DNA 合成的主要物质。冷泉港实验室的 John

图 2-3　Arthur Kornberg
(承蒙 Stanford University 许可引用)

Cairns 发现大肠杆菌编码聚合酶Ⅰ的基因突变后，表现一定的异常，但是仍然能够复制 DNA。随后发现大肠杆菌中主要的 DNA 聚合酶是聚合酶Ⅲ(polⅢ)。聚合酶Ⅰ(polⅠ)的作用是第二位的。

DNA 复制时为何总是在延伸链的 3′OH 添加核苷?

研究 DNA 结构发现，每个脱氧核糖由 5 个碳组成，分别标记为 1′→5′。磷酸与邻近的两个糖的 5′和 3′碳形成共价键，将两个糖结合起来。邻近的两个糖通过单磷酸中的氧连接形成酯，称为磷酸二酯键。在研究过的每种生物中，DNA 合成中新掺入的核苷总是加到 3′碳上。因此，我们将 DNA 合成称作 5′→3′。理论上，也可能添加核苷到 5′，3′→5′合成 DNA，但是实际上未发生。原因可能是，DNA 合成时，DNA 聚合酶出错的概率是万分之一。DNA 聚合酶具有编辑活性，也就是说，它们可以追踪错误添加核苷的位置，删除该错误添加的核苷，并用正确的核苷取代。添加核苷所需的能量由进入的核苷三磷酸的磷酸二酯键断裂产生。如果合成的方向为 3′→5′，在 DNA 编辑时，则聚合酶无三磷
40 酸中键断裂产生形成新键的能量。通过演化，总是在 5′→3′方向添加新核苷解决该问题(图 2-4)。

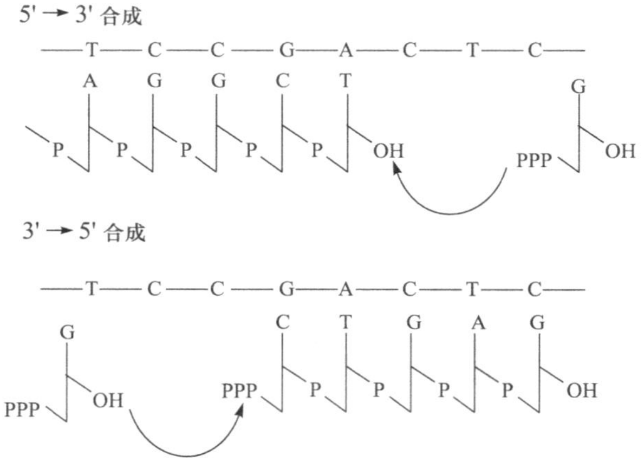

图 2-4　DNA 合成总是 5′→3′

上图：DNA 合成，新核苷添加到老 DNA 链的 3′羟基。下图：如进行 3′→5′合成，核苷添加到老 DNA 的 5′磷酸。两种情况下将三磷酸变成单磷酸产生的能量都足够形成磷酸二酯键。虽然从能量角度上，两个方向的合成都可能，但是自然界不存在 3′→5′合成。

如果合成总是 5′→3′，DNA 又是反平行链，方向相反，那么两条链如何复制呢？一种可能是从一端开始，拷贝好一条链后，再开始另外一条链的拷贝。但研究发现两条链的复制同时发生，而且只进行一个方向。这个问题是名古屋大学的 Reiji Okazaki 解决的。他发现复制过程中，形成小的单链 DNA 片段。Okazaki 推测 DNA 的一条链(前导链)在 5′→3′方向连续合成。第二条链(后随链)的合成也是按照 5′→3′方向，但是以不连续、小片

段的方式合成。这些小片段，被称为冈崎片段，最后连接成为连续的链条（图 2-5）。

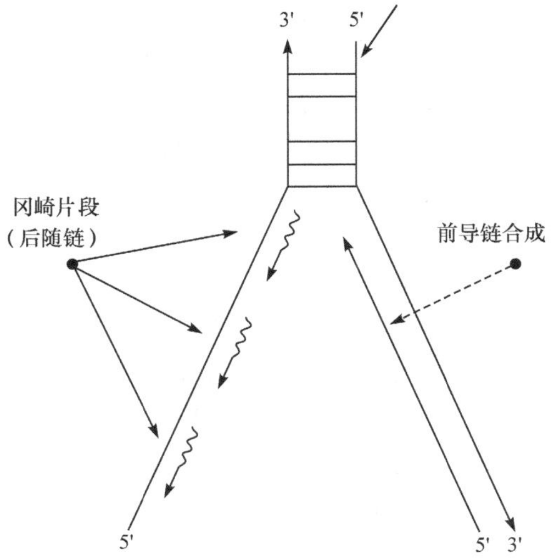

图 2-5 前导链和后随链的合成

双链 DNA 复制前，必须局部解链，使 DNA 聚合酶得以进入。5′末端为分支点的链连续合成 DNA，此即前导链合成。但是，另外一条链的合成并不连续。引发酶每几百个核苷添加 RNA 引物。DNA 聚合酶利用这些引物合成下一段引物，生成称为冈崎片段的短 DNA 片段。RNaseH 切除 RNA 引物，DNA 聚合酶将核苷填补缺口，然后将冈崎片段连接起来。这个不连续的 DNA 合成过程称为后随链合成。

DNA 聚合酶需要引物和其他元件

DNA 聚合酶只能在现有 DNA 片段的 3′端加入核苷。这可能产生一个悖论。如果总需要一个现存的 DNA 片段，那么第一个 DNA 片段来自何方？答案是引发酶合成小片段 RNA，称为 RNA 引物，然后聚合酶启动 DNA 的合成。引发酶是 RNA 聚合酶。与所有 RNA 聚合酶一样，它无需引物即可启动合成。另外一个酶 RNase H 随后去除引发酶合成的 RNA 引物，DNA 取代成为引物。RNase H 特异性降解与 DNA 杂交的 RNA，DNA 聚合酶Ⅰ将 DNA 拿来填补去除 RNA 后形成的空档（这也解释了 DNA 聚合酶Ⅰ的作用）。

合成 DNA 需要其他几个元件（图 2-6）。双螺旋必须打开并解螺旋，聚合酶才能靠近 DNA。DNA 解旋酶负责该工作，该酶发挥作用需要 ATP 提供能量。但是解旋酶自身却产生了一个问题。随着双螺旋的解开，可能形成过度缠绕的 DNA，最后使分子打结（为理解这个概念，可以将两条线扭曲为螺旋。捏住线的两头，其他人的手指

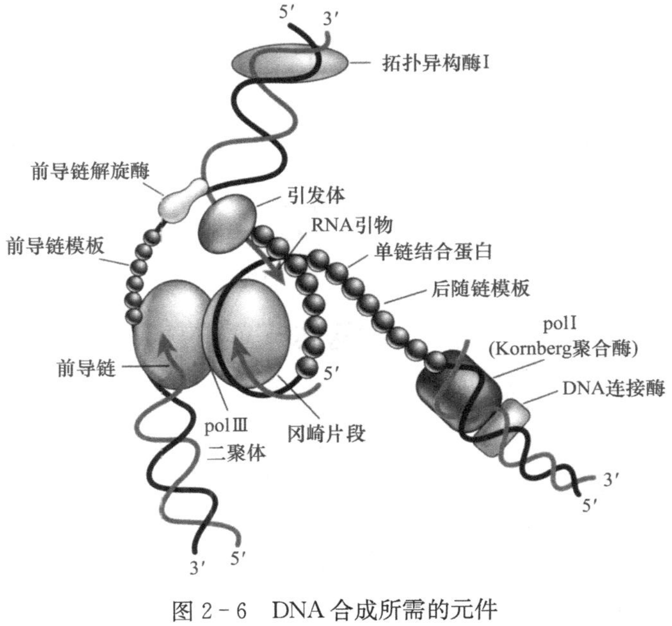

图 2-6 DNA 合成所需的元件

放在两条线之间，随着手指向一端移动，后面的线变松，而手指前面的线变紧。DNA 解旋酶解开 DNA 时也恰好会遇到这种情况）。拓扑异构酶Ⅰ将过度缠绕的 DNA 的一条链切断，允许解旋酶逐个解开，然后将末端重新连起来。通过拓扑异构酶的反复作用，可以缓
42 解 DNA 解旋酶导致的 DNA 绷紧状态。

复制过程中，DNA 必须打开方能复制。但是，碱基配对使单链 DNA 重新形成双链 DNA。特异性结合单链 DNA 的蛋白称为单链 DNA 结合蛋白（SSB），抑制双链 DNA 形成。最后，后随链合成过程中，冈崎片段必须连接起来。连接酶负责这一个步骤。

DNA 合成起始于特定的序列——复制起点

不同的研究都发现 DNA 复制起始于特定的序列——复制起点（*ori*）。简单生物可能只有一个复制起点，而多数生物具有启动 DNA 合成的多个起点。对真核生物的研究发现，蛋白复合物在 *ori* 处形成，这些蛋白质与复制机器的组分相互作用。大肠杆菌中，单一的 *ori* 称为 *ori*C（图 2－7）。

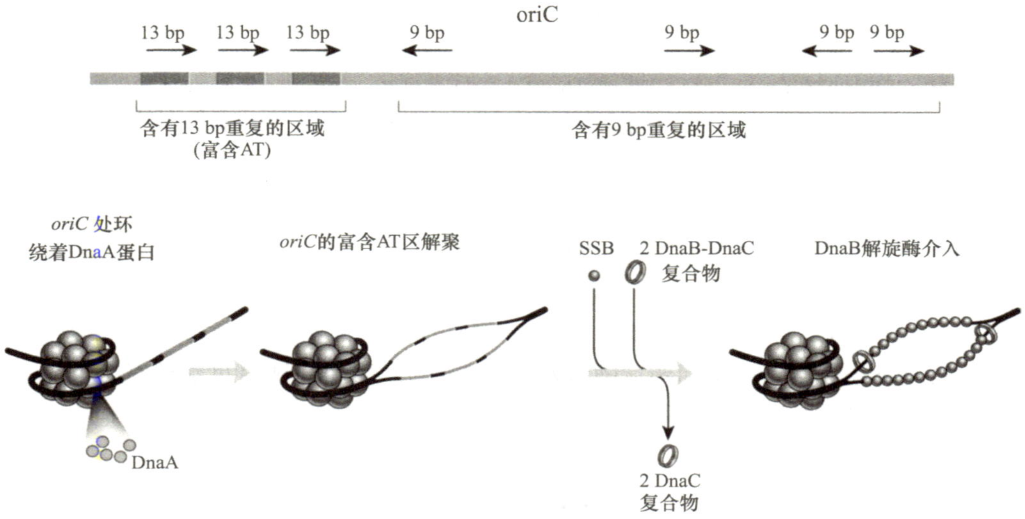

图 2－7　DNA 复制在 *ori*C 处起始

E. coli 的 *ori*C 含有两个区域。其中一个含有 4 个 9bp 的重复，另外一个区域含有 3 个富含 13AT 碱基的重复序列。随着细胞的生长和临近细胞分裂，DnaA 蛋白积累，水平逐渐提高，直至形成一个复合体，与 *ori*C 结合。结合导致临近的富含 AT 区域解聚为单链。单链结合蛋白抑制单链重新聚合为双链 DNA。同时，2 个 DnaB-DnaC 复合体进入，DnaC 从 DnaB 释放，激活其解旋酶活性。RNA 聚合酶形成前导链合成需要的引物，引发酶产生后随链合成所需的引物。DNA 聚合酶Ⅲ则开始复制 DNA。

第三节　染色体末端的复制

真核生物的复制更加复杂，但是基本过程相同。主要的差异在于：细菌基因组为环状，而真核生物的染色体为线状。染色体末端称为端粒，端粒中含有许多重复序列。DNA 合成过程中，这些末端无法产生引物完成后随链的合成。特殊的 DNA 聚合酶——端粒酶负责解决该问题。端粒酶为反转录酶，也就是说可以利用 RNA 作为模板，合成 DNA。端粒酶携带的 RNA 分子可以和染色体未复制末端的碱基配对，形成端粒酶的模板。端粒酶复制 RNA 为 DNA，并重复该过程，形成染色体末端的重复序列。但是，端粒

酶只在生殖细胞中找到，因此，细胞每复制一次 DNA，体细胞中端粒的重复序列就缩短一次。该缩短过程被视为一种生物钟，缩短的端粒与衰老和肿瘤有关(图 2-8)。 43

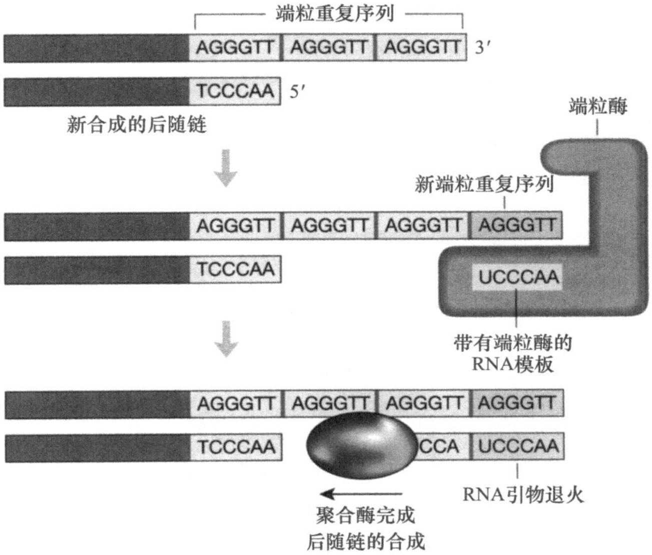

图 2-8　端粒酶发挥作用的模型

线性 DNA 合成最末端的 DNA 链存在一个问题：没有引物完成后随链的合成。端粒酶负责解决该问题。端粒酶利用其携带的 RNA 作为引物在前导链末端加入新的端粒重复序列。不同的 RNA 引物与加入的序列退火，作为引物，完成后随链合成。

第四节　从 DNA 到蛋白质

复制仅仅为 DNA 结构－功能问题的一半。更困难的问题是，仅由四种核苷(腺嘌呤、胸腺嘧啶、胞嘧啶和鸟嘌呤)组成的大型 DNA 分子如何作为模板，合成如此众多差异的蛋白质？核苷是蛋白质合成的一种密码吗？密码如何解读？已知蛋白质合成与核糖体有关，但是这个过程如何进行？ 44

开始，多数研究集中在 DNA 上，分子生物学的工作主要以细菌和噬菌体为对象进行。但是，蛋白质不能直接从 DNA 合成的研究证据来自真核生物。真核生物的 DNA 位于细胞核中，而蛋白质合成位于细胞质内(当然，细菌没有细胞核)。因此，推测遗传信息一定是通过某种中间产物，从细胞核中的 DNA 传递给细胞质。

图 2-9　Paul Zamecnik
(承蒙 the National Library of Medicine 许可引用)

20 世纪 50 年代中期，主要是 Paul Zamecnik(图 2-9)实验室的工作证明大鼠肝细胞中的蛋白质合成主要在细胞质内进行，合成在微粒体(RNA 和蛋白质组成的大分子)上进行。现在我们称微粒体为核糖体。Zamecnik 多数工作利用无细胞体系完成(图 2-10)。主要是破碎细胞，分离核中可溶性细胞质组分和不溶性成分，如细胞膜和线粒体。利用可溶性提取物进行的研究发现核糖体是合成蛋白质的主要细胞器。综合这些实验以及他人的数据，提出了一个基因一个核糖体一个蛋白质合成的假说。该假说认为：每个基因确定一个核糖
45 体的合成，核糖体再产生特定的蛋白质。

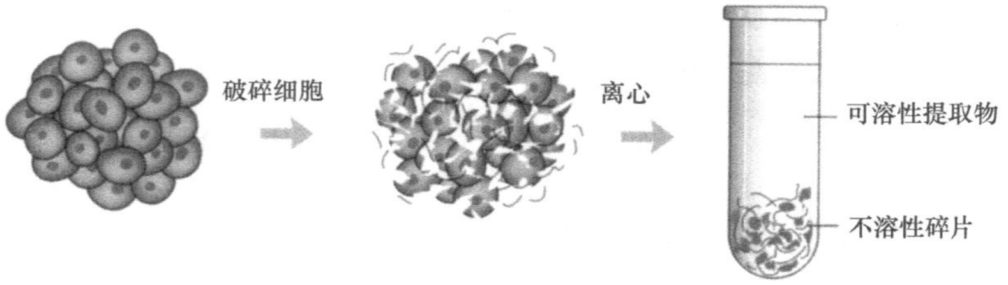

图 2－10　无细胞提取物

Paul Zamecnik 通过破碎细胞，离心去除不溶性碎片获得可用于高效合成蛋白质的无细胞提取物。这与今天获得无细胞提取物的方法非常类似。

1960 年，许多科学家开始怀疑这个模型。注意力转向可能存在的某些信息分子，携带蛋白质合成的信息，从核传递给核糖体。同时，伊利诺伊大学的 Benjamin Hall 和 Sol Spegelman 等的实验显示 DNA 序列与 RNA 序列互补(图 2－11)。Hall 和 Spegelman 利用噬菌体 T2 感染细菌。然后从被感染的细菌分离噬菌体 T2 的 RNA 和 DNA。热变性 T2 DNA 为单链，与 300mmol/L NaCl 的 T2 RNA 混合，缓慢冷却 DNA/RNA 混合物。分别用氯化铯密度梯度离心样品，单链 RNA 和双链 DNA。DNA 密度较 RNA 轻，因此靠近梯度顶端，而 RNA 密度较大，位于梯度底端。他们发现了 DNA-RNA 异源双链形成的中间密度的分子。之所以形成 DNA-RNA 异源双链是因为 T2 DNA 和 RNA 之间的碱基配对，这显示这些分子互补。该研究说明 RNA 是 DNA 序列的复制品。

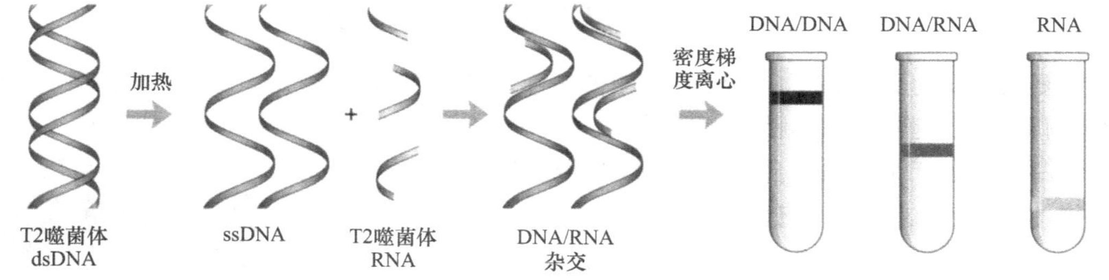

图 2－11　RNA 直接复制于 DNA

Benjamin Hall 和 Sol Spiegelman 的研究中，分离 T2 噬菌体的双链 DNA(dsDNA)，煮沸使其变性为单链 DNA(ssDNA)。ssDNA 与 T2 噬菌体 RNA 混合，使其杂交。氯化铯梯度中，DNA-RNA 混合物平衡所在的位置介于 DNA 和 RNA 之间。因此，Hall 和 Spiegelman 表明 T2 噬菌体的 DNA 和 RNA 形成了杂交分子。

两组独立进行的实验最后排除了一个基因一个核糖体假说。一组是 Sydney Brenner、François Jacob、Mattew Meselson 进行的，另外一组是 François Gros、James Watson、Walter Gilbert 进行的。他们的实验指出每个基因未确定核糖体的合成，DNA 才是合成信使 RNA 的模板，信使 RNA 携带信息，从细胞核传递给核糖体。第一个小组将 T4 噬菌体感染的大肠杆菌用作模式系统。已知 T4 感染后几分钟内，大肠杆菌只合成 T4 特异性的 RNA 和蛋白。他们推测感染后合成的任何一个 RNA 都是 T4 噬菌体特异性的。

他们先将细菌在含有重同位素^{15}N 和^{13}C 的培养基上培养多代。把细胞所有组分都标记上。T4 噬菌体一感染，他们立即将细胞转移到含有轻同位素^{14}N 和^{12}C 的培养基，这样感染后合成的核糖体将标记上轻同位素。从感染的细胞分离核糖体，氯化铯密度梯度离心分离核糖体。梯度离心重核糖体分为两个峰——30S 和 50S 两个亚基。两个亚基一起为 70S 核糖体的前体。他们分析梯度时发现，只有重同位素标记的 70S 和 30/50S 峰。并无证据表明存在新合成的轻同位素标记的核糖体。 *46*

第二组的实验表明新 RNA 在 T4 感染后合成。噬菌体感染后，研究人员立即将放射性标记的尿嘧啶(^{14}C 标记)加入到轻培养基，以标记新合成的 RNA(RNA 利用尿嘧啶而不是胸腺嘧啶，^{14}C 标记的尿嘧啶特异性掺入 RNA 中)。如前一个实验，采用氯化铯密度梯度离心分离核糖体。他们发现新合成的 RNA 与完整核糖体的 70S 重核糖体峰结合在一起，蛋白质也在该处合成。

脉冲追踪(pulse chase)实验证明新合成的 RNA 非常不稳定，很容易被降解。而核糖体则可以稳定存在多代。噬菌体感染时，瞬间添加^{14}C 标记的尿嘧啶到轻培养基(即"脉冲")，来获得高度标记的或者说是"热"的 RNA。然后，加入一百倍过量未标记尿嘧啶("示踪")，其后合成的 RNA 不能被标记，或者很少被标记("冷")。起始脉冲后，^{14}C 标记的 RNA 峰与 70S 核糖体结合在一起。但是，添加冷尿嘧啶的 RNA 样品不那么热，追踪 *47* 16 分钟后，几乎检测不到标记 RNA。这样，热 RNA 更新了一次，迅速被为标记的 RNA 取代。该实验显示 mRNA 在细胞内存在极短的时间——几分钟(图 2-12)。

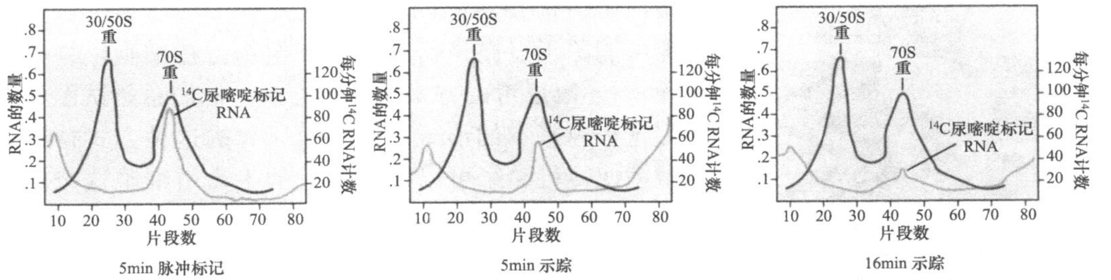

图 2-12　新合成的 mRNA 结合 70S 核糖体，半衰期很短

T4 感染大肠杆菌后，立即加入^{14}C 标记的 1 尿嘧啶。几分钟脉冲标记后，加入过量 100 倍的未标记的尿嘧啶，以稀释标记的尿嘧啶。脉冲过程中，重 mRNA 降解，标记较少的 mRNA 迅速取代重 mRNA。这个实验表明随着时间延长，标记的 mRNA 迅速消失。

第五节　RNA 的合成

1955 年，伊利诺伊大学的 Marianne Grunberg-Manago 和 Severo Ochoa 描述了他们发现的催化合成 RNA 的酶。这些酶似乎与 RNA 聚合酶的性质不同，而是负责将 DNA 的信息转录为 RNA。缺乏 DNA 模板时，该酶能够连接 rNTP 为聚 rNMP。不久，他们确实得到了多聚核苷酸磷酸酶，该酶一般催化 RNA 的降解，而非 RNA 合成。

1960 年，Jerard Hurwitz、Samual Weiss 分别独立发现了第一个真正的 RNA 聚合酶。该酶需要 DNA 模板，添加核苷合成 RNA。大肠杆菌的 RNA 聚合酶(图 2-13)包括 5 个蛋白质，总分子质量为 50 万道尔顿(dalton)。

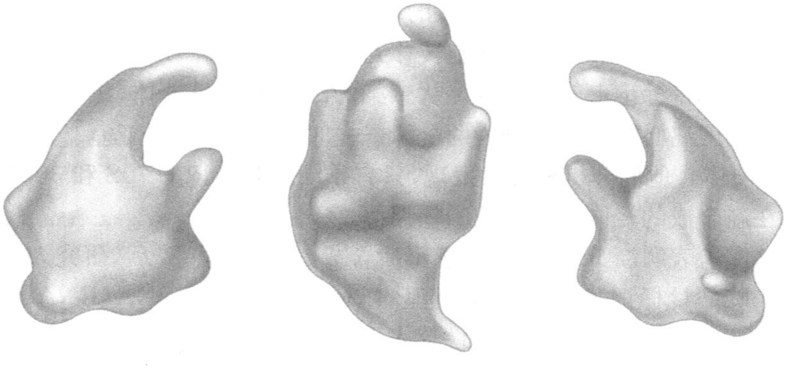

图 2－13　大肠杆菌 RNA 聚合酶全酶的三个侧面图

真核生物具有三种不同的 RNA 聚合酶（Ⅰ、Ⅱ、Ⅲ），每个酶负责合成不同类型的 RNA 分子。RNA 聚合酶Ⅰ合成核糖体 RNA，聚合酶Ⅱ负责合成信使 RNA，聚合酶Ⅲ负责合成小 RNA 分子，包括转运 RNA 和 5S 核糖体 RNA。

RNA 聚合酶如何知道 DNA 转录为 RNA 的起止呢？如何知道一个基因的起点和终点呢？这些是第三章要解决的问题。

48

第六节　蛋白质与氨基酸

图 2－14　Theodor Schwann（承蒙 the National Library of Medicine 许可引用）

对蛋白质结构和功能的了解要较 DNA 早得多。对蛋白质的兴趣可能源于显微镜研究细胞和组织。在细胞生物学的起始阶段，科学家思考的方式是还原论型。他们总是试图将生命还原为越来越基本的形式。生物学研究的这种方式持续至今。显微镜使得科学家可以推导所有的生命由细胞这个基本的单元构成。但是，细胞并非最简单的结构。细胞还具有亚细胞结构（细胞器如线粒体等）。显然，细胞器还可以还原为构成它们的元件，但是显微镜学家们遇到了障碍。他们不能看到比细胞器更小的东西。因此，他们推测需要分开细胞和组织，才能揭示组成它们的更小的结构。提出细胞理论的组织学家 Theodor Schwann（图 2－14）认为细胞是所有生命的基本单位，他也是第一个酶——胃蛋白酶的发现者。他从动物的胃分离了胃蛋白酶，发现该酶负责消化食物。当时，他还不知道胃蛋白酶特异性降解蛋白质。

胃蛋白酶的分离开创了生化研究的繁荣时期。其间研究了许多介导生物过程的酶。其他蛋白质，如血液中很丰富的白蛋白也被分离，进行了性质研究。1839 年，Gerhardus Johannes Mulder 分析了几种纯化的蛋白质，确定其化学组分主要是碳、氢、氧、氮以及痕量元素硫和磷。其他研究诸如酵母发酵过程还发展了纯化酶的不同方法。一旦纯化了酶，就可以进行更详细的研究。很快就发现蛋白质由更简单的分子——氨基酸（图 2－15）组成。顾名思义，氨基酸由氨基和羧基组成。蛋白质在稀酸中温和水解，降解为氨基酸。1820 年，法国化学家 Henri Braconnot 利用该方法鉴定了凝胶中第一个氨基酸——甘氨酸。其后的90年间，发现了更多的氨基酸。20世纪早期，所有20种天然氨基酸及其结构都已知道。所有氨基酸具有共同的核心结构，差异在于侧链（R基团）。蛋白质的性质包括组成它的氨基酸的性质。

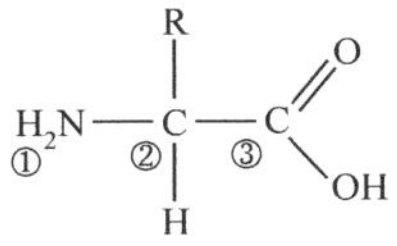

图2-15　氨基酸的一级结构
①氨基；②α-碳；③羧基。R为可变结构，每个氨基酸的独特性表现于R。

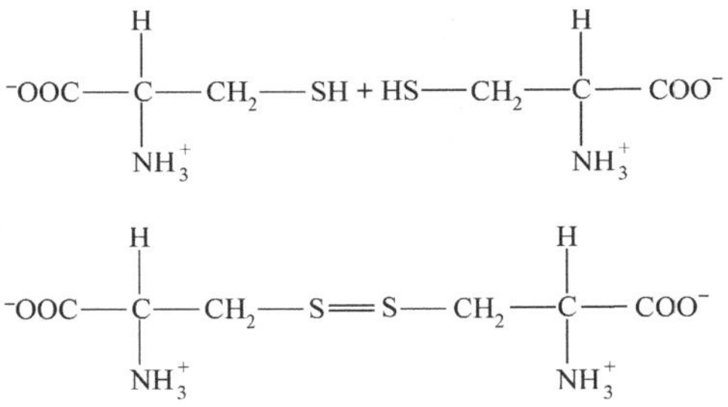

图2-16　半胱氨酸之间形成二硫键

部分氨基酸如丙氨酸仅仅具有烷基侧链。烷基不活跃，也不溶于水，因此丙氨酸归入非极性或者疏水氨基酸。极性或者亲水氨基酸具有能够与水相互作用的侧链。该组氨基酸具有活性侧链，也就是能够与其他分子形成共价键。这些氨基酸称为带电氨基酸。半胱氨酸能够与其他半胱氨酸形成共价键。半胱氨酸侧链含有巯基（—SH），两个半胱氨酸之间形成二硫键（S—S）（图2-16）。二硫键是维持蛋白质三维结构的关键，也是蛋白质 49
之间联系的关键。图2-17示组成蛋白质的20种氨基酸，图2-18示肽键。

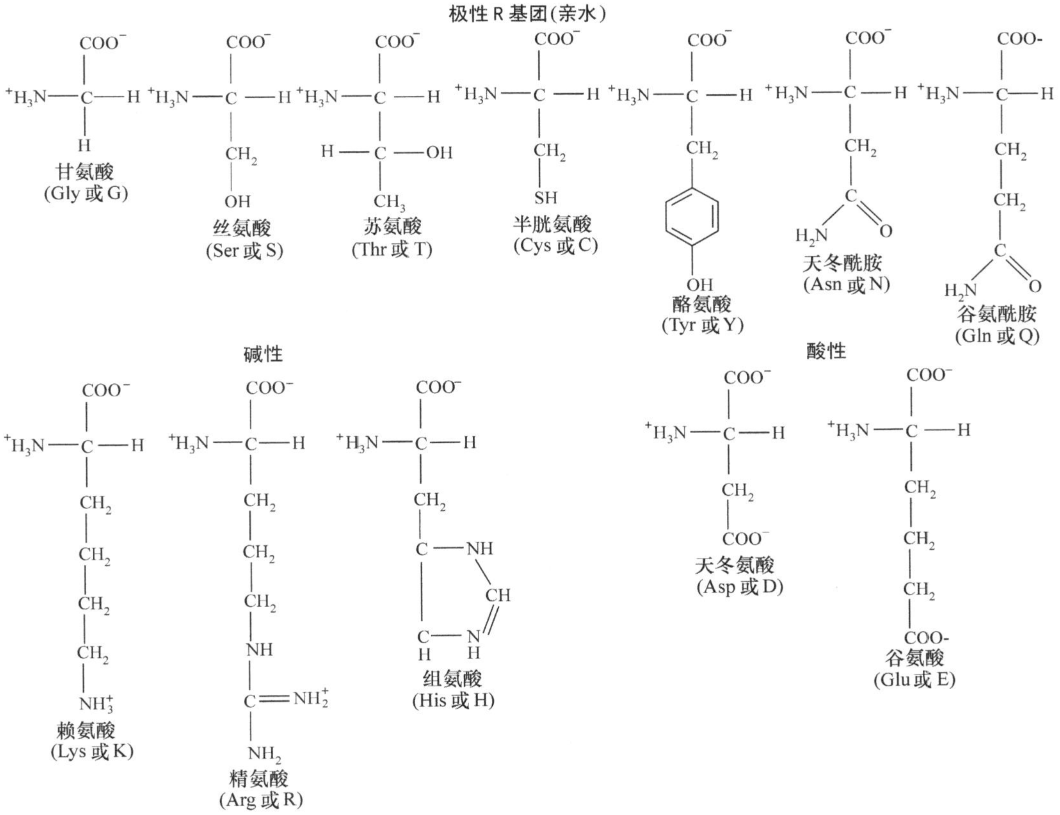

图2-17　组成蛋白质的20种氨基酸的结构

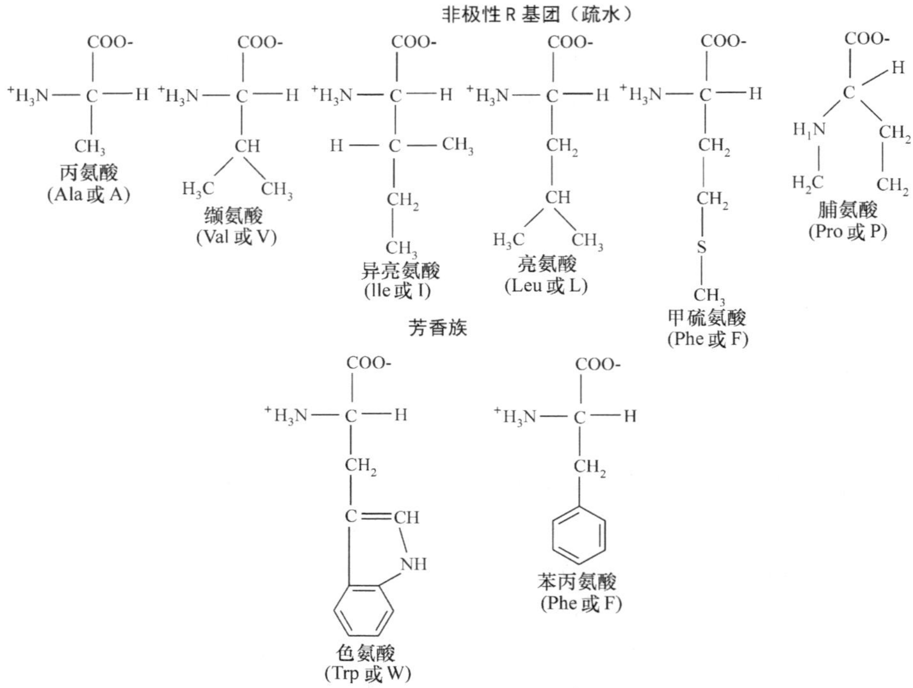

图 2－17　组成蛋白质的 20 种氨基酸的结构(续)

侧链决定每个氨基酸的特性。

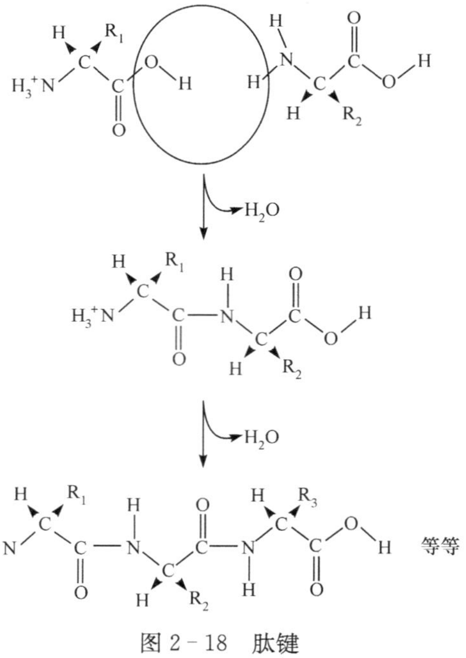

图 2－18　肽键

肽键将氨基酸连接为蛋白质或多肽。一个氨基酸的羧基与延伸肽链上的新氨基酸的氨基连接。失去一分子水，因此称为缩合反应。

1901 年，生化学家 Hermann Emil Fisher(图 2 - 19)发现 50
了氨基酸如何连接为线性链，形成肽和蛋白质。氨基与羧基结合形成肽键。蛋白质是氨基酸通过肽键作用形成的线性分子。蛋白质在其一端往往具有氨基(N 端或者氨基端)，另外一端为羧基(C 端或者羧基端)。不难理解蛋白质为何是线性，因为合成它们的信息在线性 DNA 分子内。

图 2 - 19　H. Emil Fischer，(承蒙 the National Library of Medicine 许可引用)

蛋白质成为生化研究的焦点，直到今天，蛋白质还被认为是生命的重要分子。蛋白质可以形成胶原，构成骨和肌腱。催化生化反应的酶也是蛋白质。酶的特异性表现在仅对特定底物有效。例如，己糖磷酸激酶结合一分子的葡萄糖，添加一分子磷酸到葡萄糖上。己糖磷酸激酶对其他糖，即使是与葡萄糖几乎相同的糖也没有作用。1894 年，Fisher 将酶仅与特异性
底物结合称为“锁钥”模型(图 2 - 20)。 51

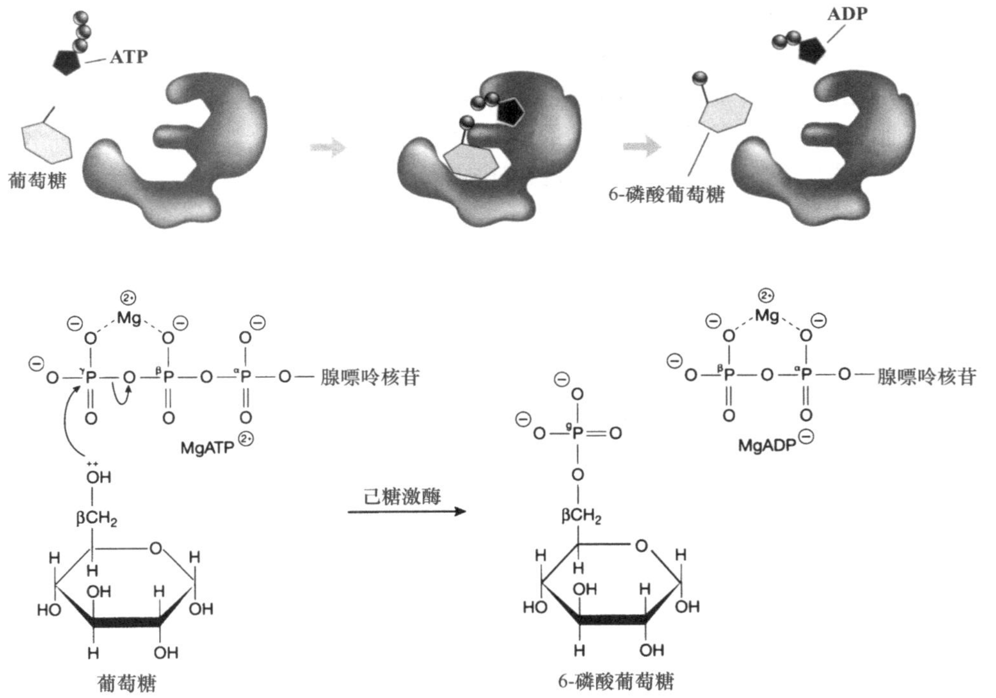

图 2 - 20　己糖激酶的作用机制

己糖激酶结合 1 分子 ATP 和 1 分子葡萄糖。通过将这两个分子拉到一起，激酶可以直接亲核攻击 ATP 末端磷酸上的葡萄糖羟基。

第七节　胰岛素的一级结构

20 世纪早期，科学家已经知道蛋白质是氨基酸通过肽键形成的线性分子。每个蛋白质的性质可能是组成它的氨基酸性质的总和。另外，除氨基酸组分外，氨基酸连接的顺序也是蛋白质独特性质的一部分。

1943 年从剑桥大学获得生物化学博士学位后，Frederick Sanger 专注于蛋白质测序。他的第一个贡献是发展了利用染料 1-氟-2，4-二硝基苯（FDNB）测定氨基酸末端的方法（图 2－21）。FDNB 处理标记每个蛋白质末端的 N 端氨基基团。酸水解肽键，将蛋白质
52 分解为其组分氨基酸。N 端氨基酸是惟一被标记的，因此容易鉴别。

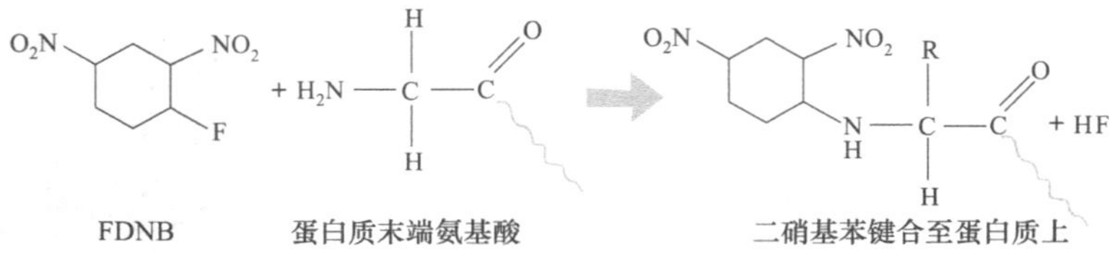

图 2－21　Sanger 的 FDNB 反应

1-氟-2，4-二硝基苯（FDNB）攻击肽链末端的游离氨基，形成二硝基苯氨基酸，呈黄色。通过光谱仪可以检测颜色的变化。

Sanger 将其方法应用于胰岛素发现了两个氨基末端：甘氨酸和苯丙氨酸（图 2－22）。这说明胰岛素由两条肽链组成。他利用温和的酸破坏二硫键，分别收集、分开研究。这时，他已经能够测定短肽。为获得 A 和 B 肽的完整序列，他利用蛋白酶（切割蛋白质的酶）和化学试剂将肽断裂为许多小的重叠片段。然后确定每个片段的序列。通过鉴别重复部分，他能够对片段排序，1953 年最终确定了全序列。后来，他还发展了对 RNA 和 DNA 测序的方法。Sanger 测序法是现在还在采用的主要方法。

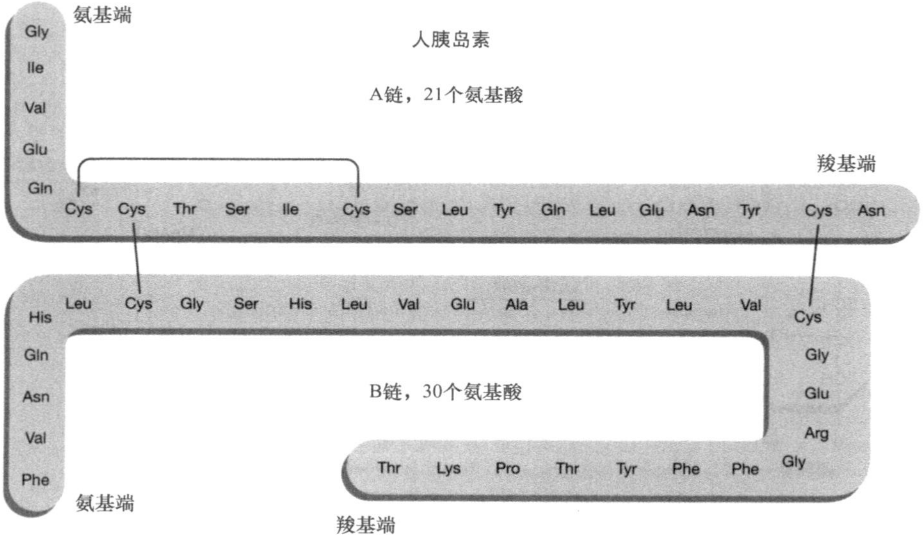

图 2－22　胰岛素的氨基酸序列和结构

人胰岛素包括两条肽链（A 链和 B 链）。两条链通过半胱氨酸之间的二硫键连接。人胰岛素和 Sanger 测序的牛胰岛素的序列基本相同。

第八节　遗传密码

53 如上述研究所示，基因提供合成蛋白质的信息，该信息被转录为 mRNA。后者与核

糖体结合，在核糖体处合成蛋白质。然后呢？DNA 携带的信息如何准确储存？如何翻译为蛋白质？答案在于 DNA 为线性分子，转录为线性的 mRNA 分子，再翻译为线性的蛋白质序列。这样，DNA 中线性排列的核苷是遗传信息的密码。

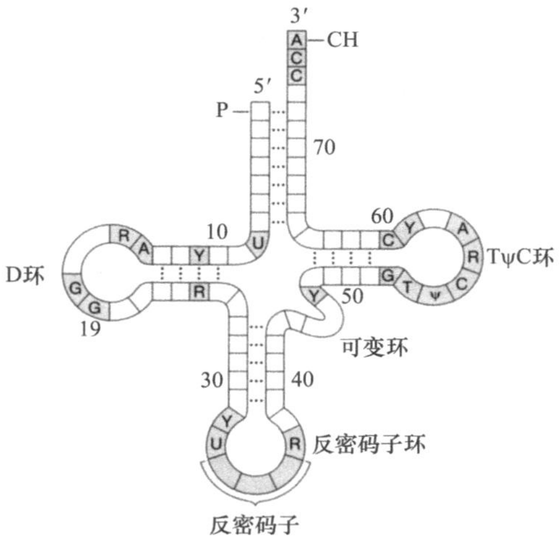

图 2-23　典型 tRNA 的结构

所有 tRNA 都具有相同的三叶草形状。不同的 tRNA 之间的序列相当保守。图中强调的核苷(除反密码子外)都是保守的。

密码问题经过多年实验得到了清晰的解释。氨基酸有 20 多种，而核苷只有四种(缩写为 A、C、G、T)。核苷要成为氨基酸密码，须被成组阅读。编码 20 种不同氨基酸所需要的每组核苷最少为 3 个。Françis Crick 和 Sydney Brenner 称核苷三联体为密码子。

Robert Holley 的研究对象是我们今天称为转运 RNA 或 tRNA 的小 RNA[70～80 个核苷(图 2-23)]。有趣的是，tRNA 末端具有 3′ 共价结合的氨基酸。Paul Zamecnik 和 Mahlon Hoagland 发现了一组酶——氨酰基 tRNA 合成酶，负责运输特定的氨基酸到相应的 tRNA。Holley 等人测定了 tRNA 序列，这些 tRNA 都具有三维结构。序列分析发现每个 tRNA 的环结构中含有三核苷的长序列。这一序列现在称为反密码子，使每个 tRNA 特异性(携带特异性氨基酸)，与 mRNA 相应的密码对应。 54

1966 年，Marshall Nirenberg 和 Gobind Khorana 破译了遗传密码(图 2-24)。Nirenberg 向无细胞提取物中加入了合成的全部含有尿嘧啶的 RNA(密码子为 UUU-

密码子第二位置(中间碱基)

密码子第一位置(5′端)	U	C	A	G	密码子第三位置(3′端)
U	UUU Phe	UCU Ser	UAU Tyr	UGU Cys	U
	UUC Phe	UCC Ser	UAC Tyr	UGC Cys	C
	UUA Leu	UCA Ser	UAA Stop (Ochre)	UGA Stop	A
	UUG Leu	UCG Ser	UAG Stop (Amber)	UGG Trp	G
C	CUU Leu	CCU Pro	CAU His	CGU Arg	U
	CUC Leu	CCC Pro	CAC His	CGC Arg	C
	CUA Leu	CCA Pro	CAA Gln	CGA Arg	A
	CUG Leu	CCG Pro	CAG Gln	CGG Arg	G
A	AUU Ile	ACU Thr	AAU Asn	AGU Ser	U
	AUC Ile	ACC Thr	AAC Asn	AGC Ser	C
	AUA Ile	ACA Thr	AAA Lys	AGA Arg	A
	AUG Met	ACG Thr	AAG Lys	AGG Arg	G
G	GUU Val	GCU Ala	GAU Asp	GGU Gly	U
	GUC Val	GCC Ala	GAC Asp	GGC Gly	C
	GUA Val	GCA Ala	GAA Glu	GGA Gly	A
	GUG Val	GCG Ala	GAG Glu	GGG Gly	G

图 2-24　遗传密码

UUU-UUU……),产生了全部由苯丙氨酸组成的蛋白质。这表明序列 UUU 编码的氨基酸为苯丙氨酸。

Khorana 擅长合成 RNA 分子。随后的几年,尝试了所有可能的mRNA,得到了mRNA翻译为氨基酸的遗传词典。几乎所有的蛋白质合成都从甲硫氨酸起始,甲硫氨酸的密码子(AUG)代表蛋白质合成的起始信号(图 2-25)。UAA、UAG 和 UGA 是终止翻译的停顿符号,它们没有天然的 tRNA(相应的反密码子)。

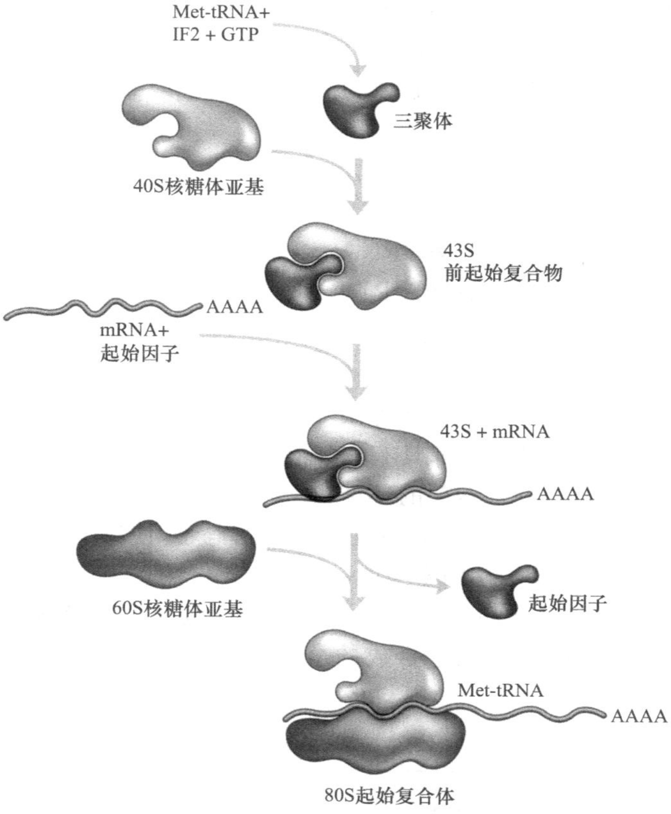

图 2-25 真核生物蛋白质合成的起始

起始因子(IF)、mRNA、Met-tRNA、40S 和 60S 核糖体亚基一起形成 80S 起始复合体。这个过程分成几步。首先是 Met-tRNA、IF2 和 GTP 形成三聚体。三聚体结合 40S 核糖体亚基,以及其他 IF 和 mRNA 形成 43S 前起始复合物。最后,几个 IF 和 GTP 释放为 60S 核糖体亚基,与 43S mRNA 一起形成 80S 起始复合体。

有趣的是,只有甲硫氨酸和色氨酸两个氨基酸只有一个密码子,所有其他氨基酸都有两个以上不同的密码子。因为冗余性(更典型的称为简并性或者摆动性),DNA 的单个碱基变化往往并不改变蛋白质的氨基酸。例如,任何以 GG 开始的密码,不管第三位是什么核苷(GGU、GGC、GGA、GGG)都编码甘氨酸。因此改变这些密码子的最后一个碱基并不影响蛋白质的氨基酸序列。DNA 序列改变如果导致编码的蛋白质改变,则可能导致人

55 类疾病等剧烈效应。

现在，我们已经知道如何制造蛋白质。从 DNA 合成 mRNA，mRNA 与核糖体结合，56
核糖体是蛋白质合成的场所。tRNA 运输氨基酸，其反密码子与 mRNA 密码子的碱基配对。细菌和真核生物的过程非常类似。

第九节 蛋白质合成

从 mRNA 合成蛋白质的过程称为翻译，分为三步：起始、延伸和终止（图 2 - 26）。起始远离核糖体和 mRNA。基本上所有 mRNA 上的蛋白质合成起始于三联体 AUG，编码甲硫氨酸。翻译起始需要荷载甲硫氨酸的 tRNA。该氨基酸称为甲酰基甲硫氨酸（f-Met），修饰后，起始需要的 tRNA 为 f-Met-tRNA。f-Met-tRNA 结合起始因子 2 和 1 分子 GTP（一起成为三聚体）。三聚体结合核糖体的 40S 小亚基，形成前起始复合物。mR-
NA 同时结合几个起始因子，然后再结合前起始复合物。前起始复合物进入 mRNA 的 5′ 57
端，滑入 AUG，此处是大核糖体亚基（60S）结合其他因子的地方，形成完整的核糖体（起始复合物）。起始过程结束。

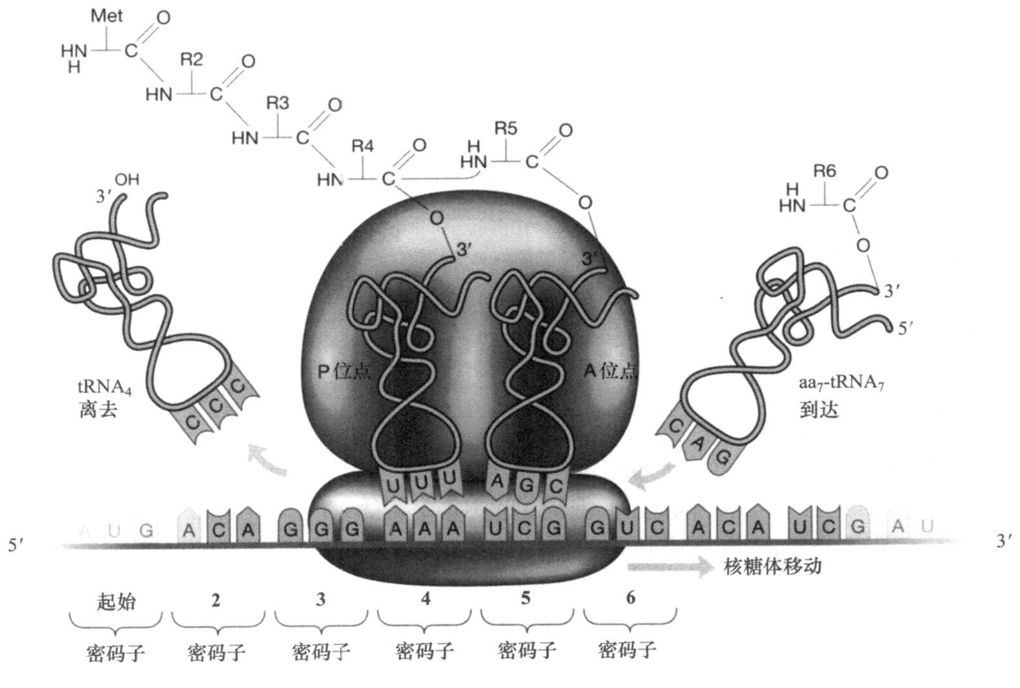

图 2 - 26 RNA 翻译为蛋白质

延伸期，连续加入氨基酸形成多肽链（图 2 - 27）。核糖体上有三个位置。P 位（peptidyl），是延伸的蛋白停留的地方，tRNA 将其维持在核糖体内。新 tRNA 进入氨酰基位点，伴随延伸因子 Tu（elongation factor Tu，EF-Tu）和结合的 1 分子 GTP（EF-Tu-GTP）。EF-Tu 确保正确的tRNA进入 A 位。EF-Tu 释放后，新氨基酸通过肽键加入到延伸的肽链中。多肽从前面 P 位的 tRNA 释放。延伸因子 G(EF-G)与 1 分子 GTP 共同进入。GTP 水解，整个复合物滑到下一个三联体密码，EF-G 释放。P 位的 tRNA 移动到 E(exit，退出)位，并从核糖体释放。A(aminoacyl)位的 tRNA 携带延伸的蛋白滑动到 P

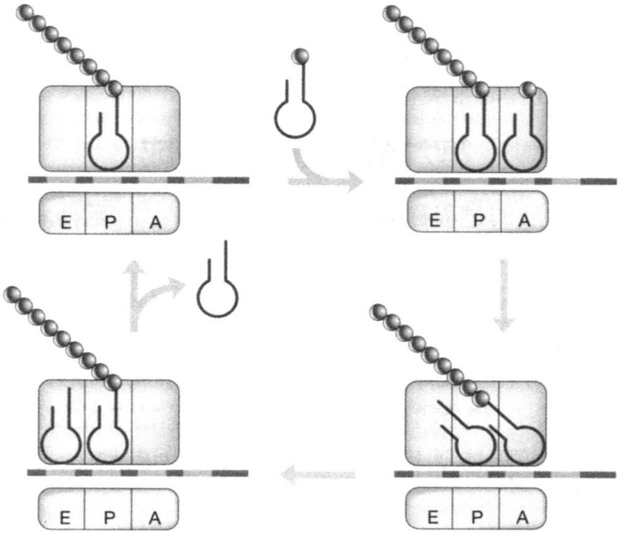

图 2-27　蛋白质合成的延伸期

蛋白质合成过程中，mRNA-核糖体复合物上具有三个位点，分别称为 P 位、A 位和 E 位。每个循环中，延伸的肽链连接在占据 P 位的 tRNA。荷载的 tRNA 进入 A 位。新氨基酸形成肽键的同时释放其 tRNA。新 tRNA 连接上肽链，滑到 P 位，原来位于 P 位的老 tRNA 滑入 E 位并释放。循环又开始进行。

位。A位空缺，下一个 tRNA 进入，该过程继续。

遇到终止密码，蛋白质合成结束，终止过程开始。终止过程需要几个识别终止密码子的释放因子——没有对应 tRNA 的三联体密码。GTP 水解释放 tRNA 上最后的氨基酸，蛋白质释放，核糖体解散。

细菌和真核生物翻译有一个主要的区别。真核生物的 mRNA 编码单一蛋白质。细菌的 mRNA 可以编码不止一个蛋白质，每个蛋白质的信息串联排列，称为多顺反子 mRNA。细菌可能产生一个问题：多顺反子 mRNA 的第二个和第三个蛋白质如何起始合成？答案是每个 mRNA 含有特定的核糖体结合序列，即所谓的 Pribnow 框，靠近每个蛋白质的起始位点。这个位置指示核糖体进入并开始翻译下一个 AUG 序列。真核生物中，前起始复合物足以识别 RNA 分子末端，开始合成蛋白质。

59

第十节　基因信息与蛋白质

Charles Yanofsky（图 2-28）设计了一组实验，证明 DNA 序列与蛋白质之间为线性对应关系。换句话说，第一个 DNA 密码子表达第一个氨基酸，第二个密码子表达第二个氨基酸，等等。Yanofsky 研究的对象是大肠杆菌的 *trpA* 基因。该基因编码参与合成色氨酸的酶。他首先在缺乏色氨酸的培养基上筛选不能生长的大肠杆菌突变菌株，因此，这些突变菌株携带有制造氨基酸所需要的基因的突变。

合成色氨酸需要几个基因。因此，他需要确定哪个菌株在 *trpA* 基因上突变。他利用已知的 *trpA* 突变菌株与每个突变菌株杂交。来自两个细菌细胞的 DNA 组合进一个细胞，成为双倍体。如果测试的未知突变菌株在 *trpA* 具有突变，则双倍体组合仍然缺乏有功能的 *trpA*。新组合在缺乏色氨酸的培养基上不能生长。但是，如果突变发生在合成色氨酸所需要的另外一个基因上，则每个细胞的 DNA 能够与其他菌株的突变互补，细胞则能够在不含色氨酸的培养基上生长。这就是所谓的互补检测（将在第三章进一步讨论）。

图 2 - 28　Charles Yanofsky
（承蒙 the National Library of Medicine 许可引用）

利用该方法，Yanofsky 找到一系列 *trpA* 基因突变的菌株。然后将每个 *trpA* 突变菌株与其他的 *trpA* 突变菌株杂交，通过在缺乏色氨酸培养基上的生长检测互补频率。因为两个菌株都含有突变 *trpA* 基因，能够产生有功能 *trpA* 基因的惟一途径是两个突变基因重组形成有功能的基因。如第一章所讲，重组频率可以测定染色体上距离，突变的距离越远，突变位点之间重组的概率越大。利用这些研究结果，Yanofsky 获得了每个 *trpA* 突变位置的遗传图谱（图 2 - 29）。然后，他从每个 *trpA* 突变菌株中分离突变蛋白质，测定其氨基酸序列。他发现 DNA 中的每个突变与蛋白质中相应位置的氨基酸变化对应。该研究显示了基因和蛋白质之间的共线性关系 60
（图 2 - 30）。

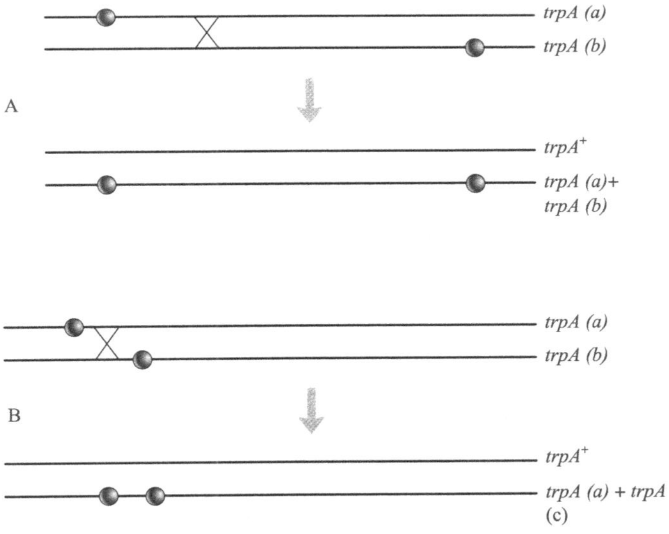

图 2 - 29　重组互补

Charles Yanofsky 利用重组和互补作图确定 *trpA* 突变的位置。（A）两个突变 *trpA*基因距离远，进行重组的概率较大。重组产生一个野生型菌株和双突变基因。（B）两个突变之间的距离较近，重组的概率小得多。通过任意两个突变之间重组的频率，可以确定它们之间的相对距离。

1949 年，Linus Pauling 和 Vernon Ingram 研究镰状细胞贫血。患这种遗传病的主要是非洲人，该病是血液主要蛋白血红蛋白突变引起。遗传研究提示这是隐性遗传紊乱，具有两个突变基因的个体才患该病。带有一个正常基因和一个突变基因的父代为镰状细胞

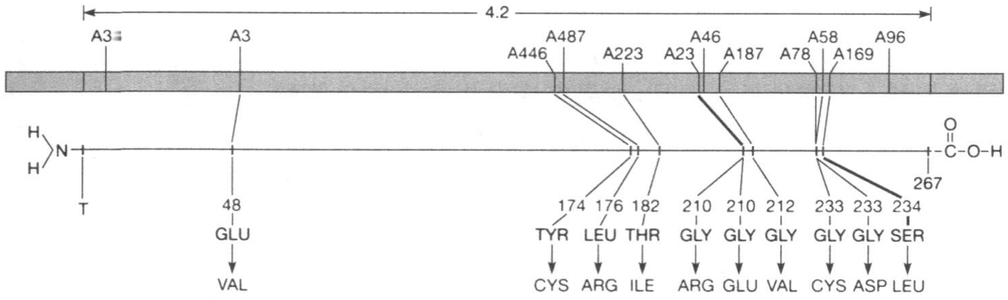

图 2-30　DNA 和蛋白质之间的线性对应关系

Charles Yanofsky 对 *trpA* 基因的多个突变进行了精确作图，测定了每个突变蛋白。本图显示 DNA 的突变核苷酸与相应突变蛋白的氨基酸改变对应。

贫血性状的携带者。这些个体受的影响不大。电泳主要根据电荷不同分离分子，Linus Pauling 利用电泳方法发现正常个体的血红蛋白（Hb）与患者的血红蛋白（Hb_s）不同。杂合子个体具有两种类型的血红蛋白，与正常个体和患者个体血红蛋白混合物的类型相同。
61 这是首次利用生化手段分析正常和突变蛋白之间性质的差异（图 2-31）。

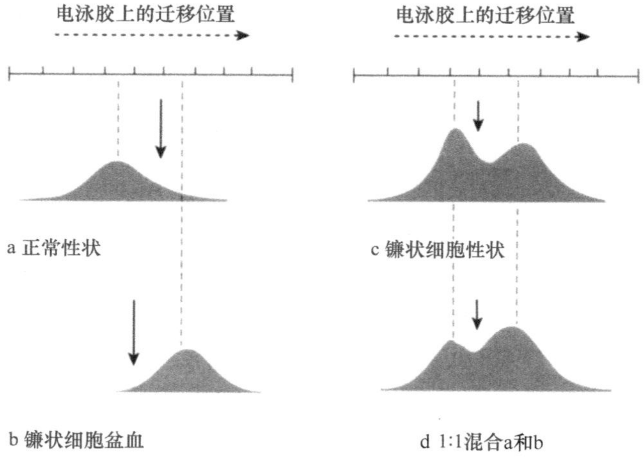

图 2-31　正常血红蛋白和镰状细胞血红蛋白的电泳差异

电泳分离正常个体（a）的血红蛋白和镰状贫血个体（b）的血红蛋白和镰状细胞性状个体（c）的血红蛋白。注意正常和镰状细胞血红蛋白的运动性之间的差异。镰状细胞性状个体具有两种形式的血红蛋白。（经许可引自 Washington University Biology Department at http://www.nslc.wustl.edu/course/Bio 296A/allen/Sickzecell/partz/molecular.html）

几年后，Linus Pauling 和 Vernon Ingram 利用胰蛋白酶（在靠近赖氨酸和精氨酸的特定位置切割蛋白）消化 Hb 和 Hb_s 血红蛋白。然后利用纸电泳分离胰蛋白酶消化的片段。除了一个点外，Hb 和 Hb_s 的电泳类型相同。这说明血红蛋白质的变化局限在整个蛋白质中的小部分或者小肽。

1957 年，Ingram 分离了血红蛋白的 α 链和 β 链。通过蛋白质测序确定了突变在 β 链上的精确位置。该链第六位氨基酸从不带电的非极性氨基酸（缬氨酸）变为带电的极性氨基酸（谷氨酸）这可以解释正常和镰状细胞血红蛋白电泳迁移率的差异（图 2-32）。

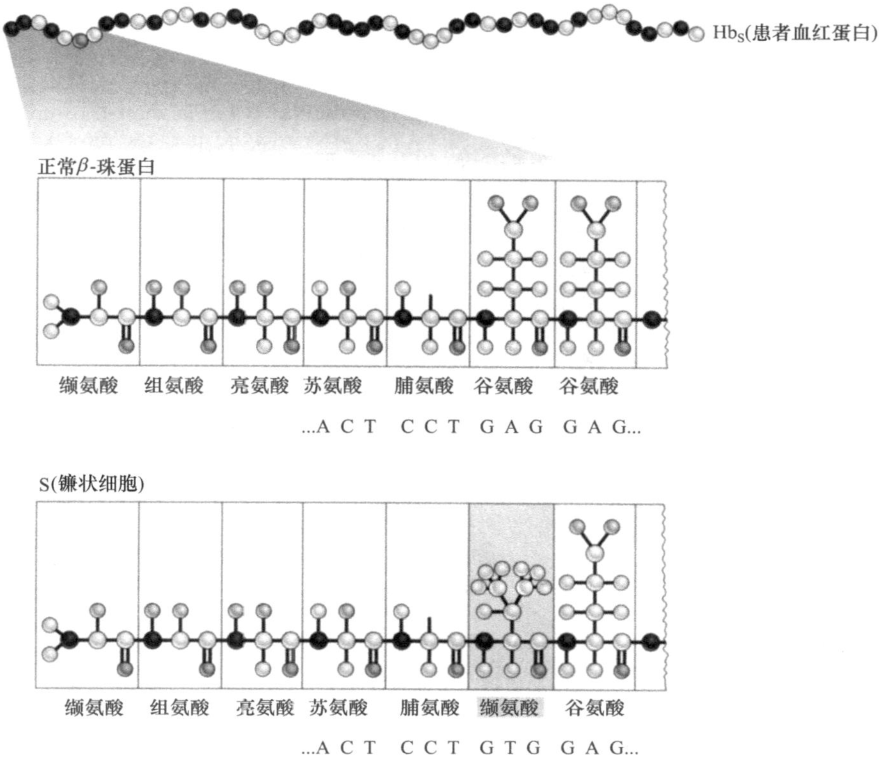

图 2－32 β-珠蛋白上一个氨基酸的改变导致镰状细胞贫血

β-珠蛋白链第六位的谷氨酸被缬氨酸取代。

第十一节 蛋白质的翻译后修饰 62

蛋白质要想成为功能分子要经过漫长的历程，核糖体上蛋白质的合成并非终点。合成后，许多蛋白质还在细胞内或者其他组织进行修饰。

从核糖体上释放后，多数真核生物的多肽的氨基酸侧链经历了修饰。目前已知的修饰种类有 100 多种。这些修饰可能暂时或者永久调控蛋白质的生物活性。例如，添加酰基(酰基化)或者辅酶，诸如许多酶所需要的生物素或硫辛酸。修饰在内质网(ER)和高尔
基体进行。修饰的目的是使蛋白质能够在细胞内运输或者分泌。膜蛋白添加脂肪酸侧 63
链，分泌蛋白质则添加碳水化合物基团(糖基化)。

细胞质内，部分蛋白质的酶学活性通过在特定的丝氨酸、苏氨酸或者酪氨酸处添加或者去除磷酸基团得到调控。磷酸化可逆反应中，蛋白激酶负责添加磷酸基团，而磷酸酶负责去除磷酸基团。蛋白激酶是研究的热点之一，因为导致肿瘤的肿瘤基因的产物肿瘤蛋白往往具有磷酸化活性(请参阅第七章)。

定向内质网的蛋白质氨基末端具有由 16～30 个氨基酸组成的信号肽。蛋白质合成 64
过程中，信号肽结合信号肽识别颗粒(signal recognition particle，SRP)，然后再与内质网膜上的 SRP 受体结合。这将核糖体定位到内质网，信号肽指导翻译的蛋白质通过膜。在内质网腔内，信号肽酶切除信号肽(图 2－33)。

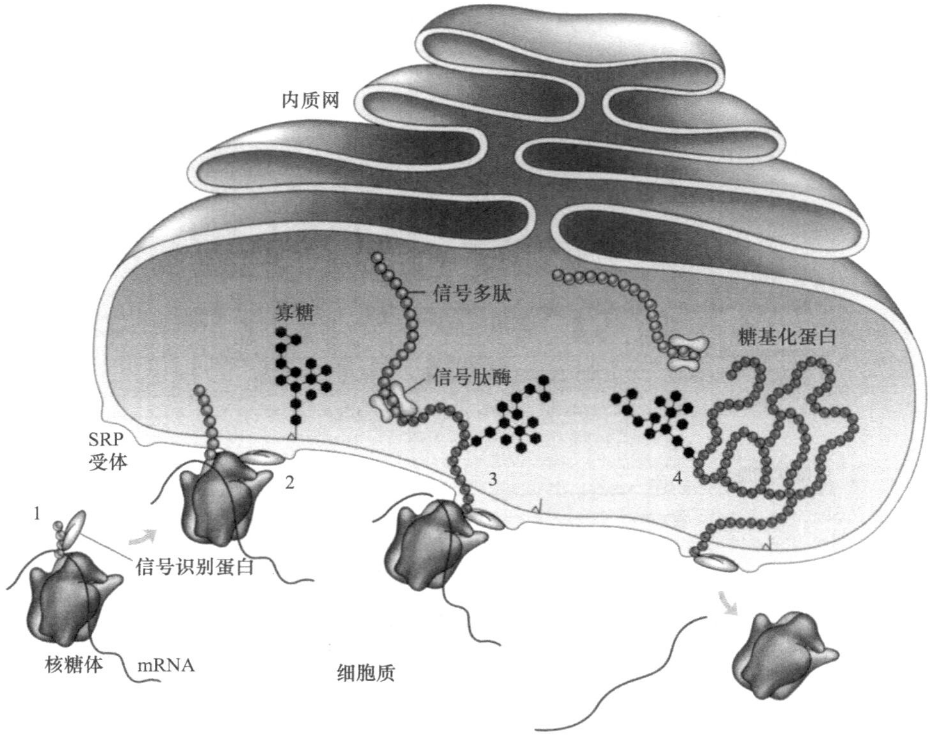

图 2-33　分泌蛋白质的翻译后修饰

1. 蛋白质合成起始后，在游离的核糖体上合成信号肽，信号肽识别蛋白(SRP)结合信号。2. SRP 与 ER 膜上的受体结合。3. 翻译产生的蛋白质进入 ER 内腔，添加寡糖侧链。4. 信号肽酶切割信号肽，形成成熟的糖基化蛋白质。

包括蛋白水解酶在内的分泌蛋白往往在细胞中以无功能形式运输。这些酶原或者酶原经过修饰成为具有生物活性的形式。例如，胰蛋白酶以无活性的胰蛋白酶原形式从胰

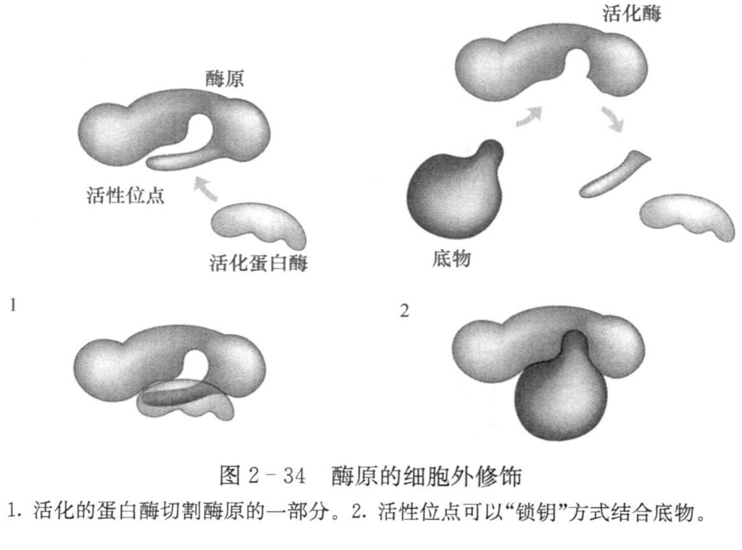

图 2-34　酶原的细胞外修饰

1. 活化的蛋白酶切割酶原的一部分。2. 活性位点可以“锁钥”方式结合底物。

腺分泌。分泌到达消化系统后，胰蛋白酶原经蛋白水解切割，变为有活性的蛋白质。胰岛素也以无活性的前胰岛素形式分泌，被胰蛋白酶样酶切割后变成有活性的形式。这样胰岛素可以进入循环系统，简单的信号可以使其激活（图 2－34）。

第十二节　蛋白质的降解

如同合成一样重要，蛋白质履行完使命后需要被降解。对于酶尤其如此，只在特定的时间需要其活性——例如，调控细胞周期特定时间点的蛋白质。切割蛋白质的酶是蛋白酶，蛋白酶可以随机降解蛋白质。通过泛素（ubiquitin）-蛋白酶体蛋白水解途径调控蛋白质的降解（图 2－35）。 *65*

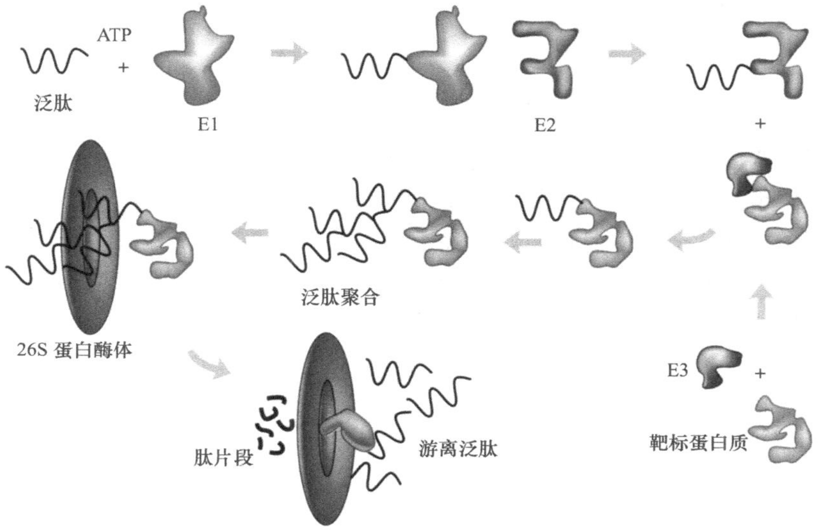

图 2－35　泛素-蛋白酶体蛋白水解途径

泛素的羧基端甘氨酸与泛肽激活酶 I（E1）结合，泛肽被激活。激活的泛肽然后转移给泛肽结合酶（E2）。另外一个酶——泛素蛋白连接酶（E3）结合靶标蛋白质。E2-Ub 与 E3-靶标蛋白质相互作用，泛肽与靶标蛋白质结合形成异肽键。多个泛肽分子添加到靶标蛋白质。一旦添加至少 4 个泛肽分子，26S 蛋白酶体则识别靶标蛋白质。泛肽分子释放，靶标蛋白质降解为小肽。

1976 年，Gideon Goldstein 发现了白细胞形成所需要的一种蛋白质。这就是泛肽，具有 76 个氨基酸，广泛分布于从酵母到人的生物的所有细胞。许多蛋白质通过泛素-蛋白酶体途径降解。几个泛素分子（似乎至少要 4 个）结合靶标蛋白，其他几个蛋白质介导该过程。泛肽化给蛋白质贴上标签，环状蛋白复合体 26S 蛋白酶体识别并降解靶标蛋白为小肽片段。主要的肿瘤抑制蛋白 TP53 是被泛肽-蛋白酶体蛋白水解途径调控的蛋白质之一。

第十三节　中 心 法 则

本章讨论了几个揭示 DNA 如何担当遗传物质的重要研究。这些研究建立了中心法则（central dogma），Francis Crick 首次使用了这一名词。中心法则指的是遗传信息储存在 DNA 中，经 RNA 翻译为蛋白质（图 2－36）。DNA 中携带的遗传信息是密码。该信息

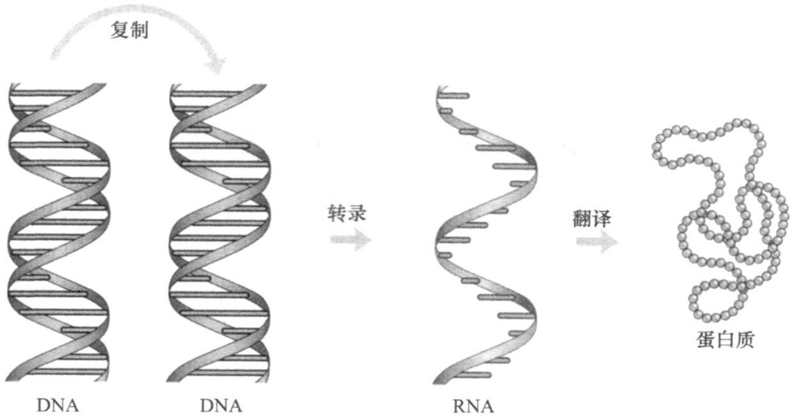

图 2－36　中心法则(1957)

先转录为 RNA,真核生物中,RNA 将信息传递到细胞质。在细胞质内,mRNA 与核糖体结合,密码翻译为蛋白质。翻译后修饰过程中,蛋白质可以被修饰或者降解。

66 自从破译遗传密码后,中心法则进行了一定的修正(图 2－37)。遗传信息的流动并非单向。尽管 DNA 非常稳定,但是基因对应惟一的实体的经典概念适用范围日益减少。通过重排和生化编辑,一个基因可能负责多个不同蛋白质的产生。下述部分修正将在以后的章节中讨论:

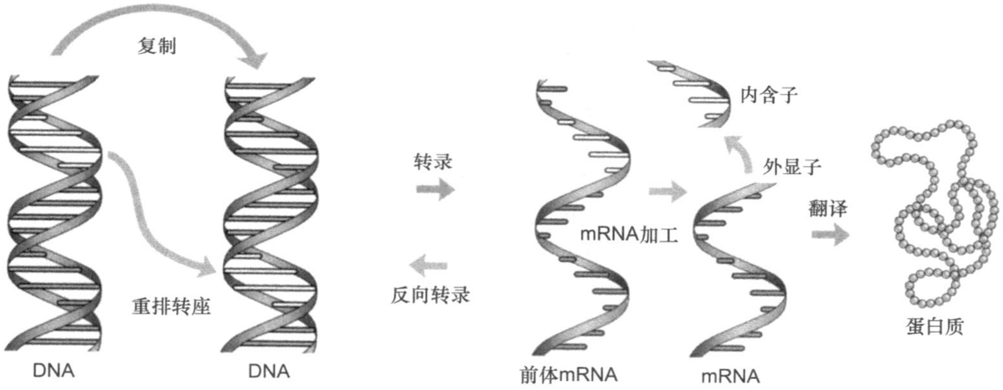

图 2－37　中心法则的修正

• 部分生物储存遗传信息的载体是 RNA,而并非 DNA。病毒中有几个例子。复制和蛋白质合成前,病毒的遗传信息通过反转录酶转化为 DNA。从 RNA 制造 DNA,这些生物代表了与中心法则不同的逆向信息流动。

• 基因并非固定在染色体上不变。转座子可以从染色体的一个地方跳到另外的地方,作为分子开关调控基因表达。基因的物理重排允许利用有限 DNA 密码生产大量的蛋白质。

• DNA 序列和蛋白质序列并非完全呈线性对应关系。蛋白质合成前,RNA 转录物常常进行广泛的编辑。真核生物基因间散在的序列并不编码蛋白质。这些内含子是初级

mRNA(mRNA 前体)的一部分,但通过 mRNA 剪辑过程被切除。而且,不同的剪切可能产生不同的成熟 mRNA 分子,表达不同的蛋白质。

• 取决于翻译起始的地方,单个 DNA 序列可以在密码子的几个重叠的读框阅读,然后翻译为不同的蛋白质。这往往出现在病毒等基因组压缩程度非常高的生物中。

• 部分 RNA 分子具有催化活性,具有酶的雏形。在蛋白质合成前的所谓“RNA 世 67
界”,RNA 分子可能行使蛋白质的功能。

参考文献

Alberts B., Bray D., Johnson A., Lewis J., Raff M., Roberts K., and Walter P. 1998. *Essential cell biology: An introduction to the molecular biology of the cell*. Garland Publishing, New York.

Allen G.E. 1978. *Life science in the twentieth century*. Wiley, New York and Cambridge University Press, United Kingdom.

Cairns J., Stent G., and Watson J., eds. 1992. *Phage and the origins of molecular biology*. Cold Spring Harbor Laboratory Press, Cold Spring Harbor, New York.

Freemont P.S. 2000. Ubiquitination: RING for destruction? *Curr. Biol.* **10:** R84–R87.

Hubscher U., Nasheuer H.P., and Syvaoja J.E. 2000. Eukaryotic DNA polymerases, a growing family. *Trends Biochem. Sci.* **25:** 143–147.

Jacob F. 1995. *The statue within: An autobiography*. Cold Spring Harbor Laboratory Press, Cold Spring Harbor, New York.

Judson H.F. 1979. *The eighth day of creation: The makers of the revolution in biology*. H. Simon Schuster, New York.

Lafontaine D.L.J. and Tollervey D. 2001. The function and synthesis of ribosomes. *Nat. Rev. Mol. Cell Biol.* **2:** 514–520.

Leatherwood J. 1998. Emerging mechanisms of eukaryotic DNA replication initiation. *Curr. Opin. Cell Biol.* **10:** 742–748.

Micklos D., ed. 1999. DNA from the beginning (http://www.dnaftb.org). Dolan DNA Learning Center, Cold Spring Harbor, New York.

69 # 第三章　基 因 调 控

第二章阐述了基因的性质——DNA 复制、转录和翻译的基本机制。每个基因包含的信息以 mRNA 形式出现，mRNA 携带遗传信息到核糖体，在核糖体解码合成蛋白质。

这些实验还未回答下列问题：如何获取每个基因的信息？如何调控该过程？第一步涉及得到基因的拷贝。但对于一个基因在特定细胞或者特定时刻转录为 mRNA 的机制和过程尚不明了。另外，部分蛋白质的需求量较大，如何调控蛋白质合成的数量呢？这些重要而复杂的问题正是过去 35 年分子生物学研究的焦点，而且，还有许多问题尚待进一步研究。

lac 操纵子

法国巴斯德研究所的 François Jacob(图 3-1)和 Jacques Monod(图 3-2)在 20 世纪 50 年代末期至 60 年代早期的研究是基因调控领域研究的里程碑性工作。他们试图阐明如何调控乳糖代谢。乳糖是由两个单糖(葡萄糖和半乳糖)组成的双糖。缺乏葡萄糖、以乳糖作为大肠杆菌的碳源，迅速诱导细胞产生平时缺乏的三个蛋白质：β 半乳糖苷酶，负责将乳糖分解为半乳糖和葡萄糖；透性酶，作用于细胞膜，使乳糖进入细胞；转乙酰酶，功能未知。通过将乳糖分解为葡萄糖和半乳糖，细胞获得葡萄糖供给能量(图 3-3)。

图 3-1　François Jacob
(承蒙 Cold Spring Harbor Laboratory Library Archives 许可引用)

图 3-2　Jacques Monod
(承蒙 Cold Spring Harbor Laboratory Library Archives 许可引用)

编码 β 半乳糖苷酶、透性酶和转乙酰基酶的基因 *lacZ*、*lacY*、*lacA*，在大肠杆菌的染色体上串联排列，转录为单个 mRNA。这种情况在真核生物中未发现，细菌中却很常见，这些基因簇称为操纵子(图 3-4)。编码多个蛋白质的 mRNA 称为多顺反子 mRNA。编码代谢乳糖的蛋白质的基因称为乳糖操纵子，或者简称为 *lac* 操纵子。Jacob 和 Monod 设计了一系列遗传学实验，以判断在存在乳糖的情况下基因如何开关。

70 一个实验涉及产生 *lac* 基因的部分二倍体。大肠杆菌含有一个环状染色体，因此是单倍体生物。但是，大肠杆菌也含有其他小染色体或质粒。F 质粒（fertility，致育因子）是一种性染色体，含有编码组装纤毛所需蛋白质的基因，纤毛在接合的大肠杆菌细胞之间形成桥。F 质粒整合进供体细胞染色体，通过纤毛桥进入受体细胞。它可以携带供体全部或部分基因组，因此受体细胞可能是全部或部分二倍体。这基本上就是细菌的有性生殖。工程化改造的 F 质粒可以携带大肠杆菌基因组中的基因（工程化后的 F 质粒称为 F′）。F′上携带的基因可以使受体细胞成为部分二倍体。

Jacob 和 Monod 构建了一系列的部分二倍体菌株，这些突变菌株的 F′质粒和基因组 DNA 分别含有 *lac* 操纵子包含基因的野生型（lac^+）或突变型（lac^-），然后研究这些菌株被乳糖调控的情况，以及菌株代谢乳糖的情况。根据研究结果，将菌株突变分类。F′质粒上具有野生型基因，菌株能够重

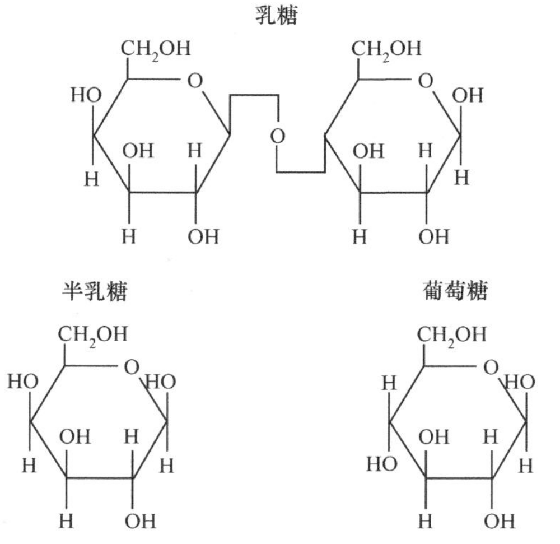

图 3－3　乳糖转化为葡萄糖和半乳糖

乳糖被分解为其构成单元葡萄糖和半乳糖。葡萄糖是细胞通用的食物。葡萄糖在糖酵解过程中分解为二氧化碳和水，释放能量。这个过程中，产生 2 个 ATP 分子，随后的过程中产生更多能量。1 分子葡萄糖最多可以产生 38 分子 ATP。半乳糖被其他酶转化为葡萄糖，进入糖酵解途径。

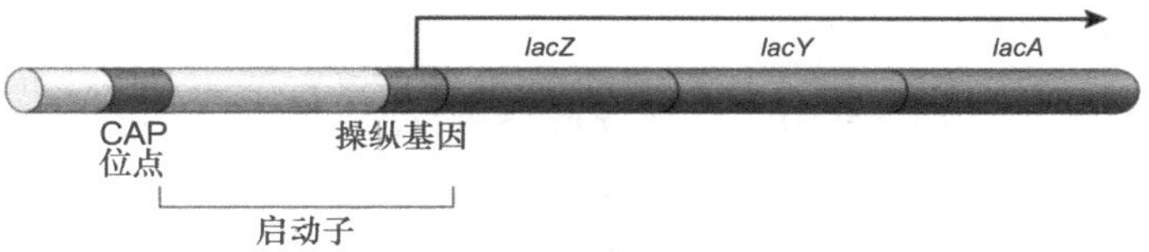

图 3－4　*lac* 操纵子

lacZ 基因与其他两个基因，*lacY* 和 *lacA* 在同一条 mRNA 上转录。*lacZ* 编码 β-半乳糖苷酶，*lacY* 编码负责运输乳糖进入细胞的透性酶，*lacA* 编码乙酰化酶，其功能是脱毒硫半乳糖苷，之后与乳糖一起被 *lacY* 运输到细胞。启动子长度为 60bp，CAP（代谢产物激活蛋白）位点和操纵基因（*Lac* 阻遏因子结合位点）分别长 20bp。操纵基因位于启动子内，CAP 位点在启动子上游。图示未按比例，例如，*lacZ* 基因大约 3500bp。所有元件构成操纵子。

新获得代谢乳糖的能力，这是最简单的 *lac*-基因组突变菌株。F′质粒上的野生型基因能够互补染色体基因的突变，说明这些突变为隐性，遵循孟德尔遗传规律。这些 lac^- 突变发生于 *lacY* 基因或 *lacZ* 基因。 71

Jacob 和 Monod 鉴别了其他影响 *lacY* 或 *lacZ* 基因调控的突变类型（图 3－5）。一类为组成型突变，*lacY* 或 *lacZ* 基因的表达与乳糖是否存在没有关系。这些突变分为两种。一种作用方式为隐性，F′质粒上的野生型基因可以恢复依赖乳糖的表达，即反式突变，因为可以远距离发挥影响（F′质粒影响基因组 DNA）。这类突变位点位于 Lac 阻遏蛋白（基因 *lacI*），该基因编码蛋白结合 DNA，阻遏 *lacY* 和 *lacZ* 表达。因此，Lac 阻遏蛋白是 lac^+

表达的抑制分子。第二种类型的组成型突变不能被 F′质粒上的正常基因互补。这些显性作用的突变为顺式作用，作用于位于同一条染色体上的基因。这些突变位于 *lacO* 区(操纵基因)，该区靠近基因的 *lacZ* 起始，是 Lac 阻遏蛋白结合的地方。该序列突变后，Lac 阻遏蛋白不能结合，因此 *lacY* 和 *lacZ* 组成型表达。

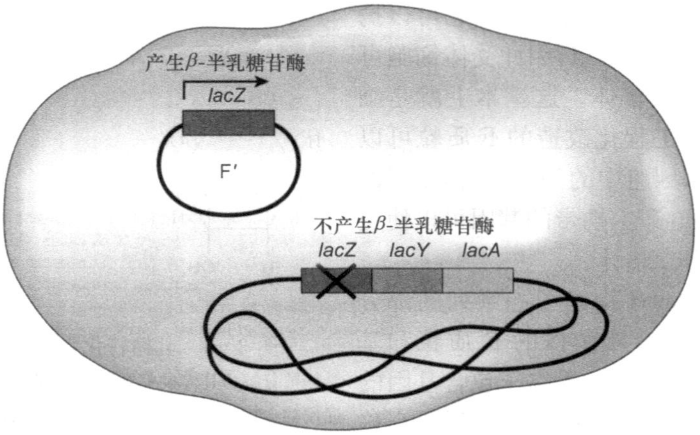

图 3-5 互补

大肠杆菌本身的 *lacZ* 基因缺陷，不能生成加工乳糖所需要的 β-半乳糖苷酶。但是，F′质粒含有野生型的 *lacZ* 基因。细胞可以利用该基因产生有功能的 β-半乳糖苷酶，在乳糖上生长。F′质粒含有的野生型 *lacZ* 基因被称为互补大肠杆菌突变。

最后一类突变也是顺式作用，但是这些突变不能表达 *lac* 操纵子基因，位于 *lacO* 区外，发生在现在称为启动子的 *lacP*。RNA 聚合酶识别该区，并与 DNA 结合，起始合成 RNA。因此，*lac* 操纵子结构如下所述。第一个基因是 *lac* 阻遏子，组成型表达 Lac 阻遏蛋白。Lac 阻遏蛋白结合靠近 *lacP* 的 *lacO*。Lac 阻遏蛋白结合 *lacO* 阻止了 RNA 聚合酶从其所在的 *lacP* 位置离开。加入乳糖后，乳糖结合 Lac 阻遏蛋白，Lac
73 阻遏子结构发生改变，并从 *lacO* 序列处释放。Lac 阻遏蛋白释放后，RNA 聚合酶可以自由转录 *lac* 操纵子基因。这种负调控模式是认识基因调控的里程碑，引入了所有基因都广泛存在启动子的概念，但是 Lac 阻遏蛋白负调控在其他基因中不常见，在真核生物中就没有发现过(图 3-6)。

除了 Lac 阻遏蛋白外，*lac* 基因还受另外一个调控蛋白 CAP 的控制(图 3-7)。CAP 激活基因表达。CAP 的一面结合启动子上游的序列，另外一面与聚合酶相互作用。它不是阻碍聚合酶与启动子结合，而是帮助聚合酶结合，因此提高转录。这是正调控的例子(激活)。

缺乏葡萄糖(一种更有效的能源)、存在乳糖时，*lac* 基因才有效表达。乳糖控制 Lac
74 阻遏蛋白结合 DNA，而葡萄糖控制 CAP 结合 DNA。这样，存在乳糖时，乳糖阻止 Lac 阻遏蛋白结合，缓解 *lac* 基因的阻遏。没有葡萄糖时，CAP 结合 DNA，激活基因表达。

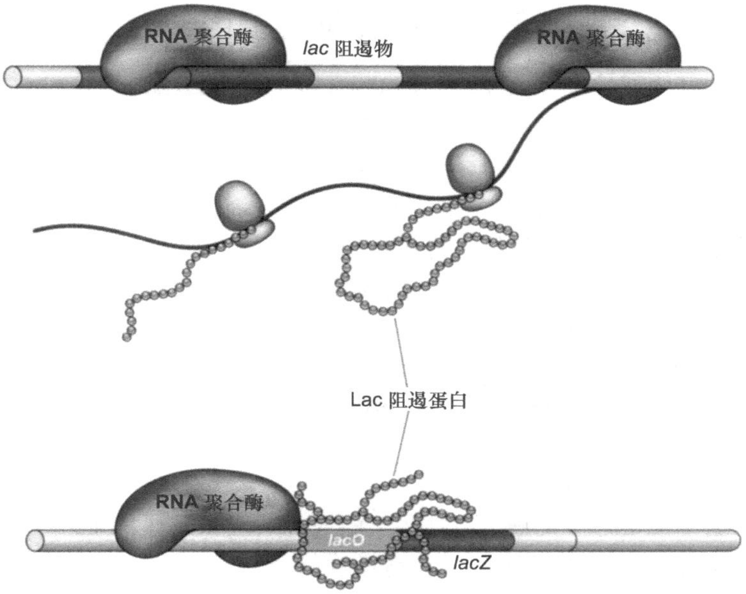

图 3-6 顺式(cis)和反式(trans)作用元件

lacI 基因在基因组的任何位置都能够对其靶标(*lacO*)发挥作用。*lacI* 产生扩散性蛋白质，到达 *lacO* 位点，调控 *lacZ* 基因表达。因此，以反式方式作用。阻遏蛋白结合 *lacO* 序列，抑制 RNA 聚合酶从启动子向下游滑动。*lacO* 并不产生蛋白质或突变，仅仅影响其下游 *lacZ* 基因。发挥功能往往依赖于位置，因此称为顺式元件。

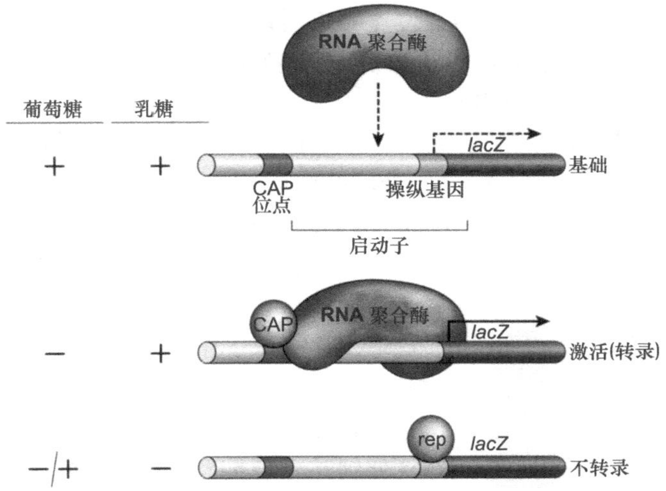

图 3-7 环境中控制在 *lac* 基因处结合的信号

缺乏葡萄糖时，CAP 蛋白结合，激活转录。存在乳糖时，乳糖抑制 Lac 阻遏蛋白结合，转录得以进行。

第一节　真核生物的基因调控

真核生物的基因调控较细菌复杂。例如，真核生物中，RNA 聚合酶自身不能结合启动子，另外一组蛋白质结合启动子。参与调控基因表达的 DNA 序列更多，调控蛋白结合靠近启动子的序列，还结合远离启动子的序列。而且，真核生物的 DNA 与几种蛋白质形成复合物，形成染色质（见第六章）。染色质结构使调控蛋白和转录机器不能靠近 DNA。细胞中的酶可以对染色质进行修饰。许多修饰有助于 RNA 聚合酶及相关因子的结合。

真核生物具有三个 RNA 聚合酶。每个聚合酶负责合成不同种类 RNA。RNA 聚合酶Ⅰ负责转录大核糖体前体 RNA（45S rRNA，加工形成 3 个小 rRNA：18S rRNA、28S rRNA、5.5S rRNA）。RNA 聚合酶Ⅱ负责转录 mRNA 和少数特殊 RNA。RNA 聚合酶Ⅲ转录 tRNA、5S RNA 和其他小 RNA。我们的重点是 RNA 聚合酶Ⅱ，该分子包含几个蛋白亚基。

转录起始

真核生物基因的启动子区域可以分为不同部分。第一部分是 TATA 盒，距离转录起始位点上游 25～30bp。该区因为含有一致序列 TATAAAA（尽管有少量变异）而得名。结合聚合酶Ⅱ的因子结合 TATA 盒及其周围序列。例如，TFⅡD 是多亚基复合物，包括特异性结合 TATA 盒的 TATA 结合蛋白（TBP）。TBP 为转录起始所必需，形成前起始复合物的中心。TBP 在 TATA 盒处结合 DNA 的小沟和 DNA 弯曲。这使螺旋略微开启，可能是有利于更好靠近 RNA 聚合酶。TFⅡD 还包括 TBP-结合因子（TAF），TAF 含有大约 9 个蛋白质，成分因启动子而异（图 3－8）。

转录调控

有些调控蛋白（转录因子）结合位点靠近启动子，部分与远离启动子的增强子结合。
75 转录因子可以正调控促进转录（激活因子）或者负调控（阻遏蛋白）抑制转录，情形与细菌 *lac* 操纵子类似。特定基因的调控需要结合多个转录因子。例如，GC 盒是真核生物启动子中常见的序列，其保守序列是 GGGCGG（与 TATA 盒类似，可能存在一定变化）。GC 盒具有一个或一个以上拷贝，距离转录起始位点 40～100bp。转录激活因子 Sp1 结合该
76 元件。CCAAT 盒（保守序列 GGCCAATCT，具有一定变化）在转录起始位点上游 40～100bp处。与 CCAAT 盒元件结合的是转录激活因子 C/EBP（CCAAT-box/enhancer-binding protein）。

真核生物激活因子的一面结合 DNA，另外部分与在 TATA 盒处结合 pol II 的转录因子结合。激活因子通过此帮助聚合酶结合启动子，启动转录。转录因子可能也控制 pol II 从 TATA 盒起始复合物释放的速率，进行转录。

在细菌乳糖操纵子中可见，信号（分别是葡萄糖和乳糖）控制调控因子（例如，CAP 和 Lac 阻遏蛋白）。这些信号决定调控因子是否结合 DNA。真核生物中，转录因子也受信号的控制，进入生长因子。但是真核生物中，信号控制靶标蛋白质的方式多样，包括转录因子进入核，结合 DNA 后，调控转录因子的活性。

增强子

增强子也结合激活因子和阻遏蛋白，但与启动子不同的是增强子并未靠近基因。另外，增强子序列可以移动，靠近启动子，或者甚至跳到相反的方向，并不影响其功能。增强

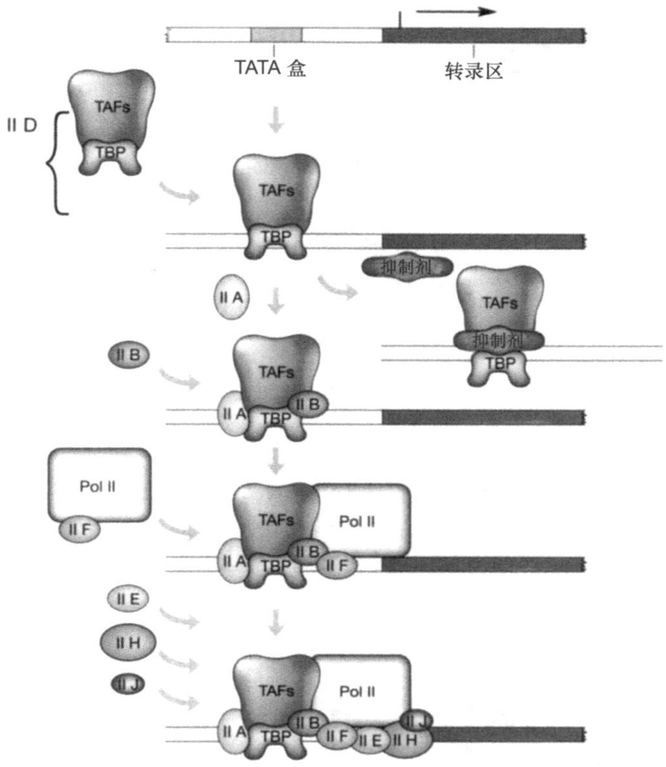

图 3-8 在 TATA 盒处结合

几乎所有 RNA 聚合酶Ⅱ转录的基因都形成前起始复合物。首先结合基础转录因子(TFⅡD),随后与多个转录因子 TFⅡA、TFⅡB、TFⅡF、TFⅡE、TFⅡH 和 TFⅡJ,以及 RNA 聚合酶Ⅱ结合。抑制剂结合 TFⅡD,然后结合 TATA 盒。其他转录因子可以与上述过程竞争。

子如何可以远距离发挥作用呢?结合增强子的激活因子与 RNA 聚合酶相互作用,或者与启动子处的其他起始因子相互作用,激活方式类似靠近启动子的激活因子。增强子和启动子之间的 DNA 必须形成环方能达到上述相互作用(图 3-9)。

增强子处的信号整合 77

结合在增强子处的激活因子一起启动基因,这是信号整合的例子。大肠杆菌的 *lac* 基因中,阻遏因子和激活因子两个调控因子一起工作,确保基因在两个信号都收到时才有效表达。许多真核生物的增强子也协调来自多个调控因子的信号输入。例如,控制人 β 干扰素基因的增强子。该基因产物有助于细胞抗病毒感染。病毒感染细胞后,启动三种不同的激活因子:NF-κB、IRF、JUN/AP1。这些激活因子所结合的位点在 β 干扰素基因启动子上游,互相靠近。每个激活因子帮助另外的激活因子结合,如果所有三个激活因子都存在,它们方才结合。这称为协同结合。该例子中,协同结合的方式有二。首先,激活因子相互作用,增强其结合 DNA 的能力。其次,另外一个蛋白 HMG-I,结合增强子内部序列,使 DNA 弯曲,有助于激活因子结合并相互作用(图 3-10)。

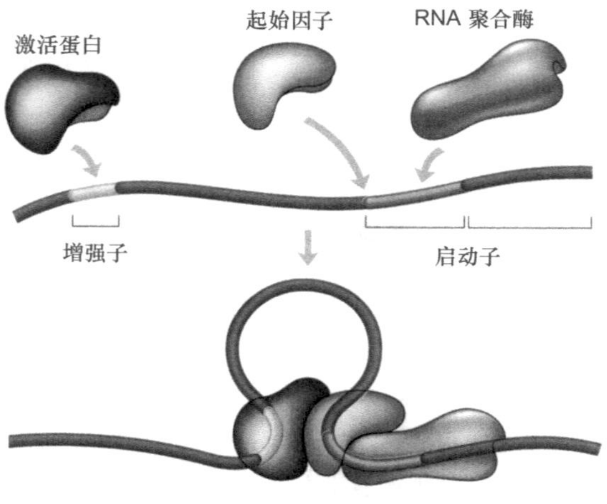

图 3-9 增强子如何远距离作用

与增强子结合的激活蛋白通过 DNA 成环与结合启动子的蛋白质相互作用。物理上的相互作用可以使结合增强子的蛋白质在距离 DNA 较远处对启动子发挥作用。

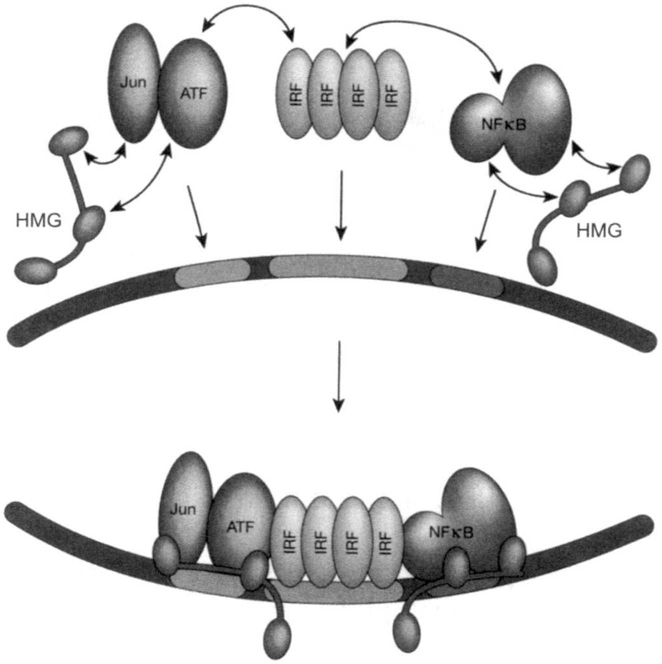

图 3-10 人 β-干扰素增强体

三种因子，*Jun*/*ATF*、*IRF*、*NF-κB* 相互作用并协同性结合 β-干扰素增强子。HMG-I 也与这些蛋白质相互作用，并使增强子 DNA 弯曲，以利于上述因子结合。

78

第二节 RNA 的加工

mRNA 合成后，尚需进一步加工。这包括 5′端加帽。转录完成后，3′端加入一串

AAA,称为 polyA 尾。加工与真核生物 mRNA 的寿命有关。

形成 5′端帽结构

共价结合到 mRNA 第一个核苷 5′磷酸的鸟嘌呤构成 mRNA 帽。鸟嘌呤的 N7 甲基化。mRNA 第一个编码核苷也可能甲基化。这步骤包括三个不同的酶学反应,可以由同一多肽催化,或者由不同多肽催化,因不同生物而异。

合成的 mRNA 5′端最初总含有三磷酸。RNA 5′-三磷酸酶去除 3 个磷酸中的两个,
形成单磷酸。下一步,加帽酶(capping enzyme)为 mRNA 鸟苷酰基转移酶,负责在 79
mRNA单磷酸处添加鸟苷二磷酸(GPP)。最后,RNA 鸟嘌呤-7-甲基转移酶将鸟嘌呤的 N7 甲基化。

帽结构的作用包括稳定 mRNA,参与 mRNA 剪接,从细胞核中输出 mRNA,蛋白质合成起始的翻译机器识别 mRNA(图 3-11)。

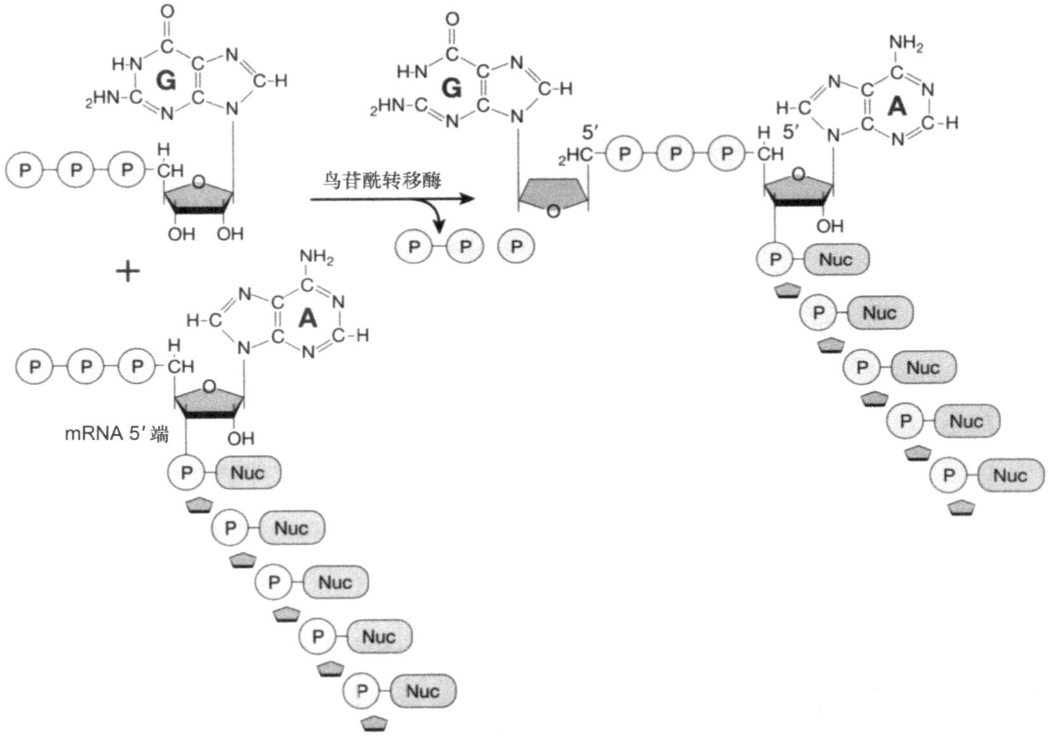

图 3-11　mRNA 5′端加帽

乌苷酰基转移酶将一分子 GTP 添加到新合成,仍然含有三磷酸的 mRNA 5′端,形成 mRNA 5′帽。从 mRNA 去除两个磷酸,从 GTP 去除一个磷酸。一旦连接,乌苷被甲基化。腺苷酸也可以被甲基化。

形成 poly(A)尾 80

几乎所有 mRNA 3′端都具有一串腺嘌呤核苷,称为 poly(A)尾(图 3-12)。聚腺嘌呤聚合酶是内切核酸酶,该酶识别 mRNA 特定序列 AAUAAA(该序列存在变异),在该序列元件的 3′端切割大约 11～30bp 的初级转录物。聚腺嘌呤聚合酶添加 200～250 个腺嘌呤核苷(哺乳动物细胞)到 mRNA 3′端,形成 poly(A)尾。poly(A)尾稳定 mRNA,是分离和研究 mRNA 的非常有用的特征之一。

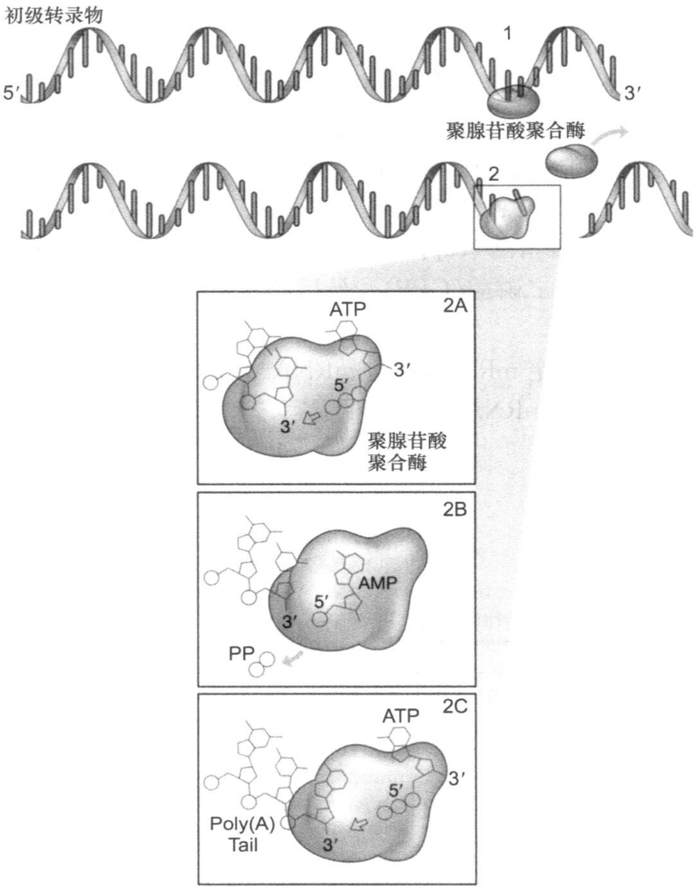

图 3－12　前体 mRNA 3′端添加 poly(A)尾

1. 聚腺苷酸聚合酶在前体 mRNA 3′端 AAUAAA 附近切割。2A～2C. 聚腺苷酸聚合酶催化在 3′端添加大约 200 个腺苷酸残基。

mRNA 稳定性和周转

第二章中指出，mRNA 是周期非常短的信使分子，迅速被降解。这很好理解，因为只要有 mRNA，就将被用来生产蛋白质。但是，细胞对特定蛋白质的需求可能有限。这样，特定 mRNA 表达的蛋白质数量除了决定于其他因素外，还受 mRNA 在细胞内存在的时间长短影响。特定 mRNA 的稳定性由降解半数转录产物所需的时间——称为 mRNA 半衰期——来衡量。例如，编码 α-和 β-珠蛋白质的 mRNA 半衰期很长，往往是几个小时甚至几天。而某些调控蛋白质的半衰期往往只有几秒。其他因子类似，半衰期越长，特定 mRNA 转录物合成的蛋白质越多。随着细胞质中 mRNA 的"衰老"，poly(A)尾逐步降解。这似乎是 mRNA 半衰期的决定因素之一，因为当 poly(A)尾缩短到特定长度时，mRNA 开始降解。

mRNA 的 3′端非编码区也和真核生物 mRNA 的稳定性有关。瞬间表达基因 mRNA的 3′端非编码区中往往具有富含腺嘌呤和尿嘧啶的残基(AU)。AU 可能是选择性降解 mRNA 的信号。核酸酶识别富含 AU 序列，从其 3′端降解 RNA 分子。将富含 AU 序列插入 β-珠蛋白基因 3′端非编码区证明了该点。尽管 β-珠蛋白基因转录物通常非常稳定，但是 3′AU 工程化的 β-珠蛋白 mRNA 迅速被降解，积累量只有正常水平的 3%。

癌基因 *fos* 在部分肿瘤中发生突变，利用该基因进行的研究发现，改变 mRNA 的半衰期调控可能导致细胞发育的灾难性后果。正常细胞基因(c-*fos*)mRNA 的半衰期很短(图 3-13)。反转录病毒携带的该基因(v-*fos*)导致被感染生物的肿瘤。v-*fos* mRNA 更稳定，半衰期更长。正常细胞癌变与 Fos 蛋白长期存在有关。3′端非编码区富含 AU 的 67bp 序列与正常细胞 c-*fos* mRNA 的快速降解有关。c-*fos* mRNA 和 v-*fos* mRNA 在几个区域存在差异，其中包括缺乏富含 AU 的序列。提高正常 c-*fos* mRNA 的转录或者缺失其 3′端非编码区富含的 AU 序列，正常 c-*fos* mRNA 可能类似于 v-*fos* mRNA。另外，c-*fos* 基因的编码区含有称为 mCRD 的序列，该序列在降解 c-*fos* mRNA 过程中具有重要作用。mCRD 依赖的降解通过与 mRNA 的 poly(A)尾相互作用发生。 81

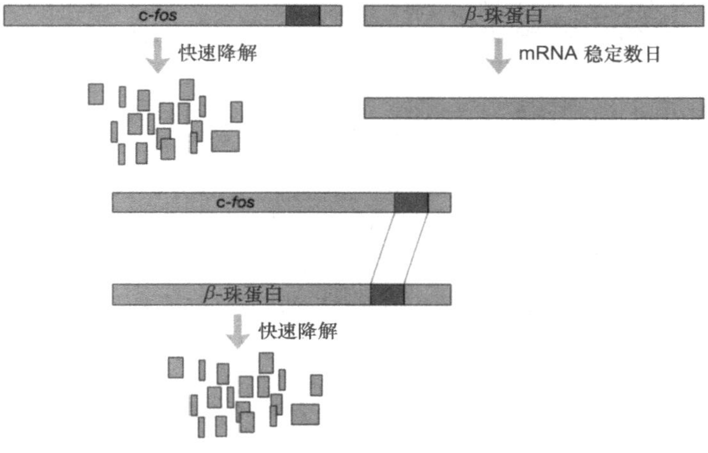

图 3-13　mRNA 周转

c-*fos* mRNA 的半衰期很短，以秒或分钟计。β-珠蛋白基因 mRNA 非常稳定，可以存在数天。这种差异的原因之一是 c-*fos* 基因 3′不译区富含 AU，AU 是降解的靶标。将富含 AU 序列插入正常情况下稳定的珠蛋白基因，后者的稳定性大大降低。

RNA 剪接

1976 年，从事 β-珠蛋白 mRNA 研究的 Jerry Lingrel、Jeffrey Ross、Charles Weissman 报道，在细胞核中发现了比 β-珠蛋白 mRNA 大的 β-珠蛋白 mRNA 前体。前体加工后形成细胞质内的成熟的 β-珠蛋白 mRNA。这解释了先前 James Darnel 等报道的细胞核充满了大 RNA 分子(不均一核 RNA，hnRNA)。

同时，在人 DNA 病毒、腺病毒的研究中也报道存在前体 RNA 或前体 mRNA。冷泉港 Richard Roberts(图 3-14)领导的实验室和麻省理工 Philip Sharp(图 3-15)领导的小组分别独立得到了惊人的发现。将特定的腺病毒 mRNA 与单链腺病毒 DNA 杂交获得异源双链分子，电镜观察显示，mRNA 与 DNA 杂交的区域不连续，也就是说，RNA 和 DNA 杂交的区域之间的长单链中具有 DNA 环。其解释是基因(和前 mRNA)含有一个或多个称为内含子的序列单元，内含子在成熟 mRNA 中不出现。RNA 剪接对内含子进

行编辑，将编码序列外显子连接起来，形成 mRNA。他们在腺病毒中发现的情况与多数
82 真核生物基因组情形类似。

图 3－14　Richard Roberts
（承蒙 Cold Spring Harbor Laboratory Archives 许可引用）

图 3－15　Philip Sharp
（承蒙 Cold Spring Harbor Laboratory Archives 许可引用）

其他研究者发现内含子剪接通过连续的两步反式酯化反应进行。第一步反应，5′内含子/外显子切割和内含子 5′磷酸与内含子 3′腺嘌呤残基形成新的磷酸二酯键同时进行。糖的 5′磷酸和 2′羟基间形成该特殊磷酸二酯键。最终结构类似套马索。第二步是另外一个反式酯化反应。切除 3′内含子/外显子接头处的磷酸二酯键，两个切下来的外显子拼接。两步反应的结果是连接两个外显子，居间的内含子以分支的套马索结构被释放（图 3－16）。

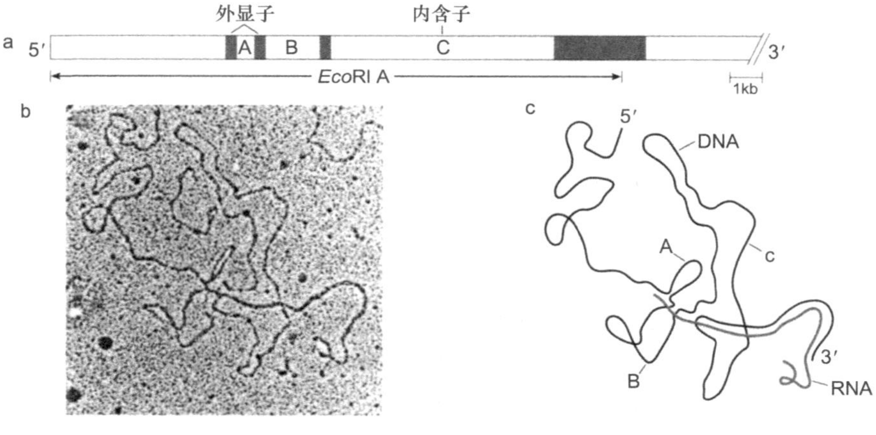

图 3－16　含有内含子的基因，内含子被切除

RNA 剪辑首先发现于腺病毒。腺病毒 mRNA 与其 DNA 形成异源双链。b 为电镜下观察到的分子。c 图可见部分 DNA 区域（内含子）并未包括在 mRNA 中。

负责 RNA 剪接的机器包括哪些元件呢（图 3－17）？这包括哺乳动物细胞核中丰富的 5 个富含 U 的小 RNA，分别为 U1、U2、U4、U5、U6，以及 60 多个蛋白质。核内小 RNA（small nuclear，snRNA）大小在 107～187 个核苷酸之间，snRNA 帮助进行剪接反应

（图 3－18）。首先，内含子 5′端的短保守序列（CAG/GUAAGU）与 snRNA 5′端的序列互补。其次，在细胞核提取物中，snRNA 结合 hnRNA（heterogeneous nuclear RNA，不均一核 RNA）。细胞核中，每个 snRNA 与至少 10 个蛋白质结合，有时甚至结合 20 个蛋白质， 83
形成核内小核糖核蛋白颗粒（small nuclear ribonucle protein，snRNP）。

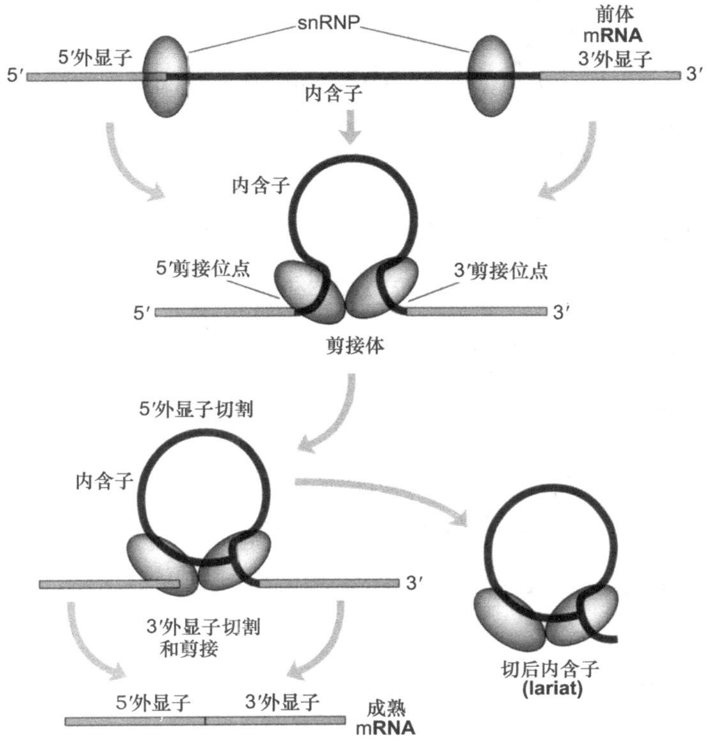

图 3－17　RNA 剪接

5′内含子/外显子切割和内含子 5′磷酸与内含子 3′腺嘌呤残基形成新的磷酸二酯键同时进行。最后形成分支的套马索结构。3′内含子/外显子切割，两个切割的外显子拼接。两个反应总的结果是两个外显子拼接，中间的内含子以套马索结构释放。

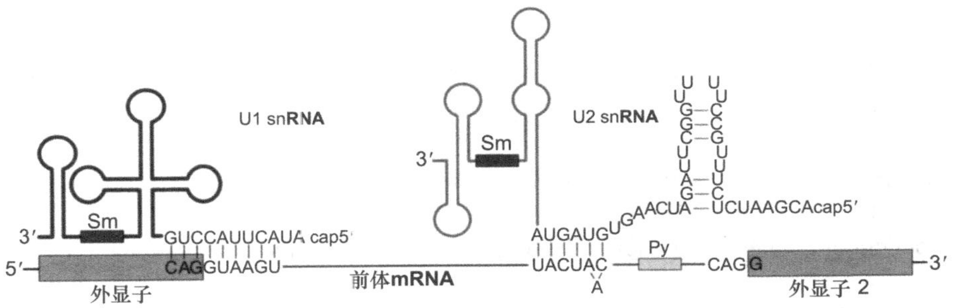

图 3－18　snRNA 如何工作

2 个 snRNA 与前体 mRNA 部分杂交。U1 在 5′外显子接头处形成杂交分子，U2 在靠近 3′外显子接头处形成杂交分子。

第三节　可变剪接

84 对真核生物基因结构的认识迅速改变了我们对基因组的看法，科学家认识到基因组比最初想到的复杂多了。随着发现的基因增多，多数真核生物基因的内含子序列比外显子序列多。前面讨论过的β-珠蛋白基因的结构相对简单，3 个外显子被 2 个内含子隔开。因此，β-珠蛋白基因的剪接较其他基因简单。Marfan 综合征中突变的 *FBN1* 基因比较复杂。1896 年，法国外科医生 Antonin Bernard Jean Marfan 发现其治疗的一个姑娘患有该病。该病的症状是：个子高、四肢畸长、关节橡皮状老化、脊柱畸形、上颚弓形、牙齿冠状。另外，患者近视、心血管畸形，心脏瓣膜和大动脉不正常。因为心血管不规则，Marfan 综

ACAUUUGCUUCUGACACAACUGUGUUCACUAGCAACCUCAAACAGACACCAUGGUGCACCUGACUCCUGAGGAGAAC
(met) val his leu thr pro glu glu lys
1 5

UCUGCCGUUACUGCCCUGUGGGGCAAGGUGAACGUGGAUGAAGUUGGUGGUGAGGCCCUGGGCAGGUUGGUAUCAAG
ser ala val thr ala leu trp gly lys val asn val asp glu val gly gly glu ala leu gly arg
10 15 20 25 30

GUUACAAGACAGGUUUAAGGAGACCAAUAGAAACUGGGCAUGUGGAGACAGAGAAGACUCUUGGGUUUCUGAUAGGC

ACUGACUCUCUCUGCCUAUUGGUCUAUUUUCCCACCCUU**AGGCUGCUGGUGGUCUACCCUUGGACCCAGAGGUUCUUU**
leu leu val val tyr pro trp thr gln arg phe phe
31 35 40

GAGUCCUUUGGGGAUCUGUCCACUCCUGAUGCUGUUAUGGGCAACCCUAAGGUGAAGGCUCAUGGCAAGAAAGUG
glu ser phe gly asp leu ser thr pro asp ala val met gly asn pro lys val lys ala his gly lys lys val
45 50 55 60 65

CUCGGUGCCUUUAGUGAUGGCCUGGCUCACCUGGACAACCUCAAGGGCACCUUUGCCACACUGAGUGAGCUGCAC
leu gly ala phe ser asp gly leu ala his leu asp asn leu lys gly thr phe ala thr leu ser glu leu his
70 75 80 85 90

UGUGACAAGCUGCACGUGGAUCCUGAGAACUUCAGGGUGAGUCUAUGGGACCCUUGAUGUUUUCUUUCCCCUUCUUU
cys asp lys leu his val asp pro glu asn phe arg
95 100 104

UCUAUGGUUAAGUUCAUGUCAUAGGAAGGGGAGAAGUAACAGGGUACAGUUUAGAAUGGGAAACAGACGAAUGAUUG

CAUCAGUGUGGAAGUCUCAGGAUCGUUUUAGUUUCUUUUAUUUGCUGUUCAUAACAAUUGUGUAUAACAAAAGGAAAU

AUCUCUGAGAUACAUUAAGUAACUAAAAAAAAACUUUACACAGUCUGCCUAGUACAUUACUAUUUGGAAUAUAUGUG

UGCUUAUUUGCAUAUUCAUAAUCUCCCUACUUUAUUUUCUUUUAUUUUAAUUGAUACAUAAUCAUUAUACAUAUUUAUG

GGUUAAAGUGUAAUGUUUUAAUAUGUGUACACAUAUUGACCAAAUCAGGGUAAUUUUGCAUUUGUAAUUUUAAAAAAU

GCUUUCUUCUUUUAAUAUACUUUUUUGUUAUCUUAUUUCUAAUACUUUCCCUAAUCUCUUUCUUUCAGGGCAAUAAUGA

UACAAUGUAUCAUGCCUCUUUGCACCAUUCUAAAGAAUAACAGUGAUAAUUUCUGGGUUAAGGCAAUAGCAAUAUUU

CUGCAUAUAAAUAUUUCUGCAUAUAAAUUGUAACUGAUGUAAGAGGUUUCAUAUUGCUAAUAGCAGCUACAAUCCAG

CUACCAUUCUGCUUUUAUUUUAUGGUUGGGAUAAGGCUGGAUUAUUCUGAGUCCAAGCUAGGCCCUUUUGCUAAUCAU

GUUCAUACCUCUUAUCUUCCUCCCAC**AGCUCCUGGGCAACGUGCUGGUCUGUGUGCUGGCCCAUCACUUUGGCAAA**
leu leu gly asn val leu val cys val leu ala his his phe gly lys
105 110 115 120

GAAUUCACCCCACCAGUGCAGGCUGCCUAUCAGAAAGUGGUGGCUGGUGUGGCUAAUGCCCUGGCCCACAAGUAU
glu phe thr pro pro val gln ala ala tyr gln lys val val ala gly val ala asn ala leu ala his lys tyr
125 130 135 140 145

CACUAAGCUCGCUUUCUUGCUGUCCAAUUUCUAUUAAAGGUUCCUUUGUUCCCUAAGUCCAACUACUAAACUGGGGG
his **TCR**

AUAUUAUGAAGGGCCUUGAGCAUCUGGAUUCUGCCUAAUAAAAAACAUUUAUUUUCAUUUGC

图 3-19　β-珠蛋白基因结构

图示β-珠蛋白基因序列。蓝色为内含子序列，黑色为外显子序列。（实线框内为原书蓝色粗体部分；虚线框内为原书黑色粗体部分。——出版者注）

合征患者往往夭折(有趣的是,林肯总统被怀疑患有 Marfan 综合征,但是终生未发现患病)。*FBN1* 基因编码 fibrillin-1,其产物是具有 3500 个氨基酸的大蛋白质,为结缔组织提供支持。该基因长 110kb,含有 65 个外显子。

已知人类最大的基因之一是 *Titin*,具有 175 个外显子。前体 mRNA 如此大,因此外显子很容易错误剪接。哺乳动物性别的内含子去除往往依赖于个别内含子的特定性质,如:剪接信号序列与剪接位点匹配情况,内含子长度,前体 mRNA 内部其他的调控序列。剪接与转录同时进行。一个模型指出,部分基因维持剪接正确顺序的方法是在合成的同时进行外显子拼接。

最近对人基因组的研究提示,基因组中基因数量 3 万～4 万。与估计的 10 万～15 万大相径庭。现在认为可能还是低估了,数量应当在 5 万以上。但是,基因数量本身还不能代表遗传信息的复杂性。这主要是可变剪接的结果。

许多蛋白质在不同时间和不同地点具有不同的存在形式。本章后面将要讨论的 α-和 β-珠蛋白(图 3-19),这主要是具有编码各自变异的不同基因。但是,一个基因也可能产生多种形式的蛋白质,这种例子比比皆是。事实上,早期对人染色体 22 个 mRNA 的分析表明 60%基因具有不止一种形式的 mRNA。一个突出的例子是 Down 综合征细胞黏附分子(*Dscam*)基因的可变剪接,该基因剪接后可以产生 38 016 个不同的 mRNA。这主要是剪接过程中,可以差异选择前体 mRNA 中的外显子形成成熟的 mRNA 转录物。

另外一个单个基因产生多个 mRNA 的例子是,编码肌动蛋白结合蛋白原肌球蛋白的基 85
因,所有细胞都存在该基因。原肌球蛋白(tropomyosin,TM)具有 4 个基因:*TM-α*、*TM-β*、*TM-4*、*TM-5*。但已知存在 25 个不同的原肌球蛋白。至少已经发现了 9 个 *TM-α* 的异构体。最近的数据提示还有其他的异构体存在。特定异构体的表达具有组织和时间特异性。

目前尚未完全了解可变剪接的调控,不过已经积累了不少控制 RNA 可变剪接的剪 86
接因子的信息。多数哺乳动物前体 mRNA 内含子中具有一个 10～40 个核苷的嘧啶区(尿嘧啶和胞嘧啶),与其结合的为嘧啶区结合蛋白(PTB)。PTB 具有三种异构体:PTB1、PTB2、PTB4,均来自可变剪接。这些因子在 *TM-α* 的剪接中具有直接作用。平滑肌中没有 *TM-α* 的 3 号外显子。结合 PTB4 增强 *TM-α* 中的外显子 3 的去除,结合 PTB1 促进 *TM-α* 中外显子 3 的保留。因此,PTB4 在平滑肌中表达,而 PTB1 则并非在平滑肌

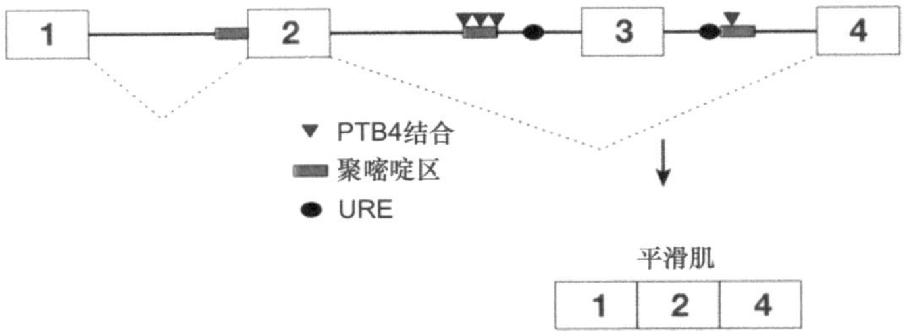

图 3-20　α-原肌球蛋白的可变 RNA 剪接

平滑肌中,α-原肌球蛋当前体 mRNA 的 3 号外显子在剪接中被去除。聚嘧啶区结合蛋白与聚嘧啶区结合,控制上述剪接。PTB4 结合提高 3 号外显子的去除。上游调控元件(URE)是 CUG 重复序列,也控制剪接。

中表达。多种剪接因子参与了来自多个基因 mRNA 的剪接(图 3-20)。

可变剪接的机制尚不清楚。神经组织中可变剪接的频率较高,可能在神经传递、学习和记忆中具有重要功能。许多调控可变剪接的蛋白在神经细胞中非常活跃。钙离子等细胞外刺激可以改变神经细胞剪接类型。解释之一是细胞外信号激活一系列事件,导致调控蛋白质的修饰,改变靶向前体 mRNA 的剪接方式。可变剪接在神经系统中的作用是一个非常活跃的领域,有助于理解学习、记忆,甚至情感。

表 3-1　剪接因子

87

蛋白质	生物	已知靶基因	剪接中的抑制(－)或激活(＋)
Sxl	果蝇	*sxl*, *tra*, *msl-2*	－
PSI	果蝇	gene for P-element transposase	－
hrp48	果蝇	gene for P-element transposase	－
hnRNPA1	哺乳动物	HIV *tat*, FGF receptor hnRNPA1(autoregulation)	－
hnRNP-F	哺乳动物	*src*	＋
hnRNP-H	哺乳动物	*src*	＋
hnRNP-H	哺乳动物	TM-β	－
PTB(hnRNP-I)	哺乳动物	*src* and genes for TM-α and TM-β, α-actinin, $GABA_A$ $\gamma 2$ receptor	－
PTB(hnRNP-I)	哺乳动物	gene for calcitonin/CGRP	＋
CUG-BP(hNAB50)	哺乳动物	genes for cardiac troponin-T, CLCB(?), NMDA(?)	＋
KSRP	哺乳动物	*src*	＋
Tra	果蝇	*dsx*, *fru*	＋
Tra-2	果蝇	*dsx*, *fru*	－
Tra-2	果蝇	*tra-2*	＋
RBP1(d9G8?)	果蝇	*dsx*	＋
dsRp30(dsF2?)	果蝇	*dsx*	＋
RSF1	果蝇	未知	－
SWAP	果蝇	gene for SWAP	－
SRp20	哺乳动物	gene for SRp20	＋
SRp30a/SF2/ASF	哺乳动物	gene for calcitonin genes for bovine growth hormone, fibronectin	＋
SRp30/SF2/ASF	哺乳动物	gene for TM-β gene for CD45 gene for SRp20 gene for RSV gene for adenovirus L1 transcription unit	－
SC35	哺乳动物	gene for TM-β	－
9G8	哺乳动物	gene for fibronectin	＋
SRp40	哺乳动物	gene for cTnT	＋
SRp55	哺乳动物	gene for fibronectin gene for TnT gene for CD45	＋

注:经许可引自 Smith C. W. J. and Valcárcel J. 2000. Alternative pre-mRNA splicing: The logic of combinatorial control. *Trends Biochem. Sci.* *25*:381－388.

某些神经和精神疾病具有特殊的可变剪接类型，这强调了可变剪接在神经组织中的重要作用。例如，肌萎缩性（脊髓）侧索硬化（amyotrophic lateral sclerosis，ALS，Lou Gehrig病）症患者因为积累的神经递质谷氨酸盐太多，具有毒性，导致神经元死亡。兴奋性氨基酸运输蛋白2（EAAT2）负责去除细胞中过量的谷氨酸盐，EAAT2水平减少是导致谷氨酸盐积累的原因。研究ALS患者发现，*EAAT2*基因及其转录物都没有缺陷。尸检发现，许多ALS患者存在畸形剪接的*EAAT2*mRNA。这可以解释EAAT2活性降低的原因以及致病因素。精神分裂也与RNA剪接有关。γ氨基丁酸A型受体具有两种亚型，γ2L和γ2S。正常人脑中以γ2S为主。精神分裂患者死后脑部检验发现，其γ2S比例降低，提示剪接类型发生改变。神经细胞黏附蛋白和NMDAR1受体可变剪接发生变化也与精神分裂有关。

破坏剪接的基因突变在多种疾病中具有作用。剪接研究的重要领域之一是研究这些疾病。随着剪接机制的阐明，通过治疗矫正畸形剪接也展现良好开端。剪接因子见表3－1所示。

第四节 翻译调控 88

翻译是控制蛋白水平的另一步骤。最好的例子是调控利用铁离子的蛋白质（图3－21）。获得铁比较难，因此，铁被紧密调控。铁也具有毒性，因此细胞控制其铁含量。铁的毒性主要与能够产生活性氧分子有关，氧化作用破坏组织和细胞。铁含量低时，利用铁的蛋白质如铁蛋白（ferritin）的合成减少，提高细胞中铁水平的蛋白质的合成增加，如将铁运输到细胞内的转铁蛋白受体的合成。铁含量高时，则出现相反的情况。

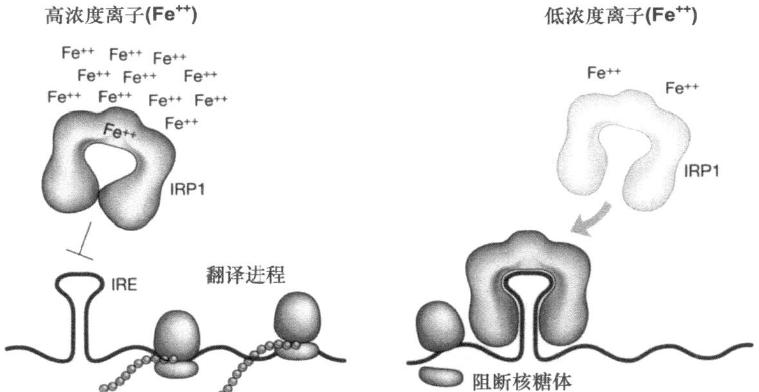

图3－21 IRP结合控制含有IRE的mRNA翻译

铁离子浓度高时，铁反应性蛋白（iron responsive protein，IRP1）结合铁。结合铁的IRP1构象变为闭合式。闭合态的IRP1蛋白不能结合铁反应元件（iron response element，IRE），蛋白质能够合成（左图）。但是，铁浓度低时，铁不与IRP1结合，IRP1构象为开放式。开放式的IRP1结合IRE的mRNA，抑制核糖体将mRNA翻译为蛋白质。

研究发现上述蛋白质的mRNA含有与特定蛋白质结合的茎环结构。该结构称为铁 89
反应元件（IRE）。结合IRE的蛋白质为IRE结合蛋白（IRP1），诸如ferritin等在低铁时合成减少，而高铁时合成增多的蛋白质在其 mRNA5′端具有 IRE。IRP1 结合 IRE 的 5′端，mRNA不能与核糖体结合，蛋白质合成受到抑制。另一方面，提高细胞内铁水平的蛋白质的 3′端具有 IRE。IRP1 结合 IRE3 端提高 mRNA 的稳定性，使其能够较长时间存在而不被降解，这样就可以产生更多的蛋白质。铁含量高时，IRP1 阻止与 IRE 结合，ferritin 的合成增多，转铁蛋白受体的水平降低。

IRP1 如何根据铁含量高低控制与 IRE 的结合呢？IRP1 本身是结合铁的蛋白质，作为传感器能够感知细胞内铁的含量与其他化学反应相同，铁结合 IRP1 是一个动态平衡。细胞内铁充足时，IRP1 结合铁，当铁含量低时，IRP1 更倾向于以非结合铁的状态存在。结合铁的 IRP1 以闭合构象存在，不能结合 IRE。IRP1 没有铁结合时，转化为开放式构象，能够结合 IRE。一旦铁含量再次增高，IRP1 又结合铁，不再结合 IRE。

第五节　玉米转座子

图 3-22　Barbara McClintock

（承蒙 Cold Spring Harbor Laboratory Archives 许可引用）

20 世纪初，遗传学刚建立起来，许多生物学家对色素的镶嵌非常感兴趣。40 年代末期到 50 年代早期，冷泉港实验室卡耐基遗传研究部的 Barbara McClintock（图 3-22）提出了关于玉米叶子和种子镶嵌颜色的遗传基础的大胆假说。她认为遗传控制元件从染色体的一个位置跳到另外一个位置导致色素形成基因的不稳定的突变。

解离因子（dissociator，*Ds*）属于这样的转座子（图 3-23）。*Ds* 插入一个活跃的基因座，导致突变。例如，*Ds* 插入发育过程中的种子的色素形成基因，破坏色素形成。其后代细胞分裂，形成一组不产色素的细胞，各遗传了突变的基因。随后，*Ds* 元件从该位点跳出，基因恢复功能，产生具有正常色素的细胞。在不产色素背景下的色素斑的大小表明恢复基因功能的 *Ds* 转座的时间进程。发育早期的转座产生宽条纹或大范围的色素组织，发育晚期的转座产生窄条纹或小斑。经过进一步分析，*Ds* 转座被另外一个转座元

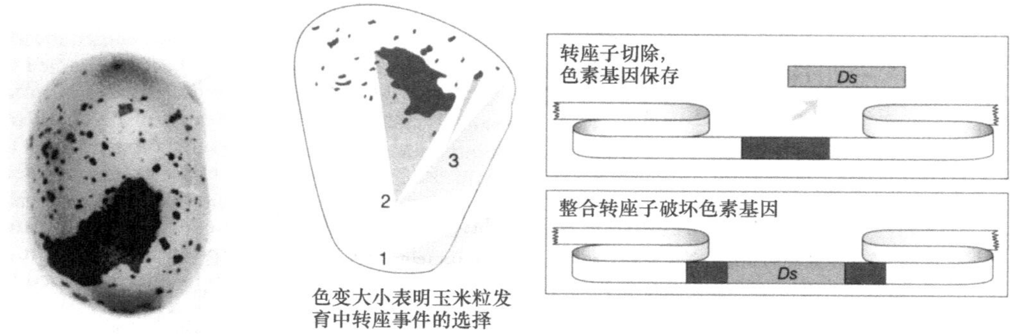

图 3-23　*Ds* 转座对玉米粒的表型效应

1. 玉米粒发育初期，*Ds* 转座子插入编码玉米仁颜色的基因内部，形成无色区域。2. *Ds* 转座发生在细胞发育早期，形成一大片有色的组织。3. *Ds* 转座发生在发育晚期则形成较小的有色组织。

件激活因子(activator，Ac)控制。

当时占统治地位的观点是，基因在染色体上的位置是一成不变的。她的理论与此相 90
反，直到 20 多年后，才得到广泛接受。重组 DNA 技术确证了她的理论。而且，转座不仅在玉米中存在，真核生物和原核生物都普遍存在转座的遗传现象。现在普遍认为转座是发育过程中激活和组织基因表达的主要方式之一。但是，McClintock 认为转座还是形成生物多样性的重要因素之一，因为转座子诱导基因不稳定，这为生物应对胁迫，迅速重构基因组提供了可能。

第六节 基因重排

沙门氏菌、锥体虫和酵母中的简单开关

非常简单的重组事件发生在沙门氏菌(导致食物中毒和其他疾病的细菌)上(图 3-24)。该重组类似电筒开关。中间 1000bp 的序列颠换激活两侧编码表面抗原的基因表达。遗传的跳跃使其中一侧的基因位于可颠换区域末端的启动子的控制下，每个基因都在相反的方向转录。抗原变换使得沙门氏菌逃避宿主的免疫反应。宿主产生针对其中一个抗原的抗体时，颠换开关使表达另外一个表面抗原的克隆产生。其他几个噬菌体中也存在类似的简单开关。

锥体虫中存在另外一种抗原开关。引起非洲嗜睡病的单细胞纤毛虫，具有几千个编码表面可变糖蛋白(VSG)的基因库。当诸多 *VSG* 基因之一复制，从基因库运输到单个活性位点，取代先前活跃基因时，抗原开关完成。复制的基因在活性位点几个启动子的控制
下表达。这样，每次只有一个表面抗原表达。 91

酵母中代表两个系统的交叉的开关机制更清楚阐明了发育控制的基础。酵母生活史具有两个关键之处：接合型表达和单双倍体之间的转换。这两个复杂发育程序主要由转座控制。与沙门氏菌一样，在酵母中激活两个基因中的一个。与锥体虫类似，酵母开关涉及在活性位点表达复制的基因。

单倍体酵母细胞有两种接合型(a 或 α)。在其生活史的单倍体期，任何一种接合型都能够通过有丝分裂产生由两种接合型组成的混合群体。单倍体单个基因组的表达改变产生接合型开关，这几乎在每次有丝分裂过程中都会产生。单倍体 a 或 α 细胞可以融合形成双倍体细胞。营养耗尽的情况下，双倍体细胞减数分裂产生四个孢子，以逃避饥饿。

20 世纪 70 年代中期，俄勒冈大学的 Jeffrey Strathern、James Hicks 和 Ira Herskowitz 发现接合型转换由酵母 3 号染色体上的三个基因座(或称为盒)控制。中间是接合型基因座(*MAT*)，两侧是不表达(沉默)的 a 和 *α* 拷贝。在接合型 a 中，*MAT* 基因座插入复制的 a 盒，并表达。接合型转换中，*α* 在其沉默基因座复制，转座到 *MAT* 基因座取代 *a* 基因。

MAT 基因座表达的蛋白质则控制许多细胞特异性基因的表达。这些蛋白质调控 a、*α* 和双倍体 a/*α* 细胞中不同代谢途径。例如，准备结合的 a 和 *α* 细胞各自分泌激素，与相对应的接合型细胞表面的特异性受体结合。双倍体细胞中诱导产生完全不同的一组基因，启动减数分裂和产孢。

抗体多样性

复杂得多的系列基因重排使人免疫系统产生抗体，识别、摧毁异物和致病菌。异物、致病菌等引发免疫反应的物质称为抗原。进入人体的病毒、细菌表面、灰尘、花粉等异物

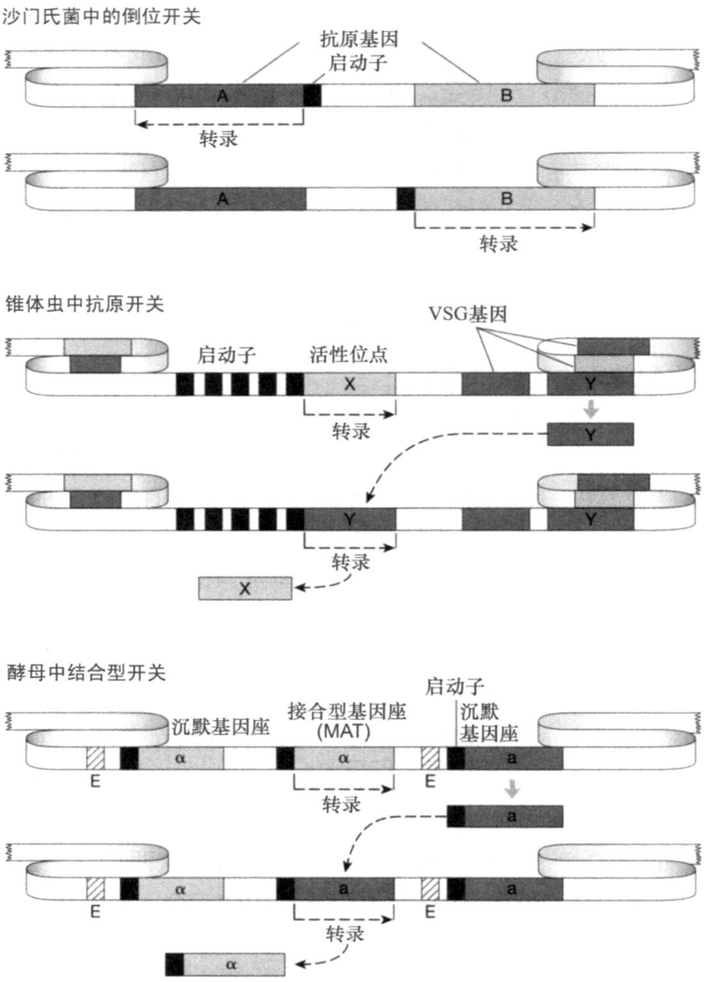

图 3-24　简单的遗传开关

沙门氏菌中，启动子位于编码两个不同表面抗原的基因中间。1000bp 的序列反转启动子，启动两个基因之一转录。锥体虫编码可变表面糖蛋白(VSG)的基因有数百个。*VSG* 基因转座，在五个固定启动子的控制下表达。酵母在沉默基因座具有两个不表达的接合型基因 *a* 和 *α*。这两个基因被调控元件 E 负调控。任何一个基因转座后则摆脱了 E 元件的控制，从而在活跃的接合型基因座(*MAT*)表达。

具有多个抗原分子。活致病菌还分泌许多诸如毒素、代谢副产物类抗原。多数抗原为蛋白质，多糖和核酸也能够引发免疫反应。接触抗原后，身体细胞外空间、脾脏和淋巴结中遍布的 B 淋巴细胞被刺激。B 淋巴细胞产生免疫球蛋白(抗体)，结合抗原，有利于摧毁抗原。而且，可能产生几个不同的抗体，识别同一抗原的不同分子特征(表位)。蛋白质的表
92 位仅含有几个氨基酸。一段时间后，只有那些 B 淋巴细胞可产生抗体，并具有与接纳存活和扩增因子的抗原起强烈作用的能力。

93 显然，潜在的抗原数量是无限的，其数量比整个基因组含有的基因(5 万个左右)总数多。基因组不可能预先含有针对每个抗原的基因，B 淋巴细胞通过何种机制产生几乎无

限多样性的抗体分子呢？人们一度对此机制颇有争议。70 年代末期和 80 年代早期，麻省理工的 Susumu Tonegawa（图 3－25）是克隆抗体基因并研究其结构的关键研究人员之一。染色体上构成免疫球蛋白基因座的 DNA 片段数量相对少，但通过重组可以产生功能多样的抗体基因。

图 3－25　Susumu Tonegawa
（照片引自 Betsy Cullen Photography © 2001.）

抗体都具有重链恒定区。根据结构和功能，抗体分为 5 类：IgG、IgE、IgA、IgD 和 IgM。最常见、含量最多的是 IgG。IgE 负责变态反应，IgA 主要存在于黏膜免疫。在自由循环的血液中少见 IgD，但存在于 B 淋巴细胞表面，帮助其识别抗原。IgM 是接触抗原后最先出现的抗体，随后被 IgG 取代。1969 年，洛克菲勒大学的 Gerald Edelman 阐明了 IgG 结构（图 3－26）。IgG 由四条多肽链组成：两条重链（H），各含有 440 个氨基酸；两条轻链（L），各自含有 220 个氨基酸。不同抗体重链和轻链的羧基端氨基酸序列较少变异，因此称为恒定区（C）：C_H 和 C_L。而两种类型抗体的氨基端都表现较大的变化，因此称为可变区（V）：V_H 和 V_L。4 条链形成 Y 型，所有可变区位于臂顶端，为抗原结合部位。而且，每条链可变区含有高变区，赋予抗体更大的可变性和特异性，以便结合抗原。类似于 IgG，IgE 也由两条重链和两条轻链组成。IgA 由 4 条重链和轻链，或者 6 条重链或轻链组成。IgM 是最大的抗体，包括 10 条重链和轻链。IgA 和 IgM 虽然大，但基本结构与其他抗体相同，并排连接为多个 Y 型结构。 94

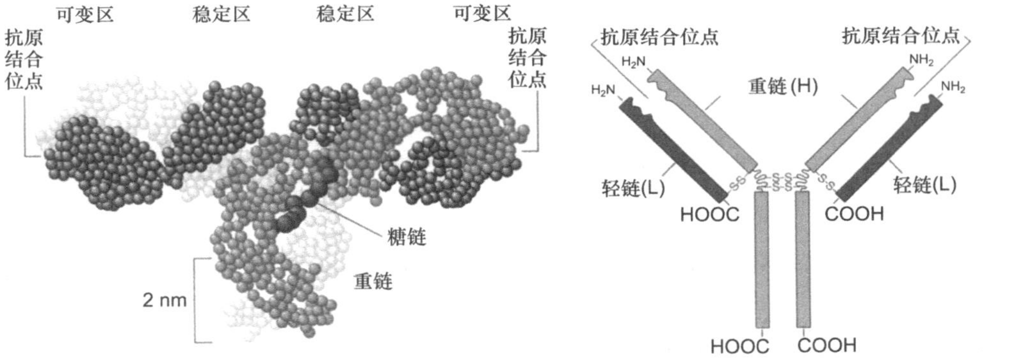

图 3－26　抗体分子的模型

每个球（左边）代表一个氨基酸。（经许可重绘自 Selverton E. W. et al. 1977. *Proc. Natl. Acad. Sci.* *74*：5140. 引自 Alberts B. et al. 1989. *Molecular biology of the cell*，pp. 1013，1022. Garland Publishing，New York.）

人编码免疫球蛋白重链的基因座位于 14 号染色体。分离的轻链基因座 λ 和 κ 位于 2 号和 22 号染色体。抗体 mRNA 的 cDNA 探针与基因组 DNA 杂交，从而发现这些基因座免疫球蛋白基因的数量和重排的基本方案。恒定区和可变区基因分别由不同基因编码，这些基因相互广泛分布在染色体上。人 κ 可变基因区包括数百个可变基因片段（*V*），大约 30 个多样性基因片段（*D*），5 个连接基因片段（*J*）。*V* 基因片段组成大量的可变功能域，*J* 基因片段编码 4～6 个氨基酸，*D* 基因片段编码 2～13 个氨基酸。这些基因片段通过多样性组合连接。每个基因片段两侧是重组信号序列(*RSS*)。基因 *RAG1* 和 *RAG2* 编码的特异性核酸酶负责切除 *RSS*。总之,通过下述分子遗传事件容易产生近乎无穷的抗体(图 3-27):

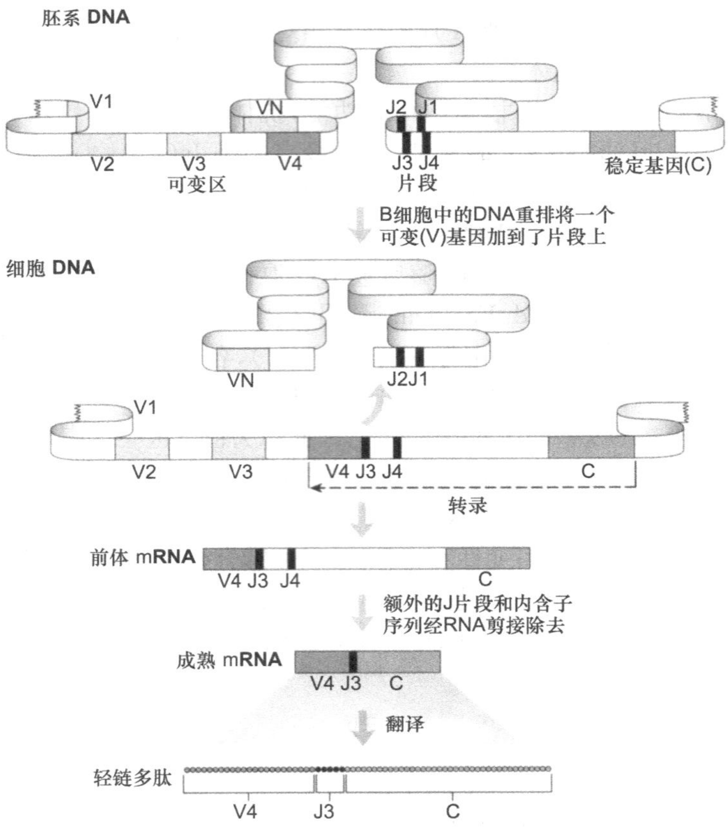

图 3-27 免疫球蛋白基因重排形成抗体链

95 1. *V*、*D*、*J* 基因随机 DNA 重组(*V-D-J* 重组)产生重链可变区基因。第一步为一个 *D* 基因与一个 J 基因融合,形成 *DJ* 融合。第二步,*V* 基因与 *DJ* 基因融合,形成 V_H 基因。V_H 基因位于 C_H 基因上游。形成 V_H 基因刺激 C_H 基因转录,产生包括下游 C_H 基因的前体 mRNA。RNA 剪接随后融合 V_H 和 C_H 功能域。轻链基因通过一次重组事件(*V-J* 重组)连接,在此过程中,数百个 *V* 基因中的一个与 4 个 *J* 基因片段之一连接形成 V_L 基因。V_L 基因和下游的 C_L 基因一起转录,在 RNA 剪接过程中融合。抗体多样性的主要来源是 *V-D-J* 和 *V-J* 连接。

2. *V-D-J* 和 *V-J* 连接有意不精确,形成进一步的多样性。重组过程中,在 *V-D-J* 基因间形成的接头并不在精确位点发生,因此最后形成的 V_L 或 V_H 基因可能丢失 1~2 个氨基酸。特异性酶负责在这些接头处加减氨基酸,结果三个重排中仅一个具有功能(另外两个形成移码)。淋巴细胞的扩增能力强,因此也只有淋巴细胞才能够如此浪费。

3. 组装好的 V_H 基因中发生点突变,称为体细胞突变。这是产生变异的另一来源。胞嘧啶脱氨酶参与形成可变区的突变。该酶将胞嘧啶转化为尿嘧啶,容易被 DNA 聚合酶误以为是胸腺嘧啶而产生突变。通过体细胞突变,任何核苷都可能被另外核苷取代。

这可能改变基因的遗传密码。

4. 每个 V_H 基因可以和不同的 C_H 基因连接，进一步影响抗体发挥作用的方式。无论膜结合型还是游离抗体都存在该情况。C_H 基因通过类别转换重组（class switch recombination，CSR）过程进行基因重排。

T 细胞是另外一种主要的免疫细胞，具有 T 细胞受体（T-cell receptor，TCR）。TCR 位于细胞表面不参加血液循环，负责结合抗原。TCR 可变功能域与抗体功能域非常类似。与免疫球蛋白基因不同，TCR 并不经历体细胞突变。

第七节　组织特异性基因的调控

具体类型的细胞或组织的独特性是其所合成蛋白质特异性的表现。多细胞生物中，几乎每个体细胞都具有近乎完全相同的 DNA，细胞类型的多样性主要与其中转录和翻译的特定基因有关。部分基因如细胞骨架的主要基因肌动蛋白在所有的细胞类型中都表达。这些基因称为“持家基因”（housekeeping gene）。细胞收到的信号、细胞内发挥功能的激活蛋白和阻遏蛋白决定了特定细胞所表达的一组基因。 96

血红蛋白在发育过程中差异表达，它是细胞特异性蛋白质的一个例子。该蛋白质负责在细胞间运输 O_2 和 CO_2。血红蛋白仅在红细胞中合成。它包含 4 条肽和位于中间的血红素基团，血红素含有铁，是蛋白质发挥功能的部位。发育的不同阶段表达不同形式的血红蛋白，编码血红蛋白的基因的调控是非常复杂的过程。

成人的 4 个血红蛋白由 2 个 α-珠蛋白和 2 个 β-珠蛋白组成。还有数量较少（占总血红蛋白 2%～3%）的血红蛋白含有 2 个 α-珠蛋白和 2 个 δ-珠蛋白。早期胚胎中，具有不同的血红蛋白。这些血红蛋白称为胚胎血红蛋白。胚胎血红蛋白包含 2 条 ζ 链和 2 条 ε 链。受精后 8 周，产生胚胎血红蛋白的基因关闭，表达 2 个由两条 α 和 2 条 γ 链组成的新基因，这是胎儿血红蛋白（γ-珠蛋白具有两种形式，γ^A 和 γ^G）。出生时，开启成人形式的 2

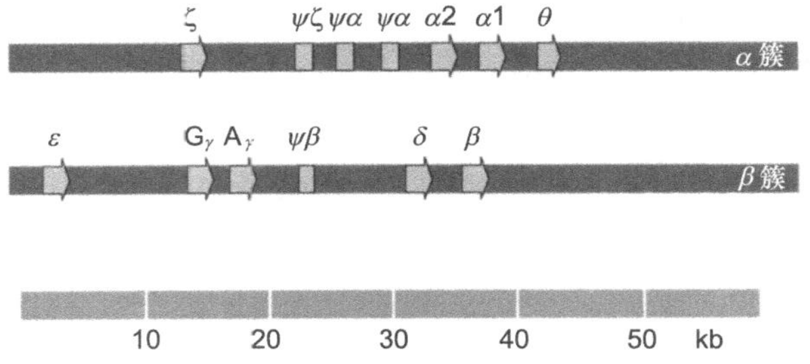

Hb 基因在不同发育期的表达

胚胎期(<8周)	$\zeta_2\varepsilon_2\ \zeta_2\gamma_2\ \alpha_2\varepsilon_2$
胎儿期(3~9个月)	$\alpha_2\gamma_2$
成人(从出生起)	$\alpha_2\delta_2\ \alpha_2\beta_2$

图 3-28　珠蛋白基因的结构

图示 α 样和 β 样珠蛋白基因的相对位置。发育过程中的表达顺序与其在基因组中的排列顺序相同。功能基因中混杂的是几个假基因。假基因都含有致死突变，但不表达。

条 α 链和 2 条 β 链。所有珠蛋白基因位于两个基因簇，11 号染色体上的 α 样珠蛋白基因簇和 16 号染色体上的 β 样珠蛋白基因簇。这些基因形成基因家族。其排列顺序与发育
97 过程中的表达顺序平行(图 3 - 28)。

血红蛋白基因的表达调控是过去 20 年研究的热点之一。实验室研究和突变基因的研究是理解其调控机制的基础。突变导致的涉及血红蛋白的多种疾病包括地中海贫血(thalassemias)。这种病有多种形式。部分源于编码蛋白质的基因内部突变。其他则在基因编码区以外发生突变，如调控区发生突变。研究发现染色体的区域，尤其是 β-珠蛋白的 5′端基因簇是潜在的基因调控位点。β-珠蛋白基因 5′端的染色质区(DNA 与特定类型蛋白结合，与其在细胞内的存在形式类似)具有四个 DNase 的高度敏感位点。之所以敏感可能与转录因子与染色质的这些区域结合有关。这些超敏感位点距离 β 珠蛋白基因簇
98 有数千碱基对。

研究 $\gamma\delta\beta$-地中海贫血特殊患者有助于了解 β-珠蛋白基因簇的调控。这些患者不能产生 γ-珠蛋白、δ-珠蛋白、β-珠蛋白。这些患者的珠蛋白基因正常，只是缺乏高度敏感位点。这些 DNase 的高度敏感位点称为位点控制区(LCR)。LCR 相当于增强子，结合调控蛋白。调控蛋白与结合基因上游启动子的特定转录因子结合(图 3 - 29)。

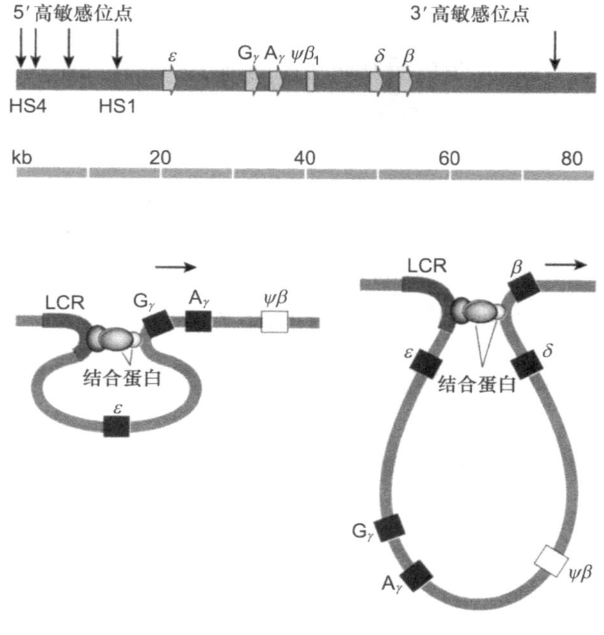

图 3 - 29　β-珠蛋白基因的超敏感位点

上图表示实验研究发现在 β-珠蛋白基因上游和下游都具有对 DNase 高敏感的位点(箭头所示)。这些位点是珠蛋白基因的调控区，称为 LCR。下图用环模型表示 LCR 如何调控特异性珠蛋白基因的表达。

第八节　基因的协调表达

正如在 *lac* 操纵子中一样，许多基因都必须协调表达。真核生物没有多顺反子，因此协调表达多个基因，基因表达高度协调，具有共同的调控元件。

细胞周期

参与控制真核生物细胞静止和分裂(细胞周期)的基因构成一个网络。所有细胞周期包括 4 个不同阶段: 99

G_1(间期 1):细胞生长,补充其资源。

S(合成):细胞合成 DNA,为细胞分裂做好准备。

G_2(间期 2):细胞产生分裂必需的细胞质内元件。

M(有丝分裂):细胞分裂,重复整个周期。

完全分化的成熟细胞逃离细胞周期进入静止期 G_0。细胞周期主要由细胞周期蛋白控制。细胞周期蛋白分为 A、B、C、D、E,分别在不同时间达到峰值。每个细胞周期蛋白达到其峰值并给细胞进入下一个阶段的信号。例如,G_1 期,细胞周期蛋白 D 积累并达到峰值,驱动细胞通过限制点。限制点是不可逆转点,细胞进入完成细胞周期的阶段。许多生长因子刺激细胞周期蛋白 D 合成。

细胞周期蛋白控制细胞周期。细胞周期蛋白激活特定的依赖细胞周期蛋白的蛋白激酶(CDK)。CDK 与许多分子相互作用,驱动细胞通过细胞周期。细胞周期蛋白上调 CDK 表达,但是 CDK 抑制因子下调其表达。例如,INK4 家族成员结合 G_1 CDK,使其不能与 D 型细胞周期蛋白相互作用。WAF/KIP 家族成员结合 G_1-S 和 G_2-M 过渡需要的 CDK(图 3-30)。

细胞周期必须严格调控,方能保证每个子代细胞获得一组高质量的染色体。每个间

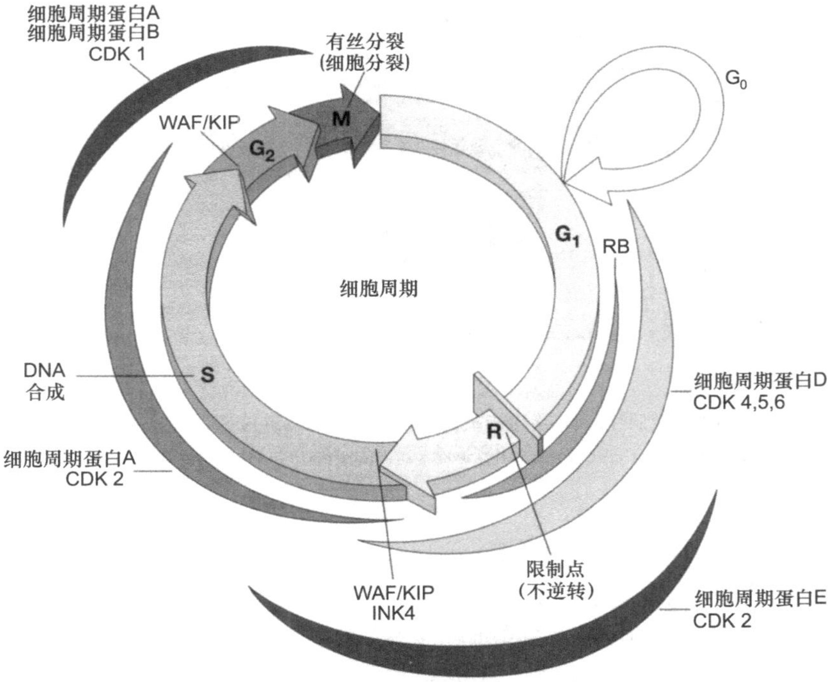

图 3-30 细胞周期

细胞周期是真核生物细胞有规律的静止和分裂过程。G_0 是静止期,细胞静止。G_1 期,细胞生长。S 期,细胞进行 DNA 复制(合成)。G_2 期,细胞准备进行分裂,M 期进行分裂。图示调控细胞周期转换和各期的分子。

期的运动被关卡控制基因严格调控。这些基因感知关键参数。例如，S 期，基因组必须精确复制一次。如果合成尚未完成就进入有丝分裂，子代细胞将获得不完整的染色体。当细胞 DNA 损伤时，关卡基因在控制细胞周期进程中具有重要地位。细胞接触 DNA 损伤剂如紫外或者 DNA 骨架破坏（X 射线），DNA 修复蛋白被招募到 DNA 损伤位点，修复被破坏的 DNA。如果损伤发生在 G_1 期，修复尚未完成，关卡基因阻止细胞进入 S 期。因为 DNA 合成被阻抑在破坏的碱基处。如果该状态未修复，细胞即在有丝分裂时进行染色体分离，将导致细胞死亡（图 3－31）。DNA 损伤发生在细胞进入 S 期，或者细胞已经进入 S 期，将激活不同的关卡基因，其产物将使细胞在完成 DNA 合成前不能离开 S 期。类似
100 的，如果 DNA 损伤发生在 G_2 期，除非 DNA 修复完成，否则关卡基因也阻止细胞进入有丝分裂。

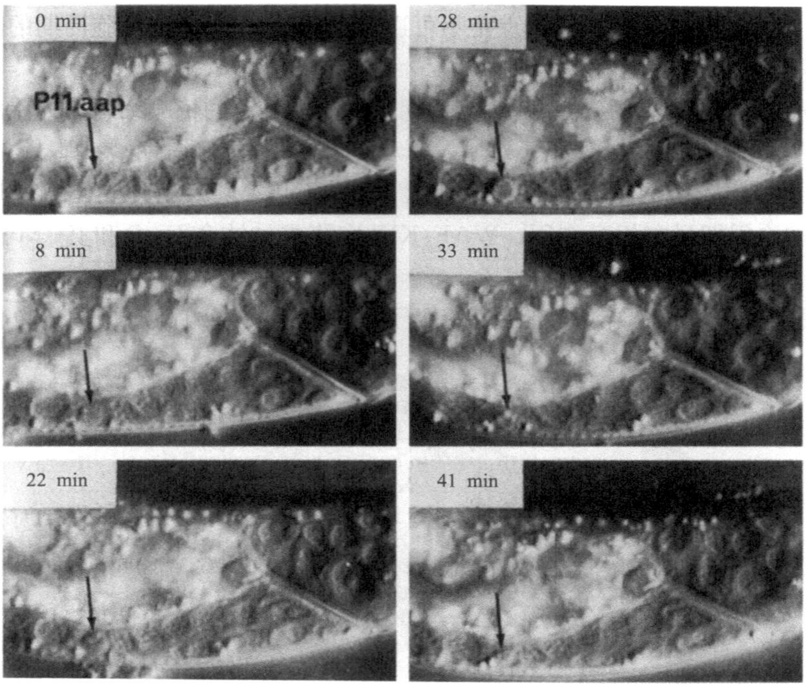

图 3－31　细胞死亡

线虫发育的连续照片。P11. aap 指凋亡的细胞。（经许可引自 Sulston J. E. and Horvitz H. R. 1977. Post-embryonic cell lineages of the nematode *Caenorhabditis elegans*. *Dev. Biol.* *78*：110－156。）

1970 年左右，威斯康星大学的 Leland Hartwell（图 3－32）研究酵母细胞周期（*cdc*）突变菌株发现了第一个控制关卡的基因 *rad9*。一些突变菌株不能完成细胞周期，因为这些突变菌株参与 DNA 复制的酶存在缺陷。DNA 连接酶为后随链合成过程中形成的单链 DNA 片段（冈崎片段）拼接所必需。其中一个突变菌株 *cdc9* DNA 连接酶具有缺陷。这导致染色体不完整，形成无数 DNA 片段。突变菌株 *rad9* 在存在离子辐射的情况下仍然能够继续细胞周期。与连接酶缺陷一样，辐射导致 DNA 分子双链断裂。*rad9* 和 *cdc9* 双突变菌株在复制了几个片段性的基因组后，很快就死亡。这表明，*rad9* 的作用是感知

DNA 损伤或不完整的合成，使细胞在缺乏完整染色体的情况下停止细胞周期。推测人家族性乳腺癌的突变基因 *BRCA1* 是酵母 *rad9* 的等价分子。 101

图 3－32　Leland Hartwell

凋亡

凋亡也称为程序性细胞死亡，平衡有丝分裂确保高等生物维持适当数量的健康细胞。线虫的凋亡将发育过程中形成的 1090 个细胞削减为成虫的 959 个细胞。每个线虫的株系和位置已知，显微镜观察很容易发现凋亡所删除的细胞。同样地，不能凋亡也导致部分其他细胞复苏能够观察到。与细胞周期一样，凋亡被复杂的基因网络调控。

麻省理工的 Robert Horvitz(图 3－33)和 Michael Hengartner(图 3－34)利用线虫发现了参与细胞凋亡(*ced*)的关键基因。*ced-3* 基因编码蛋白酶，降解细胞内蛋白，有助于完成凋亡。*ced-3* 突变菌株中，通常应当死亡的细胞却不死亡，它们存活并具有其姊妹细胞的功能。另外一个基因 *ced-9*，编码的蛋白与 *ced-3* 相互作用，抑制 *ced3* 蛋白酶活性。序列比较发现，*ced-3* 与人的 *caspase-9* 类似，而 *ced-9* 与人的 *bcl-2* 类似。这些基因同源性非常高，人的 *bcl-2* 可以互补线虫的 *ced-9* 缺陷。

图 3－33　H. Robert Horvitz
(Donna Coveney 拍摄)

图 3－34　Michael Hengartner
(承蒙 Cold Spring Harbor Laboratory Archives 许可引用)

凋亡并非线虫特有。细胞凋亡用以清除发育过程中暂时性的结构，如有助于高等脊椎动物肾发育的早期组织。许多组织都是通过凋亡清除的。脊椎动物的四肢刚开始形成时类似桨状，趾之间的细胞凋亡并被清除，只剩下手指和脚趾(图 3－35)。凋亡有助于形成心脏环和神经系统中细胞的组织。正如第七章所述，凋亡发生改变与肿瘤有关。

身体轴突的形成

生物发育——从受精卵经过胚胎、幼年阶段到成年——需要一组基因在适当的时间和位点发育。在果蝇中进行的研究为理解大规模发育提供了钥匙。幼虫发育阶段，胚胎基因表达蛋白形成方向、确定果蝇胚胎的体节。变态发育阶段，同源异型盒基因协调表达形成胸部独特的结构(腿和翅膀)和头(触角)。 102

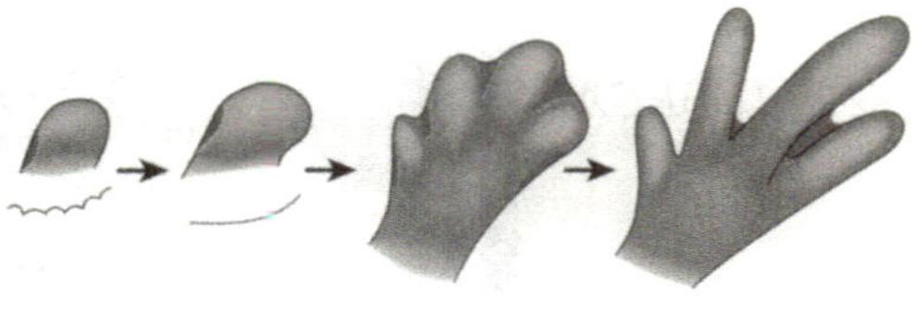

图 3－35　凋亡形成鸡爪
肢芽变成桨状。阴影区凋亡，各趾分开。

20 世纪 70 年代晚期，欧洲分子生物学实验室的 Christiane Nüsslein-Volhard（图 3－36）和 Eric Wieschaus（图 3－37）发现了指导果蝇胚胎体节发育的关键基因。受精后不久，几组基因差异表达，建立了前后（头尾）和背腹方向。这些指导两侧对称部分的发育。例如，Bicoid 蛋白的浓度从前到后逐渐降低，而 Dorsal 蛋白的浓度从腹到胸逐渐降低。Torso 蛋白浓度在前后处浓缩，而 oskar、nanos 蛋白仅在后端集中。这些蛋白质的相对混合和浓度激活三种类型的基因（间隙基因、配对规则基因和体节极性基因），这些基因共同左右决定体节的性质。

图 3－36　Christiane Nüsslein-Volhard
（承蒙 Cold Spring Harbor Laboratory Archives 许可引用）

图 3－37　Eric Wieschaus
（经许可引自© The Nobel Foundation）

间隙基因指导头—尾轴体节的分化，形成头胸腹区。例如，*Krüppel* 是间隙基因，主要在胸节表达，*Krüppel* 突变，这些片段丢失。间隙蛋白控制配对规则基因的表达，确定各自片段。例如，*fushi tarazu*（*ftz*）表达在体节交界处。因此，*ftz* 突变株丢失每个体节。*Engrailed* 是一个体节极性基因，调控体节内前后取向。*Engrailed* 突变菌株，每个体节后端是前端的镜像。

加州理工学院 Edward Lewis（图 3－38）从 20 世纪 50 年代开始研究果蝇身体的形成（图 3－39），他的工作为理解果蝇身体发育提供了重要基础。他研究同源异形盒如何控制体节内部身体部分的特化。异形化（homeosis）指身体的一部分取代另外一部分，并类似该部分的过程。例如，在同源异形突变菌株 *Ultrabithorax*（Ubx）中，第三胸甲的（一种经修饰的小翅膀，帮助果蝇平衡）变成第二对翅膀，模拟第二胸节正常位置。*Antennapedia*（Antp）突变子中，头部的触角变成额外的腿，而正常情况下这腿应当在第二胸节出现（图 3－40）。

图 3－38　Edward B. Lewis
（经许可引自© The Nobel Foundation）

103 果蝇中的同源异形基因分两类。双胸簇包括 *Ultrabithorax* 基因和其他两个基因，而 *Antennapedia* 簇包括 5 个基因。

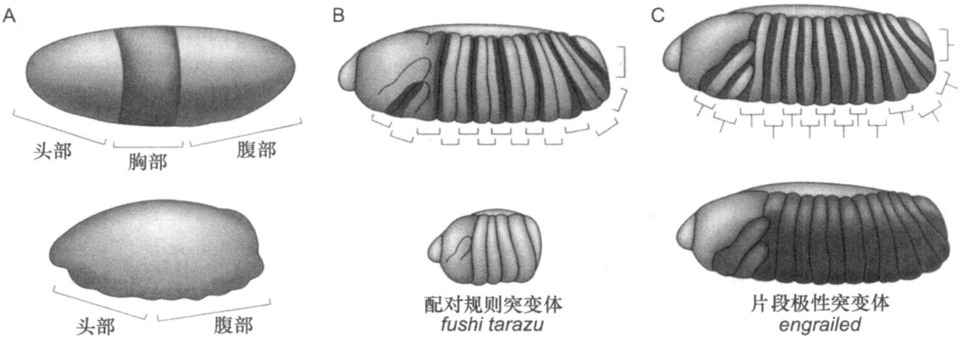

图 3-39　果蝇中三种类型的体型突变

(A)*gap* 基因控制从头到尾轴的分化。本图中,*Krüppel* 突变导致胸节丢失。(B) *Pair-rule* 基因控制每个体节的形成。*fushi tarazu* 突变导致丢失其他体节。(C)分节极性基因调控每节内前/后轴。果蝇每个轴往往具有前半和后半轴。*engrailed* 突变导致果蝇每个体节只有前半轴。

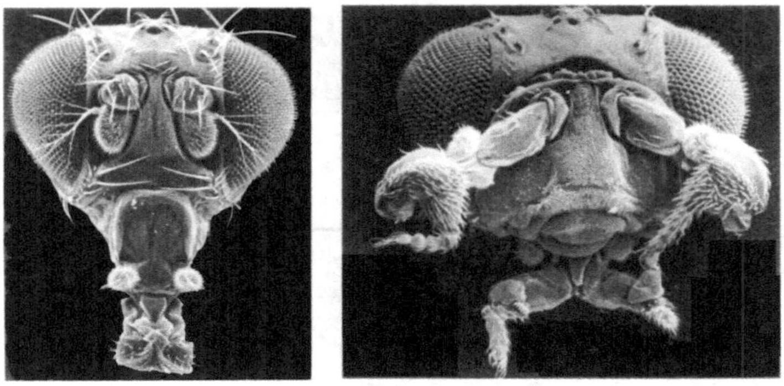

图 3-40　*Antennapedia* 突变

左:野生型果蝇的头。右:*Antennapedia* 突变果蝇。注意在正常情况下应当长触角的地方出现了腿。(经许可引自 E. R. Turner, Indiana University, http://flybase. bio. indiana. edu)

这些基因控制体节特化,在染色体上排列的顺序和发育过程中表达的空间顺序一致。复合体 3′端的基因表达得早些,表达方向朝向动物的头,而 5′端基因表达晚些,极性更强些。这种排列称为共线性,基因的物理顺序反映基因活性的物理次序。同源异形控制不限于果蝇。脊椎动物具有同源异形基因,称为 *Hox* 基因(表 3-2)。这些基因成簇排列,表达的方式类似果蝇。

表 3-2　5 个同源异形结构域的氨基酸具有很高的同源性

	1																			20
Mouse *MO*-10	Ser	Lys	Arg	Gly	Arg	Thr	Ala	Tyr	Thr	Arg	Pro	Gln	Leu	Val	Glu	Leu	Glu	Lys	Glu	Phe
Frog *MM3*	Arg	Lys	Arg	Gly	Arg	Gln	Thr	Tyr	Thr	Arg	Tyr	Gln	Thr	Leu	Glu	Leu	Glu	Lys	Glu	Phe
Amtennapedia	Arg	Lys	Arg	Gly	Arg	Gln	Thr	Tyr	Thr	Arg	Tyr	Gln	Thr	Leu	Glu	Leu	Glu	Lys	Glu	Phe
Fushi tarazu	Ser	Lys	Arg	Thr	Arg	Gln	Thr	Tyr	Thr	Arg	Tyr	Gln	Thr	Leu	Glu	Leu	Glu	Lys	Glu	Phe
Ultrabithorax	Arg	Arg	Arg	Gly	Arg	Gln	Thr	Tyr	Thr	Arg	Tyr	Gln	Thr	Leu	Glu	Leu	Glu	Lys	Glu	Phe

	21																			40
Mouse *Mo*-10	His	Phe	Asn	Agr	Tyr	Leu	Met	Arg	Pro	Arg	Arg	Val	Glu	Met	Ala	Asn	Leu	Leu	Asn	Leu

Frog *MM3*	His	Phe	Asn	Arg	Tyr	Leu	Thr	Arg	Arg	Arg	Arg	Ile	Glu	Ile	Ala	His	Val	Leu	Cys	Leu
Antennapedia	His	Phe	Asm	Arg	Tyr	Leu	Thr	Arg	Arg	Arg	Arg	Ile	Glu	Ile	Ala	His	Ala	Leu	Cys	Leu
Fushi tarazu	His	Phe	Asm	Arg	Tyr	Ile	Thr	Arg	Arg	Arg	Arg	Ile	Asp	Ile	Ala	Asn	Ala	Leu	Ser	Leu
Ultrabithorax	His	Thr	Asn	His	Tyr	Leu	Thr	Arg	Arg	Arg	Arg	Ile	Glu	Met	Ala	Tyr	Ala	Leu	Cys	Leu

	41																			60
Mouse *MO*-10	Thr	Glu	Arg	Gln	Ile	Lys	ILe	Trp	Phe	Gln	Asn	Arg	Arg	Met	Lys	Tyr	Lys	Lys	Asp	Gln
Frog *MM3*	Thr	Glu	Arg	Gln	Ile	Lys	Ile	trp	Phe	Gln	asn	Arg	Arg	Met	Lys	Trp	Lys	Lys	glu	Asn
Antennapedia	Thr	Glu	Arg	Gln	Ile	Lys	Ile	Trp	Phe	Gln	Asn	Arg	Arg	Met	Lys	Trp	Lys	Lys	Glu	Asn
Fushi tarazu	Ser	Glu	Arg	Gln	Ile	Lys	Ile	Trp	Phe	Gln	Asn	Arg	Arg	Met	Lys	Ser	Lys	Lys	Asp	Arg
Ultrabithorax	Thr	Glu	Arg	Gln	Ile	Lys	Ile	Trp	Phe	Gln	Asn	Arg	Arg	Met	Lys	Leu	Lys	Lys	Glu	Ile

注：引自 W. J. Gehring. 1985. *Sci. Am.* *253/4*：159.

104

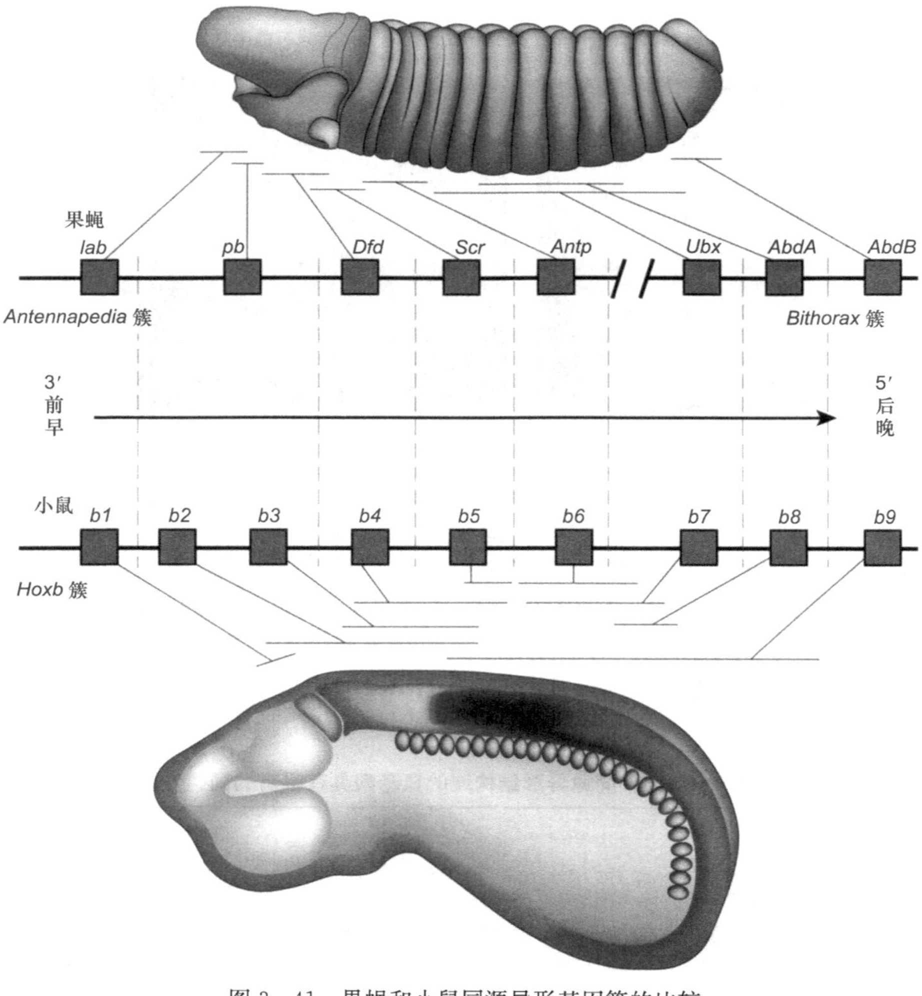

图 3－41 果蝇和小鼠同源异形基因簇的比较

图示果蝇 *Antennapedia* 和 *Bithorax* 基因簇与小鼠 *Hoxb* 基因簇的比较(小鼠具有 4 个这样的基因簇，*Hoxa*、*Hoxb*、*Hoxc*、*Hoxd*)。图示每个基因沿体轴表达的相对位置。

序列分析表明，果蝇和脊椎动物的同源异形基因具有 180 个核苷的区域，称为同源异形盒(homeobox)。同源异形盒编码 DNA 结合区，结构上与其他转录因子相关。同源异形蛋白在转录调控中发挥作用，激活或者抑制其他基因表达，这可能解释它们如何发挥调控功能。含有同源异形盒的基因在从四膜虫到人的每种真核生物中都存在(图 3-41)。

这些家族的基因如何协调工作，从而确定发育的胚胎的位置和身份还有待进一步研究。

参考文献

Bier E. 2000. *The coiled spring: How life begins*. Cold Spring Harbor Laboratory Press, Cold Spring Harbor, New York.

Carey M.F. and Smale S.T. 2000. *Transcriptional regulation in eukaryotes: Concepts, strategies, and techniques*. Cold Spring Harbor Laboratory Press, Cold Spring Harbor, New York.

Comfort N. 2001. *The tangled field: Barbara McClintock's search for the patterns of genetic control*. Harvard University Press, Cambridge.

Fox-Keller E. 1983. *A feeling for the organism: The life and work of Barbara McClintock*. W.H. Freeman, New York.

Holland S., LeBacqz K., and Zoloth L., eds. 2001. *The Human embryonic stem cell debate*. MIT Press, Cambridge.

Jacob F. 1995. *The statue within: An autobiography*. Cold Spring Harbor Laboratory Press, Cold Spring Harbor, New York.

Krainer A.R., ed. 1997. *Eukaryotic mRNA processing*. IRL Press, New York.

Lewin B. 1999. *Genes VII*. Oxford University Press, United Kingdom.

Lewis J.D. and Tollervey D. 2000. Like attracts like: Getting RNA processing together in the nucleus. *Science* **288:** 1385–1389.

McClintock B. 1987. *The discovery and characterization of transposable elements: The collected papers of Barbara McClintock*. Garland Publishing, New York.

Micklos D., ed. 1999. DNA from the beginning (http://www.dnaftb.org). Dolan DNA Learning Center, Cold Spring Harbor, New York.

Müller-Hill B. 1996. *The* lac *Operon: A short history of a genetic paradigm*. Walter de Gruyter, New York.

Niehrs C. and Pollet N. 1999. Synexpression groups in eukaryotes. *Nature* **402:** 483–487.

Nissim-Rafinia M. and Kerem B. 2002. Splicing regulation as a potential genetic modifier. *Trends Genet.* **18:** 123–127.

Ptashne M. and Gann A. 2001. *Genes & signals*. Cold Spring Harbor Laboratory Press, Cold Spring Harbor, New York.

Reilly P.R. 2000. *Abraham Lincoln's DNA and other adventures in genetics*. Cold Spring Harbor Laboratory Press, Cold Spring Harbor, New York.

Sonenberg N., Hershey J.W.B., and Mathews M.B., eds. 2000. *Translational control of gene expression*. Cold Spring Harbor Laboratory Press, Cold Spring Harbor, New York.

Tonegawa S. 1985. The molecules of the immune system. *Sci. Am.* **253:** 122–131.

107 # 第四章　DNA 科学的基本工具和技术

在电影《侏罗纪公园》(JURASSIC PARK)中，虚拟的科学家使 Costa Rica 附近的岛屿遍布新创造的恐龙。电影中，拟人化的 DNA 先生解释说，恐龙是遗传克隆的杰作。恐龙 DNA 是从蚊子中提取的。数百万年前，蚊子在被琥珀包裹前恰好吸了恐龙血。恐龙 DNA 插入未受精的鳄鱼卵，卵子发育为蛋，克隆的恐龙就在里面孵育(图 4-1)。

图 4-1　来自侏罗纪公园的 DNA 先生
(承蒙许可引自© Universal City Studios, Inc. and Amblin Entertainment, Inc.)

图 4-2　第一只克隆羊多莉在 1998 年 4 月产下其第一只小羊羔
(经许可引自 Roddy Field, Photographer, The Roslin Institute)

将灭绝物种恢复令人非常感兴趣，但是《侏罗纪公园》是小说。电影中描述的技术基于目前正在采用的现实技术，但利用这些技术产生恐龙不适合，根据现在的能力是肯定行不通。现在从琥珀中的昆虫分离古 DNA 基本上没有成功的报道。

不过，1997 年，苏格兰罗斯林研究所的 Ian Wilmut 及其团队宣布克隆了多莉羊(图 4-2)。全世界和科学家都震惊了。苏格兰科学家将未受精的卵细胞的核去除，将其与成年绵羊细胞的核融合。培养融合卵，然后移植到替代母亲中。这是首次报道从成年动物的 DNA 克隆动物。关于多莉实验还有许多疑问。多莉是否与正常的绵羊一样健康？真
108 是克隆的吗？利用核移植方法已经成功进行了小鼠、牛和猫的克隆。

从字面上讲，所谓克隆是指通过裂殖或者有丝分裂繁殖后代。亲代细胞的 DNA 复制，将相同的遗传信息传递给下一代。多次分裂，连续产生细胞，形成遗传构成相同的克隆，这些细胞都来自同一个祖先细胞。

基因克隆利用了有丝分裂过程中细胞复制 DNA 的天然能力。简言之，将目的基因插入载体 DNA 分子(即载体)，携带插入基因的载体转入(转化)适当的宿主细胞，与宿主 DNA 一起复制。宿主随后进行有丝分裂，产生克隆群体，每个细胞都含有目的基因。可以从该群体中收获插入的基因，供后续研究。

第一节　限制性内切酶

限制性内切核酸酶可能是生物技术中最强大的工具，利用它可以高重现性、可预测、精确地切割 DNA。20 世纪 50 年代早期，伊利诺伊大学的 Salvador Luria、Giuseppe Bertani 和加州理工学院的 Jean Weigle 发现细菌具有免疫系统的雏形(图 4－3)。他们发现某些大肠杆菌菌株抗不同噬菌体感染。这个现象似乎是细菌细胞的固有属性，它可以限制某些噬菌体的生长和繁殖。1962 年，日内瓦大学的 Werner Arber 发现了第一个证据，证明抗性细菌具有一种酶，该酶系统选择性识别和破坏外源 DNA，同时修饰自身染色体 DNA，以防被自己降解。

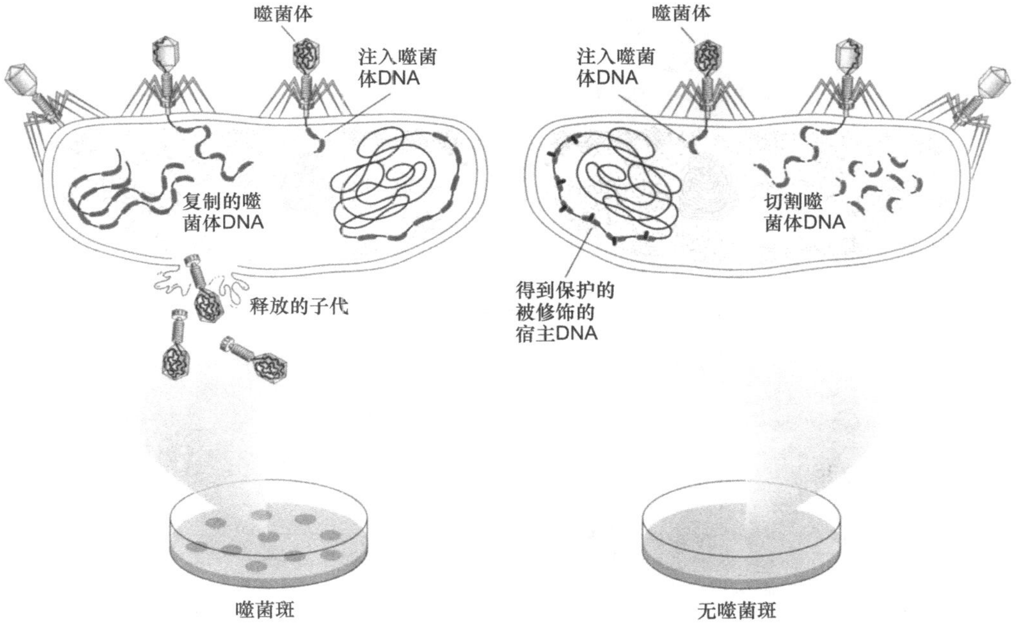

图 4－3　宿主控制的限制

噬菌体感染左边的菌株，在菌苔上产生清晰的噬菌斑。右边的抗噬菌体菌株具有切割噬菌体 DNA 的限制酶，同时还具有修饰酶甲基化自身 DNA，保护其不被切割。

几年后，Arber 及其助手 Stuart Linn，哈佛大学的 Meselson 和 Robert Yuan 分离了大肠杆菌能够有效切割噬菌体 DNA 的提取物。这些提取物含有第一个已知的限制性内切核酸酶，识别和切割 DNA 特定序列。限制性内切核酸酶属于核酸酶大家族。核酸酶一般破坏 DNA 中连接相邻核苷的磷酸二酯键。限制酶在内部切割 DNA，而外切核酸酶从 DNA 分子末端依次切割。

除限制酶活性外，部分酶还具有修饰活性，以保护宿主。后来发现保护宿主 DNA 不被消化的限制酶识别序列内的核苷，并在该核苷上添加甲基。DNA 被修饰后，限制性内切核酸酶不能识别宿主中序列特异性的结合位点。典型的甲基化为双链甲基化，但是，细菌单链甲基化（半甲基化）也可以保护 DNA 使其免受消化。因为复制后，新合成的 DNA 链并未立即甲基化。半甲基化的 DNA 也受保护，甲基化的亲代链保护宿主染色体，新合
109 成的子代链甲基化。

他们分离的限制酶在操作 DNA 方面没有实际应用价值，虽然这些酶识别特异性的核酸序列，但是切割位置与识别位点距离几千个核苷酸。因此，1970 年前，限制修饰现象几乎没有工具方面的价值。1970 年，约翰·霍普金斯大学 Hamilton Smith 及其学生 Kent Wilcox 从流感嗜血菌（*Haemophilus influenzae*）中分离了一种新的限制性内切核酸酶。该限制酶被命名为 *Hin*dII。*Hin*dII 与以前分离的限制酶具有两个重要的不同：①具有限制活性，但是没有修饰活性；②*Hin*dII 在其识别序列内部精确切割 DNA，而切

Hamilton Smith(左)和Daniel Nathans,1978　　Paul Berg,1980

Herbert Boyer,1977　　Stanley Cohen 和 Annie Chang,1973

图 4-4　构建第一个重组 DNA 分子涉及的关键人物

（承蒙[上方] Smith and Nathans，The Baltimore Sun；Berg，News and Publication Service，Stanford University.［下方］Boyer，Paul Conklin Academy Forum；Cohen and Chang News and Publication Service，Stanford University 许可引用）

割位点可以准确预见。 110

内切核酸酶有三种类型，Ⅰ型、Ⅱ型和Ⅲ型。Ⅰ型和Ⅲ型酶具有限制和修饰活性，在识别序列外切割 DNA。由 ATP 供能，酶沿着 DNA 分子从识别位点移动到切割位点。切割位点具有不可预见性，需要 ATP 供能，因此几乎没有实用价值。

Ⅱ型限制性内切核酸酶比较理想：①具有限制活性，缺乏修饰活性；②切割方式可以预测、一致，切割位点在识别序列内部或者邻近位置；③只需要镁离子作为辅因子，无需 ATP。从许多生物中分离了Ⅱ型限制性内切核酸酶。现有 200 多个限制性内切核酸酶销售，可以切割 100 个不同的识别序列。限制性内切核酸酶的命名反映其来源：

*Eco*RI　*E*＝*Eschrichia* 属
　　　　co＝*coli* 种
　　　　R＝RY13 菌株
　　　　Ⅰ＝发现的第一个限制酶

Ⅱ型限制酶识别序列长度一般为 4～8 个核苷酸。这些序列往往是回文结构——也就是说与从对应链阅读得到的结果相同。例如，*Bam*HI 的识别序列为： 111

5′GGATCC3′
3′CCTAGG5′

两条链都从 5′→3′阅读（上面一条从左到右，下面一条从右到左）。切割 DNA，产生具有下列末端的两个片段：

5′G	GATCC3′
3′CCTAG	G5′

Ⅱ型限制性内切核酸酶的识别序列内部的切割位点与序列本身一样，总是相同的。Ⅱ型限制性内切核酸酶切割其限制酶切位点的方式为下列三种之一，取决于酶：①在两条链的中间切割，形成平末端；② 3′切割，形成从 5′端凸出的 2～4 个单链碱基；③切割 5′，形成 3′端凸出的 2～4 个碱基。后两种情形切割形成的单链凸出可以与利用该酶切割的任何末端互补。单链互补使限制性内切核酸酶切割位点形成黏性末端，这是基因克隆所非常需要的。但是Ⅱ型内切酶的一个亚类ⅡS 的切割位点距离其识别序列 20 个核苷酸，对于分子生物学家几乎没有价值。表 4-1 示几种典型的限制性内切核酸酶的特异性。

研究不同限制性内切核酸酶与其 DNA 识别序列结合物的结构有助于我们了解Ⅱ型内切酶如何发挥作用。*Eco*RⅠ以同型二聚体（两个 *Eco*RⅠ分子一起）作用（图 4-5）。两个 *Eco*RⅠ分子沿着 DNA 识别序列的相对方向排列，进入 DNA 分子内部对碱基发挥作用。*Eco*RⅠ分子内部特异性氨基酸与 DNA 识别序列 GAATTC 形成氢键。一旦结合，限制酶内部的其他残基催化水解反应，利用水破坏识别序列内部 DNA 双链中每条链的磷酸二酯键。DNA 分子被切割为两段，5′端为磷酸基，3′端为羟基。通过二聚体作用，酶可以在两条链同时切割 DNA 分子。 112

表 4-1　几种典型的限制性内切核酸酶的特异性

来源	酶	识别序列	切割位点数		
			λ	Adenovirus-2	SV40
解淀粉芽孢杆菌(*Bacillus amyloliquefaciens* H)	*Bam*H Ⅰ	G↓GATCC	5	3	1
枯草芽孢杆菌(*Bacillus globigii*)	*Bgl* Ⅱ	A↓GATCT	6	12	0
大肠埃希氏杆菌(*Escherichia coli* RY13)	*Eco*R Ⅰ	G↓AA*TTC	5	5	1
大肠埃希氏杆菌(*Escherichia coli* R245)	*Eco*R Ⅱ	↓CC*TGG	>35	>35	16
流感嗜血菌(*Haemophilus aegyptius*)	*Hae* Ⅲ	GG↓CC	>50	>50	19
流感嗜血菌(*Haemophilus influenzae* R_d)	*Hind* Ⅲ	GTPy↓PuA*C	34	>20	7
流感嗜血菌(*Haemophilus influenzae* R_d)	*Hind* Ⅲ	A*↓AGCTT	6	11	6
副流感嗜血菌(*Haemophilus parainfluenzae*)	*Hpa* Ⅱ	G↓CGG	>50	>50	1
豚鼠诺卡氏菌(*Nocardia otitidis-caviarum*)	*Not* Ⅰ	GC↓GGCCGC	0	7	0
斯氏普罗威登斯菌(*Providencia stuartii* 164)	*Pst* Ⅰ	CTGCA↓G	18	25	2
黏质沙雷氏菌(*Serratia marcescens* S_b)	Sma Ⅰ	CCC↓GGG	3	12	0

识别序列从 5′→3′，只有一条单链；箭头表示切割位点；Pu(嘌呤)表示可被识别的 A 或 G，Py(嘧啶)表示可被识别的 C 或 G；星号表示可被甲基化的位点。

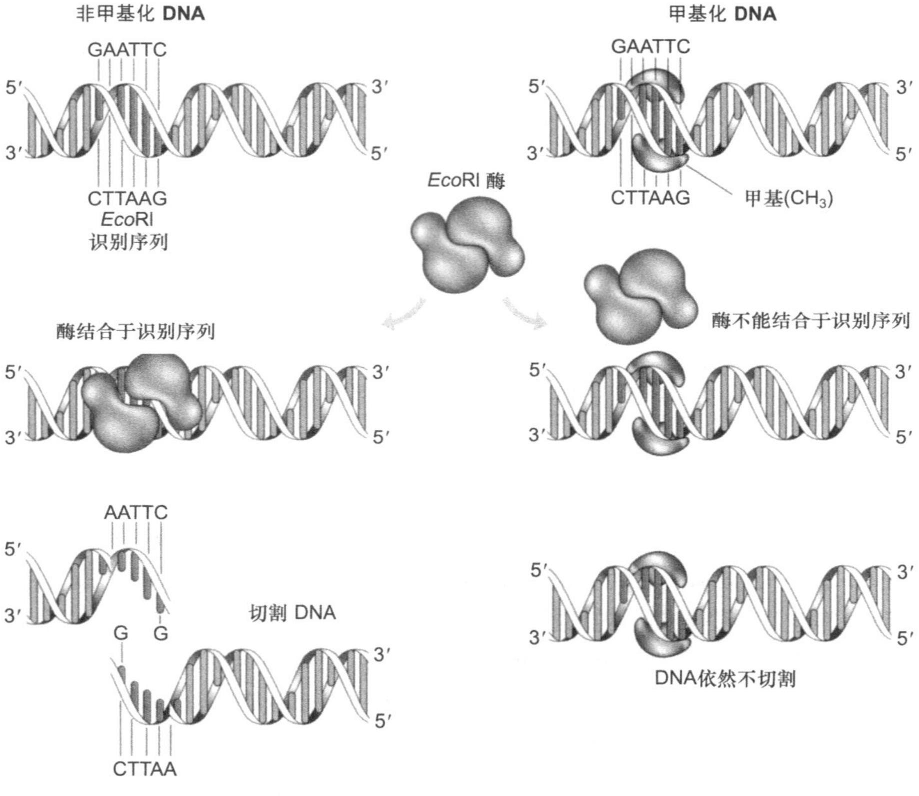

图 4-5　*Eco*R Ⅰ 限制修饰的分子过程

(Lisa Shoemaker 绘图)

特定切割位点的出现频率基于酶识别序列的长度。假设四个核苷酸(A、C、T、G)在DNA 分子内部随机等概率分布，平均每 256 个核苷(4×4×4×4)就可以出现任何 4 个核苷酸的组合。每 4096 个核苷(4×4×4×4×4×4)就有 6 个核苷酸的序列出现。限制性内切核酸酶识别 8 个碱基序列的频率为每 65 536 个碱基(4×4×4×4×4×4×4×4)一次。限制性内切核酸酶真实的切割频率与理论计算的不同，因为 DNA 序列并非随机分布。例如,限制性内切核酸酶 *Not*I 识别序列为 GCGGCCGC,这是 8 碱基序列,应当每 65 536个碱基对出现一次。而哺乳动物基因组中,*Not* Ⅰ 的切割频率大约为每 1 000 000 个碱基对出现一次。因为富含 GC 的序列出现频率低讨论(见第六章)。

约翰·霍普金斯大学 Hamilton Smith 的同事 Daniel Nathans 首次利用凝胶电泳展示了限制性内切核酸酶的广泛应用前景。Nathans 利用 Smith 的 *Hind* Ⅲ 切割纯化的感 113
染猴子的小病毒 SV40(simian virus 40)DNA。限制酶切割 DNA 样品的反应称为消化。Nathans 随后利用凝胶电泳分离 SV40 不同大小的 *Hind* Ⅲ 片段。他推导出 SV40 环状染色体 5000 个碱基对的片段的排列顺序,构建了限制酶切图谱,与现有的 SV40 遗传图谱对应。利用限制酶消化构建限制酶切图谱在人类基因组作图中不可或缺(图 4-6)。

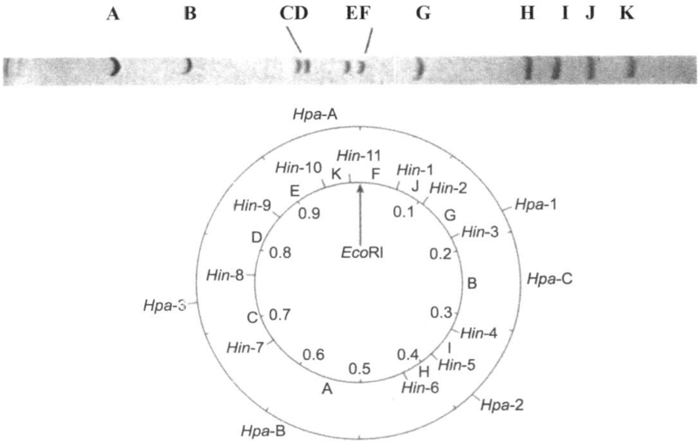

图 4-6　SV40 基因组的酶切图谱

上图:*Hind*Ⅲ限制性切割 SV40DNA,凝胶分离酶切片段。(经许可引自 Danna K. and Nathans D. 1971. Specific cleavage of simian virus 40 DNA by restriction endonuclease of *Hemophilius influenzae*. *Proc. Natl. Acad. Sci. 68*:2913—2917.)下图:SV40 基因组的酶切图谱。*Hind*Ⅲ 切割片段分别标记为A~K,与凝胶电泳的片段对应。(经许可引自 Danna K., Sack G. H., and Nathans D. 1973. Studies of simian virus 40 DNA. VII. A cleavage map of the SV40 genome. *J. Mol. Biol. 78*:363—376.)

第二节　凝胶电泳

最初采用超离心沉降速度法(velocity-sedimentation ultracentrifugation)分离不同大小的 DNA 片段,如利用限制性内切核酸酶消化得到的片段。该方法费时。高速离心分离 DNA 样品,其中糖或盐形成梯度,从上到下、从大到小,根据 DNA 片段大小分离。

1970 年,Nathans 利用聚丙烯酰胺凝胶电泳分离 DNA 片段,该方法简单、迅速。离心利用地心引力分离分子,电泳顾名思义利用分子携带电荷运动。凝胶电泳利用了 DNA 带负电的有机酸特性。DNA 的酸性来自磷酸基团,磷酸基团与脱氧核糖连接,形成双链。
中性溶液中,带负电的氧从 DNA 分子外侧的磷酸释放。在电场作用下,DNA 分子被负 114
极(阴极)排斥,而吸向正极(阳极)。

电泳过程中,DNA 片段在聚丙烯酰胺凝胶上根据大小分离。多孔的凝胶作为分子筛,小分子较大分子移动迅速。这样,DNA 片段泳动的距离与其分子质量成反相关。特定时间内，小片段较大片段泳动的距离远。因为孔径小，聚丙烯酰胺可以有效分离 1000 个核苷以下的小 DNA 片段，却不适合分离几千个核苷的基因片段。

虽然比离心简单，但是早期的聚丙烯酰胺凝胶电泳仍然费力，DNA 片段需要放射性标记。电泳后，聚丙烯酰胺凝胶须切割为许多条带，液体闪烁计数仪确定每条带中放射性物质的含量。放射性的类型用来重建胶中 DNA 条带的类型。

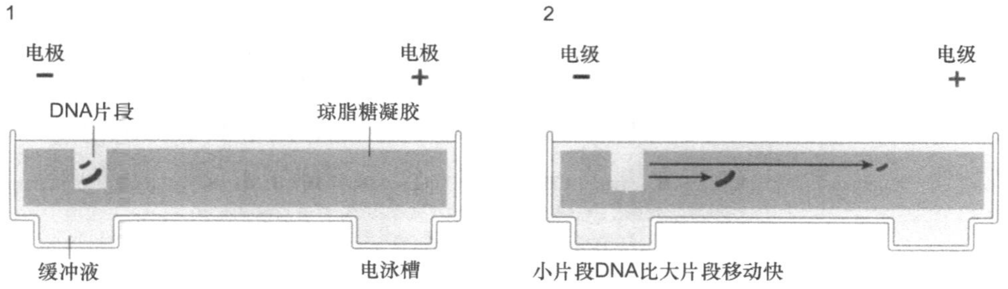

图 4－7　DNA 片段的琼脂糖凝胶电泳

（Lisa Shoemaker 绘图）

冷泉港实验室 Joseph Sambrook 领导的小组对 DNA 电泳作了两项重要改进，从而可以迅速分析 DNA 限制酶切片段多态性。①用琼脂糖取代聚丙烯酰胺凝胶。琼脂糖是海藻提取物。琼脂糖作为基质，可以有效分离 100 个核苷酸到 50 000 个核苷酸大小的 DNA 片段。调整琼脂糖浓度就可以有效分离不同大小的 DNA 片段。低浓度（0.3%）琼脂糖比较松散，可以分离较大的片段，而高浓度（2%）琼脂糖可以形成较硬的胶，可以分离小片段。②他们利用荧光染料溴化乙锭对琼脂糖胶中的 DNA 染色。只需简单染色，就能够在紫外（ultraviolet，UV）灯下观察片段的类型。该技术非常敏感，可以检测 5ng（5×10^{-9}g）的 DNA。这样也就不难理解为何在非常短的时间内，溴化乙锭染色取代放射性标记，成为 DNA 限制酶切分析的常规手段（图 4－7）。

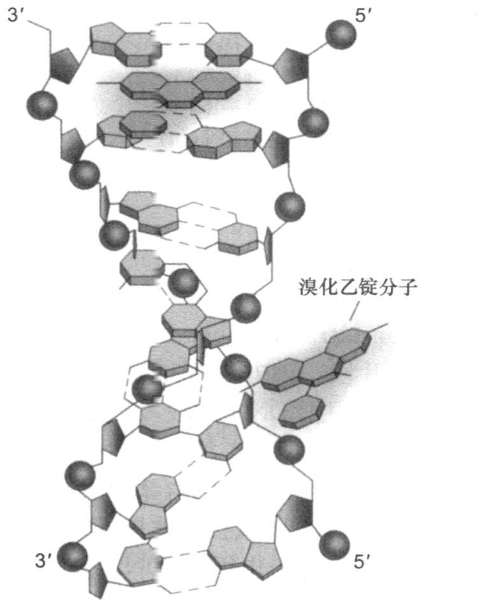

图 4－8　溴化乙锭与 DNA 螺旋的相互作用

现在采用的方法与 1973 年冷泉港实验室发表的相同。将融化的琼脂糖倒入带有梳子

115

的电泳板。冷却后，琼脂糖硬化为 fell-O-like 的物质，由交联分子形成致密网状结构。固化的胶泡在缓冲液中，缓冲液中含有导电需要的离子。胶凝固后，取下梳子，留下供 DNA 加入的上样孔。上样前，消化的 DNA 与上样液混合。上样液由蔗糖和一到几种常见染料组成。蔗糖密度较 DNA 大，帮助加入上样孔中的 DNA 沉降。

通电后，通过电泳槽两端电极的电流在胶周围形成电场。带负电的 DNA 片段从上样孔进入胶中，通过基质中的小孔运动到阳极。

带负电的染料分子不与 DNA 分子相互作用，独立向正极迁移。例如，常用的标记是溴酚蓝，在 1%的胶中，其迁移率相当于 300 个核苷酸。通过可见的染料的迁移，可以监控不可见的 DNA 的相对运动。

电泳后，胶泡在稀释的溴化乙锭溶液中。溴化乙锭在胶中扩散，结合 DNA 片段的地方高度浓缩(溴化乙锭也可以在电泳前加入胶中)。溴化乙锭是扁平分子，插入 DNA 双螺旋的核苷酸之间，使胶中的 DNA 染色(图 4-8)。

中等波长紫外灯下观察胶中 DNA。DNA-溴化乙锭复合物强烈吸收 300nm 处紫外光，保留一些能量，在 590nm 橙色范围内重新释放出可见光。紫外灯下，染色的限制酶切片段呈橙色。胶中所见的 DNA 条带并非一个 DNA 分子。这是数以百万个具有相同长 116
度的 DNA 分子的组合。

第三节　质　　粒

医学上，载体指携带致病菌从一个宿主到另外一个宿主的生物(图 4-9)。分子生物学的载体指携带外源 DNA 序列进入宿主的 DNA 分子。质粒是最简单的细菌载体(图 4-10)。质粒大小在 1000～200 000 个碱基对之间，是环状分子，独立于细菌染色体而存在。分子生物学家可以改造质粒，使其携带特异性基因序列。质粒可以作为工具，大量扩增特定 DNA 序列或者在宿主细胞中表达外源基因。

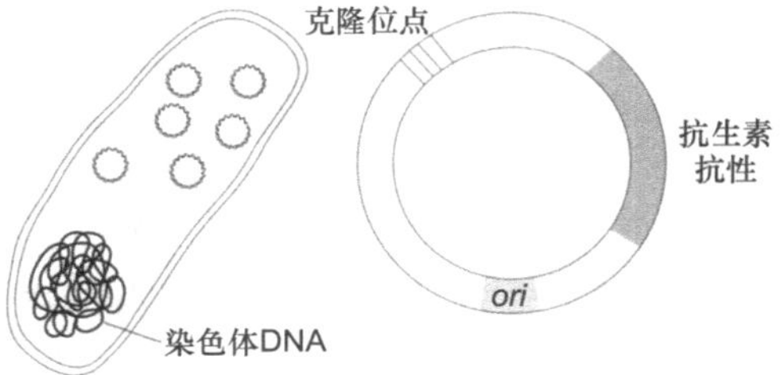

图 4-9　含有质粒的大肠杆菌

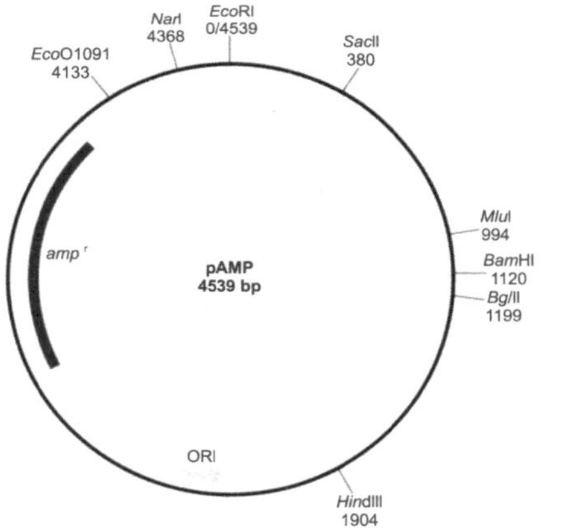

图 4-10　质粒 pAMP 图

质粒的扩增

利用质粒大量扩增特定基因序列得益于细菌细胞生长迅速。如果将质粒放入宿主细胞内，每次细胞分裂时质粒都复制(每个子代细胞得到一个拷贝)。几代后，培养物中产生质粒的很多拷贝。

为了在细菌中连续扩增，质粒载体必须含有称为复制起点(*ori*)的特定 DNA 序列。该复制起点可以在宿主细胞内复制。启动 DNA 合成需要结合复制起点的大肠杆菌 117
DNA 聚合酶和其他蛋白质。

根据复制被调控的严格程度，质粒可以分为两类。严紧控制的质粒随着染色体的复制，每次分裂复制一次。松弛型质粒指在细菌细胞周期内，DNA 自主复制，每个细胞中积累了几百个拷贝。松弛型质粒可以大量扩增克隆 DNA。

选择标记

利用质粒的实验中，区分细胞是否含有质粒非常重要。因此，多数质粒含有编码选择性标记蛋白的基因。最常用的选择性标记是抗生素抗性标记。含有抗生素的培养基中，
118 只有带抗生素抗性基因的宿主细胞才能生长。通过杀死无质粒的细胞，得到的全是携带质粒的细胞。抗生素发挥作用的机制有几种。例如，青霉素家族成员（包括青霉素）干扰细胞壁生物合成。卡那霉素（图 4－11）、四环素和氯霉素抑制蛋白质合成的不同步骤，从而抑制细菌细胞生长。同样地，抗生素抗性也有不同机制。氨苄青霉素（图 4－12）、卡那霉素和氯霉素的抗性基因产生的蛋白质，通过化学修饰，使其靶标抗生素失活。四环素抗性基因编码酶防止抗生素通过细胞膜运输。

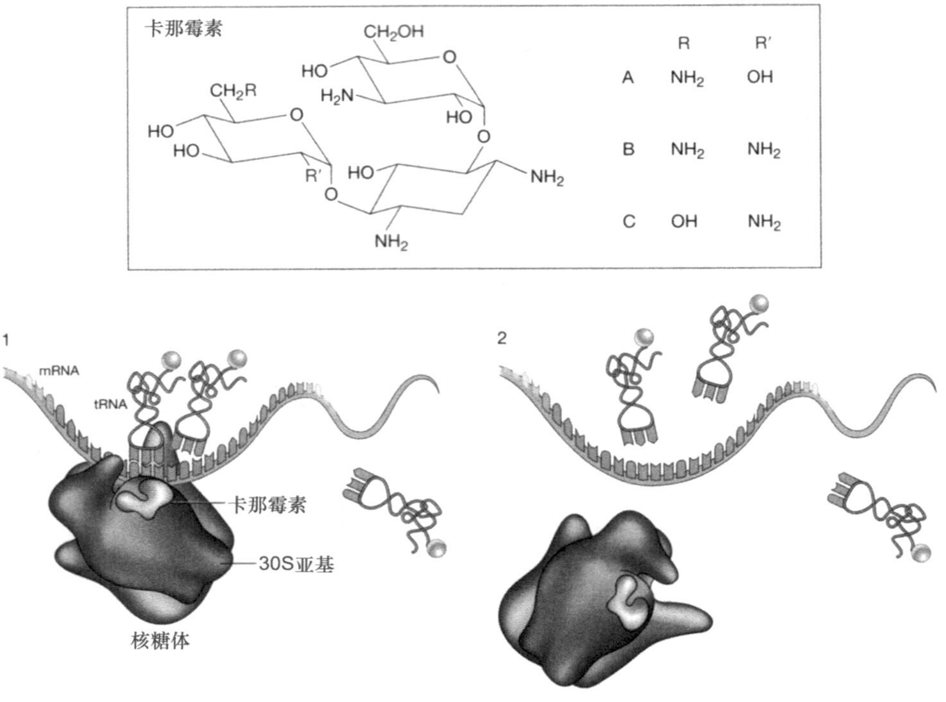

图 4－11 卡那霉素的作用

卡那霉素通过不可逆结合核糖体 30S 亚基而破坏蛋白质的合成。(1)卡那霉素/核糖体复合物结合mRNA和 tRNA，启动蛋白质的合成。(2)但是，第二个 tRNA 不能结合，卡那霉素/核糖体复合物解离。属于氨基糖苷家族的 pKAN 抗性蛋白向卡那霉素添加一个磷酸基团，封闭卡那霉素与核糖体的结合。该家族的其他抗性蛋白质可能是乙基转移酶，向抗生素添加乙基。磷酸转移酶具有三种形式(A/B/C)，差异主要在于如图所示的 R 和 R′基。

119 ## 将新基因插入质粒

基因克隆技术的基础是 DNA 片段的切割和连接。基因克隆的关键步骤是将目的基因放入质粒载体。质粒载体往往含有一个以上的克隆位点。这些克隆位点可以被一系列的限制性内切核酸酶识别，因此也称为多克隆位点。限制性内切核酸酶的切割将环状质粒线状化，待插入的 DNA 可以被连接上。两段 DNA 组合形成含有两个片段的新 DNA，即重组 DNA 分子。

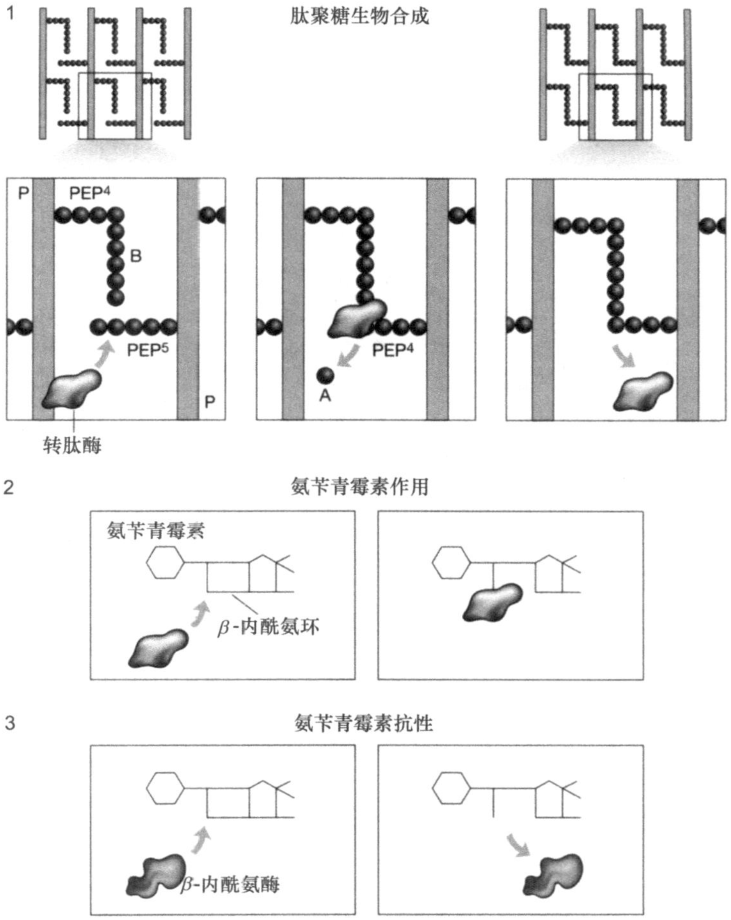

图 4－12　肽聚糖生物合成、氨苄青霉素作用和氨苄青霉素抗性

(1) 转肽酶从五肽去除丙氨酸残基(A)形成的四肽与肽桥(B)结合，并结合邻近的两个多糖链(P)。(2) 氨苄青霉素的 β-内酰胺环是肽桥的结构模拟物，与转肽酶不可逆结合，肽聚糖因此不能合成。(3) pAMP 抗性蛋白 β-内酰胺酶切割氨苄青霉素的 β-内酰胺环，使后者不能结合转肽酶。

如上所述，许多限制性内切核酸酶切割 DNA 后形成黏性、单链凸出末端。该黏性末端可以与同样由限制性内切核酸酶切割产生的另外一凸出互补段形成氢键。黏性末端的氢键还不足以形成稳定分子，互补末端之间的结合时断时续。不过这种短暂的相互作用足以让 DNA 连接酶在两个邻近的核苷之间形成磷酸二酯键。这样就可以将用同一个限制性内切核酸酶切割的两段 DNA 连接起来。连接反应中，一个片段的 5′端凸出的磷酸与另一片段 3′端的脱氧核糖形成酯键，失掉一分子水，因此连接是缩合反应。两个限制性片段共价连接使两个片段的脱氧核糖-磷酸成为稳定的双螺旋结构外轨。 120

可以采用不同方法将 DNA 片段连入载体。限制性内切核酸酶消化目的基因，形成一些限制酶切片段。通过一个反应就可以将这些片段连接进质粒载体，分析得到的克隆，寻找含有特定基因片段的克隆。理想的是，两个不同的限制性内切核酸酶分别在基因的一端切割，形成不同黏性末端（图 4－13）。因为凸出不同，不能互补，也形不成氢键。这样可以防止 DNA 片段自我连接，可以有效地与用同样两个酶切割的载体重组（图 4－14）。这种使用两个不同酶的方法称为定向克隆（图 4－15），质粒中插入片段的方向固定，得到的克隆可靠。

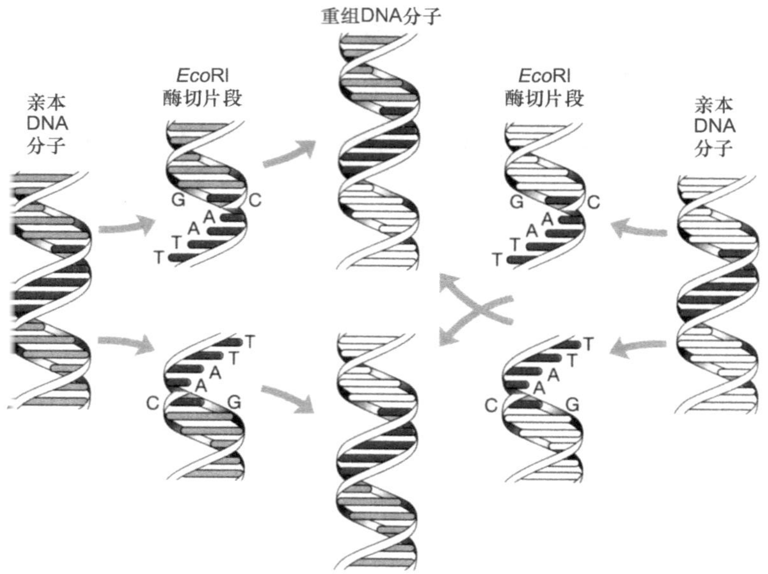

图 4－13　将互补的黏性末端连接到 *Eco*R Ⅰ 限制酶切片段

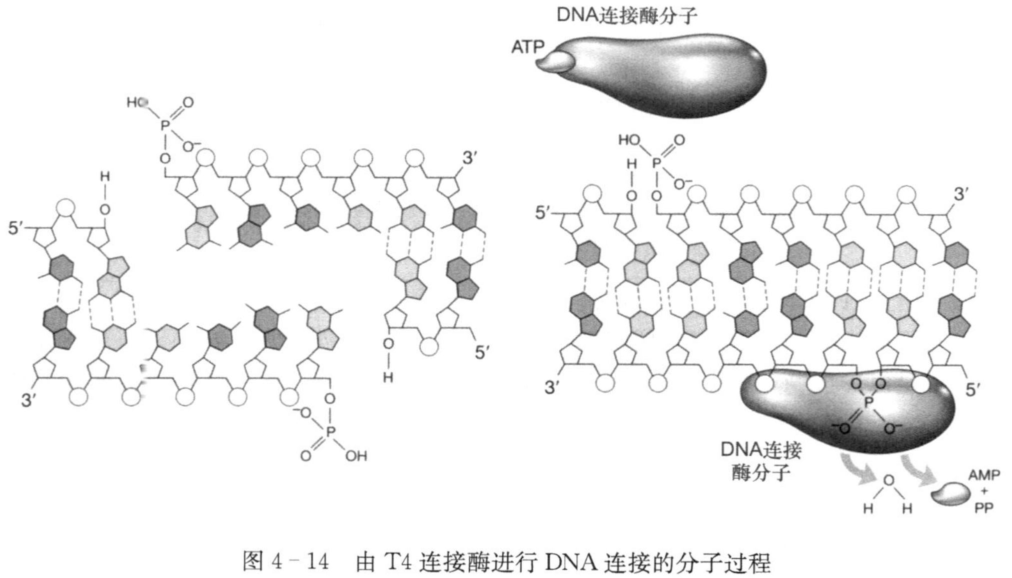

图 4－14　由 T4 连接酶进行 DNA 连接的分子过程

*Bam*H Ⅰ 片段两端的互补核苷形成氢键，连接酶在 DNA 分子的每一侧使磷酸二酯键重新形成。

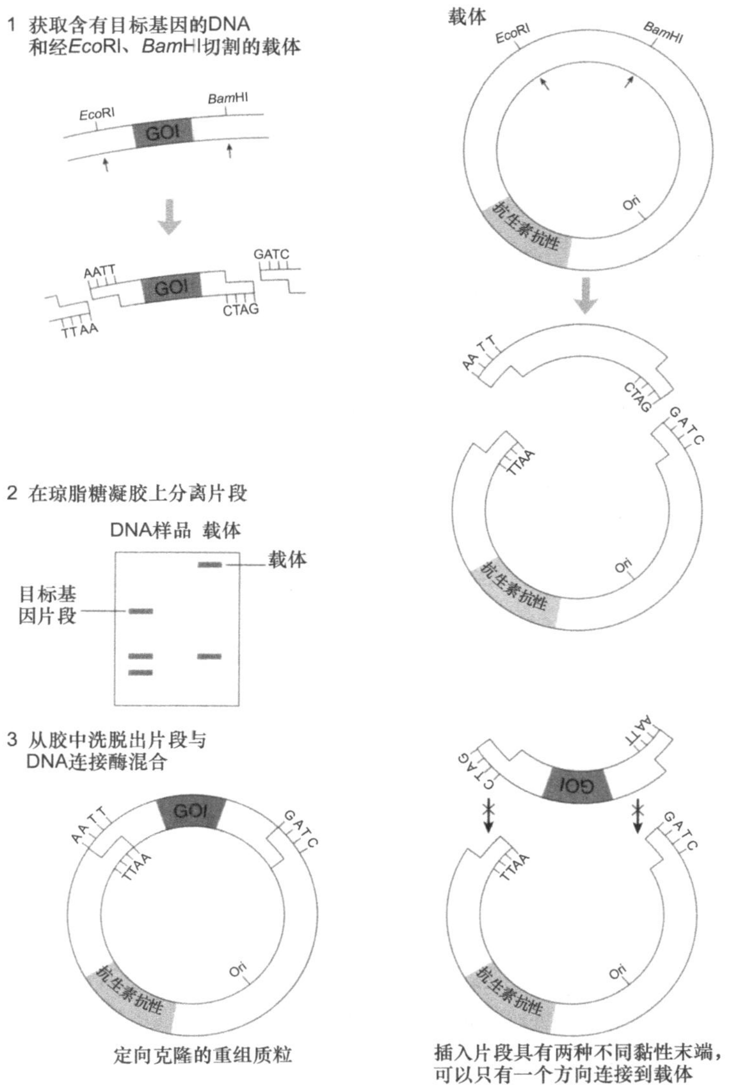

图 4 - 15　定向克隆

第四节　宿主细胞

前述 DNA 操作和形成重组 DNA 分子都在试管中进行。最终扩增 DNA 分子还得在活细胞内进行。转化是其中关键的步骤。所谓转化是细胞摄取 DNA 并在细菌中表达 DNA 的过程。有效并可靠地将外源基因导入活细胞需要下列条件：①供插入基因用的合适的宿主生物；②将基因带入宿主生物，能够自我复制的载体；③选择摄取了目的基因的宿主细胞的方法。

分子生物学中常用的生物是大肠杆菌，因为从大肠杆菌分离外源 DNA 相对简单、遗传背景比较清楚。大肠杆菌只有一条染色体，大小为 4.6Mb，为人染色体单倍体大小的六百分之一。已经测定了大肠杆菌的基因组并鉴定了其中的 4000 多个基因。

遗传密码几乎通用，因此大肠杆菌能够接受来自任何生物的外源 DNA。构成细菌、人、玉米、果蝇 DNA 的四种核苷都相同，组装的结构类似，复制机制相同。每个生物都转录 DNA 为信使 RNA，后者按照遗传密码翻译为蛋白质。大肠杆菌中外源 DNA 复制、翻译的方式与天然细菌 DNA 相同。大肠杆菌视外源 DNA 为自身 DNA。

即使环境最适合，摄取外源 DNA 的情况也比较罕见，因此往往采用繁殖迅速、能获
121 得大量个体的生物作为宿主。大肠杆菌最适合此目的。

被转化的细菌通过两分裂法繁殖，形成由相同子代细胞组成的克隆时，重组质粒得以扩增。大肠杆菌的代时为 22min，11h 就可以繁殖 30 代，产生十亿个以上的细胞。1ml 培养物就含有上述数量的细胞。而且，每个细菌可以携带几百拷贝的克隆基因，外源 DNA 以数千亿倍扩增。

大肠杆菌是人直肠正常菌群的一部分，吸收消化的食物。因此其最适生长温度为接近人消化道的 37℃。常用培养基为 Luria-Bertani(LB)培养基，含有来自酵母提取物和牛奶蛋白的碳水化合物、氨基酸、核苷磷酸、盐和维生素。

细菌生长分为几个不同的时期(phases)。滞后期，细胞调整，适应营养环境，为快速扩增做好准备，该阶段几乎没有复制发生。对数生长期，细菌指数生长，细胞每 22min 倍增一次。稳定期，细胞数量维持恒定。新产生的细胞与死亡的细胞数量相同。一定时间后，细胞进入死亡期。随着营养耗尽和废物积累，活细胞的数量减少。

悬浮培养得到大量细菌。振荡培养可以通气，使细胞悬浮。分离单独克隆需要将细胞在 LB 琼脂平板上划线。裸眼不能看见单个细菌，在固体培养基上划线后，每个细胞分裂并在 12～24h 内形成由相同子代细胞组成的可见克隆。

122

第五节 转 化

转化现象为理解基因的分子基础提供了关键线索，也为操作生物的遗传结构提供了工具。Griffith 和 Avery 描述的自然转化是非常罕见的事件。不过，1970 年，Morton Mandel 和 Akiko Higa 发现，用冰氯化钙溶液处理后在 42℃瞬间热激的大肠杆菌细胞非常容易被转化。他们还发现对数生长早期和中期的细胞比其他时期的细胞更容易被转化。

他们的氯化钙处理方法迄今仍然被广泛使用。氯化钙方法的转化效率是每微克质粒 DNA 产生 10^5～10^7 个转化子。通常用每微克完整质粒 DNA 能够得到的转化细胞的数量描述转化效率。但是，钙离子也没有任何神奇的地方。

随后研究发现其他二价离子处理，如镁离子、锰离子和钡离子都产生相当于甚至超过钙离子的转化效率。利用还原剂和由阳离子(Ca^{2+}、Mn^{2+}、K^+、Co^{2+})组成的复杂的转化缓冲液可以使转化效率达到每微克质粒 DNA 产生 10^9 个转化子。

在产生高效率转化的条件下(每微克质粒 DNA 产生 10^9 个转化子)，所有活细胞中大约十分之一为感受态。转化效率为每微克质粒 DNA 产生 10^5 个转化子时，感受态细胞不到十万分之一。DNA 分子的大小和构象都是转化效率的影响因素。虽然不能确定最适 DNA 片段的具体大小，一般认为小片段比大片段更容易被摄取。线性 DNA 片段的转化效率几乎可以忽略，部分原因是线性片段更容易被大肠杆菌内外膜之间的周质空间内的外切酶降解。

转化局限在感受态细胞中的小部分，提高质粒数量并不能提高细胞转化效率。很低

浓度 DNA 即可以饱和感受态细胞，每毫升对数中期细胞（10^8 细胞）仅需要0.1～0.2μg左右。质粒 DNA 浓度超过该界限反而会降低转化效率，因为过量的 DNA 不会转化其他细胞。饱和状态下，感受态细胞往往容易摄取不止一个质粒 DNA。实验表明，饱和状态下，加入等量的两个不同质粒时，70%～90%的被转化细胞中含有两个质粒。

关于感受态大肠杆菌摄取 DNA 的确切机制尚不清楚。与盐和葡萄糖等有机小分子不同，DNA 分子大、难扩散、难于通过细胞膜运输。部分细菌具有识别 DNA 的膜蛋白，有助于吸收来自相关种属的 DNA 短片段。但是，大肠杆菌中尚未发现类似摄取机制。

一个假说是，细胞内外膜融合，在细菌细胞壁上形成孔道，这称为黏附区。黏附区上 124
具有数百个通道，DNA 分子从这些通道进入。只有生长期细胞具有黏附区，这与对数生长期细胞更容易摄取质粒 DNA 吻合。但是，DNA 双螺旋的磷酸带负电，细胞膜以及膜孔周围的磷脂也带部分负电。这样，阴离子之间的电荷排斥作用可能抑制 DNA 通过黏附区（图 4-16）。

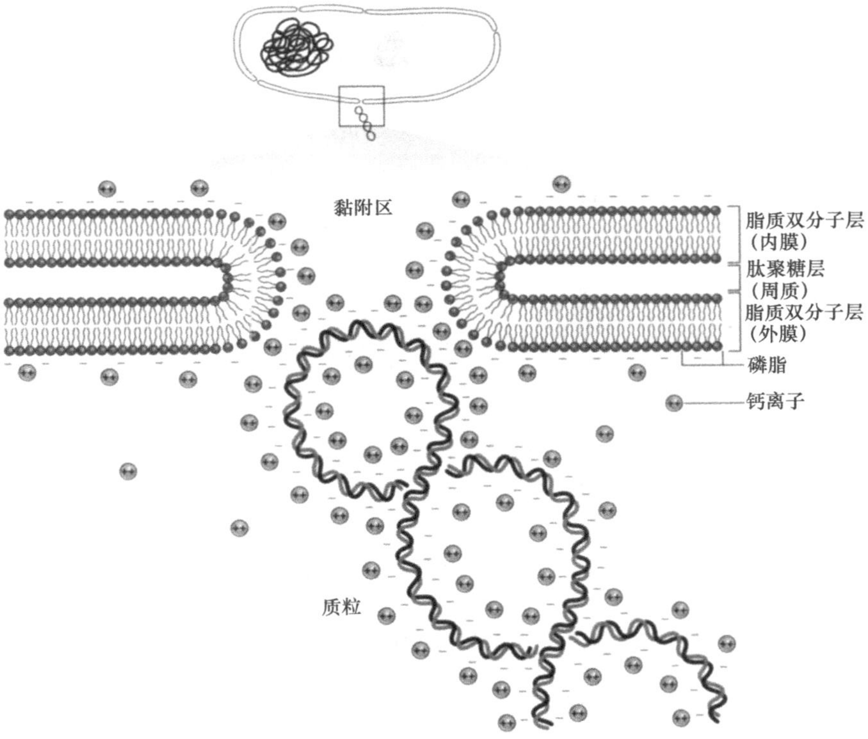

图 4-16　DNA 转化大肠杆菌可能的分子机制

钙离子与负电荷氧结合，屏蔽 DNA 磷酸和黏附区的磷脂。

分析离子相互作用可能解释细菌如何摄取 DNA。0℃处理细胞使流动的细胞膜凝滞，稳定带电磷酸的分布。转化缓冲液中的阳离子（Ca^{2+}、Mn^{2+}、K^{+} 和 Co^{2+}）与暴露的磷酸基团形成复合物，屏蔽了负电荷。在屏蔽状态下，质粒分子可以通过黏附区。热激与化学过程互补，可能是在大肠杆菌细胞膜任意一侧形成热不平衡，将帮助 DNA 泵过黏附区。

大分子质粒 DNA 很难转化成功。很难确定能够转化成功的 DNA 片段的具体大小，但是大于 15～20kb 的质粒不能有效转化感受态大肠杆菌。

125 ## 第六节 电 转 化

电转换将大的环状 DNA 分子插入宿主细胞。培养细胞至对数晚期，用去离子水彻底洗涤细胞，将细胞和载体放入小杯，杯子两侧是金属构成的电极。在杯子两侧加入电脉冲。电流使细胞的电性质发生改变，DNA 进入细胞。该方法对摄取的 DNA 没有大小限制，1Mb 大小的 DNA 也成功转化进入宿主。电转化有效克服了以前对于所克隆 DNA 片段大小的限制。而且，电转化适合诸多宿主，甚至可以将 DNA 插入活动物如鱼、青蛙和鸡蛋。将含有质粒的溶液注入动物靠近靶细胞的区域。在溶液和靶细胞周围组织安放电极、加电。DNA 进入靶细胞，在生物体内形成一个小群体，这个群体可以根据外源 DNA 的效应进行测试（图 4-17）。

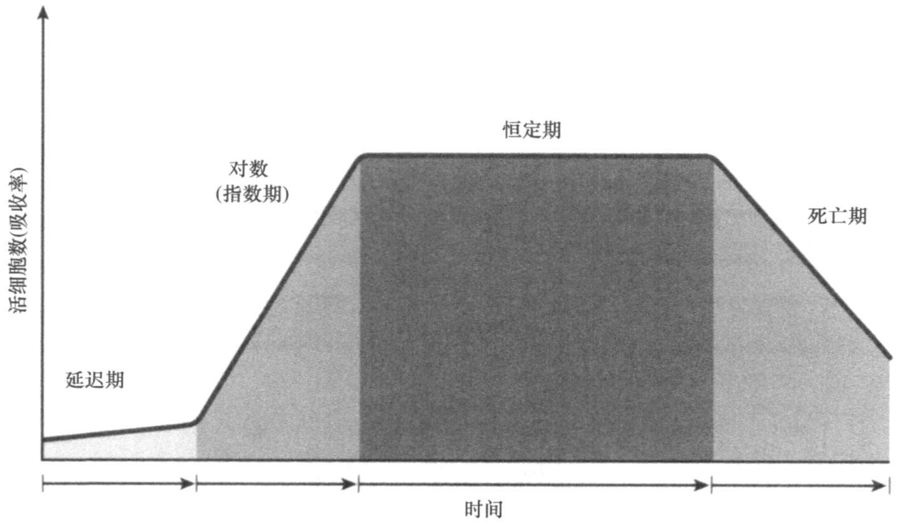

图 4-17 大肠杆菌生长曲线

第七节 重组质粒的分离和分析

在含有抗生素的培养基上培养可以根据表型筛选转化细胞。为了从基因型水平进行确证，需要从转化子中分离质粒 DNA。限制性内切核酸酶分析纯化的 DNA，产生重组子
126 的原 DNA，可以证明遗传构成。质粒较小、环状的特性使其容易与宿主细胞染色体 DNA 分开。

小量制备 DNA 的步骤

所谓小量制备 DNA 是指从 1ml 培养物快速纯化少量质粒 DNA。过夜培养即可将从抗生素抗性克隆转化子生长到稳定期。离心收集细胞，在含有葡萄糖和 EDTA 的缓冲液中重悬，EDTA 螯合稳定细胞膜所需要的二价离子。

随后用 SDS 和羟基钠盐混合物处理重悬细胞。SDS 是离子去垢剂，溶解细胞膜的磷

脂和蛋白质。细胞膜裂解，释放细胞内容物。羟基钠盐将质粒 DNA 和染色体 DNA 变性为单链。染色体 DNA 完全分离为单链。但是单链质粒 DNA 环仍然连接在一起，形成闭锁状环。

随后用乙酸钾和乙酸处理，形成不溶性沉淀——SDS/脂/蛋白复合物，中和前一步形成的羟基钠盐。pH 中性时，DNA 复性。小量制备时，染色体 DNA 较长，只能部分复性，与 SDS/脂/蛋白沉淀缠绕在一起。连接的单链质粒 DNA 完全复性为双链分子，存在于溶液中，几乎不与沉淀缠绕在一起。

离心，去除沉淀，质粒 DNA(和 RNA 分子)保留在上清中。加入异丙醇或者乙醇沉淀上清中的质粒 DNA。离心收集质粒 DNA，乙醇洗涤，干燥并重新溶解在少量缓冲液中。随后用 RNase 处理，得到纯度较高的质粒 DNA(图 4 - 18)。

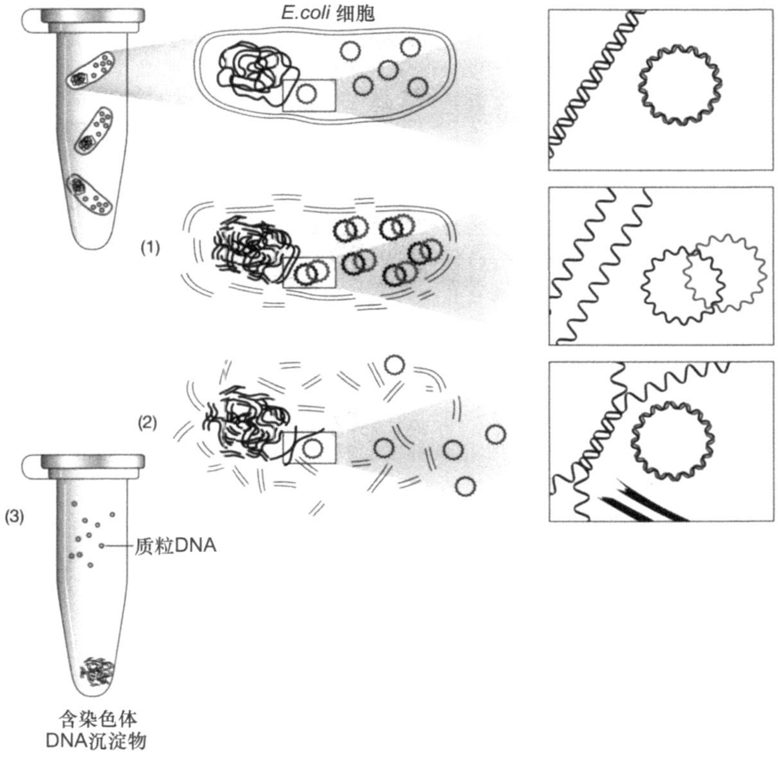

图 4 - 18　质粒分离

(1)去垢剂 SDS 裂解细胞、羟基钠盐使染色体和质粒 DNA 变性为单链。(2)醋酸钾/醋酸使溶液变为中性，沉淀脂类的大分子蛋白质。部分复性的染色体 DNA 与沉淀一起，复性的质粒保留在溶液中。(3)离心使质粒 DNA 与沉淀分开。

往往用相同的限制性内切核酸酶切割构成重组分子的原初质粒和小量分离得到的质粒。用琼脂糖凝胶电泳比较酶切片段。含有克隆基因和载体骨架的带应与原初 DNA 的相应片段较好对应。大小相同的片段迁移率应当相同。欲得到更多的 DNA 则需要大量制备。培养物多些、多用一些试剂就可以得到更多的质粒 DNA。

第八节　第一个重组 DNA 分子

1970 年，利用上述技术获得了第一个重组分子。这些先驱性实验引发了生物学研究的革命。

1972 年，斯坦福大学 Paul Berg 课题组发明了连接 DNA 分子的加尾方法。这模拟
128 了 λ 噬菌体染色体的黏性末端（图 4－19）。他们利用限制性内切核酸酶 *Eco*R Ⅰ 切割
SV40 环状染色体和大肠杆菌衍生质粒。酶在每个分子上切割一处，将环状 DNA 分子线性化。利用末端转移酶添加 50～100 个腺苷酸的单链尾巴到 SV40 DNA 末端。采用同样方法将胸腺嘧啶尾巴添加到大肠杆菌质粒 DNA。混合两种 DNA，尾巴互补的胸腺嘧啶和腺苷酸配对形成环状 DNA 分子。两个酶合作完成该工作。DNA 聚合酶填补单链缺口，DNA 连接酶缝合 SV40 和质粒片段之间的接头。这样就构建好了第一个重组 DNA 分子。

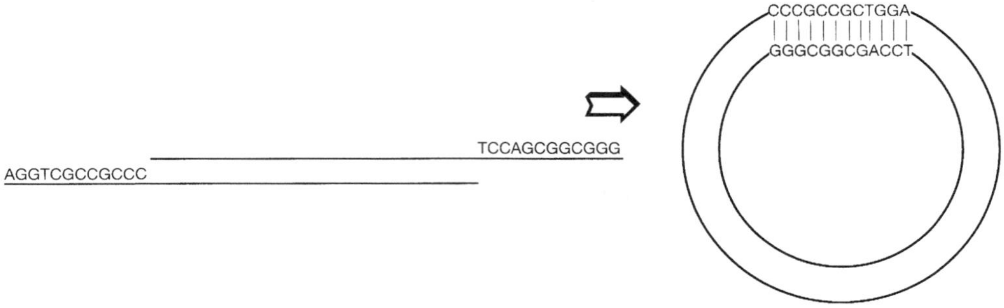

图 4－19　噬菌体 λ *cos* 位点

噬菌体 λ 单链末端的互补碱基对（*cos* 位点）能够形成环。

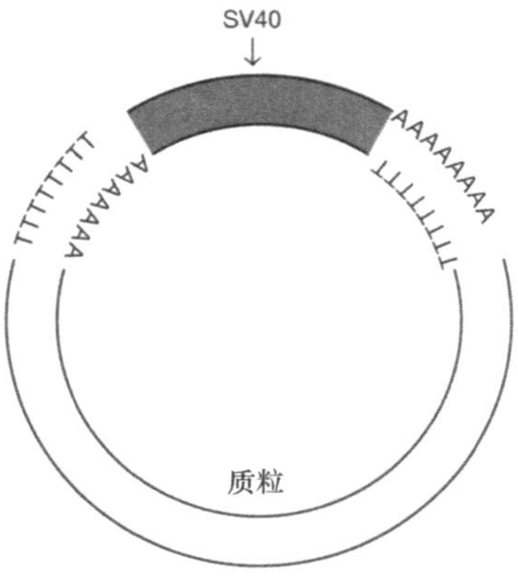

图 4－20　A/T 加尾

Berg 向 SV40 添加了 poly(A)尾，质粒分子加入 poly(T)尾，形成黏性末端。在后面的章节可以看到，许多限制性内切核酸酶切割后形成单链黏性末端。

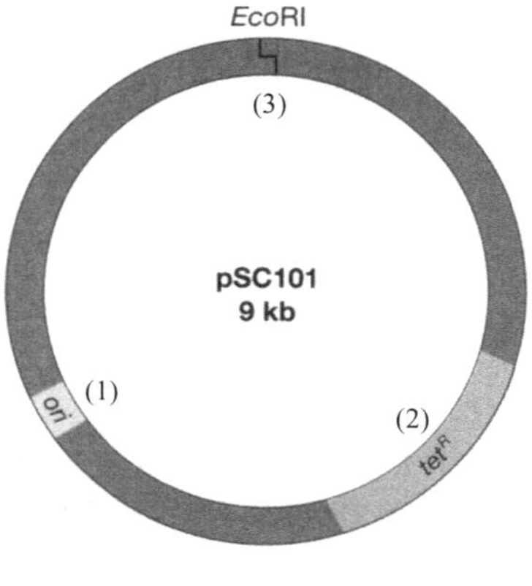

图 4－21　pSC101

这个质粒含有载体所必需的三个元件。(1)复制起点 *ori*。(2)选择标记（四环素抗性 tet^R）。(3)新的限制酶切位点（*Eco*RI）。

Berg 的实验提供了重组 DNA 分子的两个关键步骤(图 4－20)。限制性内切核酸酶可以预见性切割 DNA,不同生物的 DNA 分子可以连接在一起。1973 年,斯坦福大学的 Stanley Cohen 和 Annie Chang 进一步发展了 Berg 的实验。他们发现重组 DNA 分子可以在大肠杆菌内维持和复制。

Cohen 和 Chang 构建的质粒 pSC101 具有几个重要特征(图 4－21):①一个限制性内切核酸酶切点,限制性内切核酸酶 *Eco*RⅠ在一个位置切割;②复制起点;③四环素抗性的编码基因作为选择标记,选择被质粒转化的细菌。Cohen 和 Chang 将 pSC101 转化大肠杆菌。转化细胞涂布在含有四环素的营养琼脂平板上。出现四环素抗性克隆则说明质粒已经转化到大肠杆菌中并表达。

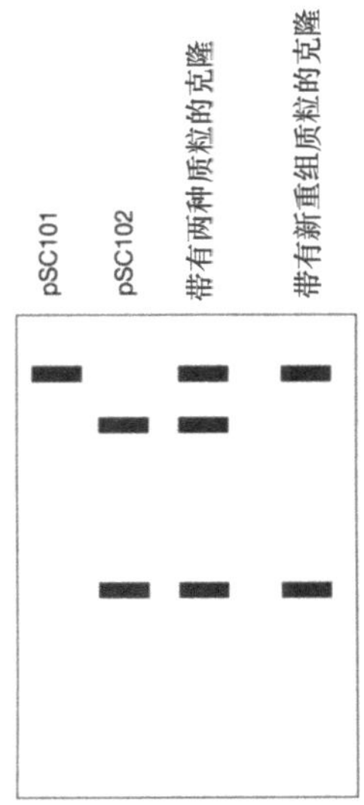

图 4－22　几个抗性克隆的质粒 DNA 的电泳分析分离

原始质粒(pSC101 和 pSC102)、*Eco*RⅠ消化后电泳分离的抗四环素/卡那霉素的质粒 DNA 片段;pSC101 切一次只有一条带;pSC102 切两次有两条带;带有两种质粒的克隆有三个片段(三条带);带有新重组质粒 pSC105 的克隆,有两个片段,一个对应于 pSC101 质粒,一个对应于插入片段的 pSC102。

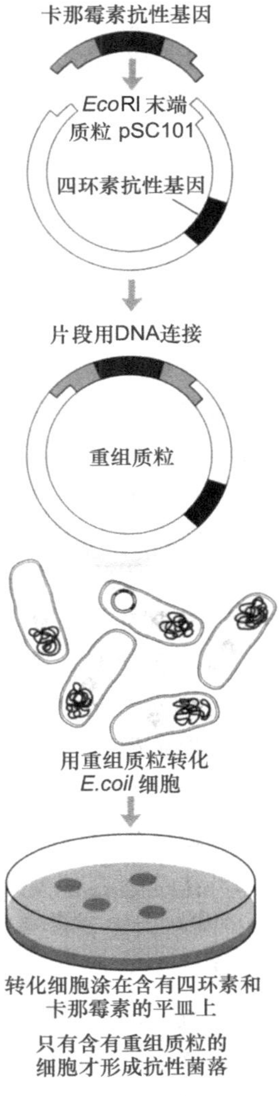

图 4－23　Boyer-Cohen-Chang 实验(1973)

129 重组 DNA 实验的下一步是构建重组质粒并插入大肠杆菌。构建了另外一个含有卡那霉素抗性基因的质粒 pSC102。旧金山加州大学 Herb Boyer 实验室证明，*Eco*RⅠ切割时，形成自己的互补黏性末端构建重组质粒不需要 Berg 的加尾方法。用 *Eco*RⅠ切割 pSC101 和 pSC102，混合，用 DNA 连接酶连接。重组质粒转化大肠杆菌，然后涂布在含有四环素和卡那霉素的培养基上。出现同时抗两种抗生素的克隆，原因可能有二：①抗性细胞携带了 pSC101 和 pSC102 各一份；②抗性细胞携带了含有同时抗两种抗生素的新重组质粒。限制性内切核酸酶和凝胶电泳分析分离得到了几个抗性克隆的质粒 DNA（图 4 - 22）。*Eco*RⅠ消化这些克隆的 DNA。存在两个质粒时，胶上具有三条带，分别对应于一个 pSC101 和两个 pSC102（卡那霉素插入和质粒的其他部分）。但是也发现，只有一个质粒的克隆，胶上只有两条带，分别对应于 pSC101 和来自 pSC102 的卡那霉素插入。这个新质粒称为 pSC105，确证成功构建了重组 DNA 分子并导入活细胞。

此后不久，Cohen 和 Boyer 一起构建了含有来自两个不同种 DNA 的重组分子（图 4 - 23）。他们将两栖类爪蟾（*Xenopus laevis*）的编码核糖体 RNA 的基因切割，插入质粒 pSC101，用重组质粒转化大肠杆菌。部分抗四环素的克隆插入爪蟾基因的质粒。Berg、Cohen、Chang 和 Boyer 开发的重组 DNA 技术使遗传研究前沿产生了革命性变化。第一个重组 DNA 分子所建立的技术仍然是现在分子生物学家采用的关键技术之一。

130

第九节　模 式 生 物

来自制药公司和政府机构（如美国国立卫生研究院）的资助促进了生物医学研究。这些研究的目标非常明确，即改善人的健康。这需要了解分子在人体内如何工作，但是以人为对象进行研究存在诸多实际和伦理困境。因此，往往采用模拟人体生理和生化的模式生物进行研究（图 4 - 24）。

采用模式生物的理论基础可以追溯到 1926 年。当时的荷兰微生物学家 Albert Jan Kluyver 提出"生化统一论"，强调在不同生物中发现了酶学反应之间的相似性。物种之间基本的生命过程确实保守，从一个生物得到的知识可能外推到包括人在内的另外一个生物。单细胞生物如细菌和酵母可以用来研究基本的细胞生化，避免了研究多细胞组织和器官所带来的复杂性。

但是，利用同样的方式却不能用单细胞生物的代谢来解释控制多细胞生物所需要的每一个过程。而且，每种生物都具有其独特性。因此，过度外推模式生物得到的结果必须小心。具体选择哪种模式生物更好，要视需要回答的问题而定。每个模式生物各有利弊。因此，在两个以上不同模式生物中进行平行实验很有必要。

131

大肠杆菌

20 世纪 20 年代至 30 年代，研究发现生物合成途径具有一致性，许多生化学家因此研究微生物中的代谢途径。微生物培养简单、成本低，容易得到大量的培养物。首选的微生物是 1855 年发现的大肠杆菌（*E. coli*）（图 4 - 25）。大肠杆菌是人肠道正常菌群之一，是粪便中主要的微生物，可以防止其他有害细菌生长，为人体提供维生素。致病性大肠杆菌往往导致疾病甚至死亡。我们都听说过未煮熟的食品或者不卫生的条件导致人体严重患病甚至死亡的案例。不过，重要的是，我们应当知道，实验室采用的菌株与致病菌不同，与人体肠道中的典型大肠杆菌也不一样。

图 4-24　选择正确的模式生物非常重要

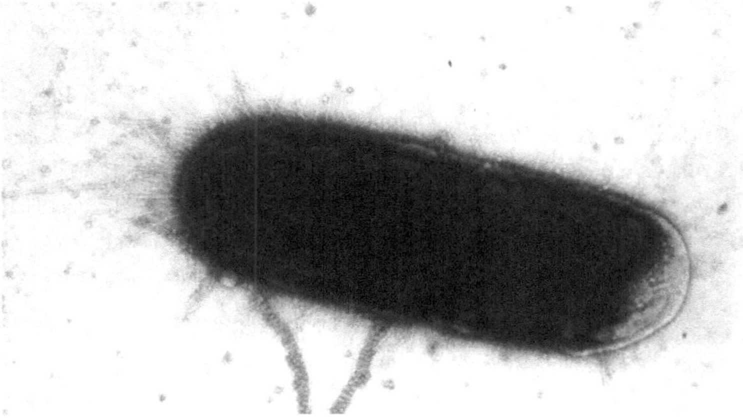

图 4-25　大肠杆菌

（经 Lucien Caro 许可引用照片。经许可引自 Miller J. H. 1972. *Experiments in molecular genetics*. Cold Spring Harbor Laboratory，Cold Spring Harbor，New York）

现在，大肠杆菌和其他细菌是研究和理解代谢的重要模型——产生能量的生化反应（分解代谢）和需要能量的从简单分子合成细胞元件的反应（合成代谢）。合成代谢包括多步反应，多个酶链条式反应产生终产物。如果途径中的一个酶被抑制或者丢失，任何分子的合成都被抑制。科学家利用这些途径中突变不同基因的大肠杆菌菌株，研究特定的代谢步骤。

大肠杆菌仍然是分子生物学和生化研究的工具。当然，并非大肠杆菌的每种反应都能够直接适用于高等生物。同样地，真核生物中的许多过程也不存在于细菌中，或者比原核生物复杂得多。研究真核生物中特有的事件，需要复杂性越来越高的一系列模式生物。

132 **酵母**

酵母(yeast)是研究许多分子过程的重要生物，尤其适合研究真核生物和原核生物之间的差异。酵母相对于其他真核生物的优点是，单细胞、容易进行遗传操作。酵母与大肠

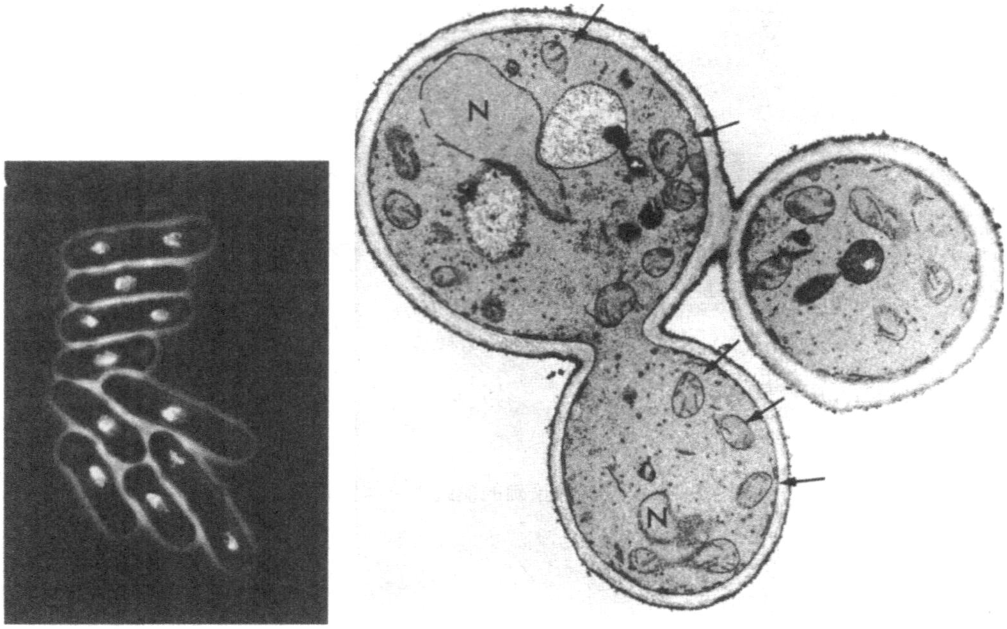

图 4-26　粟酒裂殖酵母(*Schizosaccharomyces pombe*)(左)和酿酒酵母(*Saccharomyces cerevisiae*)(右)(左图：经许可引自 Alfa C., Fantes P., Hyams J., McLeod M., and Warbrick E. 1993. *Experiments with fission yeast: A laboratory course manual*. Cold Spring Harbor Laboratory Press, Cold Spring Harbor, New York. 右图：经许可引自 Strathern J. N., Jones E. W., and Broach J. R. 1981. *The molecular biology of the yeast* Sacharomyces: *Life cycle and inheritance*. Cold Spring Harbor Labora-tory, Cold Spring Harbor, New York.)

图 4-27　Bruce Stillman

杆菌具有许多共性。都是单倍体(每个染色体只有一个拷贝)，遗传分析简单，是单细胞生物，酵母生长迅速(代时为 2h)，培养基和培养设备相对便宜，少量培养物就能够得到大量的研究材料。同时，与所有真核生物一样，酵母 DNA 位于细胞核内，具有线粒体、具有不同的细胞周期。主要研究两个种：粟酒裂殖酵母(*Schizosaccharomyces pombe*)和酿酒酵母(*Saccharomyces cerevisiae*)(图 4-26)。前者分裂生殖而后者出芽生殖。

利用酵母得到了许多重要的生物学发现。从下面的例子

133 可以看到酵母作为模式生物的魅力。酿酒酵母具有多条染色体，每条染色体内具有多个复制起点。细菌则往往只具有一条染色体和一个复制起点。因此，酵母相当适合用作模式生物研究高等真核生物的 DNA 复制。冷泉港 Bruce Stillman(图 4-27)实验室酵母遗传学的里程碑性发现是得到了真核生物

的第一个复制起点。对酵母复制起点的研究是理解所有真核生物 DNA 复制起始的关键(图 4-28)。DNA 复制仍然是一个活跃的研究领域，许多科学家还选择酵母作为模式生物研究这个基础性的细胞过程。

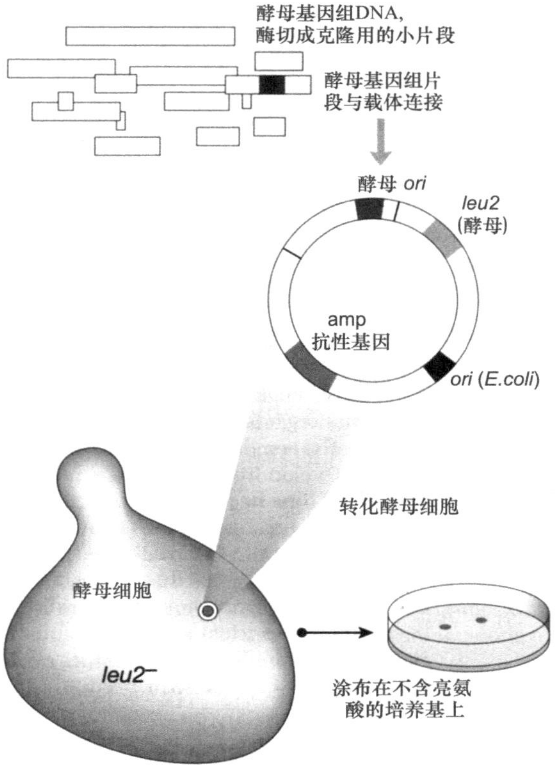

图 4-28　克隆酵母的复制起点

酵母全基因组酶切为小片段，随机克隆到质粒载体。载体含有抗生素抗性标记和大肠杆菌的复制起点。这样就可以在大肠杆菌细胞内培养和选择重组质粒。质粒也含有酵母 *leu2* 基因，酵母可以在不含有亮氨酸的培养基上生长。重组质粒转化 *leu2* 突变的酵母宿主。在缺乏亮氨酸的培养基上选择能够生长、携带 leu^+ 的酵母细胞。但是，大肠杆菌的 *ori* 在酵母中没有功能。在亮氨酸缺乏的培养基上生长的任何酵母克隆的质粒上一定含有酵母的 *ori* 片段。

线虫

英国剑桥大学医学研究委员会实验室的 Syndney Brenner 在 20 世纪 60 年代将秀丽线虫(*Caenorhabditis elegance*)用作模式生物(图 4-29)。线虫具有诸多适合作为模式生物的特征：小(一个培养皿可以培养 10 000 个)、容易培养(吃细菌，如大肠杆菌)。线虫从卵发育为具有繁殖能力的成虫需要 3 天，这与酵母进行遗传杂交所需要的时间相同。与酵母不同的是，线虫是多细胞生物，可以研究细胞之间的复杂相互作用。事实上，野生型线虫由 959 个细胞组成。因为透明，线虫的每个细胞都容易鉴别，并可以追踪整个生活史。了解每个细胞的来源可以研究基因如何影响生物体内个别细胞。线虫是第一个测定全基因组序列的多细胞真核生物。 134

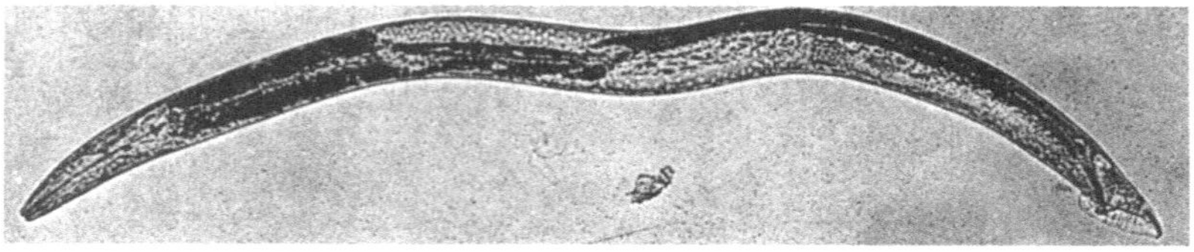

图 4－29　线虫

（经允许引自 Sulston J. E. and Horvitz H. R. 1977. Postembryonic cell lineages of the nematode，*Caenorhabditis*. *Dev. Biol.* *56*：110—156）

果蝇

利用黑腹果蝇（*Drosophila melanogaster*）得到了一系列重要的遗传发现（图 4－30）。为何选择果蝇而不是其他高等哺乳动物呢？果蝇遗传研究源于鉴别突变子。这些突变的性状在果蝇中容易观察，诸如眼睛颜色或翅膀形状。这些突变发生的频率低，大约为每百万分之一。但是两只果蝇交配几天就可以产生数以百计的后代，所以可以不费力的找到突变。哺乳动物则需要 1 年以上才能产生后代，不太容易发现突变株。果蝇生长迅速，因此适合用作模式生物。果蝇从卵发育为成虫需要 21 天。哺乳动物则以年计。一个大盒子可以饲养百万只果蝇，一天的花费仅几美元，而哺乳动物就不这么简单了。

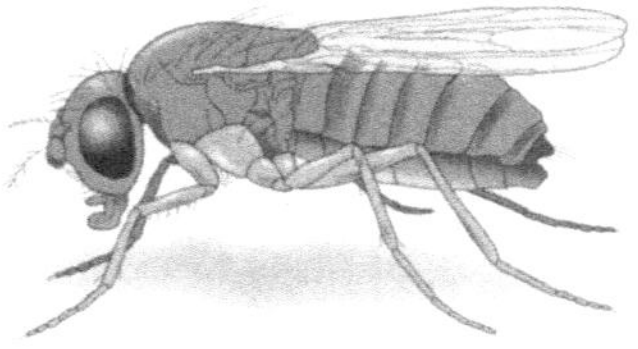

图 4－30　果蝇

135 （经许可引自 Bate M. and Martinez-Arias A. 1993. *The development of* Drosophila melanogaster. Cold Spring Harbor Laboratory Press，Cold Spring Harbor，New York）

欧洲分子生物学实验室 Christiane Nusslein-Volhard、Eric Wieschaus 的开创性工作使发育遗传学领域产生了革命。利用大规模遗传筛选发现了与果蝇胚胎发育有关的基因。果蝇的突变往往是自发的、频率非常低。他们利用化学诱变提高突变频率。化学药品突变大量果蝇，这些突变几乎杀死了一半的果蝇，然后研究突变果蝇杂交产生的后代的胚胎。经过一年，他们发现 100 多个基因影响果蝇身体的正常形成，提供了生物如何形成体轴的知识。

他们创新性的筛选方法用来鉴定果蝇中许多控制不同过程的基因。与果蝇中开发的许多其他遗传技术一样，这些筛选方法也适用于许多其他模式生物中。

斑马鱼

20 世纪 80 年代晚期，Nusslein-Volhard 的注意力转向斑马鱼（*Danio rerio*）。美国 Oregon 大学的 Charles Kimmel 首先采用了该模式生物。果蝇虽然是很好的模式生物，但是科学家还在寻找更接近高等生物，还具有果蝇优点的系统。斑马鱼与果蝇一样，生长迅速、后代数量多。利用较少的实验空间就可以得到大量斑马鱼。与果蝇不同，斑马鱼是脊椎动物，其发育过程更接近人。因此，斑马鱼适合作为昆虫（果蝇）与更复杂的哺乳动物之间的桥梁。斑马鱼的另外一个好处是其卵透明。利用显微镜可以观察发育中的卵及其突变。1996 年，Nusslein-Volhard 及其合作者发表了由第一次大规模筛选斑马鱼获得的 1200 个突变子。这些突变鱼为研究高等脊椎动物的遗传机制提供了有价值的线索。

136 **两栖类**

两栖类（Amphibians）的胚胎，尤其是非洲爪蟾（*Xenopus laevis*）一直是发育生物学

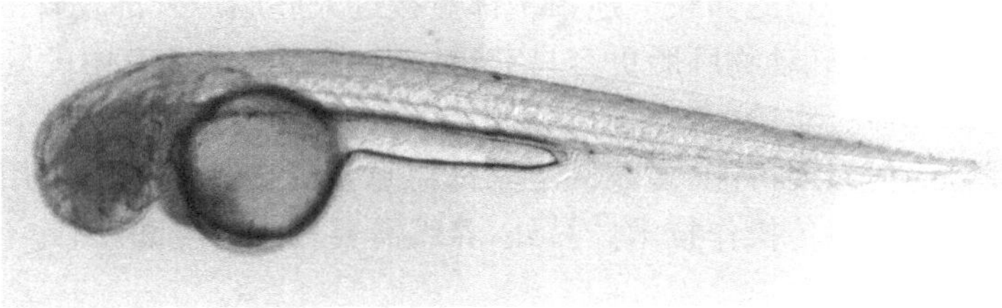

图 4-31　斑马鱼胚胎

（承蒙 Reinhard Köster，California Institute of Technology 许可引用）

研究的材料(图 4-32)。爪蟾卵较斑马鱼或小鼠的大得多,因此非常适合实验操作。

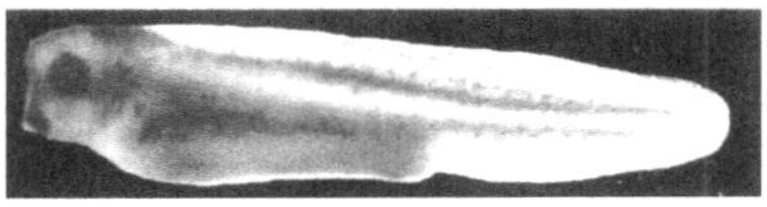

图 4-32　爪蟾胚胎

（经许可引自 Larabell C. A., Torres M., Rowning B. A. Yost C., Miller J. R., Wu M., Kimelman D., and Moon R. T. 1997. Establishment of the dorsoventral axis in *Xenopus* embryos is presaged by early asymmetries in beta-catenin that are modulated by the Wnt signaling pathway. *J. Cell Biol.* *136*: 1123—1136）

图 4-33　Hilde Mangold

（经许可引自 Hamburger V. 1988. *The heritage of experimental embryology: Hans Spemann and the organizer*. Oxford Uni-versity Press, New York）

20 世纪 20 年代,位于德国 Dahlem 的 Kaiser Wilhem 研究所 Hans Spemann 实验室的 Hilde Mangold(图 4-33)做了一个非常重要的实验。以两栖类为材料,他将供体胚胎的一小片移植到宿主胚胎上。移植供体背部的一小片到受体腹部产生了令人惊讶的结果:形成了与正常情况完全不同,具有完全第二轴的两头胚胎。这个小区称为"Spemann 组织者"。因为其包含的细胞指示周围细胞形成胚胎的轴。类似的组织中心在许多不同脊椎动物中也被发现存在,用来指导细胞发育的分子信号一直是研究的焦点。

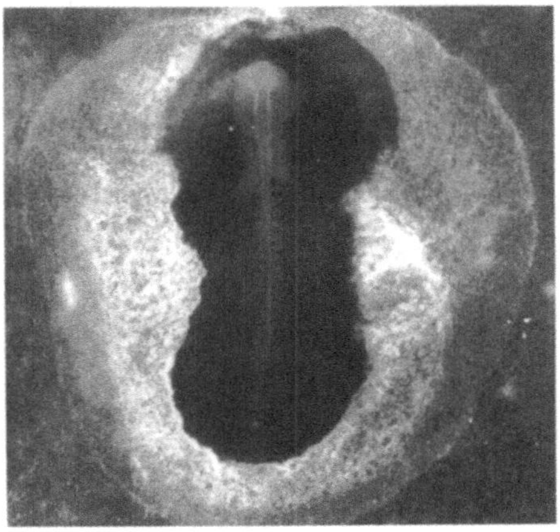

图 4-34　鸡胚胎

（承蒙 Paul Kulesa，California Institute of Technology 许可引用）

鸡

鸡的卵也是发育生物学研究的重要工具。与爪蟾卵一样,鸡的卵较大,容易获得,因此是研究生长和分化的理想系统。鸡的卵较上述系统都更接近人胚胎。外部发育的鸡胚胎(图 4－34)使其较内部发育的哺乳动物胚胎更容易获得。观察和操作发育中的胚胎往往只需要在鸡蛋上切开一个小口。实验后,在小孔缠上带子,鸡蛋继续发育。对小鼠胚胎则需要手术。因此不难理解为何只要可能,多数科学家都愿意选择鸡作实验。采用鸡的缺陷是缺
137 乏诸如其他遗传系统的遗传操作技术。另外,养鸡需要较大的空间,因此不太可能在实验室养几代鸡。

小鼠

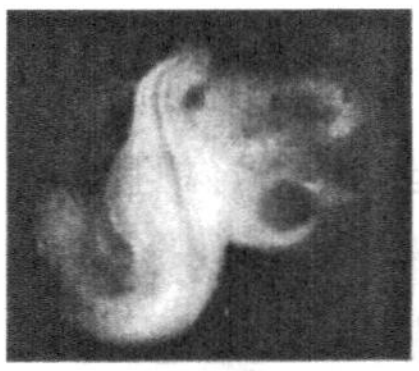

图 4－35　小鼠胚胎
(承蒙 David Kremers, California Institute of Technology 许可引用)

与其他任何模式生物一样,研究小鼠(mouse)具有优点和缺点(图4－35)。当然,小鼠是脊椎动物,因为是哺乳动物,所以比其他模式生物更像人。但是,养小鼠的成本高,繁殖速度比果蝇和酵母慢多了。因为小鼠的生理过程类似人,经历类似的发育阶段,因此在研究人类疾病中的作用日渐提高。

许多实验室小鼠株系都是纯系杂交,形成了同源的基因组。采用遗传背景相同的小鼠,避免了个体差异,从而可以将观察到的结果与实验处理联系起来解释。小鼠研究中最重要的技术是直接操作其基因。转基因小鼠技术(第五章详细讨论)可以将一个基因随机引入
138 基因组,同时敲除基因组内特定基因的功能。这些改变可以遗传给子代小鼠,提供一组动物供研究采用。

人细胞培养物

哺乳动物细胞培养物为研究人细胞生化提供了合乎伦理、没有争议的方式。培养人细胞的实验,称为体外实验(*in vitro*)。将来自人血液或者组织的细胞在平板或液体中培养,类似细菌或酵母。原代培养(primary cultures)指直接培养来自活组织的细胞。原代培养的好处是认为细胞行为类似体内正常的人体细胞。不利之处是存活时间不长(几代)。细胞分裂代数有限。因此,多数研究者使用可以无限生长的细胞系(图 4－36)。

但是,细胞无限生长就类似肿瘤细胞。例如,永生化的细胞往往是基因组畸形,染色

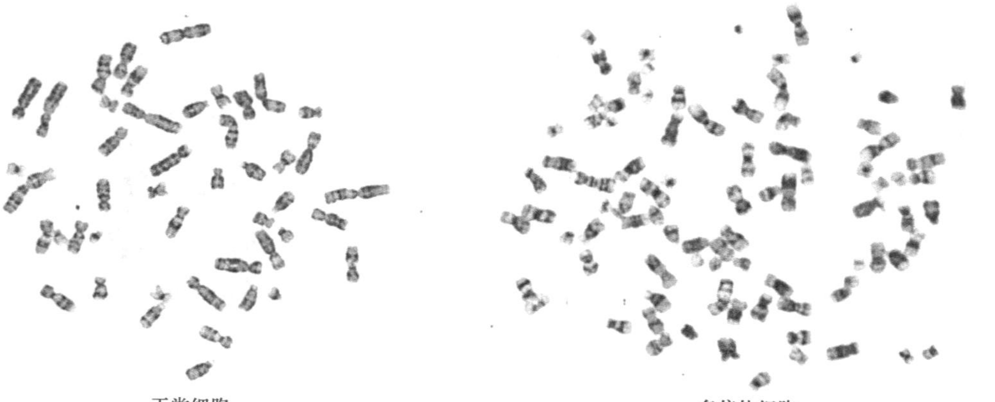

图 4－36　正常和多倍体细胞的 G 带染色图谱
(承蒙 Dorothy Warburton, Columbia University 许可引用)

体拷贝数增加(多倍状态)或丢失(减倍状态)。尽管有缺陷,利用细胞株还是获得了关于细胞功能和疾病的知识。

植物

2003年美国用于农业的研究预算为23亿美元,不及美国国立卫生研究院(NIH)研究预算的十分之一(272亿美元)。植物研究远远落后于哺乳动物。部分源于对人类医药的偏好,部分源于研究植物比较困难。

植物生长慢、代时长。植物细胞具有纤维素外壁,基因转移较动物细胞困难得多。20世纪90年代才发展了有效的植物转化系统。植物基因组大,约150亿碱基对,单倍体玉米的基因即为人基因组的5倍。植物基因组复杂,多倍体难于进行遗传分析,重复DNA的数量多不利于测序。 139

分子生物学时代前,模式植物是具有农业或者园艺重要性的,包括玉米、西红柿、花生、烟草等。玉米在遗传学早期就是模式植物。20世纪80年代,接受了Barbara McClintock的*Ac*/*Ds*转座系统作为产生玉米新突变的遗传工具后,分子分析加速。该系统中,*Ds*转座子随机插入玉米基因组的新位点,标记原来的基因,便于检索。20世纪90年代,冷泉港实验室的研究人员Robert Martienssen成功改造了*Ac*/*Ds*系统,使其适合标记基因组研究的模式生物拟南芥(*Arabidopsis thaliana*)的基因。

图4-37 拟南芥
(承蒙Kirsten Bomblies, University of Wisconsin, Madison. Reprinted, with permission, from Weigel D. and Glazebrook J. 2002. Arabidopsis: *A laboratory manual*. Cold Spring Harbor Laboratory Press, Cold Spring Harbor, New York 许可引用)

虽然在1907年就用拟南芥做实验,但是最近20年才广泛采用拟南芥作为开花植物的模式(图4-37)。与玉米和其他被不同世代人们改造过的其他家养植物不同,拟南芥基本上属于野生型植物,在开花植物中拥有数千种近缘种。拟南芥植株小、生长容易,其生活史——从种子到种子——需要8周。与许多植物不同,拟南芥容易转化(利用含有转基因的致瘤细菌喷洒花)。拟南芥为自花传粉,一个植株可以产生数以千计的种子,容易筛选稀少的突变或者转基因。

拟南芥的基因组为117Mb,是所有开花植物中最小的,重复序列较少。2000年完成了其全基因组测序,25 500个基因也被注释,具有50 000个多态性位点和大量的特异性突变位点、全基因组芯片、许多网络数据资源。拟南芥研究实际上也奠定了开展后基因组研究的资源,可以研究植物发育和生理的分子细节。 140

参考文献

Bier E. 2000. *The coiled spring: How life begins*. Cold Spring Harbor Laboratory Press, Cold Spring Harbor, New York.

Cherfas J. 1982. *Man-made life*. Pantheon Books, New York.

Kornberg A. 1989. *For the love of enzymes*. Harvard University Press, Cambridge, Massachusetts.

Lewin B. 1999. *Genes VII*. Oxford University Press, New York.

Neidhardt F.C., ed. 1987. Escherichia coli *and* Salmonella typhimurium: *Cellular and molecular biology,* volumes I and II. American Society for Microbiology, Washington, D.C.

Micklos D., ed. 1999. DNA from the beginning (http://www.dnaftb.org). Dolan DNA Learning Center, Cold Spring Harbor, New York.

Novick R.P. 1980. Plasmids. *Sci. Am.* **243:** 103–127.

Sambrook J. and Russell D. 2001. *Molecular cloning: A laboratory manual,* 3rd edition. Cold Spring Harbor Laboratory Press, Cold Spring Harbor, New York.

Shapiro J.A. 1988. Bacteria as multicellular organisms. *Sci. Am.* **258:** 82–89.

Sylvester E.J. and Klotz L.C. 1987. *The gene age*. Charles Scribner's Sons, New York.

Watson J.D., Tooze J., and Kurtz D.T. 1983. *Recombinant DNA,* 2nd edition. Scientific American Books, New York.

Wilmut I. 1998. Cloning for medicine. *Sci. Am.* **279:** 58–63.

第五章　基因分离和表达的重要方法 141

生物技术时代来临前，分子生物学可以分成两个领域：生物化学和分子遗传学。生物化学研究生物体的化学。分子遗传学利用细菌和噬菌体等简单生物研究最基本的遗传学，如Alfred Hershey、Salvador Luria 和 Charles Yanofsky 等开展的工作。这两个领域的研究至今仍然非常有活力，但是分子生物学综合了两者，与生物技术结合，形成了一个全新的研究领域。

20 世纪 60 年代至 70 年代早期，生物化学家和分子遗传学家面对的问题是基因调控。François Jacob 和 Jacques Monod 的工作使科学家认识到调控基因表达的称为启动子的基因区域。分子遗传学家知道基因位于染色体上，推测不同的基因编码不同的蛋白质。但是整个系统如何运作呢？启动子是什么样的呢？基因如何组织？基因结构中有出乎意料的部分吗？分离基因是回答这些问题的惟一途径。

20 世纪 70 年代早期，生物化学家利用新技术纯化和研究了越来越多的蛋白质。想知道的每个细胞过程的生化途径都已经清楚，包括氨基酸、核苷酸和脂肪酸合成。确定了诸如糖酵解和三羧酸循环等产能途径。同时，分子遗传学正在揭示 DNA 和蛋白质之间的关系。这些研究的核心是基因。

许多生物化学家和分子遗传学家的注意力都转向纯化基因，想进行深入研究。最初的方法是分离含量丰富的基因，如编码核糖体 RNA（rDNA）的基因，这些基因在细胞中以数百或数千拷贝存在。但是 rDNA 基因可能不同于编码蛋白质的基因。究竟应当先研究哪个基因呢？

第一节　生物化学家和分子遗传学家面临的挑战 143

自从 Paul Berg、Stanley Cohen、Herb Boyer 和 Annie Chang 进行首次克隆实验后，

图 5－1　Philip Leder

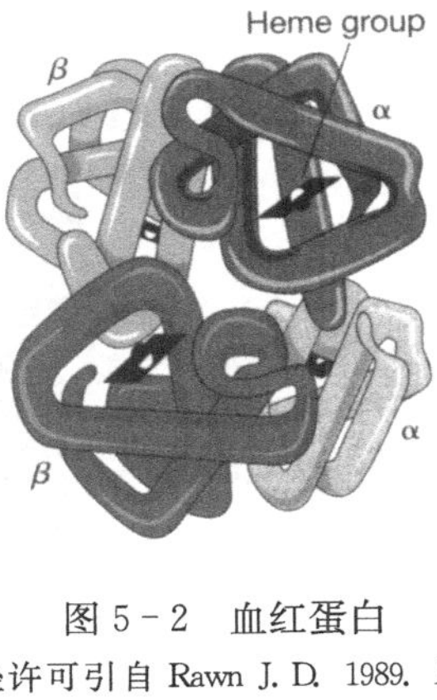

图 5－2　血红蛋白

（经许可引自 Rawn J. D. 1989. *Biochemistry*, *p*. 125. *Neil Patterson Publishers*, *Burlington*, *North Carolina*）

分子生物学和遗传学领域的进展日新月异。为理解这些实验以及现在的使用技术的基础，需要了解第一个基因是如何克隆和分离的。显然，克隆基因最初是一种对技术和方法的检验。那就不奇怪，第一个分离的基因是含量丰富、研究彻底、相对容易分离的。编码血红蛋白的基因是利用重组 DNA 技术分离的第一个哺乳动物基因。

分子克隆技术可以漂亮地解决生化分析的两个关键问题，哈佛大学 Philip Leder（图 5－1）及其同事用以从基因组 DNA 分离小鼠 β-珠蛋白基因的设计阐明了这点：①从大量的基因组 DNA 中分离感兴趣的基因；②纯化足够量 DNA，以进行下一步分析。其后不久，哈佛大学和加州理工学院的 Tom Maniatis 利用稍微不同的方法分离了人珠蛋白基因。

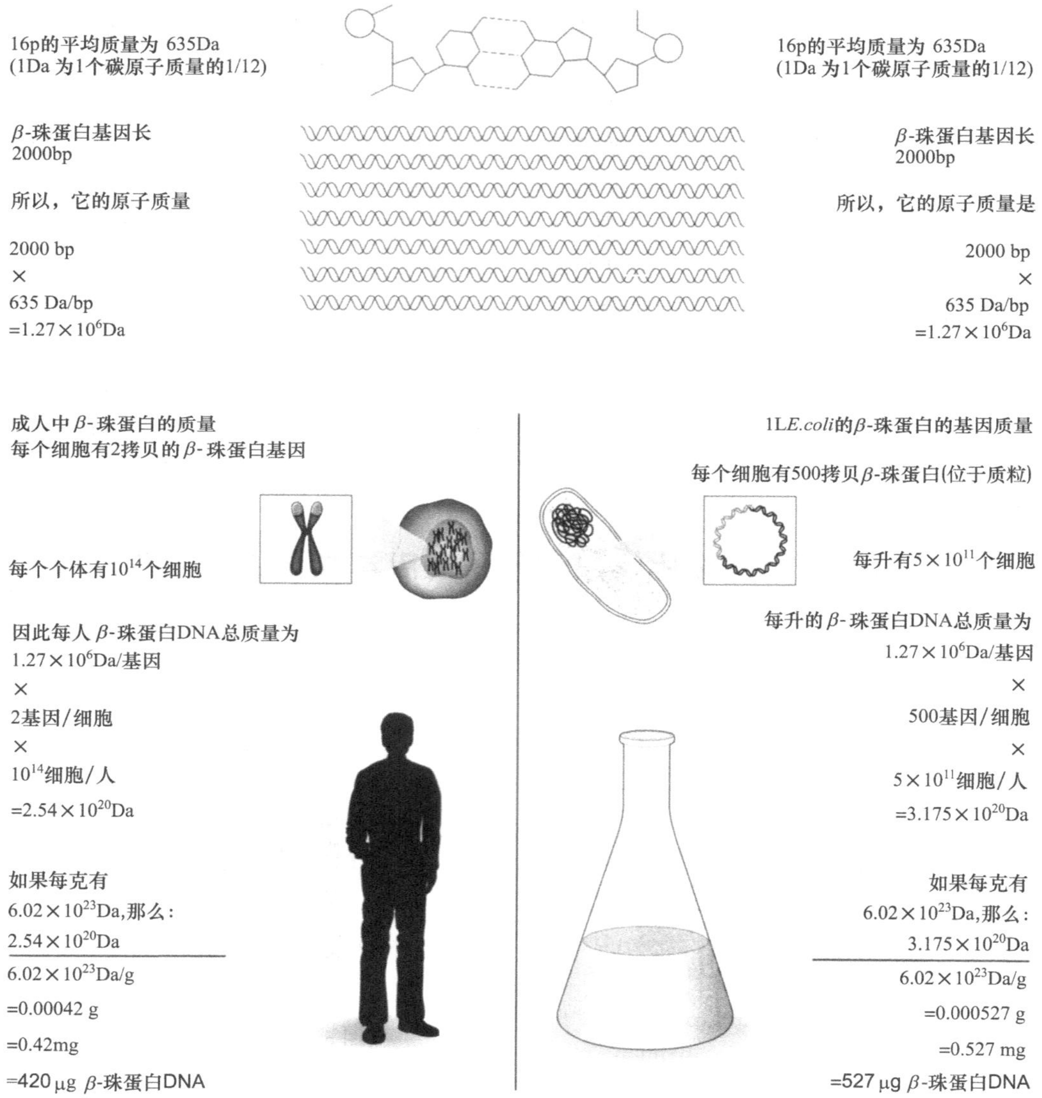

图 5－3　成人和 1 升含有携带 β-珠蛋白基因的质粒的大肠杆菌中 β-珠蛋白的数量

血红蛋白是红细胞中运输氧的分子，由 4 个亚基组成，2 个 α-珠蛋白和 2 个 β-珠蛋白，中间为血红素基团(图 5－2)。尽管两个珠蛋白多肽结构类似，但是分别由不同基因编码。人 β-珠蛋白由 147 个氨基酸组成。从蛋白质预测基因比较困难。氨基酸编码区为 441bp(三个碱基编码一个氨基酸)，β-珠蛋白基因包括从启动子到起始密码的 5′-UTR(51bp)，从终止密码到多聚 A 尾部的 3′-UTR(134bp)，还有两个内含子(1374bp)。这样，β-珠蛋白基因的实际长度为 2000bp。碱基对的平均分子质量为 635Da，因此 β-珠蛋白基因总分子质量为 1.27×10^{6}Da。考虑每个细胞中该基因不止一个拷贝(2 个)，成人体内细胞数量(1×10^{14})等，估算每个人 β-珠蛋白 DNA 含量为 420μg(图 5－3)。显然，从细胞中直接拉出 β-珠蛋白基因不是很好的途径。生化分析需要 1mg DNA，一勺蔗糖就有大约 4500mg，这样看来 1mg DNA 比较少。但是，抽提 1mg β-珠蛋白 DNA 需要相当于 2.5 个人的全部细胞。

即使能够完成这个困难而费力的分离工作，从其他 DNA 中分离 β-珠蛋白基因也几乎不可能。因为 β-珠蛋白只不过是构成人染色体的 30 亿碱基对的 1/15 000 00。2.5 个人的全部细胞具有 1.5kg 基因组 DNA，其中仅 1mg 是 β-珠蛋白 DNA。因为 DNA 是只含有 4 个重复单位的聚合物，从任何目的来讲，从生物化学的角度说，任意 2000bp 的片段与其他 2000bp 的片段基本相同。这比在大海中捞针还难，至少针与周围环境还不同。

第二节　分子生物学家的解决办法：文库的构建和筛选 144

分子生物学家采取了新策略：物理分离基因组上的每个基因，迅速筛选这些独立的片段以挑取需要的。这与从大量基因组 DNA 中钓一个基因不同。

DNA 文库

我们从建文库开始，之所以称“文库”(library)，是因为与图书馆类似，该库含有容易检索的大量项目。为了建文库，首先需要分离基因组 DNA(既然 Leder 感兴趣的是分离人的 β-珠蛋白基因，他就利用人细胞构建了人基因组文库)。分离细胞并在溶液中裂解。有机溶剂抽提去除蛋白、脂类以及其他分子，因为有机溶剂能够溶解这些分子，但是 DNA 不溶。用乙醇或者异丙醇沉淀 DNA，去除水相中痕量的有机溶剂。将沉淀得到的 DNA 溶解到缓冲液中，如 TE(10mmol/L Tris-HCl，1mmol/L EDTA)。

以限制性内切核酸酶消化人基因组 DNA。该酶每 4000 个核苷切割一次，产生大约 750 000 个 DNA 片段。基因组片段与用同一个酶消化的质粒分子混合。DNA 连接酶将质粒载体和基因组 DNA 片段连接起来。750 000 个重组质粒构成了基因组文库(图 5－4)。重组质粒转化感受态大肠杆菌。理论上，每个细胞摄取一个带有不同人 DNA 片段的质粒。稀释转化的细菌，平板上分离单菌落。每个细胞繁殖形成可见的菌落。每个克隆含有数百万个相同的细胞，每个细胞都具有多拷贝的独特的重组质粒。

现在已经解决了从其他基因组 DNA 中分离感兴趣基因的问题。平均每 750 000 个细菌克隆之一应当含有一个完整的 β-珠蛋白基因。筛选克隆，鉴定含有 β-珠蛋白基因的方法将在本章后面讨论。

现在也解决了纯化足够量 DNA 的问题。构建一个文库只需要 50μg 基因组 DNA。培养的 1g 组织或者细胞就可以分离出足够的 DNA。一旦分离到含有 β-珠蛋白基因的克隆，液体培养可以制备大量质粒。稳定期的 1L 大肠杆菌培养物含有大约 5×10^{11} 个细胞，

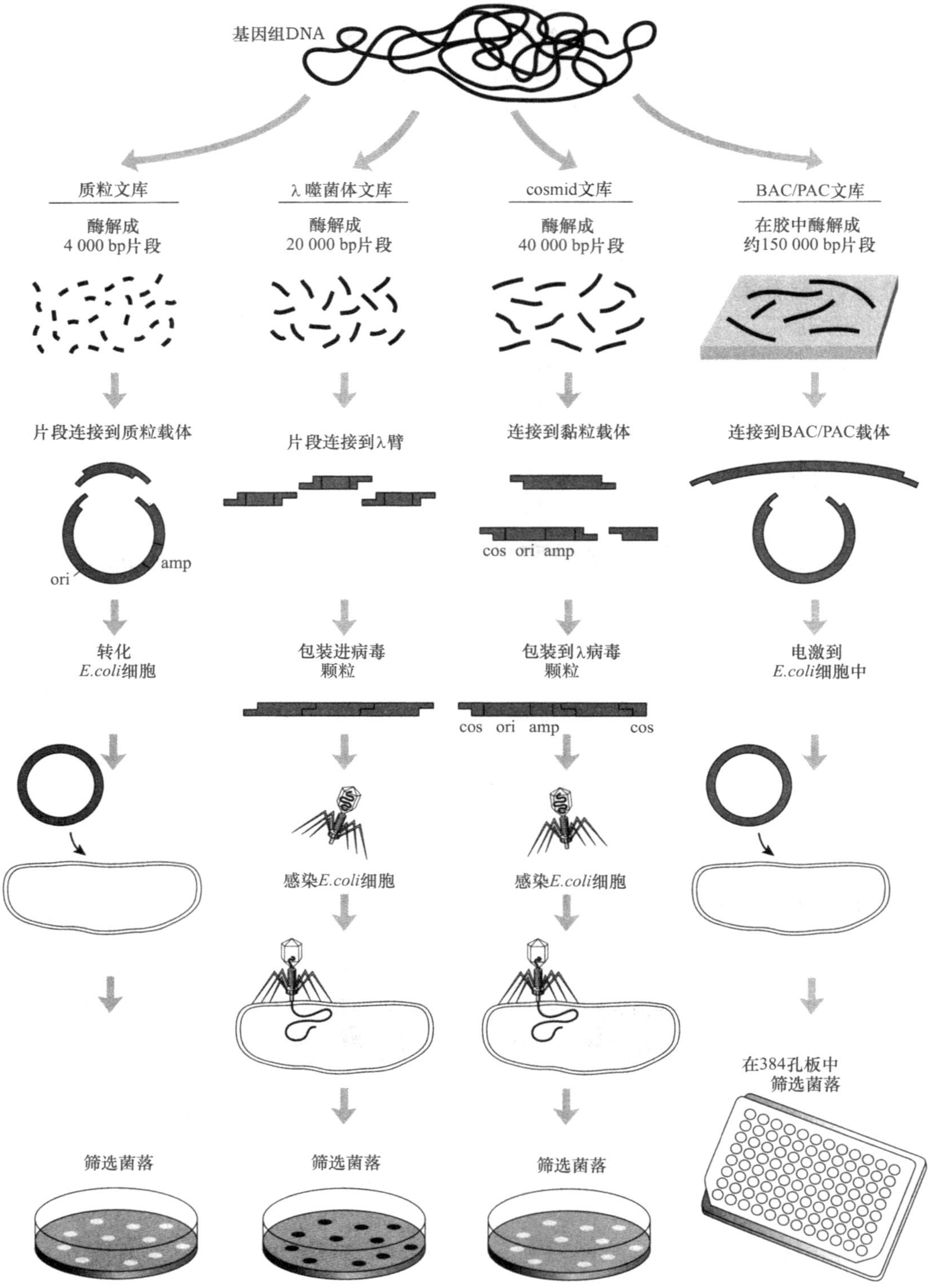
基因组DNA
质粒文库
λ噬菌体文库
cosmid文库
BAC/PAC文库
酶解成
4 000 bp片段
酶解成
20 000 bp片段
酶解成
40 000 bp片段
在胶中酶解成
约150 000 bp片段
片段连接到质粒载体
片段连接到λ臂
连接到黏粒载体
连接到BAC/PAC载体
ori
amp
cos ori amp
转化
E.coli细胞
包装进病毒
颗粒
包装到λ病毒
颗粒
电激到
E.coli细胞中
cos ori amp cos
感染E.coli细胞
感染E.coli细胞
在384孔板中
筛选菌落
筛选菌落
筛选菌落
筛选菌落

图 5－4　构建基因组文库

每个细胞含有 500 拷贝左右的重组质粒。扩增质粒可以扩增 β-珠蛋白基因，每升细菌培养物可以得到 527μg β-珠蛋白 DNA(图 5-3)。

载体质量决定文库质量

利用上述的质粒文库，大约需要 750 000 个克隆方能代表整个人基因组。实际上，750 000个克隆的文库只能代表基因组的 90%。因为任何特定 DNA 片段都可能与质粒连接。为了增加每个基因都出现的概率，文库含有的分子必须数倍于基因组数量。也就是说，真正代表整个基因组的质粒文库必须是几百万个克隆。这样大的文库存在问题。第一，筛选特定基因需要数百万个克隆。第二，许多基因的大小远远超过本文库所能够容纳的 4000bp 的平均大小。例如，第三章讨论的 *FBN1* 基因为 110 000bp。如果文库中 DNA 片段的大小平均为 4000bp，则 *FBN1* 基因至少被分割为 28 个不同片段及相应克隆。所以为了分离全基因序列，开发了可以克隆 DNA 大片段的不同的载体系统(表 5-1)。 *146*

表 5-1　克隆载体

载体	平均插入片段长度/bp	可代表人整个基因组的克隆数
质粒	4000	750 000
λ 噬菌体	20 000	150 000
黏粒	40 000	75 000
细菌人工染色体(BAC)	150 000	20 000

λ 噬菌体　第一个被开发用来克隆 DNA 大片段的载体并非质粒，而是修饰过的 λ 噬菌体(图 5-5)。噬菌体的天然生活史使得其非常适合作为分子生物学的载体。噬菌体通过感染细胞使其遗传物质进入细胞，然后在细胞内复制，产生数百拷贝的病毒基因组。已经开发了数百个不同版本的 λ 噬菌体，可以用外源基因替代病毒基因。

λ 噬菌体的基因组大约 50kb，包括 40 个左右基因。λ 噬菌体的蛋白质外壳限制了 DNA 的含量(55kb)，无法再加入更多的 DNA。幸运的是，λ 噬菌体基因组中部含有非必需基因，必需基因位于基因组末端。用限制性内切核酸酶消化可以去除非必需基因，连接入基因组片段或者其他 DNA。外源 DNA 连接在称为 λ 噬菌体臂的基因组末端。λ 噬菌体的黏性末端称为 *cos* 位点，*cos* 位点相互结合，形成多个重组 λ 噬菌体构成的聚合分子。这些聚合分子在试管内与 λ 噬菌体的蛋白抽提物混合，聚合分子被切割为单个的 λ 噬菌体分子，有效包装为新的噬菌体。

分离全基因组 DNA 需要特别小心，防止机械剪切力将基因组片段切割为小片段。限制性内切核酸酶消化基因组 DNA，噬菌体载体的克隆位点具有同一个限制性内切核酸酶的切点。与构建质粒文库进行限制性消化不同，此处将 DNA 与少量的酶短时间孵育。部分酶切产生一系列大小不同的片段，其中相当一部分大于 4000bp 的平均长度，而识别 6 个核苷的典型限制性内切核酸酶完全消化则往往产生大小为 4000bp 的片段。(第四章讨论过这种位点发生的频率为 $4\times4\times4\times4\times4\times4=4096$。)最后，选择 20kb 大小的片段用于克隆。最初，采用蔗糖梯度离心分离这些 20kb 大小的片段。不同大小的片段沉淀在不同位置。最近，采用琼脂糖凝胶分离大小适合克隆的片段，通过与 DNA 分子质量标记比较，切割含有大小合适片段的胶条。从琼脂中抽提DNA，与噬菌体DNA连接。基

147

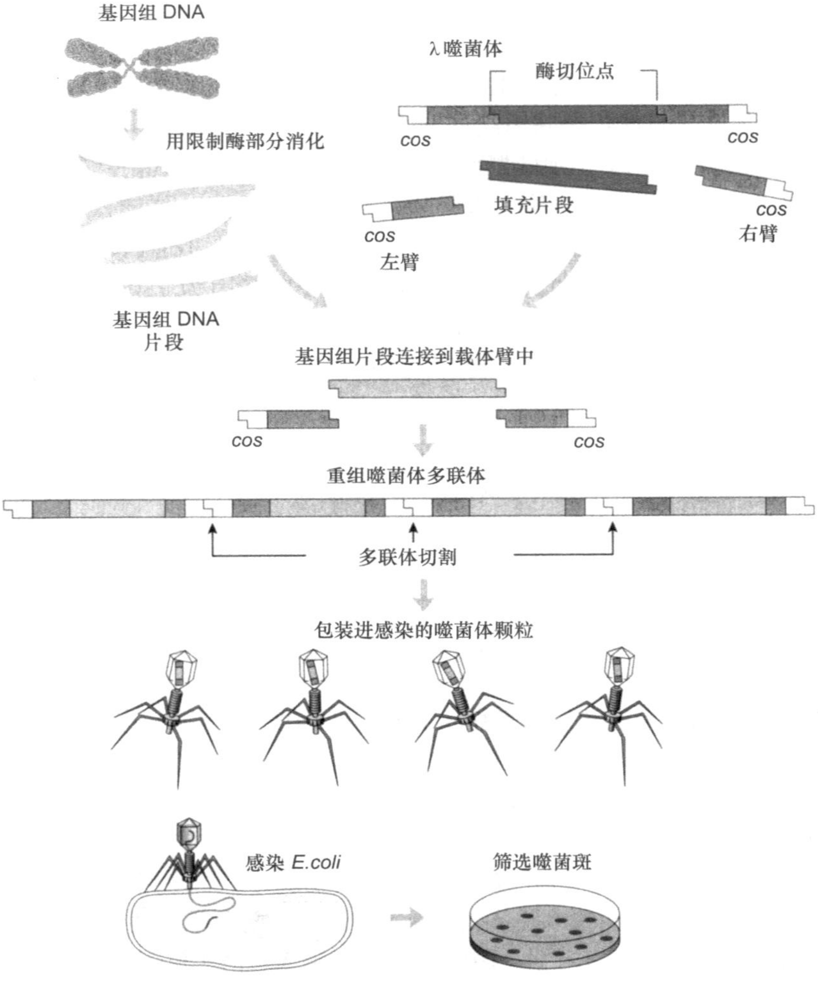

图 5-5　利用噬菌体λ载体构建基因组文库

148 因组 DNA 与λ噬菌体载体连接后，连接混合物中加入含有形成完整噬菌体颗粒所需要的蛋白质的提取物。一旦包装后，就用这个文库去感染大肠杆菌。

典型的操作是，大肠杆菌与λ噬菌体文库一起短暂孵育，以便噬菌体感染细菌。细菌的数量是噬菌体的数倍。混合物铺在琼脂平板上层。噬菌体将其遗传物质注入大肠杆菌细胞，并在其中多次复制。噬菌体也编码包装为新病毒颗粒所需要的外壳蛋白，然后在细胞内组装。新合成的噬菌体 DNA 整合到这些新病毒颗粒中。细胞破裂（或裂解），释放重组的噬菌体，并感染附近未感染的细胞，该过程重复进行。随着细菌细胞继续裂解，平板表面形成透明的点，称为噬菌斑（图 5-6）。每个噬菌斑源于一个被感染的细胞。调整最初培养物中的噬菌体/细菌的比例，一个平板形成千个左右的噬菌斑。分离每个噬菌
149 斑，从细胞碎片中分离病毒 DNA。

λ噬菌体的两个特征有利于构建基因组 DNA 文库（图 5-7）。第一，λ噬菌体可以容

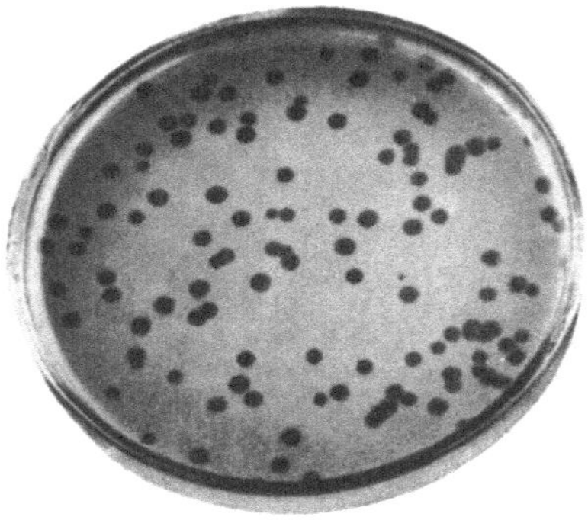

图 5－6　大肠杆菌菌苔上的噬菌斑
（经允许引自 Stent G. S. 1963. *Molecular biology of bacterial viruses*，p. 41. W. H. Freeman，San Francisco）

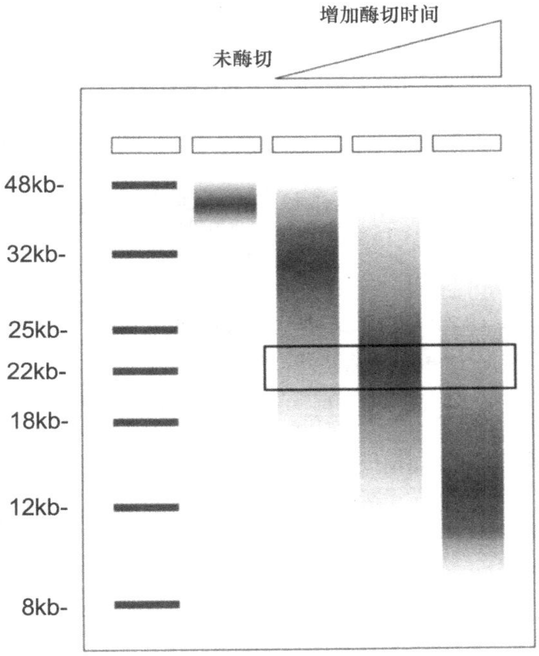

图 5－7　选择不同大小的基因组 DNA 构建 λ 噬菌体库

采用适当的限制性内切核酸酶部分酶切基因组总 DNA，琼脂糖胶分离。第一泳道是分子质量已知的 DNA 标记。第二泳道是未酶切的基因组 DNA。最后三条泳道是孵育了不同时间的部分酶切的 DNA。盒内的区域为含有片段大小适中，选择来构建文库的 DNA 片段。

纳平均大小为 20kb 的片段，因此，代表整个人类基因组所需要的重组分子数量仅为质粒库的五分之一。这样就可以更方便地进行文库筛选。第二，通过噬菌体感染将重组 DNA 分子导入大肠杆菌比质粒转化大肠杆菌的效率提高许多倍。

黏粒　　黏粒（cosmid）可以克隆平均大小为 40kb 的 DNA（图 5－8）。黏粒是载体开发中的第二个进步。这些融合载体实际上是含有 λ 噬菌体 *cos* 位点的质粒（cosmids 是将 cos 与 plasmids 的“mids”合成的新词）。为了构建黏粒，将含有 *cos* 位点的 λ 噬菌体片段与含有复制起点和选择标记的质粒连接。切割基因组 DNA 为 40kb 大小的片段，连接到
黏粒载体上。然后将载体与 λ 噬菌体蛋白提取物混合，蛋白混合物识别 *cos* 位点，并将黏粒 *150*
载体整合到噬菌体颗粒中，形成具有感染力的噬菌体。将重组的噬菌体感染大肠杆菌。黏粒中已经去除了所有的病毒基因，新的 λ 噬菌体不能复制——感染的细胞不被裂解，也不形成噬菌斑。相反，细菌细胞内，黏粒的复制方式类似质粒，在选择培养基上，被感染的细胞生长为正常的细菌群落。采用分离质粒的标准方法可以很容易分离到黏粒（第四章讨论过）。

BAC 和 PAC　　黏粒作为载体的缺点是能够容纳在噬菌体中的 DNA 大小有限。同样，Mandel 和 Higa 的化学转化方法只适用于相对较小的质粒。1990 年开始普遍采用的电转化可以将 100～300kb 的 DNA 分子直接导入大肠杆菌。甚至大到 1000kb 的

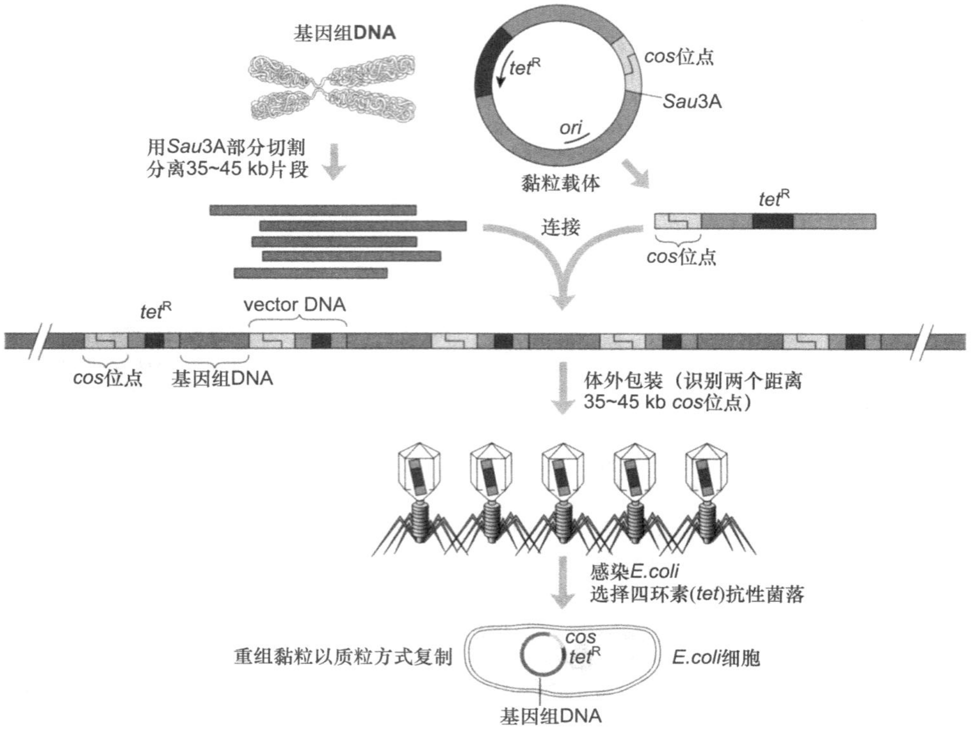

图 5－8　黏粒克隆

该策略中，串联连接的含有插入片段的黏粒在噬菌体颗粒包装过程中恢复为单一黏粒。

DNA 分子也可以被电转化，理论上该方法能够转化的 DNA 没有大小的限制。电转化也不需要制备噬菌体包装提取物或感受态大肠杆菌。电转化改变了载体设计策略。克隆 DNA 大片段的新载体往往只需要一个细菌复制起点和选择标记。

两种类型的载体可以克隆 100～300kb 的 DNA 片段：BAC(细菌人工染色体)和 PAC(P1 衍生的人工染色体)。顾名思义，BAC 含有大肠杆菌 F 因子(见第三章)的复制起点。PAC 含有噬菌体 P1 的复制起点。

151 典型的 BAC 载体是 pBACe3.6(图 5－9)。*Sac*BⅡ选择性标记允许在蔗糖培养基上选择携带 BAC 的细胞。带有整个人类基因组的 BAC 库可以从市场上购得。其中含有的克隆数为人类基因组的数倍，统计上代表整个基因组的 99%。

分离 DNA 的标准方法是将 DNA 剪切为小于 100kb 的片段。因此，构建数百万碱基的 BAC 和 PAC 库需要 100～300kb 的 DNA 片段，需要小心操作(图 5－10)。尽量减少 DNA 断裂，将细胞样品包埋在小的琼脂块中，每个体积大约为 100μl。将试剂扩散到琼脂块中，原位消化和释放基因组 DNA。首先，用去垢剂和蛋白酶裂解细胞。洗涤后，扩散加入限制性内切核酸酶和缓冲液。孵育后，扩散加入 EDTA，终止限制酶切反应，得到部分酶切产物。在反应中所用的琼脂块周围放入大的琼脂块，电泳分离限制酶切片段。

电场固定的常规电泳不能分离大于 50kb 的 DNA 片段。但是，几个新技术可以分离 1000 万碱基对以上的片段。哥伦比亚大学的 Charles Cantor 首先采用脉冲场凝胶电泳(pulse-field gel electrophoresis，PFGE)(图 5－11)。电泳时，电流在相对的几个电极之

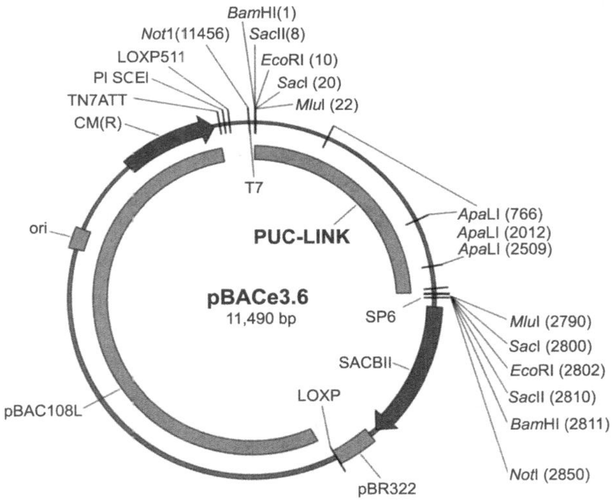

图 5－9　BAC 质粒 pBACe3.6 图谱

Sac Ⅱ基因编码果聚糖蔗糖，将蔗糖转变为对宿主细胞具有毒性的果聚糖。基因组片段插入到 *Sac* Ⅱ基因中间，破坏该基因，从而不能产生完整的果聚糖蔗糖蛋白。缺乏插入的质粒将产生果聚糖蔗糖蛋白，在含有蔗糖的培养基上不能生长。

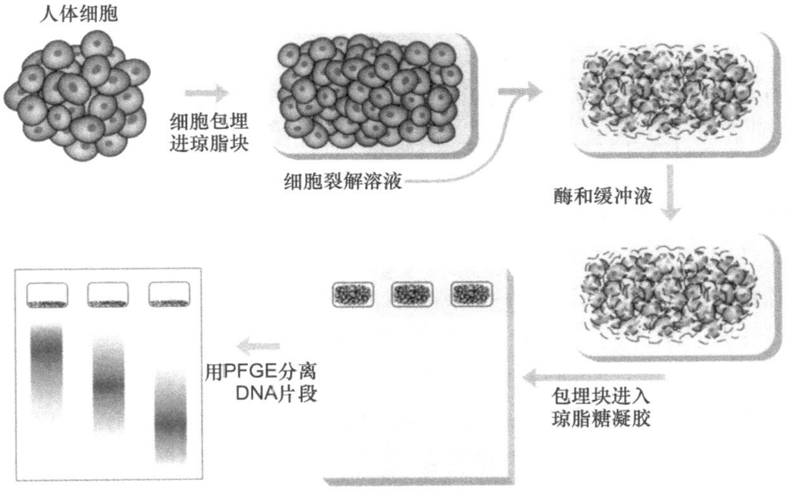

图 5－10　分离大片段 DNA 构建 BAC

间变换方向。电泳槽为六角型。胶顶部和底部具有电极，两组电极在胶的任一边，成 120°角。顶部和底部电极之间的电流恒定。两组侧向电极之间的电流不断变换方向。这样，DNA 在胶中运动时的路线发生改变，从而更好地分离大片段。反转电场凝胶电泳（field-inversion gel electrophcresis，FIGE）或者正交交变电场凝胶电泳（orthogonal-field-alternation gel electrophoresis，OFAGE）时，正向电流时间长，而逆向电流时间短。PF-
GE 和 OFAGE 的分辨率取决于采用的两个变换电流的时间长短。温和分离含有适当大 152

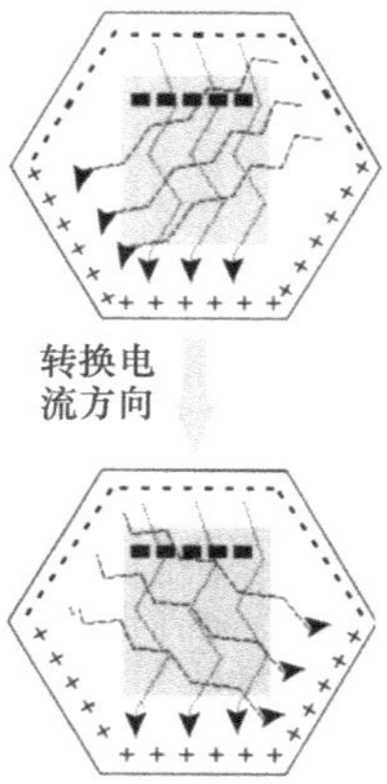

图 5-11　PFGE

电流在两个电极之间改变，从而有利于分离大片段 DNA。

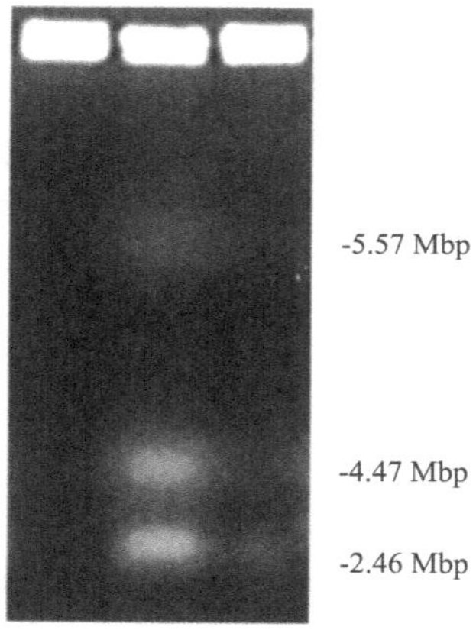

图 5-12　酵母染色体的 PFGE 图谱

PFGE 分离粟酒裂殖酵母的三条染色体。

小的 DNA 片段的胶条，连接到 BAC 或 PAC 载体上。

大片段克隆所用的酶的切割频率较根据其识别序列预测的随机概率低 15～75 倍。例如，*Not* Ⅰ识别 8bp 的序列，产生的限制性片段大小为 65 536bp(4^8)。事实上，该酶对平均每 100 万碱基对产生一个片段。*Mlu* Ⅰ、*Nru* Ⅰ和 *Pvu* Ⅰ分别识别 6 核苷序列，平均每 4096(4^6)个核苷产生一个限制酶切片段，但是实际上平均每 30 万个碱基产生一个限制性片段(图 5-12)。因为人基因组中核苷并非随机分布。所有大片段限制性内切核酸酶的识别序列含有一个或者多个 GC 二核苷酸，这在哺乳动物基因组中非常罕见。

筛选 DNA 文库

从生物化学角度很难区分不同的 DNA 片段。每个 DNA 片段含有的化学成分多少相同，因为都是由相对丰度恒定的 A/T/G/C 组成。20 世纪四五十年代，这个现象也使得科学家相信 DNA 不可能是遗传物质。但是，创造性地运用 DNA 需要考虑特定长度 DNA 片段中的碱基对序列。根据 DNA 分子的两个基本属性筛选基因组文库：①即使是相对短的核苷酸序列也具有独特性；②序列内部核苷酸对的互补结合。

人 DNA 的特异性序列需要一定长度的 DNA，从统计角度而言，该序列在人的整个
153 基因组中只可能出现一次。特异性序列在 30 亿个核苷中出现的频率应当小于 1 次。

为了方便讨论，我们假定，整体上而言，四个碱基在 DNA 分子中随机分布。为了简化起见，往往只考虑一条链上核苷酸的排列，因为可以推测互补链。

利用 $1/4^n$ 可以计算任何 DNA 序列发生的概率(表 5-2)。4 就是不同核苷酸的数目，n 为特定序列中核苷酸的总数。例如，从 DNA 链的任何核苷酸开始，腺苷酸出现的概率是 1/4。临近的核苷酸为胞嘧啶核苷酸的概率也是 1/4。因此，同时具有腺苷酸和胞嘧啶核苷酸(AC)的机制是 $1/4 \times 1/4 = 1/4^2 = 1/16$。任何其他二核苷酸如，AA、TT、GG、CC、AT、AG、TA、TG、TC、GA、TG、GC、CA、CT、CG 出现的频率均为 1/16。

表 5－2　DNA 序列在增加的核苷酸中出现的频率

核苷酸	概率(1/)
1	4
2	16
3	64
4	256
5	1024
6	4096
7	16 384
8	65 536
9	262 144
10	1 048 576
11	4 194 304
12	16 777 216
13	67 108 864
14	268 435 456
15	1 073 741 824
16	4 294 967 296

简单的计算可以发现任何特定 10 核苷酸出现的频率为 $1/4^{10}$。统计分析，在整个人基因组中，特定 10 核苷酸序列出现的概率仅有 3000 个拷贝。特定 15 核苷酸出现的概率为 $1/4^{15}$。特定 16 核苷酸出现的概率为 $1/4^{16}$。15 核苷酸序列在人基因组中出现的频率为 3 次，16 核苷酸序列出现的概率仅一次。

该计算提示一个普遍规则，16 核苷酸及其以上长度序列在人基因组中可能为特异的。但是，必须记住重复 DNA 在人染色体中占有相当比例。显然，重复序列内部的 16 核苷酸序列对每个重复单元都普遍。一些更长的重复序列包括数百拷贝的核糖体 RNA
基因。但是总体上，重复序列较短，一般为 200 到数百个核苷酸。 154

鉴定特定 DNA 序列

1961 年，Sol Spiegelman 和 Benjamin Hall 发现单链 DNA 通过氢键与互补 RNA 序列形成稳定的双链分子。单链 DNA 分子之间也可以形成双链分子。碱基互补配对可以用来检测基因组文库中特异的 DNA 序列。

互补的双链 DNA 解离的条件包括 90℃以上变性、pH 大于 10.5 处理，以及诸如尿素或者甲醛等有机溶剂处理。这步称为变性。在适当的盐、温度和 pH 条件下，两条单链分子可以复性形成原来的双链 DNA 分子。互补的单链分子配对形成双链分子的过程称为杂交(hybridization)(图 5－13)。退火则指短的 DNA 序列的杂交。

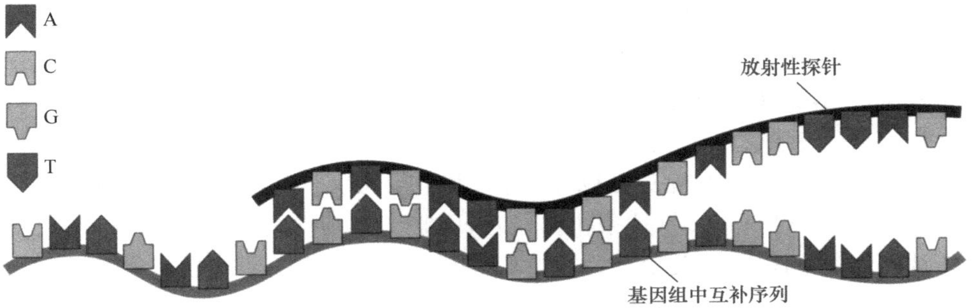

图 5－13　杂交

放射性探针与基因组中互补序列配对，形成氢键，并成为双链分子。

严紧度高时，形成稳定 DNA 双链需要整条 DNA 链实质上完全配对。严紧度低时，互补程度较低的链之间部分杂交。两种条件都对文库筛选有用。

从文库中鉴定和分离含有特定基因的克隆或者噬菌斑的方法是杂交，其目的是要得到探针。探针往往是放射性标记的单链 DNA 片段，该片段与目的基因的序列互补，在变性条件下与基因组 DNA 孵育。加入过量探针，基因更可能与探针杂交，而不是与最初的互补链杂交。

获得 *β*-珠蛋白的探针

获得目的基因的探针，需要与该基因互补的纯化的 DNA 序列。这就进入了循环怪圈。因为为了鉴定靶标基因，需要获得该基因的一个片段。如何纯化互补序列，获得探针呢？回到我们最初的例子，可以看到 Philip Leder 及其同事如何克服这个看来不可能解
155 决的问题，并克隆小鼠 *β*-珠蛋白基因。

虽然含有目的基因的染色体区多少类似其他区域，细胞内的 mRNA 比较独特。每个 mRNA 是单独的分子，其大小反映了基因大小。这样，可以根据大小分离不同的mRNA。mRNA 与转录得到该 mRNA 的 DNA 序列互补，并很容易与该 DNA 序列杂交。Leder 推测，他可能是利用杂交、红细胞和真核生物 mRNA 的特性获得 *β*-珠蛋白基因的探针的。

红细胞可以看作是血红蛋白口袋，因为其中几乎全是血红蛋白。红细胞的有核前体——网织红细胞实际上是血红蛋白工厂。哺乳动物细胞虽然含有相对较少的数以千计的不同的 mRNA 分子，网织红细胞中所有 mRNA 分子大部分是 *α*-和 *β*-珠蛋白 mRNA。循环血液中较少发现网织红细胞，诱导贫血的小鼠的循环红细胞中网织红细胞可以占 50%。因此，网织红细胞就成了 Leder 及其同事获得 *β*-珠蛋白基因的探针的原料。

分离珠蛋白 mRNA　　如第三章所述，真核生物 mRNA 3′末端含有 100～200 个腺苷酸残基。该 poly(A)尾使得利用寡聚(dT)纤维素亲和层析可以一步分离 mRNA。柱子填充纤维素颗粒，纤维素附着合成的短 dT 序列(10～20 个核苷)。高盐条件下，T 残基可以与 mRNA poly(A)尾杂交。mRNA poly(A)尾与柱子结合，就可以分离。在含有氯化钠的高盐缓冲液作用下，网织红细胞裂解物通过寡(dT)-纤维素柱子，mRNA poly(A)尾与互补的 T 残基结合。mRNA 分子滞留在柱子上，而所有其他分子得以通过。柱子脱盐，释放结合的 mRNA。网织红细胞中 *α*-和 *β*-珠蛋白 mRNA 占 mRNA 的 98%，因此无须进一步纯化(见图 5-14)。

156 从 mRNA 获得 cDNA 探针　　第二章讨论了分子生物学的中心法则。DNA 转录形成 RNA，后者翻译产生蛋白质。但是，该规则具有例外。获得文库筛选需要的探针，可以利用该规则的例外，从 RNA 获得 DNA。为此，需要特殊的 DNA 聚合酶即依赖 RNA 的 DNA 聚合酶，或者称为反转录酶(RT)。

RT 是在反转录病毒中发现的。该病毒的遗传物质为 RNA。反转录病毒感染细胞时，必须将其 RNA 基因组转变为 DNA，开始其生活周期。反转录病毒 RT 利用 RNA 作为模板，构建互补的 DNA 链(这条新链称为 cDNA)，然后转换为双链 DNA 分子。

20 世纪 70 年代中期，几个小组发现了利用 RT 在试管中从 mRNA 获得 cDNA 的方法。现在采用的方法源于哈佛大学 Tom Maniatis(图 5-15)、Argiris Efstratiadis(图 5-16)、Fotis Kafatos 和 Allan Maxam 等人的工作。利用试管中的 RT，由纯化的珠

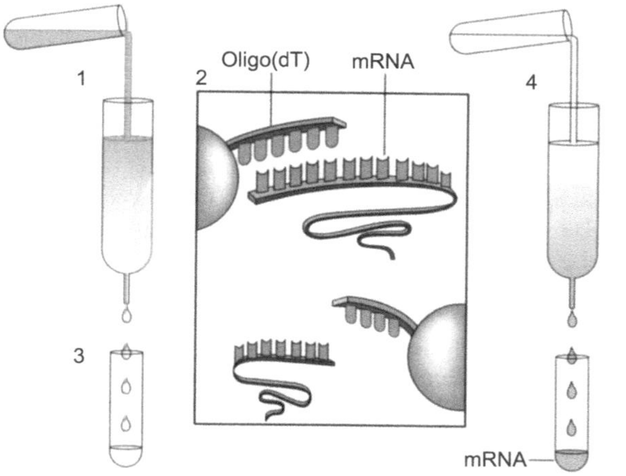

图 5－14　纯化珠蛋白 mRNA

(1) 高盐缓冲液中裂解的网织红细胞通过寡(dT)-纤维素柱子。(2) mRNA poly(A)尾与纤维素珠子上的寡(dT)残基结合。(3) 非 mRNA 分子流出柱子。(4) 低盐缓冲液洗涤，从柱子上洗脱 mRNA。

图 5－15　Tom Maniatis
(承蒙 Kris Snibbe，
Harvard News Office 许可引用)

图 5－16　Argiris Efstratiadis

蛋白 mRNA 可以获得放射性标记的 cDNA 探针(图 5－17)。首先，由 Oligo(dT)组成的短引物与纯化 mRNA 的 3′末端 poly(A)杂交。与所有 DNA 聚合酶相同，RT 在引物处启动 DNA 合成。然后在 mRNA 分子的每个互补链掺入核苷酸，DNA 获得 DNA 链。所有聚合酶(RNA 和 DNA 聚合酶)都具有类似特性。RT 从 5′→3′合成，总是在已有核苷酸的 3′羟基端加入核苷酸。cDNA 探针合成可以在含有 RT 和四种脱氧核苷酸的混合物中发生，其中一个或多个脱氧核苷酸含有^{32}P(磷的一种放射性同位素)。

Leder 利用该反应从其分离自网织红细胞的 α-和 β-珠蛋白 mRNA 获得^{32}P 标记的 cDNA 探针。因为同时存在 α-和 β-珠蛋白 mRNA，筛选文库获得含有两个基因的克隆。进一步研究分离的克隆，可以区分两个珠蛋白基因。

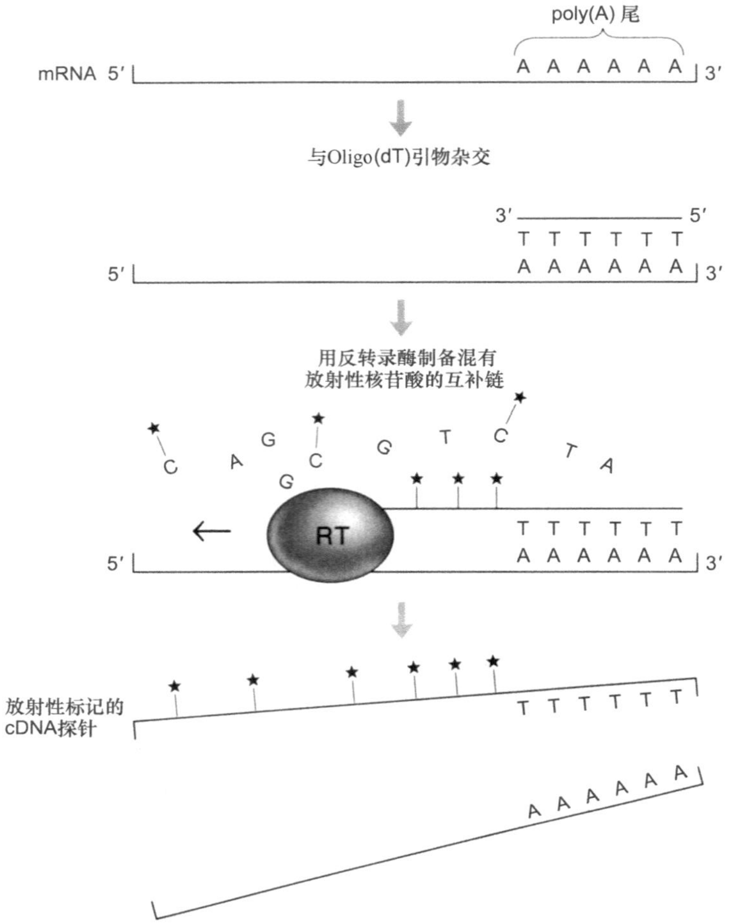

图 5－17　合成 cDNA

筛选

他们筛选 λ 噬菌体文库，分离 β-珠蛋白基因。当时，这是含有最大 DNA 插入片段的文库。不过，今天的研究人员往往更可能从 BAC 或者 PAC 库开始。筛选噬菌体库和质粒库几乎没有区别，因此我们以 cosmid 库为例说明。文库筛选时，并非筛选一个细胞获得某个基因，而是筛选一系列克隆(从一个细胞生长获得的细胞群)(图 5－18)。

157 第一步是克隆生长。培养基含有适当的营养成分和选择性标记如氨苄青霉素，将尼龙环或硝酸纤维素滤膜铺在含有该培养基的琼脂平板上。将库中细胞在平板上划线生长，均匀分开。含有库的细胞必须稀释，铺在滤膜上，尽量减少重叠的克隆(今后需要分离特定克隆)。通常划线分离几千个细胞，准备多个滤膜，筛选的插入数要覆盖基因组几次。过夜培养后，滤膜上长出克隆。

筛选文库需要裂解滤膜上的细胞。筛选后获得具有活力的克隆，一式两份影印培养在滤膜上。将新滤膜放在含有克隆的滤膜上即可。在滤膜边缘打孔作为标记以便今后比
158 较，然后分开两张滤膜。在每个克隆里挑取一些细胞，转移到新滤膜。新滤膜铺在新平板上，孵育两个平板，直到出现克隆(这是 1952 年威斯康星大学的 Joshua 和 Esther

Lederberg对细菌影印培养技术的改进)。

一张滤膜留在培养皿上冷冻保存。筛选另外一张影印培养滤膜。滤膜浸泡在氢氧化钠碱性溶液中,这可以同时裂解细胞和使 DNA 变性。然后将滤膜浸泡在中性 pH 缓冲液中。DNA 仍然保持变性状态。80℃真空处理使单链 DNA 固定在尼龙/硝酸纤维素膜上。

^{32}P 标记的 cDNA 探针筛选干燥的滤膜,检测是否具有需要的基因。探针与滤膜在适合互补序列杂交的条件下孵育:中性 pH、存在钠离子(中和 DNA 骨架上的负电荷)、提高温度(解开 DNA 链的温度 65℃)。孵育 12~24h,探针仅与含有全部或部分基因 DNA 的克隆杂交。由于采用大肠杆菌细胞,细菌 DNA 不影响筛选因为单一的人 DNA 的探针不会与细菌 DNA 杂交。

杂交后,洗涤滤膜,去除过量的探针。干燥印记,塑料覆盖。覆盖的滤膜与 X 射线胶片紧密压合几个小时。放射性 ^{32}P 衰减过程中释放的 β 粒子使胶片曝光。胶片冲洗后,曝光的区域在 X 射线胶片上形成黑点。比较胶片、滤膜和培养平板上的标记,将曝光点与冷冻备存的滤膜对应。该克隆含有与探针互补的 DNA 序列,含有所需要的基因。从平板上挑取克隆,大量培养以分离黏粒 DNA,供进一步分析。见图 5-19。 159

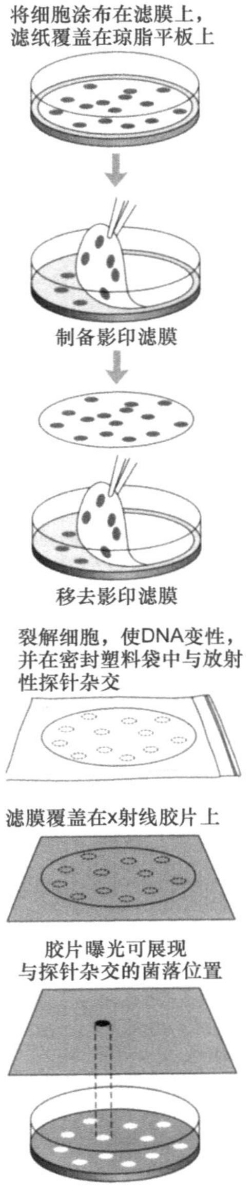

图 5-18　筛选 cosmid 文库放射性自显影指示放射性探针杂交的菌落在主平板上的位置。

其他筛选策略

一旦从某种生物分离了基因,这个基因就可以作为探针从不同生物分离类似基因。例如,小鼠和兔子珠蛋白基因可以作为探针分离人的珠蛋白基因。许多基因也是类似基因形成家族。例如,第三章讨论的 *Hox* 基因,各自含有高度保守的序列称为同源异形框(homeobox)。以同源异形框内的保守序列作为探针发现 *hox* 家族其他成员。非相同序列作为探针检测另外基因的过程称为交叉杂交(cross-hybridization)。非严紧条件(较低温度和高盐浓度)用于交叉杂交筛选,虽然探针和靶标序列有些误配,但可以形成氢键。

合成寡核苷酸　　蛋白质生物化学进展迅速,基因克隆一开始,许多蛋白质序列已经部分或者全部测定。1980 年早期的 DNA 可以自动合成,使得可以利用任何部分氨基酸序列合成相应基因的短核苷酸探针。

三联体密码子编码一个氨基酸,6 个氨基酸序列即可与人基因组中的特异序列杂交,这可以构成 18 个碱基的探针(还记得如何计算特异序列的长度吗?)。但是,多数氨基酸的密码子不止一个。这称为密码子简并或者摆动(wobble)。根据氨基酸序列不能确定 DNA 序列。

选择简并性最小的一组氨基酸可以回避该问题——理想的是只具有一个或者两个密码子的氨基酸。然后,合成密码子可能的所有组合。多聚核苷酸激酶和 ^{32}P ATP 放射性

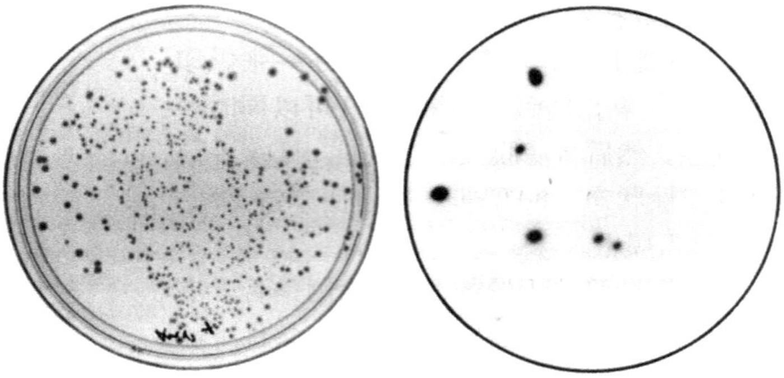

图 5-19　菌落杂交

左：含有转化克隆的 LB 平板。右：具有阳性克隆的滤膜。

标记探针混合物，将 ATP 的 γ 磷酸转移到寡核苷酸的 $5'$端。利用探针筛选基因组文库或者 cDNA 文库。根据克隆基因的 DNA 序列预测蛋白质的全部氨基酸序列。

BAC 和 PAC 文库筛选　BAC 和 PAC 文库含有大片段 DNA。获得特定基因需要筛选的克隆数目较少。典型的筛选方法不是将细胞在平板上培养。而是在 384 孔板上首先扩增 BAC 和 PAC 文库克隆。机械手将克隆高密度地点在滤膜上。然后用标准的杂交方法筛选滤膜(图 5-20)。滤膜上阳性克隆的点对应于微孔板上特定的培养孔。

Arg-Lys-Met-Val-His-Asn-Cys-Trp-Gly-Leu-Leu-Met-Ser-Gln-Pro-Tyr

ATG GTA CAC AAC TGC TGG

C　T　T　T

G

T

$4\times2\times2\times2\times1=32$

图 5-20　选择最适合用于探针的序列

在上述的假定蛋白质序列中，我们寻找 DNA 简并性或不稳定度最小的区域。划线序列几乎没有简并氨基酸，32 个探针的混合物可以对应每一种可能的编码序列。

160　一旦筛选到含有目的基因的基因组克隆，该基因一定位于大 BAC 或 PAC 内。最简单的方法是用限制性内切核酸酶消化 BAC，将这些片段亚克隆进另外一个载体，如质粒载体或 λ 噬菌体。利用筛选 BAC 库的同一个探针筛选该小库。现在，DNA 测序已经非常迅速、价格低廉，往往直接测序亚克隆来鉴定目的基因。图 5-21 示 PAC 库筛选 *CRAF* 基因。

cDNA 文库　现在我们讨论的是克隆基因组 DNA。典型的基因组 DNA 含有多个内含子和外显子序列。一个基因可能分布在距离很远的几个部分，很难分离和分析。筛选基因组文库的另外一个问题是库中含有某个生物基因组中所有的基因。科学家往往希望寻找的是特定组织或者细胞类型中活跃的特定基因。

cDNA 文库可以同时解决上述两个问题。cDNA 来自 mRNA。mRNA 加工后不含有任何内含子。因此分离到的任何 cDNA 只含有基因的编码序列。减少了需要分离和
161 分析的 DNA 的量。另外，cDNA 文库代表的只是特定细胞类型中表达的基因，减少了需要筛选的基因的数量。

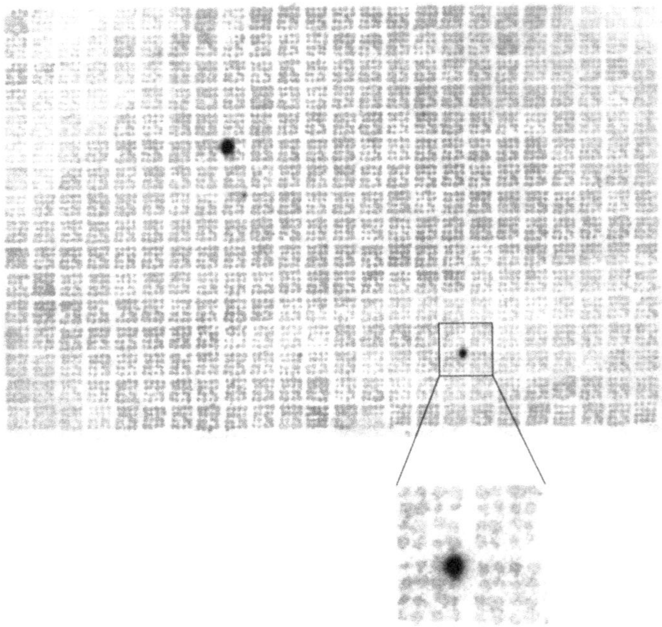

图 5-21　PAC 库筛选 *CRAF* 基因

利用自动机械手将菌落高密度地点在滤膜上。为了观察所有菌落，弱同位素^{35}S 标记大肠杆菌 DNA，与滤膜杂交时，形成灰色背景。每个方框含有 16 个菌落，共有 16×24 个方框或者 6144 个菌落。如果每个 PAC 含有 150～300kb 的插入片段，一张滤膜即可含有 10 亿～20 亿个 DNA 碱基对或者整个人基因组的 33%～66%。^{32}P 标记的探针用来筛选 *CRAF* 基因。黑点表示两个阳性菌落。

构建 cDNA 文库，利用 Oligo(dT)亲和层析从感兴趣的组织或细胞分离总 mRNA。利用 Oligo(dT)引导 RT 合成 cDNA 拷贝(图 5-22)。合成产生 DNA-RNA 杂交分子。下一步是合成另外一条 DNA 链，以形成双链 cDNA(ds cDNA)。DNA 合成需要引物。为了合成整个分子，理想的是采用从 mRNA 5′最末端开始的引物，合成以寡聚(dT)结束于 3′端。但是，正好从 mRNA 5′末端开始引导非常困难。因为每个 mRNA 的该区都具有自己独特的序列。因此，我们必须采用随机引物的方法。完全去除 mRNA 后，将剩下的链与随机六聚体孵育——该寡核苷酸代表每个可能的 6 核苷酸序列。引物结合cDNA 内部序列并从该处开始扩增，典型的反应形成缺乏 5′末端的双链 cDNA。

利用 T4 DNA 连接酶在双链 cDNA 末端添加接头，连接至质粒或噬菌体载体。接头是含有限制性内切核酸酶识别序列的短双链寡核苷酸。例如，含有 GAATTC 序列的接头带有 *Eco*RⅠ识别位点。如果需要，在添加接头前，双链 cDNA 可以与 *Eco*RⅠ甲基化酶一起孵育，封闭 cDNA 内部所有的 *Eco*RⅠ位点，防止在下一步时被切割。定向克隆中，在 162
双链 cDNA 的各端分别加入不同接头，每端形成不同的限制酶切位点(见图 5-23)。

用限制性内切核酸酶 *Eco*RⅠ消化以切割接头，形成可供将 cDNA 连接进 *Eco*RⅠ消化的载体的黏性末端。形成的重组质粒或噬菌体转化到大肠杆菌或者感染大肠杆菌，将

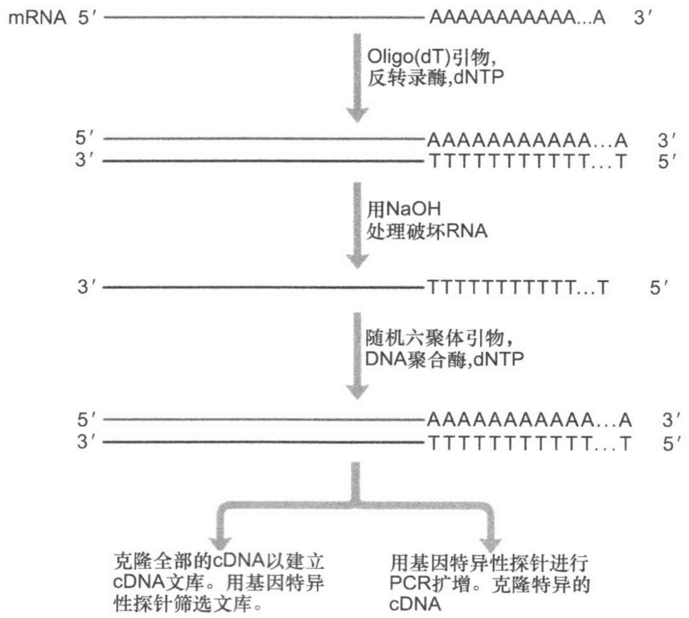

图 5-22 合成克隆所需的双链 cDNA

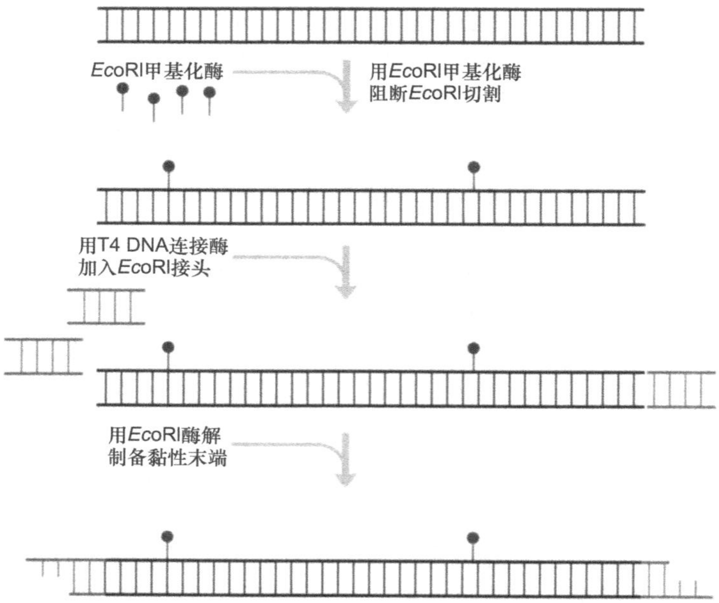

图 5-23 双链 cDNA 添加 *Eco*R Ⅰ位点

大肠杆菌涂布于琼脂平板。培养基中的抗生素选择表达了重组载体上抗性基因的克隆。如果看到噬菌斑形成，则说明细胞中有噬菌体。无论哪种方式，都可以采用筛选基因组 DNA 文库的方法筛选含有 cDNA 文库的平板。

基于计算机的筛选　随着许多生物的基因组序列完成或者部分完成，往往不必从文库中分离 cDNA。筛选基因组数据库就可以分离目的基因。利用该信息，可以合成基因 5′和 3′的特定序列。3′引物与从表达目的基因的细胞分离的 mRNA 退火，利用 RT 合成 cDNA。随后，加入 5′引物。利用大肠杆菌 DNA 聚合酶合成第二链，形成特定的双链 cDNA。这个方法具有一个缺点。如果 mRNA 为低丰度，则很难得到足够的双链 cDNA。另外一个方法是 mRNA 反转录成 cDNA，加入 5′引物，利用 PCR 扩增所需要的 cDNA。该方法称为反转录 PCR(RT-PCR)(图 5－24)。 163

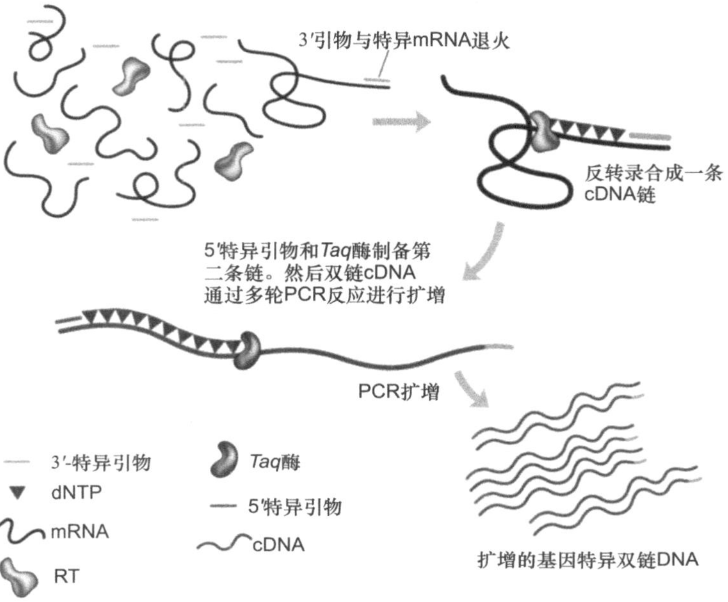

图 5－24　RT-PCR

研究已克隆基因

从文库中克隆到基因后，可以进行一系列分析。

Southern 杂交　Southern 杂交，即 DNA 印迹，这是根据发现者 Ed Southern 的名字命名的。该方法可以研究基因组 DNA 的结构。与文库筛选相同，该方法基于 DNA 链能够发现并与互补序列结合的原理(图 5－25)。

分离总 DNA，分别用一种酶或者几种限制性内切核酸酶消化。用琼脂糖电泳分离消化的 DNA。电泳后，胶条中 DNA 变性成单链，通过毛细管作用转移到尼龙膜或者硝酸纤维素膜上。在有利于杂交的条件下，使单链放射性探针与膜一起孵育。洗涤膜，X 射线处理。与筛选噬菌斑或者菌落相同，放射性探针与膜上互补 DNA 序列杂交，膜上的条带反映了琼脂糖凝胶上序列的位置。

分析短 DNA 片段时，PCR 基本上取代了 Southern 杂交，司法鉴定和身份确认方面也采用了 PCR。但是，大规模 DNA 排列、转基因动物和植物基因分型仍然采用 Southern 杂交。分析转基因动物时，分离基因组 DNA，与探针杂交，确定转入的基因是否存在。

mRNA 分析 164

身体所有细胞(生殖细胞除外)携带完全相同的一组基因，但是特定细胞或组织中只

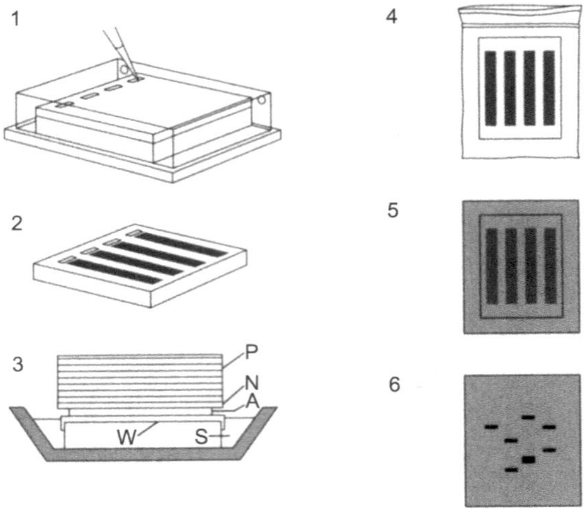

图 5-25　DNA 印迹法

(1) 酶切后的 DNA 加样到琼脂糖凝胶,电泳分离。(2) 观察 DNA,胶内变性。(3) 通过毛细管作用转移 DNA 到硝酸纤维素膜。(P=纸,N=硝酸纤维素膜,A=琼脂糖凝胶,W=毛细管作用,S=高盐溶液。)(4) 放射性探针与滤膜杂交,如果染色,则与胶对应。(5) 洗涤滤膜,与 X 射线片对比。(6) 放射性自显影显示探针结合的条带所在位置。

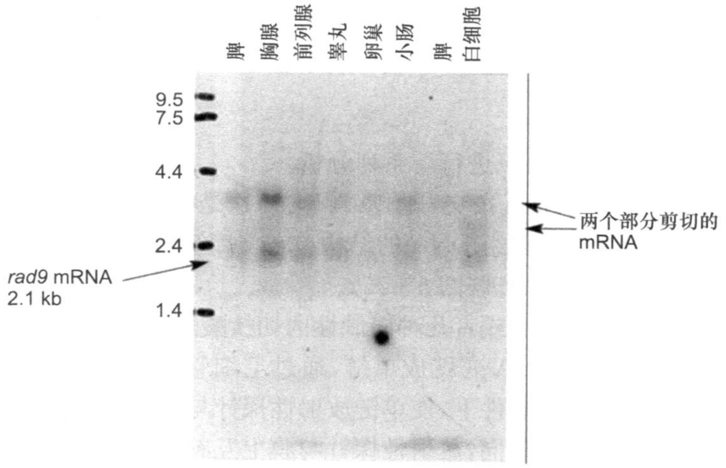

图 5-26　RNA 印迹

本图显示人 *rad 9* 基因 mRNA 在不同组织中的相对丰度。左边图示这些 mRNA 的分子大小。每条泳道中都具有浓度不同的完全剪切的 *rad 9* mRNA 2.1kb 片段。最后一条泳道展示的是部分剪辑的中等大小的 mRNA。(承蒙 Kevin Hopkins and Howard Lieberman, Columbia University 许可引用)

有部分基因活跃。例如，神经细胞较肾细胞需要的结构蛋白和酶不同。为了解特定细胞中特定基因的功能，需要研究哪些基因转录为 mRNA。一旦从文库中克隆了一个基因，就可以作为探针分析 mRNA。

Northern 杂交　　Northern 杂交即 RNA 印迹，该方法的得名与 DNA 印迹法(Southern blotting)相对应，用来检测 mRNA，确定目的基因是否在特定组织和细胞类型中表达(图 5－26)。Northern 杂交与 Southern 杂交的程序相同。从特定组织分离 mRNA，变性胶电泳分离，印记转移到硝酸纤维素膜或尼龙膜上。在相反方向转录目的基因，合成mRNA的放射性探针。探针必须与 mRNA 互补方能杂交上。作为探针的基因往往是不合成 mRNA 的片段。

Northern 杂交可以确定特定细胞中哪些基因活跃哪些不活跃。也可以研究特定处理或扰动后基因表达水平的变化。但是，Northern 杂交灵敏度不是特别高，往往不能检测到低水平的基因转录。Northern 杂交需要大量的 mRNA，这在胚胎肾等小组织中难以实现。

原位杂交　　原位(*in situ*)杂交这是直接观察固定的细胞或组织中基因活性的更敏 *165*
感方法。1969 年，两个小组分别发现了该方法。他们是耶鲁大学的 Joseph Gall 和 Mary Lou Pardue，苏黎世的分子生物学研究所的 Max Birnstiel 和爱丁堡医学研究委员会的 Ken Jones。该方法不从细胞抽提 mRNA，而是用石蜡固定整个细胞、组织或胚胎，将 mRNA 留在原位。固定防止了分子降解并将其留在原位以便分析。

该技术使用早期，将组织切成非常薄的小片，放到显微镜玻片上。放射性探针直接在组织切片上寻找具有活性的区域。含有探针的溶液加到每张玻片上，孵育后，洗涤玻片去除未结合探针。玻片不用感光膜曝光，而是直接浸到感光乳液中。以适当时间让乳液曝光，利用与洗照片相同的化学试剂冲印(见图 5－27 和图 5－28)。

该技术的问题主要是使用放射性同位素，需要组织切片。切片比较耗时，一个小小的切片难以反映整个生物基因表达的全貌。非放射性探针对全部标本进行原位杂交很好地解决了上述局限。

图 5－27　Myogenin 探针对小鼠胚胎进行原位杂交 *166*
(承蒙 Deborah Chapman, University of Pittsburgh 许可引用)

与用放射性核苷酸标记探针不同的是，原位杂交将探针与产荧光的底物或者产生颜色的底物耦联，如生物素、地高辛或者碱性磷酸酶。采用荧光底物标记时，通过荧光显微镜可以直接观察与组织中 mRNA 结合的探针。用地高辛或者碱性磷酸酶标记的探针则需要间接观察。

碱性磷酸酶与 BCIP/NPT(5-bromo-4-chloro-3-indolylphosphate/nitroblue tetrazolium chloride)反应，形成不溶的紫色沉淀(图 5－29)。直接将该化合物加入到组织中观察结合的 mRNA。地高辛则采用连接报道酶如碱性磷酸酶的抗地高辛抗体，然后，加入能 *167*
够形成产色沉淀的 BCIP/NPT(图 5－30)。生物素为水溶性维生素，能够与卵清蛋白中碱性糖蛋白链亲和素高亲和力结合。链亲和素与报道酶连接，观察反应结果(图 5－31)。

非放射性探针具有多个优点。放射性探针短时间内衰减，而非放射性探针可以长期

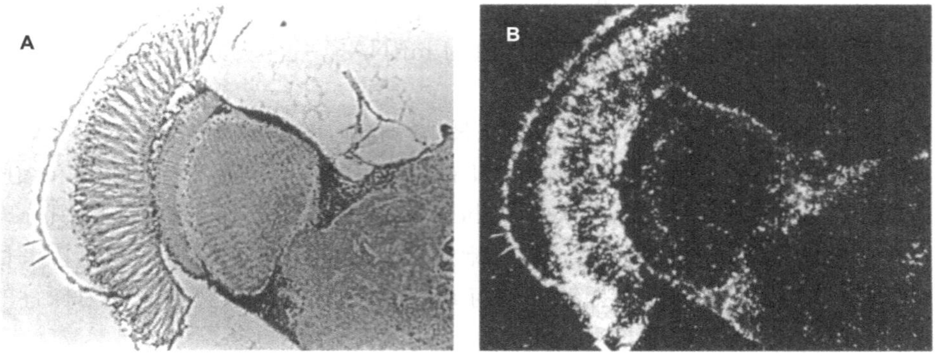

图 5-28　成年果蝇眼部组织切片的原位杂交

放射性同位素探针检测 *period* 基因的 mRNA。(A) 亮视野显微镜所见的眼组织。(B) 表达 *period* 基因的细胞中，暗视野显微镜下可见银染颗粒。(经许可引自 Liu X.，Lorenz L.，Yu Q.，Hall J. C.，and Rosbash M. 1988. Spatial and temporal expression of the *period* gene in *Drosophila melano gaster*. *Genes Dev.* 2:228～238)

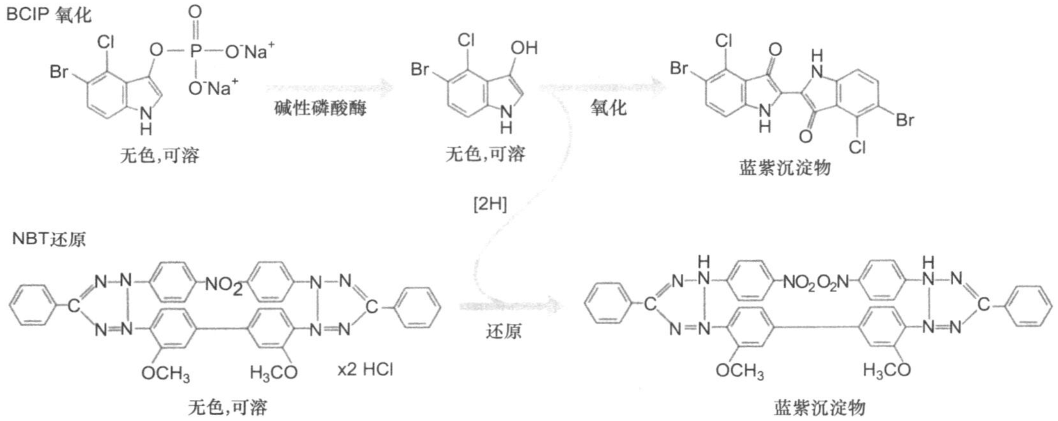

图 5-29　BCIP/NPT 指示反应 BCIP 的氧化和 NBT 的还原

(经许可引自 Kessler C. 1991. The digoxigenin:anti-digoxigenin (DIG) technology—A survey on the concept and realization of a nover bioanalytical indicator system. *Mol. Cell. Probes* 5:161－205)

保存，不丧失活性。印记标记和玻片上组织切片原位杂交中，非放射性标记已经取代了放射性标记。非放射性标记可以用于较小生物或者全部组织的原位杂交，无需切片，即可提供清晰、整体和立体的基因表达情况。

制备时小心还可以使探针穿透完整胚胎和小生物如线虫。解剖组织用甲醛固定，用蛋白酶和去垢剂处理以破坏细胞结构和细胞膜，探针的穿透效果会更好。探针孵育后，冲
168 洗组织，在含有观察所需的底物的溶液中浸泡。先观察整个组织的表达后，还可以切片，以观察细胞水平的表达。

蛋白质分析

DNA 提供指令，mRNA 作为信使分子，蛋白质则是细胞的效应分子。为了解细胞的结构和酶学过程，首先需要了解执行这些功能的蛋白质分子。DNA 克隆技术是研究蛋白

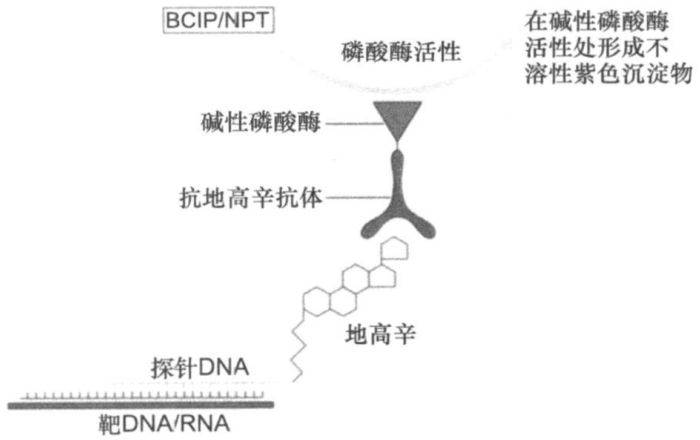

图 5-30 用 BCIP/NPT 检测地高辛标记的核酸探针

(经允许引自 Sambrook J. and Russell D. 2001. *Molecular cloning*: *A laboratory manual*, 3rd edition. Cold Spring Harbor Laboratory Press, Cold Spring Harbor, New York)

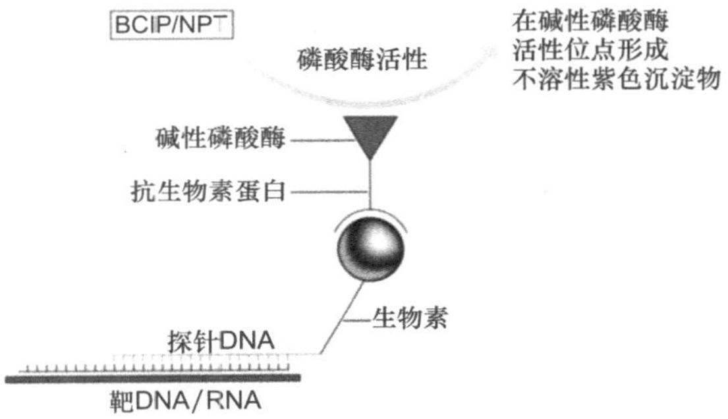

图 5-31 用 BCIP/NPT 检测生物素标记的核酸探针

质的方法之一。

在大肠杆菌和其他系统中表达外源基因生产蛋白质 DNA 克隆的最大成就之一是能够通过在大肠杆菌或者其他系统中特定基因的高水平表达，大量产生特定蛋白质。在大肠杆菌中表达人体蛋白质，首先分离全长双链 cDNA。然后将双链 cDNA 插入表达载体。表达载体经过改造，适合在大肠杆菌中表达任何来源的外源基因。在大肠杆菌中表达蛋白质，必须利用大肠杆菌启动子转录双链 cDNA。另外，所有细菌基因含有核糖体翻译必须识别的 SD(Shine-Delgarno)序列(AGGAGG)。高水平表达蛋白质需要选择强启动子，如噬菌体 T7 的启动子。T7 启动子需要来自 T7 噬菌体的功能性 RNA 聚合酶。因此用来表达蛋白质的宿主细胞必须含有 T7 RNA 聚合酶基因。标准的表达载体中，SD 序列位于 T7 启动子下游(3′端)。SD 序列的下游是翻译起始密码 ATG。最后是多克隆位点(一系列限制性内切核酸酶识别位点，以便克隆所需要的 cDNA)(见图 5-32)。

除了表达蛋白质所需要的元件外，表达载体还含有利于分离所表达的蛋白质的标记。
标记往往是编码特定肽段的短 DNA 序列。这些肽段作为表达蛋白质的一部分得以翻 169
译。一种类型的标记与可以固定在珠子上、用来亲和纯化所表达蛋白质的特定化合物结合。例如，6-His 标记由 6 个连续的组氨酸序列构成结合镍或者其他金属的位点。将表

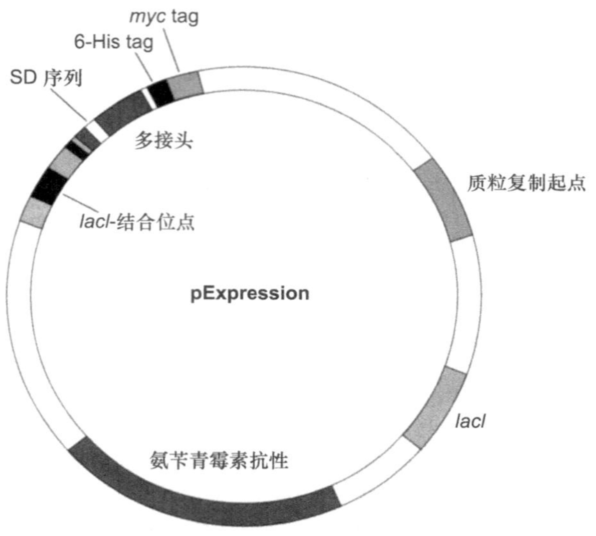

图 5-32　通用表达质粒及其关键元件

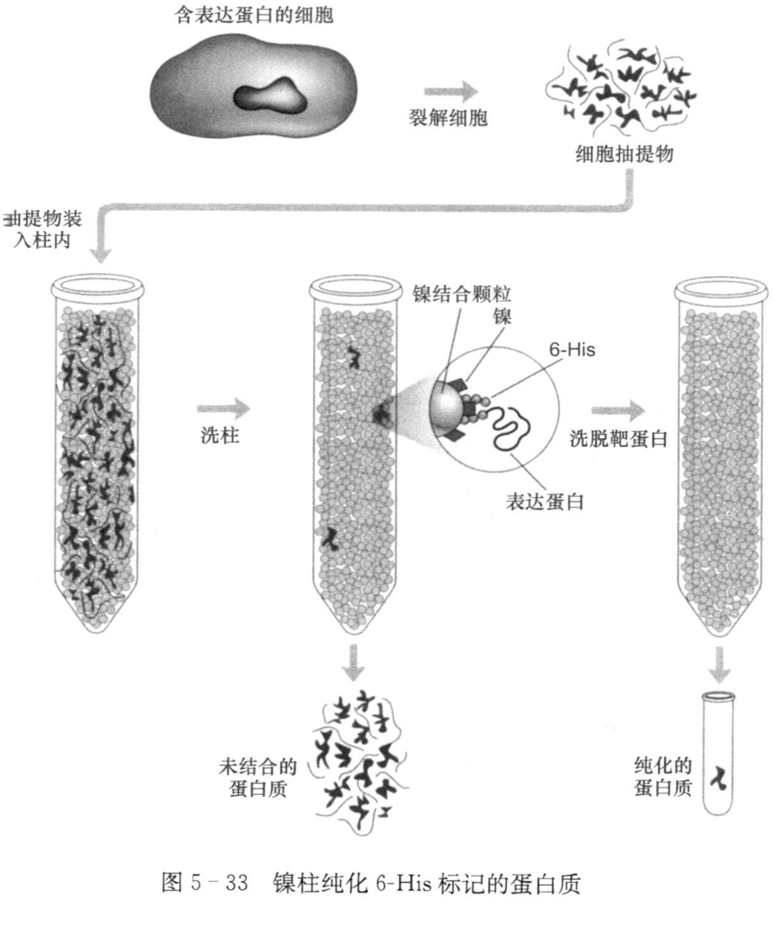

图 5-33　镍柱纯化 6-His 标记的蛋白质

达6-His标记的细胞的提取物通过含有镍的柱子，6-His 蛋白与柱子结合，其他蛋白质流出柱子。用咪唑从柱子洗脱 6-His 标记蛋白质。咪唑是组氨酸类似物，竞争结合镍，从而释放蛋白质(见图 5－33)。

另外一种类型的标记是表位。所谓表位是被特定抗体识别和结合的肽序列。来自肿瘤基因 *myc* 的 10 个氨基酸的 *myc* 标记序列(EQKLISEEDL)是常用的表位之一。抗 *myc* 抗体很容易结合 *myc* 表位。

许多蛋白质对宿主细胞具有毒性。尤其是高水平表达时毒性更大。解决该问题的途
径之一是采用诱导型启动子，细胞生长到合适的密度时，才诱导表达该蛋白质。典型的诱 170
导型启动子是在启动子下游插入 *lacO* 序列。质粒或者宿主细胞基因组中具有 Lac 阻遏蛋白编码基因，表达的 Lac 阻遏蛋白结合 *lacO* 序列，阻止基因转录。乳糖类似物 IPTG (isopropyl-β-D-thiogalactopyranoside)抑制 Lac 阻遏蛋白，启动所克隆基因的表达(见图 5－34)。诱导后，收集细胞，裂解，采用标记序列通过色谱纯化蛋白质。

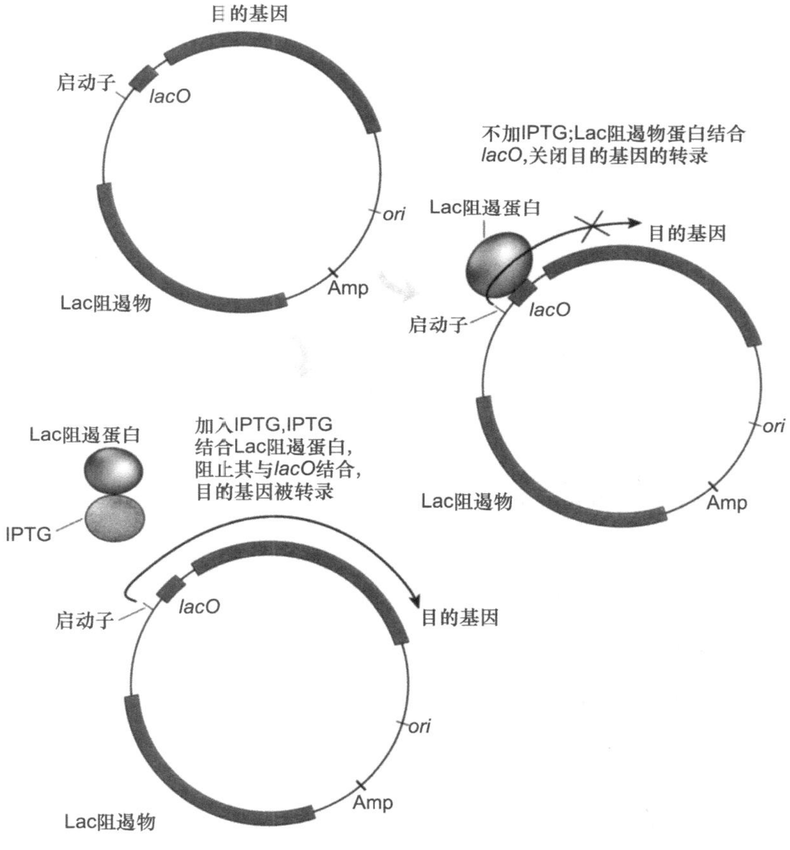

图 5－34　诱导型启动子表达目标蛋白质

如果载体含有适当的种特异性启动子序列，蛋白质也可以在酵母或哺乳动物细胞中表达。另外，翻译起始位点具有包括 ATG 起始序列的 *Kozak* 保守序列(GCCACCATGG)。在真核生物细胞系统中表达真核生物基因可以获得合适的翻译后修饰，确保获得具有生物活性的多肽。

171 昆虫细胞是另外一个较理想的、可以高水平表达多种蛋白的表达系统。而且，昆虫细胞中表达的哺乳动物蛋白往往能够正确折叠和修饰。在这一系统中，一种昆虫病毒，来自AcNPV(苜蓿银纹夜蛾核型多角体病素)的杆状病毒用作宿主。重组杆状病毒往往来自天然宿主——整个北美非常普遍的蚊虫 *Trichoplusia ni* 的幼虫。克隆待表达蛋白质的编码基因和两侧的杆状病毒序列进质粒。线性化的杆状病毒 DNA 和质粒共转染细胞，插入序列与杆状病毒在细胞内重组，形成重组病毒。扩增重组病毒，感染细胞，产生大量蛋白质(见图 5－35)。

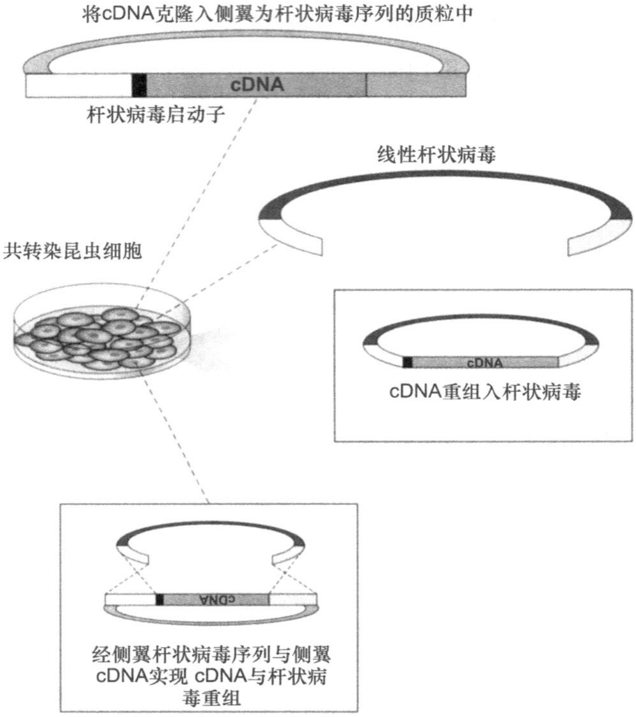

图 5－35　通过重组将待表达 cDNA 导入杆状病毒

采用抗体和标记蛋白

抗体作为对外源物质(抗原)起免疫反应的一部分而形成。接触抗原后，刺激 B 淋巴细胞产生结合抗原并有助于摧毁抗原的抗体(免疫球蛋白)。每种抗体识别抗原分子的不
172 同表面特征(表位)，这些表位可以由少至几个氨基酸构成。一种淋巴细胞克隆分泌一种针对一个表位的特异性抗体。

很长时间以来，科学家制备特定蛋白的抗体的方法是，注射该蛋白到诸如小鼠和大鼠等实验动物体内。从免疫动物收集的富含抗体的血清含有抗体混合物。这些抗体分别针对所注射蛋白的无数表位、该动物所接触的其他抗原。因此，来自免疫动物的血清称为多克隆抗体。供职于英国医学委员会分子生物学实验室的 César Milstein(图 5－36)1976 年发明了杂交瘤(hybridoma)技术。利用该技术可以制备单个表位特异性的纯单克隆抗体。

例如，要制备人肌动蛋白特异性单克隆抗体，用肌动蛋白免疫实验室小鼠，几周后，小

鼠免疫反应达到峰值时，处死小鼠，收集该小鼠脾脏淋巴细胞，与培养的小鼠骨髓瘤细胞混合。来自小鼠骨癌的骨髓瘤细胞作为细胞株，培养时一直可以存活。加入聚乙二醇可以促进两种类型细胞融合形成杂交瘤。骨髓瘤细胞使杂交瘤细胞培养时无限增殖，B 淋巴细胞赋予杂交瘤细胞合成特异性抗肌动蛋白抗体的能力。

图 5－36　César Milstein，（承蒙 Cold Spring Harbor Laboratory Archives 许可引用）

在选择性培养基上扩增细胞混合物。只有融合细胞才能 173
在选择性培养基上生长。稀释融合细胞，分离扩增产生纯系克隆的杂交瘤。筛选一系列杂交瘤，获得产生所需要抗体的克隆。通过与抗原反应可以鉴定这些克隆能否产生所需要的抗体。进一步筛选阳性克隆，获得能够与抗原强烈结合的高亲和力抗体。来自同一祖先杂交瘤的子代克隆都产生具有相同特异性的同一抗体，这也是单克隆抗体得名的缘由。这样可以纯化针对抗原特异表位的抗体（见图 5－37）。

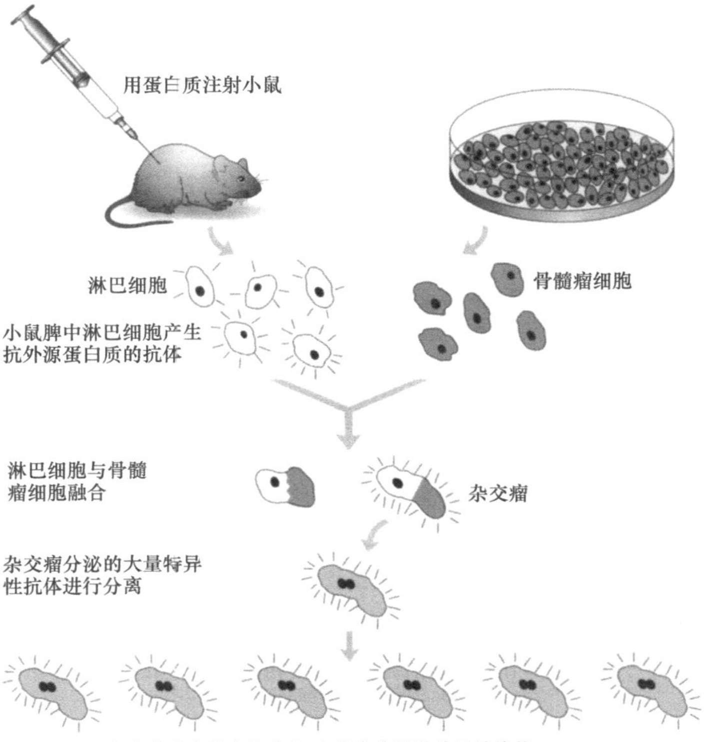

图 5－37　生产单克隆抗体

抗体的用途　抗体在科研和治疗上具有多种用途。例如识别肿瘤细胞表面蛋白的抗体，如单克隆抗体赫赛汀（herceptin）。该抗体特异性识别存在于多种乳腺癌细胞表面的 HER2（human epidermal growth factor receptor 2，人表皮生长因子受体 2）。抗体与细胞结合，抑制细胞生长信号，是治疗乳腺癌的新工具。

蛋白质研究的方法：免疫细胞化学和 Western 印迹　Western 印迹根据 Southern、Northern 印迹命名规则得名。Western 印迹的原理是抗体与蛋白质的特异性结合（见图 5－38）。其原理与 Southern 和 Northern 印迹采用来自互补核苷酸序列的特异性杂交非常相似。首先，凝胶电泳分离蛋白质并转移到尼龙膜或硝酸纤维素膜上。然后，膜与特异性结合目标蛋白的 IgG 抗体孵育。该初级抗体可以是单克隆抗体或多克隆抗体。典型的抗体从小鼠或大鼠制备。洗脱过量的初级抗体，加入能够结合同一物种所有抗体恒定区的二抗。例如，大鼠 IgG 注射到山羊，产生能够识别所有大鼠 IgG 分子的山羊抗体。二抗与报道酶共价融合。报道酶往往是碱性磷酸酶（AP）或辣根过氧化物酶（HRP）。从膜上洗脱过量的二抗，加入能够与报道酶反应产生可检测的颜色或荧光化合物的合适底物（图 5－39）。

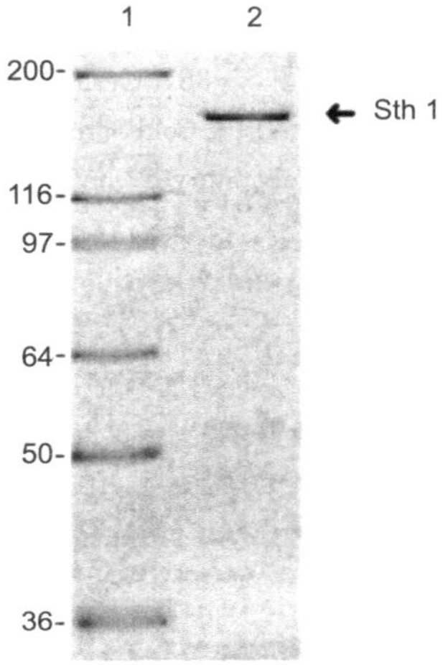

图 5－38　Western 印迹

第二泳道的条带显示酵母细胞中存在 Sth1 蛋白。组氨酸标记的 Sth1 蛋白表达水平很高。第一泳道为分子质量标记。（经允许引自 Saha A.，Wittmeyer J.，and Cairns B. R. 2002. Chromatin remodeling by RSC involves ATP-dependent DNA transloca-tion. *Genes Dev.* *16*：2120—2134）

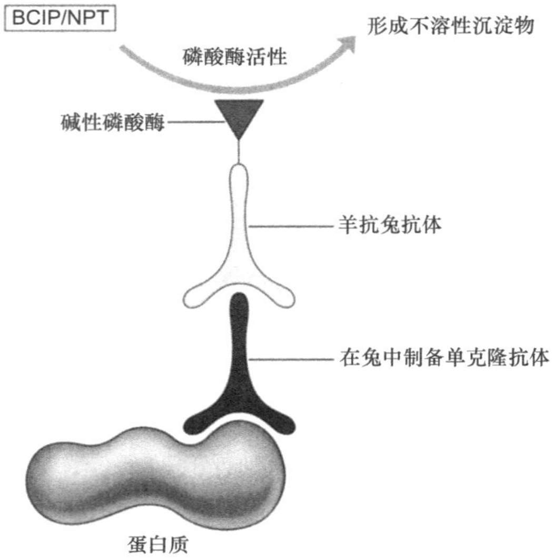

图 5－39　用 BCIP/NPT 检测抗体

174 免疫细胞化学是蛋白质水平的原位杂交。该方法引入固定组织和细胞的是抗体。这些一抗随后与含有报道酶的二抗反应，从而确定目标蛋白在组织或细胞内的位置（见图 5－40）。

绿色荧光蛋白　上述方法都是测定基因和蛋白质的静态活性。不管是放射性还是非放射性的供观察的化合物，多数对活细胞具有毒性。将探针导入细胞的方法往往是破坏性的。因此，我们关于蛋白质翻译位置和在细胞内的定位来自于固定、死组织的研究。研究表达和活性的时间变化需要非破坏性、无毒的观察基因活性的方法。理想的是，该方法包括可以在多种类型细胞中表达、存在容易检测的天然存在的蛋白质。

水母（*Aequorea victoria*）解决了该难题。20 世纪 60 年代早期，普林斯顿大学的

Osamu Shimomura 和 Frank Johnson 为研究水母生物发光而收集了一些水母标本。他们将发现的一种化合物命名为绿色荧光蛋白(GFP,图 5-41),因为这些蛋白质在紫外光下发绿光。1992 年,Woods Hole 海洋研究所的 Douglas Prasher 克隆了 GFP 的 cDNA。1994 年,Prasher 和哥伦比亚大学的 Martin Chalfie 首次将 GFP 作为报道分子。

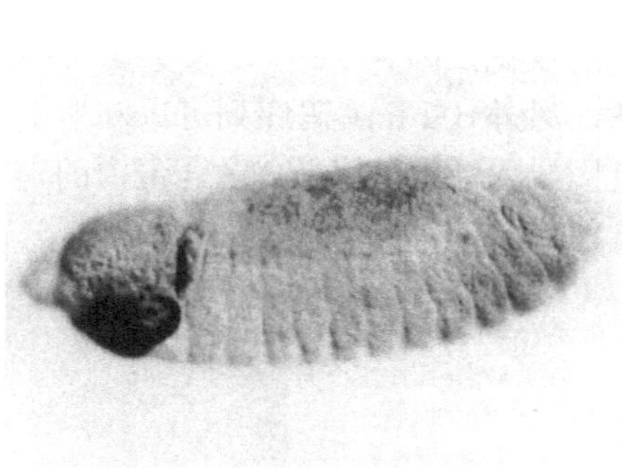

图 5-40　免疫细胞化学定位果蝇胚胎中畸形蛋白质

抗体染色发现正在发育的头部的上颌骨细胞中具有畸形蛋白质。(经许可引自 Jack T., Regulski M., and McGinnis W. 1988. Pair-rule segmentation genes regulate the expression of the homeotic selector gene, *De-formed*. *Genes Dev*. *2*:635—651)

GFP 是由 238 个氨基酸组成的天然蛋白质。其编码序列很容易克隆进多种载体。在不同物种细胞中表达的 GFP 仍然发荧光。表达 GFP 似乎没有毒性,可以研究活细胞中基因的时间表达变化。GFP 可以导向特定的亚细胞区域,可以观察细胞的不同部分如线粒体、细胞膜、细胞核或者细胞骨架。随后克隆了来自其他物种的荧光分子,包括黄色荧光蛋白(YFP)、蓝色荧光蛋白(CFP)、红色荧光蛋白(RFP)。

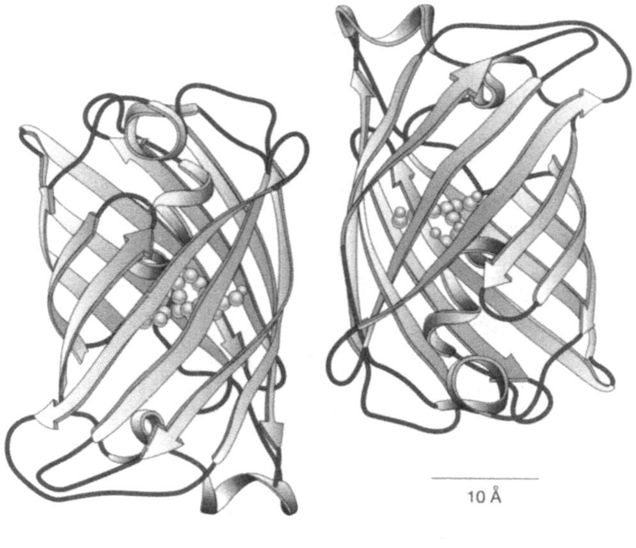

图 5-41　绿色荧光蛋白的结构

GFP 形成称为"β-罐头"的桶状结构。荧光生色基团位于罐头中心。(经许可引自 Yang F., Moss L. G., and Phillips G. N. Jr. 1996. The molecular structure of green fluorescent protein. *Nat. Biotechnol*. *14*: 1246—1251)

GFP 在生物学研究中具有多种用途。插入简单的 GFP 表达载体可以标记具有可观 175
察信号的特定细胞。例如,含有 GFP 的表达载体可以通过电转化插入发育中的斑马鱼的神经细胞。用荧光显微镜可以观察这些细胞的生长和在身体内的迁移。构建含目的基因调控区和GFP编码区的重组DNA,将重组DNA插入活细胞可以观察不同时间基因表

176 达的变化。因为 GFP 表达受目的基因的调控序列控制，GFP 只在该基因正常的时空表达。另外，GFP 编码序列可以和所克隆基因序列重组，形成融合蛋白。可以将融合蛋白基因导入活细胞，GFP 融合蛋白的定位、周转和胞内结合等可以提供天然蛋白功能的有价值线索（图 5－42 和图 5－43）。

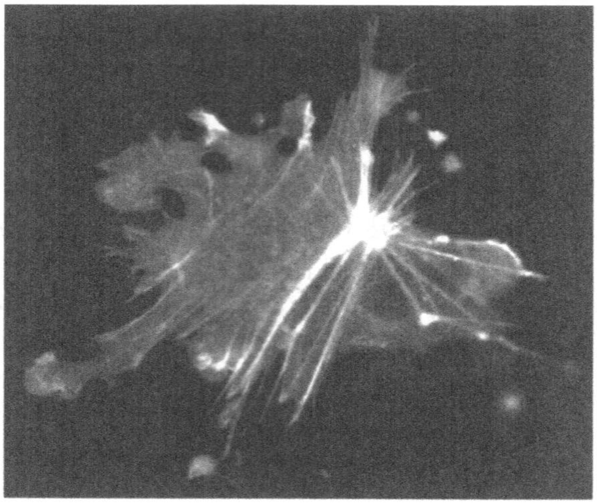

图 5－42　培养的活神经脊细胞中 GFP

GFP 位于细胞关键结构成分肌动蛋白中。（承蒙 Andrew Ewald，California Institute of Technology 许可引用）

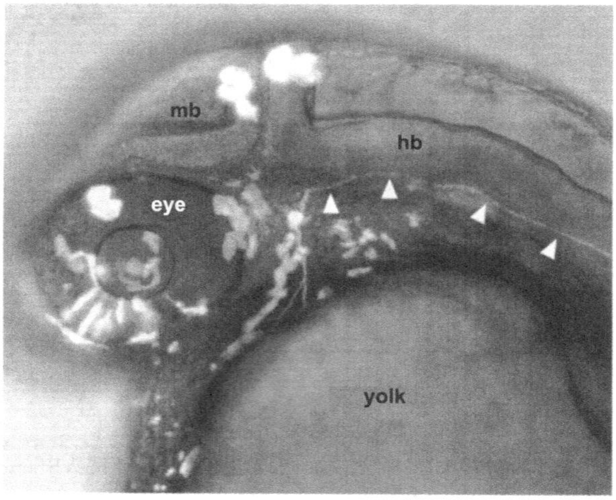

图 5－43　活斑马鱼胚胎中的 GFP

将 GFP 导入细胞，观察发育过程中的细胞形态和细胞行为。可以观察到来自发育的神经的轴突，以及为通讯而伸入身体其他部分的轴突。（箭头）mb 为中脑，hb 为后脑。（承蒙 Reinhard Köster，California Institute of Technology 许可引用）

转基因动物是上述方法的集大成者

分子遗传学是还原论科学。通过将大问题分解为简单、直接的小问题，分子生物学家可以了解生命机器的许多知识。但是，只有将这些零散的知识组装为一个完整的整体，才可能获得更加广泛的认识。只凭试管中观察的分离的分子并不能完全了解该分子在一个大的、相互作用的体系中如何作用。因此，有必要综合体外获得的认识和在活体内的知

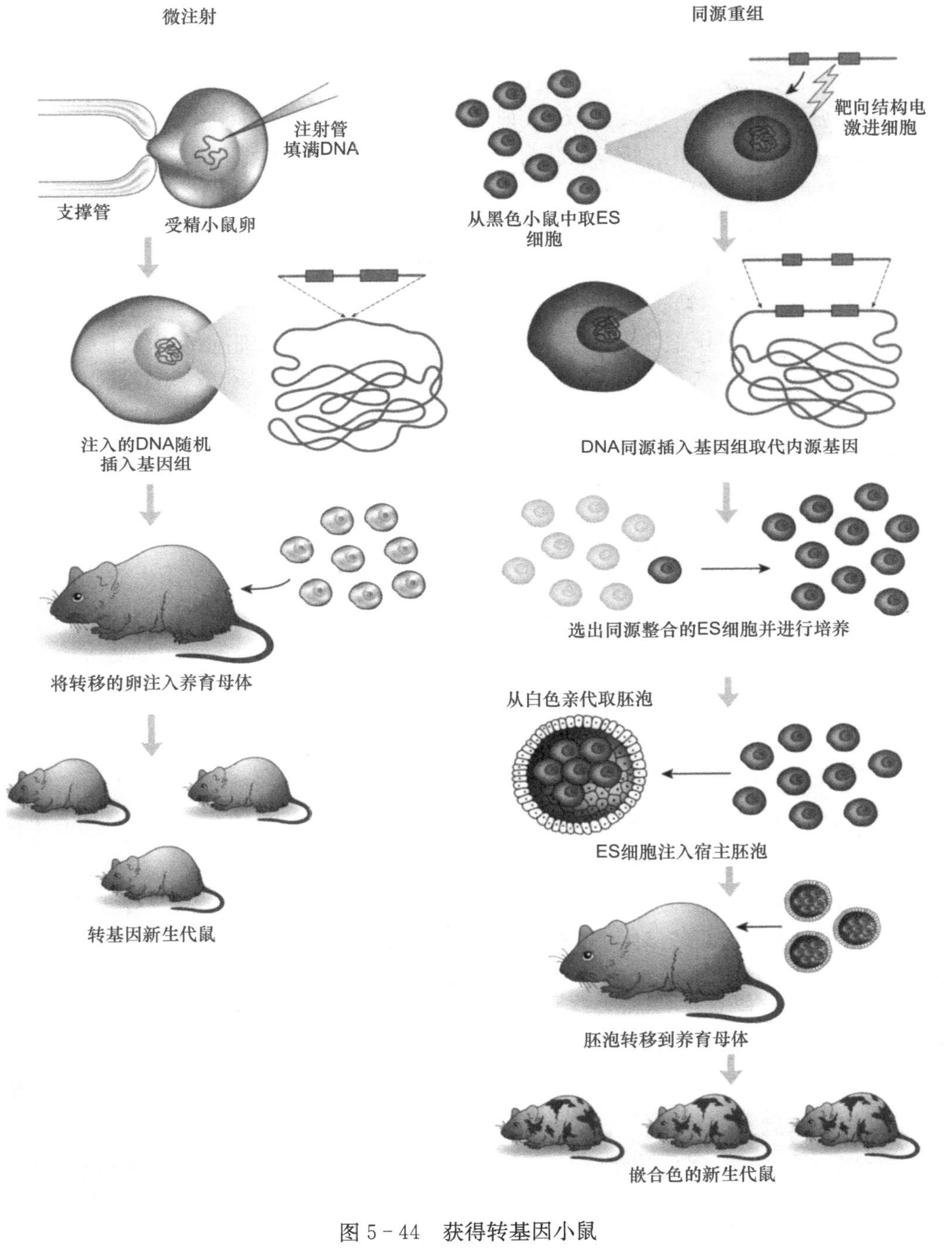

图 5-44　获得转基因小鼠

识。第四章讨论了构建重组分子并在单细胞生物如细菌和酵母中表达的方法。这些方法经改良后已用于更高等和更复杂的生物。携带利用这些技术插入的新遗传材料的动物和
177 植物被称为转基因动植物。多数模式生物系统适合携带工程化的转基因。小鼠是理想的转基因动物。因为容易饲养、是研究人类疾病的富有价值的工具。

转基因小鼠　早在重组 DNA 技术发明之前，科学家就认为有必要得到转基因小鼠。20 世纪 50 年代发明了分离小鼠胚胎为囊胚(blastocysts)的早期的方法。爱丁堡大学的 Anne McLaren 优化分离方法，将分离的胚胎移植回母小鼠，胚胎在其中完成发育。1966 年，加州大学旧金山分校的 Teh Ping Lin 发现，用细玻璃针注射少量液体到小鼠卵后，这些卵还能够存活。1974 年，Salk 研究所的 Rudolph Jaenisch 和 Fox Chase 肿瘤中心的 Beatrice Mintz 利用这些方法获得了第一只转基因小鼠。他们将纯化的 SV40 DNA 注射进小鼠胚胎母细胞。小鼠成年后，还能够从其组织中检测到 SV40 DNA。这提示注射的 DNA 已经整合到小鼠基因组。转基因小鼠的制备过程见图 5-44。

1980 年，耶鲁大学的 Jon Gordon 和 Frank Ruddle 通过显微注射将克隆基因导入受精的小鼠卵(见图 5-45)。注射的基因稳定整合到体细胞。同一年，其他几个小组利用该技术证明转基因不仅整合到宿主基因组，还表达并通过生殖细胞传递给下一代。非常重要的是，注射的 DNA 能够整合进生殖细胞，这样就可以通过杂交产生携带特定转基因的大量后代。

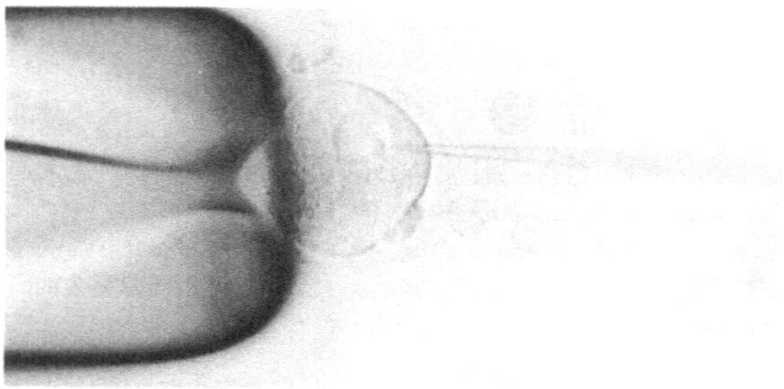

图 5-45　显微注射单细胞的小鼠胚胎

(承蒙 Mark Steinhelper 许可引用)

转基因小鼠是研究复杂生物体系正常基因和突变基因活性的重要工具。科学家能够显微注射外源基因，研究这些基因的效应，还可以检测正常小鼠基因突变后的效应。显微注射获得转基因动物已经成功应用于许多动物——包括鱼、鸟、猪、绵羊大鼠和兔子。

这个方法的缺点是转基因 DNA 在宿主基因组随机整合，不可能预测基因整合在何处，有多少拷贝。基因有时会整合到内源基因中间，破坏该基因。也可能整合到强有力的调控元件后面，受后者调控。因此，解释转基因小鼠实验结果比较困难。实验结果究竟是转基因编码的蛋白质的结果还是转基因整合时改变了另外一个基因所致呢？显微注射是将外源基因导入胚胎(获得功能)的有效方法，但不能去除或关闭已有基因功能(丧失功
178 能)。这需要基因打靶技术。

嵌合体、ES 细胞、同源重组　嵌合体动物是神话传说中由狮子、山羊和蛇组合形成的动物。嵌合体现在用来指来自两个以上不同来源胚胎的动物。来自不同胚胎的细胞可以组合形成嵌合体胚胎。如果嵌合体来自白毛小鼠和深色毛小鼠，嵌合体小鼠毛色则兼

具二者特点。来自白胚胎细胞的区域为白色，而来自暗胚胎细胞的区域毛色为深色。见图 5－46。1968 年，Richard Gardner 发现注射分离细胞到宿主母细胞可以获得嵌合体。

图 5－46　嵌合鼠

左边的老鼠是嵌合型。存在由注入的胚胎干细胞决定的黑毛。(承蒙 Andras Nagy，Mount Sinai Hospital，Toronto 许可引用)

1981 年，剑桥大学的 Martin Evans (图 5－47)、Matthew Kaufman(图 5－48)和加州大学旧金山分校的 Gail Martin(图 5－49)分别独立从培养的母细胞中获得了小鼠胚胎干细胞(embryonic stem cell，简称 ES 细胞)。这些来自发育中的母细胞的细胞内层的未分化细胞为多功能干细胞。这些细胞能够发育分化为多种组织和细胞。如果注射到小鼠母细胞，ES 细胞容易被其摄取并有助于多种组织发育，尤其是生殖细胞的发育。ES 细胞的重要好处是能够像细菌和酵母一样生长，可以使用选择标记和进行基因组操作。与 Evans 和 Kaufman 一道，Elizabeth Robertson、Allan Bradley 发现利用反转录病毒可以遗传修饰 ES 细胞，转化的细胞能够导入小鼠并在不同世代间传递。

图 5－47　Martin Evans

图 5－48　Matthew Kaufman

图 5－49　Gail Martin

1987 年，犹他大学的 Mario Capecchi 和北卡罗莱纳大学的 Oliver Smithies 分别独立开发了基因打靶(gene targeting)技术。该技术可以使特定基因精确导入小鼠 ES 细胞(图 5－50)。它们来源于减数分裂过程中，姐妹染色体交叉交换同源区域的同源重组机制。生殖细胞中同源重组比较常见，但是在体细胞中比较罕见。这样，外源 DNA 序列往往随机整合到宿主基因组，偶尔也整合到同源序列。Smithies 和 Capecchi 首创了选择和富集因同源重组而缺失了特定基因的细胞(基因敲除，knock-out)或者敲入工程化改造基因的细胞(基因导入，knock-in)的方法。 179

获得基因敲除小鼠　靶标基因的一部分、阳性选择标记(新霉素抗性基因，*neo*)和负选择标记(来自单纯疱疹病毒的胸腺嘧啶激酶，*tk*)插入质粒骨架，构建打靶载体。靶标基因两侧序列与基因组目标序列严格同源，但是，靶标序列中间缺失，以消除功能蛋白的表达。*neo* 基因插入靶标序列内部(仅此就足以破坏基因表达)，*tk* 加到靶标序列外的非同源区域。

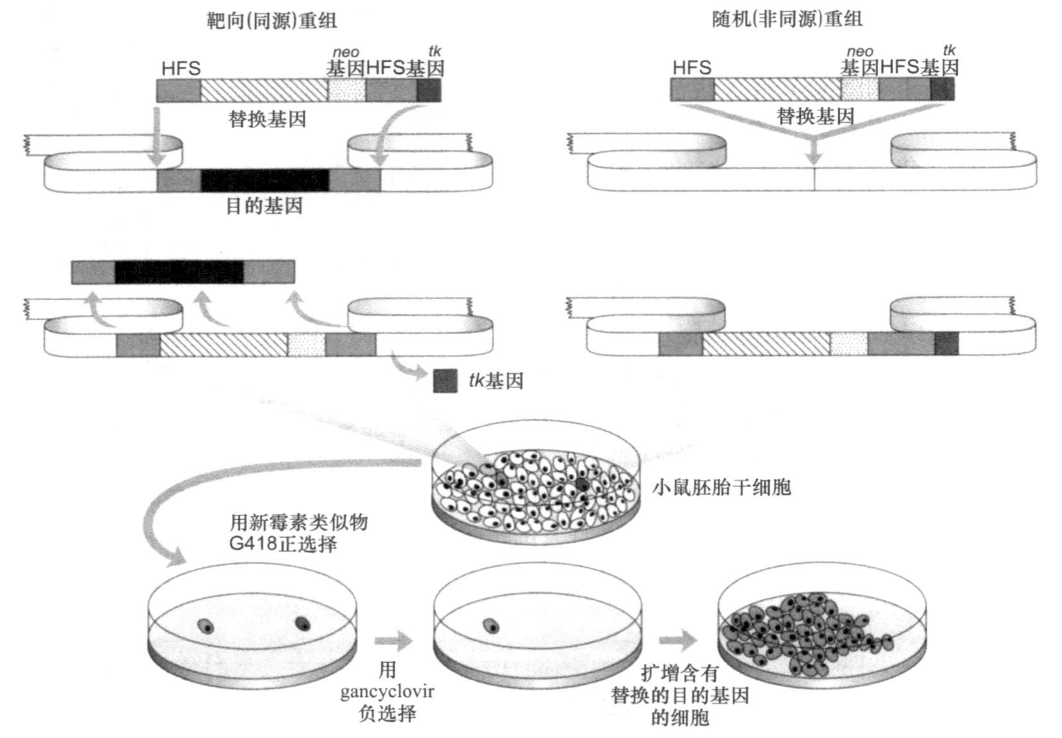

图 5-50 选择正确靶向的 ES 细胞

替换用的基因构建物含有两个标记基因：新霉素抗性和胸苷激酶，两侧是同源序列。电转化后，替换基因几乎总是随机整合入基因组(右)。这些细胞整合了 *tk* 基因，对丙氧鸟苷敏感。替换基因很少整合到细胞中其同源基因的位置，替代内源性基因(左)。这些细胞未整合 *tk* 基因。虽然每个电转化细胞都抗新霉素，抗丙氧鸟苷的只有同源重组的细胞。

打靶载体转化大肠杆菌细胞，培养扩增。纯化的载体用限制性内切核酸酶切割一次，电转化将线性化的质粒转化到培养的 ES 细胞。两步选择鉴定正确整合了靶标基因的 ES 细胞。新霉素类似物 G418 进行初次阳性选择，具有 *neo* 抗性基因的细胞才能存活。抗病毒药物丙氧鸟苷负选择，杀死随机整合 *tk* 基因和转基因的细胞。靶向插入过程中，载体两侧的同源区域和宿主染色体同源区域配对、交换，非同源的 *tk* 基因敲除。这样，只有具有同源插入转基因的细胞才能经受丙氧鸟苷选择得以存活，继续选择富集这些 ES 细胞。

下一步，从孕鼠收集母细胞。将大量的含有目的转基因的 ES 细胞注射到母细胞，母细胞与宿主细胞一起发育。短暂培养后，移植嵌合母细胞到替代母鼠。半数替代母鼠繁殖嵌合后代，这些后代兼具 ES 细胞和宿主母细胞的特征。

事实上，嵌合小鼠来自四个亲本。通过仔细选择的毛色可以观察各个亲本的贡献。ES 细胞往往来自黑色杂交亲本，母细胞是两个白色亲本的产物。转基因嵌合体具有黑色和白色毛。计算黑毛含量可以迅速估计各亲本贡献率。毛色越黑，则说明 ES 细胞的贡献越大。

产生嵌合小鼠只是基因敲除的第一步。部分嵌合小鼠具有来自 ES 细胞的性细胞。这些来自黑鼠，具有编码黑毛的基因。嵌合体与白色小鼠杂交，产生一些生殖细胞中具有

ES 基因组的黑色小鼠。嵌合小鼠产生两种类型具有黑毛具有的性细胞——一个具有转基因、一个没有转基因——因此筛选黑色小鼠鉴定含有 *neo* 基因插入的小鼠。最初的实验采用 Southern 进行基因分型，现在使用广泛的是 PCR。

相对于敲除的基因而言，每个阳性小鼠为杂合子。因为最初操作 ES 细胞时，靶标构建物整合进配对染色体之一。但是，如果两个杂合子小鼠杂交，25%的后代相当于敲除基因为纯合子。这称为无效突变(null mutation)。筛选纯合子小鼠的生化、发育、解剖或者 180
行为差异(杂合子可以具有中间表型)。

除了 *neo* 基因，科学家发现导入标记蛋白如 GFP 也非常有用。这提供了分析一个实验的两个工具。编码 GFP 的序列可以插入，由正常控制内源基因表达的元件调控。转基因杂合子小鼠根据余下的一个拷贝产生正常蛋白，转基因产生 GFP。用荧光显微镜可以观察基因具有活性的细胞。见图 5-50。

基因敲除小鼠研究实例　20 世纪 90 年代早期，哥伦比亚大学的 Argiris Efstratiadis 和 Elizabeth Robertson 利用基因敲除小鼠研究胰岛素样生长因子(IGF)的效应。
*IGF*2 敲除转基因纯合子小鼠具有意外的表型，其生长严重滞后，体型只有正常小鼠的 182
60%。奇怪的是，后代中部分转基因杂合子也具有生长滞后的表型。如果转基因遗传来自雄性小鼠，小鼠个体小，但如果遗传来自雌性小鼠，小鼠个体正常。这种因来源于不同亲本，基因活性也不同的现象称为基因组印记。这样，这个实验不仅说明了 *IGF*2 基因的功能，也提示其调控生长，来自各个亲本的基因活性不同(图 5-51)。随后一系列敲除相关基因的实验表明 *IGF* 基因家族是哺乳动物发育过程中调控生长的主要因素。

图 5-51　缺乏 *IGF*2 基因的转基因矮鼠

下方体型较小的小鼠是杂合子，遗传了亲代的一个无效突变的 *IGF*2 等位基因，上方正常大小的小鼠为野生型。(承蒙 Argiris Efstratiadis，Columbia University 许可引用)

参考文献

Alberts B., Johnson A., Lewis J., Raff M., Roberts K., and Walter P. 2002. *Molecular biology of the cell,* 4th Edition. Garland Publishing, New York.

Lodish H., Berk A., Zipursky S.L., Matsudaira P., Baltimore D., and Darnell J. 2000. *Molecular cell biology,* 4th Edition. W.H. Freeman, New York.

Micklos D., ed. 1999. DNA from the beginning (http://www.dnaftb.org). Dolan DNA Learning Center.

Nagy A., Gertenstein M., Vintersten K., and Behringer R.R. 2003. *Manipulating the mouse embryo,* 3rd Edition. Cold Spring Harbor Laboratory, Cold Spring Harbor, New York.

Sambrook J. and Russell D. 2001. *Molecular cloning: A laboratory manual,* 3rd. Edition. Cold Spring Harbor Laboratory Press, Cold Spring Harbor, New York.

Spector D.L., Goldman R., and Leinwand L., eds. 1998. *Cells: A laboratory manual,* Volumes I–III. Cold Spring Harbor Laboratory Press, Cold Spring Harbor, New York.

Watson J.D., Hopkins N.H., Roberts J.W., Steitz J.A., and Weiner A.M. 1987. *Molecular biology of the gene,* 4th Edition. Benjamin/Cummings, Menlo Park, California.

第六章　全基因组分析新方法 183

2001年2月人类基因组DNA序列的第一张草图公布了，它标志着始于半个世纪前因沃森和克里克发现DNA结构而启动的生物学革命达到了顶峰(图6-1)。人类基因组计划(HGP)是生物科学史上最为宏大壮观的实验工程。当考虑到这些信息编码了人类生命并使之生生不息时，这个艰巨的任务就更显得意义非凡。

图6-1　J. Craig Venter和Francis Collins

代表私人商业化测序公司(左)和国际HGP协作组(右)领导人在人类基因组草图完成的发布会上。

(照片承蒙A/P WIDE WORLD PHOTOS; Rick Bowmer. 许可引用)

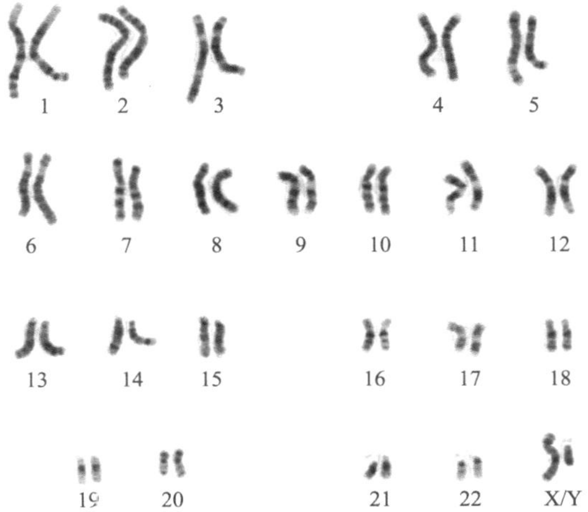

图6-2　人类染色体核型

人类基因组序列包括22个常染色体，一对性染色体(X和Y)以及线粒体中的DNA。跟核染色体相比，线粒体中的DNA是非常少的，在图中没有显示出来。(经允许摘自Witherly J. L., Perry G. P., and Leja D. L. 2001. *An A to Z of DNA science*. Cold Spring Harbor Laboratory Press. Cold Spring Harbor, New York)

基因组是一个物种的所有遗传物质——包含在物种所有染色体上的全部 DNA 核苷酸序列。因此，人类基因组信息就包含在人细胞核中的 23 对大染色体——22 对常染体和一对性染色体(X 和 Y)——和线粒体中的一个微小染色体中(图 6-2)。这套特异地决定每个人生命的染色体在受精的时候结合在一起。每一对核染色体的一个成员(加上线粒体中的染色体)是来自母亲的卵细胞(卵子)，而另一成员是来自父亲的精细胞(精子)。

184 除了男性 X/Y 这一对性染色体外，每一对常染色体有相同的呈线性排列的基因。因此，为简明起见，生物学家只考虑单倍体(haploid)基因组，它由 25 个染色体组成:22 个常染色体、X 和 Y 性染色体以及线粒体染色体。每一条染色体包含一条不间断的 DNA 链。染色体结构的形状是由蛋白质分子(组蛋白)决定的。这种蛋白质形成框架，DNA 分子环绕其上，类似于绳索套在绞盘上(图 6-3，图 6-4)。因此，可以把人基因组想像成一套非常长的 DNA 分子，每一条 DNA 分子对应于一条染色体。人单倍体基因组中的 25 个 DNA 分子包含大约 31 亿(3.1×10^9)个核苷酸 。

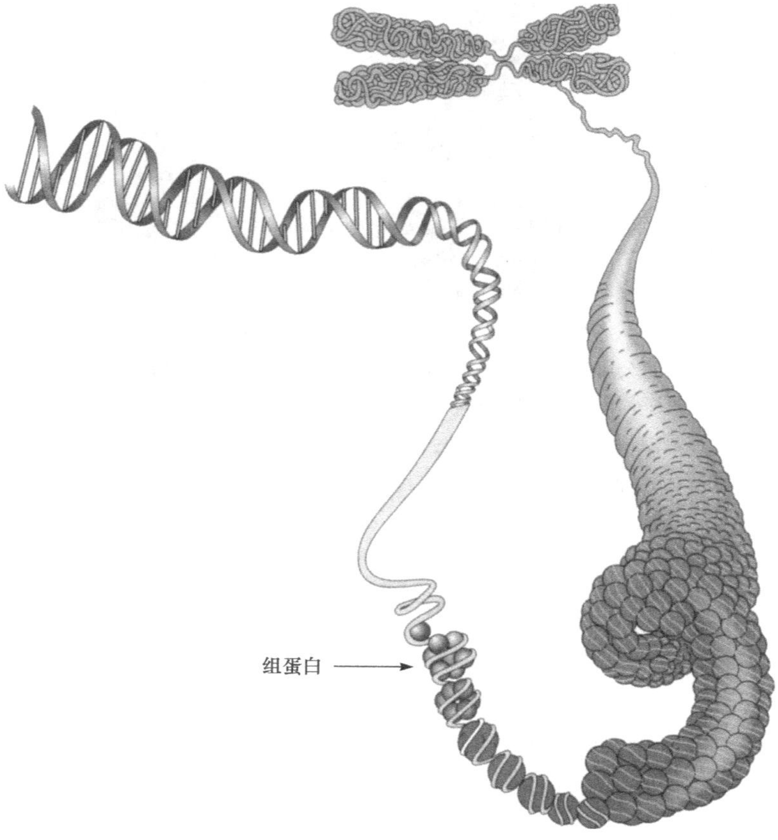

图 6-3　染色质

DNA 围绕组蛋白折叠，这样每个人类细胞中约 6 英尺的 DNA 可以压缩到 46 个核染色体中。

当我们把人类基因组想像成一部“人类基因组大百科全书”时，它的大小就很容易理解了。在这本书里，每一个核苷酸用一个字母(A、T、C 或 G)来表示。以这种文本的排印为例（没有空行、标点符号和说明部分），每一页将包含 3675 个核苷酸。按这种大小排版，人类基因组整个序列将填满 843 500 页。如果把它们装订成册（以每本大约 600 页装订），这部“大百科全书”将多达 1406 册。每本以 3.5cm 厚计算，全部堆起来将达 49.21m，相当于 15 层楼的高度！（见图 6－5）。

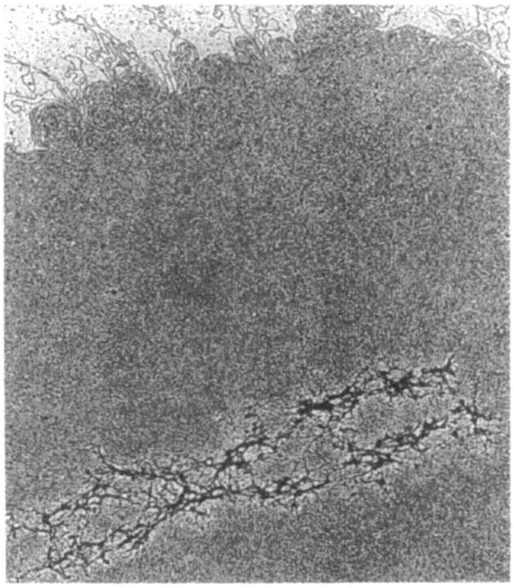

图 6－4　一个除去组蛋白的染色体电子显微图
整个蛋白框架为染色体定型，DNA 环绕其上（经许可引自 Moran L. A.，Scrimgeour K. G.，Horton H. R.，Ochs R. S.，and Rawn J. D. 1994. Biochemistry. Neil Patterson Publishers/Prentice Hall. Englewood Cliffs，New Jersey.）

虽然人类基因组计划一开始是纯学术性的，但不久它就引起了商业组织的注意。这个计划最后演变成由五个位于美国和英国的主要学术研究中心领导的公众联盟对暴发户公司塞莱拉的竞争（塞莱拉公司是从自动测序仪的主要生产商 ABI 公司分离出来的）。政府机构与 186
私人风险投资公司互相竞争——有些人甚至充当了“正义”和“邪恶”力量的不同角色。人类基因组测序竞争有如美国航天杯比赛——每一队都有不同影响的后台和使用不同技术，并且跟另一队打赌说它将成为未来第一个夺取胜利的队。

在得到草图之前，大多数的科学家估计人类基因组大约有 100 000 个基因，有一些则估计多达 150 000 个基因。因此，当两个各自

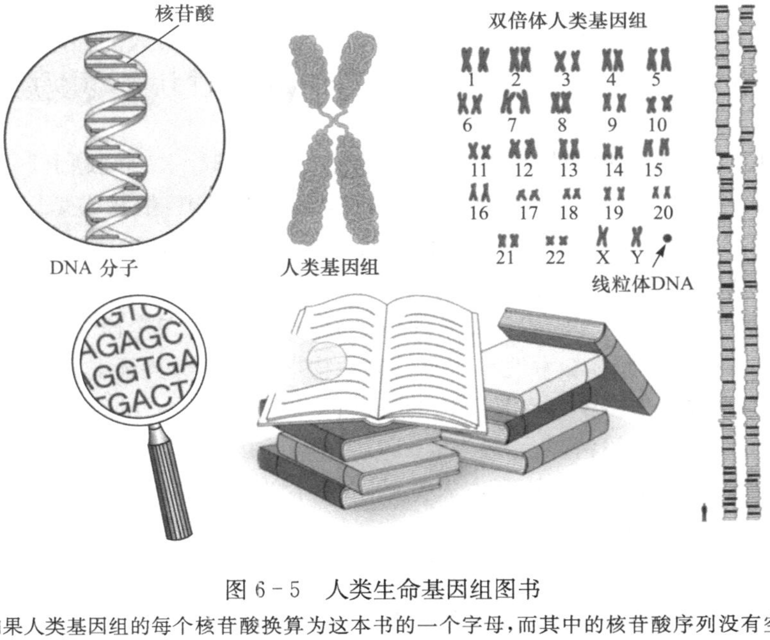

图 6－5　人类生命基因组图书
如果人类基因组的每个核苷酸换算为这本书的一个字母，而其中的核苷酸序列没有空行，没有标点符号，没有说明部分或者图表，那么 3675 个核苷酸将填满一页。按这种情况，单倍人类基因组的 DNA 序列将填满 843 500 页。如果组装成册，这本图书的所有册堆起来有 49.21m 高。代表双倍体基因组的遗传信息图书则是这个数字 2 倍。

独立的测序工作团队都宣布大约 35 000 个基因数目时，几乎所有的人都觉得很诧异。这引出了一个很明显的问题：人类基因总数怎么会不到微小生物线虫基因数(19 099 个基因)的 2 倍。初次公布之后，另有一些研究认为人类基因总数要大于这个数字，大约 50 000 个。蛋白质编码序列总数相应地也从原来认为的占基因组 5%下降到少于 1.5%。在过去 30 年中，虽然对人类基因组非编码部分的认识已增加不少，但 99%的人类基因组序列是不编码基因的事实还是让许多人迷惑不解。

一般公众和大多数科学家关注的是人类基因组计划发现的基因。命名和认识所有这些基因将大大提高对人体细胞工作方式的了解，特别是对各种疾病在分子水平上的认识
187 的帮助。到目前为止，人类已知的几千个遗传性疾病中只有一小部分的致病基因被鉴定出来。测序和描绘这些疾病基因图谱将为诊断提供方便，对它们的蛋白产物进行详细的生化研究将有助于提高疗效。使人的生活更健康并且如预测的那样更幸福是人类基因组计划的现实意义。但大量的非编码 DNA 的存在暗示了人类基因组的有些意义存在于这些基因之间的所谓的“垃圾”之中，就如一首诗，它的某些意义存在于诗句之间。

在这一章里，我们回忆了人类基因组计划的发展过程，从一个引起争议的提议发展到世界范围内数以千计的科学家参与的合作研究。接着我们对确定和组装 DNA 序列的实验室方法，发现和比较基因的计算机方法和新的用来一次性分析数以千计基因的微阵列技术进行讨论。最后对人类基因组的基本结构，为什么我们只有相对如此少的基因以及为什么只有这么少的 DNA 编码蛋白质这些问题进行了讨论，以此作为本章的总结。

第一节　人类基因组计划的源流

1985 年在加利福尼亚大学圣克鲁斯分校举行的一次会议上有人第一次提出了共同努力测出人类基因组序列的可能性。虽然这个主意引起了许多人的兴趣，但刚开始，这个提议很少有强的支持者。批评者从一开始并在正式启动这个计划之后仍然坚持他们的一系列反对意见。

大多数反对大规模测序计划的意见主要集中在以下几个关键问题上。

它对生物学有什么用？　　纵观生物学的大部分发展史，生物学是以单个研究人员加上一小群学生，以及少数几个较年轻研究伙伴和实验技术员为中心的。在 20 世纪 80 年代，一个典型的分子生物学群体平均只有十二人左右；只有成名很早的科学家才有较大的研究群体。一个松散的基因组计划将使得研究力量从许多单个研究机构中转移到几个大的团体里。在那个时候，学术性和商业性的生物学研究的分界还非常明显，一个大规模的研究工作当时看起来多少带有工厂化的“大科学”的味道。一句话，许多人认为基因组计划将改变生物学研究的精神。

188 *如何资助这个计划？*　　当考虑人类基因组计划的花费和持续时间这些数字时，一般估计需要多达 30 亿美元(一个核苷酸一美元)，15 年的时间。在 20 世纪 80 年代中叶，研究经费的竞争是非常尖锐的，许多生物学家因此担心一个巨大的基因组计划将把经费从已确立的研究计划以及单个研究机构中移走(图 6－6)。

它是真的科学吗？　　虽然从基因计划中得到的信息肯定是有意义的，但实际测序看起来像是单调的技术工作。对某些人来说，这似乎没有达到严格的并由假说推动的科学水平。Sydney Brenner 曾说了一句有名的话来讽刺大规模 DNA 测序：大规模 DNA 测

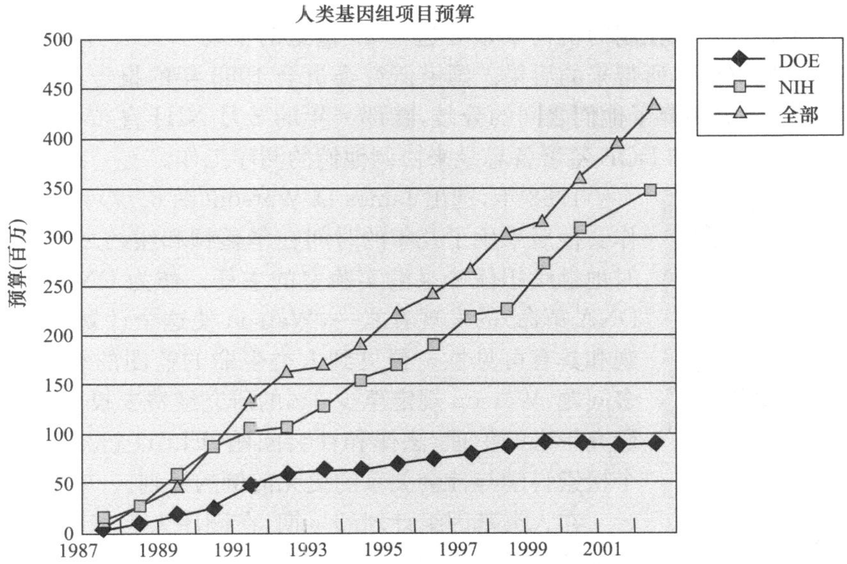

图 6－6 美国政府对人类基因组计划的资助

序是最适合罪犯做的一个工作。事实上，英国最大的学术测序实验室——Sanger 研究中心——最初就经常去英国剑桥附近的当地杂货店招聘实验辅助人员。

为什么要把它全部测出来？ 到 20 世纪 80 年代，已经鉴定出了非编码 DNA 的所有主要类型，并很清楚大部分人类基因组由它们组成。许多科学家认为没有理由测序整个基因组。为什么不从已知的基因测序，把它们与其他位于染色体相同区域的基因连接起来？“头到尾”(从端粒到端粒)测序和“撇取乳酪”式测序(注重基因)的争论从没有彻底解决。它两个关键点上又重新浮现出来：把研究群体分成两边，并最终推动了人类基因组测序的竞争。

在生物学研究群体讨论由国家卫生组织资助的人类基因组计划的得与失的时候，另一个联邦机构已经完成了它自己的评估，并决定进行人类基因组测序。1986 年，当美国能源部门(DOE)宣布它意欲在 1987 年财经年度预算中用 530 万美元资金启动它自己的人类基因组测序时，这个举动困惑了许多人。为什么 DOE 对人类基因组测序有兴趣？表面上，DOE 主要是关心原子能的民用和军用。创立它是为了管理制造核武器的国家实验室。从建立之初，它就从事于生物学研究，它有必要关注离子辐射对人体的影响以及人体对离子辐射的反应。研究辐射诱导的突变和突变的修复促使它也关注人类分子遗传学。因此，DOE 对人类基因组测序感兴趣也有生物学道理。

DOE 很少担心生物学家争论的那些问题。它在管理需要大量经费预算和很长时间的大型合作项目方面有经验。它能够投入数千万美元和几十年的时间，并且需要数千研究者参与的项目来计划和构建一个粒子加速器。DOE 有巨大的财经预算，容纳一个基因学项目也不是难事，并且它可以用较强的生物学项目来资助几个国家实验室进行该项研究。由于它的许多项目依赖大规模的数据，从头到尾的测序看起来也不是特别使人畏缩和单调乏味的。而且，DOE 已有计算机方法的基础用来贮存和共享大量测出的序列数据。

189 让一个由物理学家控制的机构来领导这个20世纪的生物学大项目，DOE的惊人举动让生物学家们沉思其所带来的后果。国家研究委员会1988年的报告认可了基因组测序计划后，生物学家抛弃了他们之间的分歧，在那一年的3月NIH宣布了他们的基因组计划。同一年，NOH和DOE签署备忘录来协调他们的测序工作。

图6-7 James D. Watson（承蒙 the James D. Watson Collection, Cold Spring Harbor Laboratory Archives 许可引用）

1988年，选出James D. Watson（图6-7）领导NIH测序工作。他后来用了几年的时间在华盛顿和纽约之间进行沟通，同时他继续担任冷泉港实验室的主任。作为DNA结构（导致了DNA革命）的发现者之一，Watson使这个计划更科学，更加直观和具有可见性。预见到人类生命的蓝图的绘制会牵连到许多问题，Watson规定至少3%的研究经费要投入到考察基因组研究带来的伦理、法律和社会问题（ELSI）上。ELSI计划是一个探索科学与社会关系的史无前例的计划。

在人类基因组计划的早期，在测序人类基因组的同时也决定对几种研究用的生物的基因组进行测序，其中包括大肠杆菌（*Escherichia coli*）、酿酒酵母（*Saccharomyces cerevisiae*）、秀丽线虫（*Caenorhabditis elegans*）、黑腹果蝇（*Drosophila melanogaster*）和小鼠（*Mus musculus*）。在人类和这几个生物的基因组序列之间来回比较将可以在以下几个方面互相参考。其一，在这些生物中已经鉴定的基因能够用来注释与之对应的人类基因。其二，人类基因的功能和它们的蛋白产物在这些生物中便于检验。*S. cerevisiae*和*C. elegans*基因组测序，与哺乳动物特定区域测序一样，是大规模人类基因组测序的先期试验。另外几个正在进

190 行的测序计划针对一些重要植物基因组（但没有得到NIH的资助），其中包括拟南芥（*Arabidopsis thaliana*）、水稻（*Oryza sativa*）和玉米（*Zea mays*）。已测序的基因组大小见表6-1。

表6-1 已测序的基因组大小

物种	碱基对数目	基因数目
已完成测序的基因组		
Mycoplasma genitaliam（生殖道支原体）	578 000	400
Haemophilus influenzae（生殖道支原体）	1 830 138	1 738
Escherichia coli（大肠杆菌）	4 639 221	4 377
Saccharomyces cerevisiae（酿酒酵母）	12×10^6	5 885
Caenorhabditis elegans（线虫）	95.5×10^6	19 820
Drosophila melanogaster（果蝇）	1.8×10^8	13 601
Arabidopsis thaliana（拟南芥）	1.17×10^8	25 498
基因组已测序但基因总数未知的物种[a]		
Mus musculus（小鼠）	3×10^9	30 000
Homo sapiens（人）	3.3×10^9	30 000～50 000
Oryza sativa（水稻）	4.3×10^8	30 000～63 000

a. 估计的基因数目。

尽管全基因组测序的批评家们主张重点关注表达基因，Watson 还是确立了从头到尾测序整个人类基因组的明确目标。起初，这个计划的重点是制作染色体图谱和标记，用来鉴定疾病基因和提供 DNA 序列定位锚点。

1995 年，NIH 资助了一批大学实验室作为领导人类基因组测序的中心，但最后只集中在华盛顿大学（圣路易斯）、贝勒医学院（休斯敦）和怀特黑德（Whitehead Institute）/马萨诸塞州技术研究所（剑桥）这三个实验中心。而 DOE 最终把它的测序工作从几个国家实验室集中到位于加利福尼亚州胡桃山上的新联合基因组研究所。在 20 世纪 90 年代中叶，世界上最大的医学慈善团体 Wellcome Trust，在英国剑桥郊外建立"Nobel Laureate Fred Sanger"后来这里成为最大的学术测序中心。这五个人类基因组测序中心以"G5"称号而闻名，最终贡献了用来组装草图的 80%的数据，与其他十五个位于美国、日本、法国、德国和中国的主要测序中心互相合作，共同完成全部测序任务。

模式生物的研究和主要测序中心的工作开发了一些关键技术，它们很大程度上加速了基因组测序，使用这些技术才能够进行 DNA 测序和组装，并最终将测序的费用从每完成一对碱基需要 1 美元降低到 10 美分。这些技术包括：①自动处理克隆 DNA；②快速 DNA 测序的分析系统；③组织和分发 DNA 序列数据的计算机系统；④估计序列可靠性、组装 DNA 序列和找基因的一些算法。

第二节　染色体图和标记

在基因组计划开始阶段，构建每一个染色体高分辨率图谱是重要的目标。像交通图一样，可以用不同的分辨率来构建人类基因组图谱。遗传图（genetic map）描述了基因的位置和它们的遗传模式。如同 Thomas Hunt 和他的同事在 20 世纪初为果蝇（*Drosophila*）构建的图谱（见第一章），遗传连锁图（genetic linkage map）绘出了整个染色体的低分辨率图解。这两种图谱都给出了遗传距离标准测量尺度——厘摩（cM）。

厘摩（cM，centiMorgan）是测量配子形成过程中染色体交换频率的单位，在减数分裂过程中，成对的染色体排列并发生"交叉"以交换 DNA 片段。1cM 定义为在减数分裂过程中重组频率为 1%的两个基因或标记间的遗传距离。在基因组计划开始阶段，遗传距离上的 1cM 估计等同于在序列距离上的一百万个核苷酸（1Mb）。但塞莱拉公司测出的人类基因组草图表明 1cM 距离平均等于 1.22Mb。

早在 20 世纪 70 年代，就创建了病毒染色体的限制性内切核酸酶切割位点图谱 191
（图 6-8）。这是首批物理图谱，其中的每一个标记位点表示 DNA 分子的一个结构特征。虽然已经证明限制酶定位小染色体是有用的，但是由于切点的频率太高，不能用来构建人类染色体的大范围图谱。最终，用较小切割频率的限制酶解决了这个问题。脉冲凝胶电泳能分离大片段 DNA，用这种技术可以用来分析这些大片段。

鉴定限制酶剪切模式的种群差别为制作首张人类整个染色体序列图谱提供了一个方法，到 20 世纪 80 年代中叶，认识到点突变经常制造和删除限制酶在染色体上的识别位点。而且，增加短的前后连接的重复片段能够增加酶切位点的距离。突变或者增加前后连接的重复片段形成了不同的变体，它们是一些不同的 DNA 等位分子。不同等位分子产生大小不同的限制酶切片段，或者叫限制性片段长度多态性（restriction fragment length polymorphism，RFLP），这些片段的长度可以以核苷酸为单位进行测量。

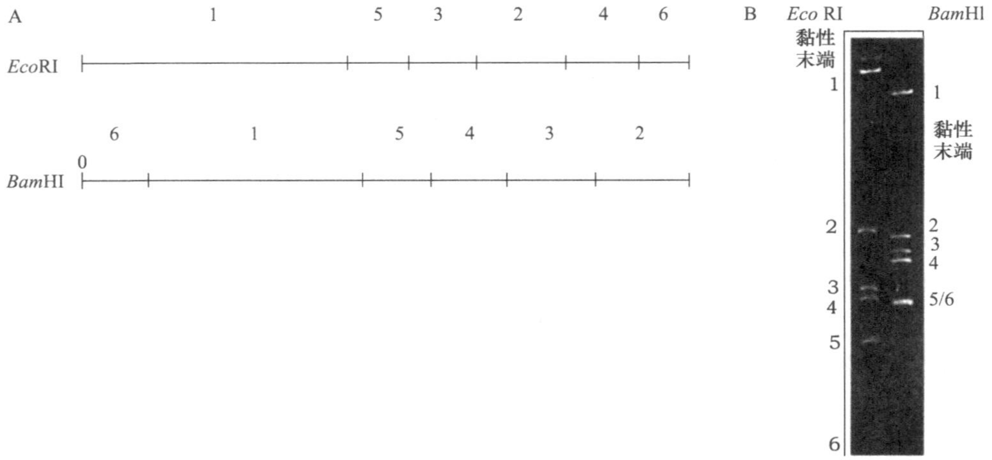

图 6-8 噬菌体 λDNA 限制酶切图谱

(A) λDNA 的 *Eco*RⅠ和 *Bam*HⅠ限制酶切位点；横坐标表示酶切位点。(B) 用电泳凝胶分离 λ DNA 经 *Eco*RⅠ和 *Bam*HⅠ酶切后的片段。数字表示显示在图上的对应片段。在 *Bam*HⅠ酶解的电泳图里，在条带 5 和 6 的 DNA 没有足够分开。用“黏性末端”标记的条带代表两条末端序列，其中包含 λ DNA 的黏性末端(cos sites)。(经许可引自 Snyder L. A.，Freif elder D.，and Hartl D. L. 1985. *General Genetics*. Jones and Bartlett，Boston.)

传统的遗传学应用基因作为标记来定义染色体上的不同位置。从具有特定的可检测的表现型来说，一个等位基因可定义为基因的另一种形式。限制酶切割位点提供了一个定义特定 DNA 序列位置的方法。RFLP 扩展了等位基因的定义，它表示 DNA 的另外一种形式——一个不同长度的 DNA 分子。虽然 RFLP 首先应用于鉴定实验和 DNA 诊断
192 (见第八章)，但它们对染色体图谱专家也特别有用，即使在没有任何表型方面的数据的情况下，通过测量 RFLP 位点的交叉频率也可以用来关联 DNA 的遗传距离和物理距离，这提供了测量这两种距离关系的最初方法(用 cM 来测量)。人类基因组的第一张连锁图，包括 403 个 RFLP 标志，由位于马萨诸塞州波士顿的联合研究公司的 Helen Donis-Keller 和他的同事于 1987 年公布。

图 6-9 Maynard Olson (承蒙 CSHL Archives 许可引用)

1989 年，Maynard Olson(华盛顿大学)、Leroy Hood(加利福尼亚技术研究所)、Charles Cantor(伯克利实验室) 和 David Botstein(美国基因工程技术公司)四个人(图 6-9 至图 6-12)提供了 DNA 标记的通用语言，使科学家能够轻而易举地交换序列信息和获得基因组已知区域的探针。现在看起来，他们提出的方法其实很明显——DNA 序列本身可以用作染色体标志！任何单一拷贝的 200～500bp 的序列[序列标签位点(Sequence-Tagged Site，STS)]都能够用来作为染色体上的物理界标。

通过克隆 DNA 片段，每一个 RFLP 或者 STS 标志都必须定位到一个染色体的特定位置。叠连群(contiguous，简称为 contig)作图将相邻 DNA 片段的末端排序，把连续的序列拼接

在一起。相邻片段上的物理标记通过连接图谱，进行定向，这样提供了在整个基因组上间隔一定距离的参照点。到20世纪80年代后期，犹他大学的Ray White和他的助手已建立了一套RFLP标记，它们以大约10cM的间隔分布在染色体上。基因组计划的一个早期目标就是在染色体上标出更多的位点，以缩短标记在染色体上的间隔距离。到粗略草图公布时，物理图谱的分辨率已经提高了100倍，以大约0.1cM（100 000bp）基因组距离上分布了约30 000个不同的标志。

图6-10 Leroy Hood

图6-11 Charles Cantor

图6-12 David Botstein
（承蒙CSHL Archives 许可引用）

随着基因组图的质量不断提高，它们越来越成为鉴定人类疾病基因的有用工具。以前，发现一个疾病基因是一个很费劲的任务，需要数年的艰苦工作。例如，为了定位和鉴定乳腺癌相关基因*BRCA*1，犹他州大学的Mark Skolnick先后耗费了四年的时间（1990～1994年），而在质量较高的图谱帮助下，Haddow Laboratories癌症研究所的Richard Wooster只用几个月就克隆了*BRCA*2。

DNA标记质量不断提高，最后发明了STS技术。基因、限制酶切位点和RFLP都是与DNA相关的功能特征。而STS是“纯标记”，它在不知道基因和限制酶的情况下就能够用作标记的。但应用和广泛推广STS标记还依赖两种技术，这两种技术是20世纪80年代才出现的，那就是：聚合酶链反应和自动DNA测序。

聚合酶链反应

图6-13 Kary Mullis
（承蒙CSHL Archives 许可引用）

聚合酶链反应（PCR）是Cetus公司的Kary Mullis（图6-13）于1985年发现的，在好几个方面证明它在基因组计划中起着关键性的作用。首先，在不需要交换克隆的情况下，它提供了一个简单的获得DNA标记和确定染色体片段基因型的方法。第二，它提供了一个新的化学方法，允许DNA测序自动进行。

在发明PCR之前，获得纯化DNA片段的惟一方法途经是 193
在培养细胞中进行生物学扩增。为了获得给定DNA序列的足量纯样品，不得不把它克隆到质粒中，然后在细菌或者酵母培养剂中培养。因此，基因组计划开始阶段，没有别的选择，只有保存好供参照的细菌或酵母培养基，每一个培养基中转染了人类基因组一个片段，这些片段由特定的STS或者RFLP标记来鉴定。保持一个巨大的克隆中心库并分发这些克隆到世界各个地方的研究小组中是一个令人气馁的工作。PCR 提供了一个简单的方法，来分离特定 DNA 序列。PCR 用酶扩增的方式来扩增任意的、长度可达 6000bp 的 DNA 片段(图 6-14)。使用 STS 数据库提供的数据，在世界任何一个地方的研究者都能够用 PCR 在数小时内化验 DNA 片段中的特定 STS。

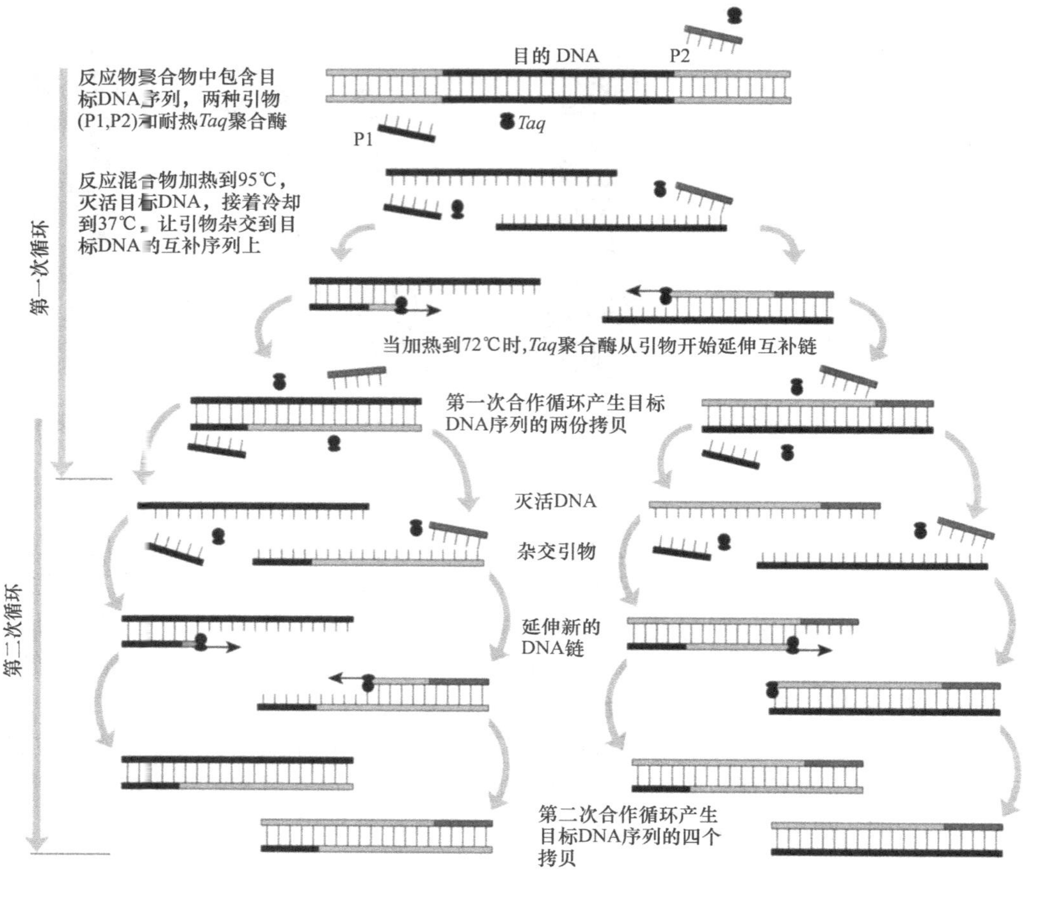

图 6-14　用聚合酶链反应进行 DNA 扩增

PCR 是基于 DNA 聚合酶引物扩增反应的，而 DNA 聚合酶是在 20 世纪 60 年代发现

194 的(见第二章)。合成一条 DNA 链是由一段短的双链来引导的。从这个引物开始合成，聚合酶加入与模板 DNA 互补的核苷酸，如此使双链区域延长。首先，合成一对长约 20 个核苷酸的 DNA 寡聚核苷酸(寡聚表示少数)引物，这一对引物把要扩增的区域包括在内。这对引物在 DNA 分子的 5′末端分别与互补链配对。用过量的这对引物与包含目标序列的 DNA 样品以及 DNA 聚合酶混合。同时提供辅助因子镁离子(Mg^{2+})和四种脱氧核苷三磷酸(dNTP)。接着这个反应混合物进行以下几步多次合成循环：

变性　　加热到近沸腾的温度(94°C)使目标 DNA 变性，产生一些单链模板。加热增加 DNA 分子的动能，当大于维持碱基配对的氢键能量时，双链 DNA 分开成单链。

退火　　冷却到大约 65°C 使寡聚核苷酸引物与单链模板上互补序列配对。根据引物序列上的 AT/GC 碱基对的比例确定不同的退火的温度。因为引物是过量加入的而且序列很短，它们将在原来的两条链结合之前结合到它们各自长的目标序列上。

延伸　加热到 72℃，达到 DNA 聚合酶扩展引物的适当温度。聚合酶合成与模板链互补的第二条链。

在每次约 2 分钟的合成循环中，目标 DNA 分子拷贝数加倍。25 次循环合成理论上 195
在一小时内扩增目标链至 1×10^6 倍（图 6－15）。

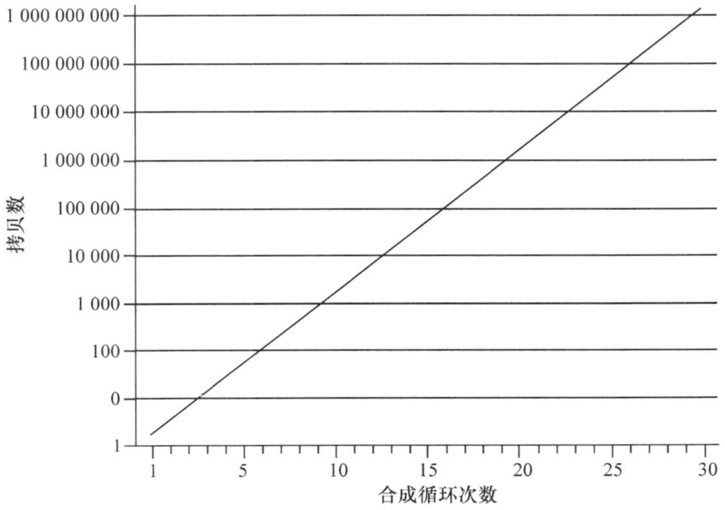

图 6－15　聚合酶链反应理论速度

在 PCR 中要用高温，就需要用耐高温的 DNA 聚合酶。在 20 世纪 80 年代后期，第一个耐高温的 DNA 聚合酶从细菌水生栖热菌（*Thermus aquaticus*）的培养基中分离出来，*Thermus aquaticus* 是 20 世纪 60 年代在美国黄石国家公园的蘑菇池（Mushroom Pool in Yellowstone National Park）获得的，这个细菌能适应 80℃ 热水池的温度，它的 DNA 聚合酶（*Taq* 聚合酶）反复暴露于近沸水的温度中仍然能保持活性，使得它成为 PCR 的理想之选。火山口成为另一个找到适应极端条件、具有耐高温的聚合酶的微生物的理想地方。

最初，温度的循环是通过在几个具有固定温度的水池中来回移动反应棒而获得的。这个繁琐的工作在自动 DNA 温度循环器发明之后才解决，在这种仪器中，温度和时间循环被输入微型计算机控制仪中，由它在瞬间升高和降低温度。由于在 PCR 过程中，含有反应液的试管在重复循环的时候，是放在同一个地方，它就使得测序过程自动化了。耐温聚合酶和自动循环带来了快逗 DNA 分析，实际上任何科学家或者学生都能做这种工作了。

DNA 测序

在基因组计划的开始阶段，人工测序 DNA 是费时费力的。基因组计划的一个主要推动力是开发自动测序技术，这种技术加快了测序速度，达到每天 500 000 个或更多的核苷酸，而且测定每一核苷酸只要花费几美分。

1977 年，有两种 DNA 测序方法被独立开发出来，由美国哈佛大学 Allan Maxam 和 Walter Gilbert 开发的化学剪切法需要对每一不同的核苷酸进行特定化学改变。这种改变允许随后在特定位置的剪切并鉴定在这一位置的核苷酸。但是现代 DNA 测序完全建立在链终止方法上，这种方法是由英国剑桥医学研究委员会分子生物学实验室的 Fred Sanger 开发的(图 6－16 和图 6－17)。

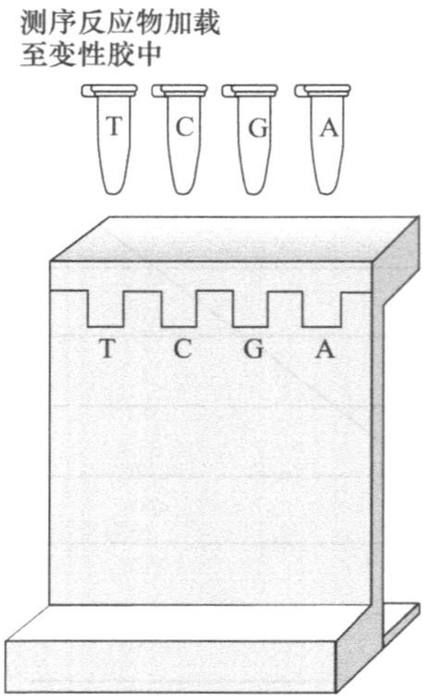

图 6－16　凝胶的放射自显影

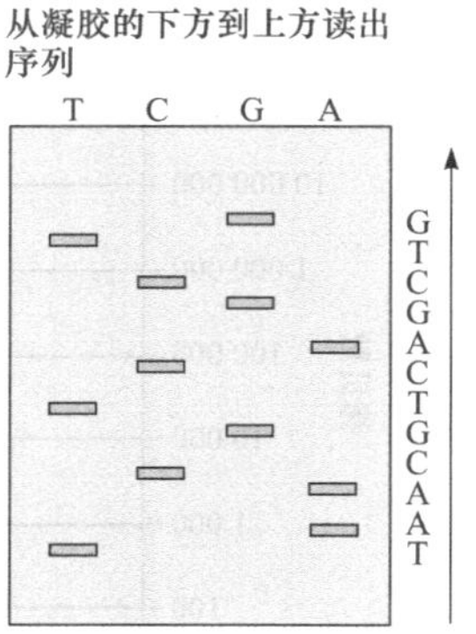

图 6－17　双脱氧 DNA 测序法

Sanger 的方法基于 DNA 合成的两个事实。首先，在四种 dNTP 存在的情况下，当短的 DNA 引物杂交到单链 DNA 模板，DNA 聚合酶将启动新链 DNA 的合成。第二，如果这个反应中含有双脱氧核苷三磷酸(ddNTP)，当一个双脱氧核苷三磷酸加入时，DNA 延长将中止。这种情况之所以发生是因为 ddNTP 缺少 3′羟基基团(－OH)，而这一基团是形成连接相邻核苷酸的磷酸二酯键所必需的。

在双脱氧测序方法中，设置四个反应试管。每一个反应包含一条 DNA 模板、一条引物序列、DNA 聚合酶和四种脱氧核苷三磷酸(dATP、dTTP、dCTP 和 dGTP，其中一种是用放射性标记的)。往每一反应中加入一种 ddNTP——didATP (试管 A)、didTTP (试管 T)、ddCTP (试管 C)或者 ddGTP (试管 G)。

197 从引物开始合成，聚合酶随机地加入与 DNA 模板链互补的 dNTP 和 ddNTP。调节反应中 dNTP 和 ddNTP 的比例，使得 ddNTP 加入到延长的 DNA 链中的频率大约是每 100 个 dNTP 有一个 ddNTP。每当链中加入了一个 ddNTP，合成反应即终止，产生大小不同的 DNA 链。复制完成后，将有数百万份终止在每一个核苷酸位置的模板 DNA 序列。

例如，在反应 A 中，对于 DNA 模板链上的每 100 个胸腺嘧啶(T)，聚合酶将加入 99 个互补的脱氧腺嘌呤(A)，然后加入 1 个双脱氧腺嘌呤，并在这一位置终止链的合成。也就是说，在整个模板分子上，DNA 链的合成将在 1%的胸腺嘌呤的位置终止。因为有数百万的 DNA 分子，所以在反应 A 中将捕获到反映模板 DNA 每一胸腺嘧啶位置的 DNA 片段。

反应完成后，加入甲酰胺使新合成的链与模板链分离。将每一个反应的产物分别点样到含有尿素的聚丙烯酰胺凝胶的不同泳道上进行电泳。尿素的作用是防止 DNA 链在电泳过程中形成二级结构。片段根据大小在胶上以不同的速度移动，最终形成一条梯度带，每一条带由长度只差一个核苷酸的不同 DNA 分子组成。

电泳后，凝胶置于X射线下进行显影。在DNA链上放射性标记的核苷酸在X射线下曝光，产生一系列的条带，显示在A、T、C、G反应中产生的片段长度，从下至上地读出凝胶（从最小的DNA片段开始读，在四条通道上扫描，确定每一条逐次增大的片段）（图6－18）。最后，引进了光学扫描仪来读胶，因为人工测序速度太慢，不能达到快速并准确地对人类基因组进行测序的目的。

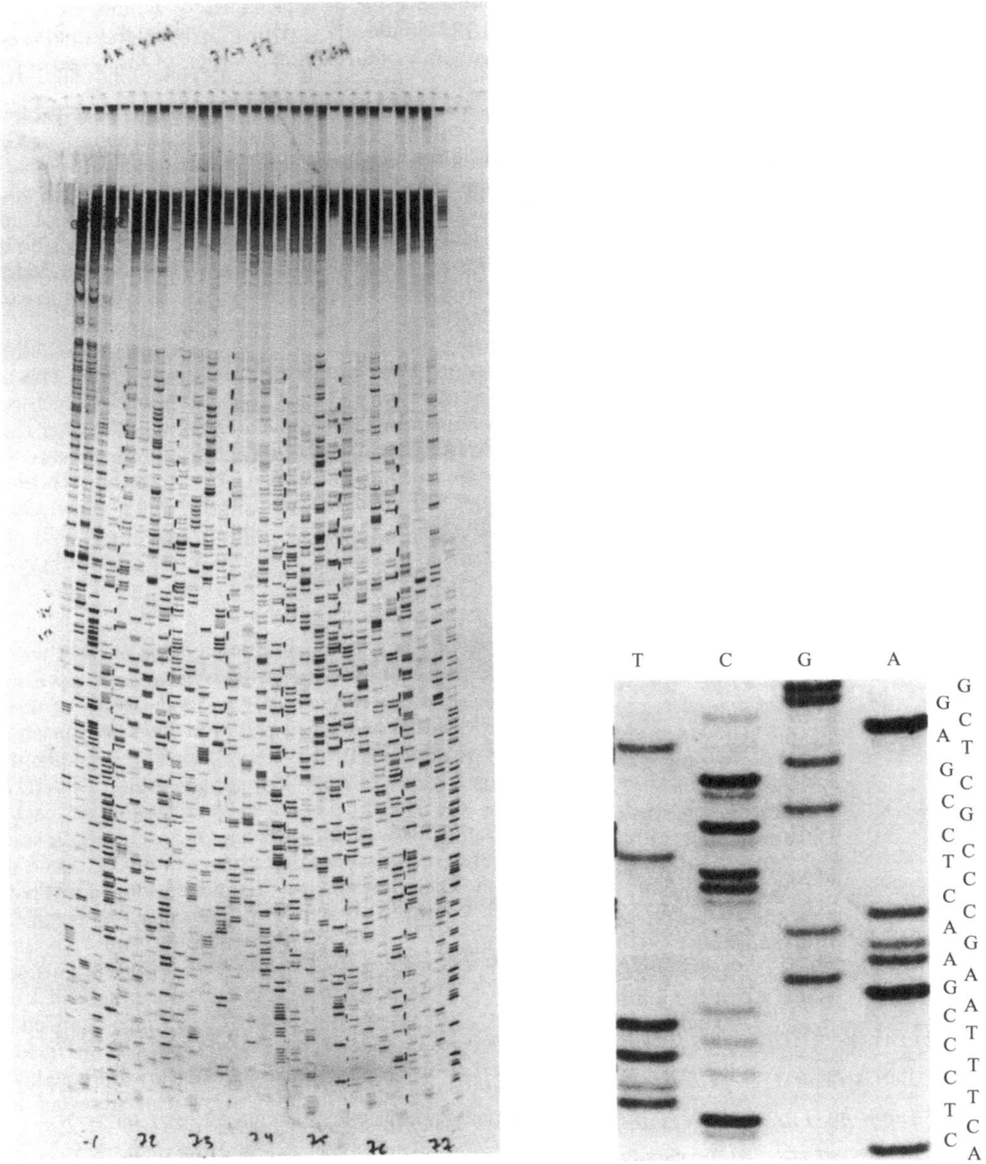

图6－18　双脱氧测序凝胶自显影图

七个不同的包含限制酶切片段的克隆通过并行反应和测序凝胶中电泳分离来进行测序。在自显影图上每个柱上（T、C、G或A反应）的条带是来自不同克隆的序列数据。左边详细显示了克隆5的部分序列数据。这个实验是在Fred Sanger的实验室中做的，Fred Sanger开发了双脱氧测序法。（承蒙W. Herr，Cold Spring Harbor Laboratory许可引用）

由加利福尼亚技术研究所的 Lee Hood 和 Lloyd Smith 开发的化学染料问世以后，自动测序才成为可能。1986 年，他们将四种 ddNTP 反应分别配上不同的荧光染料。这四个测序反应加到测序凝胶的同一条泳道上，当这些移向凝胶底部的片段通过氩激光仪时，荧光标记被检测到。当被激光击中，每一荧光吸收器散发出一种有颜色的特征波长光，这些波长光通过计算机软件解释为在那个位置的 A(绿光)、T(红光)、C(蓝光)或 G(黄光)。

接着，Hood 与 ABI 公司的 Mike Hunkapiller 合作，生产了第一台商业化仪器来读染料标记片段的序列。ABI 的 370 测序仪于 1987 年第一次上市，它是应用聚丙烯酰胺平板电泳来形成 DNA 片段梯度。但是，这台仪器既不是手工也不是光学来读胶，而是用激光仪来检测荧光标记的核苷酸。测序仪整合了一个计算机软件，在电泳过程中，当有色 DNA 带通过扫描激光时，这个软件就构建出这些 DNA 条带的模拟凝胶图像。最终的输出结果则采用电子信息图的形式，显示出对应于每一个核苷酸位置的有色峰。装备有 16 泳道的聚丙烯酰胺凝胶的 ABI 370 DNA 测序仪每天能够测出多达 20 000 个核苷酸的序
198 列。增加泳道数目到 32 道、48 道或最终的 96 道，每天的测序量可以达 80 000 条核苷酸或更多(图 6 - 19)。

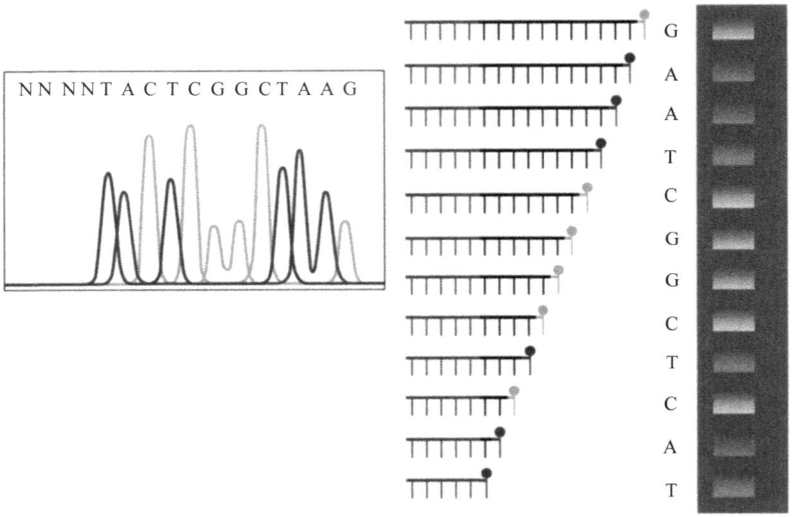

图 6 - 19　自动 DNA 测序仪的样品结果

测序图谱(左)显示每一个核苷酸所对应的峰(中)，每一个峰所对应的测序反应中的 DNA 片段(右)片段的实际测序胶图像。

通过在单一泳道分析四种核苷酸，Hood 的荧光化学使凝胶测序产量提高了 4 倍。同时在 DNA 准备上改善方法，更进一步增加了凝胶测序的产量。到 80 年代后期，随着耐热聚合酶(如 *Taq*)和 DNA 热循环仪的引入，使得染色标记自动化，这种杂交方法也就是众所周知的循环测序。1987 年，Dupont 引入“终止核苷酸染色法”，它将不同的荧光染料直接与 4 种终止核苷酸(ddATP、ddTTP、ddCTP、ddGTP)相连接，从而允许在一个反应中同时标记四种核苷酸，改进了样品准备过程，这样使得一个技术员的日测序量有效地提高了四倍(图 6 - 20)。

在开发高通量测序的最后一个阶段，多道毛细管凝胶取代了聚丙烯酰胺平板凝胶。

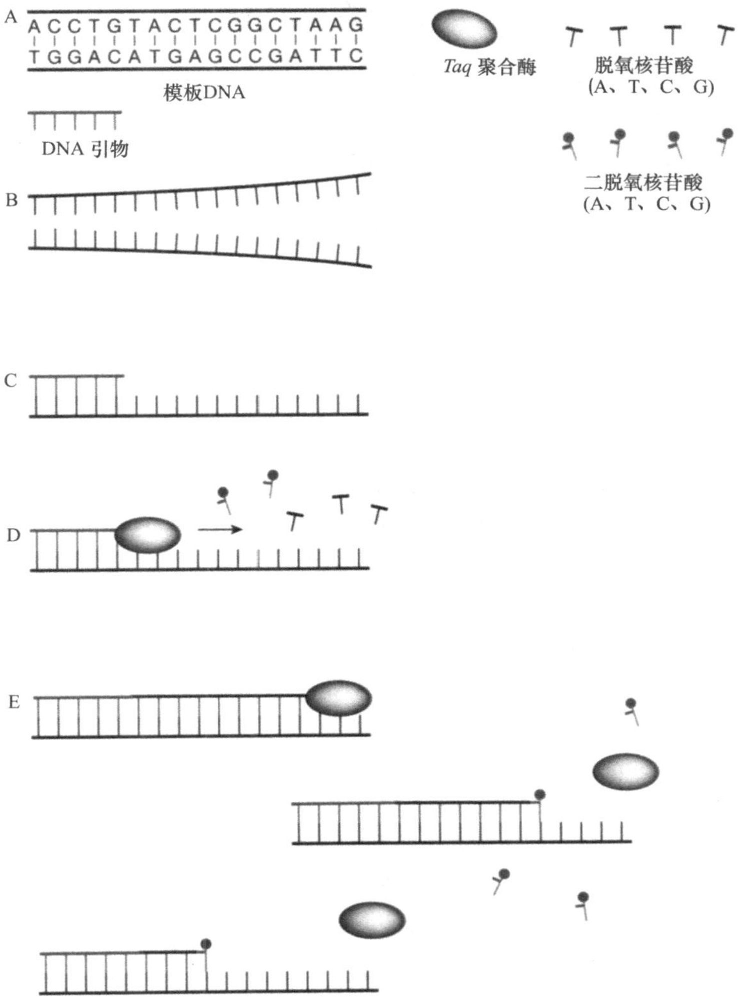

图 6-20　循环测序

(A) 双链模板 DNA、单链 DNA 引物、*Taq* 聚酶、脱氧核苷酸(A、T、C 或 G)和荧光标记的二脱氧核苷酸(A、T、C 和 G,每一种用不同的颜色标记)加到试管中。这个引物设计成与测序区域的一个末端互补。(B) 加热混合物,双链模板 DNA 分开。(C) 冷却,引物与单链 DNA 模板配对。(D) *Taq* 聚酶结合,溶液中的脱氧核苷酸加到模板上,然后合成一条新链。(E) 当二脱氧核苷酸加入时,新链延长被中止。如此进行多次循环。

1990 年,这样做的可行性第一次被证明。新的自动测序仪与 96 孔毛细管阵列相连,通过自动机械每天能自动点样达 12 次。毛细管胶的使用消除了耗费大量时间的灌胶和点样工作程序,降低了保持试剂水平和把微滴定板装入到自动加样仪上等人工干预。为了完成人类基因组第一张草图,竞争越来越激烈,每一个主要测序中心都成了自动化工厂,分别都装备了 30 台或更多的测序仪,每台仪器每天的测序量达 400 000 个核苷酸,这个速度是人类基因组计划刚开始时的 400 倍。

199 第三节 多级霰弹克隆文库

NIH和DOE的计划包括构建一个克隆DNA分子的有序库，从大尺度图谱到单一序列。这包括克隆人类染色体DNA大片段到质粒分子中，接着用STS、RFLP和限制酶切位点排序这些大片段，构成连续的染色体片段，或者叫叠连群(contig)。这些较大的插入片段接着亚克隆到测序质粒中，已测序的小片段重新组合。把相邻序列衔接起来，在每一水平之间保留参考标记，研究者就能够在用已排序的克隆建立起来的梯层中上下参考。用这种方法，再大的DNA连续序列也能够用图谱坐标拼接起来。

在基因组计划开始阶段，两个主要的克隆质粒已经具备了：噬菌体λ，平均接纳20 000个核苷酸的插入序列；质粒，接纳大约40 000个核苷酸的插入序列。在做连续图谱时，为了减小片段数目，有必要创造能容纳更大的插入片段的新载体。除了上述这些载体外，还需要开发能在活细胞内增殖的人工染色体。20世纪80年代，圣路易斯华盛顿大学的职员David Burke和Maynard Olson开发的酵母人工染色体(YAC)，能够接受长度达500 000bp(500kb)的插入片段。虽然它们被广泛应用到*C. elegans*和酵母基因组制图中，但有实验证实YAC不能稳定遗传。这种载体易发生重组或丢失，很难保证测出的插入片段是完整的而且与原染色体上的先后顺序一样。

加利福尼亚技术研究所的Mel Simon开发了细菌人工染色体(BAC)，最终证明BAC是一匹能在基因组计划中干重活的驮马。虽然它们只能容纳较小的插入片段，从50kb到250kb，但它们被证实非常稳定，易于大规模的自动控制。在纽约布法罗的Roswell Park癌症研究所的Simon和Pieter de Jong构建了广泛的BAC数据库，许多公众测序中心的工作就是基于这个库的BAC克隆。

为了构建BAC分子库，用限制酶随机剪断人类基因组DNA，产生平均大小150 000核苷酸的片段。这能够用识别位点稀有的限制酶获得，例如*Mlu* Ⅰ、*Nru* Ⅰ和*Pvu* Ⅰ，它们的识别位点在哺乳动物基因组中很少。另外，部分分解的基因组DNA能够通过与*EcoR* Ⅰ 和*EcoR* Ⅰ甲基化酶混合物作用得到。在适当的比例下，甲基化酶保护足够多的限制酶切位点以免限制酶剪切过频，如此便能产生非常长的限制酶切片段(见第四章)。这两种方法都可以把基因组分成小的片段，就像鸟枪近距离射击后的子弹碎片。用这种方法来组装测序用的文库，大家都称它为鸟枪法测序。

单个BAC则采用独特的限制性内切核酸酶*Hind*Ⅲ的剪切谱来鉴定，这种方法叫印迹克隆(图6-21)。一种计算机的算法被用于分析在印迹克隆中的那些共同电泳条带，从而把重叠片段转化成连续序列图谱。根据STS和RFLP或者测出BAC两端的几个核苷酸序列
201 (“BAC末端”)，把一些BAC锚定到已有的染色体图谱中。当这些序列和标记互相重叠并覆盖了较大的连续染色体区域时，用这种信息，能够鉴定一系列的BAC克隆。理想的情况下，单一tiling path(最优路径的contig连接)将跨越整个一条染色体。但是，第一张草图有许多空缺和断裂。在许多情况下，利用BAC末端、质粒末端、已知的mRNA和图谱信息，来定位相邻连接体而获得大的整合序列，名为“scaffeld(序列骨架)”。如名称所示的那样，一个框图提供了连接相邻连接体的一个架子，它可以包括没有测序的染色体区域。

为了测出序列，从叠连群中选出BAC。每一BAC被限制性分解，产生大小约1500个核苷酸的片段，并将这些片段克隆到测序质粒中。根据原BAC克隆的大小，选择足量

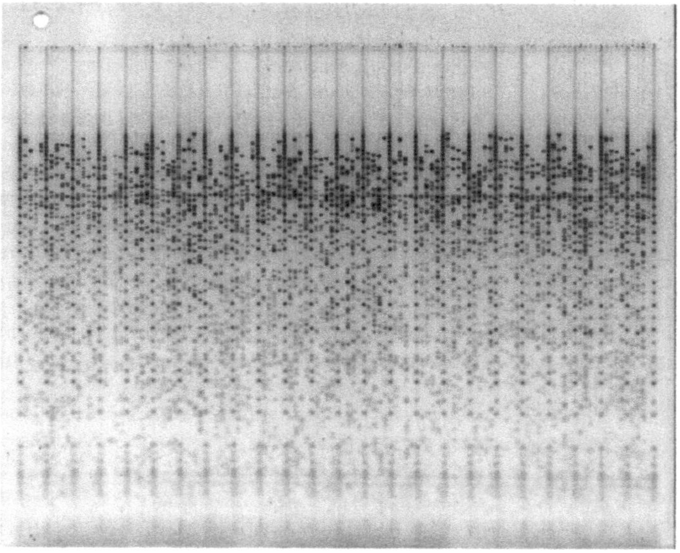

图 6-21　BAC 印迹克隆面板的凝胶图
（经许可引自 James McPherson，School of Medicine，Washington University，St. Louis.）

的测序克隆以保证在 BAC 克隆中的每一个核苷酸出现 4～8 次。由于有明显重叠，从一个克隆的一个或两个末端测出序列，而中间部分通常没有全部测出。后来这种测序策略被命名为“BAC-to-BAC”

最大的几个测序中心的工作看起来像工厂，机器人自动地拾取克隆，纯化 DNA 样 203
品，设置测序反应，并加样品到自动毛细管测序仪上。整天不停地工作，这些中心每天能够处理 20 多万个测序反应。原始的序列用 PHRED 和 PHRAP 软件处理和组装（这两个软件是由华盛顿大学 Phil Green 和 Brent Ewing 于 1995 年编写的）。根据 1996 年百慕大群岛公众基因组测序会议确立的规则：所有大于 1000bp（1kb）的组装序列应在 24h 内放在公众数据库中。利用 BAC 印迹提供的图谱信息，一个叫 GigAssembler 的程序把将近 5000 个连接体进行相邻拼接产生一个近连续的基因组序列，冠名为“金路径”（the golden path）。GigAssembler 程序是由加利福尼亚大学的一个研究生 Jim Kent 用了四个星期的时间编写的。

第四节　表达序列标签

在早期的 DNA 测序工作中很快发现，对应于转录 mRNA（见第五章）的 cDNA 对于验证从基因组序列预测的基因非常重要。由心理健康国家研究所 J. Craig Venter 开发的表达序列标签（EST）提供了一个高通量鉴定数千转录基因的方法。他是从人类 cDNA 库（来自脑组织反转录 mRNA）开始的，这个库是把脑组织的 mRNA 反转录，然后都克隆到噬菌体中而建成的。运用非特异性引物（可以结合到不同的序列上），他用 204
PCR 随机克隆了 150～400bp 长的片段。测序每一个片段为表达基因制造特异的“标签”。使用这种方法，Venter 很快从人类脑中鉴定到了 3000 多个特异 EST。搜索公众数据库显示只有17%的人脑EST符合以前鉴定的基因；83%的EST可能代表了未知的基因。

NIH正在为Venter的序列标签基因申请专利的消息一公开就激怒了学术研究者们。为一个还没有鉴定、还不清楚功能的基因的片段申请专利的想法震惊了许多人。这种举动看起来更像是药物公司的行为而不符合联邦政府的传统作法。NIH基因组办公室主任James Watson甚至说这种冒险行为为“纯属精神病”。因而造成了他与NIH主任Bernardine Healy的裂痕，再加上其他的不和，Watson不得不辞去他在基因组计划中担任的职务。以运用定位克隆鉴定膀胱纤维化基因而出名的Francis Collins填补了这个位置。

但这种从“麦糠里筛选麦粒”的EST方法没有失去它在生物技术商业领域的价值。好几个公司通过从几十个正常或癌组织快速构建EST数据库来开始它们的“基因挖掘”。到20世纪90年代后期，这些公司已收集到50 000～100 000个特异EST，这些EST理论上代表了人类基因组的大部分基因。它们反过来对数百个EST在诊断和药物上的潜在应用前景申请了专利。

虽然NIH撤回了关于Venter的EST的专利申请，但它还是引出了一些论点，这些论点作为基因专利申请的一个主要条件而保留下来。为了得到专利，一个发明必须是新的，而且有用。EST可以满足专利新的要求。但是，在没有全部序列信息的情况下，实际上是不可能证明它是有用的。到目前为止，美国专利局还不允许对不知道生物功能的基因的一部分申请专利。当人类基因与已经阐明功能的基因同源，它的功能能够由此推测出来，在某些情况下，这些人类基因的EST已经允许申请专利。到目前为止，还没有EST专利官司被对簿公堂，因此还不清楚它们是否会坚持下去。

第五节　全基因组多级霰弹法

Venter的EST在方法学上是重要的，证明可以用简单的、大批量的方法来鉴定表达基因——排除非编码的DNA，这引起了对基因组计划“从头到尾”方法的质疑。在一个新的研究所——基因组研究所(TIGR)，Venter着手证明这种用来分析EST的算法能够用来组装整个基因组(这些基因组序列来自鸟枪克隆)，没有必要首先构建染色体图谱，而构建这些图谱被认为是公众基因组计划的第一阶段的工作。

205 虽然在1995年没有了NIH基因组计划的支持，Venter小组还是用全基因组鸟枪测序法(WGSS)确定了流感嗜血杆菌(*Haemophilus influenzae*)整个基因组的180万碱基对(1.8Mbp)。而且TIGR研究组继续用全基因组鸟枪技术来测序另外几个微生物基因组。

到1997年，只有大约5%的人类基因组已测序完成。Marshfield医学研究基金的James Weber和亚利桑那州大学的Edward Myers提出用全基因组鸟枪测序方法来加速人类基因组测序。这个计划基本要求是把克隆在大肠杆菌中的短的和长的人类基因组插入片段的两端序列都测出来。“成对末端阅读”短的插入片段以提供连续的序列信息，而阅读长的插入片段的末端提供关于间隔和方向方面的信息，这种信息可以提高序列的组装，特别是在序列中包含散布的重复元件时。但是人类基因组是微生物基因组大小的150倍，大多数科学家怀疑这种方法能否用来测序人类基因组。另外，微生物基因组没有重复DNA，而真核生物基因组含有大量的重复DNA，许多科学家因此也怀疑这种组装算法的可行性。

当1998年5月Venter宣布要离开TIGR去领导一个叫塞莱拉的新公司时，基因组研究家因此震惊了。塞莱拉公司是应用生物系统(Applied Biosystems，ABI)的一个附属公司，它将在三年时间内花费3亿美元，用最新的毛细管测序仪来测序人类基因组。国际HGP协作组的反应是加速测序进程，打算到2001年制作出人类基因组的指导性草图。Wellcome Trust对国际HGP协作组的资助增加一倍，达3.3亿美元，并由它自己的Sanger中心承担1/3基因组测序任务。到1998年底，由Sanger中心的John Sulston和华盛顿大学的Robert Waterston报告了多细胞真核生物——线虫(*C. elegans*)的第一张基因组序列图。

为了验证运用全基因组组装方法(图6-22)来组装真核生物基因组的可行性，塞莱拉公司与Gerald Rubin以及伯克利果蝇计划合作，在一年内对果蝇基因组的120Mbp的常染色质部分进行测序。虽然这个序列并没有覆盖果蝇全基因组，但认为已完成(finished)——已经测出了基因所在的主要区域，但没有测出重复区域，还存在几个大的空缺，还有几个反常排列的问题没有解决。填上所有空缺，证实所有序列低错误率，这样的果蝇序列计划到2002年底完成。

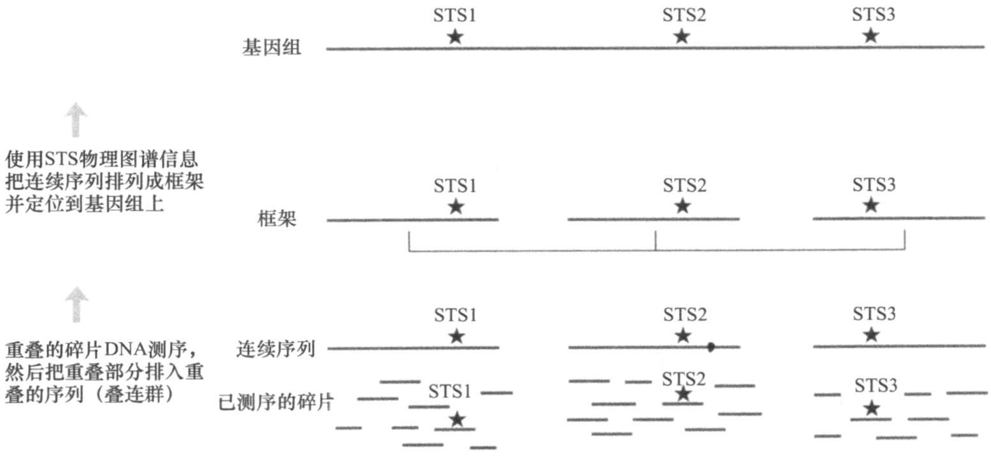

图6-22 全基因组组装剖析图

(经许可引自Venter J. C., Adams M. D., Myers F. W., et al. 2001. The sequence of the human genome. *Science* *291*：1304—1351.)

什么样的测序才能认为是已经完成(finished)了，这个问题非常重要，并且要看科学家拿它做什么。例如，要鉴定一个疾病基因，有基因的定位和前后顺序的高质量图谱就足够了。相反，研究分子演化(物种之间在一段时间内，序列是如何变化的)需要更加精确的序列，非编码区域的序列也是重要的。

从基因组计划一开始，科学家们就意识到获得精确的DNA序列的重要性。甚至一个核苷酸的错误都可能对一条DNA序列的注解产生大的影响。例如，在一条编码序列外显子(exon)内插入或者删除一个核苷酸将导致读框的位移，从这一点直到这个编码区域的末端的核苷酸序列将预测出错误的氨基酸序列。也要记住每一个个体的基因组序列是独一无二的(除了完全相同的双胞胎)。为了确定个体之间真实序列的不同之处，就需要高保真的序列信息。

206 在基因组计划开始时，测序准确率平均约为99%，也就是每测出100核苷酸大约有1个是错的。大多数权威认为，保持99.9%的测序精确率是必要的，也就是每1000个核苷酸只允许一个是错的。假定外显子的平均长度为200个核苷酸，即使按照这个比例，每五个外显子中有一个会出现一个测序错误。正如已出现的情况，伴随着测序速度指数提高和测序费用指数降低，测序准确性也会相应提高，就像大规模生产消费品，机械化程度越高，人为的错误越少。

第六节　人类基因组计划的完成

有了果蝇基因组的测序和组装经验，塞莱拉公司开始人类基因组的测序工作。从1999年9月到2000年6月，用了十个月的时间完成了全基因组鸟枪测序。像公众基因组测序计划一样，塞莱拉公司的测序计划开始用的DNA序列是经多个不同性别和种族背景的匿名捐赠者的同意从他/她们身上获取的，也类似公众基因组计划，塞莱拉公司公布它们测序的DNA来自一个匿名人群。但是，Craig Venter随后透露由塞莱拉公司测出的大部分DNA序列事实上来自Craig Venter本人。

通过将DNA溶液压入注射器并克隆三种大小的剪切片段（2kb、10kb和50kb）来建立质粒库。测序每一个质粒插入片段，产生27.27M序列，这些序列平均长543核苷酸，总共148亿个碱基对。来自公众基因组计划的总共44亿碱基对的BAC序列数据用计算机人为切成长度550碱基对的片段。然后用两种方法对这些数据进行了组装：① 全基因组鸟枪法组装，通过匹配这些550bp片段的重叠部分，产生连续序列和框架；②"分区"组装法，利用公众基因组图谱对这些数据进行邻近组装。因此，由于能够得到公众基因组计划产生的序列和染色体图谱数据，这在很大程度上方便了塞莱拉公司的人类基因组计划的测序工作。

2000年，人类基因组公布前的最后测序阶段，拥有65个员工的塞莱拉公司每天能测序175 000个样品，9000万个碱基对。在实际上不间断的工作状态下，每一台自动测序仪每天只需要约15min的人工操作。而公众资助的几个测序中心加起来才有相似的产出。这两个互相竞赛的基因组计划每秒钟产生的草图序列达2000多核苷酸，只需要不到3个星期的时间就能完成相当于整个人类基因组的测序工作。最终，测出了大于95%的人类基因组序列，准确性至少达到99.9%（图6-23，表6-2）。

表6-2　在GenBank中收集的人类基因组序列

人类基因组测序中心	已测序的序列/kb
The Sanger Centre	284 353
Washington University Genome Sequencing Center	175 279
US DOE Joint Genome Institute	78 486
Baylor College of Medicine Human Genome Sequencing Center	53 418
Genoscope	48 808
Whitehead Institute, Center for Genome Research	46 560
Department of Genome Analysis, Institute of Molecular Biotechnology	17 788
RIKEN Genomic Sciences Center	16 971

续表

人类基因组测序中心	已测序的序列/kb
University of Washington Genome Center	14 692
Keio University	13 058
Multimegabase Sequencing Center; Institute for Systems Biology	9 676
University of Oklahoma Advanced Center for Genome Technology	9 155
The Stanford Human Genome Center and Department of Genetics	9 121
University of Texas Southwestern Medical Center at Dallas	7 028
GTC Sequencing Center	7 014
Beijing Genomics Institute/Human Genome Center	6 297
Stanford Genome Technology Center	3 530
Max Planck Institute for Molecular Genetics	2 940
GBF—German Research Centre for Biotechnology	2 338
Cold Spring Harbor Laboratory Lita Annenberg Hazen Genome Center	2 104
Other	35 911
Total	842 027

注：经允许摘自 2001. Initial sequencing and analysis of the human genome. *Nature* 409：860—921。
HTGS，高通量基因组序列。

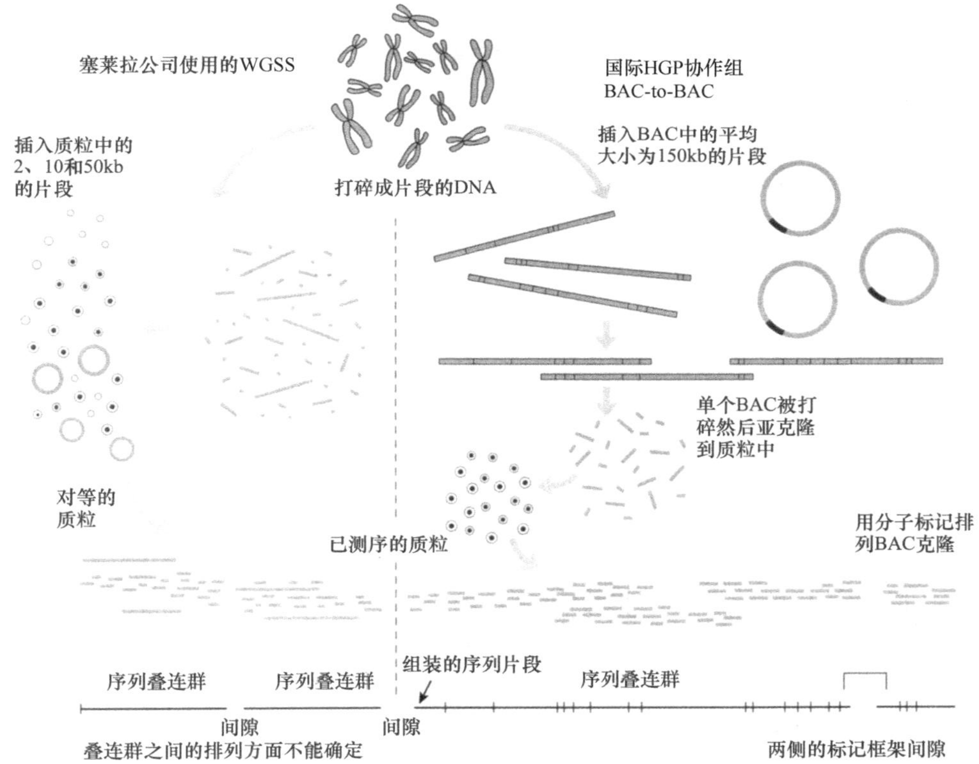

图 6－23　人类基因组测序

第七节　生物信息学

当把原始的序列数据组装成连续区域后，随之而来的任务是分析编码在序列中的信息。通过与已知基因比较或者搜索已知的基因特征来鉴定原始数据中的基因。在比较方
207 法中，某些算法如 BLAST(Basic Local Alignment Search Tool)是通过引入最少的错配和间隔将待查的序列与数据中的所有序列比对。得到的有统计意义上的“hit”意味着共同的结构或者生化特征。一个 DNA 序列被转录(编码序列)的直接证据来自与一个已知的 EST 和 mRNA 序列的匹配。判断一段序列代表一个基因的间接证据是它与人类或者其他生物的基因或者蛋白质同源。同时测序其他模式物种——特别是大肠杆菌、酿酒酵母、秀丽线虫、裂殖酵母、果蝇、小鼠和拟南芥——产生越来越多数据提供给强大的已知基因数据库。

目前用以上所述的比较方法已鉴定了人类基因组第一张草图中约 60%的基因。其余的 40%是通过“从头(*ab initio*)”方法鉴定的，这种方法通过搜索基因组序列中的特定结构信息来鉴定基因(图 6-24)。在一些情况下，有基因的区域包含一些广谱序列特征，如 CpG 岛含有相对较高的 CG 双核苷酸比例，在这些情况下，计算机算法用相对较大的序列“窗口”来搜索这些特征。而这些特征通常与转录调节区域相关。在其他情况下，通过搜索特定序列来查找基因，这些特定序列通常是某种基因的功能序列。人类染色体的结构及其所含特定序列如图 6-25 所示。

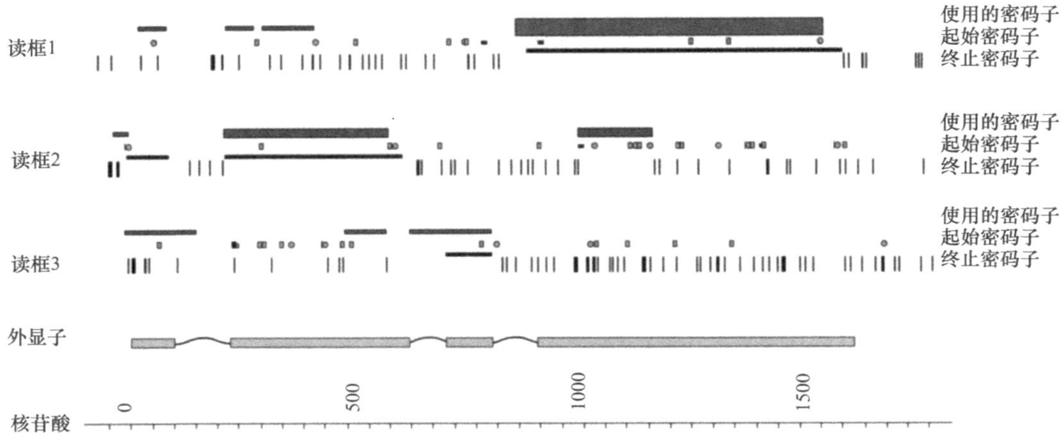

图 6-24　用三个读框从头预测基因组

基因发现算法在 DNA 分子的每一条链上用三个读框搜索编码蛋白的外显子。从密码子的使用可以识别出序列模式，这种序列模式与在不同的物种中特异密码子使用的偏向是一致的。终止密码子的缺失定义了一个可读框——一个可能的外显子。一个起始密码子后跟着一个可读框，定义了第一个外显子。基因图谱(在底部)显示前面外显子是在读框 2 内，后面是两个外显子，分别在读框 3 和 1 中。

预测基因的典型方法是寻找三联体密码子，而这些三联体密码子定义一串氨基酸。一个读框是一条数百甚至数千个核苷酸的序列，并且中间没有被终止密码子(TAA、TAG、TGA)打断。如果用三联体来阅读非编码的 DNA 序列，平均每 21 个三联体(记住每三个核苷酸一个密码子)会出现一个终止密码子。有 64 种可能的三联体($4\times4\times4=$

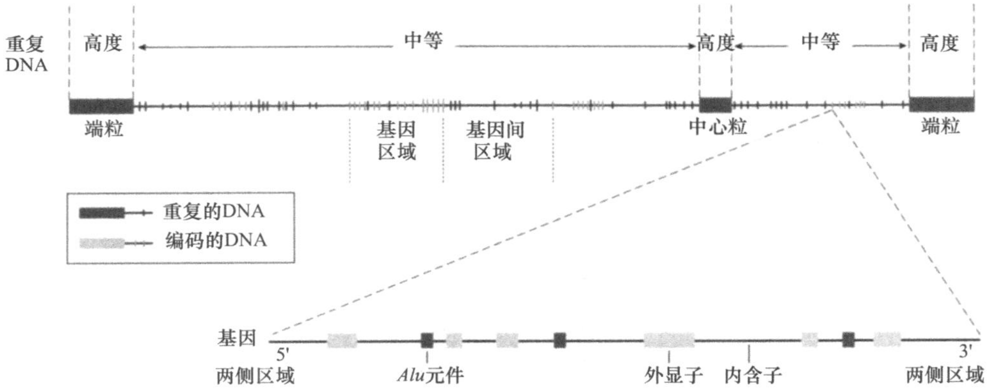

图 6-25　一条人类染色体的结构

高度重复 DNA 包括微卫星(2～5bp)和小卫星(6～50bp)重复序列。端粒重复序列属于小卫星重复序列。中等重复 DNA 包括 SINE(75～500bp)、LINE(达 6.5kb)和核糖体 RNA 基因。*Alu* 属于 SINE 重复序列。

64),其中三个是终止密码子,也就是平均每 21 个密码子序列(或者 63 个核苷酸)会出现一个终止密码子。由于细菌基因通常以一个起始密码子(ATG)开始沿读框一直到末端, 208
所以这个方法对分析细菌基因相当管用,但原核生物和病毒有时存在重叠基因,在双链 DNA 的任何给定区域,它们使用六个读框中的两个或多个读框来编码基因,特别是病毒有很紧凑的基因组,这种情况使得问题变得很复杂。

真核生物的基因很少重叠,并且在同一位置,很少占用 DNA 分子的另一条链。但是内含子的存在使得用读框来预测基因的可靠性减低。事实是基因组计划鉴定的人类基因,平均每一个基因含有 8 个 135bp 长的外显子和 7 个约 2200bp 长的内含子。在内含子中,终止密码子是不起作用的,并且只是按概率出现。一个外显子的读框能够伸入到内含子中,使得确定一个外显子到底在哪结束或从哪开始实际上变得不可能。因此,真核基因一般是由几个相对短的编码序列组成,而这些编码序列被数个内含子分开。

许多基因的功能元素有特征性的"一致序列"(consensus sequence)。虽然它们不完 209
全相同,但在数个变化的核苷酸中有几个不变的核苷酸。例如,在内含子两端的 GT 和 AG 核苷酸,但是内含子/外显子边界的更确切的信号是在剪切位点有一个较大的一致序列以及内含子内部的有一个较分散的特征序列(图 6-26)。具有一致序列 TATAAAA 的"TATA 盒"是大多数真核生物启动元件中 RNA 多聚酶的结合位点。基因的末端以多聚腺嘌呤 AATAAA 信号为标记,这一标记编码在大多数真核生物 mRNA 中发现的多聚腺嘌呤[poly(A)]的加尾过程。结合可读框信息,这些一致序列信号能够帮助注释许多基因。

总之,由于基因包含各种各样的功能元件,使得 DNA 序列的随机性降低,偏向应用某种核苷酸组成。虽然所有这些序列特征不能用简单的规则来区分,隐马尔可夫方法(HMM)综合了关于剪切位点、密码子偏向以及外显子和内含子长度等来自已知的基因的信息来预测新基因。

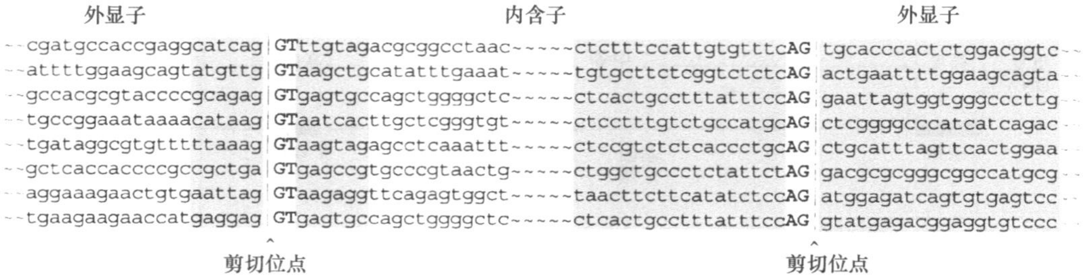

图 6-26　内含子/外显子剪切处的特征序列

内含子/外显子边界由特征序列来定义，四个不变的核苷酸(GT 和 AG)分别定义了内含子的两边。在预测中也用到在内含子中的一个特征序列。即使最好的算法也会预测出许多假阳性剪切位点。

在蠕虫和果蝇中，HMM 能正确鉴定大约 90%的单个外显子，正确鉴定大约 40%基因(含有多外显子)的每一个外显子。但是，在鉴定人类 DNA 时，这些数字分别下降到 70%和 20%。基因预测程序在鉴定内部外显子时效果相当好，这些外显子有靠近内含子的两个剪切连接点(左和右)。由于第一个和最后一个外显子只有这种序列的一半信息，所以经常被忽略。而且，外显子预测产生大量的假阳性外显子。剪切位点一致序列在内含子中是很普遍的，使得"假外显子"比真的外显子更多。

第八节　其他重要技术

DNA 微阵列

既然科学家们已经获得数万人类基因，那么剩下来的任务是理解这些基因是如何一起工作的。虽然每一个有核的细胞(除了生殖细胞)拥有相同的一套基因，但是不同的细胞在不同的水平上表达不同的基因。理解基因表达的不同对理解不同细胞类型的功能和发育是至关重要的。

图 6-27　Pat Brown

20 世纪 90 年代 DNA 微阵列的出现提供了同时分析数千基因表达模式的方法。斯坦福大学的 Pat Brown(图 6-27)开发了一种基于 cDNA 数据库的，为分子生物学家广泛应用的微阵列。首先，把聚赖氨酸铺在玻璃板上，接着在玻璃板上分开的位置点上不同的cDNA，点样可以用针式插脚或者喷墨打印机！带负电的 DNA 分子与带正电的多熔素底物形成离子键，把 DNA 分子紧紧地控制在微阵列中。做好的微阵列包含许多不动的探针，这些探针代表了从一种细胞类型或单一物种中提取出来的数千基因。

211 在典型的使用微阵列的实验中，把 mRNA 从需要比较的实验细胞中分离出来——例如，肿瘤细胞和正常细胞，有丝分裂细胞和静止的细胞，或不同组织的细胞——从这些mRNA中获得 cDNA(要看详细过程请看第五章)。把从每一种细胞类型中得到的cDNA用绿或红荧光染料标记(与自动 DNA 测序所用的染料相同)，把标记好的 cDNA 点样到微阵列中，在这里，它们与各自互补序列杂交。没有结合的 DNA 被清洗掉，微阵列在荧光显微镜下成像。红的或绿的信号分别表示在两种细胞中表达的基因。信号的强弱暗示表达的水平。微阵列实验见图 6-28。

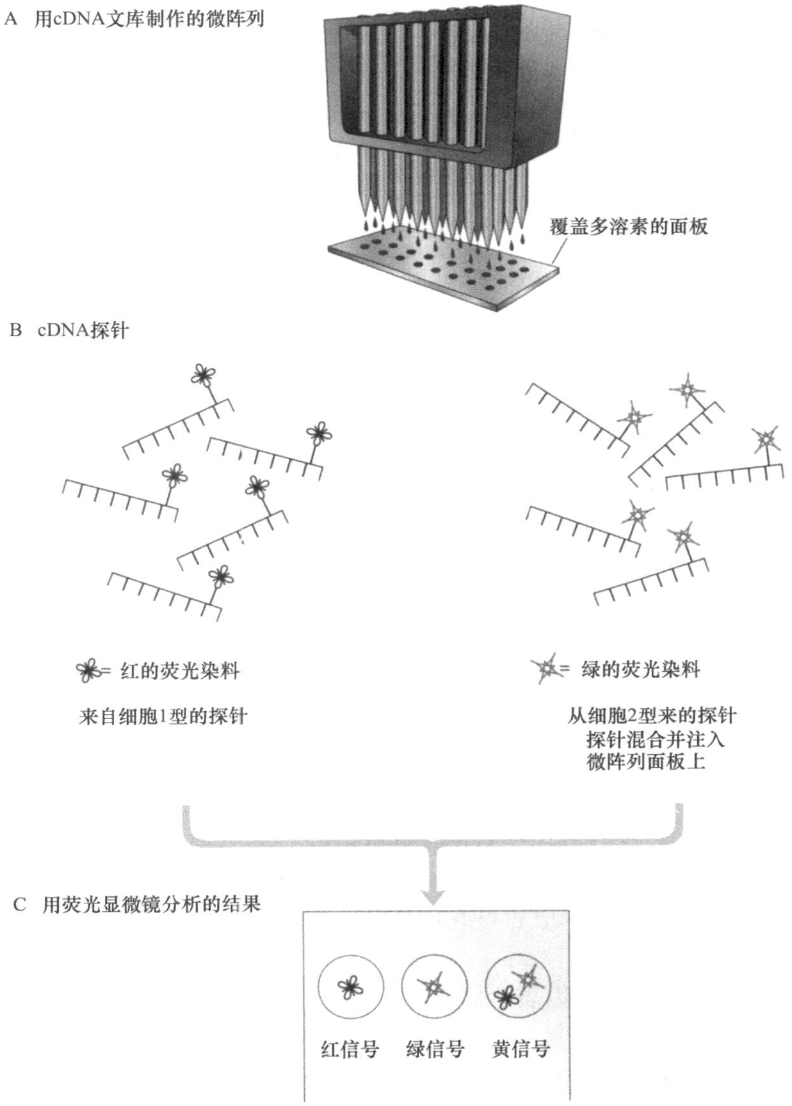

图 6-28 微阵列实验

(A) 一个 cDNA 文库代表整个基因组，准备好这样一个文库和并用它在铺上多溶素的面板上打点。(B) 从两种细胞类型中构建 cDNA 探针。来自细胞类型 1 中的探针用红色荧光染料标记，而来自细胞类型 2 的探针用绿色荧光染料标记。混合这两种探针并输入到 DNA 微阵列板上。(C)洗涤微阵列板，洗出没有特异杂交的探针。一个红色荧光斑点表示在微阵列中一个只在细胞类型 1 中表达的基因。一个绿色荧光斑点表示一个只在细胞类型 2 中表达的基因。一个黄色斑点表示杂交了两种探针，在两种细胞类型中都表达的一个基因。

在一个早期的实验中，一个包含由淋巴结表达的 17 856 cDNA 的“芯片”，用来比较从不同癌症患者中提取出来的大的分散的 B 细胞淋巴瘤。在这一淋巴瘤中发现两个不同的表达模式——与不同的临床表现相关，而这两个表达模式用显微镜检查是不能分辨出来的(关于这个实验的更详细的说明请看第七章)。

Affymetrix 公司用不同的途径来构建 DNA 微阵列。结合来自计算机芯片厂家的影印石版术和制药产业的组合化学，Affymetrix 公司开发了一种用来生产高质量 DNA 微阵列的产业化方法，并因此获得了专利。这种方法不是把cDNA探针结合到阵列上，而是用光导化学合成方法在石英晶片的单个位置重新制造寡聚核苷酸。根据微阵列中探针数目的不同，每一晶片可以承载 50～400 个基因芯片。

为了制造一个基因芯片，首先在晶体表面铺上交联分子。每一个交联分子与一个核苷酸分子连接，并且用保守基团阻止核苷酸的多聚反应，方法与用二脱氧核苷酸中止脱氧核苷酸延长的方式相同。这个保护基因对光敏感(光敏)，在紫外光(UV)照射下从核苷酸分子中脱落。一个滤板隔在晶片和 UV 之间以便只有特定的位置曝光而失去保护基团。于是，在这些失去保护基团的位置，一个新的核苷酸加到核酸链上。在每一步合成的末期，一个新的保护基因加到这些位置，于是合成过程终止。用一个计算机程序自动控制这个过程，估计一个包含大量不同寡聚核苷酸的晶片经过 50～100 次合成反应就能够制造出来，这种寡聚核苷酸阵列与用印刷的方法制造的 cDNA 阵列比较，不但准确得多而且用途更广。因为寡聚核苷酸是合成的，探针能够根据 GenBank 和其他公用数据库的序列信息来制造。基因芯片的制作参见图 6－29。

功能分析

虽然微阵列技术会帮助我们理解大范围的基因协调表达，但最终我们需要理解蛋白质的生化作用(由人类基因组大约 30 000～50 000 个基因编码)。根据与其他生物中已知基因的序列相似，大约 60％的已知人类基因已经命名和归类。序列比较在确定演化关系和基因分类方面是很有帮助的，但是它很少告诉我们关于表达蛋白质的确切功能或者蛋
213 白质参与的途径方面的信息。例如，鉴定了一个未知基因为蛋白质激酶，只说明了这个基因通常参与信号传导，但是它没有告诉我们自己作用于哪一条信号通路或者它实际上磷酸化哪些蛋白质。

由高通量基因组测序和基因表达分析方法产生了大量数据，这或许让我们认为生物学工作已经做得差不多了。其实事情远没有解决。由人类和其他生物的基因组计划发现了大量基因，但分析这些基因的功能要比测序更加艰难。传统方法是通过比较生物突变型和野生型的表现型来推导基因的功能。如是，按 Beadle 和 Tatum 的脉孢菌(*Neurospora*)的实验方法(见第一章)，能够用多个突变体来鉴别特定蛋白质在生物化学或者信号途径中的作用。分离基因然后把它们转导回细胞的现化基因鉴别方法实际上是这种经典方法的延续。

在把序列数据转化成基因功能理解的过程中，我们处在什么样的位置？关于线虫的研究适当地回答了这个问题。线虫基因组序列是 1998 年测出来的，而且这种生物已经集中研究了 30 年了。在这段时间，鉴定了许多突变株，并且确定了每一个细胞的发育世系。即使在这种超级实验生物中，它的 19 000 个基因也只有不到 10％进行功能分析。由于人不能直接用于实验操作，人类基因的功能分析变得越加困难。

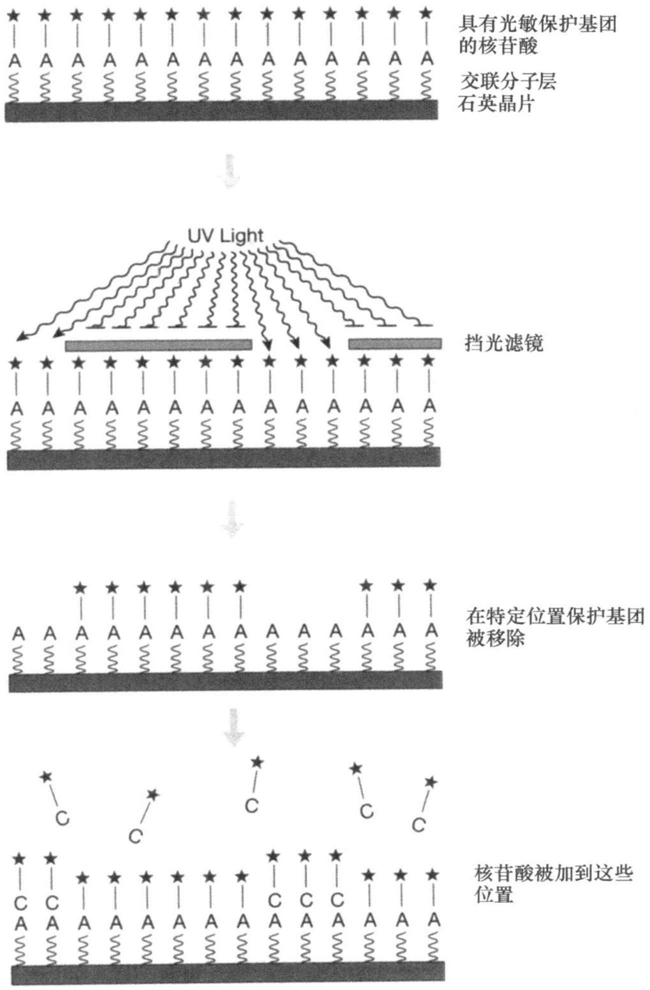

图 6-29　一个基因芯片的制作

用交联分子覆盖石英晶片并加上核苷酸溶液。每一个交联分子结合到一个核苷酸并黏附到晶片上。每一核苷酸带有一个对光敏感的保护基团。当这个基团在这个位置的时候，其他核苷酸不能加到链上。一个瞬时曝光滤镜置于晶片上，只在特定的区域允许 UV 光通过。UV 光把保护基团从核苷酸分离。带有一个保护基团的第二个核苷酸加到晶片上。这第二个核苷酸只有在它的保护基团被除去之后才能结合到晶片上的核苷酸上。重复这个过程，这样使更多特异的核苷酸加到特定的链上。

到目前为止，已经鉴定的和进行过功能分析的基因大部分是人类疾病基因。在这些例子中，疾病基因等于提供了“突变”表现型，能够与正常的功能进行比较。在线人类孟德尔遗传(OMIM)数据库列出了 13 700 个与人类疾病有关的基因，但其中只有 1100 个已经在表现型方面进行了描述，只有几百个已经克隆以进行详细的功能研究。

许多生物学家曾使用小鼠(这种生物易培养、快速繁殖,而且与人的 DNA 很相似)作为模式生物来探索人类关键基因的功能和生化途径。在过去的 15 年中,已开发出了较强的手段,可以允许研究人员引入新的基因(转基因)到老鼠的生殖细胞中(在第五章进行了详细讨论)。一些科学家认为制造大量的转基因老鼠将是研究人类基因功能最好的方法。这等于是在大规模地进行 Beadle 和 Tatum 关于一个基因一种蛋白质的实验。

第九节　人类基因组分析及意义

已发布的序列提供了对人类基因组结构的理解。这些基因分布在大约 25%的人类染色体上,其中只有 1%是编码序列,大约 24%的序列是基因内(intergenic)的非编码序列(内含子)。基因间非编码区域位于基因之间,占人类基因组的 75%(图 6-30)。

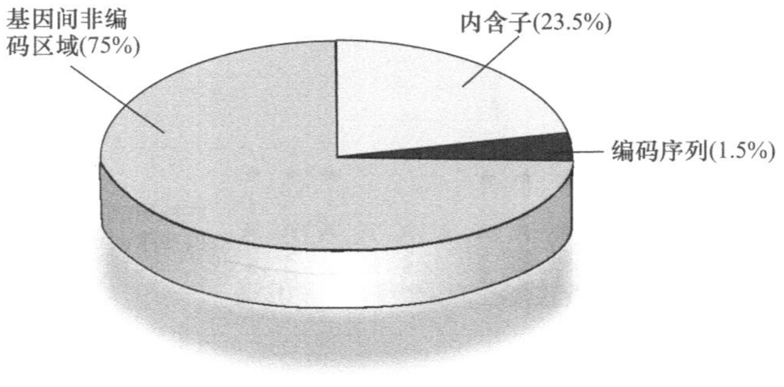

图 6-30　人类基因组组成

214 大约 20～30%的基因聚集在“CpG 岛”中,不到 10%的人类基因组是由这些“CpG 岛”组成的。基因“沙漠”,每区域大约有 500 000 个核苷酸或者更多,是没有基因的,它们组成了大约人类基因组的 20%。基因组计划公布的序列不包括人类基因组在中心粒和端粒部分的异染色质区域,这两部分被认为没有多少功能基因。

各种各样的重复 DNA 序列——从二核苷酸到有功能和无功能的基因再到染色体区域——组成了至少 2/3 的人类基因组。20 世纪 50 年代和 60 年代在华盛顿卡内基研究所的 Roy Britten 和 David Kohne 的杂交研究中,真核基因组 DNA 重复的程度第一次被显示出来。他们把 DNA 切断,在高温下使它变性,接着测量单链片段与互补序列重新结合形成双链 DNA 的速度。使 DNA 穿过羟基磷灰石,比较结合到柱上的双链 DNA 量与流出的单链 DNA 的量来测出复性的情况。绘出复合的 DNA 的比例对 DNA 产物浓度和时间乘积的曲线(C_0t)(图 6-31)。

复性与 DNA 复杂性相关。DNA 越复杂——单一序列数目越多——找到互补匹配的时间越长。细菌 DNA 显示单一复性曲线,而真核生物的 DNA 的复性显示三个不同曲线。两个曲线的复性速度明显快于细菌 DNA,最快部分的复性速度接近 poly(A)poly(U)的结合速度。这复性最快部分是由高度重复 DNA 组成的,它们像 poly(A)一样,能非常迅速地找到互补匹配。第二部分是由中等重复序列组成的。放射活性标记的

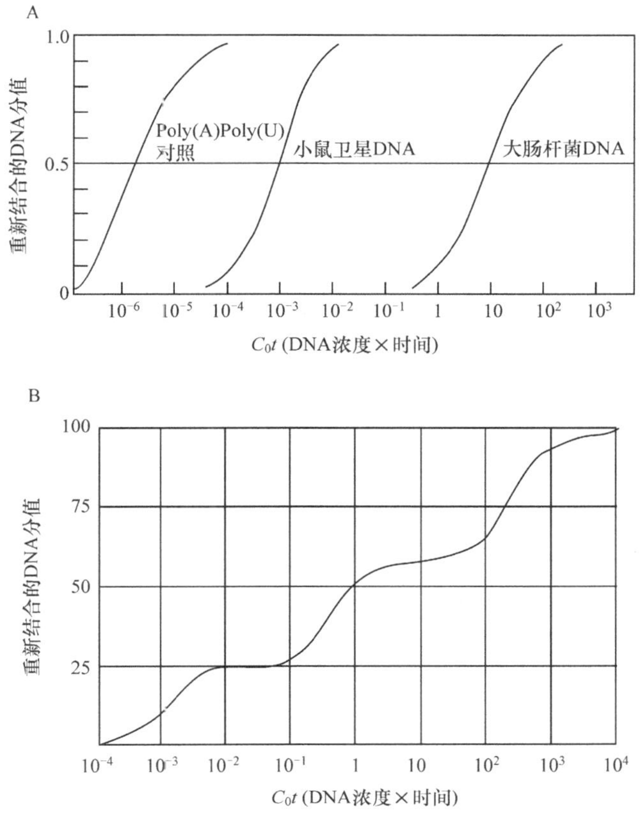

图 6－31　C_0t 曲线图显示 DNA 变性后的重新结合

(A) 合成 poly(A)链和 poly(U)链，用作对照。这些链重新结合非常快。从 *E. coli*来的 DNA 重新结合的速度较慢，因为它们没有重复序列。小鼠卫星 DNA 含有许多重复序列，因此，它比 *E. coli* 重新结合速度快。(B) 真核基因组平均有一个这样的重新结合曲线。这个曲线的第一部分是重新结合最快的部分，代表了高度重复 DNA。曲线的第二部分重新结合速度较快的部分，代表中等重复 DNA。曲线的第三部分是最慢的部分，主要包含非重复的基因。

mRNA 强烈地与复性慢的非重复的 DNA 部分杂交，暗示只有一小部分的真核生物 DNA 编码蛋白质。

高度重复 DNA 由非常短的串联的重复片段组成，几个到数千个重复单元从头到尾排列，像火车的许多车厢。串联重复序列根据重复单元的大小进行分类：微卫星(2～5)、
小卫星(6～50)和卫星(大到几百个)重复序列。微卫星和小卫星重复序列集中在异染色 215
质区域内或周围，这些异染色质区域包括着丝粒和端粒。在细胞分裂期，着丝粒区域的 DNA 重复序列对染色单体配对有辅助作用，而端粒的重复序列 TTAGGG 则可以使染色体的游离末端免遭降解。

由于 DNA 合成酶在 DNA 复制过程中是不连续复制的，认为这会增加短 DNA 重复序列的数量，在此过程中，一些短 DNA 重复序列往往会失去其原来在串联重复中的位置并且还不时地被添加进一些其他的序列单位。所以，在漫长的演化过程中，重复序列区域

呈现出增大的趋势。遗传不稳定性、三连体微卫星(triplet microsatellite)与一系列的神经肌肉以及行为紊乱相关,其中包括亨廷顿病(Huntington's disease)和脆性 X 染色体综合征(fragile X mental retardation)和其他一些共济失调类疾病。小卫星 DNA 和微卫星 DNA 在一个特定的染色体基因座上的拷贝数是可变的,这导致了微卫星 DNA 长度多态
216 性,这种多态性可以用凝胶电泳方法进行检测。小卫星 DNA 通常被称为 VNTR(可变数量串联重复序列),而微卫星 DNA 通常被称为 STR(短串联重复序列)。STR 多态性可以通过测序的手段加以检测并且目前它作为一种方法已经在人类 DNA 鉴定与疾病连锁研究中替代了 VNTR(见第八章)。

中等重复序列分布于着丝粒以外的区域。短散布元件(SINE)长度为75~500bp,而长散布元件(LINE)的长度最大可以达到 6.5kb。这些重复序列的产生并非由 DNA 复制时候的错误造成。在这些重复序列中,包含编码核糖体 RNA(rDNA)的基因,它们在人类基因组中存在着数百个拷贝。然而,大量的中等重复序列的产生与基因组中的可移动元件有关(即所谓的"跳跃基因"),这些跳跃基因可以自我复制然后并且在染色体之间来回迁移。可移动元件的数量占人类基因组的 50%以上。另外 10%的人类基因组序列是大于 5kb 的大规模重复序列,许多这类重复序列都是基因的无功能拷贝——假基因(pseudogene),它们可以分布在染色体完全不同的位置。假基因与其他类型的重复序列 DNA 使序列组装变得很困难。

第十节 基因之少与"垃圾"之多

有些非编码的 DNA 片段并非毫无用处。在基因之间的非编码区域中存在着启动子和增强子等控制基因表达时间、地点、强度的调控元件(见第三章)。这种基因的活性调控在胚胎的生长和发育的过程中特别重要。内含子中有指导 RNA 剪接的信息,包括可变剪切,这种剪功方式可使同一基因产生不同的蛋白质。越来越多的证据表明,通过可变剪接的方式,人类基因可以产生两个甚至更多的转录物。这种方式的存在使基因组的信息量增加了一倍。因此单纯的基因数量并不一定反映了一种生物体的蛋白质的数量或者复杂度。

在启动子、增强子以及剪接信号周围的非编码 DNA 序列可以解释为是形成这些基因调节元件的必需演化原料。短串联重复序列也许是由于单纯的 DNA 复制机制的错误而造成的。更难解释的是转座元件。

两种转座元件——L1(一种长散布元件)和 *Alu*(一种短散布元件)——在人类基因组中出现频率最高。*Alu* 大约有 1 000 000 个拷贝,而 L1 大约有 50 000 个拷贝,这两者大约组成了人类基因组重量的 27%。它们中的每一个拷贝都来自于在人类演化过程某个时间的一次"跳跃"。L1 转座子大约在 1.5 亿年前进入基因组,正因为如此,人类和许多脊椎动物(包括小鼠)都含有这些序列。*Alu* 序列进入基因组的时间只有约 6500 万年,由于时间不长,它仅局限于演化树的"猴子"分支——灵长类。数千 *Alu* 序列只在人类基因组发现,据此判断,造成这数千 *Alu* 序列的跳跃是在过去的 6 百万~7 百万年间,人类从共同的祖先非洲黑猩猩分化后。*Alu* 分布在整个基因组中。

L1 带有反转录酶基因，能够把 L1 RNA 反转录为可移动的 DNA 拷贝。该酶能够把人类免疫缺陷性病毒（HIV）等反转录病毒插入到人的染色体中，并使人感染。今天的观点认为反转录病毒从宿主的基因组的转座元件中借用了反转录酶基因。作为体内最大的反转录资源，L1 和假基因的产生有重大关系。mRNA 被反转录为 cDNA，插入染色体中，随之发生突变而失活，最后产生了这些假基因。 217

L1 的反转录酶还有在反转录病毒中没有发现的另外一个功能，它可以在 DNA 分子的每条链上产生交错性的切口，为反转录的 DNA 拷贝提供插入染色体的新位点。第一个切口全都在 AATTTT 序列，但是第二个切口的位置是不可预测的。这样，L1 反转录酶介导的跳跃介于可预测和随机之间。

Alu 没有任何基因功能，它是个缺陷性的转座子，必须借助于反转录酶才能实现转座，它依赖 L1 产生的反转录酶，在分子共栖中成为寄主，这应了一个谚语：

大的跳蚤身上有小跳蚤，
在它们的背后撕咬；
而小的跳蚤身上还有更小的跳蚤，
如此延伸以至无穷。

转座子占用了人基因组的太多的空间，生物学家努力想发现它们的意义。有些人认为转座子之所以成功是因为它们可以使自己所寄宿的基因组在生物演化斗争中取得更大的成功。大约 40 万年前，*Alu* 的跳跃达到了一个高峰，大约是在每一个新生的灵长类个体中有一个新的跳跃。这个时期大体和演化"爆炸"相一致，此时产生了今天的灵长类家族的前身。*Alu* 序列聚集在基因丰富的区域，在压力大时转录激活。这些事实已经导致一些推测认为 *Alu* 在灵长类的演化中有积极作用，它们产生了基因的多样性，这些基因多样性为灵长类动物适应地球环境的变化提供了便利（图 6－32）。

其他的生物学家认为 *Alu* 和其他的转座子的成功完全是依赖于它们自己的复制能力。*Alu* 并不为编码蛋白质，可能只是为自己的复制而存在，这也对应了 Richard Dawkins 的"自私 DNA"的说法。沿着这条思考线路，从 DNA 的角度对生命做个定义：DNA 序列随时间永恒存在并不断扩增。按照这个观点，*Alu* 是一种非常成功的生命形式，因为它们在今天存在的几十亿人和灵长类的每个个体中存在 100 万个拷贝。

当然，大多数的人不愿接受我们的基因组只是自私而又不老实的 DNA 的载体这种说法的。当知道一些转座子已经像恐龙一样灭绝了，有这种倾向的人或者会有些高兴。*Alu*/L1 的共生取代了更早的，其实是同一种类型的 Mer 和 L2 的共生。虽然 Mer 和 L2 至少有 100 年没有跳跃了，但它们仍然搅乱了约 5％的人类基因组。

各种类型的转座子组成了人类基因组物质的一半以上。如果这是正确的推测，那么有人也许会问"无论怎样，谁在管理这个基因组"？真实的情况是，我们可能永远不会确切地知道，转座子是否是人类基因组设计图的一部分，还是它们只是小跳蚤，正在与我们的基因组玩着掷骰子的游戏。 219

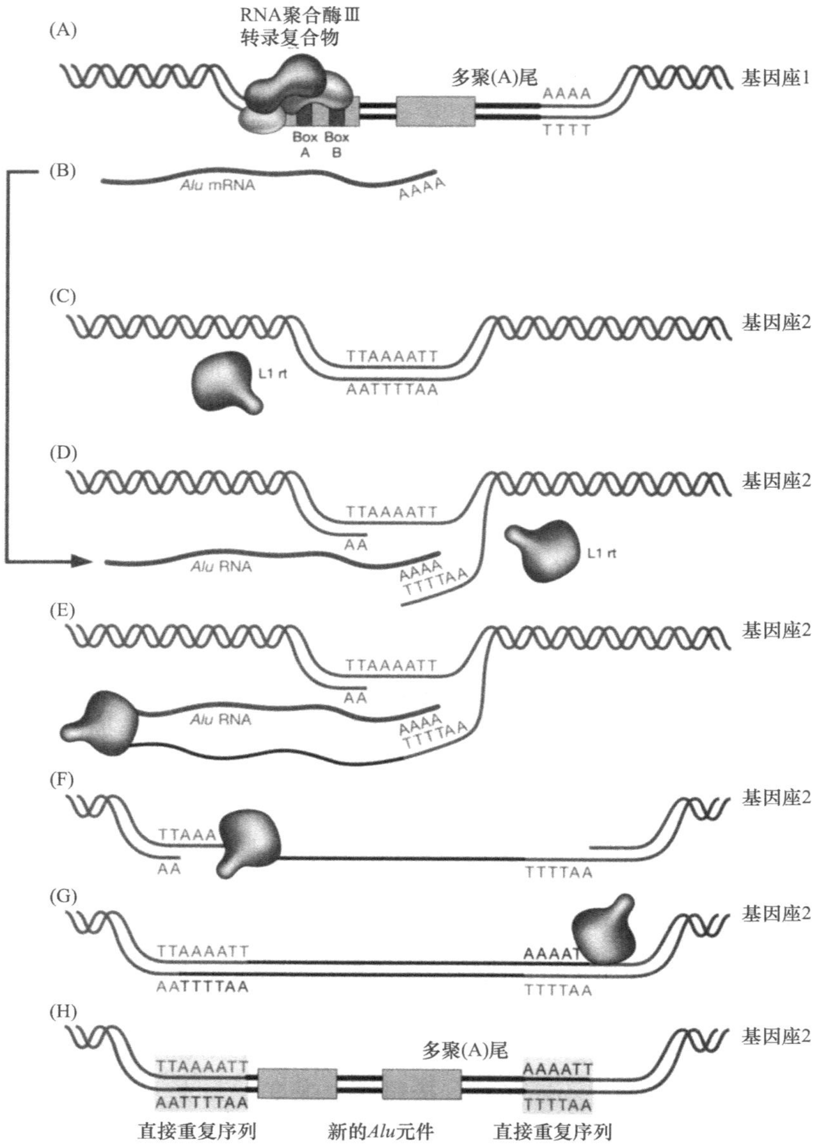

图 6－32　*Alu* 转座模型

(A)在位置 1 的 *Alu* 元件包含 G-C 丰富区域(绿色)。Box A 和 Box B 含有能被转录因子和 RNA 聚合酶识别的序列。(B)*Alu* 元件被转录成 mRNA。(C)Li 反转录酶(RT)在位置 2 的一条 DNA 链上 AATTT 序列处剪开一个缺口。(D)*Alu* mRNA 转移到位置 2,在这里,它的多聚(A)尾与切口处的 Ts 配对。(E)Li 的 RT 结合到这个启动区域,并反转录 *Alu* mRNA 成 DNA。(F)Li 的 RT 在不远处的另一条 DNA 链上剪开缺口。(G)LI 的 RT 用两边的游离区域做引物合成第二条互补链,缺口由 DNA 连接酶修复。(H)结果是一个新的 *Alu* 元件整合到位置 2。转座也在这个元件的两边制造了直接重复序列。

推荐读物

Celera Web Site: http://www.celera.com/

Dieffenbach C.W. and Dveksler G.S. 1995. *PCR primer: A laboratory manual.* Cold Spring Harbor Laboratory Press, Cold Spring Harbor, New York.

DOE Web Site: http://www.ornl.gov/hgmis/

Human Genome Project Information: http://www.ornl.gov/hgmis/

Kevles D.J. and Hood L. 1993. *Code of codes: Scientific and social issues in the human genome project.* Harvard University Press, Cambridge, Massachusetts.

Micklos D., ed. 1999. DNA from the beginning (http://www.dnaftb.org). Dolan DNA Learning Center, Cold Spring Harbor, New York.

NCBI Web Site: http://www.ncbi.nlm.nih.gov/

National Center for Biotechnology Information: http://www.ncbi.nlm.nih.gov/

Ridley M. 2000. *Genome.* Harper Collins, New York.

Sambrook J. and Russell D. 2001. *Molecular cloning: A laboratory manual,* 3rd edition. Cold Spring Harbor Laboratory Press, Cold Spring Harbor, New York.

Sanger Institute, The Wellcome Trust: http://www.sanger.ac.uk

The Human Genome. 2001. *Nature* **409:** 745–964.

The Human Genome. 2001. *Science* **291:** No. 5507, 1145–1434.

221 第七章　癌症的 DNA 科学

1971 年 12 月 23 日，美国总统 Richard M. Nixon 签署了《国家癌症法案》，启动了所谓的“征服癌症战争”。从此，二战以后美国联邦政府对医学研究资助的增长加速了。在接下来的 30 年中，有 460 亿美元的资金用于资助国立癌症研究所，这使得基础生物学研究得到了前所未有的发展。给予生物学研究团体资助的增长，及由此所取得的成果又极大地推进了 DNA 对生命机器起指导作用的新理解。根据已有的 DNA 复制和蛋白质合成的基本分子知识，科学家们急于将他们所了解的知识应用于癌症研究。

在 20 世纪 60 年代末，就如培养细菌一样，科学家们发展了复杂的方法用于在平皿上培养动物和人的细胞株，并且还发现了一些动物病毒，也称肿瘤病毒，能把培养的细胞转化成癌细胞。这样在平皿上模仿癌症发生，以及对恶性肿瘤的发生和发展进行受控实验成为可能。就如噬菌体为探究细菌的分子遗传学提供了一种方法，现在肿瘤病毒为研究动物细胞提供了一种可能类似的方法。肿瘤病毒系统的潜力促使了先前的噬菌体生物学家们转向了癌症的基础研究领域。

在《国家癌症法案》通过整整 10 年后，癌症的分子遗传学基础研究才开始了它自己的时代。在 1981 年秋天，冷泉港实验室、麻省理工学院和哈佛大学 Sidney Farber 癌症中心的研究小组宣布他们发现人类癌症的起源与遗传物质直接相关，每个小组互相独立地运用重组 DNA 技术分离到了原癌基因——能诱导培养的细胞变恶性的特殊基因。探明由原癌基因所编码的蛋白质在细胞中的作用极大地提高了对癌症细胞中代谢如何被扰乱的理解。通过研究癌症的分子遗传学所发展起来的技术使得对艾滋病(HIV)的战斗有了飞速的进展，也为人类基因组计划(HGP)奠定了基础。

在《国家癌症法案》通过后的这些年里，诊断和治疗的改善使得 5 年生存率从 50%提
222 高到 60%，儿童癌症、胃、子宫和直肠癌症的死亡率明显下降，但是，淋巴瘤、肺、前列腺、肝和脑癌的死亡率却明显上升。尽管癌症还没有被征服，但很多人相信，随着对肿瘤细胞的内在机制的更详细的了解，并由此而发展起来的诊断和治疗新方法，将使得即便是难治的癌症，也将得到控制。

第一节　癌症的起因

癌症可能是一组最令人迷惑不解和广泛存在的疾病，它能生长于身体的每一个部分。“液相瘤”，如白血病和淋巴瘤，影响血液的白细胞；“固体瘤”，如肉瘤和癌，生长于各种器官和支架组织中。尽管看上去像是不同的疾病，但它们的繁殖都有着共同的特征，即无节制生长和异常的细胞扩散。癌细胞的增生不受调控机制的约束，也就是它在正常区域之内无限制地细胞繁殖和增长。

科学家们一直在观察细胞复制机器，寻找有关各种癌症的共同基础的提示。对它的合理推断，最后归结到 DNA，即细胞复制的错误最终是由 DNA 复制错误所造成的。为了了解恶性细胞的起源，人们必须密切关注构成组织和器官的细胞。大部分的癌症被认

为是这样发生的，即单个个体细胞内DNA的改变导致了生长失控和快速增殖。这样，可以认为，肿瘤细胞是来自单个异常祖先细胞的后裔，也可称之为克隆，这就是癌症形成的“体细胞克隆”理论。

所有癌症均被认为是遗传病，因为它们源自遗传物质DNA的改变；不断增多的证据说明很多癌症是另一种意义上的遗传病，因为这些人他们易患病的体质是遗传的。有一些家族性的或遗传的几种癌症，包括神经母细胞瘤、直肠和乳腺癌。不管怎样，遗传性癌症可能只占所有病例的5%～10%。

尽管癌症涵盖了所有国家的人民，但癌症“热点”——世界上的癌症高发区——给了我们癌症起因和预防的线索，流行病学家企图寻找癌症频发地区在环境、饮食、文化或生活方式等方面的共同点（图7-1）。

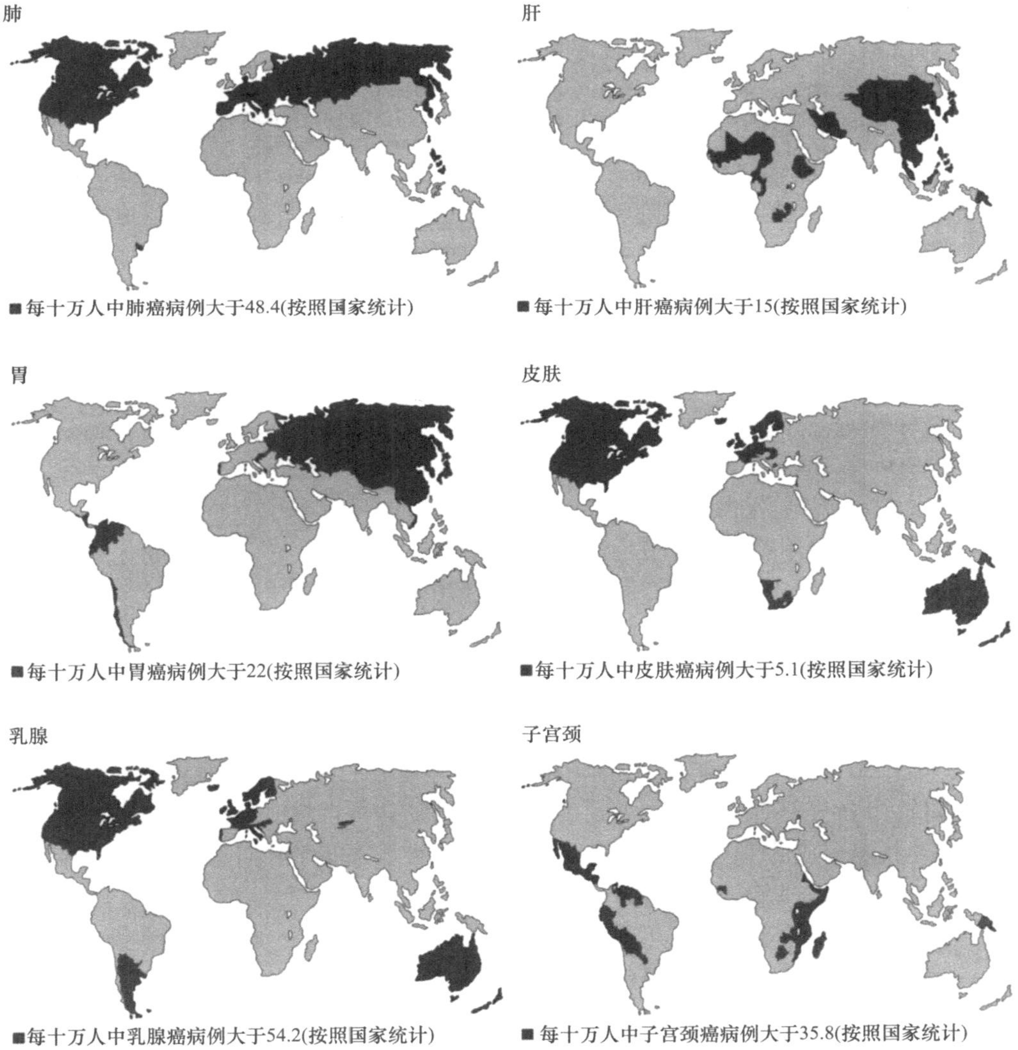

图7-1　世界癌症分布图

（经许可引自 Ferlay J.，Bray F.，Pisani P.，and Parkin D. M. 2001. Globocan 2000：Cancer incidence，mortality，and prevalence worldwide. International Agency for Research on Cancer［IARC］，France）

肺癌　　与吸烟直接相关。发达国家的癌症发生率是最高的，因为那里的人民付得起奢侈的吸烟代价，在二次大战后，男人的肺癌病例增高，但最近几年下降了。但不幸的是，吸烟和患肺癌的比率在女性中正在上升。在美国，肺癌是癌症死亡的首因。如果没人抽烟，癌症死亡数将下降 85%。

肝癌　　与乙肝病毒和黄曲霉素相关。黄曲霉素是由花生和其他食物的霉菌所释放出的强力的突变剂。肝癌高发地区基本上是肝炎发生区和把食物不恰当储藏在潮湿地的地区。

胃癌　　似乎受饮食影响很大。在亚洲的高发率很令人迷惑不解，但被认为与泡菜和熏制食物在饮食中流行有关。

皮肤癌　　最可能由日光照射引起。黑色素或晒黑的皮肤吸收一些紫外线，它能导
224 致引起皮肤癌的 DNA 突变。致命的黑色素瘤高发率主要在中纬度地区，那里是大量的白肤色的白种人所居住的地方，高发率发生在干燥、阳光充足的气候下，那里人们花费很多时间在户外活动。

乳腺癌　　被许多人怀疑是由环境引起，但是，女人终生暴露于雌激素（来自机体或药物）是癌症危险因素的最好的推测因子。这可大致由月经起始和头胎之间的时间跨度来衡量，乳腺癌发生率在富裕地区是最高的，那里的高营养降低了女孩到达青春期的年龄，且工作妇女易于推迟生育，另一个因素高脂肪饮食可能也与乳腺癌有关。

子宫颈癌　　与乳突淋瘤病毒引起的生殖道疣有关。这是最易预防的一种癌症，因为癌前细胞可由 Pap 涂布试验发现。这样，高发区就在妇女没有常规卫生保健的欠发达地区。

美国的癌症

- 每年约有 125 万新诊断的癌症病例。
- 每年约有 55 万人死于癌症——约一分钟一个。
- 约 25%死者的死亡原因是癌症。
- 癌症治疗费用等于所有卫生保健花费的 5%。
- 一生中，美国 1/2 的男人和 1/3 的女人会患上某种癌症。
- 2004 年活着的人中 900 多万有癌症史，包括正在接受治疗的或被认为治愈的。

第二节　病毒与癌症

20 世纪 50 年代和 60 年代，在细菌中对噬菌体复制的深入研究揭示了基因调节的基本机制，这样，当分子遗传学家进入到癌症基础的研究时，自然地，他们又转向简单的病毒系统，去寻找癌形成的基本机制。实验室使用的一种病毒属于肿瘤病毒，它在脊椎动物中能引起恶性化，与噬菌体有令人惊异的相似性：

- 它们都有小的基因组。
- 它们都由必需的蛋白外壳包裹核酸内核。
- 它们都能在培养细胞中繁殖。
- 它们都有溶原期，即它们的基因组整合到宿主细胞染色体中，接着为感染期，那时它们在进行复制。

225 • 它们都有可能转换宿主细胞 DNA 序列。在溶原期，整合的病毒能带上宿主细胞

DNA 序列，在随后的感染过程中，能把它们转到其他细胞中。

一些被深入研究的肿瘤病毒是 Rous 肉瘤病毒(RSV)、腺病毒、多瘤病毒、和猿病毒 40(SV40)。关系最接近的多瘤病毒和 SV40 有着大小似细菌质粒的环状基因组(分别为 5292bp 和 5243bp)。36 000 bp 的腺病毒比噬菌体λ(48 000bp)和 RSV(60 000bp)小。

1911 年，Peyton Rous(图 7-2)第一次建立了病毒和癌症的联系。他发现来自肉瘤(结缔组织肿瘤)的可过滤下来的提取物，被注射进健康鸡后能诱导出肿瘤，能感染的成分随后被证明是一种病毒，它的基因组由 RNA 组成。RSV 属于被称为反转录病毒的 RNA 病毒属，它们能运用反转录酶把它们的遗传物质从 RNA 转变为 DNA，并整合到宿主基因组中(图 7-3)。

图 7-2 Peyton Rous，(承蒙 The Rockefeller University Archive Center 许可引用)

第一个 DNA 肿瘤病毒——兔纤维瘤病毒和多瘤病毒由 Richard E. Shope 在 20 世纪 30 年代分离得到。他还证明了它具有明显的物种特异效应：在野兔中仅引起良性疣的多瘤病毒，在家兔中能引起恶性肿瘤。这样，肿瘤病毒常常有正常的或许可的宿主(在那里只引起轻微的疾病)，以及非许可的宿主，在那里它们产生肿瘤。 226

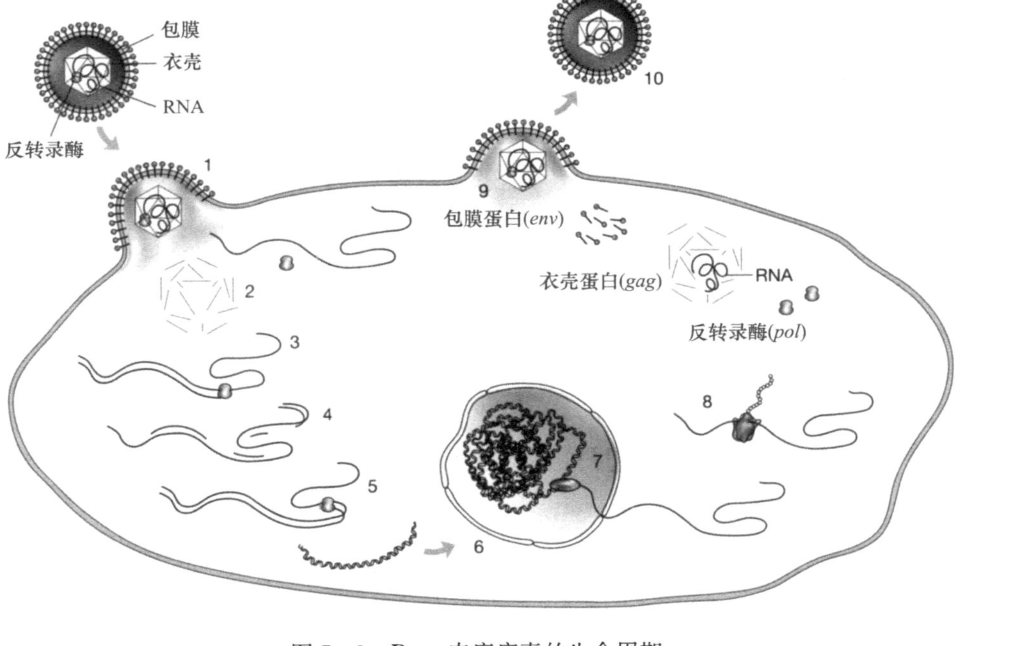

图 7-3 Rous 肉瘤病毒的生命周期

(1) 病毒包膜和宿主细胞膜融合。(2) 脱衣壳。(3) 反转录酶合成 RNA 模板的 DNA 互补链。(4) RNA 酶 H 降解 RNA 链。(5) 反转录酶合成第二条 DNA 链。(6) DNA 双链整合入宿主细胞染色体。(7) 宿主细胞 RNA 聚合酶转录病毒基因成 RNA。(8) mRNA 翻译成蛋白。(9) RNA 基因组和反转录酶包裹入衣壳。(10) 病毒颗粒从宿主细胞膜萌芽出。

由 RNA 和 DNA 病毒产生的肿瘤诱导的遗传机制没有得到认真的研究，直到体外系统的发展使得被分离的哺乳动物细胞能被用于研究。在 20 世纪 50 年代和 60 年代，人们发展了不断复杂的技术用于使哺乳动物细胞生长于受限的培养基中，培养基包含氨基酸、维生素、盐、葡萄糖和动物血清，另外，特别重要的是分离到了能无限增殖的稳定细胞系。

大部分原代细胞（那些直接从活体上取下的）在培养基中很难维持生存。它们仅有较短的存活期；例如，典型地，人源细胞分裂 50 代就要死亡。但是，也发现了很多“永生”细胞株，本质上，它们能永远活着和繁殖下去。通常，这些细胞来自肿瘤，但其余的来自先前已建立的培养细胞的突变。常用的细胞系包括人宫颈海拉（HeLa）细胞、大鼠胎儿纤维母细胞（REF）、中国仓鼠卵巢细胞（CHO）和小鼠 NIH-3T3 纤维母细胞。当培养生长时，非癌细胞显示 4 种重要的特征：

扁平的形状　培养细胞，如纤维母细胞，通常是扁平状。

锚定依赖的生长　只有当黏附在固定支持物上时细胞才能生长；培养碟底部提供了接触物质，当悬浮在软琼脂上时，非癌细胞不能生长。

生长在汇合的单层上　沿着培养皿，新细胞点状均匀地繁殖并扩散，形成不间断的含一个或几个细胞厚的层面。

接触抑制　当细胞和邻近的细胞达到胞体接触时，繁殖和生长就停止。

以上的后两点特征类似于有序的组织，那里细胞只长到足以形成和保持特异的结构即停止。例如，当组织受伤时，只有足够的新细胞被繁殖以代替受伤区域被杀死者，而后生长停止。

到 20 世纪 60 年代中期，已经证明了，被肿瘤病毒感染的培养细胞选择完全不同的两个过程，这对应于先前噬菌体感染细菌时所观察到的现象。在裂解过程中，新病毒颗粒被复制，宿主细胞被裂解；相对地，在溶原样感染期，病毒整合到宿主细胞的 DNA 序列，并且实际上“消失了”——没有病毒复制和细胞裂解的证据。但是，在由肿瘤病毒导致的细胞溶原样感染期，确实引起了细胞形态和生长的改变，这与 Fred Griffith 和 Oswald Avery 所描述的肺炎球菌的转化过程一致，所以转化这个名词也被用于肿瘤病毒 DNA 整合到培养细胞中。转化也就扩大了它的含义，包含了培养细胞的体外变化，这些细胞就是“试管”，相当于活体动物的癌组织（图 7－4）。

227 被肿瘤病毒转化的培养细胞看上去表现的完全不同于它们的非癌同类，它们是圆球形的，没有接触抑制——来自原转化体的细胞相互叠在一起，形成一团，这叫一个集落，这种密集的转化细胞的集落很易区分于非癌细胞所汇合的单层。转化细胞的生长是锚定不依赖的生长，当转到软琼脂上时，它们能继续生长。集落试验能在一系列不同细胞系中检验不同病毒的转化能力。就如休普氏（Shope）乳突淋瘤病毒，在许可的宿主中它仅引起良性病变，在非许可的培养细胞中它能引起恶性转化。例如，腺病毒在人中引起流感样感染，它与任何类型的恶变无关，然而，它能转化许多啮齿动物细胞系，包括小鼠 NIH-3T3 纤维母细胞。尽管这是一个人为的状态，但在研究原瘤形成的许多步骤时，培养细胞的转化被证明是一个方便、正确的模型。

限制性内切核酸酶和重组 DNA 技术的发明使得对病毒转化进行更详细分析变得可能。从转化细胞所提取的基因组 DNA 的限制酶图谱分析表明肿瘤病毒 DNA 作为“原病毒”随机整合到宿主染色体中。腺病毒、多瘤病毒及SV40的DNA基因组是直接整合进

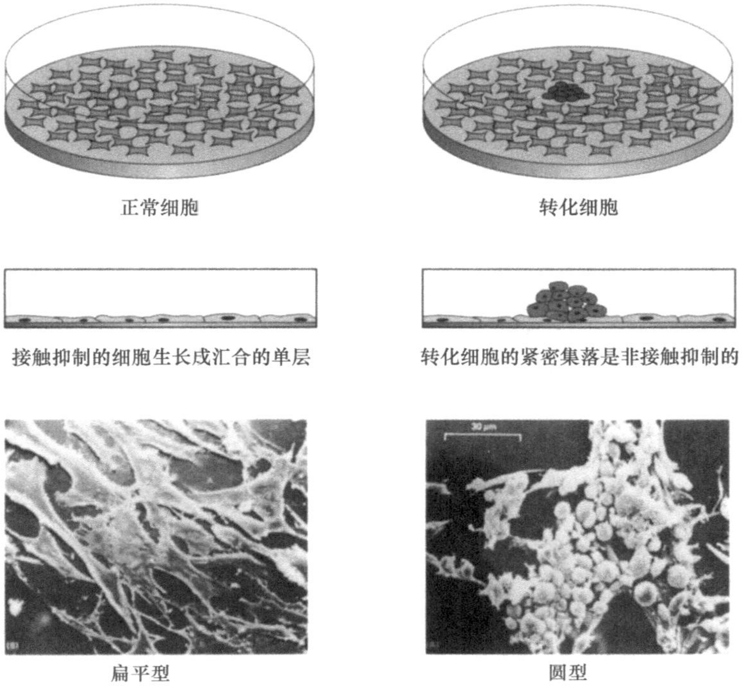

图 7-4　正常和转化细胞的特征

(承蒙 L. B. Chen, Dana Farber Cancer Institute 许可引用)

宿主基因组的,而反转录病毒的 RNA 基因组则是先反转录成 DNA 拷贝,而后整合进宿主基因组的。不管怎样,原病毒和宿主细胞一起转录成信使 RNA(mRNA),接着在宿主核糖体中翻译成多肽。 228

限制酶切图谱和缺失突变分析揭示了肿瘤病毒 DNA 的组成。用这种策略,部分病毒基因组被去除,然后检验突变病毒的复制、包膜形成和转化能力,这样活性的改变就与特异的 DNA 片段相联系,并和其他的功能片段一起定位。

典型的肿瘤病毒基因组仅由几个基因所组成,它们分成两组,一组基因编码结构蛋白,在宿主内形成病毒颗粒;另一组蛋白调节病毒和宿主基因的表达。来自后者的一些基因是癌基因,所编码的蛋白质能引起恶性转化。

腺病毒有两个癌基因,*E1A* 和 *E1B*(E 是早期的缩写),它们存在于能在感染早期被转录的基因组区。SV40 和多瘤病毒每个都有两个相似的癌基因,称为肿瘤(T)抗原,有点令人困惑的,在 SV40 中,称大 T 和小 T 抗原;在多瘤病毒中,称为大 T 和中 T 抗原。RSV 有一个癌基因,称为病毒 *src*(v-*src*)。

第三节　致癌基因和转导

对病毒癌基因演化起源的详细了解来自 20 世纪 70 年代末对 v-*src* 基因的研究。加州大学旧金山分校的 J. Michael Bishop 和 Harold Varmus(图 7-5)用 v-*src* 的 DNA 探测各种动物的细胞 DNA。一种很近的相似物,称为细胞 *src*(c-*src*),从正常的鸡、鱼、哺乳动物、人,甚至果蝇的 DNA 中被发现。随后,其他病毒癌基因也被发现有很近的细胞相似物，且在演化过程中，它们保守存在于不同物种之间。

在 20 世纪 80 年代早期，来自 Rockefeller 大学的 Hidesaburo Hanafusa(图 7-6)，发现携带不完整 *src* 癌基因的反转录病毒还能使动物产生肿瘤。随后从恶性肿瘤中分离到的病毒重新形成完整的 *src* 癌基因，表明它们能从宿主细胞“俘获”*src* 基因的丢失部分，而变成原癌性(图 7-7)。

图 7-5 J. Michael Bishop (左)和 Harold Varmus(1989)
(经许可引自 the University of California, San Francisco)

图 7-6 Hidesaburo Hanafusa
(承蒙 Cold Spring Harbor Laboratory Achives 许可引用)

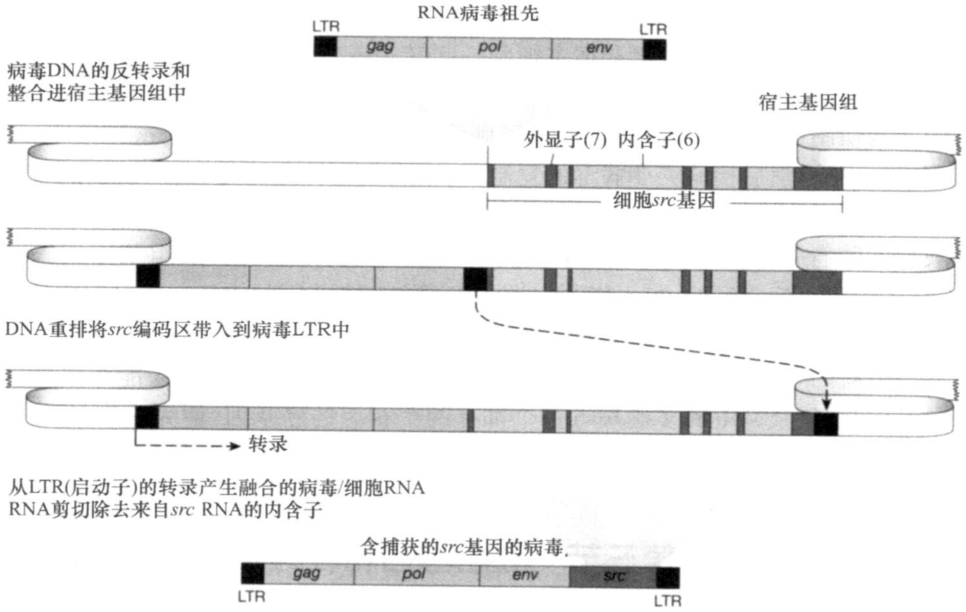

图 7-7 由祖先 Rous 肉瘤病毒俘获的细胞 *src* 癌基因

Bishop、Varmus 和 Hanafusa 的工作表明反转录病毒癌基因是俘获自脊椎动物宿主基因组且被改变过的细胞基因。在原病毒整合中，细胞基因编码区的全部或部分被整合到病毒基因组的序列里。这样,病毒就像转导的噬菌体,当它从宿主 DNA 出来时,带出了一个细胞基因。细胞基因和病毒基因组一起包裹进了具有感染性的病毒颗粒。

癌基因,像 c-*src*,编码对正常细胞增殖很重要的调节蛋白,但是,改变了的 v-*src* 基因的过量表达明显打乱正常的生长控制。与这理论相一致,Bishop 和 Varmus 发现在正常细胞中 *src* 基因低量表达,在病毒转染细胞中 *src* 基因不恰当地高量表达。这些正常细胞基因通过突变或提高表达量就有可能成为癌基因。 229

癌症中由反转录病毒引起的病毒或细胞癌基因的过量表达由几种机制所引发。一些含癌基因的病毒,像 RSV,带上俘获的细胞癌基因直接处于强大的病毒启动子的控制之下,v-*src* 基因处于病毒基因组末端的启动子的控制之下,叫 LTR(长末端重复序列)。其他癌基因的反转录病毒不带癌基因,但是,细胞癌基因处于邻近的原病毒整合部位,当它处于强大的病毒启动子的控制之下,就会被过量表达。如鸟白血病病毒(ALV,引起鸡白血病)的原病毒总是常常插在 c-*myc*——一种常见的细胞癌基因的上游(图 7-8)。

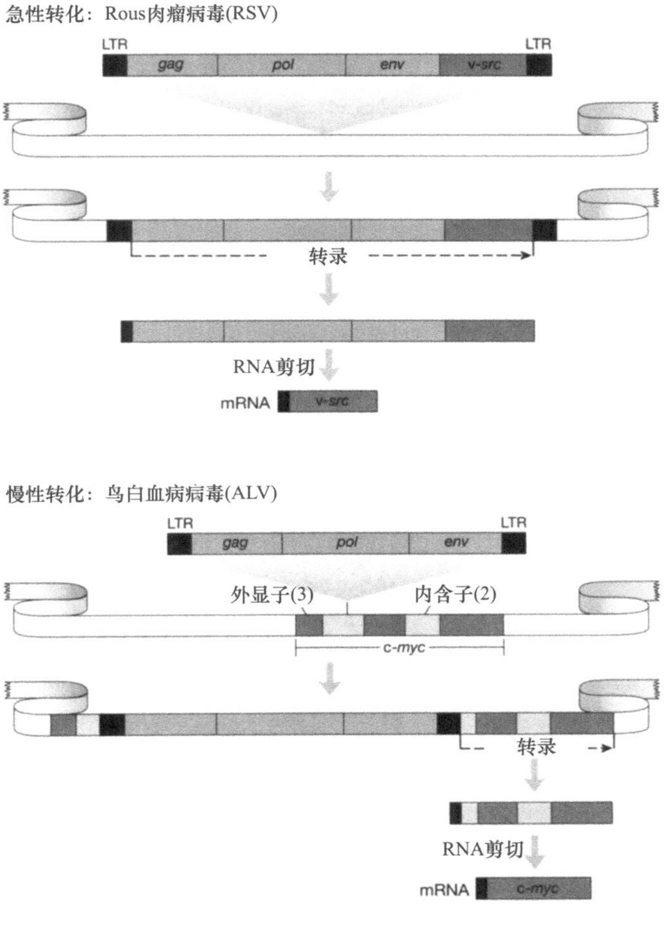

图 7-8 反转录病毒的急慢性转化

在急性转化时,本身含有癌基因的肿瘤病毒整合到宿主染色体,在那里处于病毒启动子或长末端重复序列(LTR)控制的病毒癌基因被转录;在慢性转化时,本身无癌基因的肿瘤病毒整合到邻近的细胞原癌基因,在那里处于病毒 LTR 控制的病毒癌基因被转录。

把 c-*src* 基因放在病毒 LTR 上游，使之高表达，实验表明单独的 *src* 基因产物增高不足以导致转化，因此，在病毒感染过程中，转化似乎需要提高 c-*src* 基因的突变。

有证据认为，转化的病毒，如 RSV，优先整合在宿主染色体的“脆性位点”，那些地方易于断裂，这些位置常对应于“重组热点”，那里 DNA 序列以不同寻常的高频率发生交换。RSV 常整合在位于 c-*src* 基因的 3′末端的重组热点。当 RSV 从宿主基因组中切出和转换细胞基因时，它的 3′末端被留下了。

230 第四节 病毒和人类癌症

对不同脊椎动物的肿瘤病毒的研究揭示了很多有关体内或体外的瘤形成的基本机制。然而，直到 1980 年，关于病毒和人类癌症的关系仍是一种假设，此时，美国国立卫生
231 研究院的 Robert Gallo 发现了反转录病毒与一种稀有的白血病有关。人嗜 T 淋巴细胞

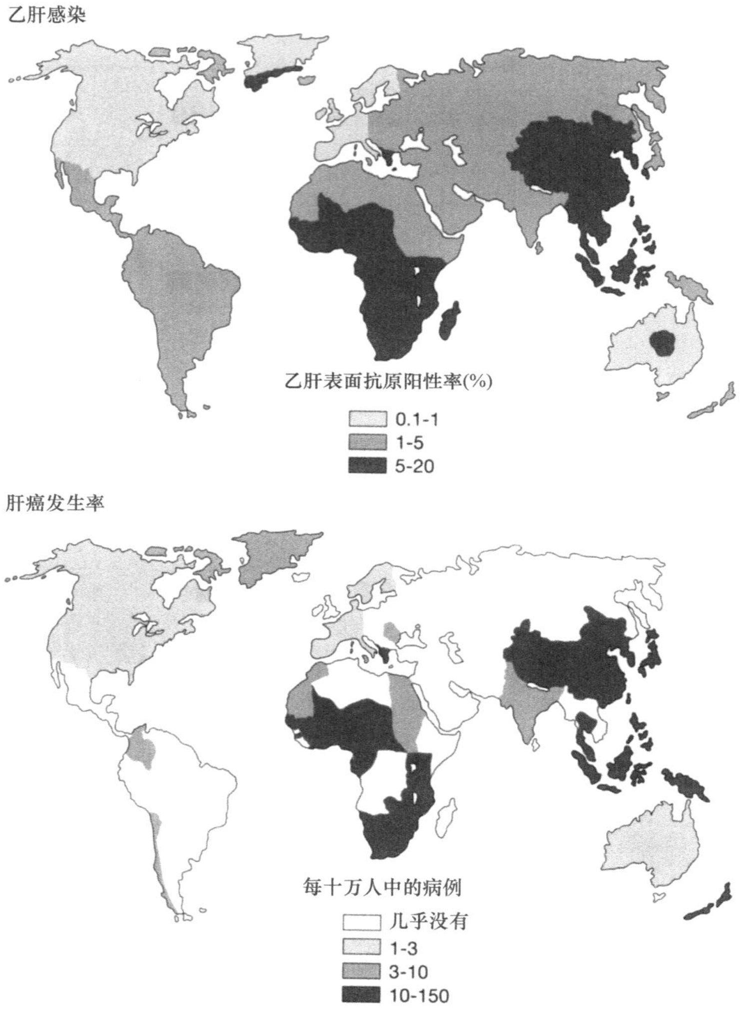

图 7-9 乙肝和肝肿瘤(肝癌)分布的一致性
(引自 P. Maupos and J. L. Melnick. 1981. *Prog. Med. Virol.* 27:1)

病毒Ⅰ型(HTLV-Ⅰ)表现就像ALV一样,整合到一个细胞调节基因的上游。原病毒启动子引起了编码T细胞生长因子的细胞基因的过量表达,这刺激了T淋巴细胞的增殖。在1983—1984年,一个HTLV-Ⅰ的近亲从获得性免疫缺陷综合征(AIDS)中分离出来。这种病毒,由Luc Montagnier独立分离并命名为淋巴腺病相关病毒(LAV),和由Gallo独立分离并命名HTLV-Ⅲ,最终被命名为人类免疫缺陷病毒(HIV)。

DNA病毒现与几种人类癌症联系在一起。暴露于乙肝病毒,将使得患肝肿瘤的危 232
险性增高几百倍,在世界范围内,肝癌是最普通的恶性病(图7-9)。除了世界范围内乙肝病毒和肝肿瘤的发生有很强的相关性以外,病毒DNA也被发现整合于肝肿瘤细胞的基因组DNA中。Epstein-Barr病毒(EBV),它能导致传染的单核细胞增多症,在某些灵长类中产生淋巴瘤,并能使培养的人淋巴细胞永生。EBV抗原DNA备份存在于两种癌细胞中,而它们的发生是地域性的——Burkitt淋巴瘤(在非洲)和鼻咽癌(在中国)。

人乳突淋瘤病毒(HPV)也与生殖道癌相关,包括宫颈癌。涂布试验可发现宫颈的癌前细胞改变,而这直接导致了美国过去的40年中子宫癌的死亡下降了70%。然而,宫颈癌仍是发展中国家及发达国家中社会经济地位低下人群中的女性死亡的一个主因。

第五节　哺乳动物细胞的转染

用一种精细调整的技术去转运裸露的DNA到哺乳动物细胞开启了了解癌基因作用的新途径。在此种方法之前,经遗传工程处理的DNA或RNA病毒是转运新基因到培养的哺乳动物细胞中的惟一的途径。在1973年,挪威莱顿大学的Alex van der Eb和他的助手,证明了用磷酸钙沉淀和纯化的SV40或腺病毒DNA能转化培养的哺乳动物细胞。尽管对这种吸入或转染机制依然不清楚,但目前被认为是细胞吞噬钙/DNA颗粒。

几年后,哥伦比亚大学的Richard Axel(图7-10)和Michael Wigler(图7-11),发现如共转一个选择性标记和基因组DNA、cDNA或克隆的基因,这将会很容易鉴定出吸入了外源DNA的培养细胞。第一个哺乳动物选择性标记是胸苷激酶(*tk*)基因,这使转化细胞运用选择性途径将胸苷合成入DNA中。因为*tk*选择性系统有一定的局限性,其他标记也已被装入克隆载体中。

在质粒载体SV*neo*中,一种新霉素抗性的细菌基因被融合到SV40启动子,使它能在哺乳动物细胞表达。外源DNA不必直接连接至SV*neo*质粒;两种DNA简单地混合,和磷酸钙一起沉淀。细胞吞噬磷酸钙颗粒,这样得到的混合DNA,能使细胞选择生长于含新霉素类似物G418的培养基,因为它能杀死非抗性的真核细胞。

转染的DNA形成含几十万碱基对长的“连接物”,那里多个备份的SV*neo*质粒和基因组DNA的片段连在一起,连接物作为一个单位随机整合到宿主细胞染色体中。因为基因组DNA和SV*neo*质粒常紧密联系在连接物内,所以质粒序列可被用于探查感兴趣的基因。

图 7－10　Richard Axel
（Don Hamerman 摄影）

图 7－11　Michael Wigler

234

第六节　人类致癌基因

考虑到人们已经从病毒转染的细胞和动物肿瘤中分离出的各种癌基因，那么细胞癌基因被从人癌细胞中分离出也似乎有理。冷泉港实验室、麻省理工学院和哈佛大学 Sidney Farber 癌症中心使用哺乳动物细胞转染和集落实验为研究小组检验这个假说提供了技术，他们的任务是筛选上万种存在于人类基因组的 DNA，希望发现一个癌基因。

每个小组采用不同的策略，冷泉港实验室的 Michael Wigler 小组采用的策略具有代表性（图 7－12）。基因组 DNA 从培养的来自人膀胱癌的细胞系（T24）中抽提出来，用 *Hin*dⅢ酶解，得到的片段连接到有选择性的细菌标记——一种大肠杆菌抑制因子tRNA 基因。重组分子被转染入 NIH-3T3 小鼠纤维母细胞中，集落的形成表明细胞得到了含完整癌基因的酶切片段。

从几个集落的细胞中提取 DNA，用 *Sau*ⅡA 酶解，它能留下选择性的标记连在癌基因上。这种 DNA 又被连到 λ 载体上，它需要抑制因子 tRNA 标记才能生长。在选择条件下能成斑的新重组的嗜菌体被认为含有酶切片段，这片段带有标记和癌基因。从嗜菌斑提取的 DNA 被转染到 NIH-3T3 细胞；集落的形成证明了 λ 载体带有癌基因。

在人类癌基因被分离出之前，人们担心人类癌症的遗传机制是不可理解的。现在，人类癌症被认为有了明确的病因。癌基因可能为人们提供了洞察力，以消除癌症研究的混乱，并提供了一种通用的实验研究方法。这种革命化的手段和病毒模型一起，在非常精细的水平上，提供了分析人类癌症的方法。

另一轮实验比较了新得到的人类癌基因 DNA 序列和已知的细胞和病毒的基因的序列。在 T24 膀胱癌基因中，序列比较揭示它是 Harvey 肉瘤病毒的 Ha-*ras* 癌基因的细胞类似物，它引起大鼠结缔组织肿瘤，Ha-*ras* 与从几种不同人类肿瘤中分离的癌基因有关；从直肠和肺癌细胞系分离的癌基因与小鼠 Kirsten 肉瘤病毒的 Ki-*ras* 癌基因有关；第三类 *ras* 基因家族，N-*ras*，从神经母瘤细胞中分离。尽管三类 *ras* 基因有不同的内含子和外

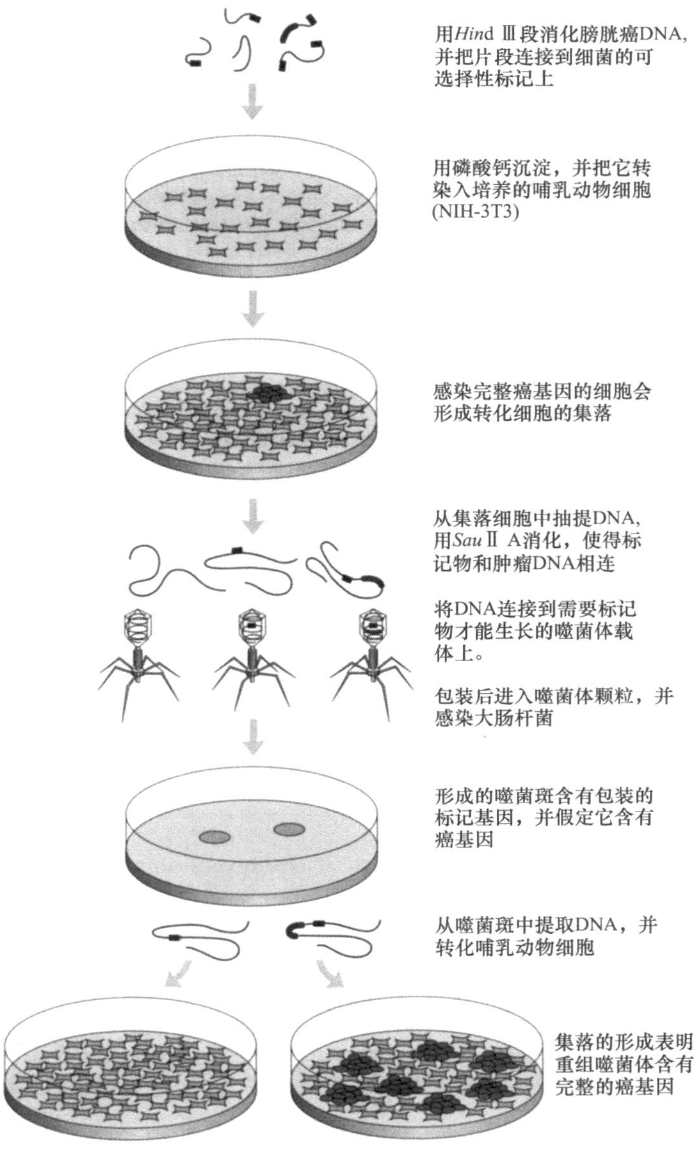

图 7-12　Wigler 分离 Ha-*ras* 癌基因的策略(1981)

(引自 R. Weinberg. 1983. *Sci. Am.* 249/5：138)

显子的排列，随后的序列分析表明每个都编码相近的 189 个氨基酸。

在不同的正常人体组织中能鉴定到 *ras* 基因类似物，这类基因贯穿于演化树上的各种真核生物，从酵母到黏液菌类到果蝇乃至鸟类的基因组中，也能发现它们的存在(图 7-13)。随后的实验表明人和酵母的 *RAS* 基因是相似的。去掉 *RAS* 基因的酵母细胞不能发育；然而，将人 *ras* 基因插入后可补偿丧失的 RAS 功能。

这些研究表明人癌基因(或称原癌基因)来自具有重要细胞功能的正常基因。它们的发现也提出了还未解决的主张：致癌的潜能存在于每个个体细胞的原癌基因。癌基因非

... Glu Tyr Lys **Ile** Val Val Val Gly **Gly** Gly Gly Val Gly Lys Ser Ala Leu Thr Ile Gln **Phe** Ile Gln **Ser** **Tyr** Phe ... YEAST
... Glu Tyr Lys **Ile** Val Val Val Gly **Gly** Gly Gly Val Gly Lys Ser Ala Leu Thr Ile Gln Leu Ile Gln Asn His Phe ... SLIME MOLD
... Glu Tyr Lys Leu Val Val Val Gly **Pro** Gly Gly Val Gly Lys Ser Ala Leu Thr Ile Gln Leu Ile Gln Asn His Phe ...*DROSOPHILA*
... Glu Tyr Lys Leu Val Val Val Gly Ala Gly Gly Val Gly Lys Ser Ala Leu Thr Ile Gln Leu Ile Gln Asn His Phe ...CHICKEN
... Glu Tyr Lys Leu Val Val Val Gly Ala Gly Gly Val Gly Lys Ser Ala Leu Thr Ile Gln Leu Ile Gln Asn His Phe ...HUMAN

图 7-13　不同种属 ras 蛋白序列比较

氨基酸序列非常相似，少数不同的用黑体表示。

235 癌组织所特有——它们不是简单的局限于肿瘤的“坏”基因，相反，它们是必需基因，只是在某种方式上，它们的正常功能被改变了。那么，是什么机制激活了 *ras* 和其他癌基因的致癌潜能？

仔细研究人 Ha-*ras* 癌基因，使人们可以更精确地洞察癌基因激活机制（表 7-1）。从癌和正常胎盘细胞中分离的 Ha-*ras* 基因序列实际上是一样的，两个基因的蛋白编码区只有一个核苷酸的不同。正常细胞基因的第 12 密码子是 GGC（编码甘氨酸），而 *T*24 癌基因的第 12 密码子是 GTC（编码缬氨酸）。这样，DNA 序列的点突变导致 Ras 蛋白的缬氨酸替代甘氨酸。随后，*ras* 基因家族的其他突变激活位点也被发现了（第 59 和 61 密码子较为著名）导致单个氨基酸的改变。这强调了这个突变的重要性，也表明有类似“激活”突变的酵母 *RAS* 基因能转化培养的 NIH-3T3 细胞。

表 7-1　来自病毒和人肿瘤细胞系的 *ras* 基因的一些突变和导致的氨基酸改变

	密码子（氨基酸）					
	12		59		61	
Ha-*ras*						
normal	GGC	(Gly)	GCC	(Ala)	CAG	(Gln)
Harvey sarcoma virus	**AGA**	**(Arg)**	**ACA**	**(Thr)**	CAA	(Gln)
bladder tumor(T24)	**GTC**	**(Val)**	GCC	(Ala)	CAG	(Gln)
lung tumor(HS242)	GGC	(Gly)	GCC	(Ala)	**CTG**	**(Leu)**
Ki-*ras*						
normal	GGT	(Gly)	GCA	(Ala)	CAA	(Gln)
Kirsten sarcoma virus	**AGT**	**(Ser)**	**ACA**	**(Thr)**	CAA	(Gln)
colon tumor(SW480)	**GTT**	**(Val)**	GCA	(Ala)	CAA	(Gln)
lung tumor(Calu)	**TGT**	**(Cys)**	GCA	(Ala)	CAA	(Gln)
N-*ras*						
normal	GGT	(Gly)	GCT	(Ala)	CAA	(Gln)
neuroblastome(SK-N-SH)	GGT	(Gly)	GCT	(Ala)	**AAA**	**(Lys)**
malignant melanoma(Mel)	GGT	(Gly)	GCT	(Ala)	**AAA**	**(Lys)**
lung carcinoma(SW1271)	GGT	(Gly)	GCT	(Ala)	**CGA**	**(Arg)**

因为这些实验在培养细胞中进行，所以还不明确它与人类癌症形成的相关性如何。 236
国立癌症研究所的 Mariano Barbacid 研究小组第一个揭示了人类癌症与 *ras* 癌基因的突变激活有亲近关系。从取自肺癌患者的癌组织和正常组织中分离的 Ki-*ras* 基因的序列比较表明第 12 密码子突变只存在于肿瘤细胞。

第七节　抑癌基因

迄今为止所讨论的病毒和细胞癌基因都可被认为是“显性作用”。单拷贝的突变癌基因或野生型原癌基因的拷贝数增高都可引发肿瘤。1986 年，发现了一类完全不同的癌基因，它和稀有的儿童肿瘤——视网膜母细胞瘤有关。在这种癌中，恶性来自视网膜母细胞瘤(*Rb*)基因的一个功能拷贝的缺失，因此被称为“隐性作用”。*Rb* 是肿瘤抑制因子，因为它的存在(即使是单拷贝)能抑制这类特殊癌症的形成。迄今为止所描述的癌基因都是鼓 237
励细胞增殖，而 *Rb* 抑制促有丝分裂效应。

1970 年，费城 Fox Chase 癌症中心的 Alfred Knudson(图 7－14)所进行的患视网膜母细胞瘤儿童的统计分析预见了 *Rb* 基因的存在及其用作肿瘤抑制因子的功用。患了“家族”型病的小孩从父母亲中的一位遗传了一个正常拷贝的 *Rb* 基因，从父母亲中的另一位遗传了一个突变拷贝的 *Rb* 基因，随后，在正在发育的视网膜母细胞的自发突变导致了残留的正常拷贝的缺失，产生了没有功能性 *Rb* 基因的肿瘤细胞。这些患者双眼发生多发性肿瘤(双侧病变，bilateral disease)。散发型病则是从父母亲中遗传了正常的 *Rb* 基因，出生时每个细胞带有两个功能性的 *Rb* 基因，正在发育的视网膜的单个细胞经过两次连续的体细胞突变，失活了两个拷贝的 *Rb* 基因后，癌就产生了，这种孩子发生单个肿瘤(单侧病变，unilateral disease)(图 7－15)。

图 7－14　Alfred Knudson

典型的视网膜母细胞瘤患者显示了染色体缺失和 13 号染色体上 *Rb* 基因的重排。带着一个 *Rb* 功能性拷贝和一个 *Rb* 突变基因的杂合子细胞表现正常，但是第二个 *Rb* 基因拷贝的缺失，也叫杂合缺失(LOH)，导致 *Rb* 肿瘤抑制功能的丧失。有个实验说明了这个概念，11 号染色体缺失产生肾 Wilm 瘤，提示这一位点上存在一个肿瘤抑制基因 *WT*1。把正常的 11 号染色体引入 Wilm 瘤细胞，它们就变回正常，不再形成肿瘤。

Rb 基因牵涉到很多人类癌症，表明它在很多组织中负性调节细胞生长中有着普遍的作用。治愈的家族性视网膜母细胞瘤患者在他们的每个细胞中带有生殖细胞来源的 *Rb* 突变，杂合性缺失增高了他们得其他肿瘤的风险。在很多肿瘤中都发现了 *Rb* 基因缺失或 13 号染色体的异常，这些肿瘤，包括骨癌、小细胞肺癌和乳癌常会影响 *Rb* 患者随后的生活。

p53 基因，如此命名是它所编码蛋白的分子质量为 53 kDa，1979 年首次从被肿瘤病毒 SV40 转化的细胞中分离到这种蛋白质。它能结合大 T 抗原，一种 SV40 的致癌蛋白。起初被认为是起显性作用的癌基因，直到 1989 年，它作为肿瘤抑制因子的真实作用才被发现。自从那时起，“雪崩”样的大量研究发现，在大部分人类肿瘤中，*p53* 的功能丧失是常见的共同特征，目前已有几百种肿瘤相关的 *p53* 突变类型被鉴定出来。

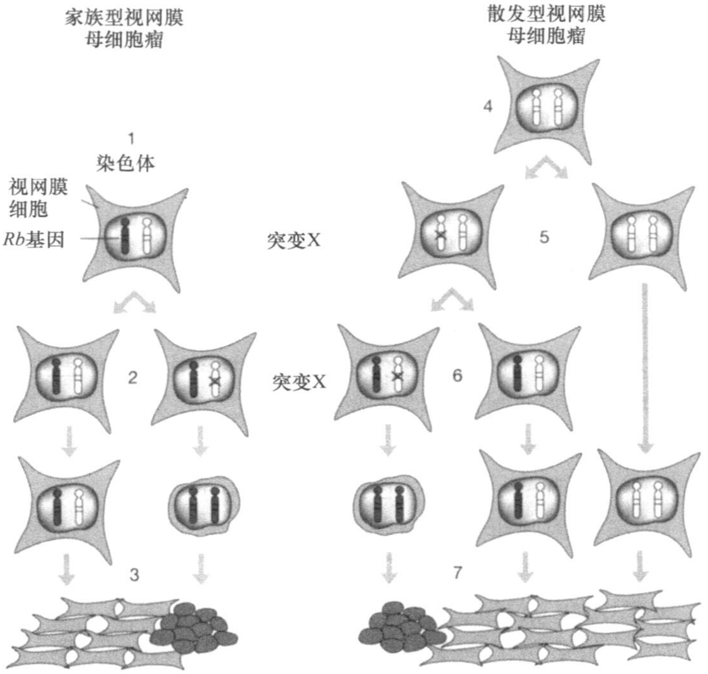

图 7-15　家族型和散发型视网膜母细胞瘤的 *Rb* 基因的突变

(1) 在家族型视网膜母细胞瘤中，一个正常(白)和一个突变(黑)的 *Rb* 基因来自遗传；(2) 随后的任何视网膜细胞的突变失活残留的 *Rb* 基因(黑)；(3) 导致肿瘤细胞克隆的生长失控；(4) 在散发型视网膜母细胞瘤中，两个正常 *Rb* 基因来自遗传；(5) 第一个突变失活一个拷贝的 *Rb* 基因(黑)；(6) 随后的同一视网膜细胞的突变失活残留的 *Rb* 基因(黑)；(7) 导致肿瘤细胞克隆的生长失控。

第八节　致癌基因和抑癌基因的互作

癌基因和肿瘤抑制基因的发现提示细胞内存在着一个正向和负向控制的精细调节系统，使细胞生长维持在正常范围。换言之，癌基因和肿瘤抑制因子提供了肿瘤形成的不同路经，癌基因的突变可刺激促有丝分裂途径，导致细胞增殖；肿瘤抑制因子的突变可导致细胞增殖控制的丧失。

图 7-16　Edward Harlow

238 1988 年，冷泉港实验室 Edward Harlow(图 7-16)的发现为 DNA 肿瘤病毒所引起的瘤形成和抑制因子癌基因之间的联系提供了线索。Harlow 博士小组发现，腺病毒致瘤蛋白 E1A 实际上能结合 Rb 并阻断它的功能。这也能解释 SV40 大 T 抗原和 *p53* 的联系，在那里结合 *p53* 而使之失活，导致肿瘤的产生。

宫颈癌更能说明病毒癌基因和细胞肿瘤抑制因子的联系。实际上，宫颈癌由人乳突淋瘤病毒(HPV)引起，它提供了各种癌症与致病因子之间的最清晰的流行病学关系。Pap 涂布实验实际上能发现 HPV——感染的细胞的异常表型。由 HPV 编码的两种癌蛋白结合肿瘤抑制蛋白，无论是 E6 结合 *p53* 或是 E7 结合 Rb，都可导致它们的失活。

第九节 “多次打击”致癌学说

流行病学研究令人信服地表明大部分癌症的发生随年龄而迅速增高。尽管癌症袭击所有年龄段的人，但 80%诊断为癌症的患者年龄为 55 岁及以上（图 7-17）。如慢性骨髓性白血病（CML）的始发平均年龄为 65 岁，有充分的数据支持这种假设，恶性病变源自长时间的、几种遗传改变的积累。Knudson 所做的有关家族的和散发的视网膜母细胞瘤的 239
分析表明，两种疾病都需与两个突变事件相关。在遗传型患者中，一个突变传自生殖细胞系，另一个来自正在发育的视网膜体细胞，在散发型患者中，两个突变都来自体细胞。这即是“二次打击”学说。

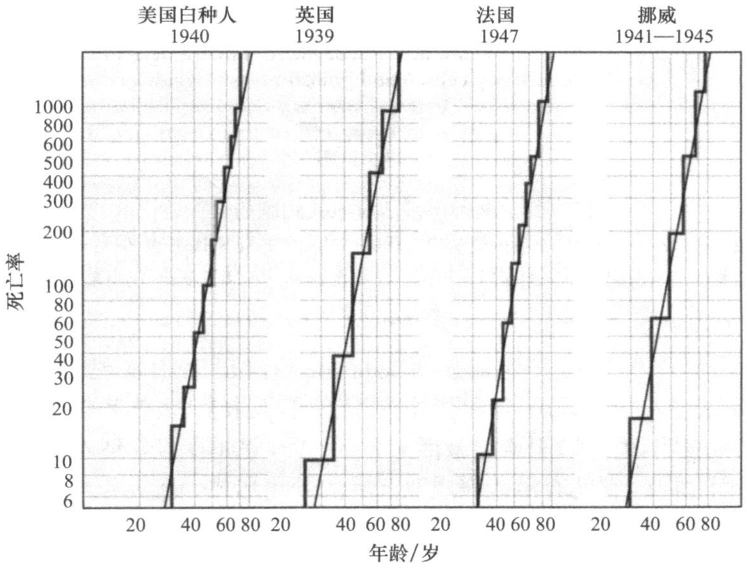

图 7-17 男性癌症死亡（每十万）与年龄的对数图，呈线性关系

（引自 Nordling C. E. 1953. A new theory on the cancer-inducing mechanism. *Br. J. Cancer* 6：68—72）

然而，鉴定第一个人癌基因的转染实验提示，单个显性作用的癌基因的改变足以使癌症形成。很多科学家对这种解释不舒服，部分因为他们怀疑这些研究中，用于集落试验的 3T3 细胞是否代表正常的细胞。不像直接取自活组织的原代细胞，用于培养的 3T3 细胞是永生的，偶尔甚至能进行自发转化。还有另一个主要的不一致：尽管 *ras* 癌基因能有效转化 3T3 细胞，它不能转化原代细胞，另一方面，*myc* 癌基因不能转化 3T3 细胞。

再者，用病毒癌基因做实验的先前工作给了我们一个教训。转染实验表明 DNA 肿瘤病毒的癌基因有相似互补的功能。腺病毒 *E1A* 或 *E1B* 和多瘤病毒大 *T*（large *T*）或中 *T*（middle *T*）基因以一种合作的方式转化原代细胞。*E1A* 和中 *T* 基因使原代细胞永生，建株并使它们能在培养基中生长。*E1B* 和中 *T* 基因使永生细胞转成恶性表型。但如单独作用，没有哪个能转化原代细胞。

这些进一步的实验结果与预测的一致。当 *ras* 与 *E1A* 或大 *T* 基因共转染时，能把大鼠胎儿细胞转化成恶性表型。当 *myc* 与 *E1B* 和中 *T* 基因共转染时，原代细胞也能被转化成恶性表型。最后，*ras* 和 *myc* 能合作转化原代细胞。含意很明显，至少需两种癌基因
240 的合作才能转化培养的原代细胞，在那里，*ras* 是一种转化基因，而 *myc* 是一种永生基因。在 3T3 集落实验中，*ras* 癌基因能够成功是因为 3T3 纤母细胞已经是永生细胞；它们处于转化表型的半路上(见图 7－18)。

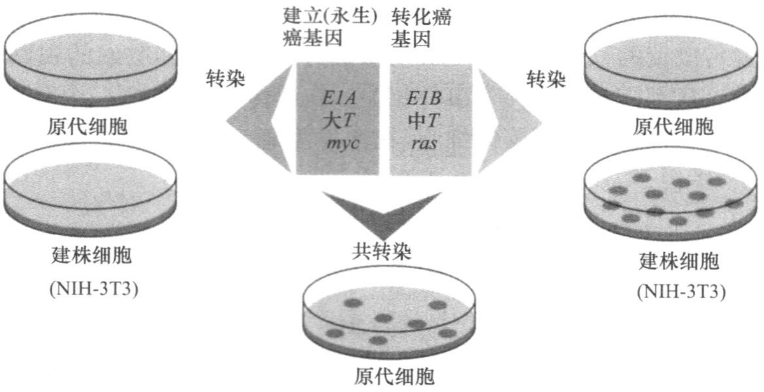

图 7－18 两种癌基因对原代细胞的合作转化

单独转染，没有一种能使永生的或能使转化的癌基因能转化原代细胞，但是，合作转染两种类型的癌基因能使转化细胞形成集落。建株的细胞，如 NIH-3T3，仅需要转化癌基因就能形成集落。

癌产生的多步骤模型由其他证据所支持，如鸡淋巴瘤中发现激活形式的 *myc* 和 *Blym*。化学致癌物，如甲(基)胆蒽和苯并芘，能使细胞永生，也能和转化癌基因合作转化原代细胞。实验表明，甲(基)胆蒽能激活 *ras* 癌基因，假如在培养细胞和实验动物中已存在另一种癌基因，那么，它就有潜能完成双步骤的肿瘤形成。

转基因小鼠实验暗示，除了永生和转化，还有其他步骤来产生肿瘤。如带有胰岛素启动子与大 T 抗原融合基因的小鼠显示了组织特异性的表达，即大 T 蛋白只表达在朗格汉斯小岛的 β 细胞中。尽管 T 抗原的永生和转化功能诱导所有 β 细胞的异常增生，但肿瘤仅在小部分小岛发生。如 T 抗原的表达足以使瘤形成，那么人们应该看到每个小岛都有瘤在形成。相似地，把 c-*myc* 融合到小鼠乳腺肿瘤病毒的启动子/增强子区，一些转基因雌性在孕期得了乳腺肿瘤。哺乳期激素的改变被认为是诱导足够的 Myc 蛋白表达去诱导所有乳腺细胞的永生，然而，仅有小部分乳腺细胞发生了局限的肿瘤。

20 世纪 90 年代，约翰·霍普金斯大学医学院的 Eric Fearon(图 7－19)和 Bert Vogelstein(图7－20)的工作令人信服地显示了结肠直肠癌形成的多步骤模型，包括癌基因的激活和肿瘤抑制因子的缺失。在这种疾病中，良性腺瘤渐渐增大，最终发展到恶性癌。对来自不同临床阶段的腺瘤和癌的 DNA 分析表明，在恶变过程中，特异基因的突变以相对特定的次序积聚。典型的瘤形成由 5 号染色体的两份拷贝的 *APC*(结肠腺瘤状息肉病)基因丢失开始。就像在视网膜母细胞瘤中，有家族性直肠癌的患者只有单拷贝的 *APC* 肿瘤抑制因子，极大地提高了杂合子的丢失机会。Ki-*ras* 癌基因的突变激活伴随着 17 号和 18 号染色体的缺失，而这会使肿瘤抑制因子 *p53* 和 *SMAD2*/*SMAD4* 失活。人

小肠肿瘤进程如图 7－21 所示。

图 7－19　Eric Fearon

图 7－20　Bert Vogelstein

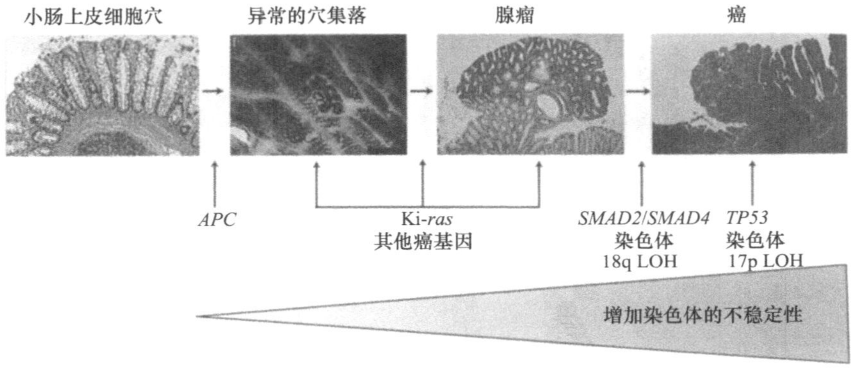

图 7－21　人小肠肿瘤进程图和特异的基因突变

(经允许引自 Edward C. Klatt, M. D., Florida State University College of Medicine, and Takayama T. et al. 1998. Aberrant crypt foci of the colon as precursors of adenoma and cancer, *N. Engl. J. Med.* *339*: 1277—1284)

第十节　致癌剂、点突变和高危个体

至今的讨论引出这个问题:在多步骤的癌形成中,是什么导致突变? 人们会想到,致癌剂能诱导癌基因和肿瘤抑制因子的关键突变。由 benzo[a]pyrene, *N*-bis(2-hydroxypropyl)-nitrosamine(DHPN)和 *N*-nitroso-*N*-methylurea(NMU)诱导的 *ras* 基因
第 12 密码子的激活突变发现于很多啮齿动物肿瘤(包括甲状腺、肾和肺)。煤焦油含有高 241
浓度的多环芳香烃如 benzo[a]pyrene,主要引起 G 到 T 转换,这就是 Ki-*ras* 基因的突变激活,也是肺癌中 *p53* 肿瘤抑制因子的常见突变,但这类突变不常见于非吸烟者肺癌和其他肿瘤中。

因为肺癌是最易于预防的癌症,所以另一危险因素吸烟值得一提。细胞色素 *P450* 基因所编码的代谢酶能失活烟中的致癌剂以抗击肺癌的产生。改变细胞色素 *P450* 有效性的核苷酸多肽将某些吸烟者置于更高的患癌危险中。对于含有 *P450* 突变的年轻人来说，即使暴露于更低水平的致癌剂，癌也能发生。此外，年轻人还要面对更高的风险，因为肺上皮细胞的快速增殖增加了 DNA 复制中突变的机会。

第十一节　染色体畸变和基因扩增

在癌形成的一些关键时刻，癌细胞基因组变得非常不稳定，导致大规模的染色体复制、缺失和转位。1890 年，德国科学家 David von Hansemann 报告说肿瘤细胞有染色体异常和有丝分裂失误。在 20 世纪早期，Theodor Boveri 提议特异染色体的加入可能是癌症形成的原因之一（图 7－22）。在 20 世纪 50 年代开始使用的 Giemsa 和 Wright 染色，

242

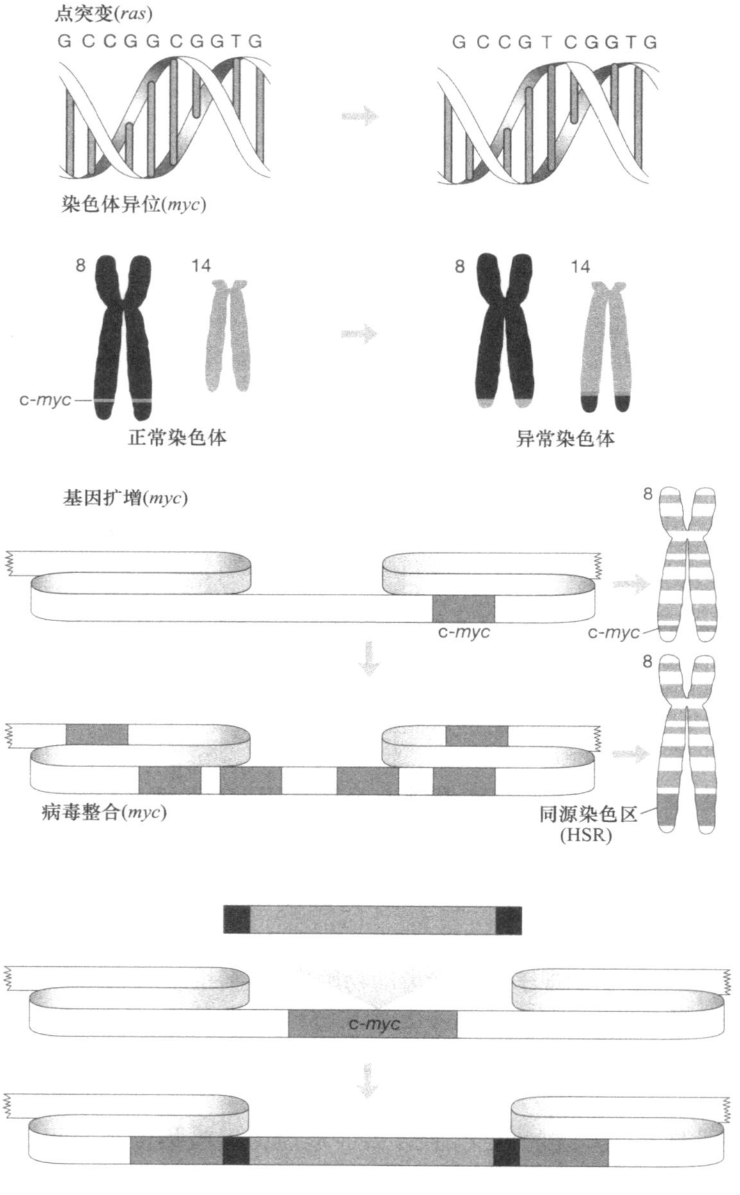

图 7－22　瘤形成分子机制的一些范例

产生了更精确的染色体计数方法，计数表明培养的肿瘤细胞常有多余的染色体。

在 20 世纪 70 年代，发展了新的染色技术，使得染色体能根据特殊的亮暗条带类型来 243
区分：Giemsa(G)染色和 quinacrine(Q)带（图 7－23）。研究表明转位——在非同源染色体之间染色体片段的交换——是某些血癌的特征。1972 年，Janet Rowley 在 95%的 CML 患者中鉴定到了可用于诊断的转位，即 9 号和 22 号染色体的交换，这种重组产生了变短的 22 号染色体——所谓的费城(Ph)染色体——如此命名是由于它首先从费城 CML 患者中鉴定到。1976 年，Lore Zech 在 Burkitt 淋巴瘤鉴定到 8 号和 14 号染色体顶端的交换。

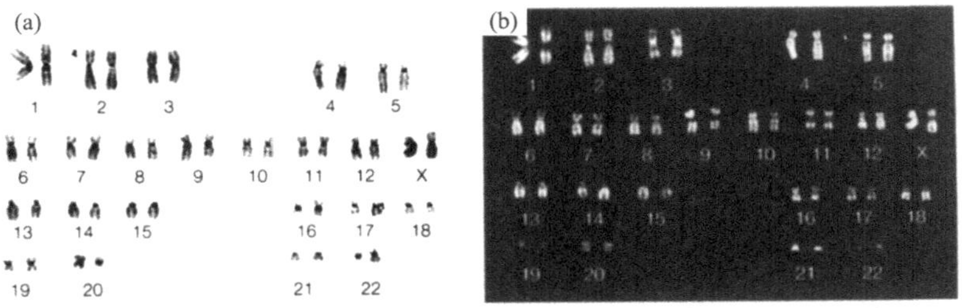

图 7－23 使染色体可见的两种方法

(a) Giemsa 染色；(b) Q 带。(经许可引自 Rowley J. D. 2001. Chromosome translocations: Dangerous liaisons revisited. *Nat. Rev. Cancer* 1：245—250)

在最近的 20 年中，分子分析查明了被这些染色体易位所打乱的基因，使得白血病和淋巴瘤成了特性最明了的恶性病。Ph 易位发生在 22 号染色体的一个 5.8kb 的区域，叫断裂点聚集区(BCR)。易位融合了 *BCR* 基因的 5′端和 9 号染色体的 *abl* 原癌基因的 3′端。存在于 *BCR/abl* 融合体的截断的 *abl* 基因类似于 Abelson 小鼠白血病病毒的v-*abl* 癌基因，转染人 *BCR/abl* 融合体的小鼠能发展成 CML 病。

像许多癌蛋白那样，*v*-Abl 也是一种酪氨酸激酶。尽管正常的 c-Abl 蛋白几乎没有酪氨酸激酶活性，但 BCR/Abl 融合体蛋白被赋予了等同于 v-Abl 的酪氨酸激酶活性。Ph 染色体也发现于一些急性淋巴母细胞性白血病(ALL)中。尽管转位产生不同的 BCR/Abl 融合体，ALL 细胞比 CML 细胞表达更高的酪氨酸激酶活性，它与这类肿瘤更具有进攻性是相一致的。

在癌蛋白(如 Ras 和 Fos)或融合产物(如 BCR/Abl)中，改变一个或多个氨基酸的突变而引起蛋白质活性的改变，称之为蛋白质表达的质变；增高或降低癌蛋白产量的突变，则称为蛋白质表达的量变。

Burkitt 淋巴瘤的易位引起的突变是导致蛋白质表达的量变的例子。在这个例子中，易位改变了 8 号染色体 *myc* 癌基因的转录活性。尽管 8 号到 14 号染色体的易位最平
常，8 号到 2 号和 22 号染色体的易位也会发生。免疫系统中癌症的这些易位的作用从直 244
觉上讲也有意义。在 14 号、2 号和 22 号染色体上 *myc* 所融合的断裂点与三类主要免疫球蛋白的基因座一致，那里几百个基因片段活跃地重排以形成大量的抗体基因。免疫球蛋白基因座是基因转录的特别活跃区。有证据表明有两种不同的机制，使得易位到免疫球蛋白基因座能激活 *myc* 癌基因的转录活性，增加了的丰富的 mRNA 说明了这一结果。在一些例子中，易位似乎解除了 *myc* 基因的管制，它通过破坏抑制区，而通常情况下它使

得 8 号染色体的此区的基因保持沉默；在另一些例子，c-*myc* 似乎处于免疫球蛋白基因增强子的控制之下而被激活转录。

许多年来，染色体异常被认为是瘤形成的副产品。然而，对 CML 和 Burkitt 淋巴瘤的详细的分子分析表明，通过干扰主要的生长调节因子，转位直接导致瘤形成。尽管易位最常见于血癌，但许多也与固体瘤有关。大约 50 个常见的易位已被鉴定，大部分和参与细胞分裂控制的基因的中断有关。

基因扩增，即癌基因的多拷贝出现，是癌蛋白丰度增加的另一形式。在肿瘤细胞中，两种大规模 DNA 复制形式是常见的：无数的复制染色体片段，称作双倍小体(DM)；或复制区插入染色体位点，形成加宽的带，称为同源染色区(HSR)。当然，原来的癌基因在大规模 DNA 复制后，拷贝数增多了。原位杂交，即用放射性标记的 *myc* 探针去杂交完整的染色体，证明了很多的 N-*myc* 癌基因拷贝存在于来自神经内分泌的肿瘤细胞的 DM 和 HSR 中。因为基因拷贝数往往与癌的进展有关，所以在肿瘤发生中，基因扩增可能是染色体“危机”的第二个结果(见图 7-24)。

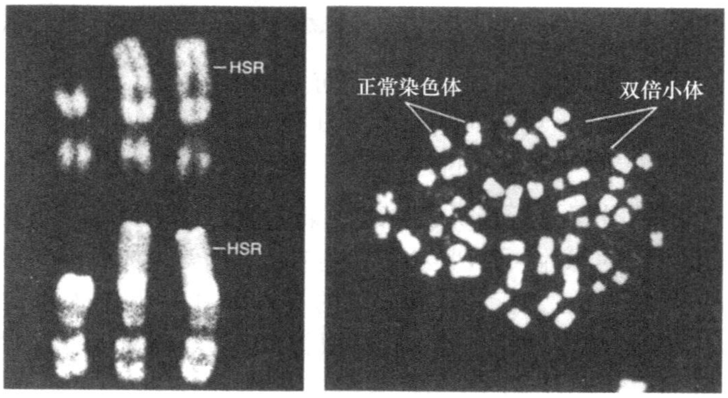

图 7-24　基因扩增的细胞学证据

在神经母细胞瘤细胞中 N-*myc* 癌基因的扩增导致同源染色区(HSR)和双倍小体(DM)。(承蒙 R. Alt, Columbia University 许可引用)

245

第十二节　信号转导与癌症

贯穿这章的主题就是，癌症被定位于细胞增殖的范围内。为了简洁地理解在细胞生化中的癌蛋白功能，把癌症视为一种细胞通讯疾病，将使我们更好领会它们。生长信号由胞外到胞质到核的分程传递的分子途径叫信号转导。在转导途径的不同点，信号可能分叉进入其中的一条，并且，每一条可能再而三的分叉，到达多个目标。这样，类似于一系列小瀑布相互关联并溢成连续的池，转导途径的反应因此常被称作“级联”。

信号转导途径开始于细胞表面“第一信使”的来到。第一信使(包括激素、生长因子和胰岛素样分子)在细胞间进行沟通，它可能产自身体的远端。第一信使与锚定在细胞膜上的受体分子结合。受体把化学信号从胞膜转导到内膜表面，通过结构的物理变化，在胞内面能开启一个或多个活性位点。受体二聚化是最常见的物理变化，变化的受体作用于“第二信使”，它能把信号带到胞质。很多信号最终被带到核，在这里，信号转导者作用于能结合 DNA 的蛋白质，它能连到调节序列去启动特异基因的转录——依次地，这些蛋白质调节细胞的分裂和生长(图 7－25)。

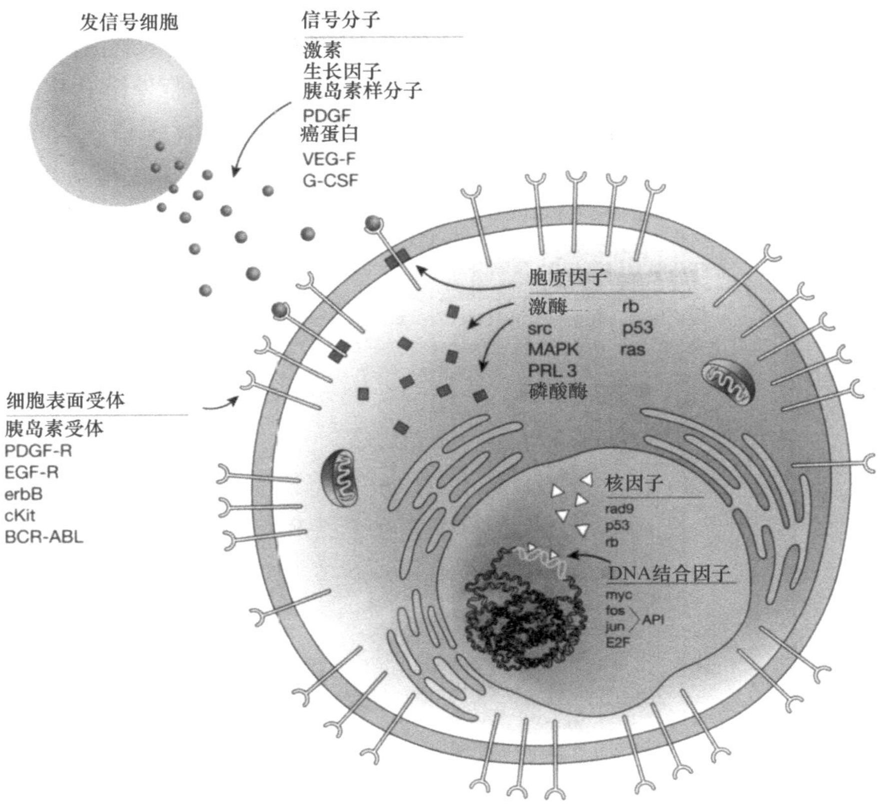

图 7－25　在癌中起作用的信号转导蛋白

在转导途径上的任何蛋白质的突变都能干扰调节细胞增殖的信号。这样，在很多信号转导途径的主要步骤中，癌蛋白就被鉴定出来了。信号转导途径的高度分叉性提供了冗余，并使得单个分子的突变彻底干扰信号转导变得不大可能。这样，典型的癌细胞含有几个参与信号转导的蛋白质的突变。这与前述致癌实验的结果是相一致的，即大部分癌症的发生需要多个突变的“打击”。

将癌蛋白和生化信号转导直接联系起来的发现始于 1983 年对血小板衍生生长因子(PDGF)的蛋白结构研究。在受伤部位，由血小板释放的蛋白质能刺激组织修复。像其他生长因子，它是能诱导细胞生长的强丝裂原。PDGF 和数据库中其他蛋白质的氨基酸序列的计算机比较表明，PDGF 的一段 104 个氨基酸的序列与猿肉瘤病毒的癌基因 v-*sis* 的蛋白质结构相同。进一步的实验表明由病毒转化的细胞产生的 Sis 癌蛋白有着与 PDGF 一样的性质。结果提示，猿反转录病毒得到了细胞的编码 PDGF 部分肽段或很相近蛋白质的序列。这可以解释为何把 v-*sis* 作为癌基因：依次地，带有 v-*sis* 的病毒转化的细胞能分泌 PDGF 样蛋白，当它结合位于细胞表面的 PDGF 受体时，它就能刺激促有丝分裂应答。或者，在缺乏 PDGF 受体的细胞中，内源性的 Sis 癌蛋白的表达可能可刺激复制。

癌蛋白和生长因子的另一个联系很快就浮现出来。细胞表面表皮生长因子(EGF)受 246

体的氨基酸序列和鸟红细胞母细胞增生症病毒的 *erbB* 癌基因序列有着惊人的一致性。这似乎表明 *erbB* 是病毒俘获的一段不完整的细胞基因。EGF 受体有三个结构域：①伸出细胞的胞外区，它是 EGF 的结合位点；②跨膜区把蛋白锚定在膜上；③伸向胞质的胞内区，它能与胞质的信号因子互作。ErbB 蛋白与 EGF 受体有着共同的胞内段与跨膜区，但 ErbB 蛋白缺少大部分的胞外结合位点（图 7－26）。假设是这种胞外结合功能的丧失导致受体的管制解除，这样，ErbB 是一直处于“开启”状态的生长因子受体。人的 *erbB* 同源物随后被发现是 *Her2/Neu*（图 7－27）。

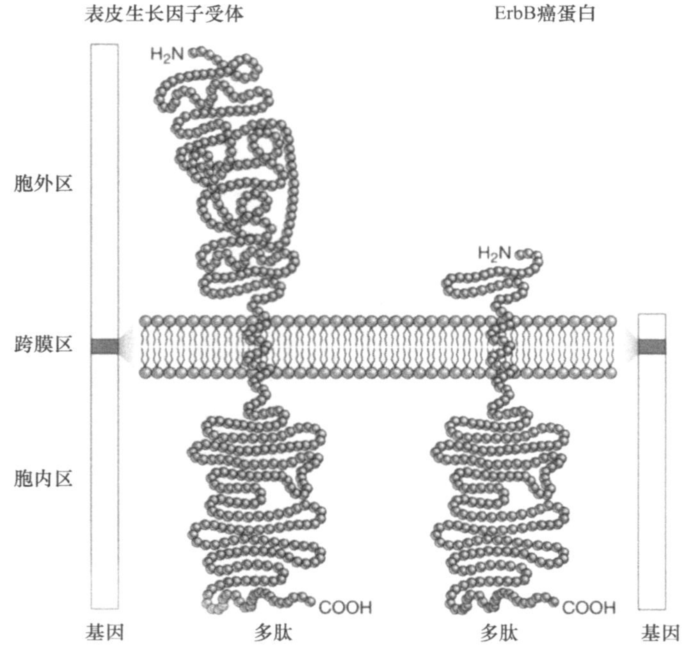

图 7－26　表皮生长因子受体和 ErbB 癌蛋白的比较

信号的分程传递在多个分子之间，是由邻近分子的相互作用完成的，它们的活性表面有独特的“开关”装置。在很多例子中，相互作用的分子由加减磷酸基团来决定它们处于
247 “活化”或“失活”状态。这样，蛋白激酶（它加磷酸到蛋白分子上）和磷酸酶（它去除磷酸）是信号转导的重要调节因子。例如，很多细胞表面受体，包括 EGF、PDGF 和胰岛素的受体是蛋白激酶，它们的活性由其他蛋白激酶的磷酸化，或由它们自身（自我磷酸化）来调节。尽管大多数的激酶加磷酸到丝氨酸或苏氨酸残基上，许多癌基因激酶只催化加磷酸到酪氨酸上。这合乎常理，因为细胞生长的信号转导途径上的蛋白激酶大部分是酪氨酸激酶。

Src 和 Ras 癌蛋白整合在细胞内膜上，是信号转导的第二个主要步骤。每个都能接受来自膜受体的信号并把它分程传递给胞质内的其他目标。*src* 基因说明了在信号转导中酪氨酸磷酸化的复杂性和重要性。Src 有着许多细胞目标的酪氨酸激酶，它本身由酪氨酸磷酸化来激活。如先前提到的，v-*src* 基因缺少 3′端的 c-*src* 序列，它包含酪氨酸密码子，c-Src 蛋白上这个位置的磷酸化对于它激酶活性的负性调控是必需的。这样，c-Src 蛋白上这个可磷酸化的残基的缺失就解除了酪氨酸磷酸化活性的管制，从而增强了它在肿

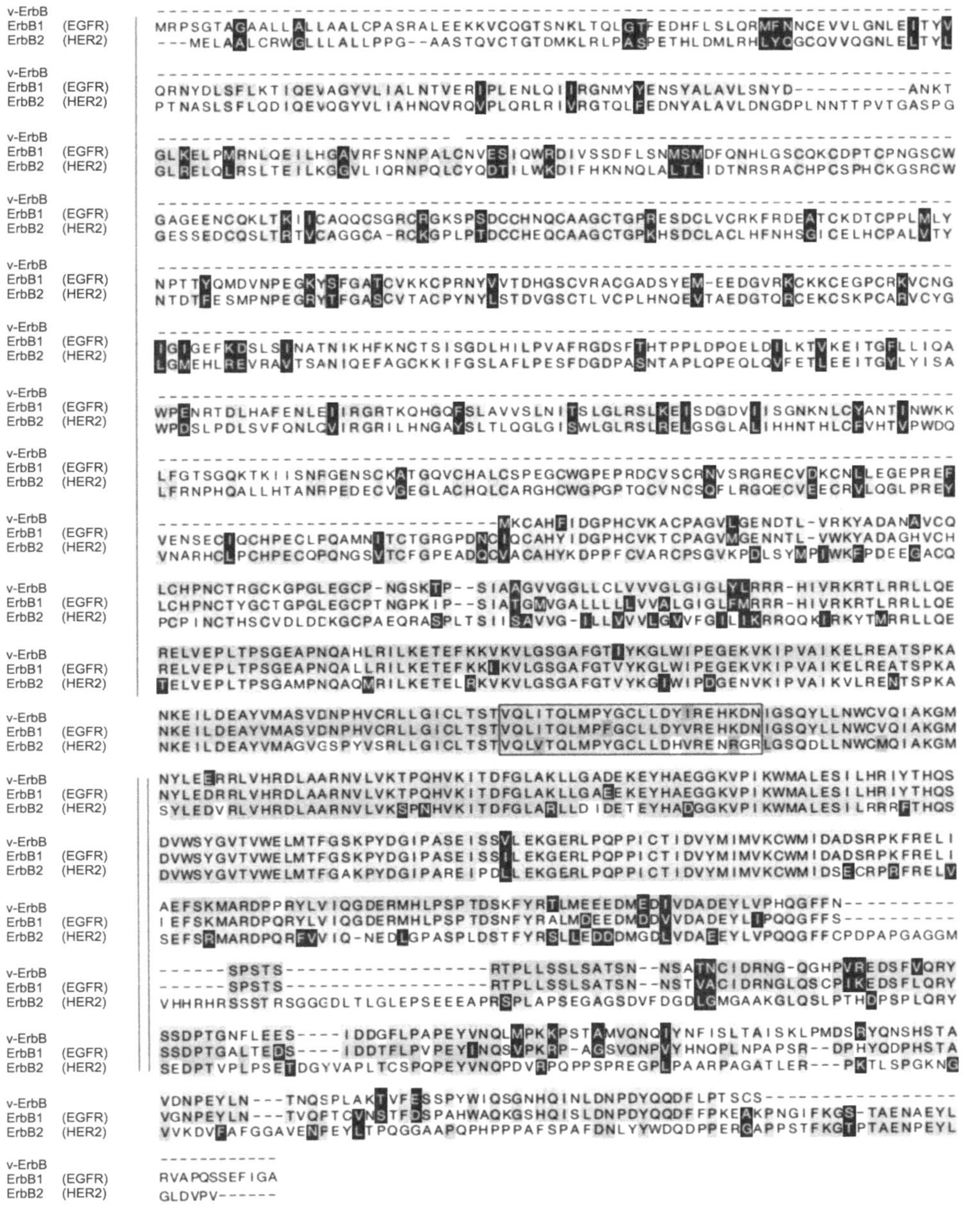

图 7-27　v-ErbB、人 ErbB1(EGFR)和 ErbB2(HER2)的氨基酸排列

胞外区由左边的单竖条指示，跨膜区划入盒中，酪氨酸激酶区由左边的双竖条指示。v-ErbB 缺少大部分的胞外区和一些胞内突变，它导致即使在缺少生长因子时也能二聚体和磷酸化。用于治疗转移性乳腺癌的 Herceptin，是针对 ErbB2 的胞外区的单抗。灰色阴影表示相同残基，黑色阴影表示氨基酸中保守改变。

瘤细胞中的活性。

Ras 属于鸟嘌呤核苷结合蛋白，当结合 GDP 时它处于失活状态，当结合 GTP 时它处 249
于活化状态。在信号转导后，随之 GTP 被水解成 GDP 关闭了 G 蛋白。突变的 Ras 癌蛋白丧失水解活性，使得它们一直处于"开启"的状态。通过几种底物的磷酸化，Ras 信号通

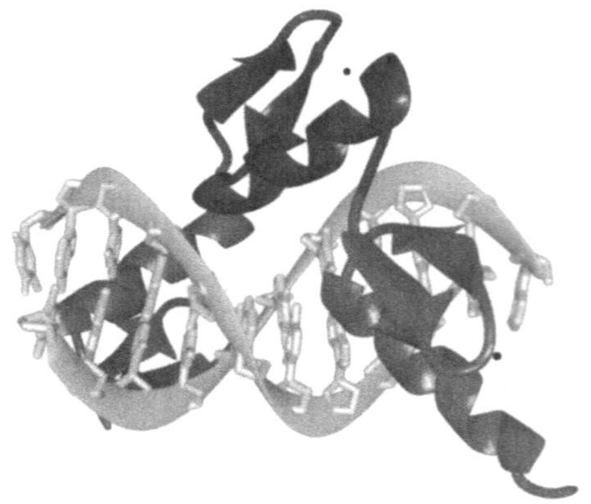

图 7-28　结合 DNA 的锌指的晶体结构
锌指区发现于许多结合 DNA 的蛋白中，小鼠 Zif268 蛋白的三个锌指（黑色）的每一个都含一个锌离子（小黑球）。锌指结合于 DNA 分子的主凹槽（浅灰）。
［图由 Dr. Song Tan（Pennsylvania State University）用 Midas-Plus 软件创作］

过胞质，到达丝裂原激活的蛋白激酶（MAPK），它激活能转入核内的底物。

像许多其他途径，ras 信号转导到转录因子的激活时达到顶点，这些因子作用于启动子序列。转录因子有共同的蛋白质结构（图 7-28），这些结构能与 DNA 和转录复合体中的其他蛋白质互相作用。例如，Myc、Fos 和 Jun 癌蛋白共享叫“亮氨酸拉链”的 DNA 结合域（图 7-29）。重复的亮氨酸残基形成 α-螺旋区，侧链沿着一条线，凸向蛋白质分子的一边。两个这种蛋白质的亮氨酸侧链像拉链齿一样，能互相交叉，形成稳定的二聚体。拉链上的区域保持队列，而分子的自由末端以“剪刀把手”的方式与 DNA 分子的主凹槽接触。ras 信号转导以 Fos 和 Jun 的二聚化结束，形成多年来一直被称作 AP1 的转录因子。

图 7-29　结合 DNA 的碱性亮氨酸拉链（bZip）区
酵母 Gcn4 转录因子（黑色）通过亮氨酸拉链区形成长的螺旋，并通过此区的碱性部分和 DNA（浅灰）相互作用。
［图由 Dr. Song Tan（Pennsylvania State University）用 Midas-Plus 软件创作］

第十三节　细胞周期与凋亡

许多信号转导途径聚合于细胞周期，即真核细胞调节节奏的静止和分裂状态（见第 3

章）。细胞分裂的两大关键步骤——DNA 合成期（S 期）和有丝分裂期（M 期）——由两个“间隙”（G_1 和 G_2）分开，在此期间细胞为另一期作准备。成熟、完全分化的细胞离开细胞周期进入静息期（G_0）。

在 G_1 期，细胞收到来自丝裂原——生长因子、细胞因子、胰岛素样分子——使之准备于细胞分裂的输入信号。大约在 G_1 中期，到达限制点（R），此时生长因子的刺激不再必要。本质上，这是个“无回路点”，此时细胞应负责完成细胞周期。人们一直假设 R 控制的丧失是癌形成的决定因素。在缺少适当的丝裂原信号的情况下，缺少 G_1 控制的细胞可绕过 R 而进入细胞周期。在人类肿瘤中，细胞周期调节因子常常突变。导致 *Rb* 和细胞周期蛋白依赖的激酶抑制剂（*CKI*）功能丢失或细胞周期蛋白的过量表达的突变都能不恰当地驱使细胞通过细胞周期（图 7－30）。 *250*

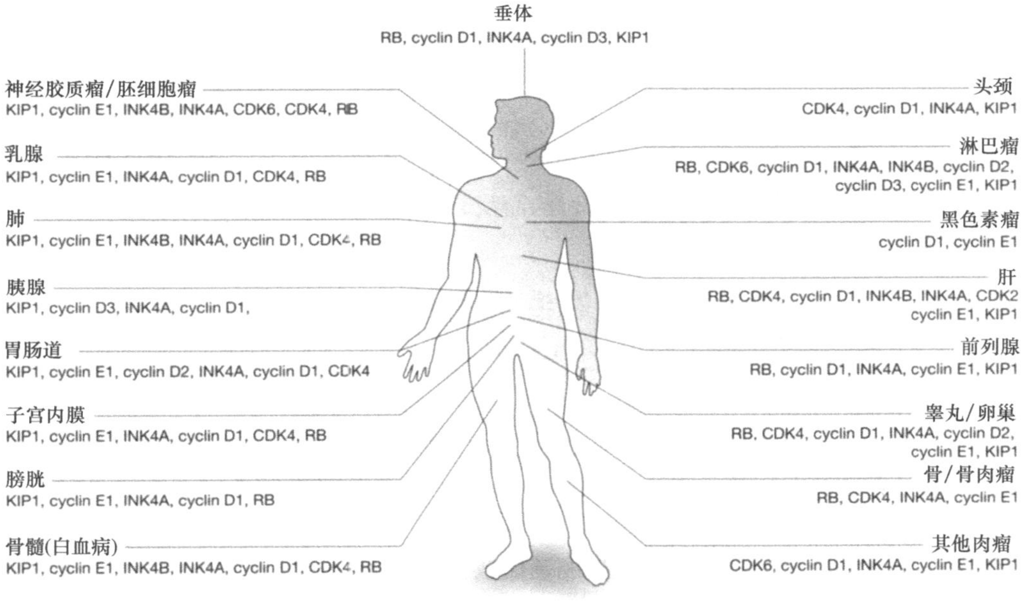

图 7－30　细胞周期调节因子和已被发现的它们所作用的癌症类型

（经许可引自 Malumbres M. and Barbacid M. 2001. To cycle or not to cycle: A critical decision in cancer. *Nat. Rev. Cancer 1*: 222—231）

肿瘤抑制物 Rb 和 p53 慢慢地显现为关键的关卡。由这个事实突出了它们作为关键控制者的作用，即每个蛋白质能与超过 50 种的细胞蛋白作用，它们中的多数在不同的细胞周期都必须被同等调节。这与不断发现的事实相一致，即在真核细胞中，大蛋白复合体调节无数的信号进出以达到高度的调和。转录 DNA 的转录机器、剪切前体 mRNA 的剪切体和检测突触活性模式的 Hebbesome 体都是如此。

Rb 在 G_1 期调节基因表达。通过解除 G_1 管制并驱使培养细胞绕过 R 点，这样去除 *Rb* 就能使它们永生。Rb 通过结合转录因子的 E2F 家族，在 M 和 G_0 期使它们失活而发 *251*
挥调节作用。有趣的是，病毒癌蛋白 E1A 和大 T 抗原能结合 *Rb*，而且是在 E2F 的同一结合位点，这样就释放了 E2F 从而刺激转录。

通过抑制带有 DNA 损伤细胞的复制，在 G_1 和 G_2 期，P53 抑癌蛋白发挥着关卡的作用。P53 从 DNA 修复系统得到反馈，终止细胞周期直到损伤被改进。这监视系统非常敏感，双链 DNA 分子的单点断裂就可能触发 P53 的表达。如 DNA 损伤过大，*p53* 就诱导细胞凋亡或“程序性细胞死亡”，这样，就能阻止含大量突变的、易成瘤克隆细胞的建立。例如，皮肤细胞能诱导 P53 引起的凋亡，在那里，紫外线的吸收产生了特征性 DNA 中相邻嘧啶(C+T)的共价连接[环丁烷嘧啶双体(CPD)]。表皮的凋亡细胞脱落，这样在晒黑之后，就会产生剥皮。因为在 DNA 质量控制中的关键作用，P53 被称作“基因组的护卫者”。

而在核中它则发挥了双重作用，在那里 P53 通过结合启动子序列去激活参与细胞周期的关键蛋白的表达，包括 WAF1 和蛋白 14-3-3σ。通过刺激 WAF1 的表达，进入 S 和
252 M 期的入口被阻断；通过刺激 14-3-3σ 的表达，进入 M 期的入口被阻断。这样，P53 就能激活几种控制凋亡的蛋白的基因转录，包括 *Bax*、*bcl-2* 基因家族的成员。

凋亡在癌症发生中也起作用。易位能在人 B 细胞淋巴瘤中看到，在那里并列着 18 号染色体上的 *bcl-2* 癌基因和 14 号染色体上的免疫球蛋白基因座，这种情况使得 *bcl-2* 置于强大的免疫球蛋白增强子的控制之下。作为免疫保卫者，典型的 B 细胞寿命很短，在激活的几天之后，由凋亡去除。在 18-14 号染色体易位的细胞，*bcl-2* 的过量表达阻止 B-细胞凋亡，假如这使它们活得足够长，从而使它们产生另外的突变，那么，就有可能使它们变成完全恶性。

第十四节　癌症诊断和治疗的前景

放疗和化疗被广泛地用于治疗各类癌症。但是，这些治疗会同时杀死健康和恶性的细胞，导致使人不适的或危险的副作用。很明显，对恶性程度高的肿瘤——那些很有可能转移或复发的肿瘤患者来讲，介入性治疗是惟一的选择。但是，在很多病例中，很难确定某种肿瘤是否是高恶性的。在这种情况下，标准的医学治疗是需要进行介入性治疗。尽管是很谨慎的事，但这意味着患低危险度肿瘤的患者得到了不必要的放疗和化疗。分子遗传学研究的一个早期好处就是能把癌基因或抑癌基因的特异遗传改变与恶性和预后相联系，并运用它为更好的治疗服务。直肠癌说明了这种精确性，在某种程度上，我们已接近了解了它的遗传事件的顺序，它是如何把正常细胞转变为恶性的。相似的积累突变的自然历史也适合于其他重要的恶性肿瘤，包括胃癌、乳腺癌和前列腺癌。发现与肿瘤转移相关的突变事件将会是特别重要的。

基因扩增是肿瘤级别的一个标记，通过癌基因探针的杂交，可测量 mRNA 的丰度，就很易被检出(图 7－31)。在人类肿瘤和肿瘤细胞系中，这种方法鉴定到了扩增的 *myc* 癌基因，包括直肠癌，肺癌和乳腺癌；白血病；视网膜母细胞瘤；和神经母细胞瘤。20 世纪 80 年代，对未经治疗的神经母细胞瘤的研究表明 N-*myc* 癌基因的扩增与此病的超前阶段有关；半数晚期患者的肿瘤中含有 3～300 个拷贝，而取自疾病早期阶段的患者的初始肿瘤中的基因，没有发现扩增现象。

最近的一项类似的分析发现在转移到肝的结肠直肠肿瘤细胞中，酪氨酸磷酸酶基因 *PRL3* 是过量表达的。*PRL3* 位于染色体 8q 区，它在结肠直肠肿瘤中是扩增的。和其他磷酸酶一样，PRL3 拮抗蛋白激酶，通过去掉一个或多个磷酸基团来“失活”信号转导途径中的一个或多个蛋白质。

现在，很多肿瘤用显微镜检查来分类。尽管组织学检查能够根据镜下改变的严重程度把肿瘤分成不同等级，但最终它不能按照 253
预后和对治疗的应答区分患者。在显微镜下形态似乎是一样的两份癌组织样本，事实上，含有不同的突变。例如，一个可能得到用于转移的突变，而另一个则没有。这样，有着似乎一样癌症症状的两个患者可能有不同的临床预后。

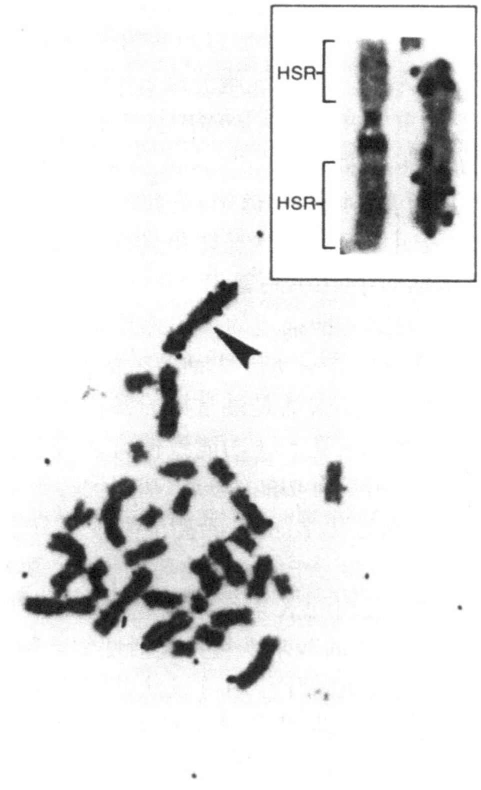

图 7－31　原位杂交揭示了癌基因扩增

黑粒表示在神经内分泌肿瘤细胞中，*myc* 癌基因的放射标记探针杂交染色体的同源染色区（HSRs）的所得到的区域。（插入）标记和非标记染色体的比较。

（承蒙许可引用自 J. Bishop and H. Varmus，University of California，San Francisco. From K. Alitalo et al. 1983. *Proc. Natl. Acad. Sci.* 80：1707）

我们已经讨论了一些癌症细胞信号转导的变化，及这些途径如何和参与细胞复制、DNA 修复和凋亡的蛋白质交互发生作用。尽管我们只触及了一些基因和蛋白质，以及它们参与这些相互连接的过程，但我们也能感觉到这种检查和平衡系统的极其复杂性。现在想像一下这些作用方式，每一条途径，依次地，互相作用于激酶、磷酸酶、酶和底物，按照既定指令去分裂、修复或死亡。加上这 254
样一个事实，即很多肿瘤细胞经历了“危机”，如易位、复制和缺失，在基因表达中，这些都沉积了大规模的基因组中断。

最近几年，生物学家已经转到了 DNA 微矩阵或“基因芯片”领域，去评定肿瘤细胞基因表达模式。这种技术（更详细的讨论见第六章）能允许基因表达水平的比较在以下层次上展开：

- 正常和肿瘤细胞；
- 不同类型的肿瘤细胞；
- 同一肿瘤的组织来源不同的细胞；
- 肿瘤不同阶段的细胞——癌前的发育异常，腺瘤，癌；
- 原位肿瘤和转移的细胞；
- 来自不同患者的组织来源相似的细胞。

每个层面的分析都将会增进我们对癌症自然进程的了解。然而基因芯片技术的首次应用是区分组织来源相似的肿瘤——显微镜下检查很难分类的肿瘤。病例是弥漫型大型 B 细胞淋巴瘤（DLBCL），其中一种最常见的血液肿瘤。40％的肿瘤患者对目前的治疗应答良好，且活得很长；然而，没有可靠的方法区分出哪一组患者的癌症是无法治疗的。

斯坦福大学医学院 Ash Alizadeh 领导的多学科研究小组用“淋巴芯片”DNA 基因芯片去区分两分子亚组的 DLBCL。40 个肿瘤患者的 RNA 杂交到基因芯片上，它含有 18 000 个参与淋巴细胞发育的 cDNA 的代表基因。结果显示，两组对比的基因表达模式和

B 细胞分化的两个独特的阶段相关，一个代表淋巴结中幼芽中心的 B 细胞表达谱；另一个代表血液中的激活的 B 细胞表达谱。3/4 带有幼芽中心 B 细胞样的表达的患者能存活，而相比较，只有 32%带有激活的 B 细胞样表达的患者能存活。

因为 *p53* 处于细胞分裂和死亡的分界线的关键位置，决定了癌症的预后，因而其身份变得重要。在人类肿瘤中大多数的 *p53* 突变消除了蛋白质结合 DNA 的能力，所以，激活了细胞周期和凋亡中不同控制者的转录。*p53* 突变在很多实体瘤中被发现——乳腺癌、直肠癌、肺癌、食道癌、头和颈癌——这些突变和患者的短生存期有关。有越来越多的证据表明根据 *p53* 状况能预见那种依赖凋亡杀肿瘤的癌症治疗方案的应答效果。化疗剂，包括 cisplatin、阿霉素、etoposide 和丝裂霉素 C，依赖损害分裂期细胞的 DNA 来诱导凋亡。就如先前描述的，当“感觉到”不可修复的 DNA 损害，*p53* 就终止细胞周期而诱导凋亡。这样，含有 *p53* 失活突变的肿瘤往往对化疗应答很差，且复发很快。

因为 *p53* 失活是最常见的各种肿瘤所共有的遗传失常，援救 *p53* 功能的策略就变得
255 很有前景。恢复 *p53* 功能致使许多类型的肿瘤对于传统疗法更敏感。很多基因治疗方案都企图用具有功能的 *p53* 基因代替突变的 *p53* 基因。然而，药物公司看到了更大的前景，通过筛选化学品库，希望能发现小分子，它能通过直接结合到突变位点以恢复突变构象来稳定 P53 蛋白。“理性药物设计”领先于高通量但随机的筛选方法。理性方法运用突变 P53 蛋白的 X 射线结构数据来设计小分子，使它能结合突变 P53 蛋白，从而有效地使它“重铺路面”，来恢复关键活性位点的功能。

理解传统治疗作用可设法使得它们更有效。例如，5-氟尿嘧啶(5-FU)，一种对直肠癌有效的化疗药物，说明有些药物可能利用 *p53* 去诱导和感应 DNA 损伤。铁氧化还原蛋白还原酶(FR)，少数几种由 5-FU 所诱导的基因中的一种编码线粒体上的一种转运电子的分子。FR 启动子含有 *p53* 结合位点，所以直接由 *p53* 激活。当过量存在时，FR 释放电子，而这可能产生活性氧物质，依次地，它们也牵涉到凋亡中。

化疗以快速分裂的细胞为目标，不管是癌的或健康的。例如，对血液和消化道的正常细胞的杀伤可导致常见的副作用，如疲劳和恶心。细胞因子，促细胞分裂的天然刺激因子，越来越多地用于刺激由癌症治疗所丧失的血细胞的补充。粒细胞集落刺激因子(G-CSF)，属于来自人类的克隆基因的一种因子，它能刺激粒细胞性干细胞的增殖和分化，提高成熟中性粒细胞的功能。相似地，促红细胞生成素通过刺激红细胞的再生，帮助癌症患者克服衰弱的贫血症。

我们不断增长的信号转导途径知识——和在癌细胞中它们被干扰这一点——开始革新癌症的治疗。这些数据的首次运用是抗体的发展，它能结合突变的生长因子或细胞表面受体，阻止它的作用从而“关掉”信号级联。约一打的治疗用抗体被批准或正在受试验——以上皮生长因子受体(ERB2)、血管内皮生长因子(VEGF)、细胞黏附分子(Cam)和发现于特殊类型肿瘤细胞的表面抗原为目标。

第一代抗体疗法的结果不那么引人入胜。相对低的应答率使它们限于作为终末期患者最后治疗手段时的主要药物。例如，这一组的原型药物，Herceptin，以 HER2/NEU(ERB2)为目标，在 1998 年被批准使用，在三期临床试验中，只有 15%的转移性乳腺癌患者应答于 Herceptin 治疗。当 Herceptin 和化疗联合使用时，应答率明显提高，但它是以增高的毒性为代价的。武装着毒素或放射性核元素的抗体被批准用于治疗白血病和淋巴

瘤,而且它们允诺对其他肿瘤有增高的应答。

抗体疗法应用受限有两个原因:①作为蛋白质,它们必须通过输血给予;②作为相对较大的分子,它们不易进入细胞,所以必须以细胞表面特征为目标。由于这些原因,药物公司现正在积极寻找小分子药物,口服时,它们仍能保持活性,能很容易扩散进入肿瘤细 256
胞。过去,抗癌药的发展受到妨碍是因为缺少代谢"靶标"用于试验药物候选者。现在,凡牵连到癌症细胞中错误信号转导的每个蛋白质都成了药物发展的确认目标。机械化的、高通量的方法被用于从含有成千上万个小分子的化学品库中筛选目标。体外实验,典型地,它在 96 孔微量板上操作,去寻找那些分子,它们能改变目标基因的转录或直接与目标蛋白相互作用以稳定它的活性,阻止它被磷酸化而活化,或阻断用于与信号途径的其他分子相互作用的结合位点。

Gleevec,在 2001 年被批准用于治疗慢性骨髓样白血 257
病(CML),是第一个用这种方法发展出来的癌症治疗药物(图 7-32)。Gleevec 能特异地和 BCR-abl 蛋白作用,一种 EGF 受体的突变型。药物占据了蛋白酪氨酸激酶的结合位点,从而阻止受体的磷酸化,停止了经由 BCR-abl 途径的信号转导。Gleevec 仅限于一个已知生化途径的精确活性使得它类似于现代的降胆固醇药,如 Lipitor 和 Lovastatin。尽管起初被批准用于 CML,Gleevec 也抑制相关的 PDGF 受体和 c-Kit——干细胞因子受体(SCF)(图 7-33)。这样,在治疗一系列以上受体突变的肿瘤中,它应该是很有用的。

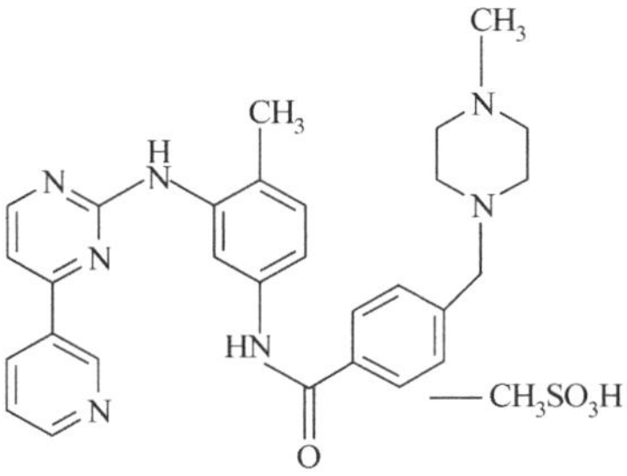

图 7-32 Gleevec™的化学结构
(Novartis Pharmaceuticals)

停留在原位的固体瘤很少是致命的。最危险的肿瘤是那些得到了它们自己的血供,并运用循环系统扩散到身体的其他部位的肿瘤(图 7-34)。当肿瘤生长到超过约一百万个细胞时——约米粒大小——它不能再依赖已有的局部血供来提供足够的营养。这样,

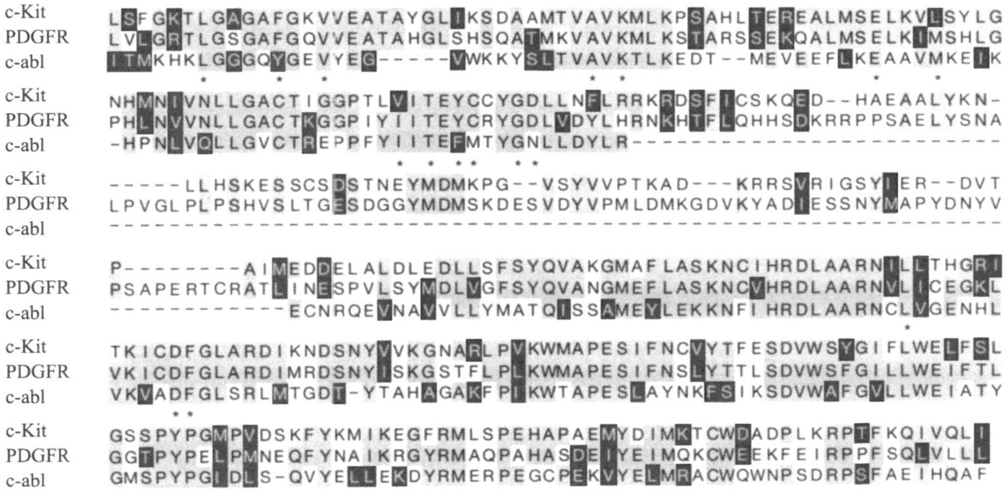

图 7-33 c-Kit、PDGFR 和 c-abl 的酪氨酸激酶区的氨基酸排列
c-abl 蛋白的氨基酸与星号表示的激酶抑制剂 Gleevec™相互作用,第一个标记的残基(L)代表 c-abl 的 248 位氨基酸,同样的残基用灰色背景表示;保守区的改变,在那里被替代的氨基酸具有相似的特征,用黑色背景表示。

不断生长的肿瘤分泌促血管生成素，包括血管内皮细胞生长因子(VEGF)，是刺激血管形成的一类细胞因子。在20世纪90年代末，抗血管生成药statin在癌症治疗中的前景，被哈佛医学院的Judah Folkman带到了前台(图7-35)。在一个公司要把他的天然的抗血管生成复合物，endostatin商业化之际，诺贝尔奖获得者James Watson对Folkman工作的赞扬引起人们一阵思索。尽管早期临床试验令人失望，但几乎没人怀疑，将来某一天，statin会出现在新一代的基于分子遗传学疗法的癌症治疗药物中。

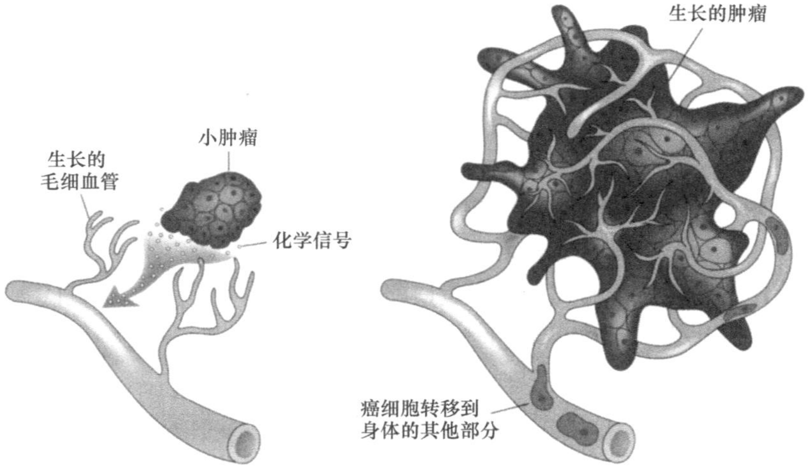

图7-34 肿瘤生长时血管形成

小肿瘤发出化学信号给血管，引起毛细血管生长出来，这样肿瘤就能生长而得到血供。

图7-35 Judah Folkman

(承蒙Cold Spring Harbor Laboratory Archives许可引用)

参考文献

Angier N. 1999. *Natural obsessions: Striving to unlock the deepest secrets of the cancer cell.* Houghton Mifflin, Boston.

Cooke R. 2001. *Dr. Folkman's War: Angiogenesis and the struggle to defeat cancer.* Random House.

Evan G.I. and Vousden K.H. 2001. Proliferation, cell cycle, and apoptosis in cancer. *Nature* **411:** 342–348.

Gibbs J.B. 2000 Mechanism-based target identification and drug discovery in cancer research. *Science* **287:** 1969–1973.

Goldberg A.L., Elledge S.J., and Harper J.W. 2001. The cellular chamber of doom. *Sci. Am.* **284:** 68–73.

Hanahan D. and Weinberg R.A. 2000. The hallmarks of cancer. *Cell* **100:** 57–70.

Knudson A.G. 2001. Two genetic hits (more or less) to cancer. *Nature Rev. Cancer* **1:** 157–162.

Lengauer C., Kinzler K.W., and Vogelstein B. 1998. Genetic instabilities in human cancer. *Nature* **396:** 643–649.

Malumbres M. and Barbacid M. 2001. To cycle or not to cycle: A critical decision in cancer. *Nature Rev. Cancer* **1:** 222–231.

McKinnell R.G., Parchment R.E., Perantoni A.O., and Pierce G.B., eds. 1998. *The biological basis of cancer.* Cambridge University Press, United Kingdom.

Micklos D., ed. 1999. DNA from the beginning (http://www.dnaftb.org). Dolan DNA Learning Center, Cold Spring Harbor, New York.

Peto J. 2001. Cancer epidemiology in the last century and the next decade. *Nature* **411:** 390–395.

Rowley J.D. 2001. Chromoscme translocations: Dangerous liasons revisited. *Nature Rev. Cancer* **1:** 245–250

Scientific American Special Issue. *What you need to know about cancer.* 1996. *Sci. Am.* **275(3)**.

Vogelstein B., Lane D., and Levine A.J. 2000. Surfing the p53 network. *Nature* **408:** 307–310.

Weinberg R.A. 1998. *Racing to the beginning of the road: The search for the origin of cancer.* W.H. Freeman, New York.

——. 1999. *One renegade cell: How cancer begins.* Basic Books, New York.

259 # 第八章　DNA 科学与人类演化

我们正站在一个新世纪的门槛上，人类基因组计划的宏伟蓝图正在我们面前徐徐展开。在不久的将来，人类基因组信息就将全部公开，但同时每个人的遗传信息则属于个人隐私[1]。人类 DNA 的序列信息是反映人类演化历史、属于全人类的一笔共同财富，而每个人的 DNA 序列信息则包含了反映每个个体在人生旅程中健康与疾病的信息，因而属于每个人的隐私。

通过生物信息学工具和 DNA 阵列进行的大通量的研究分析，我们已发现了许多与人类疾病有关的基因，并且发现这些基因的速度也不断加快，我们所找到的疾病相关基因的数目正在以指数方式增加。在已知疾病通路里发现的基因可以用作有效的药物靶标，对今后的疾病治疗具有重要意义。制药公司面临的重要任务就是将这些成果进行转化，生产出疗效显著的药物，而医学研究者则在思考如何迎头赶上诊断和治疗方案的新潮流。基因组研究成果的运用已经超越了医学和药学的研究范围，科学家还在寻找与良好行为及不端行为有关的基因，正是这些行为使我们区别于其他动物，成为万物之灵的人类。

当我们进入科技更为先进的后基因组时代，科技的发展将使我们的现实生活发生巨大改变，幻想小说里的许多描述将可能变成现实。光蚀刻法制备的芯片的容量如果再增长 10 倍，我们就可以将人类的基因组的信息微缩到与一张邮票大小相仿的芯片上。也许不是每个人都能支付得起，但是在发达国家，将来通过快速扫描数百条与疾病和行为有关的重要基因来进行诊疗有可能成为“精准医疗”的一个标准。

如果我们拥有了一份罗列了所有好基因、坏基因和中性基因的精确列表，并且有足够的资金可以用来检测、判断一个人拥有哪些类型的基因，那么世界将会是个什么样子？从个人的角度来说，做一次基因组扫描是否将带有用遗传学来占卜的色彩，藉此来预测我们生命里未来将发生的事情呢？在这种情形下，我们该继续顺其自然，还是应趋之若骛于将基因都改造为“好”的呢？

其实这些问题并不是人类第一次提出，早在 18、19 世纪之交，人类就经历过一次类似的企图理解和开发人类基因的运动。优生学一词就是指那些将孟德尔遗传学原理运诸改善人种质量的努力。

优生学运动最早开始于英国，那时仍然是一项善意的运动，许多家庭都积极地试图改良他们的遗传。但优生学原本良好的出发点在美国和斯堪的诺维亚则被扭转，而变得消极，这两个国家把是否具有遗传缺陷作为了实施绝育法和限制种族迁移的依据，在这两个
261 国家里具有遗传缺陷的人被认为是“不合适”进行迁徙的。这些将优生学用于社会改造方面的误导性尝试后来成为纳粹的所谓“最终解决之道”(final solution)的部分依据，妄图用以达到人种纯化为目的，并致使超过一千万的犹太人、埃及人和其他一些被认为是劣等

① 人类基因组计划从 1990 年正式启动，历经 13 年，已于 2003 年提前宣布完成。——译者注

民族的人惨遭屠戮。

因此在我们将开始讲述人类遗传学的发展历史中，讲到了一个与优生学同时产生的、发生在美国的具有警世意义的故事。由于优生学与大屠杀有关而招致的恶名，加之不能用人作为材料进行实验，所以人类遗传学在二战以后便停滞不前了，直到分子遗传学的发展为基因的遗传规律研究提供了微观剖析的新方法之后才有所起色。在介绍遗传学在解决人类疾病和身份验证等实际问题中的运用之后，我们将联系遗传学的发展来讲述人类演化和迁徙的故事。

第一节 Charles Davenport 的优生学记录

优生学——意思是生育出优秀的后代——是 1883 年由 Francis Galton(图 8-1)提出的，当时他是伦敦大学学院的科学家。优生学一词是在他早年题为“遗传天赋”(1869 年)的论文中提出的，在该论文中他得出结论认为在英国显赫的家庭里，超级的智力与能力在主要的亲属里是以约 20%的效率进行遗传的。Galton 对于英国改良家庭遗传的努力后来被认为是“具积极作用的优生学”，并成为英国优生学运动的重要内容。

图 8-1 Francis Galton
(版权为 The Galton Collection, University College London; http://www.eugenicsarchive.org 所有)

在第一章中，我们了解到演化思想是如何通过昙花一现的实验演化学渗透到遗传学当中的。无独有偶，演化理论也曾以类似方式经由优生学渗透到人类遗传学研究中来。在 20 世纪的头 10 年里，优生学通过演化生物学、孟德尔遗传学和实验繁育学思想的汇集，被整合成为一个新的科学领域。具体地将这些思想汇集起来的人就是 Charles Davenport(图 8-2)。

图 8-2 Harry Laughlin 和 Charles Davenport(右)在优生学档案办公室门外
(承蒙 Truman State University Harry H. Lauphlin; http://www.eugenicsarchive.org 许可引用)

回首往事，1898 年，Davenport 坐上了纽约州冷泉港生物学实验室主任的交椅，从事自然界的演化研究。1904 年，他组建了一个同样研究演化的实验演化研究所，招募的研究者都是孟德尔遗传学最早的追随者。Davenport 是最早将现代人类从遗传学上定义为现代智人(*Homo sapiens*)的科学家之一。1907 年，他发表了一篇经典的(尽管尚不完整)描述人虹膜颜色遗传的论文。他还继续从事早期的关于皮肤色素沉着、癫痫、亨廷顿舞蹈症和神经纤维瘤发生的研究。该研究所里的其他研究者，包括 Archibald Garrod 在内，则通过研究弄清了黑尿病、短指症、血友病和色盲的遗传规律。

Davenport 由于与美国饲养者协会(American Breeders Association, ABA)有联系而对优生学发生

了兴趣，该学会是美国支持优生学研究的第一个学术团体。ABA 的会员，包括美国种籽业的先驱之一的 Luther Burbank，都明确表示了他们希望将农业中的繁育原理直接运用于人类繁衍的打算。在 Davenport 的 *Eugenics: The Science of Human Improvement by Better Breeding* 一书中，以在 20 世纪 20 年代美国各州集市上举办多次"Fitter Family"的竞赛中，都流露出这样的想法。当时通过这些竞赛来判断家庭的质量，那情形正如同赛马会挑出最快的马，赛猪会选出最肥的猪和赛果会上推出最大的南瓜。

262 1910 年，Davenport 获得资助，建立了优生学档案办公室（Eugenics Record Office, ERO），该机构具有与实验演化研究所相近的特性（图 8－3）。ERO 推出了一系列的公报，包括 Davenport 的 *Trait Book* 和 *How to Make a Eugenical Family Study*，帮助建立标准化的方法和术语，用于建立家系图以在连续的世代中追踪 TRAITS 的。构建一个家系包含三个必需的因素：①发现代数和个体数足够多并携带某一特殊性状以便于研究的家系；②根据特定性状的有或无，给每个家系里的成员打分；③进而尝试分析该性状的遗传方式属于三种基本的孟德尔遗传方式即显性遗传、隐性遗传和性别连锁遗传（X 连锁）中的哪一种。

图 8－3　优生学档案办公室（ERO）

调查工作培训班（1992 年）在走向 Kings Park 精神病院的途中（最右为 Harry Lauphlin）。

（承蒙 the Cold Spring Harbor Laboratory Archives; http://www.eugnicsarchive.org 许可引用）

在上面的三个因素里，寻找家系很容易，因为在 20 世纪的头 10 年里大的家庭是很常见的（图 8－4）。但是，根据性状进行打分则是一个棘手的问题，尤其是当优生学试图对复杂性状（如智力或音乐才能）及精神疾病（如精神分裂症或狂躁抑郁症）进行测定的时候。通常说来，优生学家在制定用来测定许多他们所研究的"性状"标准时态度并不严格，因此导致他们得出许多真假混杂的性状。比如他们认为嗜酒、智力低下、贫困、社会依赖、懒惰、流浪和缺乏道德等都是因单一基因的缺陷而造成的，并以简单的孟德尔方式进行遗传。

许多的优生学信息都以自愿填写的调查表形式提交给 ERO，其中一些家庭非常自豪地希望别人知道他们是具有高智商或者艺术素养的家系，而另一些家庭则在调查表中就提高优生质量的婚姻方式寻求建议。通往 Coney 岛路途中的马戏团演员成了优生学研究者的宝藏，因为这些演员为他们提供了非同寻常的生理上的性状差异，包括巨人症、侏儒、多指和多毛症等。尤其值得一提的是，Davenport 与一个白化病马戏团的家系之间的通信促成了对白化病孟德尔遗传的首次研究，其研究结果发表在《人类遗传学杂志》（*Journal of Human Heredity*）上。

图 8－4　优生和健康展览

在肯萨斯州自由广场举办的优生家庭展览和考场。（承蒙 American Philosophical Society；http://www.eugenicsarchive.org 许可引用）

除了与具有完整家庭的成员面谈以外，优生学工作者还从精神病院、监狱、孤儿院和盲人收容所采集数据。收容所管理者提交的调查表被优生学研究者用来计算社会“依赖”人群的民族组成以及将他们收容在公共机构中所需的花费。由于第一次世界大战的动员，数万应征的战士为优生学研究者获取人体及智力数据提供了便利的来源。其中尤为引人注意的是由哈佛大学的 Robert Yerkes 提出的用于 Alpha 和 Beta 军队的测试方案，被认为是可以测量入伍军人的先天智力。非洲与美洲人通婚的后裔和国外出生的战士很可能在 Yerkes 测试中表现得很糟糕，因为 Yerkes 测试的内容多为白人文化及语言里的知识。

第二节　“造孽”基因

当 Francis Galton 关注人类遗传学的积极方面时，美国的优生学运动则逐渐关注“消极的”优生学计划，他们认为这样可以防止那些假想的不良性状污染美国的遗传物质，他们甚至荒诞地将一些他们认为具有不良性状的家系追溯到圣经中记载的亚玛力人（Amalekite）。到 1700 年左右，退化理论认为具不良性状的人是源自恶劣的环境，这样的恶劣
环境损害了他们的遗传物质并使他们将永久地出生不良的后代。Richard Dugdale 是纽 263
约监狱联盟的执行委员，他在 1877 年出版的 *The Jukes* 一书中为优生学提出了退行性遗传的概念，该书描述的是居住在纽约市蝴蝶河边的一个由 700 个犯轻微罪行的人、娼妓和乞丐组成的一个群体。

Dugdale 坚持拉马克的观点，认为环境诱导人的性状发生了遗传上的变化。他满怀同情地总结认为如果为“Juke”群体中的人提供一个较好的生活环境、学校和工作机会，他们的不良品行会得以纠正。但是，这样的看法被美国的优生学家认为一钱不值，因为这些优生学家信奉孟德尔的遗传学和威尔曼的种质学说。这两种学说结合起来，使他们认为人的性状是由基因决定的，而基因是代代相传的，但不受环境影响。因此，ERO 里负责采集数据的工作者 Authur Estabrook 在 1915 年重新对“Juke”人群进行了评价，他从中发

现了连续的退化，并将其归咎于“坏”的基因以及携带“坏”基因的人。

Davenport 对海军军官的研究为优生学家找寻人类行为与环境影响无关的努力提供了一个可笑的证据。在对许多声名显赫的海军军官如 Admiral Lord Nelson、John Paul Jones 和 David Farragut 等人的家系研究之后，Davenport 总结认为这些人都有一些相同的遗传品性。在这些品性里，“喜欢海”被他定义为是一个性别限制的性状，因为这一性状只在男性中发现。Davenport 的可笑之处在于他未能同时考虑到另一种解释，即海军军官的孩子通常是在由船舰和海洋故事主宰的环境里成长的，也未考虑到在 19 世纪末和 20 世纪初女性是被禁止从事航海职业的。

优生学的社会工程

优生学出现于工业革命时期，工业革命时期里科学成果常被用于提高公众和私人的生活质量。人数不断增长的中产阶级认为科学的进步可以为解决社会问题提供理性的治疗措施。将社会弊病归咎于“坏”的基因，那么研究携带这些基因的人会带来这样一个问题：为什么其他人非得为这些携带“坏”基因的人建造精神病院、福利院和监狱呢？什么时候才能铲除这些“坏”基因和携带“坏”基因的人的来源呢？因此，消极的优生学貌似为这一古老的社会问题提供了一个理性的解决方案。美国的优生学家成功地说服了议员们从三个方面制订了优生学的法律：限制欧洲移民进入美国，防止种族通婚（尤其是白人和黑人之间的通婚）以及对携带不良遗传因素的人实施绝育。

图 8－5　医生在 Elllis 岛为移民进行体检

（承蒙 National Park service：Statue of Liberty Monument；http://www.eugenicsarchive.org 许可引用）

在优生学运动蓄势待发之时，美国正好发生了移民潮，大批移民涌入美国。在 20 世纪前 20 年里，每年有 600 000 到 1 250 000 的移民借助纽约港 Ellis 岛的便利蜂拥而至（除了在一战期间）（图 8－5）。据估计，2005 年美国有 1 亿人的家族史可以追溯到从 Ellis 岛进入美国的移民。在此次移民潮期间，这些移民多数出生于欧洲，他们中绝大多数人的家庭是从北欧和西欧的国家里迁移出来的，这些国家在殖民地、联邦和维多利亚时期里就曾大量地向美国输出移民。在不断增长的移民潮当中，绝大多数人来自南欧和东欧，也包括许多流离失所的犹太人（图 8－6）。

264 美国的优生学家绝大多数都是白人，都是来自北欧和西欧移民后裔中的精英人物，或者是受过教育的中产阶级和上层阶级的人。他们鄙视新到来的移民，这些移民里许多人都居住在下等人聚集的曼哈顿地区。这些新移民当中许多人的境况是：住在拥挤的租赁房里，忍受肺炎和犯罪的折磨，沦为糖果店里实习生。这些情况都是被 Jacob Riis 和其他“披露社会丑闻”的记者记载下来的。但优生学家不认为这些移民的境况与贫困及缺乏工作机会有关，而认为与他们携带的“坏”基因有关，而且优生学家对这些“坏”基因可能对国家的种质造成“污染”感到忧心忡忡。优生学运动为当时美国社会中日渐上涨的反移民提供了“科学”的基本理论。劳工组织对外来的、过剩的廉价劳动力可能会取代美国本土的劳工寝食不安，反社会主义团体则煽动“红色潮流”(red tide)的恐慌情绪，称这些移民是前苏联和欧洲社会主义者。

图 8－6　将开往纽约的满载移民的渡船

ERO 是美国众议院移民和安置委员会的“专家顾问机构”，ERO 的负责人 Harry Laughlin 也因此成为 20 世纪 20 年代早期反移民运动最具有力量的说客。在三篇独立的证词中，他出示了数据，旨在表明南欧和东欧国家是在向美国输送有“遗传缺陷的人”，因为这些国家具有异乎寻常高的、比例失调的精神病患者、罪犯和社会依赖人群。在他的努力下，1924 年制定的移民限制法案规定每年削减的移民人数 165 000 人，并根据南欧和东欧移民涌入美国之前的 1890 年美国人口组成，对每个国家进入美国的移民比例进行限制。这一法令取得了预期的效应，每年将南欧和东欧的移民人数减少到了 15 000 人以下。直到 20 世纪 80 年代后期，南欧和东欧的移民数也未能恢复到限制法颁行前的水平。

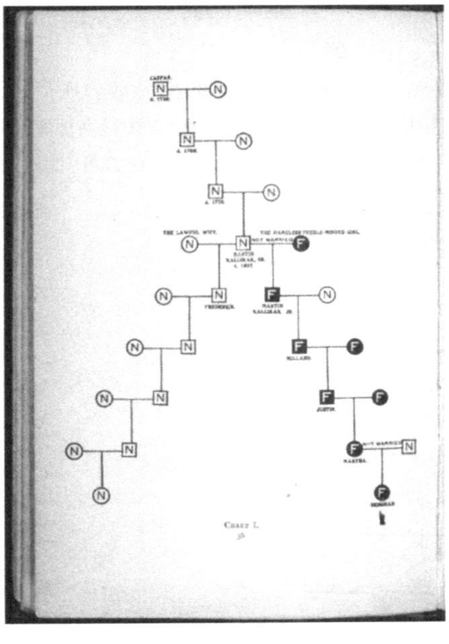

图 8－7　1912 年 Henry Goddard 绘制的 Kallikak 家系图谱

这一家系显示了正常(N)和低能者(F)的谱系。(承蒙 the University of Albany. SUNY；http://www.eugeneticsarchive.org 许可引用)

20 世纪头 40 年里制定的所有立法当中，曾被美 265
国 30 个州采用过的绝育法带有最明显的优生学印记。绝育法最早于 1907 年在印第安那州颁布，尽管最初颁布绝育法的目的是为性犯罪者定罪，但该法把“低能者”作为了优生措施的主要对象。这一法律的出台很大程度上是受了 Henry Goddard 在 1912 年出版的《卡里卡卡家人》(*The Kallikaks*)一书的影响，这本书描述了一个以 Martin Kallikak(虚构名)后裔为研究对象进行的有效的正优生学和负优生学的研究(图 8－7)。Martin 与一个正常的妇女婚育，形成一个正常的血统(来自拉丁语 *kallos*，意思是“好的”或者“美的”)。但是，作为革命战争中的一个年轻军人，他与一个富有魅力但“低能”的酒吧女发生了婚外性关系，从而形成了一个“坏”的血统。优生绝育法的初衷是排除那些被认为有可能导致低能者性混乱的趋势，这种趋势会对他们的种族质量构成永久威胁，并正如同例子中的Martin的故事那样，坏的血统会污染好的血统。

许多早期的绝育法都有法律上的缺陷，而且不能面对州立法庭庭检的挑战，为解决这一问题，Laughlin设计了一个优生法样板，供法学专家评议。在1927年被最高法庭审理之前，弗吉尼亚州在裁决Buck v. Bell案件时试用了该法律样板。Oliver Wendell Holmes，传达了法庭的裁决，支持优生绝育法，其中有一句臭名昭著的话：“最多只能允许低能者繁衍三代”。

Carrie Buck，这一案例的被告，有一私生女被送进弗吉尼亚为癫痫患者及低能者设置的收容所（图8-8，图8-9）。Carrie被判为低能者并被判性混乱罪。Authur

图8-8　Carrie和Emma Buck（1924年）

这张老照片中母亲和女儿坐在弗吉尼亚为癫痫患者及低能者设置的收容所的一条长凳上，该收容所位于Lynchburg。这张照片是在弗吉尼亚州的优生法开庭审理的前一天拍摄的，本次案件的审理成为美国最高法庭的范例。（承蒙the University of Albany, State University of New York；http://www.eugenicsarchive.org许可引用）

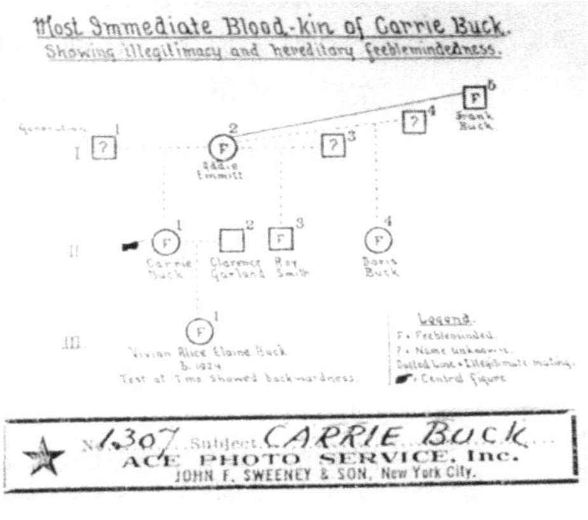

图8-9　Buck家族的系谱图（1924年）

这张在弗吉尼亚案件审理过程中出示的系谱图清楚地显示了三个假定的女性低能者：Emma（Emma Emmitt）、Carrie和Vivian。Vivian的父亲，Clarence Garland是Carrie养父母John Dobbs夫妇的侄子。Clarence已承诺迎娶Carrie，但他在案件审理后的1924年失踪。（承蒙Paul Lombardo. Ph. D.，J. D.，and the American Philosophical Society；http://www.eugenicsarchive.org许可引用）

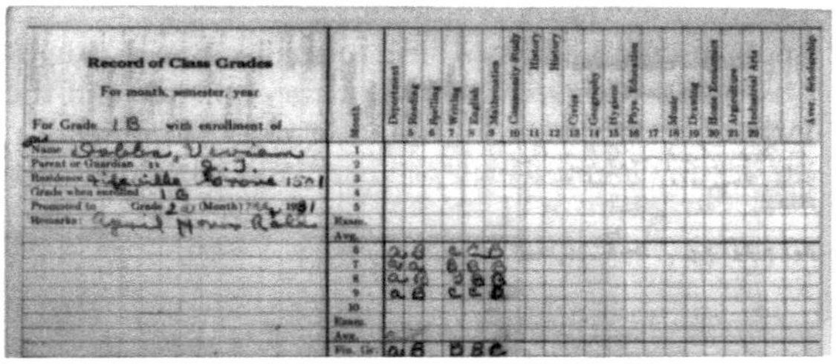

图 8－10　Vivian 一年级的成绩报告书

表中列出了 Vivian 的寄养姓为 Dobbs，根据一年级的成绩报告单来看，Vivian 肯定是 B 类学生。她在行为举止方面的成绩一直是 A，甚至在 1931 年四月还获得了荣誉。（承蒙 Paul Lombardo；http://www.eugenicsarchive.org 许可引用）

Estabrook 对 Carrie 的女婴 Vivian 进行了检查，发现她“不是很正常”（图 8－10）。

用 Carrie 当年的标准很难判断 Carrie 是否为低能者，但 Carrie 婚外育出的婴儿是她被养父母的侄子强奸所生。显然，Vivian 并非低能儿（图 8－11）。后来的学者证实 Vivian 一年级的成绩报告单显示她显然属于 B 类学生，甚至在行为举止一栏还获得了 A 的好成绩。Carrie 是在弗吉尼亚州颁行绝育法后第一个被实施绝育的人。Buck v. Bell 一案从未翻案，对精神疾病患者或智力障碍者实施绝育一直延续到 20 世纪 70 年代。在这段时间内，美国大约有60 000人被实施了绝育手术，其中大多数并未征得本人或者监护人的同意。 266

图 8－11　Carrie 的孩子 Vivian(1924 年)

这张照片摄于 1924 年开庭前一天，反映的是 Authur Estabrook 对 Vivian 进行“标准智力测试”以判断 Vivian Buck 是否为低能儿的场景。六个月大的 Vivian 看起来对养母 Dobbs 夫人试图用一枚硬币吸引她的注意反应冷漠。（承蒙 the University of Albany, State University of New York; http://www.eugenicsarchive.org 许可引用）

对优生学的斗争和优生学的覆灭 267

科学界对优生学进行了全方位的抵制，甚至早在优生学有组织地形成专门的研究方向之时就已开始。1909 年，卡耐基学院的 George Shull 在进行实验演化研究中发现，两个玉米品系的杂种后代比亲本具有更强的生命力。这一杂种优势现象在动物中也存在，从而驳斥了优生学家们的所谓认为纯种才具有生物学优势、种系混杂会破坏“好”的种族的谬论。

许许多多科学家的研究结果都驳斥了优生学家们所持的最基本主张，即认为人的复杂行为是由单一基因所控制的说法。Hermann Muller 在 1914 年到 1923 年期间对果蝇和其他生物进行的大规模分析表明，“基因到特征”之间存在着多种样式的联系，这些样式与简单的孟德尔分析是不符的。许多基因的表达变化很大，一个基因可能会影响生物的几个特征（品格），相反，许多基因的突变也可能影响相同的特征。而且，环境可以显著地改变一个基因的表达。

Horatio Hackett Newman 对双胞胎的研究表明遗传特性完全相同的双胞胎经分开抚养成长后智商的差别可以达到 15 分。Lionel Penrose 发现英国一个国立教养所里的犯人的犯罪原因包含了遗传、环境和病理等多种因素。

群体遗传学的数学模型也提供了证据，反对认为退化的家族会为社会加重“坏基因”负担的说法。Godfrey Hardy（图 8－12）和 Wilhelm Weinberg（图 8－13）提出的连锁不平衡模型表明，尽管带有“坏”基因的家族成员的人数在一段时间内会增长，但这些“坏”基因的频率相对于整个人群来说并不会增加。智障被认为是一种隐性遗传病，这一点更是令优生学家无法辩解。

图 8－12　Godfrey Hardy

（经 Trinity College，Cambridge，England 许可引用）

268 尽管遗传学家几乎普遍同意智障患者的出生应该从婚育上加以防止，但 Hardy-weinberg 方程显示出受累个体的绝育并不会令人满意地减少这种病的发生。只有采取令人发指的手段，对根据该方程预测可能带有杂合基因的人大批地实施绝育才可能会给减少智障的出生带来明显的希望。但当时许多遗传学家无视这些事实，他们认为智障这样的病有蔓延之势，认为生育控制仍旧可以在每一代中防止数万受累个体的出生。

虽然 Thomas Hunt Morgan 是 ERO 组织的创始人之一，但数年之后他还是从这个机构辞职了。他在 1925 年所著的畅销书《遗传和演化》（*Genetics and Evolution*）中谴责了 ERO 运动，对将遗传学滥用于智障和将种族划分为优劣的做法提出了警告。他还在书中提议道：“……除非我们现在知道了环境对遗传的影响有多大，否则我倾向于认为，在如今这样我们对智力差异影响机制一无所知的情形下……未来从事人类遗传学研究的人将可能在今后找出这些问题产生的社会学原因。”

1928 年，John Hopkins 的遗传学家 Raymond Pearl 指责了优生学的许多教条都违背了证据确凿的遗传学事实。1935 年，卡耐基学院的一个访问人员总结认为 ERO 的主体工作毫无价值，并建议该组织结束其发动的绝育计划。因此，到了 20 世纪 30 年代中期，美国优生学的工作在科学家心目当中已彻底贬值。对于德国激进的人种优化计划等事件的了解使得美国绝大多数人摈弃了群体优生学，ERO 于 1939 年关闭。

图 8－13　Wilhelm Weinberg
经许可引自 Stern C. 1962. Wilchelm Weinberg, 1862～1937. *Genetics* *47*：1～5；(©Genetics Society of America)

与此同时，德国的优生学却在积蓄力量。1933 年，纳粹在制定德国相关的绝育法时，是以 Laughlin 的样本作为基础的，而且由于对德国优生学的贡献，Laughlin 于 1936 年在海德堡大学获得了荣誉学位。在随后的几年里，大约有 400 000 个主要是精神病院里的人被实施了绝育。1939 年，纳粹用安乐死替代了绝育手术，“仁慈地”让 100 000 智障者在致命毒气中结束生命。对智障者公然使用毒气的行径到 1941 年停止了，因为那时具有使用安乐死经验的医生被派往波兰的集中营为纳粹的种族优化、杀戮异族执行“最终解决之道”去了。

第三节　现代人类遗传学的挑战

考虑到纳粹集中营里使用安乐死及以人为实验材料的恐怖事件的影响，我们就不难理解为什么二战后的一段时间内遗传学研究的很大程度上被搁置了。这一影响遗传学研究的因素一直到限制酶和 DNA 重组技术出现之前仍然存在，因此那时的研究者便缺少这些鉴定基因和将基因精确定位到染色体图谱上的有力工具。

后来人们对果蝇的遗传学研究取得了成功，举例来说，携带一个新的突变的果蝇可以通过肉眼鉴定出来，然后这一果蝇可以被选择性地与其他已知性状的果蝇交配，以确定突变基因的遗传方式及基因在染色体上的位置。果蝇具有繁殖周期短和繁殖数量多的特 269
点，因而可使研究大为简化。并且每个果蝇的谱系通过事先的繁育实验已经都被确定，实验中的果蝇的生理和遗传特征都是相同的，彼此间的差别最多只限于一个或几个性状。这样的遗传纯合度可以允许人们在一个必要的中性背景下分析某一特定的性状或者突变。

人类遗传学与经典遗传学不同，比如由于人道主义及伦理学问题，在研究中不能以人作为实验材料任意操作。尽管某些文化背景下的人里还有包办婚姻的存在，但在多数情况下，人们都是自主选择他们的配偶，反对包办婚姻。因此，人类遗传学家必须面对现实，用碰巧找得到的家系开展研究，而不能主动去以人为材料进行婚配实验。此外，对人类遗传学家来说，想要在连续的世代中分析一个性状的遗传特性实在是一件很不敢奢望的事，所以他们宁愿选择有较多性状的复杂疾病去研究。大多数的人倾向于与亲属以外的人婚配，这就意味着他们的生理和遗传特征都是杂合的，这就使得在这样的杂合背景下鉴定出疾病相关基因，尤其是具复杂表型的致病基因变得更加棘手。

但是，由于地理隔离或者风俗的缘故，仍有一些人群实行内部婚配，因而保持了一定的遗传纯度。相对封闭的基因库(gene pool)，如冰岛人、老一辈安曼派(基督教门诺派中的严谨派)人和摩门教人，他们有谨慎保存的家谱，加之他们的家庭相对都比较大，因此是进行遗传分析的理想对象。安曼派和摩门教人的风俗是禁止饮酒的，这使得通过他们研究精神和行为疾病如狂躁抑郁症和精神分裂症变得容易，因为这些疾病的症状易与酒精和药物滥用所出现的症状相混淆。

随着时光流逝，直到人们对纳粹的优生学政策逐渐忘却和限制酶和聚合酶链反应(PCR)技术的问世以后，人类遗传学研究才走出窘境，因为限制酶和 PCR 技术可以为疾病的遗传研究提供标记，并以这些标记的有或无来进行打分。值得一提的是在优生学的统治年代里，人们并不认为 DNA 是遗传分子，那时人们对基因突变的物理基础一无所知。

由于对基因突变的了解使得人们对疾病的复杂性的认识也达到了一定的深度。对于双胞胎的研究强烈地显示出基因在人的所有特征包括健康和行为方面都起着重要作用。但是，正如同 Hermann Muller 在果蝇中所观察到的现象一样，人类疾病并不总是呈现出基因到性状的简单联系。相同的突变在不同的人中可能产生不同的生理病症。相反，不同的基因突变可能会在不同的人中产生相似的表型。George W. Beadle 和 Edward Tatum 在脉孢菌(*Neurospora*)中发现，几个酶中任何一个突变都会产生相同的最终效应——改变或者彻底抑制掉一条生化途径。

将众多的疾病看做一个谱(如同光谱由多种颜色组成)，那么在这个谱的一端是由那些"简单"的疾病组成，即那些通常被认为是同源发生的疾病①，比如镰状红细胞贫血和囊性纤维化，罹患这些疾病的患者的突变都是相同的，并且症状也高度相似。位于谱中间的疾病，如地中海贫血和神经纤维瘤，罹患这些疾病的患者的一个基因有多种突变类型，从而表现出不同的症状。谱的另一端则是复杂的疾病了，即通常是异源发生的疾病②，如哮喘、双极性情感症等，这些疾病是由多个基因的突变加之环境因子的影响而引发的，病因如此复杂可能可以解释这些疾病症状之间的极大差别。

270

第四节　人类疾病的染色体基础

20 世纪 50 年代才发展起来的细胞生物学技术，使人们对遗传学的认识走出了"暗黑"时代。徐道觉(Tao-Chiuh Hsu)③采用低渗液(低盐)的处理方法让细胞膨胀，使染色体分开而易于观察和计数。Wright 染色及后来出现的 Giema 染色和奎纳克林染色方法，使得对于每条染色体的大小和染色产生的显带模式的分析更为方便。

二战后，人类细胞遗传学研究始自 1956 年，当时普遍认为人类共有 48 条染色体，这一数目是根据早先观察到黑猩猩有确切的 48 条染色体而想当然类推的错误结果。美国国立卫生研究院的蒋有兴(Joe-Hin Tjio)和 A. Leven 澄清了这个问题，得出了人有 46 条染色体的正确结论。随后的几年时间里，细胞生物学家就建立了人类遗传疾病和染色体畸变包括数目或倍数的关联。人们还在 Down 综合征(21 号染色体)、Patau 综合征(13

① 即由同一个或少数几个基因的缺陷造成的疾病。——译者注
② 由于许多基因的缺陷而引起的疾病。——译者注
③ 华人科学家徐道觉。——译者注

号染色体)和 Edward 综合征(18 号染色体)等病症中发现了三体——在正常的染色体之外多出了一条染色体。性染色体异常也在 Turner 综合征和 Klinefelter 综合征中被发现。60 年代初期,人们在一些先天愚型病例中鉴定出了染色体的易位。70 年代人们发现急性早幼粒白血病、Burkitt 淋巴瘤和几种其他的血癌也都与特定的染色体易位有关(参见第七章)。

镰状红细胞的研究带领人们进入了分子遗传学新时代

让我们回忆一下 Archibald Garrod 于 1908 年提出的深有远见的假设,他认为黑尿症和更多的其他一些遗传学病都是由于“先天的代谢错误”而引起的。这一假设在 Beadle 和 Tatum 关于脉孢菌的研究中得到了证实。这两位科学家发现一些基因的突变会导致生物体内的酶发生相应改变,并导致可遗传的代谢缺陷。对镰状红细胞病分子机制的阐明则为证实这一假设提供了第一个人类的证据,反映出人们已经积累了一定的遗传学知识(图 8-14)。

镰状红细胞病最早由芝加哥医生 James Herrick 于 1910 年报道,罹患该病的患者有贫血症状,且体内的红细胞呈现出不寻常的镰刀形。40 年代以前,人们通过不断的研究已揭示该病为隐性遗传。40 年代中叶,美国约翰·霍普金斯医学院的医学生 Irving Sherman 发现镰状红细胞贫血病人的血液发射光与正常血液不同,这意味着镰状红细胞贫血病人的血红蛋白结构发生了变化。哈佛医学院的 William Castle 将这一消息告诉了加州理工学院的 Linus Pauling,Pauling 正好对血红蛋白结构感兴趣。Castle 提供了镰状红细胞贫血病人的血液及正常人的对照样本,Pauling 和 Harvey Itano 从中分离出了血红蛋白。当进行电泳分离时,镰状红细胞的血红蛋白(Hb_s)比正常对照泳动速度要慢得多,说明它比正常的血红蛋白 Hb 带的负电荷要少。

这一结果与英国剑桥 Cavendish 实验室的 Vernon Ingram 的实验结果正好吻合。Ingram 的实验表明正常的血红蛋白含有较多的谷氨酸残基(一种带负电的氨基酸),而镰状红细胞的血红蛋白 Hb_s 含有较多的缬氨酸(一种带正电的氨基酸)。

1956 年,Vernon Ingram 和 John Hunt 各自独立地测定了 Hb 和 Hb_s 的蛋白序列,
发现 Hb 中第 6 位谷氨酸在 Hb_s 中被缬氨酸替代。根据这一信息,他们通过遗传密码子 272
表(表明编码谷氨酸的三联密码子为 GAG,缬氨酸为 GTG)预测出该位点上 A-T 的点突变是与镰状红细胞贫血的发生有关的。

对蛋白分子的氨基酸测序和对编码蛋白的 DNA 的碱基测序技术的诞生,使得 20 世纪 80 年代从人的基因组文库中克隆 α-和 β-珠蛋白基因变得简便了(Philip Leder 克隆 b 血红蛋白的方法在第五章中作了讨论),Southern 印迹和限制酶相结合的方法也使人们从 DNA 水平上诊断许多血红蛋白相关疾病成为可能。

在构建早期克隆化的人类 DNA 限制酶切图谱的过程中,人们已清楚地知道一个点突变可能改变一个限制酶的识别位点,产生大小与未突变基因不同的片段,这一现象被定义为限制性片段长度多态性(restriction-fragment length polymorphism,RFLP)。RFLP 是最早的 DNA 多态(poly 是“多”的意思,morphism 是“形态”的意思),可以很简单地被限制酶所识别。如第六章所描述,RFLP 也被用作人类染色体早期的物理图和遗传图的主要标记。应用于染色体的局部区域,RFLP 可作为检测引起疾病的突变的工具。起先 RFLP 的结果是通过 Southern 印迹的方法来检测的,需要使用放射性标记同位素的探针与具多态的 DNA 区域进行杂交。

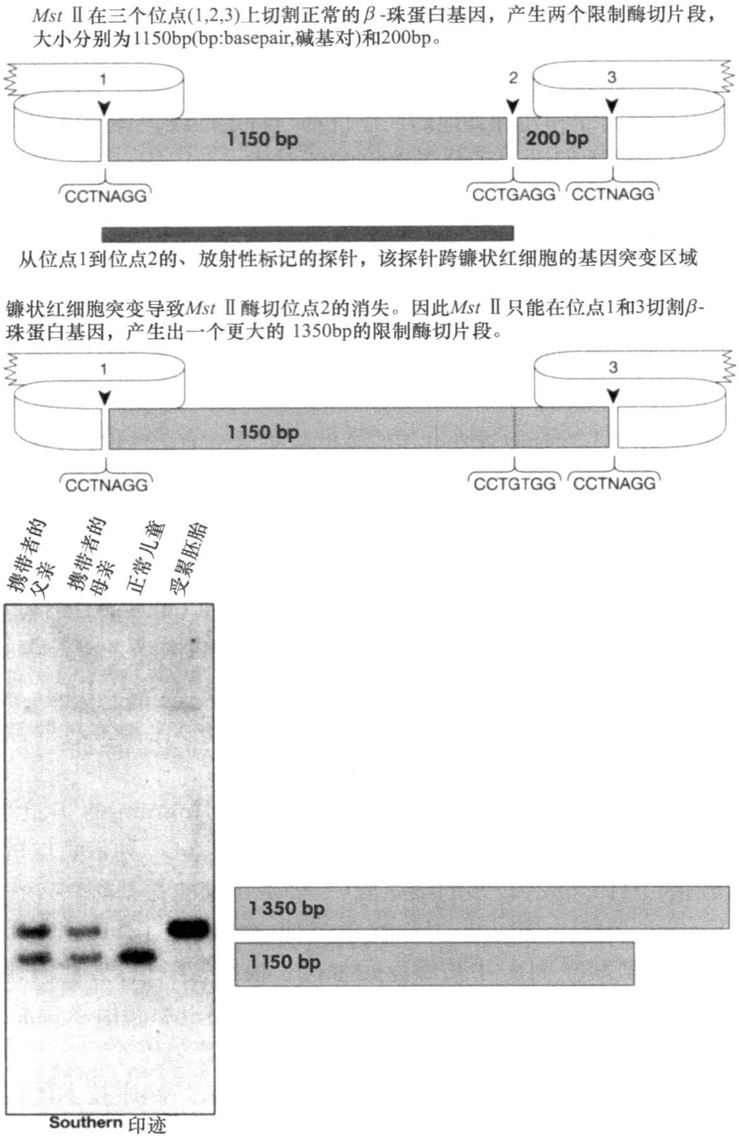

图 8-14　镰状红细胞贫血患者珠蛋白基因的 RFLP

RFLP 的 Southern 印迹的结果，图中的样本来自携带者的父母，未受影响的后代和受累胚胎的羊膜液的细胞。携带者的父母的 RFLP 结果显示他们的两种限制酶切片段都只有一个拷贝(根据杂交信号的强弱判断)：与疾病位点相关联的 1350bp 的片段和与正常位点关联的 1150bp 的片段(200bp 的片段用本实验中的探针不能检出)。未受影响的儿童的 RFLP 结果显示其只有一条 1150bp 的带，受累胚胎只有一条 1350bp 的带。这两个后代都是纯合的，因为带的颜色与他们的父母相比很深，说明有分别两个拷贝的 Hb 基因和 Hbs 基因。(经允许引自 Chang J. C. and Kan Y. W. 1982. A sensitive new prenatal test for sickle-cell anemia. *N. Engl. J. Med.* *307*:30—32)

导致镰状红细胞贫血的基因突变最早是由加州大学旧金山分校的 Yuet Wai Kan 和 Andrea-Marie Dozy 通过 RFLP 分析检测出来的(图 8－14)。他们使用的是能识别 CCTNAGG(N 可以是任意的核苷酸)序列的 *Mst* Ⅱ限制酶。A-T 点突变导致一个跨越编码β-珠蛋白第 6 位氨基酸的核苷酸的 *Mst* Ⅱ识别位点的消失。因此,纯合的正常个体、带有突变的杂合的携带者以及纯合的镰状红细胞贫血患者的 DNA 经过 *Mst* Ⅱ的限制酶处理得到的 RFLP 图谱是不一样的。

用克隆的基因来治疗疾病

1921 年加拿大多伦多大学 Frederick Banting 和 Charles Best 分离出了胰岛素,他们的实验还表明他们分离的胰岛素能成功地治疗糖尿病人的代谢缺陷,这一发现为治疗其他代谢性疾病尤其是血友病和垂体性的侏儒症奠定了基础。他们的实验表明,代谢缺陷型疾病能够通过向病人体内输入所缺乏或者是缺少的蛋白质来达到治疗的目的,比如向血友病患者体内输入凝血因子Ⅷ和凝血因子Ⅸ可以达到治疗血友病的目的,向垂体性的侏儒患者输入人的生长激素(HGH)可达到增长身高的目的。但是,要保证供应不带传染病的足够数量的这些治疗性的蛋白谈何容易。身体内合成的激素通常是微克级的,所以要分离它们非常费力并且代价高昂。以人的生长激素而言,能接受治疗的病人数要受到生长激素产量的限制。

经过加工,大约 8000 品脱的血液可以产生足够的凝血因子,可供治疗一个血友病人一年之用。要获得用来在一年时间内治疗一个糖尿病人所需的胰岛素,要耗费大约 70 头猪或 14 头牛身上取下来的 7～10 磅重的胰脏。HGH 的提取是很繁重的工作,从 80 具人尸的垂体中提取的 HGH 才够治疗一个垂体性侏儒患者一年时间之用。如果考虑到患者需要进行长达 5～10 年的长期治疗的话,如此多的治疗性蛋白的供应问题就尤其显得杯水车薪。

此外,从哺乳动物细胞里提取用于治疗的蛋白时,病毒污染的风险也是必须考虑的一 273
个最重要的因素。癌症研究中已证实猴空泡病毒 SV40 在肿瘤发生中起着重要作用,SV40 最早是在猴细胞制备的脊髓灰质炎病毒疫苗中作为一种污染物被分离出来的。尽管还没有证据说明使用含有 SV40 的脊髓灰质炎病毒疫苗能带来什么疾病,人的生长激素和凝血因子却可能在说不定哪次提取过程中会带上危及生命的病原体。

在人免疫缺陷病毒 1 型(HIV-1)被鉴定出来以及简便的检测方法被发明出来以前,血友病人在接受凝血因子治疗时由于输入污染有 HIV 的凝血因子或者全血而感染 AIDS 病(获得性免疫缺陷综合征)的风险很大。1983～1984 年,正值美国 AIDS 病蔓延,在这段时期里,检测 HIV 病毒的方法还未发明出来,所以不能检查出血液制样品中的 HIV 病毒,据估计当时有大约一半的血友病人感染了 AIDS。根据疾病控制中心 2001 年的统计数字,美国总共有 5234 个血友病患者死于艾滋病。

从动物中分离的治疗性蛋白,如猪或牛的胰岛素,其氨基酸组成与人的胰岛素不同。这样的动物来源的替代品在活性上可能与人自己产生的蛋白有轻微的差异,所以它们有可能引起免疫反应。比如一些糖尿病人对猪或牛的胰岛素会出现过敏反应,尽管过敏反应也可能是由分离的蛋白纯度不够而引起,而不是因氨基酸的组成不同而造成的。

新的遗传学研究工具和方法的不断发展使得克隆许多基因和利用这些基因来生产重要的医用蛋白成为了可能,这些蛋白质包括胰岛素、凝血因子、血纤维蛋白溶酶原、白细胞介素、干扰素和细胞因子如促红细胞生成素、集落刺激因子等。Boyer-Cohen 实验(见第四章)表明采用重组 DNA 的方法可以将任何基因转入大肠杆菌并可能合成蛋白质。这就为治疗人类的代谢性疾病提供了一个范例,即用培养细胞来生产治疗性的蛋白质(表 8-1)。

274 **表 8-1　来源于克隆化基因的一些有效药物**

产品	名称/公司	美国首次审批时间	适应证
重组人胰岛素	Humulin/Eli Lilly & Co.	1982	糖尿病
重组人生长	Protropin/Genentech, Inc.	1985	儿童生长素缺陷
重组干扰素-α	Intron A/Scherin-Plough	1986	干细胞白血病
		1988	生殖腺疣
		1988	卡波济肉瘤
		1991	C 型肝炎
		1992	B 型肝炎
重组 B 型肝炎疫苗	Recombivax HB/Merck & Co.	1986	预防 B 型肝炎
	EPOGEN/Amgen Ltd.	1989	慢性肾衰竭贫血
重组干扰素-γ	Acctimune/Genentech, Inc.	1990	慢性肉芽肿疾病
集落刺激因子	Leukine/Immunex Corp.	1991	骨髓移植
重组抗血友病因子	Recombinate rAHF/Baxter Healthcare	1992	血友病 A
重组 DNase Ⅰ	Pulmozyme/Genentech, Inc.	1993	囊性纤维化
重组凝血因子Ⅸ	AlphaNine SD/Alpha Therapeutic Corp.	1996	血友病 B

在大肠杆菌里表达胰岛素和生长因子

用大肠杆菌表达人胰岛素和生长因子的实验说明,要想利用大肠杆菌来备制人的蛋白质,我们就必须了解大肠杆菌生物合成的详尽过程和大肠杆菌在生物化学方面的制约因素。大肠杆菌是不具备对真核生物未成熟 RNA 进行加工的本领的,也不能对一些位点进行翻译后修饰,然而这些翻译后修饰对于是使胰岛素的前体蛋白转变为有生物学活性的胰岛素是必需的。

成熟的胰岛素由两个肽链组成——A 链由 30 个氨基酸构成,B 链由 21 个氨基酸构成,A 链和 B 链通过二硫键连在一起,形成这样具有活性的胰岛素需要对两个前体肽进行一系列的修饰。编码胰岛素的基因包含了两个编码的外显子,中间被一个内含子隔开。在前体 RNA 剪接后,作为有功能的转录分子被翻译成一个很大的多肽,称为前胰岛素原(preproinsulin)。这个大分子在其氮端含有一个 24 个氨基酸残基的信号肽,信号肽是许多分泌性蛋白所具备的,对于把这些蛋白质从细胞质运送到细胞外是需要的。信号肽是合成胰岛素前体过程中最早被合成出来的一段,信号肽将自由流动的核糖体锚定于内质网后,在整个分子进入内质网时便被切除(图 8-15)。

切除信号肽之后形成的分子由 84 个氨基酸组成,称为胰岛素原(proinsulin),其环状结构由交联的二硫键维持。胰岛素原向高尔基体移动,在高尔基体内转化酶将连接环的中部 33 个氨基酸(C 链)切去,剩下的 A 链和 B 链以二硫键结合在一起,这就形成了具有活性的胰岛素,贮存在分泌颗粒里,而后逐渐释放到血液当中。

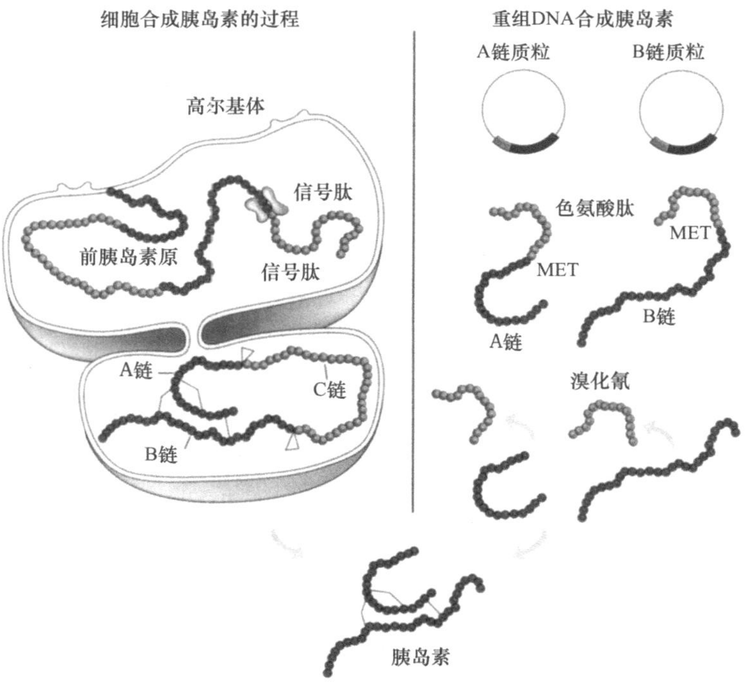

图 8-15　细胞合成胰岛素与重组 DNA 合成胰岛素的示意图

在胰脏当中，胰岛素最初被合成为前胰岛素原，在高尔基体里，信号肽被切除形成非活性的胰岛素原。随后 C 链肽被除去，形成活性胰岛素；A 链和 B 链以二硫键相连。重组 DNA 合成胰岛素（人源胰岛素）是通过包含编码 A 链和 B 链的质粒来合成的，A 链和 B 链都分别与质粒上的启动子融合，融合基因里编码人胰岛素基因之前有一些编码大肠杆菌色氨基酸的密码子（trp）。转化有 A 链基因和 B 链基因的大肠杆菌被分别培养，产生大量的融合肽：或为 trp/A 或为 trp/B。前面的色氨酸序列被经过溴化氰（CNBr）处理而除去，为 A 链和 B 链的前端都保留一个甲硫氨酸。A 链和 B 链被混合起来，通过化学处理使这两种肽通过二硫键连接起来。

人的基因组序列不能直接用于在大肠杆菌里生产胰岛素，这是因为细菌缺少一些酶系统：①将基因中的内含子剪接掉成为成熟 mRNA 的酶系统；②从前胰岛素原中除去信号肽的酶系统；③从胰岛素原中去除 C 链的酶系统。

尽管现在已经有了其他方法，但 1979 年 Eli Lill & 公司用于生产重组人胰岛素的方 275
法是最早采用的方法，该方法回避了上面大肠杆菌表达系统的局限，他们通过化学合成的方法分别合成了编码活性胰岛素 A 链和 B 链的核苷酸序列，并各自装入表达质粒里。每种含有不同表达载体的菌株产生一种细菌/人的融合多肽，这些多肽被收集起来用溴化氰处理去除融合蛋白中属于细菌的那部分氨基酸。溴化氰在融合蛋白中人的肽段起始部位的甲硫氨酸处切开，从而可以去除属于细菌的肽段。溴化氰处理会改变色氨酸的性质，但所幸的是胰岛素的 A 链和 B 链里都不含有色氨酸以及其他的甲硫氨酸残基。然后经过纯化的 A 链和 B 链被混合起来，在一定条件下进行温育便可形成二硫键。

人的生长激素是由 191 个氨基酸组成的多肽，也通过重组方式在大肠杆菌中表达出 276
来。编码生长激素前 24 个氨基酸的基因序列是用化学方法合成出来的，而编码第 25 个氨基酸直到191个氨基酸的序列是来自垂体细胞中分离的HGH的mRNA反转录获得的cDNA拷贝。重组生产的HGH与人体内合成的HGH有一个氨基酸的差别,这是因为大肠杆菌不能去掉起始的甲硫氨酸残基,而甲硫氨酸在人体细胞中可在翻译后被去掉。

在哺乳动物系统中表达t-PA、促红细胞生成素和干扰素

胰岛素和HGH都是比较简单的分子,不需经过糖基化或其他形式的翻译后修饰。细菌没有对蛋白进行翻译后修饰的酶系统,所以编码需要经过广泛修饰蛋白的基因必须要克隆到真核系统中才能用来表达有活性的蛋白产品。中国仓鼠(CHO)细胞被证明是表达人的治疗性蛋白最为常用的哺乳动物系统。但是,用真核细胞表达蛋白的代价要比用大肠杆菌表达昂贵得多。用大肠杆菌来表达,目的蛋白的产量在大肠杆菌总蛋白中的含量可高达40%,而在真核细胞中可能只有8%。

组织血纤维蛋白溶酶原激活因子(t-PA)是一个只能用哺乳动物细胞来表达的治疗性蛋白的例子。t-PA是一个蛋白酶,可以分解血浆中的纤维蛋白,而纤维蛋白是导致凝血的一个主要蛋白。表现出心脏病或早期中风症状的病人都是用t-PA来控制病情的,t-PA在体内起到破坏小的血凝块的作用,从而可以防止血栓。在能够用真核细胞里大量生产t-PA之前,人们使用最多的防血栓形成药物是从链球菌中提取的链激酶。作为外源蛋白,链激酶可能会引起人体的免疫反应及其他一些反应。所以当t-PA作为治疗心脏病的改进药物出现时取得了一片赞誉,但是比较实验表明用t-PA和链激酶对于心脏病的疗效几乎没有差别。

促红细胞生成素(EPO),可以刺激骨髓中的干细胞生成红细胞,可用于治疗贫血、艾滋病和接受化疗和骨髓移植的病人。EPO和HGH都因在运动员中被用来提高运动成绩而声名受损。HGH通过增加肌细胞数量而使运动员力气增加,而EPO通过增加血液的携氧量来提高运动员的耐力。

干扰素发现于1957年,它因具有出色的抗病毒、抗癌、和免疫调节作用而赢得了好名声。但是常规方法只能提取到很少的干扰素,因此实验室和临床实验很难证实它的作用。当重组干扰素可以生产出足够的数量后,人们发现干扰素可以调节数种免疫细胞(HLA)的功能,如巨噬细胞、毒性淋巴细胞和B细胞,从而提高免疫球蛋白和人白细胞抗原的表
277 达水平。1992年,洛克菲勒大学的James Darnell阐明了干扰素启动免疫细胞的信号通路的机制,激活它们识别并降解感染病毒的mRNA。但是,干扰素被证明在药物剂量上有一定的毒性,因而不能发挥出像广告宣传的那样神奇的疗效。虽然干扰素被证明并非如部分人想的那样是“魔术子弹”,但几种干扰素的类似物已在治疗许多疾病中被广泛应用。干扰素IFN-α是治疗B型和C型肝炎最有效的药物,而全世界感染这两种肝炎病毒的人多达上亿。IFN-α也被用于治疗多种白血病。IFN-β是治疗多种硬化症的最有效药物,虽然目前还不清楚其内在机制。IFN-γ被用于治疗骨骼石化症和慢性肉芽瘤疾病。

第五节 DNA多态

通过克隆获得的可用作候选药物的基因很快就被开发殆尽。生物学家不得不在尚不清楚编码蛋白特性的情况下,咬紧牙关,开始了克隆更多疾病相关基因的艰苦工作。要克隆到更多的疾病相关基因,必须通过与已知位点的连锁关系确定疾病基因在染色体上位置。基因被精确定位后,可以从基因组文库追踪鉴定出包含该基因的区域,然后将这段区

域进行亚克隆并测序。然后在家系中的受累个体和正常个体之间比较该区域的 DNA 序列,就可能找出其中的突变,并可证实在该区域中包含的多个基因当中哪个是真正的疾病相关基因,这样克隆疾病基因的策略称为定位克隆。

不幸的是,以前人们没有足够的基因来进行连锁分析。1911 年,哥伦比亚大学的 Edmund B. Wilson 发现色盲基因是以性别连锁方式遗传的,这一工作实际上把第一个人类基因定位到 X 染色体上。然而在随后的数十年里,人类染色体图谱工作进展一直缓慢。到了 1959 年,睾丸决定因子被断定为第一个 Y 染色体连锁的基因。

截至 1980 年,只有 120 个人类基因的染色体位置被确定出来。果蝇中被定位的基因数与此相仿,为 135 个。但是,如果我们将两种生物每条染色体上被定位的基因数目比较一下(果蝇有 4 对染色体,人有 23 对),就会发现人的基因定位工作相当滞后。况且,绝大多数果蝇的基因都已通过连锁分析和原位杂交等方法在显带染色体上被精确定位,可是人的基因很少被如此精确地定位。

这一障碍被 1978 年犹他州阿尔塔科学会议上 David Botstein、Ronald Davis 和 Mark Skolnick 提出的一个想法扫除了。他们设想人类染色体图谱可以通过 DNA 分子自身的物理特性而组装起来。那些可以通过凝胶或者毛细管电泳检测的 DNA 多态性将可以替代用于经典连锁分析的表型或生化水平的差异,作为新的标记。

DNA 多态性和人类身份识别 278

这里,我们暂时撇开关于用 DNA 多态性来寻找疾病基因的话题,先来讲述与寻找基因同时发展起来的将 DNA 多态性用于人类身份识别中的故事。我们将在更多了解 DNA 多态性的发展历程后,再返回克隆基因的话题。20 世纪 80 年代和 90 年代,只能同时检测两个等位基因的 RFLP 技术被可以同时检测多个等位基因的重复多态——数量可变串联重复(variable number of tandem repeat,VNTR)以及短串联重复(short tandem repeat,STR)所替代,成为了分子遗传学研究更有力的工具。

虽然指纹和拇指纹从古代起就被用作个人身份的鉴定,但直到 20 世纪指纹分析才被用于破案。Francis Galton,也就是优生学运动之父,对不列颠群岛数千学龄儿童的指纹进行了研究。他在 1892 年的论著《指纹》(*Finger Prints*)一书中展示了如何分析各种螺纹和环纹的指纹模式,标明了这些指纹出现的相对频率,暗示了指纹可作为破案工作的有力工具。这本书成为沿用至今的法医学 DNA 指纹分析的基础(图 8-16)。

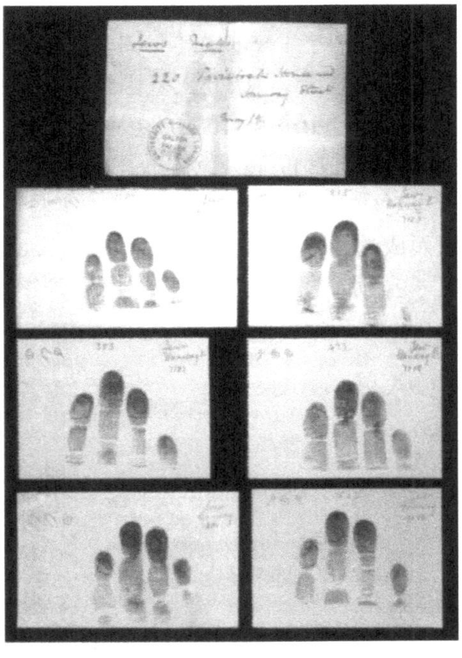

图 8-16　Francsi Galton 的指纹分析
Galton 提供的学龄儿童指纹的例子。这些指纹于 1981 年取自伦敦 Hanway Street School。(版权为 The Galton Collection,University College London 所有)

279 当初提出的“DNA 指纹”一词本身，就暗示了它可以像传统的指纹分析那样用作进行身份识别的。两者的区别在于，经典的指纹分析的对象是外在的表型特征，而 DNA 分型则直接分析基因型的信息。如果操作得当，以 DNA 为基础的检测可以为身份识别提供很确切的证据。与 DNA 指纹分析相比，血型分析和白细胞抗原检测用于身份鉴定并不可靠，因为从严格意义来上来说，有很多未接受检测的人的这些指标与受检测的人都是相同的。另外，血型分析和白细胞抗原检测只是排除性的测试，只能为法庭提供证据而不能确定嫌疑犯及与案件无关的人究竟与案件是否有牵连。

进行 DNA 指纹分析所需的材料仅仅是一小块可供提取 DNA 的组织样本。在亲子鉴定中，组织样本既可以是血液标本也可以是口腔上皮细胞，在案件侦察中组织样本可以是受害人体内残留的精液标本、干的血迹或者精斑、受害人与罪犯搏斗后指甲缝里留下的罪犯的皮屑，甚至可以是作案现场留下的带有发根的几根毛发。Ted Kaczynski，是一个制造一系列恐怖事件的隐形炸弹人，由于他的 DNA 类型与嫌疑人在寄信贴邮票时留下的皮肤细胞中的 DNA 类型相符，而最终被确定涉嫌此案。如果采用最灵敏的技术，甚至可以从一个茶杯上或其他硬物表面留下的“指纹”的痕量细胞里分析出 DNA 的类型。当前科技的发达，已经使得罪犯即使在作案现场只留下一个细胞也将难逃法网。

数量可变重复序列

英国的 Alec Jeffreys(图 8 - 17)是第一个意识到 DNA 多态可以建立个人身份识别系统的人。他创造了 DNA 指纹一词，并且首先将 DNA 多态用于亲子鉴定、移民审查和凶杀案的侦破。1984 年，在研究人基因组中高度重复的微卫星序列的过程中，他制备了所谓的“杰弗里斯探针(Jeffreys's probes)”(参见第六章 Roy Britten 的实验)。微卫星序列由短重复 DNA 序列组成，位于染色体的特定区域里，犹他大学的 Arlene Wyman 和 Ray White 于 1980
280 年最早对微卫星序列进行了描述。实验证实，每个微卫星序列都是由 9～80bp 的重复单元串联而成的。顾名思义，VNTR 是指数目可变的重复序列，所以即使是在两条同源染色体上，一些特别的位点上短串联重复序列中重复单元的数目也是不同的。

图 8 - 17　Alec Jeffreys(1989 年)

(承蒙 A. Jeffreys，University of Leicester 惠许引用)

在 Leicester 大学工作期间，Jeffreys 发现了与肌球蛋白基因座相关的所有人共有的一套

VNTR 当中的两个“核心”序列，经 Southern 印迹检测，这两个 VNTR 呈现出由不同基因座的 VNTR 组成的 DNA 指纹图谱，由于涉及到两个 VNTR，所以这种探针称为“多基因座探针(multilocus probes)”。在他的研究中，通过用放射性标记的探针与限制酶切片段杂交，由于这些酶切片段与核心序列部分同源，结果显示出 20～30 条可辨的带。这些截然不同的分带模式是以孟德尔方式遗传的，其中一半的带来自父亲，另一半来自母亲。

DNA 指纹在 1985 年发生的“加纳移民案”(Ghaha immigration case)的测试中第一次真正派上了用场(图8-18)。这一案例里，Christiana Sarbah 和他的十多岁的儿子 Andrew 在加纳居住了一段时间后移民到英国。尽管委托人和其他的信息都表明 Christiana 和 Andrew 几乎肯定是亲属关系，但波士顿内政部下令，如果 Andrew 不能出示 Christiana 确实是他母亲的证据，他就将被驱逐出境。Jeffreys 同意提供帮助，他相信这是一个测试他所发明的 DNA 指纹技术的绝佳机会。他使用了他的肌球蛋白基因 VNTR 探针，以 Christiana、Andrew 和他的三个同胞 David、Joyce 和 Diana 的血样为材料，得到了 DNA 指纹模式图。由于缺少 Andrew 父亲的血样，Jeffreys 根据对其亲属关系无争议的三个同胞但不包括 Christiana 的指纹模式重建了他们父亲的指纹模式。Andrew 的指纹模式中的带大约有一半来自其父，另一半来自其母。如果 Andrew 不是 Christiana 的儿子，这样巧合性的结果发生的偶然性为一万亿分之一。因此，内政部承认了 DNA 指纹证据，同意 Andrew 留在英国。 281

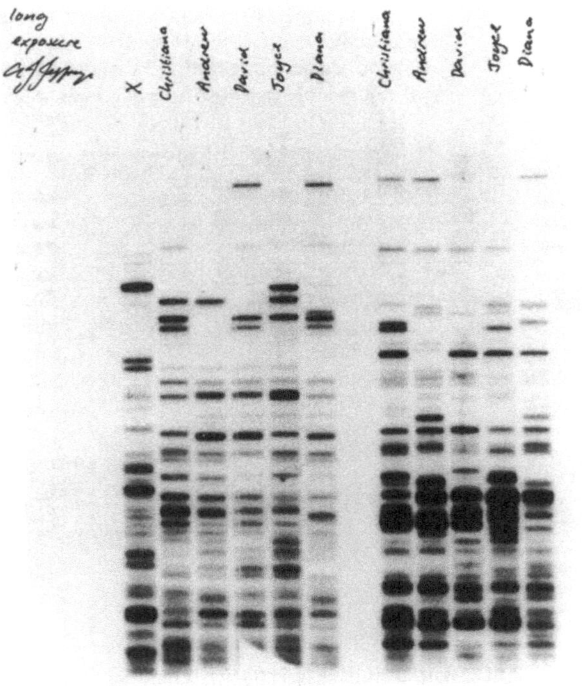

图 8-18　1985 年加纳移民案中多基因座探针的使用

这一 Southern 印迹的结果显示的是 DNA 指纹技术为法庭提供证据的首次运用。两个图中相匹配的许多带说明希望在英国居住的加纳男孩 Andrew 和他的母亲 Christiana 以及他的同胞兄妹(David、Joyce 和 Diana)确实是一家人。一个月这个家庭没有关系的人的 DNA 指纹为 X 泳道。这一证据由 Alec Jeffreys 提供，他是最早使用多基因座探针和创造出“DNA 指纹”一词的人。(承蒙 A. Jeffreys，University of Leicester 许可引用)

Jeffreys 的探针实际上同时分析了许多 VNTR 多态。由多点系统产生的很多条带分析起来很难，而且难以获得标准化的结果。如果酶切不完全，这种系统容易产生人为的条带，并且这种系统在检测过程中很难判断酶切是否完全。再者，多点系统结果不能准确地反映出等位基因的数目和频率，使得这种方法不可能准确地判断较少出现的位置重叠的指纹。

只鉴定染色体上一个基因座的多态的单基因座探针取代了 Jeffreys 的多点探针。20 世纪 80 年代发现的绝大多数 RFLP 都是点突变，这些点突变可能使限制酶切位点消失，也可能产生出新产生了限制酶识别位点。这种类型的 RFLP 只有两种等位基因，但有三种基因型（＋＋、＋－和－－）。因此，研究基因作图的人和法医生物学家都致力于寻找更多可变多态的工作，当到了 80 年代后期，积累起来的多态数目已经大为增加了。

从 1987 年起，犹他州大学的 Yusuke Nakamura、Ray White 和其他一些研究者开始了系统地寻找单基因座 VNTR 的工作，最终提供了遍布于基因组的 100 多个有用的多态基因座，检测这些 VNTR 的探针被广泛应用于基因作图和 DNA 指纹分析。每一种探针与每个个体基因组中一个特异的高度变异的区域杂交，产生一条或两条带组成的模式，出现一条还是两条带取决于受检个体在这个基因座上是纯合的还是杂合的。如果单独使用，每一单基因座探针只能检测出一个或两个基因座的差异，但是如果采用“鸡尾酒”策略，把几种探针混合使用，就可以满足法医学检测的需要（图 8－19）。

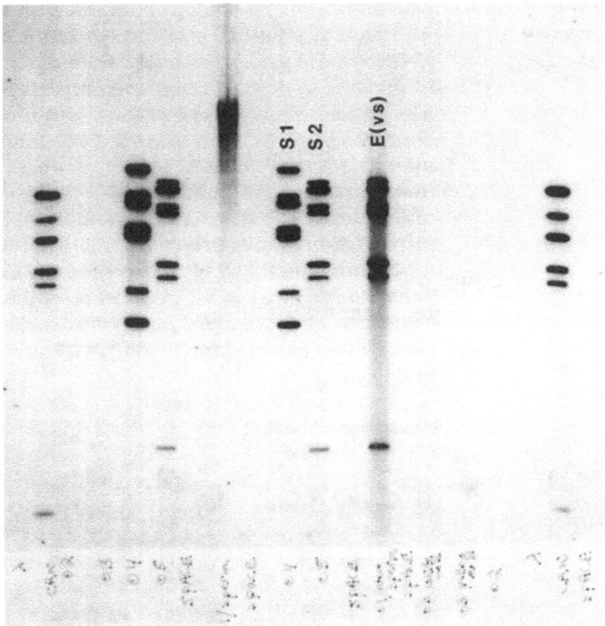

图 8－19　刑事案例中单基因座探针的应用（Palatka，Florida，1988）

图中的 Southern 印迹结果来自两个朋友 Randall Jones（S2）和 Chris Reesh（S1），他们被指控为对 Florida 一名妇女和她的女友犯下强奸和谋杀的罪行。几种单基因座探针的混合使用检测的结果表明从受害人体内取样的标本的 DNA 指纹模式图与 Jones 血样的检测结果完全吻合。Jones 被判处死刑，这是美国第一例子根据 DNA 证据宣判的裁决。Jones 现在被关押在 Florida，Raiford 的联邦改造所的死囚监狱里。Reesh 服了 8 年 9 个月的有期徒刑。

因为每一探针可以各自用于一个基因座的鉴定，而每一等位基因的频率可以通过群体研究来确定，所以用哈温（Hardy-Weinberg）方程则可以计算出每种基因型发生的可能性。那些有10个或10个以上等位基因、同时在人群中又是高度杂合的VNTR基因座在法医学中的作用变得日益重要，因为这样的VNTR可以极大地提高分辨率，从而很容易检测出两个个体之间差异。以1号染色体上的VNTR D1S80来说，该VNTR是由16核苷酸单元的14到多于41个拷贝构成的，有29种不同的等位基因。

表8-2 5个非连锁标记的DNA指纹分析

1	2 类型	3 等位基因	4 频率	5 Hardy-Weinberg	6 计算	7 D1S80探针	8 基因座2探针	9 混合探针
C	18/31	18 31	0.263 0.258	2pq	2(0.263×0.058)	0.030 5	0.005 0	0.000 153
1	24/37	24 37	0.318 0.003	2pq	2(0.318×0.003)	0.000 2	0.003 5	0.000 000 7
2	18/18	18 18	0.263 0.263	P^2	(0.263×0.0263)	0.069 2	0.007 5	0.000 519
3	28/31	28 31	0.050 0.058	2pq	2(0.050×0.058)	0.005 8	0.002 5	0.000 014 5
4	18/25	18 25	0.263 0.055	2pq	2(0.263×0.055)	0.028 9	0.004 5	0.000 013
5	17/24	17 24	0.013 0.318	2pq	2(0.013×0.318)	0.000 8	0.006 5	0.000 000 52

借助于研究人群中等位基因的发生频率，人们可以计算出一个个体的DNA指纹模式中出现某条带或者出现某几条带的频率，或者计 282
算出两份DNA样品完全相同的可能性。如果再同时检测另一基因座的VNTR，分辨个体间差异的能力就会更为提高。用于不同检测用途的VNTR都是经过选择，位于不同的染色体上的。通过这种方法，就可以确保每一基因座的VNTR不会与其他基因座的VNTR连锁，也就是说每一基因座的VNTR都是独立遗传的。如果这些VNTR是非连锁的，那么任何两条带在每个人中被同时遗传的可能性都是不同的。到20世纪90年代中期，许多的法医实验室都采用5个非连锁的标记进行DNA指纹分析(表8-2)。

由于其极端的敏感性和易污染性，PCR技术最初在法医学检测中的运用受到了质疑，但后来在法医检测中PCR还是逐渐取代了Southern印迹。PCR技术实验周期短，只需要极少量的模板，并且可以避免同位素的使用。D1S80是最早被用于PCR法医检测试剂盒的VNTR中的一个(图8-20)。简单

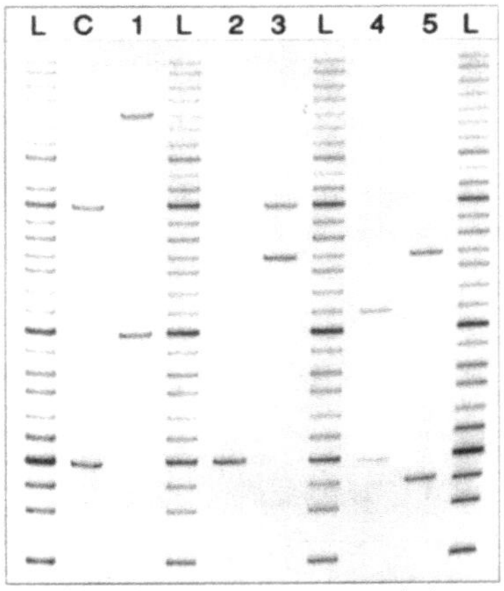

图8-20 采用PCR扩增D1S80位点(1991年) 表中所示为对照(C)和5个类型(1～5)。类型栏显示了该系统中主要的等位基因，由14～41个16个核苷酸单元组成。右图中L泳道显示的是DNA分子质量梯度标记。上表中的1～3栏显示了如何为等位基因打分，并显示了Hispanic-American群中等位基因的频率(第4栏)。假定符合Hardy-Weinsberg平衡，每一DNA类型的频率也被计算出来(5～7栏)。第8栏显示了假设的第二个基因座的DNA类型的出现频率。如果这两个基因座是非连锁的，那它们共同遗传的频率则是两个基因座各自的独立事件(第9栏)。每增加一个标记，DNA类型就会变得更加多样化，一些类型的出现频率 283
就会比其他类型变得更加低。(承蒙Applied Biosystems/Perkin Elmer许可引用)

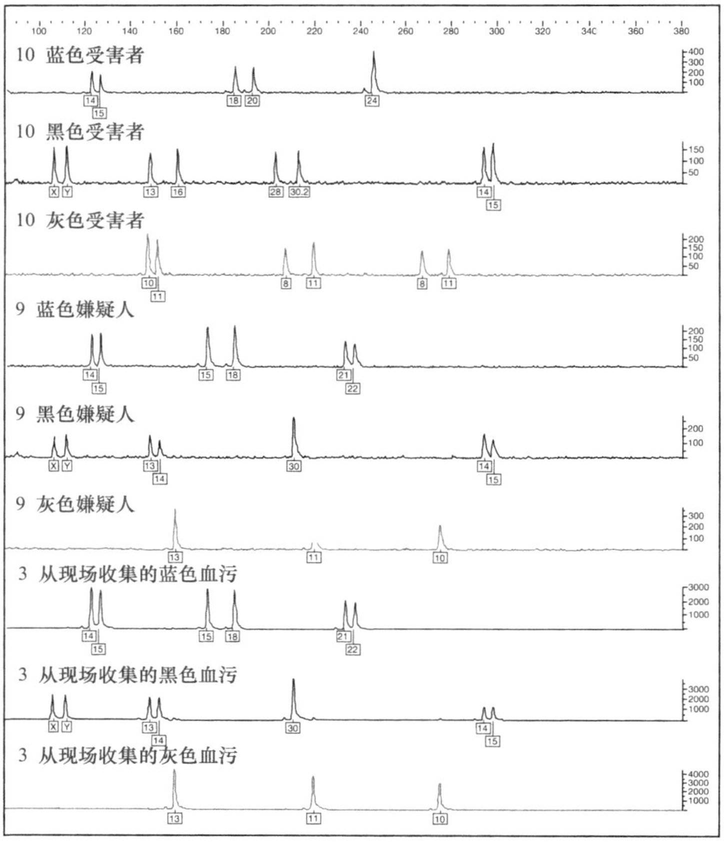

检测的等位基因

样品	珐琅蛋白	D3S1358	vWA	FGA	D8S1179	D21S11	D18S51
受害者	XY	14,15	18,20	24	13,16	28,30,2	14,15
嫌疑人	XY	14,15	15,18	21,22	13,14	30	14,15
现场血污	XY	14,15	15,18	21,22	13,14	30	14,15

样品	D5S818	D13S317	D7S820	D16S539	THO1	TPOX	CSF1PO
受害者	10,11	8,11	8,11	9,11	7,9	9,11	10,12
嫌疑人	13	11	10	9,12	6,9	8,11	9,12
现场血污	13	11	10	9,12	6,9	8,11	9,12

图 8－21　STR 在刑事案件中的运用(纽约,2000 年)

这是一个自杀案的典型案例,2000 年对当时从现场收集的在搏斗中受伤的受害者和嫌疑人血污样品进行了重新分析。图和表中显示的是九个 STR 基因座的测序结果和一个 XY 标记,使用的是三色通道。四个另外的基因座在另一个通道中电泳,结果未出示。嫌疑人的血污的 DNA 型在人群中的出现频率是:高加索人:0.000 000 000 000 000 372(3.72×10^{-16});非洲及美国人:0.000 000 000 000 000 103(1.03×10^{-16});西班牙人 0.000 000 000 000 000 026 7(2.67×10^{-17})。(承蒙 J. Galdi, Suffolk County Crime Laboratory 许可引用)

地说，PCR 检测的步骤是：将少量的血样或其他细胞通过煮沸裂解，通过沉淀法除去细胞碎片，留下 DNA，然后直接将 PCR 试剂加入 DNA 粗提物中进行扩增反应。以适当的循环数扩增后，PCR 产物通过聚丙烯酰胺电泳进行分离，用溴化乙锭染色或者银染后观察结果。

短串联重复

在 DNA 多态研究的发展道路上，最近以来采用的是包含 2～5 个核苷酸重复的“微卫星”。美国贝勒医学院的 Thcmas Caskey 最早于 1992 年提出将微卫星用于法医学检测。STR 中的短的重复单元就形成了等位基因，与较长的 VNTR 相比，“短”串联重复 STR 更容易从降解的 DNA 样本中获得检测结果。由于 STR 出现较迟，所以一开始人们就用 PCR 来进行 STR 分析。虽然 STR 等位基因可以通过各种电泳来分离，但由于它们的分子质量比较小，所以可以用 DNA 测序仪自动分析。

STR 等位基因非常适合在 DNA 测序仪上用荧光方法进行检测，这一特点使得法医 285
学家能够利用四色荧光标记（红、绿、蓝、黄）作为独立的“通道”。由于每一 STR 多态性产生一系列大小很相近的等位基因，等位基因大小不同的 3/4 的 STR 可以用同种荧光染料进行标记。采用这样的方法，“多元”（multiplex）和“百万元”（megaplex）的多态分析可以像与医院里生化指标检测那样实现自动化和确保检测的可重复性。

1997 年，美国联邦调查局建议在案件调查中，使用 13 个标记的 STR，外加一个 XY 标记作为检测标准（图 8－21）。使用这么多独立遗传的多态性，两个个体在这些多态性基因座上都出现同样的等位基因的频率大约是一千亿分之一，因此现在的 DNA 检测技术可以将当今世界上任何两个人区分开。截至 2002 年 6 月，美国联邦调查局的联合 DNA 目录系统（CODIS）已收录了 1 013 746 份 DNA 档案，其中包括 977 895 个罪犯的档案。

第六节　DNA 克隆：从连锁分析到 DNA 诊断

在减数分裂过程中，同源染色体进行配对，在染色质彼此“交叉”的时候染色体上的同源区域发生互换。通常说来，同一染色体上两个基因座之间距离越远，它们在发生交叉的过程中分配到两条染色体的可能性就越大。正如第一章中所讨论的，重组率是染色体上两个基因座之间遗传距离的量度。如果两个基因座之间的重组率为 1%，在减数分裂时发生的 100 次重组中它们之间可能发生一次（图 8－22）。重组值为 1%反映在遗传距离上就是 1cM。

对于染色体上任意两个基因座，都有处于两种状态之间的平衡：交叉和连锁。对距离较远的两个基因座而言，平衡偏向于较高的重组率。当遗传距离为 50cM 时，重组达到最大值 50%。基因座之间的距离为 50cM 或者更大时，就可以说这两个基因座是不连锁的，它们在减数分裂后同时位于一条染色体上或者分开的概率是相等的。当遗传距离和重组值降低时两个基因座间的连锁程度就增加了，如果两个基因座非常靠近，那么重组值可降至 0（图 8－23）。

当遗传距离为 0 的时候，两个基因座之间就只会有连锁，而不会有重组了，这样就不可能再保持平衡。因此，当两个基因座之间从不发生交叉互换时，就称它们是连锁不平衡的。连锁不平衡的两个基因座以及它们之间的染色体区域在减数分裂中都是作为一个单

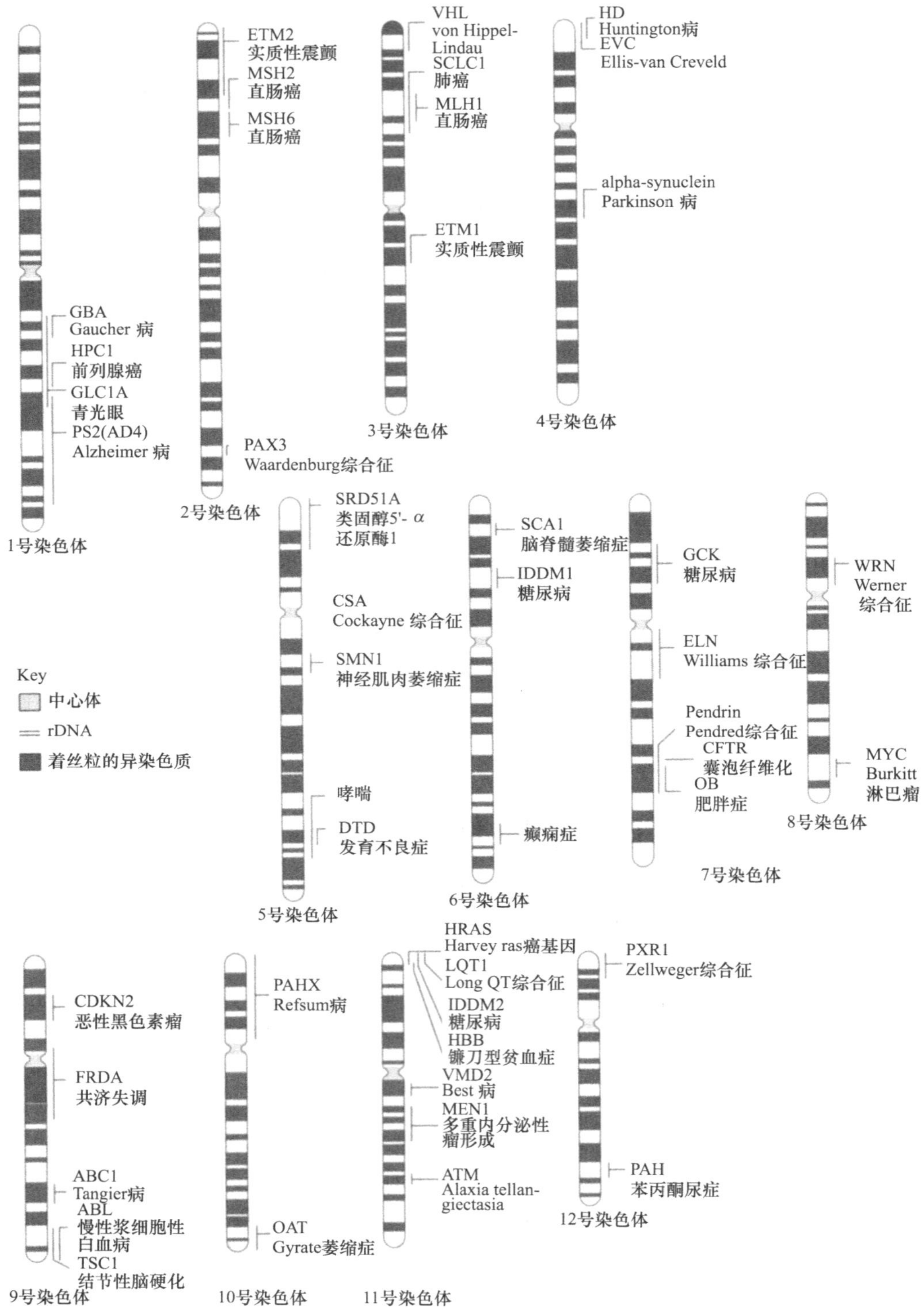

图 8-22 克隆的与遗传疾病及肿瘤有关的基因

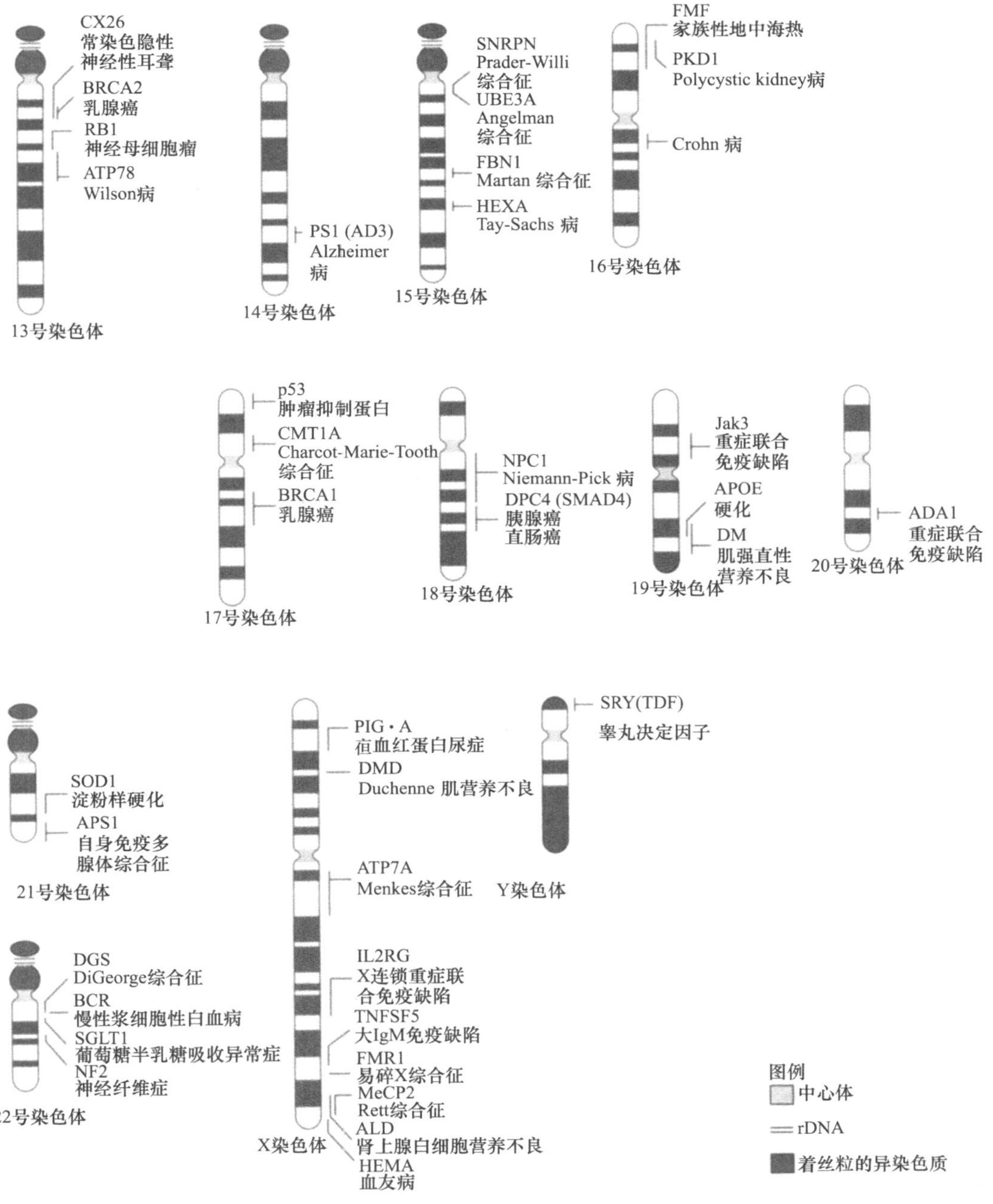

图 8-22　克隆的与遗传疾病及肿瘤有关的基因(续)

(经许可引自 the National Center for Biotechnology Information, National Library of Medicine, National Institutes of Health, Bethesda, Maryland)

位遗传的。由于染色体上不同区域的连锁不平衡程度不同,所以确定人类染色体上各区域的连锁不平衡是一件正在进行的重要的工作。

两个位点之间的距离要达到连锁的地步,一个标记与基因座之间的距离必须在

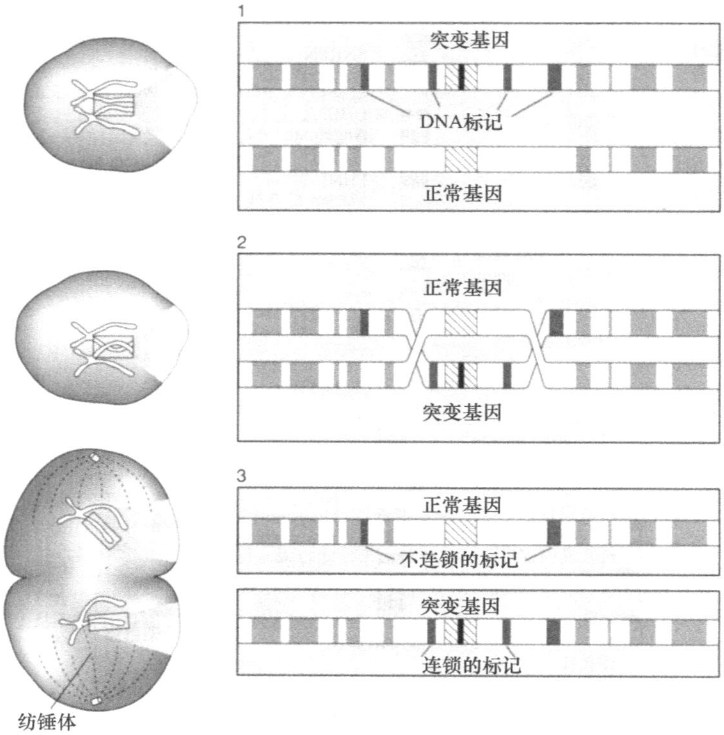

图 8-23　减数分裂重组过程中连锁和不连锁的标记的各自去向

1. 同源染色体，每一条染色体由两个姐妹染色单体构成，在第一次减数分裂前期相互配对(联会)。2. 当姐妹染色单体交叉时重组就会发生，交换 DNA 片段。连锁的标记仍在原先的染色单体上，而不连锁的标记从这条染色单体上分离。3. 在后期，重组的姐妹染色单体分开到两个子细胞里(在第二次减数分裂中，姐妹染色单体会分开到单倍体的生殖细胞里)。

20cM 的范围内。这意味着基因与标记之间的间隔要满足 100 次重组里发生 20 次的要求，或者反过来说，在 100 个患者里进行筛查的话，这个标记的出现频率必须在 80%以上。假定探针是随机合成的，并且这些探针是均匀分布在基因中的，那么这些探针与疾病基因连锁的概率是 1/135(每条染色体平均为 2700 cM/20cM 的连锁距离)。

288 一旦一个标记被定位在距离疾病基因 5 cM 以内，那么准确地进行 DNA 诊断就变得可行了。在这一距离范围内，重组率和标记与基因之间不连锁的可能性都为 5%。反过来说，基因和标记间发生共遗传的概率，以及诊断的准确率是 95%。如果该基因的另一侧的 5cM 范围内也有一个标记，那么理论上就可以将诊断的准确率提高到 99.75%(因为两个标记出现不连锁的概率为 0.05×0.05=0.0025)。

DNA 诊断要依赖将一个多态标记的等位基因与一个遗传疾病的表型连锁起来。以为这些位于多态基因座里的等位基因可能在家系与家系之间是不同的，所以通过家系中的一个标记来研究是很必要的。这就可以帮助我们确定在特定的家系里，特定的多态等
289 位基因是与疾病有关联的。DNA 诊断中，鉴定出杂合的携带者也是非常必要的，因为在这些携带者里，一个多态等位基因是与疾病基因一起分配的，而另一个多态等位基因是与正常基因同时分配的。

通常来讲，标记与疾病基因基因座之间的距离越近，诊断就会越准确。标记和基因之间的距离如果非常近就会出现连锁不平衡，在连锁不平衡的情况下，基因与标记是共遗传的。这样的标记，同时也包括那些定位在疾病基因内的标记，可以提供准确的诊断，甚至不需要知道该基因在家系里的情况（先前讨论过的镰状红细胞多态就属于这一范畴）。但是，如果一个标记位于一个很大的基因座内，那么就可能并不与这个基因表现出连锁不平衡。例如，位于肌营养不良疾病相关基因 Dystrophin 5′端的标记与该基因之间有 5%的重组率，即意味着其间的遗传距离为 5cM，折合大约 6 百万个核苷酸。

虽然起初许多的 DNA 诊断都要依赖 Southern 印迹分析，但是许多新的诊断方法却几乎只依靠 PCR 技术。Southern 印迹通常要花费 24 小时甚至更长的时间才能完成，而 PCR 分析在数小时内即可完成。

克隆亨廷顿舞蹈症基因的挫败与胜利

1983 年，亨廷顿病基因 *HD* 被鉴定出来，是采用 RFLP/连锁分析被定位的第一个重要的疾病基因，该基因的克隆过程也正好展示了 RFLP/连锁分析的优势与不足之处。HD 是一种退行性神经系统疾病，最终都将导致运动功能的丧失、智力衰退以及早亡。HD 是一种鲜见的常染色体显性遗传的致命疾病。*HD* 基因将在人类的基因库中永存，因为它引起的症状是在患者的生育年龄之后才会出现。

马萨诸塞州综合医院 James Gusella 的研究小组进行的连锁分析，是建立在由哥伦比亚大学的 Nancy Wexler 及遗传病基金会同时开展的研究基础之上，他们以居住于 Venezuela 的 Maracaibo 湖的一群病人来研究 *HD* 基因的遗传规律（图 8－24）。这一群人是非常理想的实验对象，因为他们是一个很大的家系，由 9000 个成员组成。除建立了这种疾病的遗传家系图以外，Wexler 和她的同事们还收集了 2000 多份其他受累人群及其家庭成员的样本。这些样本送到实验室后被用来建成淋巴细胞系，以供连续培养。

图 8－24　Nancy Wexler 和哥伦比亚大学的“家系图之墙”（1987 年）
这一家系图记述了居住在 Venezuela 的 Maracaibo 湖的大家系中亨廷顿舞蹈病的遗传。
（承蒙 S. Uzzell 惠赐引用）

建立细胞系是通过将白细胞中的淋巴细胞与永生的肿瘤细胞融合或者向淋巴细胞中转入反转录病毒的可促使淋巴细胞永生化的癌基因。无论以哪种方法建立的永生细胞系都可以方便地为以后的艰苦工作提供 DNA 的来源。 290

James Gusella 采用放射性随机标记法标记了许多克隆的 DNA 片段，这些 DNA 片段是从人的基因组文库中分离出来的。他们用这些探针与 HD 病人及家庭中未受影响成员的 DNA 进行 Southern 印迹杂交，目的是寻找一个探针以鉴定出一个与该疾病遗传模式类似的多态。Gusella 这样做有一个假设的前提，即认为 Venezuela 的 Maracaibo 湖大家系里所有成员携带的疾病基因都是由一个共同祖先遗传下来的。如果该假设成立，那么只要找到的标记与该基因紧密连锁，这一标记与该基因在所有成员中就应该都是共遗传的。幸运之神光顾了 Gussela：第 12 个探针被证明是一个与疾病基因连锁的标记。使用这个探针，他们通过杂交证明 *HD* 基因定位于 4 号染色体短臂近端粒处。但幸运并未一直垂青 Gussela，他后来花了四年时间才找到另一个与疾病基因紧密连锁的标记，该标记位于疾病基因座朝向着丝粒的一端。理论上讲，他应该可以找到其他与两个初始标记距离相仿的标记，这些标记的中间应该是疾病基因的所在，这样就可以同时提供两侧的标记。但这一良好愿望最终未能如愿以偿，因为 *HD* 基因离端粒太近了。

HD 病人被证明有不同的遗传标记谱，这表明 HD 有多个独立的起源。通过对不同家系的标记之间进行单元型连锁不平衡分析，亨廷顿氏病联合研究小组最终在 1993 年克隆了 *HD* 基因，此时离最初开始 *HD* 基因的作图研究已经过去了 10 年。研究中用到的
291 75 个家系中的受累成员在 *HD* 基因中有一个由 CAG 重复导致的编码区的长度多态。这种三核苷酸重复已经被证明与脆性 X 染色体智力迟钝以及其他几种疾病有关(表 8－3)。

表 8－3 三核苷酸重复有关的疾病

病症	蛋白质	三核苷酸数目(正常/异常)
亨廷顿舞蹈病	huntingtin	6～35/36～180
脆性 X 综合征	FMR1	30/60～200
小脑共济失调		
SCA1	Ataxin-1	6～39/40～88
SCA2	Ataxin-2	14～32/33～77
SCA3	Ataxin-3	12～40/55～86
SCA6	Ataxin-P/Q Ca^{++} channel	4～18/21～31
SCA7	Ataxin-7	7～17/34～200
SCA12	PPP2R2B	7～32/55～93
延髓脊髓肌萎缩(SBMA)	Androgen receptor	9～36/38～65
齿状核-红核-苍白球-路易体萎缩(DRPLA)	Atrophin-1	3～36/49～88
伴有智力退化的共济失调	TATA-binding protein	25～42/45～63
精神分裂症	KCNN3	12～28/很长，不便列出
男性不育	POLG1	10/0

正常的 *HD* 基因有 6～35 个 CAG 重复，HD 病人中有 36～180 个 CAG 重复。CAG 重复的数目与症状发作的年龄有关，有 36～41 个重复的病人可能从不发作，而有 50 个重复以上的病人在 20 岁以前就会发病(图 8－25)。因为 CAG 重复出现在编码的外显子中，每个额外的重复都会在表达的 HD 蛋白中增加一个谷氨酸单元。这将改变 HD 蛋白的三维结构，从而影响 HD 蛋白与其他蛋白的结合。

杜氏肌营养不良基因的克隆

在 *HD* 基因作图到最终克隆出 *HD* 基因当中的这段时间里，其他几个重要的疾病相关基因也被克隆出来，X 染色体连锁的杜氏肌营养不良(Duchenne muscular dystrophy，*DMD*)基因就是最早在对其蛋白产物一无所知的情况下，被克隆出来的一个基因。能够比较早地克隆 *DMD* 基因，是依赖于许多 DMD 患者在 X 染色体上的一个区域都有大片段的缺失，这个为人熟知的区域是 Xp21。此外，研究发现女性患者处于活性状态的一条

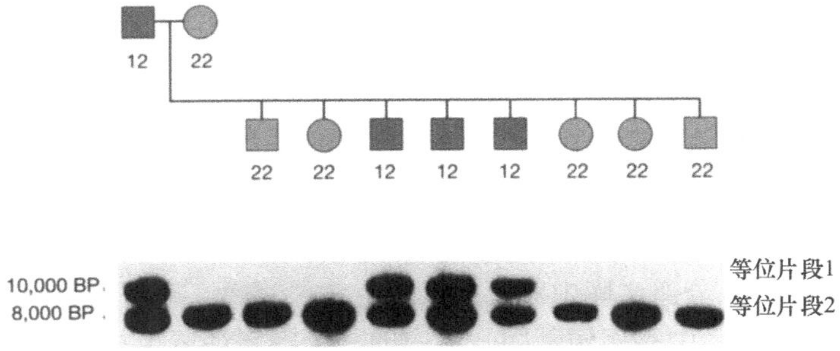

图 8－25　亨廷顿舞蹈病的 DNA 诊断(1987 年)

这一家系显示了一个多态等位基因与亨廷顿舞蹈病之间的共遗传。等位基因 1 与 *HD* 基因连锁，等位基因 2 与正常基因连锁。受累的父亲和三个受累的儿子(蓝色)都各携带有一份等位基因。未受累的母亲和后代(灰色)有正常等位基因的拷贝。(承蒙 T. C. Gilliam，Columbia University 许可引用)

X 染色体的 Xp21 部位有断裂。这些证据都暗示 Xp21 这一区域与该病的发生有关，因为它会导致一部分正常基因的缺失。在 *DMD* 基因的分离过程中，采用了包括 RFLP 在内的综合策略。

我们已经知道 *dystrophin* 基因是迄今发现的人类基因组中最大和最复杂的基因之一。该基因在基因组上覆盖了多于 2 000 000bp 的序列，包含有 60 多个外显子。其转录产物为 14 000bp 的 mRNA，编码一个由 4000 个氨基酸组成的蛋白质。 292

dystrophin 基因很容易受到损害。DMD 病人 *dystrophin* 基因的外显子存在不同的缺失，因此导致这些病人不能产生有功能的 dystrophin 蛋白。在症状较轻微的肌营养不良中的 Becker muscular dystrophy 患者中，*dystrophin* 基因的缺失使得病人体内产生的 *dystrophin* 蛋白功能只有部分功能。用 *dystrophin* 基因的 mRNA 反转录获得的 cDNA 作为探针进行 Southern 印迹，可以检测出不同的外显子缺失。后来 Southern 印迹又被多重 PCR 取代，即在一次 PCR 中加入 10 对引物对那些经常发生缺失的外显子区域进行扩增和检测(图 8－26)。

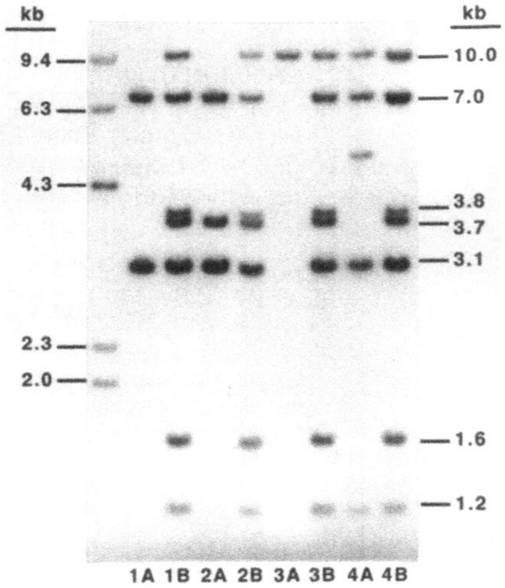

图 8－26　杜氏肌营养不良的 DNA 检测(1986 年)

图中显示的是 4 个兄弟的 DNA 分带模式(1～4)。未受累男孩(B 栏)有 7 条 DNA 带，都对应于 X 染色体上 *dystrophin* 基因的编码蛋白的外显子。肌营养不良的男孩(A 栏)有一个或多个外显子的缺失。(承蒙 Jan Witkowski，Banbury Center，Cold Spring Harbor Laboratory 许可引用)

克隆囊性纤维化基因

1989 年对 7 号染色体上囊性纤维化(cystic fibrosis，*CF*)基因的克隆与分析，是现代分子遗传学的一次实际运用，并展示出了现代分子遗传学的威力。首先，这项工作是由 Sick 儿童医院、多伦多大学、密歇根大学和匹兹堡大学超过 25 个科学家参与的跨学科的合作；其次，这一基因的克隆是完全以定位克隆策略为基础的。不像 DMD，CF 没有大片段缺失或者染色体重排的特点，因此不能预先将疾病基因定位于染色体的某一区域。

一旦某个标记经鉴定是位于距 *CF* 基因 1cM 的遗传距离内，研究者就可以采用染色体步移的方法克隆到它（图 8-27）。通常说来，染色体步移的原理是这样的：首先，建立
293 一个 DNA 大片段（20 000～40 000bp）覆盖疾病基因座的基因组文库。与疾病基因相距最近的连锁标记被用来分离文库中对应的基因组片段克隆。在对该克隆进行限制酶切作图后，再分离出这个克隆中靠疾病基因一端中的一个限制性多态片段，这一片段被标记为探针再次与基因组文库进行杂交，以找出与该基因组克隆有重叠区域的其他克隆。新找出的克隆靠近疾病基因的末端的一个限制酶切片段又被分离出来，标记为探针继续与基因组文库进行杂交，找出又一个重叠的基因组克隆。借助于这些连续的克隆，就可以在染色体上跨越疾病基因座的区域里“逐步向前移动”，逐渐“走”到基因另一端的侧翼标记。然后所有这些重叠的片段被组装起来，成为该疾病基因座的物理图谱。

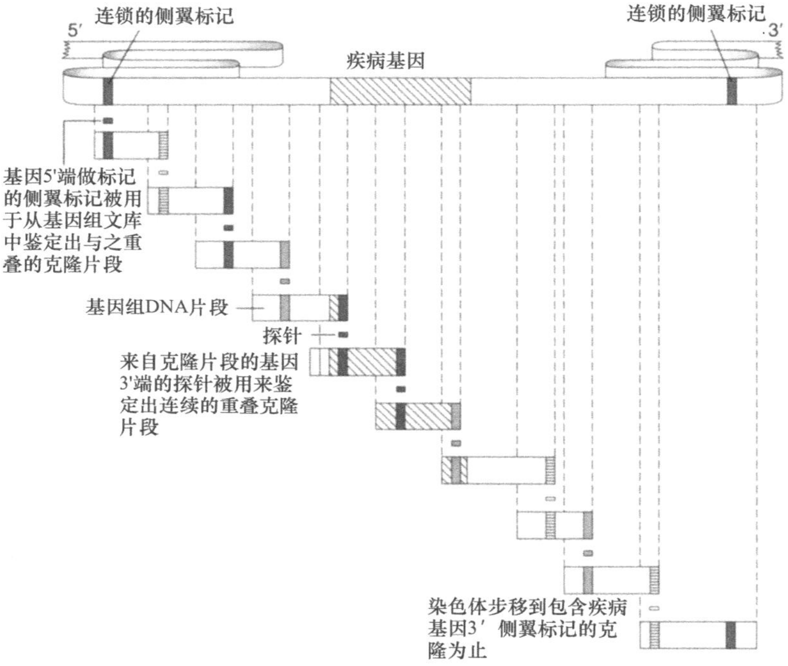

图 8-27　染色体步移法克隆疾病基因的示意图

研究者扫描了十个基因组文库，最终分离出了囊性纤维化传导调节（*CFTR*）基因，这一基因跨越了长约 250 000 个核苷酸的基因组区域。*CFTR* 基因的外显子编码一个 1480 氨基酸的蛋白质。CFTR 蛋白与肺、消化系统上皮细胞中氯化钠以及水的输入和输出有关。与镰状红细胞贫血症类似，囊性纤维化的遗传性缺损是由于 *CFTR* 基因中的突变导致编码氨基酸的改变而引起的。大约 70%的囊性纤维化患者都携带有 3bp 的缺失，称作德尔塔 F508，该缺失的后果是 CFTR 蛋白分子中第 508 位上少掉一个苯丙氨酸残基。由于这一突变，细胞将过多地输出盐分，但过少地输出水分，其后果是形成黏液阻塞肺部和

病人的汗液里盐分过多。

第七节　药物基因组学 294

在20世纪下半叶，大多数的制药公司都构建了数十万化学复合物的文库。由于组合化学的诞生这些复合物库中的化合物的数量还在急剧增长，组合化学通过将简单的化学成分合成为复合物，这与在DNA芯片上采用光蚀刻法原位合成DNA探针很类似(参见第六章)。这些库里的每种化合物都是具有潜在价值的药物，可以通过改变基因活性或者相应的蛋白活性来抵抗疾病。例如，许多的化合物可以用来治疗组胺休克，一些分子可以用于缓解过敏反应等。

但是药物学的发展也因为缺少与代谢有关的“靶”基因而受到阻碍，因为制药公司要用这些基因来测试和筛选他们巨大的化合物库。人类基因组全序列的解析为解决这一问题带来了希望，因为基因组研究可以提供新的药物靶基因宝藏。将人类基因组序列信息用于药物研发的学科称为药物基因组学(pharmacogenomics)。每一个确定与某种疾病关联的基因都是药物发现中的有效靶标。如果对于这些基因中突变以及编码蛋白三维结构因突变而发生的变化有所了解，我们就可以建立起筛选复合物库的策略。合理的药物设计就是根据靶蛋白的结构来预测小分子药物与蛋白活性位点的结合特性或者对蛋白活性的调节特性。Gleevec就是根据蛋白激酶受体的详尽资料而发现的第一个成功的抗癌药物。

由于许多基因及其编码蛋白都是在疾病通路的研究中被鉴定出来的，因此有效的治疗有可能弥补相应的代谢路径或者信号通路中的特定缺陷。同一通路中不同蛋白的缺陷可能引起同样的疾病或症状(可以回想一下Beadle和Tatum的实验，不同基因的突变产生相同的代谢表型)。因此，表面看来同样的疾病可能会提供不同的药物靶标，这依赖于通路中不同基因的突变。例如，表皮生长因子(epidermal growth factor，EGF)受体蛋白细胞质部分的一个突变可以被Gleevec封闭起来，但是还得有另外一个药物可以来对付EGF受体细胞外部分的一个突变。

第八节　复杂疾病相关基因

首先，让我们回忆一下用克隆基因所生产的产品来治疗罕见或常见的疾病的历程。作为一个有名的例子，用抑制素来治疗高胆固醇血症并不成功，因此DNA革命在为普通疾病(如哮喘、非胰岛素依赖的糖尿病等)提供全新的或者改良的治疗方法方面还并未取得成功。而且，分子遗传学和基因组生物学研究也未能给多数的行为性疾病(比较有名的疾病有精神分裂症和躁郁症)提供理想的药物。

哮喘、糖尿病、精神分裂症和躁郁症这几种疾病都是复杂疾病，或者称作异质性疾病。每种复杂疾病都牵涉到许多的基因，这些基因的表达受环境因素的调节，例如空气质量会对哮喘的发作产生影响，滥用药物或者酗酒对精神分裂症和躁郁症有影响等等。

更为复杂的是，这些疾病的严重性和基因的表达情况都是有一定变化幅度的，这使得 295
为这些疾病制定一个诊治的标准以利于研究者采用相同的方式来评估同一家系中的患者都很困难。

对于人类群体的研究，就如同家族研究一样，其目的是为了将特定区域的DNA多态与某种疾病的表型联系起来。LOD 值(logarithm of the odds)是用来在家系或人群研究中建立这种连锁关系的重要的统计方法。LOD 值的计算是基于所观察到的一个标记和一个假定的疾病基因座之间的重组值,LOD 为标记和基因座之间相互连锁的可能性/不连锁的可能性。LOD 值为 3 通常被认为是复杂疾病可能连锁的阈值,意味着连锁的可能性比非连锁要高 1000 倍。如同里氏地震所用的刻度,LOD 值是以 10 为数量级升高的。因此,LOD 值为 3 说明标记和基因座间的关联要比 LOD 值为 2 的大 10 倍。

LOD 值对数据变化和实验错误极其敏感。大家系里的一个人诊断结果的变化可能就足以减少标记和表型之间的关联,因而会削弱两者间的连锁关系。虽然存在这一问题,但在过去的 10 年时间里,通过对许多家系的基因组扫描和家系分析还是报道了人的 1、6、8、10、13、15 和 22 号染色体上的许多基因座与精神分裂症是连锁的(图 8-28)。

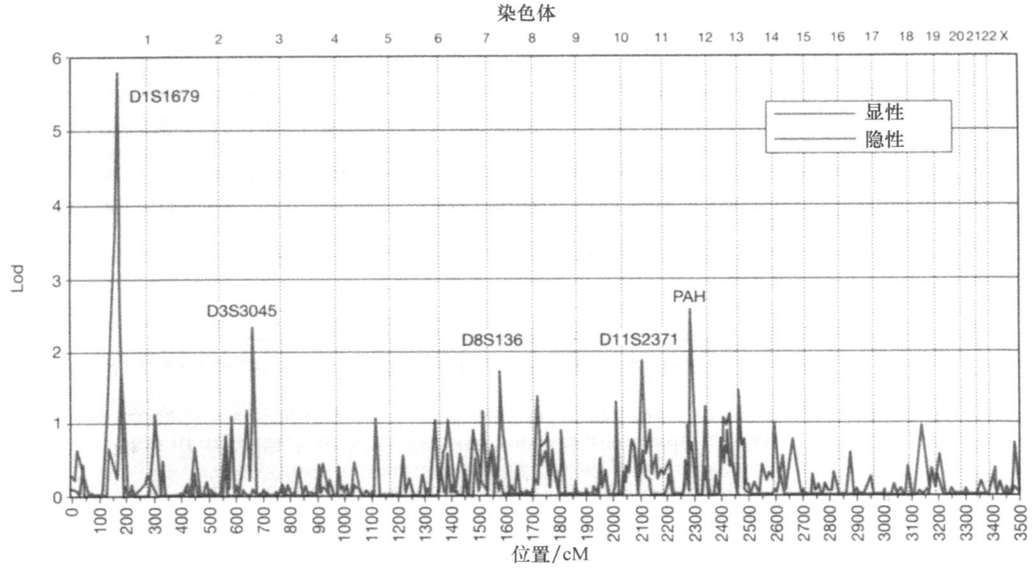

图 8-28 精神分裂症基因组扫描的 LOD 值

22 个精神分裂症家系中受累和非受累个体经由 381 个遍布于人基因组的标记扫描,显示精神分裂症基因与 1 号染色体的一条长臂存在连锁(经许可引自 Brzustowicz L. M., Hodgkinson K. A., Chow E. W. C., Honer W. G., and Bassett A. S. 2000. Location of a major susceptibility locus for familial schizophrenia on chromosome 1q21-q22. *Science 288*:678-682)

296 情绪极度失调症与此类似,其连锁关系被确定在 4、12、13、18、21 和 22 号染色体上。尽管每个连锁程度都不是很高,但其中一些区域已经在不同的家系中多次被证明了,这一事实与认为精神分裂症或情绪极度失调症由个体许多基因所共同决定的假设是相符的。

许多的研究者相信隔离的群体可以为寻找复杂疾病基因带来很大的希望。因为隔离的群体只保留了人类疾病的一部分,他们具有相对纯合的遗传背景,因此从中鉴定疾病基因可能比共同的或杂合的疾病要容易。许多寻找与行为疾病有关的工作都是以 Amish 人为研究对象,因为他们不嗜酒,也没有滥用药物的现象。大西洋中部 Tristan de Cuhna 岛上的人是研究哮喘的理想对象,因为他们哮喘的患病率很高。

一个多态可以在一个群体中提供信息(因为它和疾病基因共遗传),但在另一个群体中可能不具有这个作用。因此，正如我们讨论过的 *Huntingtin* 基因，如果疾病发生在一个其他不相干的群体里，个别的连锁标记则不能建立起连锁关系。引起许多疾病的缺失可能是不同的，其中一些群体具有独特的或者说是“私有的”在其他群体中找不到的突变。

“老一辈安曼派(the Old Order Amish)”教徒和“门诺(Mennomites)”派教徒提供了研究奠基者效应的机会。这两个信仰宗教的群体里的成员，称为平民，居住在农业社会，躲避现在代科技的影响，穿着简单的无装饰的棉布衣服。直到今天，他们对马达驱动的车辆仍不屑一顾，依然钟爱以骑马和坐马车代步。美国宾夕法尼亚的 Lancaster 县有一块土地上生活着两个群体，每个群体都主要是由 18 世纪居住于此的不到 100 个人繁育而来的。与其他由很少奠基人群繁衍而成的群体类似，这两个群体中积累了一些在其他地方罕见的代谢性疾病。例如，槭糖尿病(MUSD)的发病率在普通儿童中为 1/250 000，而在“Amish”和“门诺”派教徒里则高达 1/400 左右。

甲基巴豆酰氯辅酶(MCC)缺陷，是一种与亮氨酸水平降低有关的疾病，但病情不很严重，这种病就是“私有突变”的一个例子。该病在高加索人中的发病率是 1/150 000，但在 Lancaster 县的老一辈安曼派教徒和门诺派教徒里可高达 1/1500。受累的 Amish 儿童的 *MCC* 基因的 β 亚单位第 295 个核苷酸位置上携带一个 G-C 的错义突变，而门诺派教徒的 *MCC* 基因由于在第 518 位插入一个 T 而携带一个移码突变。所以虽然这两个人群毗邻而居，并且宗教信仰、生活方式和民族背景也很接近，但两个群体中各自保存着与罕见疾病有关的、不同的点突变。

单核苷酸多态

有一种异源发生的疾病是由几个基因或者几个基因的共同作用而引起，可能在不同的人群里产生相似的表型，我们可以想像到要寻找这样的疾病的任意几个复杂候选基因的难度都会是很大的。不同的基因在不同的人群里很可能是与不同的标记相关联的。用单核苷酸多态性(SNP)进行关联性分析对解决在复杂疾病研究中确定标记和基因连锁关系的难题可能很有潜力。

SNP 一词早在 20 世纪 90 年代就已问世，但 SNP 当时除了意味着点突变以外并无其他意义。在两条可比较的染色体上大约每 1200bp 就存在一个 SNP，这么高的分辨率为 *297*
SNP 提供了应用前景。这一数据意味着在任何两个人之间都存在着大约 3 百万个单碱基差异和 100 000 个氨基酸的不同。但要想将 SNP 运用于基因扫描，SNP 在人群里的出现频率必须等于或高于 1%。

因为 SNP 是各种多态性里密度最高的，所以在一个与疾病基因关联的连锁不平衡区域里可能会存在着几百个有用的 SNP 标记。一个连锁不平衡的区域被定义为“单体型块”(haploblock)，目前认为这样的区域是可以遗传的，但不会发生重组，就如同单倍体的线粒体 DNA 或者 Y 染色体。位于单倍体板块里的一套 SNP，或者其他的标记，都是作为单体型(haplotype)一起进行遗传的。

不同的群体在单体型块里积累了不同的 SNP。因此，不同群体中受累个体在单元型板块里将共享一定的标记，而其他一些标记则在不同群体中是不相同的。正如同我们可以在基因的启动子区域找到一致序列以及在基因中内含子/外显子剪接接头处的序列那样，单体型也可以通过类似方法鉴定出来，代表 SNP 的一致性，并与疾病基因一起在许多群体中遗传。虽然我们手里还没有哪一个 SNP 具有预测疾病基因的重大价值，但是将

SNP 单体型组合起来就可以作为连锁分析中的有力工具。因此在 2002 年，美国国家人类基因组研究院(NHGRC)宣布将开始一项耗资一亿美元的计划，以建立人类基因组的单体型图谱，这张图谱将包含 200 000 个单体型块。

许多研究者相信一旦人类基因组序列图能与 SNP 结合起来，疾病基因就能够在杂合群体中的非相关个体里被鉴定出来。例如，所有哮喘患者的 SNP 资料可以从数据库中提取出来，而不用考虑他们所处的群体。然后用作对照的正常人的数据也可以被提取出来。每个病人或正常人的整个基因组或者疾病基因候选区域都进行了 SNP 分型。每个人的单体型都可用出现于基因组单体型块的 SNP 建立起来。然后通过计算机算法寻找与疾病基因座有关的一致单体型。由于单体型可能包含数万个 SNP 通过这样的关联分析确定基因与标记的连锁关系将是非常复杂的。目前还不清楚要达到用这种方法进行关联分析的要求，人们需要建立多大饱和度的基因组范围内的 SNP 图谱，但有可能要达到一百万个。

药物遗传学

在内科医生询问我们是否对有些药物有过敏反应时，每次都会有人对医生提这样的问题勃然大怒。毕竟这些问题应该由医生来告诉我们，而不是有病人告诉医生。但不幸的是，能否通过药物测试是确定一个人对绝大多数药物是否发生过敏反应的惟一途径，就是说要通过过敏反应才能知道我们是否过敏！SNP 可能具有在服药前预测阴性反应的潜在优势。因此医学遗传学发展的最后阶段应该是药物遗传学，药物遗传学的发展将可能预测药物反应并根据每个人的遗传信息提供适宜的治疗方案。但是今天的专家相信，在我们进入个性化医药时代之前，我们必须要经历一个“群体医学”的时期，在这一时期中给药只能根据大众化的 SNP 的轮廓图，为病人提供最匹配的诊疗方案。

298 虽然药物遗传学一词现在很流行，但实际上它是 1959 年由 Freidrich Vogel 提出来的。当初提出这个词是根据人们对药物的反应是遗传的，并且不同的人群对药物的反应是不同的。一个很有名的例子是在二战期间，非裔美籍士兵在意大利战场上用普里米奎宁来抵抗疟蚊，但是这种药也使他们发生了溶血。溶血现象与体内的 6-磷酸葡萄糖脱氢酶(G6PD)的缺陷有关，具讽刺意义的是这个基因的缺陷倒可以多少起到一些抵御疟蚊的作用。

药物反应很大程度上是受肝脏里的所谓代谢性酶——细胞色素 P450(简称 CPY450)单氧化酶家族的调控。CPY450 可以解去化合物的毒性以及将许多药物转变为具有生物活性的形式。CPY450“强代谢者”可以高效率地将体内的药物转变为活性形式和(或)以一定的速率转变药物以达到预期的疗效。“弱代谢者”不能将足够量的药物转变为活性形式或者不能按一定的速率转变药物，从而不能获得预期疗效。“毒性代谢者”则会将药物转变为有毒的物质，或者转变药物的速率很慢以至于这些药物积累过多达到产生毒性的数量。

在 20 世纪 70 年代后期，伦敦圣玛丽医学院的 Robert Smith 注意到服用抗高血压药物异喹胍(debrisoquine)的一些人会出现非同寻常的副作用，并且这种副作用具有很高的发生率，其中包括很明显的眩晕反应。他发现大约有 8%的高加索人会出现这样的副反应，但在黑人和亚洲人里只有不到 2%的人出现副反应。这些“弱代谢者”转变异喹胍的效率比“强代谢者”要低 10～200 倍。波恩大学的 Michel Eichelbaum 发现在服用抗心率失常药物金雀花碱的人对金雀花碱的代谢也是不同的。研究发现这两种药物都是通过

CPY2D6 酶来代谢的，“弱代谢者”的 CPY2D6 酶有缺陷。后来的研究工作揭示 CPY2D6 与至少 60 种常用药物的代谢有关，其中包括可待因、美沙芬、受体阻滞剂、单胺氧化酶抑制剂、三环抗抑郁病药、抗精神病药物，安定止痛药和氟西汀。1988 年 *CPY2D6* 基因的克隆和测序表明“弱代谢者”的 *CPY2D6* 基因具有能够使外显子/内含子剪接发生错误或者氨基酸替换的多态性。近来的研究表明 *CPY2D6* 基因中的几个 SNP 单元型可以用来预测对抗哮喘药物阿布叔醇的药物反应，服用该药在人群不同的单元型个体中会产生程度不同的反应。

基因芯片将在筛查 *CPY450* 基因与药物反应有关的多态性中发挥理想的作用，这必将是药物遗传学发展过程中迈出的第一步。

第九节　人口与人类历史

每个人独特的疾病易感性和对药物的反应性很大程度上既取决于我们每个个体的特异性，也取决于我们与他人的之间的共性。每个人的 DNA 中蕴涵的信息是我们拥有共同祖先以及我们人类这个“物种”在地球上顽强地繁衍生息的记录。我们古代的祖先浪迹四方并逐渐走出了非洲。他们以小群体的方式顺着河谷与海岸向外迁居，到达亚洲和欧洲。反复发生的冰川时代里出现的大陆桥使他们可以抵达澳大利亚和美洲。

在这些早期人类的远征过程中，他们体内 DNA 的突变也在不断累积。有些 DNA 突 *299*
变是有利的，使祖先们可以适应新的环境和生存方式。但是大多数的 DNA 突变是无义的，没有明显的利弊。突变是演化的源泉，使得基因和蛋白质发生变化，人类因之而得以适应各种各样的环境，并成为地球上分布最广的哺乳动物。同样是这些 DNA 突变，包括点突变、插入、缺失、易位和染色体重排等事件，使得人类出现了多样性。当然，一些新的突变也会给人类带来疾病。

不识庐山真面目，只缘身在此山中。站在我们现在的利益角度，很难意识到我们的工业革命时代在人类作为一个物种出现后的 150 000 年历史过程中，只占了大约 0.1%的时间，真是沧海一粟。从西方文明的摇篮的时代——古希腊和古罗马——算到现在也不过只占其中的 2%。再从最早的城邦制国家，如美索不达米亚、巴比伦尼亚、亚述和古代中国算起，也不过仅占其中的 4%。往前溯至 6%，就到了农业初始出现的时候了，农业的出现永远地改变了人类的生存和劳动方式。语言产生后，驯化植物和动物是人类历史上惟一的最伟大的推动人类文明发展的因素。人口增长和驯养动植物数量的增长推动了城市化的出现和社会的职业分工。因此，越来越少的农民就可以生产出充足的食物和布料满足增长的非农业人口的生活需要，这些非农业人口包括工匠、工程师、管理者和商人，这些人从农业中脱身出来，可以为文明的进步作出新的贡献。农业出现前的 93%的漫长岁月都属于人类的黎明时代，那时我们的祖先只是营捕猎为生。

人类基因组[①]中演化最快的是线粒体基因组中控制区的序列，这一区域大约每20 000 年就会累积一个突变。而核基因组中的突变则要低 5～10 倍。因此，实际上平均算来，从我们祖先告别茹毛饮血的猎食时代后人类基因组中的每个基因只出现了一个突变。根据

---

① 人的基因组包括细胞核中的核基因组和线粒体中的线粒体基因组，通常所说的基因组是指核基因组。——译者注

这一事实，我们可以得出两个重要的结论，这两个结论对我们加深对演化过程和人类疾病发生的理解大有裨益：

①纵观人类的大部分历史，那些以猎食为生的人类祖先的群体经历不断演化的过程，形成了现今人类的基本演化单位。

②我们的解剖学基本结构、生理和行为的许多特征都与分布于远古时期非洲、欧洲、亚洲、澳洲和美洲以猎食为生的祖先基本相似。

今天的许多人可能难以想到在遗传学意义上的一个人类群体意味着什么。这是因为在过去的二十多年里，人口的流动已变得极其广泛和频繁。飞机、汽车已经使人们只需花上一两天的时间就可能抵达任何有人类居住的地方。大城市已经成为移民者的聚集地，蜂拥而来的移民者代表了许多不同的种族和文化背景。即便如此，当今世界上仍然有一些地区的人们生于斯、长于斯、死于斯，始终在同一个地方繁衍生息。这些人群就构成了遗传学意义上经典的"种群"，"人类种群"的含义是指由于地理、语言或者文化等原因而只在他们内部进行通婚的一群人。

独特的人类种群，比如芬兰的 Saami 人，日本的 Ainu 人，阿拉斯加的 Nanuit 人，巴西的 Yanomami 人、中非的 Pygmies 人和南非的 Bushmen 人，都保存了独特的文化和语言。他们由于一段时期内生活在相对较小、相互依赖的群体里而使累积的有关的基因组信息
300 也得以保存。小群体很容易出现奠基者效应，"近亲婚配"和遗传漂变（无义突变位点的随机波动）。数千年下来，当群体中人口数目增长到几千的时候，这些效应和选择因素一起使得不同群体中特定的基因变异被浓缩。

第十节　生物学中的"种族"

许多人可以轻而易举地说出自己与其他人不同的特征，人与人之间最显著的差别特征是肤色，其次是毛发和虹膜的颜色。这些生理特征与文化、宗教风俗等差异已共同被归入种族或民族的概念之中。而且非常不幸的是，在人类历史上种族和民族间的歧视与戕害已经多次成为最惨烈的屠杀或战争的助燃剂。

我们所知道的种族或民族的生理特征差异可能是受人类基因组中所有的 30 000～50 000个基因控制的。人类肤色的差异是由于表皮中黑色素细胞所产生的两种不同形式的色素的数量而决定的。两种色素中真黑素是棕-黑色的，而褐色素是红-黄色的。但是产生这两种黑色素的遗传学机制迄今尚未揭示清楚，迄今人类只有一个与色素差异有关的基因在染色体上的位置被确定出来。那么究竟为什么不同的人群的差异要首先表现在肤色上呢？

生物学家推测早期的人类祖先皮肤很白，并覆盖着浓密的毛发——如同与我们亲缘关系最近的灵长类动物黑猩猩一样。更新纪的灵长动物和其他的早期人类祖先可能看上去很像高大的黑猩猩，但与黑猩猩不同的是他们能够长时间地直立行走。直立人（*Homo erectus*）在非洲广袤的、森林稀少的热带地区，迈开大步，四处跋涉以捕获猎物和寻找可食的植物。由于要经受热带无丛林遮蔽的太阳的炙烤，容量增加的大脑必须免受高热的损害，因此必须高效地通过蒸发汗液来为头颅降温。这种情形下那些具有很多汗腺的个体就可能利于被选择下来（黑猩猩的汗腺非常少）。但是，湿漉漉的毛发会妨碍汗液的蒸发，因此身体上的毛发减少也就有利于散热。这一推断可以较为合理地解释人类的身体为什

么是裸露近乎无毛的。

由于具有保护功能的毛发的减少，为避免紫外线辐射的伤害，通常认为非洲的类人猿皮肤中黑色素的增加是一种适应性的保护措施。他们中许多个体在过了生育年龄的生命后期罹患了皮肤癌，因此黑色素不太可能是形成黑色皮肤惟一有利于适应选择的因素。

1967 年，布兰迪斯大学的 W. Farnsworth Loomis 为解释为什么在人类演化中较白的皮肤的人群生活于较高纬度的地区提供了一种思路。太阳发出的短波长紫外线辐射会引发皮肤中的生化反应，生成维生素 D，而维生素 D 对于骨骼的形成和免疫功能的维持具有重要的作用。皮肤合成维生素 D 对于食物中缺少这种维生素的人群弥显重要，同样地，对于最早出现的毛发变少的类人猿也是如此。基于这些事实，Loomis 假设较白的皮肤对于走出非洲的人类祖先适应新的选择是有利的，由于生活地区的纬度较高，他们可以接受到更多的穿透大气而来的紫外线辐射(图 8 - 29)。 301

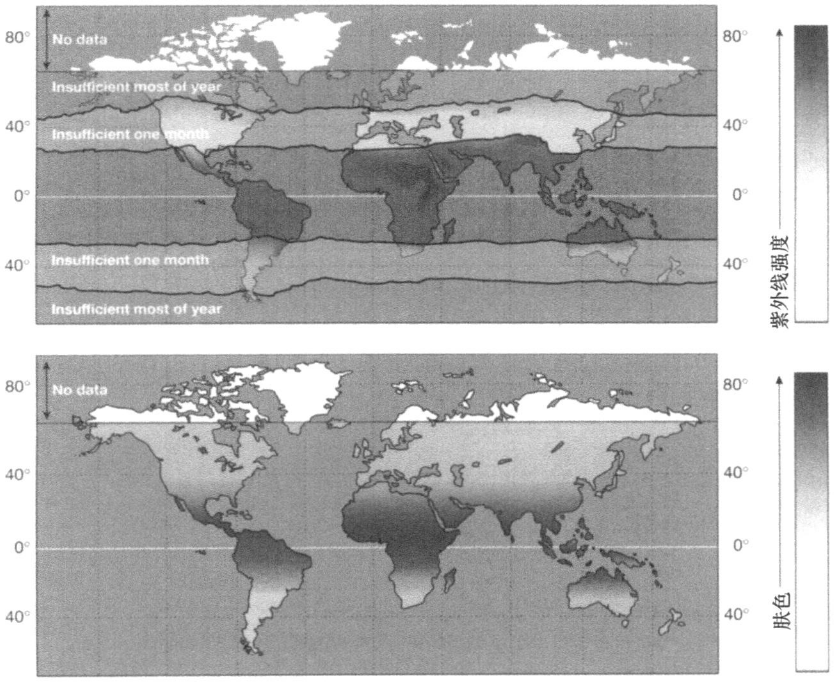

图 8 - 29　世界各地的紫外线强度、维生素 D 的产生和不同肤色人的分布

(上图)生活在热带的人接受太阳辐射的充足的紫外线，全年可以在体内合成维生素 D。在温带地区，人们每年至少有一个月缺少充足的紫外线以合成维生素 D。居住于两极附近的人们一年中许多月份都不能接受到重复的紫外线以合成维生素 D。(下图)所显示的是根据紫外线强度预测的人类皮肤颜色。在旧大陆，本土的人们的肤色与预测结果相符，但长期居住于新大陆的人的肤色通常要比预计的要浅，这可能是由于他们近代的迁移和饮食等因素而造成的。(经许可引用自 Jablonski N. G. and Chaplin G. 2002. Skin deep. *Sci. Am. 287*: 74—81)

近来根据卫星对地球上空的臭氧层绘图对全世界的辐射进行的建模表明，紫外线强度与维生素 D 的合成以及皮肤色素沉着有关联。黑色的皮肤常见于热带的居民，因为那里终年有足够的紫外线以促进合成维生素 D。浅色但可以晒黑的皮肤见于亚热带和温带

地区的居民，这些地域每年至少有一个月的时间不能接受到足够的紫外线辐射。颜色很浅、容易被灼伤的皮肤见于45℃以上的北部的高纬度地区，这里全年都不能接受到充分的UVB。

2000年，美国加利福尼亚科学院的Nina Jablonski和George Chapling对早期非洲类人猿演化为黑皮肤给出了完整的解释。他们假设黑色素能够维持体内叶酸（维生素
302 B6）的存贮量，叶酸对于生殖和胚胎发育是必需的。这一结论是从几项研究结果中推断出来的：①快速暴露于阳光会降低血液中叶酸的水平；②用叶酸抑制剂处理雄性啮齿动物会妨害精子发生和导致不育；③孕期缺乏叶酸或者由于过多的日光浴带来的叶酸水平下降会增加婴儿的神经索缺陷。因此，早期的类人猿在热带稀树大草原上捕猎和聚居，受太阳辐射较多，因此那些肤色较黑的个体会有更高的繁衍率因而产生更多的健康后代。

第十一节　化石记载的人类演化

对于宣称种族差别的人来说，如果他们考虑到人类的演化史和人类的发展谱系，认识到现代人类在遥远的过去的一些时间点上是有共同祖先的这一事实，他们的断言就会变得苍白无力。

化石记录显示出人类最早出现于非洲，所有现在的人类都有一个共同的祖先，而这个祖先就是在非洲。人类学家估计人类谱系与其他灵长类发生分歧的时间大约是发生在600万～700万年前，其中黑猩猩与我们亲缘关系最近。原始人类祖先中绝大多数的成员都是南方古猿（*Australopithecus*），生活在大约300万年以前。南方古猿的遗迹已经在非洲的裂谷中发现。我们早期祖先的成员直立人（*Homo erectus*）以及其演化关系上的“亲戚”（*Homo ergaster*）都是在大约250万年前出现于该地区的。古代的原始人类则在大约180万年前走出非洲到欧洲、中东和南亚地区寻找栖居地（图8-30）。

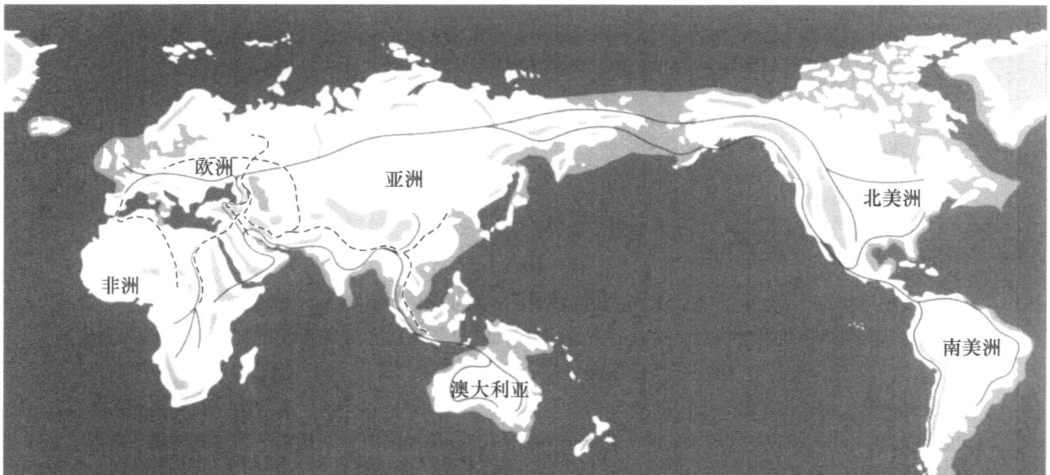

图8-30　人类演化的“走出非洲”理论

古代的直立人（*Homo erectus*）大约170万年前离开非洲，到达欧洲和亚洲（虚线）。现代智人（*Homo sapiens*），就是今天所有现代人的祖先，大约于70 000年前走出了非洲（黑线）。这些外迁的人群取代了迁徙途中遇到的任何其他群体。他们在大约60 000年前到达澳大利亚，大约45 000年前进入欧洲。

现代人类最早的化石或者他们制造的物品发现于南部和东部非洲，其时间可推至大约 140 000 年前。在中东发现的最早的人类遗迹的年代大约为 100 000 年前，非洲、亚洲和澳洲发现的人类遗迹为 45 000～60 000 年前。之所以称他们为“现代智人”（*Homo sapiens*），是因为他们与我们一样属于现代智人人种，具有共同的重要解剖特征（头骨形状和尺寸）和行为特性（使用刀具和骨制工具、颜料、陪葬物品、表达想法的方式、长距离、远距离交易和应付环境变化的不同智谋）。这些早期的现代智人后来分布于西太平洋的小岛群岛、玻利尼西亚以及新大陆（北美和南美）。 303

现代人类如何出现这一问题在持相反观点的人之间争论不休。支持“多区起源”（multiregional theory）学说的人认为现代人类是独立地从非洲、欧洲和亚洲的古类人猿（*Homo erectus* 或 *Homo ergaster*）演化而来的。这些早期不同地区的群体同时演化并交换成员，形成现代人类。

另一种观点为“替代学说”（displacement theory），通常称为“走出非洲”理论，这一学说认为现代人类都是源自非洲一个或几个祖先群体，大约 70 000 年前离开非洲。这些现代人类的奠基者经过迁徙，遍布于旧大陆，取代了途中遇到的任何类人猿群体。因此，科学家都同意我们早期的类人猿亲戚是在非洲出现的，但在现代人的直系祖先们离开非洲移居各地的问题上存在分歧。

第十二节　DNA 分子钟

乍一想，DNA 似乎怎么都不可能为我们现代人类的起源问题提供信息。从最古老的类人猿提取出来的 DNA 也不过是 60 000 年前的，完全是在人类已经演化为新的物种之后了，所以凭着 DNA 我们怎么能知道更遥远的事情呢？但事实上，我们可以通过分析人类和现今世界上的灵长类动物的 DNA 变异来研究人类的演化历史。尽管这看起来有些矛盾，但事实上我们每个个体都带有我们这个物种在演化过程中的遗传积累。

如果两个群体是从一个共同祖先分离出去的，每个群体都会积累一套特有的随机的 DNA 突变。假定这些突变是以一定的速率积累起来的，并且是连续发生的（一次突变一个碱基），那么突变的数目与这两个群体的分离时间长短是成比例的。这样在 DNA 分子上积累的能够反映出时间变化的、相对持续的突变称为“分子钟”（molecular clock）。那些已经被用解剖学、人类学或地质学方法独立确定的历史事件就可以作为分子钟的刻度。例如，人类分子钟的刻度常用化石和解剖学提供的证据，即认为人类和黑猩猩发生演化分歧发生在大约 600 万～700 万年前这一事件来设定。

由于线粒体 DNA 控制区序列的突变率很高，所以它的演化比染色体的其他区域演化要快得多——因而具有一个更快的分子钟。高的突变率意味着谱系会迅速地多样化，并且扩大人群中的差异性。但是，高突变率也带来了会干扰分析的“回复突变”，回复突变的位点发生了不止一次的突变后恢复了初始的情形。同一位点的多次突变也会使研究者低估总的突变事件数。因此由于谱系分支，我们所观察到的人与黑猩猩之间的序列差异要比在人与猩猩分化后的 600 万～700 万年里实际发生的突变数要低。同一位点的回复突变或多次突变的机会在现代人类出现后的这段时期内则要低得多。所以在现代人类中观察到的突变数目非常接近于人类物种形成后实际发生的突变数目。 304

线粒体 DNA(mtDNA)为重建人类的演化历程提供了又一个极大的便利，除了极少数的例外，线粒体 DNA 都是绝对以母系方式进行遗传的。这是由于线粒体都是来自于母体内的体细胞和精子要大很多的卵细胞的细胞质中。受精时任何可能进入卵子的精子中的父方线粒体都会被各种表达在卵子表面的遍在蛋白识别出来，并被破坏掉。正是由于没有父方线粒体的卷入，使得线粒体遗传分析大为简化。线粒体基因组已经在没有父方交叉干扰的情况下，原封未动地遗传了数千代。线粒体基因组是只有母方来源的单倍体，故而线粒体 DNA 型被定义为“单元型”。

图 8-31　Allan Wilson
(承蒙 Cold Spring Harbor Laboratory Archives 惠许引用)

第十三节　DNA 记载的人类演化

在整个 20 世纪里，化石为人类提供了惟一的重建人类起源的工具，而且化石分析实际上也是人类学家惟一的研究领域。1987 年，加利福尼亚大学伯克利分校的威尔逊・艾伦(图 8-31)和同事对 145 个现代人类的线粒体单元型的分析工作，将人类学研究推入了分子时代。采用与上述类似的分子钟的方法，他们绘制了一个演化树，推断出人类的共同祖先生活在大约200 000年前。

非常值得注意的是，威尔逊演化树中的分支末梢是 145 个现代人，而他们的线粒体单元型已经被威尔逊确定下来了。尽管大多数个体都是被归入他们所在地区群体的分支中，但有少数个体是无法归入其他群体的分支中的。这一现象表明人类之间存在很高程度的混杂(如迁移或婚配)。重要的是尽管演化树中的非洲人位于其他非非洲人的分支中，但是聚类结果中只有非洲人里的一些人与演化树的根距离最为接近。由此威尔逊得出结论，认为所谓的线粒体“夏娃”最可能是生活在非洲，从而为近来流传甚广的现代人类“走出非洲”的假说提供了 DNA 水平的证据(图 8-32)。

在随后的 20 年里，人们也用常染色体和 Y 染色体的分子多态对人类发生谱系进行分子重建。与具有高回复突变率的线粒体 DNA 的 SNP 不同的是，每个 Y 染色体的 SNP 都被认为是代表了演化历史上出现过的惟一一次突变。

305 累积的 DNA 研究证据进一步证实了威尔逊的非洲起源的设想。综合几条证据的研究结果，将现代人类出现于非洲的时间指向于大约 150 000 年前。

非洲人 DNA 变异的程度最高，提示我们非洲人已经积累了最长时间的突变。欧洲人的 DNA 变异大约只有非洲人的一半，提示欧洲人的古老程度只有非洲人的一半。

研究发现亚洲人和欧洲人的绝大多数 DNA 变异都是非洲人 DNA 变异的进一步分支，提示我们亚洲和欧洲人是源自非洲。

演化树中位置最高的根只包含了非洲人，祖先的等位基因并未在非洲人以外的人群中出现。

有趣的是，对线粒体和 Y 染色体多态的比较分析暗示我们男人和女人在地球上人类诞生中的角色以及在人类群体中基因的杂合中所起的作用是不同的。

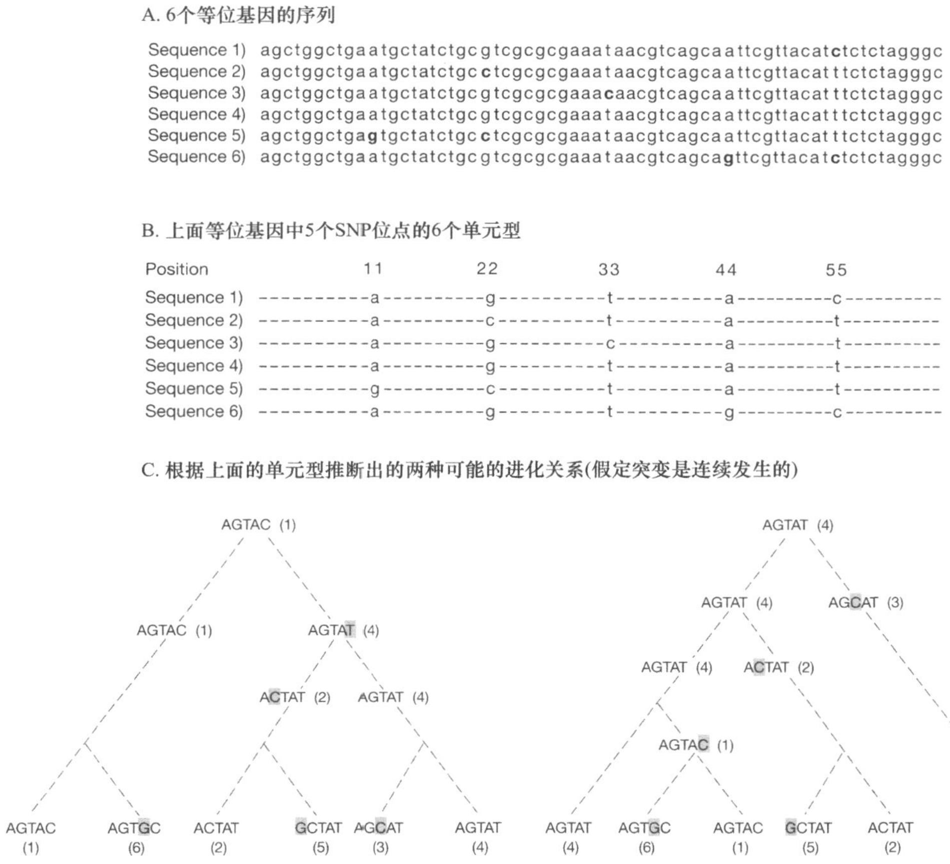

图 8－32 用单体型绘制演化树

通常说来，线粒体 DNA 型表明了一个地理区域与另一个地理区域的等位基因频率 *307*
的顺序(或渐变群)。这种信号叫作“基因流”，即在相邻人群中基因的流动和稳定的交换，这种情况发生在妇女离开他们的父母而迁居到丈夫的村庄。另一方面，Y 染色体多态表明了相邻地区的不连续性，意味着男人们不能自由地在当地不同群体中迁居。但是实际上携带这样 Y 染色体型的男人是迁徙过的，然而战争使得基因交流在很长一段时间内不能发生。所以在南部非洲黑人部落 Lemba 人中流传着类似的口头故事，说的是 Cohanin Jewry 人是从中东迁移而来的。可是遍布于世界各地的日本人共同的 Y 染色体显然是在过去的几千年时间里从朝鲜地区“流传”而来的，但日本北部诸岛的阿伊努人的祖先则是西藏人。

尼安德特人是我们的直系祖先吗?

自从 1856 年在德国的 Neander 峡谷首先发现大量的尼安德特人(Neandertal)的骸骨以来，科学家和公众一直为之着迷。尼安德特人的大脑容量介于现代人类和古猿之间。尼安德特人在大约为 300 000 年前曾经生活过的地区包括欧洲、中东和俄罗斯西部，在距今约 30 000 年前灭绝了。显然，在尼安德特人生活的年代，他们的栖息地曾经是与现代人类的居住地相重叠的。因此，长期以来，关于尼安德特人是否为现代人类的直系祖先的争论一直存在(图 8 - 33)。

(A)

希腊人	GGTACCACCCAAGTATTGACTCACC	
日本人	GGTACCACCCAAGTATTGACTCACC	25
希腊人	CATCAACAACCGCTATGTATTTCGT	
日本人	CATCAACAACCGCTATGTATTTCGT	50
希腊人	ACATTACTGCCAGCCACCATGAATA	
日本人	ACATTACTGCCAGCCACCATGAATA	75
希腊人	TTGTACGGTACCATAAATACTTGAC	
日本人	TTGTACGGTACCATAAATACTTGAC	100
希腊人	CACCTGTAGTACATAAAAACCCAAT	
日本人	CACCTGTAGTACATAAAAACCCAAT	125
希腊人	CCACATCAAAACCCCCTCCCCATGC	
日本人	CCACATCAAAACCCCCCCCCCGCGC	150
希腊人	TTACAAGCAAGTACAGCAATCAACC	
日本人	TTACAAGCAAGTACAGCAATCAACC	175
希腊人	CTCAACTATCACACATCAACTGCAA	
日本人	TTCAGCTATCACACATCAACTGCAA	200
希腊人	CTCCAAAGCCACCCCTCACCCACTA	
日本人	CTCCAAAGCCACCCCTCACCCACTA	225
希腊人	GGATACCAACAAACCTACCCACCCT	
日本人	GGATATCAACAAACCTACCCACCCT	250
希腊人	TAACAGTACATAGTACATAAAGCCA	
日本人	TAACAGTACATAGTACATAAAGCCA	275

(C)

黑猩猩	TTCTTTCATGGGGAAGCAAATTTAA	
希腊人	TTCTTTCATGGGGAAGCAGATTTGG	25
黑猩猩	GTACCACCTAAGTACTGGCTCATTC	
希腊人	GTACCACCCAAGTATTGACTCACCC	50
黑猩猩	ATTA-CAACCGCTATGTATTTCGTA	
希腊人	ATCAACAACCGCTATGTATTTCGTA	75
黑猩猩	CATTACTGCCAGCCACCATGAATAT	
希腊人	CATTACTGCCAGCCACCATGAATAT	100
黑猩猩	TGTACAGTACCATAATCACCCAACC	
希腊人	TGTACGGTACCATAAATACTTGACC	125
黑猩猩	ACCTATAGCACATAAAATCCACCTC	
希腊人	ACCTGTAGTACATAAAAACCCAATC	150
黑猩猩	-ACATTAAAACCTTCACCCCATGCT	
希腊人	CACATCAAAACCCCCTCCCCATGCT	175
黑猩猩	TACAAGCACGCACAACAATCAACCC	
希腊人	TACAAGCAAGTACAGCAATCAACCC	200
黑猩猩	CCAACTATCGAACATAAAACACAAC	
希腊人	TCAACTATCACACATCAACTGCAAC	225
黑猩猩	TCCAACGACACTTCTCCCCCACCCT	
希腊人	TCCAAAGCCACCCCTCACCCACTAG	250
黑猩猩	AATACCAACAAACCTACCCTCCCTT	
希腊人	GATACCAACAAACCTACCCACCCTT	275

(B)

希腊人	CCAAGTATTGACTCACCCATCAACA	
尼安德特人	CCAAGTATTGACTCACCCATCAGCA	25
希腊人	ACCGCTATGTATTTCGTACATTACT	
尼安德特人	ACCGCTATGTATCTCGTACATTACT	50
希腊人	GCCAGCCACCATGAATATTGTACGG	
尼安德特人	GTTAGTTACCATGAATATTGTACAG	75
希腊人	TACCATAAATACTTGACCACCTGTA	
尼安德特人	TACCATAATTACTTGACTACCTGCA	100
希腊人	GTACATAAAAACCCAATCCACATCA	
尼安德特人	GTACATAAAAACCTAATCCACATCA	125
希腊人	AAACCCCCTCCCCATGCTTACAAGC	
尼安德特人	AACCCCCCCCCCCATGCTTACAAGC	150
希腊人	AAGTACAGCAATCAACCCTCAACTA	
尼安德特人	AAGCACAGCAATCAACCTTCAACTG	175
希腊人	TCACACATCAACTGCAACTCCAAAG	
尼安德特人	TCATACATCAACTACAACTCCAAAG	200
希腊人	CCACCCCT-CACCCACTAGGATACC	
尼安德特人	ACGCCCTTACACCCACTAGGATATC	225
希腊人	AACAAACCTACCCACCCTTAACAGT	
尼安德特人	AACAAACCTACCCACCCTTGACAGT	250
希腊人	ACATAGTACATAAAGCCATTTACCG	
尼安德特人	ACATAGCACATAAAGTCATTTACCG	275

(D)

尼安德特人	CCAAGTATTGACTCACCCATCAGCA	
尼安德特人	CCAAGTATTGACTCACCCATCAGCA	25
尼安德特人	ACCGCTATGTATCTCGTACATTACT	
尼安德特人	ACCGCTATGTATTTCGTACATTACT	50
尼安德特人	GTTAGTTACCATGAATATTGTACAG	
尼安德特人	GCCAGCCACCATGAATATTGTACAG	75
尼安德特人	TACCATAATTACTTGACTACCTGCA	
尼安德特人	TACCATAATTACTTGACTACCTGCA	100
尼安德特人	GTACATAAAAACCTAATCCACATCA	
尼安德特人	GTACATAAAAACCTAATCCACATCA	125
尼安德特人	AACCCCCCCCCCCATGCTTACAAGC	
尼安德特人	ACCCCCCCCCCCCATGCTTACAAGC	150
尼安德特人	AAGCACAGCAATCAACCTTCAACTG	
尼安德特人	AAGCACAGCAATCAACCTTCAACTG	175
尼安德特人	TCATACATCAACTACAACTCCAAAG	
尼安德特人	TCATACATCAACTACAACTCCAAAG	200
尼安德特人	ACGCCCTTACACCCACTAGGATATC	
尼安德特人	ACGCCCTTACACCCACTAGGATATC	225
尼安德特人	AACAAACCTACCCACCCTTGACAGT	
尼安德特人	AACAAACCTACCCACCCTTGACAGT	250
尼安德特人	ACATAGCACATAAAGTCATTTACCG	
尼安德特人	ACATAGCACATAAAGTCATTTACCG	275

图 8 - 33　尼安德特人是我们的直系祖先吗?

为了对线粒体 DNA 控制区序列比较分析以推断尼安德特人是否为现代人类的直系祖先,采用了两种具有代表性的方法。图中分歧的序列用蓝色标出。(A)现代希腊人和日本人的比较结果显示出在 275 个核苷酸中有 6 个是不同的(少于 PAABO SVANTE 的 379 个核苷酸的分析结果);(B)现代希腊人和尼安德特人的比较结果显示了 26 个核苷酸的差异;(C)现代希腊人和一个黑猩猩的比较结果显示了 48 个核苷酸的差异;(D)两个尼安德特人的比较显示了 6 个核苷酸的差异。

根据多区起源模型,现代人类是从居住在世界各地几个不同的原始部落发展起来的。从这种模型推断,尼安德特人必然是现代欧洲人的中间的而非最早的祖先。其他的古代类人猿化石,爪哇人和北京人(直立人)则应该是现代的亚洲人的祖先。根据"走出非洲"学说,尼安德特人在大约 40 000 年前被到达欧洲的现代智人所取代。

1997 年,德国慕尼黑大学 Allan Wilson 的学生 Svante Pääbo(图 8 - 34),他用 40 000

年前的 DNA 样本重建了类人猿演化关系，进一步为分子人类生物学研究带来了革命性进展。Pääbo 从最初的尼安德特人肱部标本中提取出 DNA，采用 PCR 扩增的方法，并将 PCR 产物克隆到大肠杆菌中。所克隆的片段随即被用于重建了 379bp 的尼安德特人的线粒体控制区序列。Pääbo 从 GenBank 基因库中获取了 1000 个人的线粒体控制区序列，将它们放在一起进行比较。他发现这些人之间平均存在 7 个突变，代表这些人从一个祖先分化以后积累下来的变异的平均数字。但是，他在将现代人与尼安德特人进行比较时发现平均有 27 个突变。这一结果说明尼安德特人与现代人类没有共同的祖先。

图 8-34 Svante Pääbo(1997 年) 308
(照片由 Margot Bennett，Cold Spring Harbor Laboratory 摄制)

如果认为线粒体控制区的突变速率为每 20 000 年发生一个突变的话，那么现代人里 7 个突变的差异说明现代人类是由 140 000 年前的祖先演化而来的，这与最早发现的现代人类化石相符合。现代人与尼安德特人之间的 27 个突变差异暗示我们现代人和尼安德特人可以向上汇聚(或者是向下分歧)到生活于 540 000 年前的一个共同的祖先。这一结论又为“走出非洲”学说增加了分量。

“灌木状”的演化

直到 30 多年前，“单一物种假说”(single-species hypothesis)武断地认为在史前的任何时间段里地球上都只有单一的人类祖先。每一个新发现的更新纪灵长动物或类似原始人类的化石都立刻被认为是现代人类直线系列的祖先中的一个。这样所得出的人类的演化树就是一个长长的、只有主干而无分支的形状，直到形成现代人类后才出现种族学和民族学上的分支。因此当种族隔离仍然在美国和世界各地余烬未熄的时候，“直线演化”模型为有科学思想的人们提供了安慰，使他们相信现代人类过去有一段共有的演化史，但该模型却与认为自己与众不同的那些人群的想法有一段距离。

直线演化模型是根据渐进演化而提出来的，渐进演化的特点是：一个新的时间段是原先阶段的必要条件。换句话说，就是在演化车轮前进的过程中，有一种被预先规定的感觉。但是，由于越来越多的不同化石被发掘出来，要将它们嵌入朝现代人演化的直线演化模型中是不可能的。其中一些不得不被认为在演化路程中走入了死胡同，并且不是我们直系祖先中的成员。含有许多由频繁发生的灭绝而产生的短的分枝的“灌木状”人类谱系
图，于 20 世纪 70 年代早期由美国自然历史博物馆的 Niles Eldridge 和哈佛大学的 Ste- 309
phen Jay Gould 通过准确的有分支的模型预测出来。根据“灌木状”的演化模型，演化在适应性的变化出现于分散的小群体的过程中，是突然发生和开始的(图 8-35)。

Svante Pääbo 对尼安德特人线粒体 DNA 的研究结果为灌木状的演化概念提供了 DNA 水平上的证据，不仅为化石证据赋予了更好的意义，也揭示出人类历史上大约 50～100 个个体群居的“狩猎-采集人”所累积的突变在演化上具有重要意义。灌木状演化树之所以分支很多正是因为一小群相对隔离的“狩猎-采集人”经历了选择，产生了一系列的独立发生的突变而造成的。考虑到这些往往由时间隔开的突变及选择等独立事件对于分析问题很有益处。正因如此，中性突变可能为适应未来的环境——环境或行为的——提

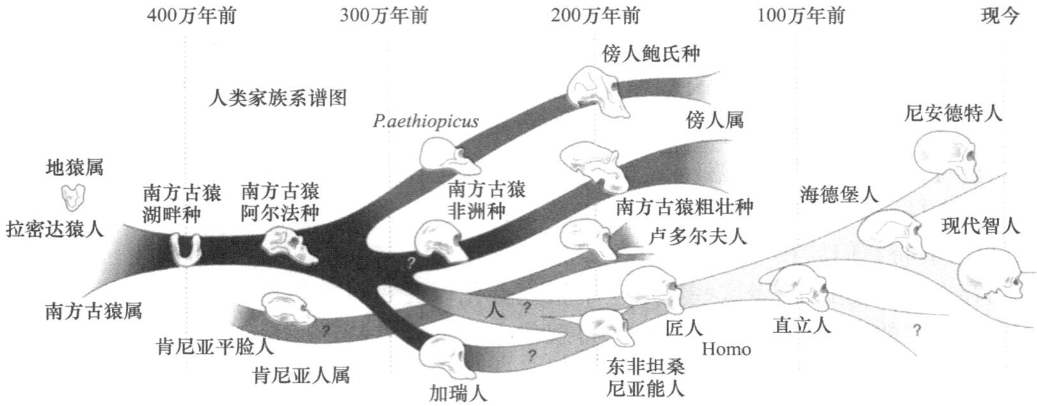

图 8－35　灌木状演化

当前的类人猿演化理论为灌木状而非直线的。上图以 Donald Johanson 的工作为基础重绘。(经允许重绘自 the Institute of Human Origins, Arizona State University)

供适应选择因素上的优势。

如果认为绝大多数突变对狩猎-采集人并不能在短期内提供选择上的优势,那么根据对遗传漂移的假设,多数的新突变在群体中可能保存下来也可能消失。不同的狩猎-采集人群体由此会累积不同的突变,在偶然情况下,一个或多个累积突变可能为一个群体或其他群体提供选择上的优势(由于不同群体间通婚而交流遗传位点)(图 8－36)。然而,由于气候、环境因素的影响,或者因为缺少遗传漂移,不少群体也会灭绝,而只以化石来保留它们与众不同的特征。

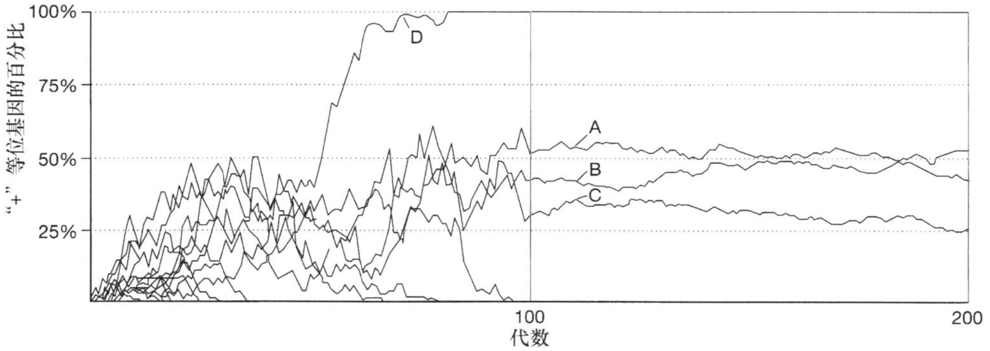

图 8－36　"耕-猎"人的遗传漂变

该图反映的是发生在 100 个"耕-猎"人群里一个新的中性突变。每个群体包含 50 个自由婚配的个体,携带有新的等位基因(＋)。等位基因(＋)在这群人后来的 10 代中的大部分个体中丢失了,在 100 代以后则丢失率达到 96%。但是(＋)的频率在 A、B、C 三个群体中的频率升高到 30%～50%,在 D 群体里则升高到 100%。在 100 代以后,每个群体的人数都扩展到了 2000,(＋)的频率在 A、B、C 后面的 100 代里都保持了稳定状态。这些数据反映了农业出现后对人口增加的促进(虽然在一代中看不明显)。A、B、C、D 群体如果置于一个新的环境,而在这个环境中基因突变又具有选择优势,那么这四个群体将变得人丁兴旺。因此某个人群中的一个中性基因的漂变可能会使其在未来受到演化的青睐。

气候变迁和群体瓶颈 310

分支稠密的人类演化树告诉我们在过去的岁月里许多的原始人类世系已经从地球上灭绝。若干证据表明，与现代人类有共同祖先的原始人类世系在过去的100 000年当中的许多时间点上也都濒于灭绝。

由于人类居住于不同的地域，因此从体貌特征上看，人类个体之间、种族之间的差异很大，不同的种族在肤色、体型、肺容量等特征上都获得了迥然不同的形态适应。然而尽管存在这些体貌特征上的差异，所有的人类作为一个种，其不同个体、种族间的遗传差异却非常微小。不同种族间的遗传差异只有大约10%，因此没有必要进一步将人类细分为亚种①。

与此形成鲜明对照的是，黑猩猩只生活在非洲热带地区，并且黑猩猩几乎不存在体貌特征上的差异。但科学家却将分布于东非、中非、西非和尼日利亚的黑猩猩清楚地分为四个亚种。之所以这样分类，是因为黑猩猩的亚种之间及亚种中个体之间的遗传差异很大，比如仅西非的一个黑猩猩群体中线粒体DNA的序列差异就比当今人类之间的差异显著地高。人类之间的遗传差异如此之低这一事实支持认为人类是一个年轻物种的论点：人类在演化历程中经历了几个"瓶颈"时期，使得人类数量急剧减少至1000个个体左右，在分散的栖息地聚居生活(图8－37)。

化石记录显示现代人类的祖先最早于100 000年前走出非洲，途经西奈半岛进入中东。但这群开拓者似乎到此便止步了，未能到达亚洲和欧洲。后来人类祖先都未曾迁徙，但我们发现了证据表明到大约60 000年前人类祖先又开始了第二次走出非洲的迁移，抵达西奈半岛海岸并渡过红海的狭窄颈部进入亚洲和现今的澳大利亚地区。直到约45 000年前，欧洲才出现了现代智人，他们几乎同时在欧洲不同的地区繁衍，人口数目呈爆炸式增长。

伊利诺伊大学的Stanley Ambrose为现代智人第一次走出非洲的失败和大约70 000年前亚洲、澳洲和欧洲地区的早期人类数量的迅速增长提供了一个合理的解释。由于苏门答腊岛多巴火山(Toba)71 000年前的爆发，第四纪(地球最近的180 000年中)最大的火山喷发产生了巨大的多巴火山口，面积达30km×100km，比美国俄勒冈州的火山口湖(Crater Lake)面积的30倍还要大。这次火山爆发产生了2000km^{3}的火山灰，在印度洋底堆积，甚至到达印度大陆(图8－38)。1984年俄勒冈州的圣海伦斯火山(St. Helens)爆发所产生的火山灰仅有0.2km^3，藉此可以想像多巴火山爆发影响之大。

尽管多巴火山爆发后空气中的火山灰在随后的数月内会逐渐沉落而消散，但喷发产生的极其大量的硫却进入大气并与水蒸气结合形成硫酸。例如格林兰冰核在喷发六年后就积淀了厚厚的硫矿，那里的情形就是终年阴霾蔽日，硫的蒸气盘桓不散。多巴火山爆发后，由于硫酸雾气挡住了太阳辐射，使得海面的温度在数年内降低了大约3℃。花粉纪录 311
提示东南亚的大片地区的森林都因这次火山爆发而遭受了灭顶之灾，花粉纪录分析结果还表明法国Grand Pile的气候也受到了重大影响。格林兰冰核表明多巴火山爆发后的1000年里是最后一个冰川时代中氧同位素比率最低的时期，这意味着这1000年中的气温在过去的100 000年当中是最低的。因此，不难相信多巴火山的爆发导致出现了"火山冬季"，并在随后的1000年里气候都未恢复温暖，这样的恶劣气候自然会夺去大批走出热

① 基因组学的研究揭示，人类个体间的遗传差异只有0.1%。——译者注

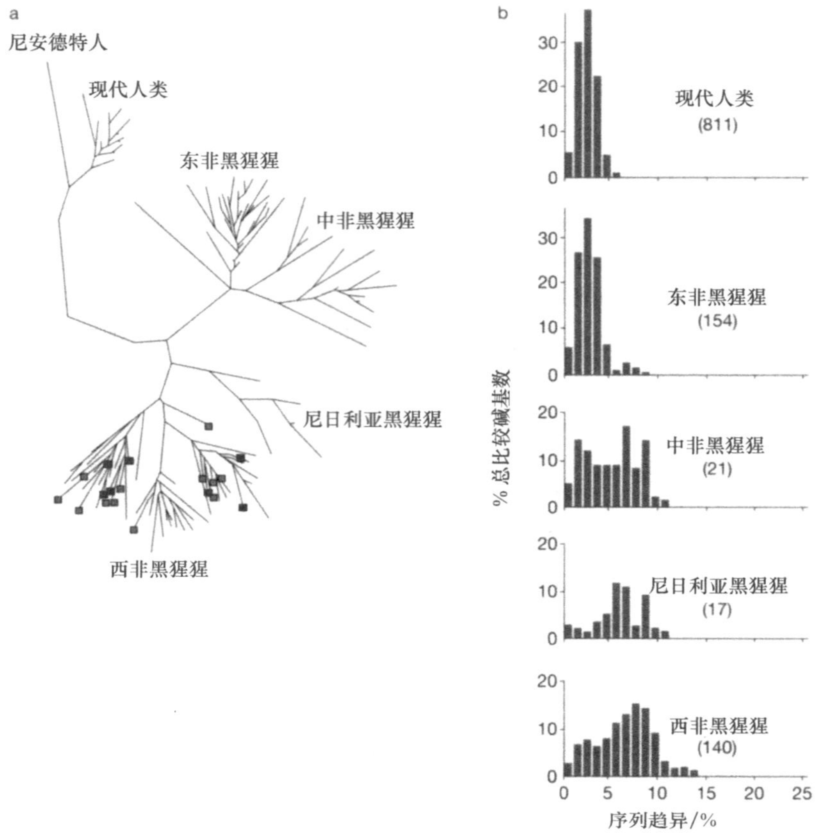

图 8－37　人和黑猩猩的遗传多样性比较序列趋异

(a)对 811 个人和 332 只黑猩猩线粒体控制区序列的比较。注意黑猩猩群体的复杂分支，尤其是在西非黑猩猩中，反映了很高的多样性；方框表示来自两个社会群体的猩猩，每个群体的多样性都比整个人类群体高得多；(b)条形图表示的是差异的碱基数。与中非、尼日利亚和西非猩猩间的很高的、分布广的序列差异相比，人类个体间的序列分歧范围很窄，且小于 5%。(经许可引自 Robinson R. ,ed. 2003. *Genetics*. MacMillan Reference USA, New York; Figure created by Dr. Stanley H. Ambrose, Department of Anthropology, University of Illinois, Urbana)

带非洲的人类祖先的生命。

312 化石纪录表明最早到达中东之后的现代人类，在多巴火山爆发后被耐寒的穴居的尼安德特人所替代，说明适应是与环境因素有关联的。有趣的是，尼安德特人似乎度过了 25 万年左右的类似的人口瓶颈。又有两个采自克罗地亚和高加索地区的尼安德特人标本的线粒体控制区的 DNA 序列被测定出来，与德国人的样本加在一起，这些 DNA 样本代表了几乎半个尼安德特人居住的区域。对这些样本的比较结果提示，尼安德特人之间的差异性和现代人类之间的差异差不多(都是有限的)尽管尼安德特人生活的年代比现代智人出现的时间要长两倍。

“狩猎-采集人”(Hunter-Gatherer)的遗迹

在 RFLP 及 SNP 分析技术诞生前，血液系统的疾病和蛋白质多态(包括 ABO 血型、Rh 血型、人白细胞抗原、免疫球蛋白差异等)为人群迁徙研究提供了惟一的定量工具。Luigi Luca Cavalli-Sforza、Paolo Mennozzi 和 Alberto Piazza 就是最早采用这一工具试图重建欧洲

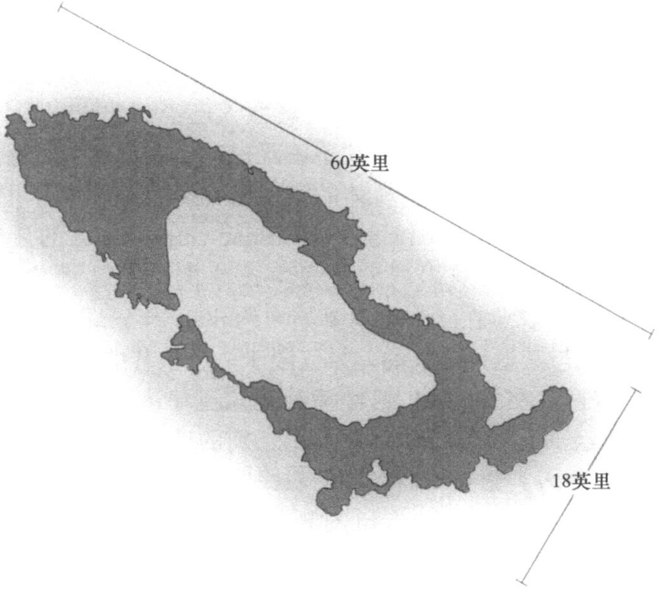

图 8-38 印度尼西亚苏门答腊的多巴火山口
(引自 Landsat Pathfinder Project at:http://edcdaac.usgs.gov/pathfinder/pathpage.html)

人的遗传历史的一批科学家中的几个。他们采用主成分分析法(principal component analysis,PCA),或渐变群方法分析了欧洲各地人群的基因频率。最先的主成分分析法鉴定出了一个从中东地区发散到西北欧消失的倾斜。他们认为这一东-西渐变群源自横跨伊朗和伊拉克美索不达米亚的新月沃地,后来伴随农业发展以大约每年1公里的速度向西播散。农业大约在10 000年前左右出现,大致将之前和其后的时间划分为旧石器时代和新石器时代。因为东西方的成分可以解释许多基因的最大差异,他们下结论认为新石器时代人的基因必然取代了旧石器时代人的基因。在寻求更多耕地的过程中,农民逐渐经过欧洲义无反顾地向北迁移,与遇到的营猎食为生的早期人类通婚并逐渐取代了他们。 313

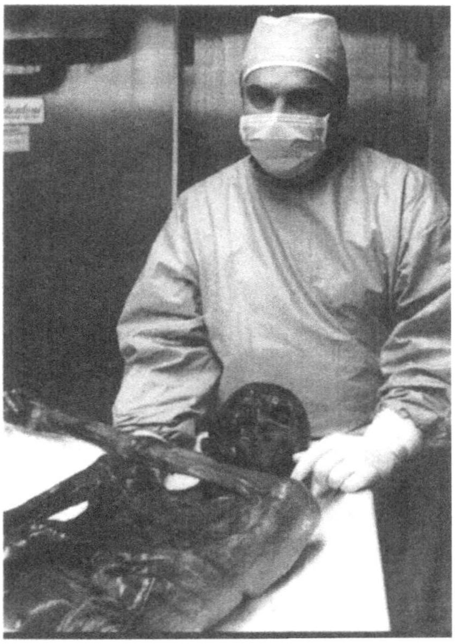

图 8-39 奥兹冰人(Ötzi Iceman)
(经允许复制于 Schiermeir Q. and Stehle K. 2000. Frozen body offers chance to travel back in time. Nature 407:550)

古遗迹和现代欧洲人的线粒体DNA的分型研究向Cacalli-Sdorza、Menozzi和Piazza等人的"人口扩散"模型提出了挑战,该模型认为新石器时代人口分布是呈波形扩散的。第一个线粒体的研究来自对"奥兹"冰人(Ötzi Iceman)的研究,这一冰人是1991年在阿尔卑斯山的提洛尔人居住地发现的

5000 年前的一具冰冻木乃伊(图 8-39)。一个国际组织从这具木乃伊中测出了线粒体 DNA 的控制区序列,奥兹冰人的线粒体型与其他作为实验对照现代欧洲人只有一个核苷酸位点的差异,而实际与奥兹冰人相同的线粒体型在当今的欧洲人里也是普遍存在的。奥兹的线粒体 DNA 似乎很“现代”,因为实际上奥兹人已经演化得很现代了。5000 年的时间甚至对于演化很快的线粒体分子钟来说也不足以产生一个突变。

牛津大学的 Bryan Sykes 将人类线粒体的谱系研究一直拓展到了旧石器时代,他曾分析过从一枚发现于英国南部却达峡谷地区(Cheddar Gorge)的人的牙齿中提取的线粒体 DNA。这枚牙齿是从一个石灰岩洞穴里发掘出来的,碳 14 测定显示这枚牙齿是 12 000 年前的,这一时间比农业在欧洲出现要早大约 6000 年。即便如此,如同奥兹冰人那样,却达人的线粒体型与其他许多人的差异仅限于一个核苷酸位点,而这一位点即使在当今的欧洲人里也是普遍存在的。我们已经清楚地知道却达人是以猎食为生计的,虽然他们的线粒体 DNA 已经演化到与当今人类并无差别的地步。因此,可能历史上实际并未发生旧时期时代的猎食人类为新石器时代的农民取代的情况。

罗马大学的 Sykes 和 Antonio Torroni 对现代欧洲人线粒体 DNA 的分析结果证实
314 了另一个主要线粒体单元型的存在。Sykes 把欧洲人谱系的祖先普及化地称为“夏娃的七个女儿”。七个女儿中有六个是 80%现代欧洲人的祖先,可以追溯到农业出现以前的年代(表 8-4)。只有 20%的欧洲人相对比较年轻,可以认为是新石器时代农民的后裔。这一数字与 Cavalli-Sforza 的主成分分析法的结果相差不是很大。

表 8-4 夏娃的七个女儿

女儿	年代	发源地	占现代欧洲人的百分比
Ursula	45 000	希腊	11
Xenia	25 000	俄罗斯南部	6
Helena	20 000	法国南部	46
Velda	17 000	西班牙北部	5
Tara	17 000	意大利中部	9
Katrine	15 000	意大利北部	6
Jasmine	10 000	中东	17

注:这些名字是 Bryan Sykes 为七个线粒体单元型人群的奠基人根据 Antonio Torroni 的字母顺序分类虚构出来的。

研究已经表明在从旧石器时代的赤身露体的“狩猎-采集人”向当今衣着考究的城市人的演化中,mtDNA 的遗传保持了完整的连贯性。尽管农业确实曾从其他地区逐渐传至英国和欧洲其他地区,但农业在欧洲主要还是独立出现的。欧洲农业的出现主要还是取决于农业文明的传播,而农民本身的迁移应该居于次要。这样的想法用来理解非洲、亚洲和美洲等其他地区的古代农业中心的传播也是正确的。“先进的”新石器时代的农民并未以旧石器时代人们取代尼安德特人那样的方式,来将处于旧石器时代的人取代出局。新石器时代的“狩猎-采集人”不缺少向现代文明演化的条件——无论是遗传方面的、生理方面的抑制或是行为方面的条件。这些“狩猎-采集人”后来成了农民，再后来，演化成为了今天的我们。

推荐读物

Carlson E.A. 2001. *The unfit: The history of a bad idea*. Cold Spring Harbor Laboratory Press, Cold Spring Harbor, New York.

Cavalli-Sforza L.L., Menozzi P., and Piazza A. 1994. *The history and geography of human genes*. Princeton University Press, Princeton, New Jersey.

Gould S.J. 1985. Carrie Buck's daughter. In *The flamingo's smile: Reflections in natural history*, pp. 306–318. W.W. Norton, New York.

Jablonski N.G. and Chaplin G. 2002. Skin deep. *Sci. Am.* **287:** 74–81.

Kevles D.J. 1995. *In the name of eugenics: Genetics and the uses of human heredity*. Harvard University Press, Cambridge, Massachusetts.

Micklos D., ed. 1999. DNA from the beginning (http://www.dnaftb.org). Dolan DNA Learning Center, Cold Spring Harbor, New York.

Micklos D., ed. 2000. Genetic Origins (http://www.geneticorigins.org). Dolan DNA Learning Center, Cold Spring Harbor, New York.

Micklos D., ed. 2000. *Image archive on the American eugenics movement*. Dolan DNA Learning Center, Cold Spring Harbor, New York. At: http://www.eugenicsarchive.org

Micklos D., ed. 2002. Your Genes/Your Health (http://www.ygyh.org). Dolan DNA Learning Center, Cold Spring Harbor, New York.

Stanley S.M. 1996. *Children of the ice age: How a global catastrophe allowed humans to evolve*. Harmony Books, New York.

Sykes B. 2001. *The seven daughters of Eve: The science that reveals our genetic ancestry*. W.W. Norton, New York.

实验教程篇

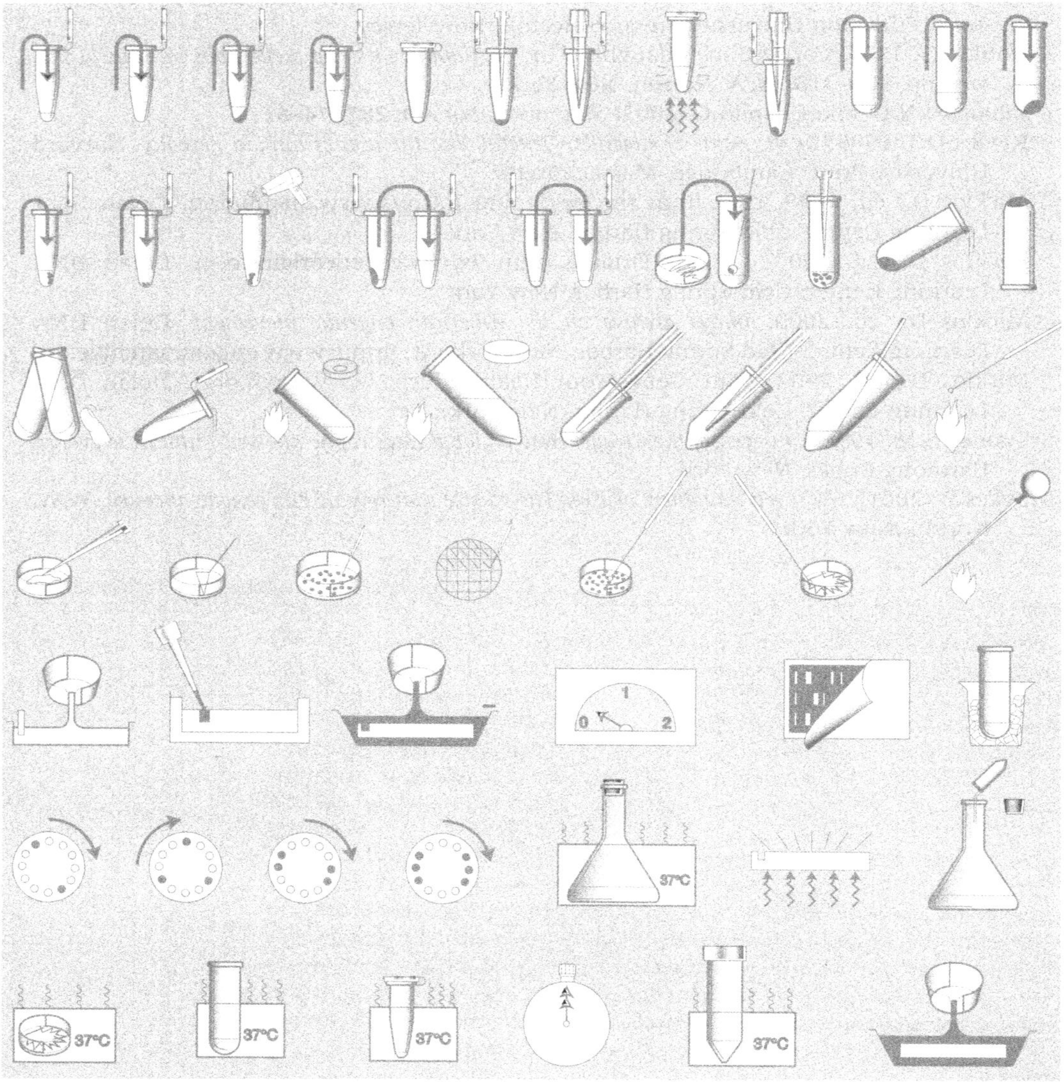

实验室安全操作和国家卫生研究院安全条例 317

> **警告**
>
> 任何人在使用本手册时必须严格遵照实验室的安全条例，而且有熟悉这些条例的人在旁监督。没有监督或对本手册使用不当，将造成严重的后果。
>
> 除了遵守本手册的安全条例，教师和学生还要遵守所在学校院所制定的安全条例和废物处理规定，尤其要注意在附录 4 中列出的注意事项。

实验室废物处理

除了要遵从本手册列出的废物处理程序，还要遵从实验室所在的当地对废物处理的另行要求、方法和指令。如果使用本手册中所涉及到的材料，指导教师应该熟悉并遵从所在国家、省、地方制定的有关这些材料的规章制度。

细菌使用的管理

本手册中的实验大量使用了大肠杆菌。使用大肠杆菌一般不会造成严重危害，因为它是一种相对安全的微生物，属肠道生物菌群中的一种，在健康人体内很少引起严重的疾病，但是还是要注意误食大肠杆菌引起的后果。研究表明，本书中使用的菌种 MM294 在人大肠内繁殖的机会是很小的。

目前实验中使用的 MM294 和其他一些大肠杆菌菌种是由野生型 K-12 演变来的。K-12 菌株于 1922 年最早在斯坦福大学从白喉病人的粪便中分离得来。Edward Tatum（美国生物化学家，曾获 1958 年诺贝尔生理学医学奖）的工作推广了其在生化和遗传学中的应用。20 世纪 70 年代的研究发现，K-12 菌株在几十年体外培养繁殖中积累的基因突变使其不能够在人大肠里有效的繁殖（Bachamn 1987）。在对有可能对人体造成健康威胁的生物试剂进行的评估中，国家卫生研究院把 K-12 归在风险 1 组：和有损健康成人 318
的疾病没有联系（National Institutes of Health 2001）。

大肠杆菌的使用和处理中的注意事项在实验二的“预实验”中有详细说明。本书所述的实验中一直要遵从这些注意事项。

美国国立卫生研究院条例

授课教师和学生必须明了：美国国立卫生研究院对涉及不同物种间 DNA 转移的研究进行监管。实验中物种间基因和 DNA 片段的转移都应该遵守《国家卫生研究院关于重组 DNA 分子研究的规定》。但是，通过 20 多年来对重组 DNA 研究的监管，国家卫生研究院认为大多数实验研究的危险系数很低，不需要受到管制。

本手册提到的实验，包括那些需要进一步研究的部分，在实验设计时都符合国家卫生研究院的规定。《国家卫生研究院关于重组 DNA 分子研究的规定》第 III-F-6 项条款对那些对人体健康和环境不构成显著影响的实验做出了规定。其中包括“用到大肠杆菌 K-12 做宿主载体系统的实验……提供了……非接合质粒可以被用来做载体”(National Institutes of Health 2001)。

当前常用的大部分质粒,包括 pAMP、pKAN、pBLU 和 pGreen,是非接合型,就是说它们在接合过程中很难从一个细菌转入到另一个细菌。接合时有效的转移需要一个迁移蛋白(由质粒上携带的 *mob* 基因编码),还需要质粒上有一个特殊的位点(*nic*)。Mob 蛋白在质粒上的 *nic* 位点剪切,然后把缺刻质粒 DNA 转移到受体细胞中。常用的克隆质粒在设计时去掉了 *mob* 基因和 *nic* 位点,所以载体不能轻易被转移(Lauria and Suit 1987;Sambrook and Russell 2001)。这保证转化实验最终结束在培养皿里。一个 K-12 转化子不可能长时间的存活于培养皿之外。同理,如果发生了误食,大肠杆菌转化子也不可能把它所携带的抗性基因通过接合转给人体肠道中自然存在的细菌。

微生物学的基本操作

《国家卫生研究院关于重组 DNA 分子研究的规定》把物体污染分成了四个级别来限制含有重组 DNA 分子的生物对实验室工作人员、实验室以外的人员和环境的危害。本条例内所有的实验都可归入最低污染级别——生物安全级别 1(BL1)。BL1 包括以下微生物学的基本操作:

- 实验过程中禁止外来人员进入。
- 319 工作台每天都应消毒一次,而且当有活性物质洒落其上时应进行消毒。
- 所有污染了的液体或固体废弃物在丢弃之前都应进行消毒。
- 使用机械移液装置,不能用嘴吸。
- 在工作区域,吃喝、吸烟和化妆都是不允许的;食物应该储存在固定的专门的橱柜或电冰箱中。
- 当接触了含有重组 DNA 分子的生物体和动物后,或者在离开实验室之前都应洗手。
- 所有的操作步骤都应该认真执行以减少气体悬浮物质的产生。
- 提供适当的设施(比如洗手的水槽、淋浴和更衣室)和保护性的服装(比如制服和实验服)防止含有重组 DNA 分子的生物对人体的伤害。
- 特殊的防护设备一般不用于处理 BL1 级别的试剂。
- 实验室格局设计应易于清洁。
- 椅子的表面应该防水,能抵御酸、碱、有机溶剂,并且耐中度高温。
- 实验室的设备应该是坚固的,在椅子、橱柜和仪器之间应该有足够的空间。
- 每一个实验室都应该有一个用来洗手的水池。
- 如果实验室有需要打开的窗户,则必须安装纱窗。

溴化乙锭的使用规范

溴化乙锭染色是快速灵敏检测 DNA 的方法。但是,它是一种诱导有机体突变的物质[经艾姆斯氏微粒体实验(Ames microsome assay)证实]和一种潜在的致癌物质。基于此种原因,指导者可以选择使用亚甲蓝——一种安全的但是灵敏性低的染色剂,它可应用于本手册中的所有染色步骤。我们已经提供了关于这两种染色方法的实验说明,并且在实验三的预实验注释中讨论了每种方法的优缺点。这些注释也包括重要的操作和防止溴化乙锭溶液污染的说明，在每次使用溴化乙锭染色步骤前都有所提示。

最大的危险是当混合一个 5mg/ml 的储存液时吸入溴化乙锭粉末，因此，我们强烈建议从供应商那里购买预先混合好的 5mg/ml 的储存液。根据附录 2 中所描述的步骤，把 5mg/ml 的储存液稀释成终浓度为 1μg/ml 的染色液。用稀释溶液（1μg/ml）规范操作凝胶染色的危险很小。

参考文献

320

Bachman B. 1987. Derivations and genotypes of some mutant derivatives of *Escherichia coli* K-12. In Escherichia coli *and* Salmonella typhimurium: *Cellular and molecular biology* (ed. F.C. Neidhardt), vol. 2, p. 1190. American Society for Microbiology, Washington, D.C.

Luria S.E. and Suit J.L. 1987. Colicins and Col plasmids. In Escherichia coli *and* Salmonella typhimurium: *Cellular and molecular biology* (ed. F.C. Neidhardt), vol. 2, pp. 1620–1621. American Society for Microbiology, Washington, D.C.

National Institutes of Health. 2001. Guidelines for research involving recombinant DNA molecules. *Federal Register:* January 5, 2001 (at: http://www4.od.nih.gov/oba/rac/guidelines/guidelines.html).

Sambrook J. and Russell D. 1989. *Molecular cloning: A laboratory manual,* 3rd edition, pp. A8.27–A8.28. Cold Spring Harbor Laboratory Press, Cold Spring Harbor, New York.

321

实验一　称量、微量移液和灭菌消毒技术

实验一介绍了使用微量移液和灭菌消毒的技术(图 L1－1)。熟练掌握这些技术对于所有实验结果的好坏是至关重要的。大部分的实验中 DNA 和试剂的使用量都很少，需要使用能精确到 1μl 的可调微量移液器(或者叫毛细移液管)。

很多实验需要在培养基中繁殖大肠杆菌，而其他的微生物也可以在此环境中生长。所以，保持无菌的实验环境对于减少其他细菌和真菌的污染是非常重要的。如果后面的实验要使用活的细菌，就必须保持无菌的操作环境。所有与活细胞有直接接触的器具都必须灭菌消毒，包括培养基、试剂、微量移液器、微量移液器枪头、接种环、涂抹棒、锥形瓶、试管和培养皿。

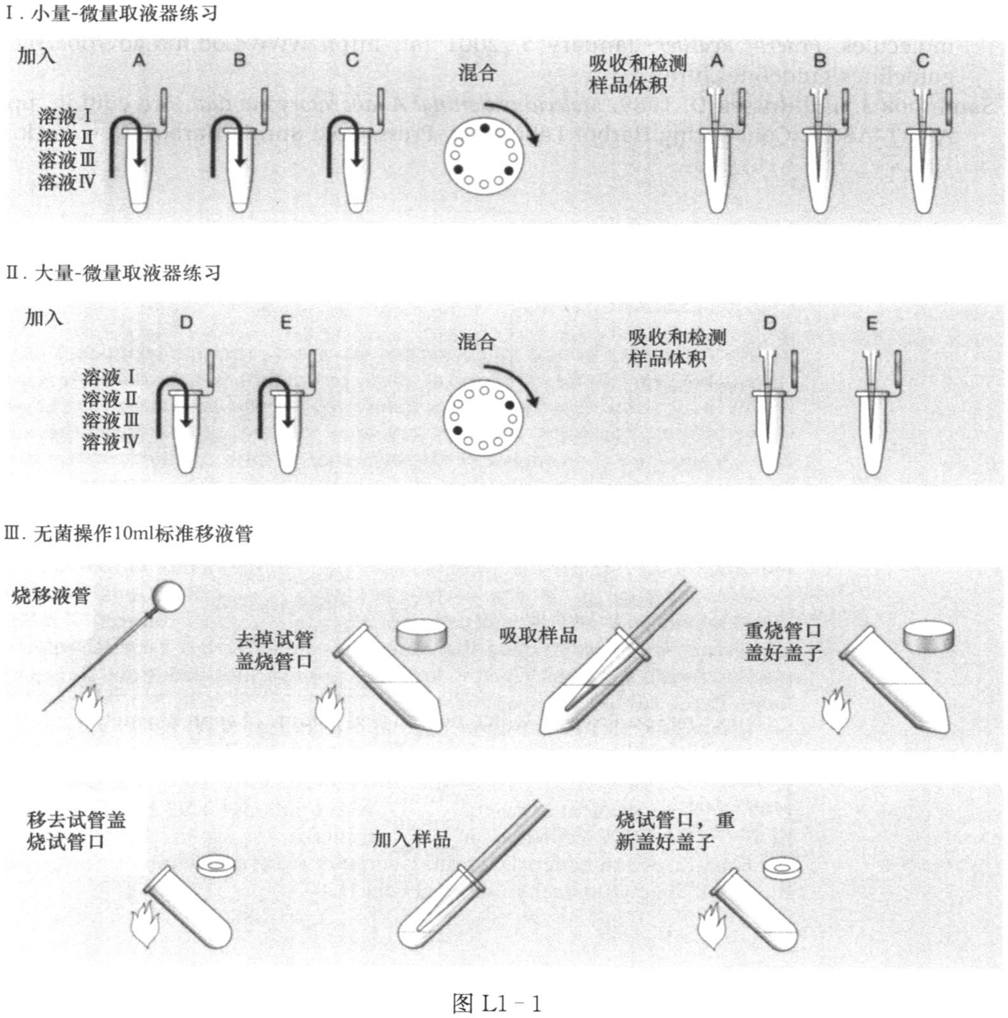

图 L1－1

记住这个经验之谈：在活细菌操作（包括一般的细菌培养和转化）之后，必须对所使用的器具进行消毒。当活的细菌在操作中被灭活，或者当使用 DNA 分析（质粒分离、DNA 限制酶切和 DNA 连接）相关溶液时，不必对所使用的器具进行消毒。

实验中使用的仪器和材料可以从卡罗来那生物制品公司购置（见附录 1）。

注意事项 323

数字微量移液器

数字式微量移液器的规格随制造商的不同而不同。使用时选择一个小容量范围（0.5～10μl或 1～20μl）以及一个大容量范围（100～1000μl）的数字式微量移液器。

微量毛细移液管

微量毛细移液管比较便宜，在一定程度上可以替代取样体积可以调节的微量加样器。这类玻璃毛细管吸取的体积范围足够满足本实验手册的需要。多种毛细管在市面上有售。旋钮控制的测微计比球状的胶头要好用一些。可以将购买毛细管时一并赠送的橡皮管截一小段，在一头打个结即可制成一个球状胶头。

在高静电状态下，毛细管可能很难使用甚至无法使用。溶剂液滴顽固地黏附在毛细管管壁上，无法转移到聚丙烯反应管中。即使在最佳条件下毛细管也比其他类型的移液器难以控制。在进行实验之前，应给学生足够的时间让学生练习并学会使用微量毛细移液管。

移液管

小的聚丙烯移液管因为有一个内置的洗耳球，所以使用很方便。1μl 的移液管有一个细的尖端可以用来测量毫升级的体积。使用前，要用数字或微量移液器来校准。挤压移液管的中段，而不是洗耳球部分，会导致较少的气体交换，从而使较小体积的测量更容易。

10ml 移液管

成包或单个包装的、预先消毒好的一次性 10ml 移液管是最方便的。成包的移液管在打开后要立即使用。拆开前，要把洗耳球端的塑料包装纸撕开一个口。注意不要污染这个开口。推另一端使移液管从开口处钻出来。为了正确地使用单个包装的移液管，把包装纸打开一个小口，大小正好让移液管粗的一端通过，迅速把移液管安装在洗耳球上。使用前，把包装纸全部去掉。

是否须火焰烧灼

是否用火焰对移液管的两端进行消毒一直存在争论。火焰加热了移液管吸嘴附近的空气，形成了向外的气流，从而防止细菌进入。当使用刚消毒好的器具快速无菌操作时，火焰灼烧只是一种心理安慰，尤其是在使用独立包装的移液管时，火焰烧灼这一步可以省略，消毒的效果不会受影响。当火焰烧灼塑料制品时，动作要迅速，以防熔化塑料。

微量离心机 324

在实验中虽然不重要，但它可以把 1.5ml 试管中的液体集中到底部。

预实验

1. 使用有色溶液进行微量移液器操作练习，准备 5 种有色溶液。

2. 每次实验须准备：

4 个 1.5ml 试管，每个试管装有 1ml 不同颜色的溶液，分别标记为Ⅰ、Ⅱ、Ⅲ、Ⅳ

一个盛有 25ml 有色溶液的 50ml 锥形瓶，标记为Ⅴ。

材料

试剂	耗材与设备
试剂Ⅰ(1ml)，有颜色	废液缸
试剂Ⅱ(1ml)，有颜色	煤气灯(选用)
试剂Ⅲ(1ml)，有颜色	锥形瓶(50ml)
试剂Ⅳ(1ml)，有颜色	试管(15ml)
试剂Ⅴ(25ml)，有颜色	微量离心机(选用)
	微量移液器(0.5～10 μl)和枪头
	微量移液器(100～1000 μl)和枪头
	记号笔
	移液管
	洗耳球
	试管架
	试管(1.5ml)

325

方法

单位换算

熟悉并掌握各种测量单位以及不同单位之间的换算。一般情况下液体的常用计量单位是升(L)，固体的常用计量单位是克(g)。分子生物学中最常用的体积单位是毫升(ml)和微升(μl)。

1ml＝0.001L　　　　1000ml＝1L

1μl＝0.000 00 1L　　　　1 000 000μl＝1L

完成下列转换：

1μl＝________ ml　　　　________ μl＝1ml

10μl＝________ ml

100μl＝________ ml

数字微量移液器的使用 (10min)

切记：

- 不要在微量移液器的规定范围外移取液体。
- 决不要在没有插上枪头的情况下使用；这会损坏移液器的活塞从而影响其准确性。
- 不要把插有枪头的微量移液器(枪头中含有液体)横放在实验台上，液体会倒流到移液管的活塞。
- 液体推出后，不要快速松开按柄，这会损伤活塞。

- 不要把移液管的枪柄浸没到液面以下。
- 不要用火焰烧灼移液管的尖端。

微量移液器的使用方法

1. 旋转体积刻度旋钮到所需的数值。注意枪柄的高度随之变化。确信体积读数的小数点是正确的。
2. 在微量移液器的尖端牢固地装上枪头。
3. 当吸入或排出液体时，握紧试管，平视试管以便观察液面的变化。操作时，不要把试管放在试管架上或让另一个人拿着试管。
4. 手应握住试管的中部，而不是盖子，便于操作，防止污染。
5. 吸入样品时，竖直握住微量移液器。 326
6. 大部分微量移液器的枪柄有两个带有摩擦“停止”的位置。按到第一个位置正好是所需的体积。按到第二个位置，会给予更多体积的空气，用来吹去残余在枪头的液体。注意这两个位置，可以用拇指来感觉。
7. 吸取溶液(图 L1-2)。
   a. 把枪柄按到第一个位置，保持这个姿势不变。把枪头的顶部浸没在要转移的液体内。缓慢放松枪柄，慢慢吸入液体。
   b. 顺着试管内壁提出枪头。不要携带多余的液珠。
   c. 检查枪头顶部是否有气泡。要记住特定体积液体在枪头内的大致高度。

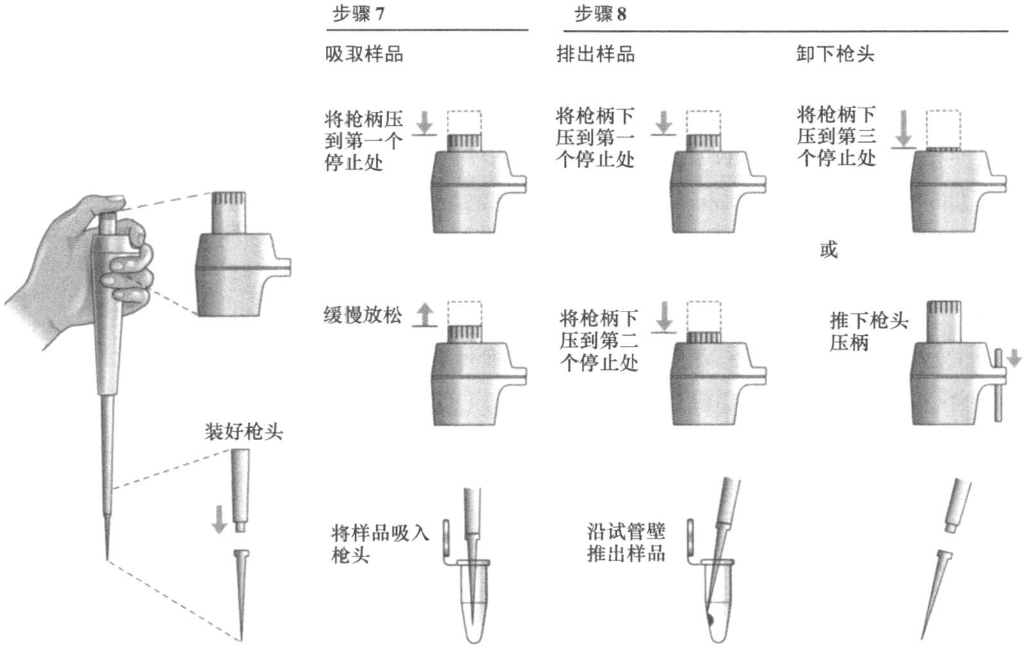

图 L1-2

8. 排出溶液(图 L1-2)。
   a. 用枪头的顶部轻触试管内壁，这会产生虹吸作用，有助于液体从枪头顶部流出。
   b. 慢慢地把枪柄按到第一个位置。然后按到第二个位置吹出最后少许液体。

c. 顺着试管内壁提出枪头。同时按住枪柄以防止倒吸。

d. 把用过的枪头丢弃到废液缸中，将枪柄按到超过第二个位置的地方，或按专门的弹射钮来射出枪头。

9. 避免试剂的交叉污染。

a. 将适量的单一种试剂依次加到不同的试管中。

b. 每次释放液体时，在试管内壁上选择一个以前没有接触过的地方。这样，一个枪头
327 可以用来重复转移一种试剂。

c. 更换试剂后，要更换枪头。

d. 如果枪头沾染上了其他的试剂，更换枪头。

10. 把用过的枪头丢弃到废液缸中。

. 小体积微量移液器的练习(15min)

本次练习使用 0.5～10μl 或 1～20μl 的微量移液器。

1. 用记号笔标记三个 1.5 ml 试管：A、B、和 C。
2. 按下表，在每个管中加入相应试剂。

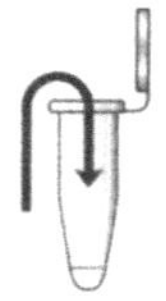

试管	试剂Ⅰ	试剂Ⅱ	试剂Ⅲ	试剂Ⅳ
A	4 μl	5μl	1μl	—
B	4 μl	5 μl	—	1μl
C	4 μl	4 μl	1μl	1μl

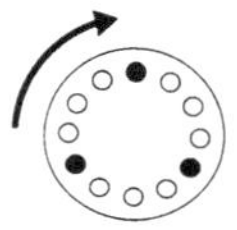

可以用一个空的1.5ml试管平衡样品体积少于20μl的试管。

3. 微量移液器调到 4μl，把试剂Ⅰ加到各个试管中。
4. 更换枪头，把适量试剂Ⅱ加到各个试管中。
5. 更换枪头，把适量试剂Ⅲ加到 A 和 C 试管中。
6. 更换枪头，把适量试剂Ⅳ加到 B 和 C 试管中。
7. 盖上盖子。用以下两种方法混匀。

a. 在实验台上用力敲击试管底部，确保所有的液滴聚集在试管底部。

或

b. 把试管放进微量离心机，离心几秒钟，确保试管平衡放置，如果不平衡放置会对离心机造成损害。

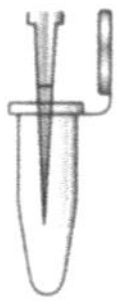

328 8. 每个试管中，共加入了 10μl 的试剂。为了检查其是否准确，把移液器调到 10μl，然后小心地从管内吸出溶液。

a. 溶液正好被枪头装下吗？

或

b. 试管内还剩一些吗？

或

c. 吸出全部液体后，枪头尖端是否有气泡？（旋转调节旋钮排除气泡，读出正确的体积）

9. 如果有几次测量不准确，重复练习直至获得较准确的结果。

. 大体积微量移液器的练习(10min)

本次练习模拟了细菌的转化或质粒的提取。为此,要使用 100～1000μl 的微量移液器。在使用这么大体积的移液管时,如果没有轻放移液管的手柄,可能会吸入气泡,导致较大误差的产生。

1. 记号笔标记两个 1.5 ml 试管:D 和 E。
2. 根据下表,在每管中加入相应试剂。

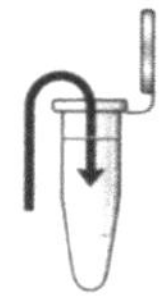

试管	溶液Ⅰ	溶液Ⅱ	溶液Ⅲ	溶液Ⅳ
D	100 μl	200μl	150μl	550μl
E	150 μl	250 μl	350μl	250 μl

3. 调节微量移液器,按照小体积微量移液的练习中的要求,把各种试剂加到相应的试管中。
4. 每管中一共加了 1000μl 的试剂。为了验证其是否正确,把移液器调到 1000μl,然后小心地从管内吸出溶液,观察

   a. 溶液正好被枪头装下吗?

   或

   b. 试管内还剩一些吗?

   或

   c. 吸出全部液体后,枪头尖端是否有气泡?(旋转调节旋钮排除气泡,读出正确的体积)
5. 如果有几次测量是不准确的,重复练习直至获得较准确的结果。

. 10ml 标准移液管的无菌操作(10min) 329

下面的步骤包括用火焰烧灼移液管尖端和试管口。最好掌握火焰烧灼的技术,如果实验环境允许可省去这一步。本方法是基于单人操作,虽然这会有些困难。如果有人协助,会便于操作:一个人操作移液管,另一个人打开和关上试管盖子。

无菌操作的关键是动作迅速有效。实验前,清理实验台,归类好要使用的各种试管、移液管和培养基。把煤气灯放置在实验台中央以防其烧灼到其他物品。

松开试管的盖子,以利于操作。但要记住,盖子打开的时间越长,微生物污染的可能性越大。不要把消毒的盖子放在没有消毒的实验台上。

> **注意**　一定要用洗耳球吸入液体到移液管中,千万不要用嘴来吸。用嘴吸会污染,并且不安全。

1. 点燃煤气灯。
2. 调节加液装置到 5ml,或挤压洗耳球。
3. 选择一个 10ml 的灭菌移液管,将其固定在加液装置或洗耳球上。记住是用移液管大的那端,注意不要碰到移液管下方的三分之二部分。

本实验可使用未灭菌的移液管。

这可以排出空气,以备吸入液体。

4. 快速用火焰灼烧移液管下方的三分之二部分，并重复几次。牢记要灼烧可能浸入溶液的部分。移液管可能会发热，但不会热到熔化塑料管或使玻璃管进入溶液时破裂的程度。

如果使用独立包装的移液管，小心打开远离移液管尖端一端的包装材料，只要打开至移液装置或者洗耳球的下端可插入即可。

5. 另一只手握住盛有溶液Ⅴ的 50ml 锥形瓶，用握有移液管的手的小指移去瓶盖。不要把瓶盖放在实验台上。
6. 快速用火焰灼烧管子的尖端几次，注意不要熔化塑料管。
7. 吸入 5ml 溶液Ⅴ。
8. 重新灼烧管子的尖端和锥形瓶的瓶口。
9. 用握有移液管的那只手的小指移去 15ml 的试管的盖子，快速灼烧其管口部分。
10. 将溶液加至 15ml 试管中。重新灼烧管口并盖上盖子。

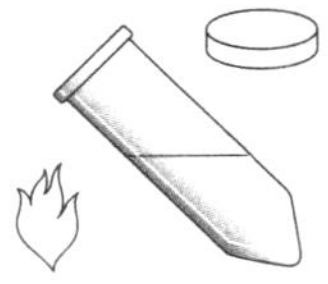

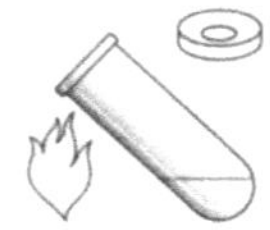

结果与讨论

不精确的移液和不恰当的消毒技术是实验结果不理想的主要原因。如果移液和无菌操作技术不熟练或感到困难，应多做练习，很快就得心应手了。

330 1. 为什么试管要在离心机中平衡放置？
2. 用下列转子图示如何平衡放置 3～11 个试管(12 孔转子)或 3～15 个试管(16 孔转子)(图 L1－3)，当平衡奇数个离心管时，先用三个呈正三角平衡，剩下的成对平衡，在 12 孔或 16 孔转子中，哪些数目的离心管无法平衡？

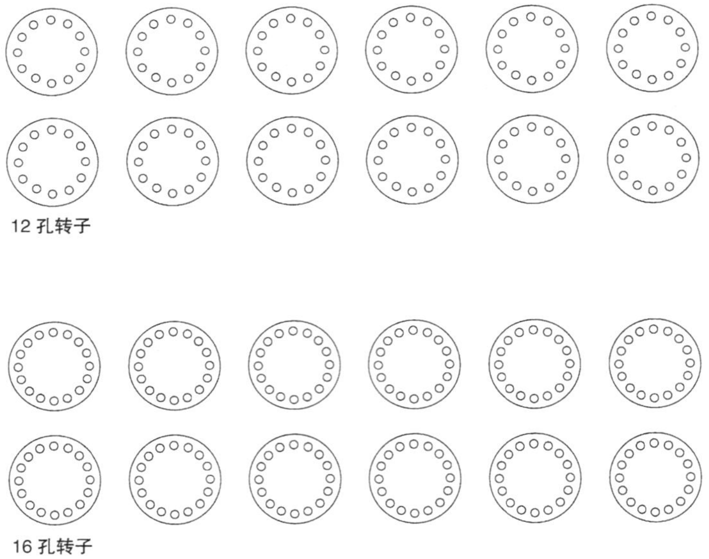

图 L1－3

3. 在使用微量移液器时什么操作失误会造成取样过多？什么失误会造成取样过少？
4. 在什么情况下必须无菌操作？
5. 灼烧的作用是什么？
6. 将下列体积的单位转换成 μl：

0.130ml　　0.025ml　　0.002ml　　1.034ml

将下列体积的单位转换成 ml：

0.036L　　0.803L　　345μl　　1345μl

高级实验

设计确定取样的错误率的一个方法，确定在小体积和大体积微量移液实验时的出错率.

331 实验二　细菌的培养技术

实验二主要介绍了细菌培养技术，我们建议 A 部分(单克隆的分离)在实验一和三之间做，B 部分(过夜悬浮培养)与实验八和实验十二中的纯化质粒部分连在一起做。C 部分(对数生长期悬浮培养)是为实验十中标准氯化钙法制备感受态细胞作准备。

- A 部分介绍将大肠杆菌在 LB 平板上划线使单细胞分离的一种技术。每一个细胞在平板上产生在遗传学上等同的菌落。划线产生单菌落是微生物遗传操作的第一步。将细胞群分散成单菌落可以最大限度避免异种细菌的污染。为了验证对抗生素的抗性，野生型大肠杆菌和含有氨苄抗性基因的大肠杆菌都接种在含有氨苄的 LB 平板上，抗性菌株含有质粒 pAMP，它可以产生破坏氨苄的酶，使细菌可以在培养基上生长。
- B 部分介绍了一种使少量大肠杆菌过夜培养到达稳定期的方法。过夜培养的细菌可用于质粒的纯化和对数期的接种培养。当培养的大肠杆菌中含有质粒时最好在 LB 培养基中加入选择性抗生素。含有氨苄抗性基因的菌株(如含有质粒 pAMP)最好培养在含有氨苄的 LB 培养基上。
- C 部分介绍的是一种制备对数生长期的大肠杆菌的方法。处于对数期的大肠杆菌比稳定期的大肠杆菌更易于吸收质粒 DNA。这类大肠杆菌可用于实验十所介绍的经典转化方法。本实验从过夜悬浮培养大肠杆菌开始，振荡培养使其进入稳定期，以确保产生大量生长旺盛的细胞以进入下一步的复制。其目的是将少量过夜培养的细菌再次培养在大量的新鲜培养基中，这样可以使细菌重新回到零生长状态，经过一个短的延迟期再次进入对数生长期。一般情况下，每 1 倍体积的过夜培养物(接种)加入 100 倍体积的新鲜 LB。为了使细菌的生长具有良好的通气的环境，摇菌的锥形瓶体积应 4
332 倍于总菌液的体积。

本实验所使用的仪器和设备均由卡罗来纳生物制品公司提供(见附录 1)。

A 部分　单菌落的分离 333

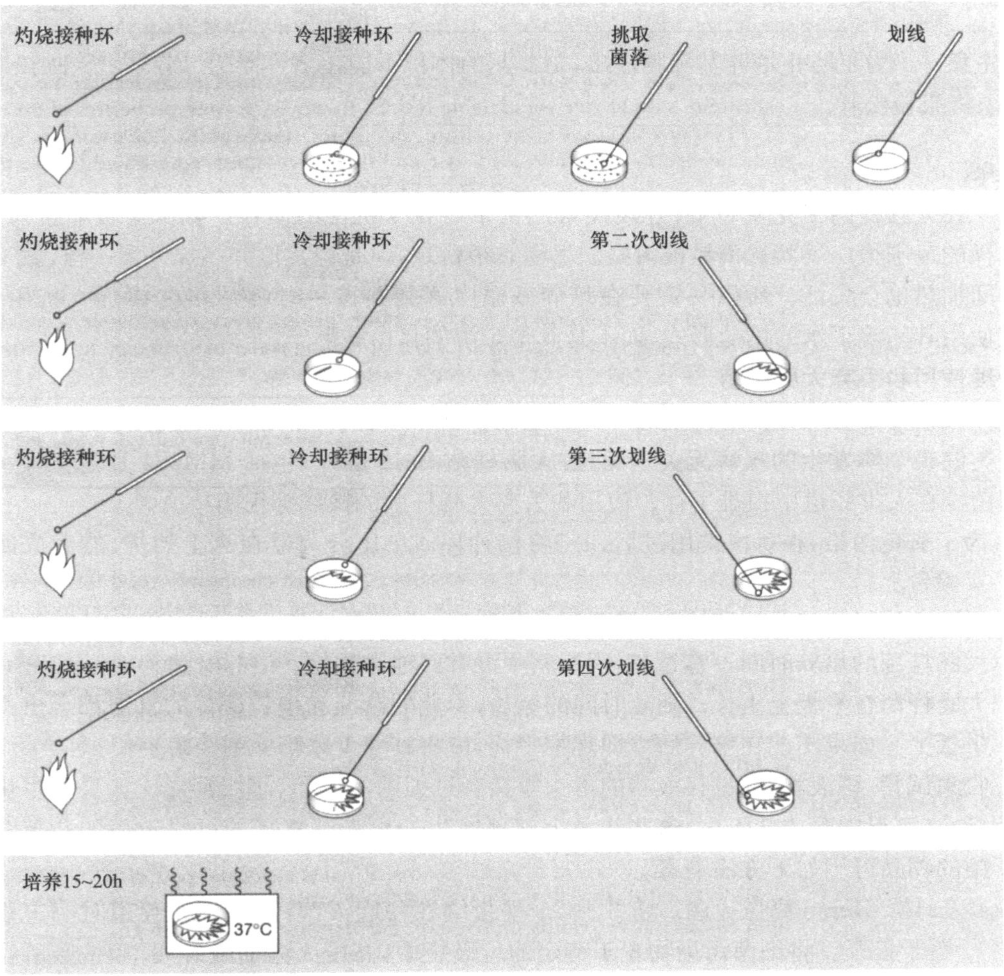

图 L2－1

注意事项 334

大肠杆菌菌株

所有实验中包括细菌生长、转化以及质粒提取的方法都是在大肠杆菌菌株 MM294(来自哈佛大学的 Matthew Meselson 实验室)中验证和优化的。MM294/pAMP 中转化的含有氨苄抗性的质粒 pAMP 由冷泉港实验室构建。其他在分子生物学实验中常用的菌株也可以得到类似的结果。但是,其他大肠杆菌菌株的悬浮培养情况有明显的不同,例如达到对数生长期的时间和达到特定 OD 值的时间在不同菌株之间是不同的。

培养基

许多富含营养的培养基都可以用来培养细菌，但是我们推荐使用 LB 培养基。灭好菌的培养基使用起来很方便，只须在微波炉里或水浴箱中将其融化，冷却到 60℃左右时倒入平板即可。

> **注意**　为了防止培养基沸腾溢出，培养基的体积不能超出容器的二分之一。加热时须将瓶盖松开。

氨苄

在大肠杆菌中克隆 DNA 片段经常用到带有氨苄抗性的质粒。氨苄平板非常稳定，选择的范围很广泛而且不易被污染。尽管它很稳定，但是像其他许多抗生素一样，氨苄长时间加热也会失活。所以一定要在培养基温度降到不烫手时（约 60℃）再加入抗生素。应使用其易溶于水的钠盐形式，而不是其他难溶的自由酸形式。

合理使用和丢弃大肠杆菌

大肠杆菌是人类肠道寄生的一种普通微生物，一般认为不是一种致病微生物，基本与人类健康个体发生的疾病无关。而且，大肠杆菌 K-12 菌株，包括 MM294 其他实验室常用菌株在人类肠道中很难生存。使用和丢弃大肠杆菌的操作都很简单。

1. 为了避免污染，在每次使用过后一定将接种环或细胞分离器在火上灼烧，然后放回到实验台上。
2. 吸取菌液时将口鼻远离枪头，避免吸入其蒸汽。
3. 335 大肠杆菌的培养时间不宜过长，因为其中混有其他微生物。培养时间为 15～20h，只有大肠杆菌在平板上生长。随着时间的延长，少量的杂菌和生长缓慢的真菌都会出现在平板上。如果不能在培养后立即观察平板，应将其置于冰箱抑制杂菌生长。
4. 收集试管、移液管、微量移液器的枪头等接触过细菌的物品，尽快消毒。如果不尽快消毒，在室温中存放几天后，这些物品上就可能生长出带有臭味的可能致病的杂菌。污染的物品可用如下方法消毒。
   a. 121℃ 15min 高压灭菌。将 3～4 个平板绑在一起灭菌，离心管在灭菌时一定要将盖子松开。将细菌污染物置于特定的垃圾袋中，高压灭菌前封好袋口，按照所在地的规定处理废物。

   或

   b. 用 5000ppm 的有效氯溶液（10％漂白粉溶液）浸没污染的移液管、枪头、试管（敞口），将平板打开浸入溶液中，至少浸入 15min。将余液倒入塑料袋中密封，按所在地的规定丢弃。
5. 用肥皂水或 10％漂白粉溶液或消毒剂（如甲酚皂）在实验完毕后擦拭工作台。
6. 离开实验室前一定要洗手。

预实验

准备实验前请参照实验材料列表中的注意事项。

1. 实验前一星期或一天内将 MM294 划线接种于几个 LB 平板，MM294/pAMP 划线接种于几个 LB/amp 平板。37℃过夜培养后用封口膜封好置于 4℃冰箱，以防干燥。也可直接从穿刺或斜面培养基上直接划线。

2. 每次实验前准备：

    2 个 LB 平板

    2 个 LB/amp 平板

3. 每个平板的类型应标在其底部而不是盖子上。
4. 培养箱提前预热到 37℃。

336

材料

培养物和平板	耗材与设备
LB 平板(2)	生物垃圾袋
LB/amp 平板▼(2)	漂白粉(10%)▼或消毒剂
MM294 培养物	煤气灯
MM294/pAMP 培养物	温箱(37℃)
	接种环
	永久记号笔

▼ 见附录 4 注意事项

方法

平板划线接种技术(15min)

在开始平板划线之前，制订实验计划。将实验平台整理好，使其具有足够的空间便于迅速操作。如果使用斜面或穿刺培养物划线，则要提前松开试管盖。

1. 用记号笔在每个平板的底部做好标记，每个平板的类别应提前标好，或者是 LB，或者是 LB/pAMP。
2. 取两个 LB 平板，其中一个 LB 平板，标记为－pAMP，用作培养不含质粒的大肠杆菌，另一个标记为＋pAMP，用于培养含有质粒的大肠杆菌。
3. 取两个 LB/amp 平板，其中一个记为－pAMP，用作培养不含质粒的大肠杆菌，另一个标记为＋pAMP，用于培养含有质粒的大肠杆菌。
4. 像拿铅笔一样拿着接种环，在煤气灯上烧红灭菌。然后将接种环杆部的其他部分在火上烧过。

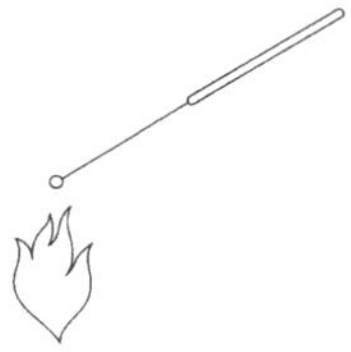

5. 冷却 5min。为了避免污染，不要将其放置在实验台上。
6. 使用下列技术之一划线接种大肠杆菌。

   如果从平板上的菌株开始培养：

   a. 用另一只手打开生长有大肠杆菌的平板的盖子，不要将其放在实验台上。拿盖子时，盖子的口应朝下，这样可以避免污染物落入平板或盖子上。

   b. 将接种环多次接触平板上的空白部分，使之冷却。

   c. 用接种环挑取一个克隆即菌落中的细胞团，注意不要刮伤培养

基。重新盖好平板的盖子，然后进行步骤 7 的操作。

或

337 从穿刺培养的菌种开始培养：

a. 用不拿接种环的手的拇指和另外的两个手指握住装有菌株的试管。用拿着接种环的手的小指打开试管的盖子。不要接触盖子的边缘。

b. 迅速将试管口在火上烧几次。

c. 将接种环多次接触培养基，使之冷却。

d. 用接种环挑取菌落，移走接种环，烧试管口，盖好试管的盖子，然后进行步骤 7 的操作。

7. 取一个 LB－pAMP 平板，将盖子打开到恰好可以如图 L2－2 所示操作接种环的程度。不要将盖子放在实验台上。

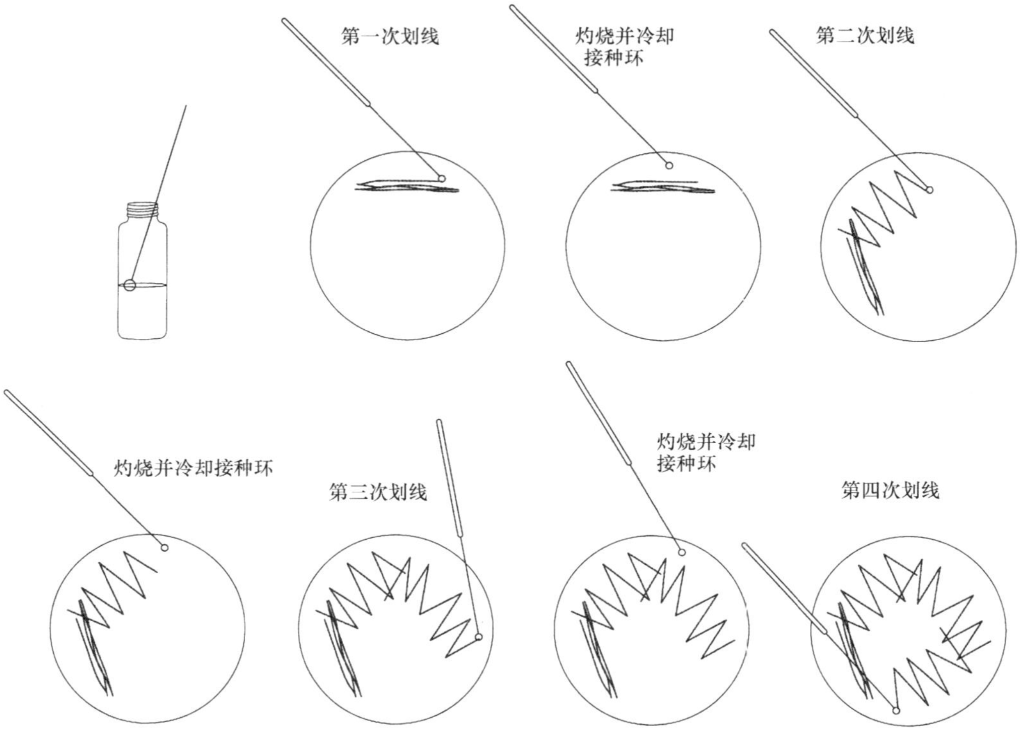

图 L2－2　划线分离单菌落（步骤 7）

- 第一次划线：用接种环的头部来回在平板的表面划过，在平板上面留下划痕，但不要刮破培养基。
- 338 第二次划线：重烧接种环，然后刺入没有划痕的部位培养基中使之冷却。将接种环的头部接触第一次划线的尾部，不要提起接种环，在培养基的邻近部位进行 Z 形划线。重新盖好平板的盖子。
- 第三次划线：如前，重烧和冷却接种环。将接种环的头部接触第二次划线的尾部，第二次 Z 形划线，注意避开前一次的划线。
- 第四次划线：如前，重烧和冷却接种环。将接种环的头部接触第三次划线的尾部，在平板的空余部分做最后一次 Z 形划线。

8. 重复步骤 4～7，将大肠杆菌菌株接种于 LB/amp －pAMP 平板。
9. 重复步骤 4～7，将含有质粒的大肠杆菌菌株接种于 LB ＋pAMP平板。
10. 重复步骤 4～7，将含有质粒的大肠杆菌菌株接种于 LB/amp ＋pAMP 平板。

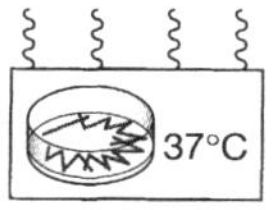

11. 重烧接种环，冷却后放回实验台，养成每次实验完毕烧接种环的习惯。
12. 将平板于 37℃倒置培养 15～20h。（倒置培养的目的是防止平板盖上的水汽落入培养基导致污染。）
13. 培养 15～20h 最适于观察形态良好的单菌落，此时菌落的直径范围为 0.5～3mm。
14. 整理工作：
    a. 分开处理细菌培养物；
    b. 用肥皂水、10%漂白粉或消毒剂（如甲酚皂）擦拭工作台；
    c. 离开实验室前洗手。

如果培养的菌落用于转移培养，将平板继续在室温放置 1 天，在此期间，菌落可以变大易于挑取。

结果与讨论

本实验介绍了挑取单克隆划线接种的方法，同时也介绍了抗生素和具有抗生素抗性的质粒，这对以后的几个实验都很重要。

抗生素有抑菌型和杀菌型两类。抑菌型抗生素仅仅可以抑制细菌的生长而杀菌型可以直接杀死细菌。本实验中用了两种抗生素。氨苄是一种抑菌型抗生素，卡那是一种杀菌型抗生素。氨苄是青霉素的一种衍生物，抑制大肠杆菌内外层细胞膜之间的肽聚糖（有时指细胞壁）的合成。因此，氨苄对细胞壁完整的细菌没有影响，但可以杀死正在分裂、合成新肽聚糖的细菌。卡那霉素（将在后面的实验中用到）是氨基环醇（氨基糖苷）类抗生素，通过共价修饰细菌核糖体阻断蛋白质的合成，所以可以迅速杀死处于静止期和分裂期的细胞。

质粒 pAMP 带有抗氨苄的基因，其产物 β-内酰胺酶可以破坏氨苄分子。β-内酰胺酶可以水解氨苄分子活性基团的四元 β-内酰胺环。β-内酰胺酶不仅可以破坏进入细菌的氨 339
苄，而且通过细胞向外释放到培养基中，还可以破坏存在于培养基中的氨苄。卡那霉素磷酸转移酶可以阻止卡那霉素与核糖体的结合。

抗生素抗性生长

如果划线的平板不能立即在第二天进行观察，将其置于 4℃冰箱，停止大肠杆菌的生长，减慢污染杂菌的出现。用封口膜封好平板，以防蒸发。

观察平板，记录用下列培养基的哪些平板有细菌生长，哪些没有。在有细菌生长的平板上，观察一条划线上的单菌落。

在 LB/amp 平板上，在第二条划线上可以观察到菌落生长。在大量的接种体中，在第一条划线上无抗性的细菌可以与抗性细菌分离。

	转化细菌 +pAMP	野生型细菌 −pAMP
LB/amp	实验	阴性对照
LB	阳性对照	阳性对照

在LB/amp +pAMP平板上，可以在大的菌落边缘观察到放射状的小的“卫星”菌落。这些菌落并不是氨苄抗性的菌落，而是其生长的培养基中的氨苄被附近的抗性菌落所破坏。卫星菌落的出现有以下几种原因：在培养基还没有降到60℃之前就加入抗生素，使抗生素部分失活；平板的存放超过30天；培养时间过长。

1. 结果是预期的吗？解释与预期结果不一致的现象。
2. 在步骤7中：
   a. 为什么要“Z”形划线？
   b. 为什么每次划线之前都要重新对接种环进行灭菌？
   c. 为什么每次新的划线都从前一次划线的末端开始？
3. 描述单一大肠杆菌菌落的形态，为什么可以认为单一菌落在遗传学上是等同的？
4. 后面的实验将要用到从单一菌落中培养的大肠杆菌，或是本实验中从几个不连续菌落中分离的大肠杆菌。遗传学实验中采用这样的大肠杆菌有什么重要性？
5. 含有pAMP质粒的大肠杆菌具有氨苄的抗性，阐述其抗性产生的原因。
6. 医学上的一个主要问题是对某种抗生素具有抗性的菌株数量不断增加。抗生素抗性基因存在于一种称为质粒的DNA分子上。质粒DNA是独立于基因组DNA的分子。根据以上所述，提出新的抗性菌株产生的一种机制。

B部分　过夜液体培养 340

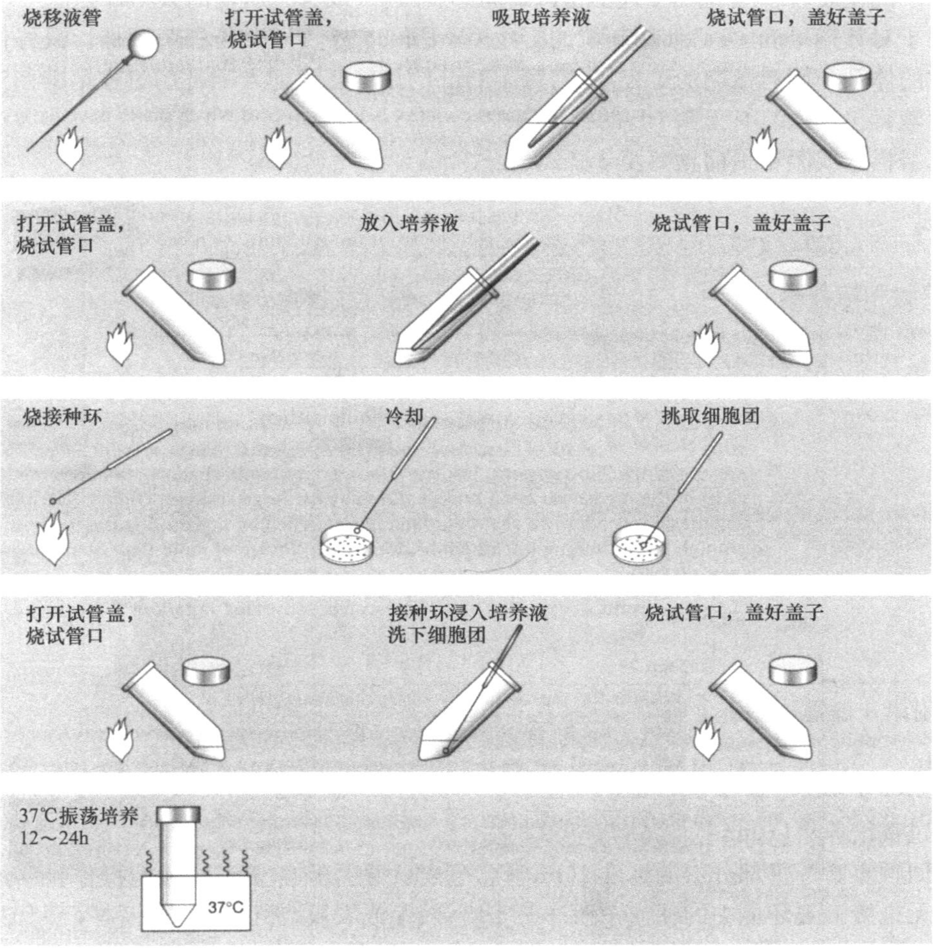

图 L2－3

注意事项 341

回顾实验二 A——分离单菌落中的实验须知。

虽然划线是过夜培养的一种好方法，但如果是为了提取质粒或是产生大量的培养物，划线就不是必需的。基于这些目的的培养，悬浮物可以静置于 37℃培养箱。为了得到大量的细胞，培养的时间应超过一天。

50ml 的锥形瓶非常适于过夜培养。虽然也可以用 15ml 的试管，但 50ml 的锥形瓶横截面面积较大，通气状况较好。用于制备质粒的过夜培养菌液，最好用对应的抗生素对转化菌株进行筛选。主要是为了防止接种不当引起的“退化”培养。

预实验

在准备实验前，阅读实验材料列表中的注意事项。

1. 用于纯化质粒：使用新鲜的（不超过一周）的转化子或含有质粒的大肠杆菌。
2. 用于对数期培养：务必使用新鲜的野生型 MM294 或其他大肠杆菌菌株。最好使用合适的体系开始对数期的过夜培养：每 100ml 的培养基中加入 1ml 的过夜培养菌液。将菌液直接加入装有无菌 LB 的锥形瓶中。
3. 水浴摇床或温箱提前预热至 37℃。

材料

培养物和培养基	耗材与设备
大肠杆菌平板	漂白粉▼（10%）或消毒剂
LB 培养基（含有适当的抗生素）	煤气灯
	锥形瓶（50ml），灭菌
	接种环
	永久记号笔
	移液管（10ml，标准）
	移液枪或洗耳球
	水浴摇床（37℃）（或 37℃摇床）

▼见附录 4 注意事项。

342

方法

准备过夜培养物（10min）

回顾实验一Ⅲ部分中的标准 10ml 移液管的无菌操作。切记要无菌操作！移液管的尖端无论接触到环境中的任何东西——实验台、手或衣服，都认为是被污染了。如果怀疑其被污染，就要换新的。做好实验计划，清理好工作台面，迅速完成实验。

1. 在 50ml 的锥形瓶上做好标记。大的瓶子可以使培养时有好的通气环境。
2. 使用灭菌的 10ml 移液管在每个瓶中加入 5ml LB。
   a. 握住移液枪或移液管上方，在火上烧移液管。
   b. 用握住移液管的手的小指移去装有 LB 的瓶子的瓶盖，烧瓶口。
   c. 吸取 5ml 的 LB，烧瓶口，然后重新盖上盖子。
   d. 打开 50ml 锥形瓶的盖子，烧瓶口。
   e. 将样品加入瓶中，烧瓶口，重新盖上盖子。
3. 选择新鲜平板上的直径 1～4mm 的形态良好的菌落。
4. 在煤气灯上将接种环烧至发红，然后将接种环其余部分也在火上烧一下。

如果有他人在一旁协助，一个人拿移液管，另一人拿试管和盖子。

如果使用独立包装的移液管可以省略灼烧步骤。

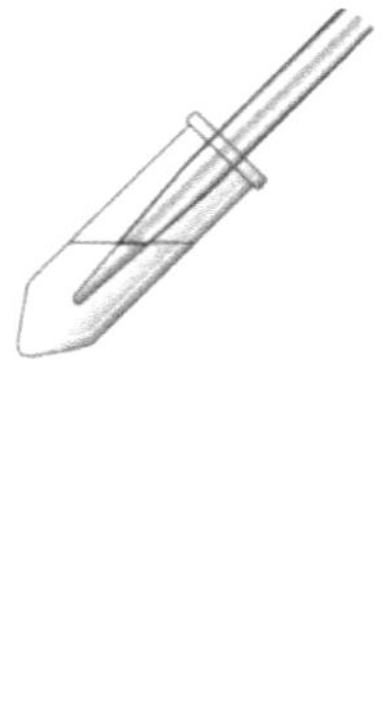

5. 用接种环轻触培养基的边缘使之冷却。

6. 用接种环挑起选中的菌落。

如果使用独立包装的接种环可省略灼烧。

7. 将挑起的菌落无菌操作转入培养容器中。
   a. 用握住移液管的手的小指移去培养瓶的瓶盖。
   b. 烧瓶口。
   c. 将接种环浸入培养液，搅动几下，使细胞团混入培养液。
   d. 重新再烧培养容器的瓶口，盖好盖子。

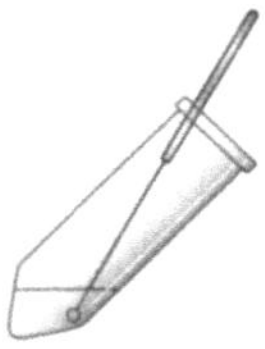

8. 在将接种环重新放到实验台之前要在火上重新烧过。
9. 为了使培养液有良好的通气性，盖子一定不要盖紧。为了避免在摇菌过程中液体溅出，盖子可以用绳子绑住。
10. 在 37℃摇菌培养 12～24h。如果细菌培养用于纯化质粒，则摇动不是必需的。可以在 37℃静止培养一天以上。

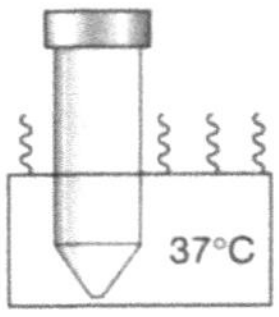

11. 进行必要的清理。
    a. 将废弃的细菌培养物，接触过细菌的试管、移液管、微量移液器的枪头与其他物品分开处理。
    b. 用 10%漂白粉或消毒剂对培养基、移液管、枪头进行消毒。
    c. 用肥皂水、10%漂白粉或其他消毒剂(如甲酚皂)擦拭实验台。
    d. 离开实验室前一定洗手。

结果与讨论 343

大肠杆菌可以在营养简单的培养基上生长，其培养基成分包括：①碳源，如葡萄糖；②盐，如 NaCl、$MgCl_2$；③生物素；④硫胺(维生素 B1)。大肠杆菌可以利用这些前体合成生长所需的维生素和氨基酸，在完全培养基如 LB 上迅速生长。酵母提取物、水解酪蛋白(casein)可以提供全部的维生素和氨基酸。

细菌在液体培养基中的生长分几个阶段。刚刚开始培育的 30～60min，只有少量的细胞生长，称为延迟期。细菌在对数生长期生长迅速，每 20～25min，数目增加一倍。随着培养基中营养的耗尽，细胞几乎停止分裂，细菌生长进入稳定期。在死亡期，细菌产生的废物大量积累，细胞开始死亡。

可以通过持续摇动、通入空气、补充营养元素和除去代谢废物使菌液生长达到最佳水平。在完全培养基上过夜振荡培养，可确保细菌生长达到稳定期。

进入稳定期的菌液看起来厚重、浑浊。弃去没有显著旺盛生长的菌液。非振荡培养 1～2 天的菌液生长缓慢。可以通过将沉在管底的细胞摇起衡量其生长情况。

1. 为什么 37℃是大肠杆菌的最佳生长温度?
2. 列出两个悬浮培养要持续振荡的两个原因。
3. 通过 37℃过夜振荡培养，大肠杆菌的生长将进入什么时期?
4. 估计 5ml 的稳定期菌液中有多少大肠杆菌?

高级实验

可以通过简单的实验计算过夜培养物中的细菌数。

1. 取五个装有 1ml 灭菌 LB 的试管，分别标记为－2，－4，－6，－8，－10。
2. 无菌操作，将 10μl 过夜培养的菌液转入第一个试管（标记为－2）。混匀，然后在其中取出 10μl 加入第二个试管（标记为－4）。再混匀，取出 10μl 加入第三个试管（标记为－8）……依此类推，直到最后一个试管（－10）。
3. 用无菌的枪头从－10 号试管中转 100μl 菌液到 LB 平板，涂布。见实验五“平板涂布指导”。

344 4. －8 以及－6 号试管重复以上操作，涂布平板。每个平板培养过夜后观察菌落数目。每个菌落代表一个原始的细菌。

5. 根据代表每个原始细胞的菌落数和稀释倍数，计算最初菌液的浓度。例如，从－8 号试管中取出的菌液经培养后，有 15 个菌落，则－8 号试管中有 150 个细菌。（因为是从 1ml 中取出 100μl 菌液培养，是总量的十分之一，所以－8 号管中有 15×10＝150 个细菌。）－8 号试管的稀释倍数是 10^8，所以最初的过夜培养物中每毫升含有细菌 150×10^8 即 1.5×10^{10} 个。

C 部分　对数期培养 345

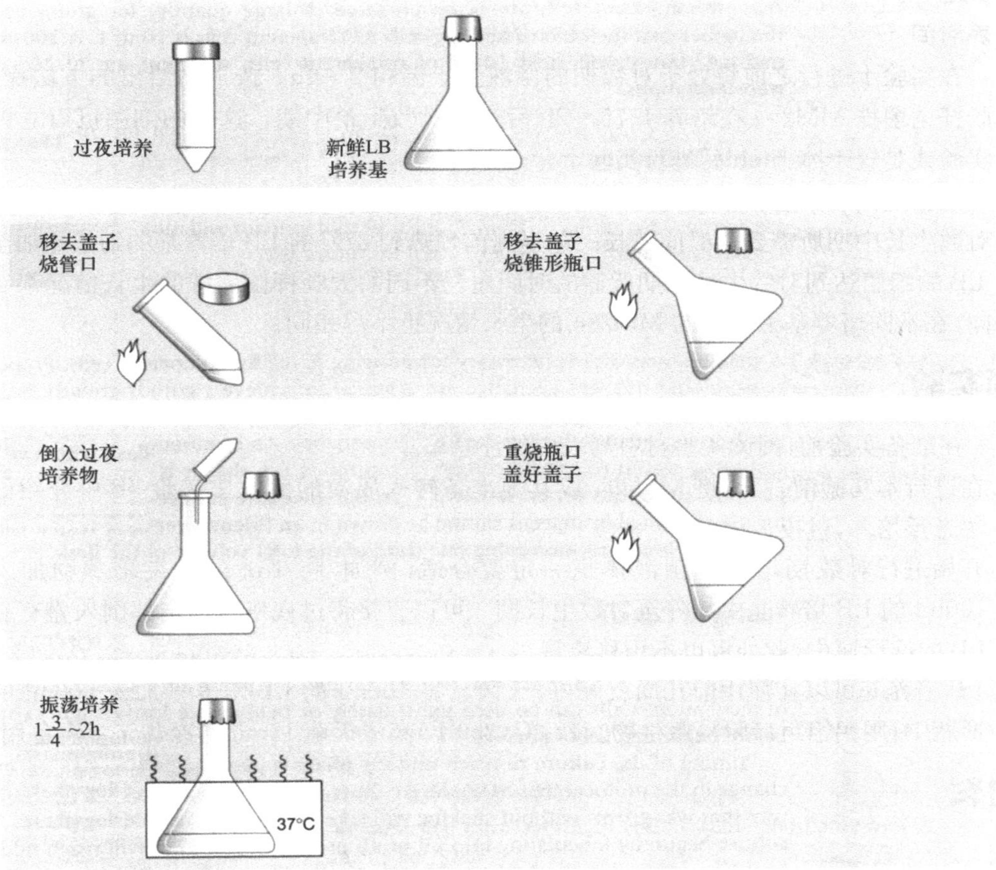

图 L2-4

注意事项 346

感受态细胞的收获

实验十 A 部分——感受态细胞的传统制备方法——每个实验需要 20ml 的处于对数生长期的菌液，这些菌液可以制备 2ml 的感受态细胞。如果需要大量制备感受态细胞，谨记，对数生长期细胞制备感受态细胞的产率是 10：1。100ml 的对数期细胞可以制备 10ml 的感受态细胞，可用于 50～200μl 的转化体系。

无菌操作技术

在准备过夜培养菌液和对数期培养菌液时，需要无菌操作。因为没有使用抗生素，在多次操作时，如不注意，杂菌很容易繁殖。

培养基的通风

摇床是感受态细胞生长所必需的。适当的通风和必要营养元素的补充可以使细菌很好地生长。只有处于对数生长期(对数期)的细菌可以用来制备具有良好转化能力的感受态细胞。在37℃温箱中放置一个摇床是比使用恒温(水浴)摇床更经济的做法。为了增加培养基的表面积以增加通气量,细菌应在锥形瓶中培养,LB的体积不应超过总体积的三分之一。

培养时间

在实验十进行之前将处于对数期的菌液置于温箱2~4h。按下面给出的方法操作。大肠杆菌菌株MM294在培养1.75~2h后达到对数生长中期。这时的细菌可以立即用于实验或是置于冰上2h后进行实验十。

细菌达到对数生长中期的时间因培养方法的不同而不同。例如,静止培养的细菌达到对数生长中期所需要的时间较长。加至提前预热到37℃的LB培养基的细菌比加至室温LB的细菌达到对数生长中期所需的时间短。不同的大肠杆菌菌株的生长情况都有所不同,在不同培养基上生长的MM294的生长情况也不尽相同。

预实验

在准备实验前,阅读实验材料列表中的注意事项。

1. 在进行本实验前一天,将MM294或其他准备转入质粒的菌株按实验2B中介绍的方法悬浮培养,过夜。
347 2. 开始进行对数期培养的菌液体积一定要合适,例如,将1ml的过夜培养物加入到100ml的LB培养基中培养至对数生长期。可以直接将过夜培养物全部倒入盛有新鲜LB的锥形瓶中,此处可以不用移液管。
3. LB培养基可以在使用前几周就配好,灭菌。将100ml的LB培养基加入500ml的锥形瓶中,用铝箔封口阻隔微生物。121℃(250°F)高压灭菌15min。冷却至室温备用。

材料

培养物和培养基	耗材与设备
LB液体培养基(无菌)	漂白粉(10%)▼或消毒剂
MM294过夜培养菌液	煤气灯
	锥形烧瓶(500ml),灭菌
	移液管(10ml),灭菌(非必须)
	恒温水浴摇床(37℃)或(恒温摇床37℃或摇床+37℃温箱)
	分光光度计(可选)

▼见附录4注意事项。

方法

制备菌液(2 h,包括温育时间)

1. 室温无菌操作,将1ml过夜培养菌液转入100ml LB培养基中。

2. 如果使用 1ml 过夜培养菌液：

a. 移去过夜培养细菌的试管的盖子，烧管口。不要将盖子放在实验台上。

b. 移去盛有培养基的锥形瓶的铝箔盖子，烧瓶口。不要将盖子放在实验台上。

c. 直接将过夜培养的菌液倒入锥形瓶，烧瓶口，重新盖好盖子。

如果过夜培养物接种于预热至 37℃ 的 LB，细胞会更快地达到对数生长期。步骤 4 中所估计的时间是针对用室温 LB 时来说的。

如果只转化大量过夜培养菌液中的一部分：

a. 在火上烧移液管。

b. 移去过夜培养细菌的试管的盖子，烧管口。不要将盖子放在实验台上。

c. 吸取 1ml 过夜培养菌液，烧管口，重新盖好管盖。

d. 移去盛有培养基的锥形瓶的铝箔盖子，烧瓶口。不要将盖子放在实验台上。

e. 将吸取的过夜培养菌液转入锥形瓶，烧瓶口，重新盖好铝箔盖子。

3. 37℃振荡培养。 348

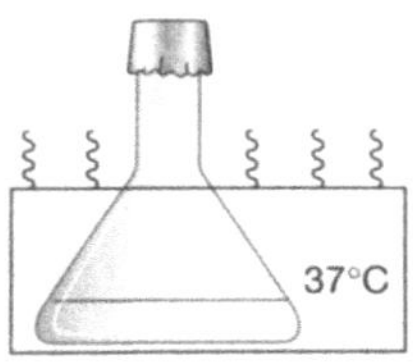

4. 如果有分光光度计：摇菌 1h 后，无菌操作，吸取 1ml 菌液，测定吸光值(550nm，可见光)。每间隔 20min，测定一次。MM294 菌株培养至 OD_{550} 为 0.3～0.5。

如果没有分光光度计：经过 2h 15min 持续振荡培养以后，MM294 OD_{550} 预计肯定可以达到 0.3～0.5。理想情况下，MM294 达到 OD_{550} 0.3～0.5 需 1.5h。不适的培养条件会导致细菌生长缓慢。

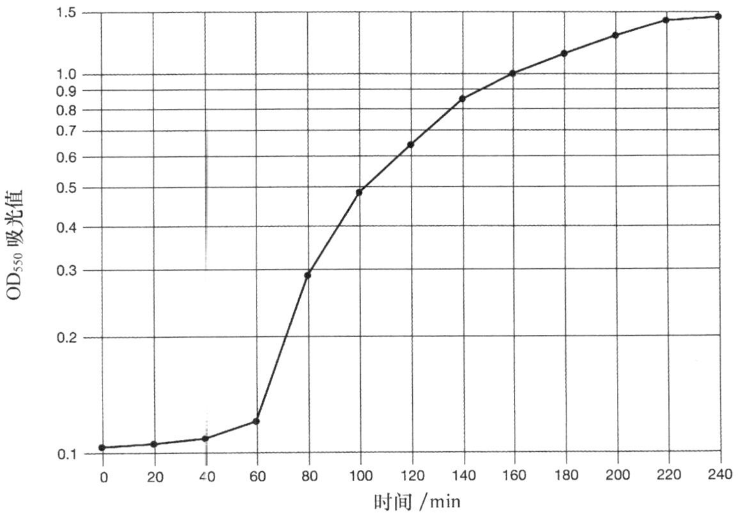

图 L2－5

5. 在开始实验十之前，将处于对数期的细菌于冰上放置。这可以抑制其生长。细胞可以在冰上存放 2 h。

6. 实验后清洁工作。

a. 将废弃的细菌培养物、接触过细菌的试管、移液管、微量进样器的枪头与其他物品分开放置。

b. 用10%漂白粉或消毒剂对过夜培养菌液、对数期培养物、试管和移液管进行消毒。

c. 用肥皂水、10%漂白粉或其他消毒剂(如甲酚皂)擦拭实验台。

d. 离开实验室前一定洗手。

349 结果与讨论

1. 大肠杆菌培养达到对数生长中期的时间受那些因素的影响?
2. 为什么从过夜培养的菌液开始进行对数期的培养优于从平板挑单菌落开始?

高级实验

本实验可以由一名实验者从早晨开始,由另一人接着进行直至黄昏。

1. 如前面所介绍的那样,从500ml的大肠杆菌菌液开始培养,从开始培养起,每隔20min取样一次,测定菌液的吸光值。做出培养时间与吸光值的曲线。

a. 为什么在OD_{550}达到0.3时曲线有一个斜坡?

b. 描述细菌在这个点时的生长状况。

2. 进行下列实验分析吸光值与细菌个数的关系。遵循无菌操作规范。

a. 将5ml过夜培养的大肠杆菌菌液加入到500ml LB中,混匀。

b. 立即从中取出10ml液体(时间计为0),置于冰上,抑制其生长。其余液体置于37℃振荡培养。

c. 在以后的4h中,每20min取样一次。取出样品置于冰上,然后按照步骤d～f进行操作。

d. 测定每个样品的OD_{550}。

e. 按照10^2的数量级稀释样品(将10μl的样品混入990μl的新鲜LB液体中)。每个样品稀释三次,用于步骤f的涂板。

10^4＝10μl的10^2稀释的菌液＋990μl的新鲜LB液体

10^5＝100μl的10^4稀释的菌液＋900μl的新鲜LB液体

10^6＝100μl的10^5稀释的菌液＋900μl的新鲜LB液体

f. 将所有样品各取出100μl涂板(包括每个时间点和每种稀释倍数)。在每个平板底部标记好取样时间和稀释倍数。37℃倒置培养15～20h。

g. 在每个时间点的样品中,选择长有30～300个菌落的平板。根据该平板的稀释倍数计算出在这个时间点中初始菌液中每毫升的细菌个数。

h. 做两张图:

时间(x轴)与OD_{550}和细胞个数(y轴)

细胞个数(x轴)与OD_{550}(y轴)

i. OD_{550}为0.3～0.4时对应的细胞数目是多少?

350 j. 下列每个时期中,细胞个数平均大约是多少?

延迟期

对数期的前三分之一（对数早期）
对数期的中间三分之一（对数中期）
对数期的后三分之一（对数晚期）
稳定期

k. OD_{550}的测量可以区分死细胞和活细胞吗？

351 # 实验三　DNA 的酶切分析

实验三介绍了 DNA 的酶切分析和电泳检测(图 L3 - 1)。从 λ 噬菌体提取纯化的三个 DNA 样本(长度为 48 502bp)分别加入限制酶 *Eco*R Ⅰ、*Bam*H Ⅰ及 *Hin*dⅢ，然后置于 37℃消化。每种限制酶在 λ DNA 上有 5 个以上的酶切位点，所以可以产生 6 个或更多的长度各异的片段。第四份 λ DNA 样本是阴性对照，置于 37℃时不加任何限制酶，使其依然保持完整。

将消化后的样品加到 0.8%琼脂糖凝胶的点样孔，DNA 样品可以从负极泳动到正极。凝胶介质就像分子筛一样，小分子质量 DNA 的迁移速度比分子质量大的 DNA 快，酶切消化后的不同大小的 DNA 片段在电泳过程中会产生特异的条带，经可以结合 DNA 分子的染料染色后进行观察。

352

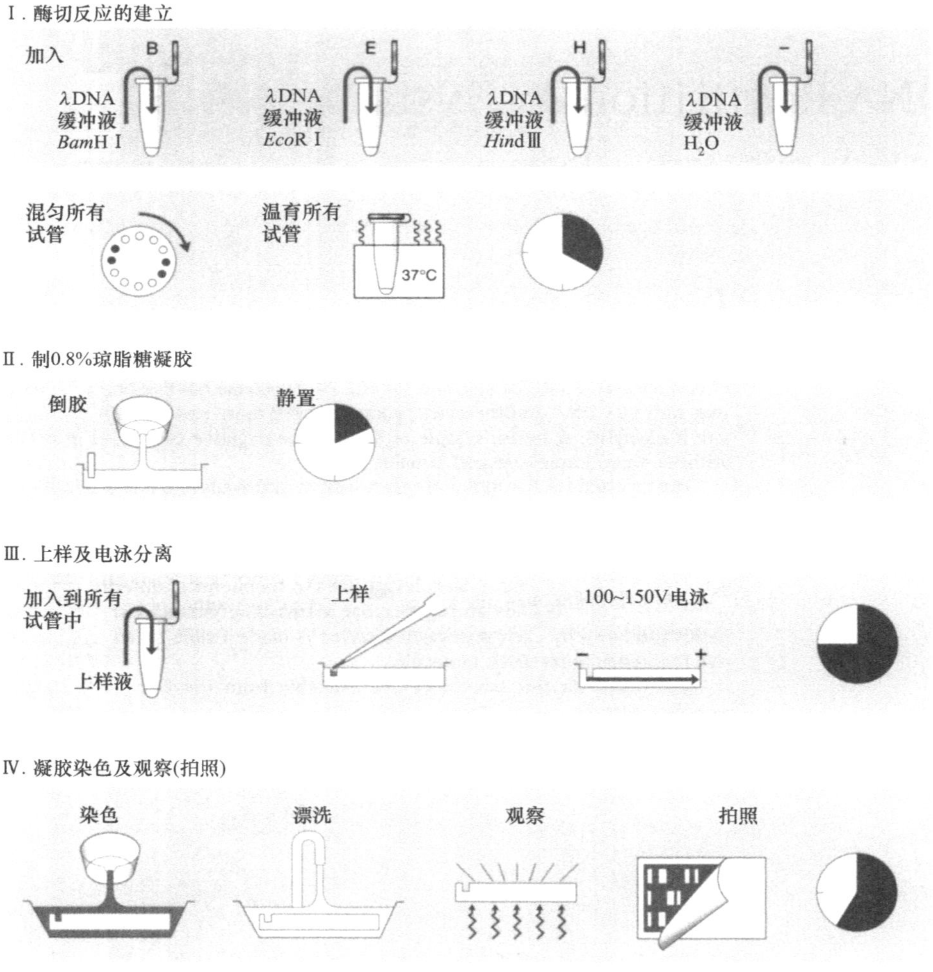

图 L3 - 1

注意事项 353

限制性内切核酸酶的贮存和使用

像许多酶一样，限制性内切核酸酶在低温时更稳定，如果温度升高会部分失活。在合适的条件下对酶进行贮存是实验成功的关键，建议根据以下原则使用限制性内切核酸酶。

1. 将酶贮存在－10～－20℃的非自动除霜的冰箱里。这种冰箱可以在酶盒外面覆盖一层霜，恰似一个高效的绝缘体。自动除霜的冰箱在融霜的过程中，酶会不断地被加热导致失活。现在市场上有售存放限制酶的塑料冰盒，盒内有放试管的小孔。限制酶存放在冰盒内可以更加稳定(甚至可以放置于自动除霜的冰箱)，因为冰盒可以持续保温几个小时。尽管贮存在非自动除霜的冰箱中，在冰箱门打开和使用酶的时候，酶都有可能变热。放在冰盒中，无论在什么条件下都可以保持低温。
2. 当拿到大包装的酶产品时，分装到 1.5ml 的小离心管中，每管 50～100μl。在离心管上做好标记，标明酶的种类、每微升所含的单位数以及拿到的日期。用完一管后再用新的一管。
3. 将酶从冰箱中取出放在冰盒或装有碎冰的容器中，确保试管深入冰中而非只在冰的表面。在准备过程中酶不可从冰中移开，使用完毕立即放回冰箱。
4. 使用过程中，酶、缓冲液和 DNA 样品一定要放置在装有冰的容器中，确保未使用的部分保持新鲜。
5. 虽然在冰上进行限制酶消化反应的技术不错，但室温下在试管内进行反应更加简单。在进行反应的短时间内酶的活性损失很小。

切记——在本实验过程中限制酶是相当稳定的。不论是在冰上的长时间运输，冰箱停电，或是学生实习的不小心使用，酶都可以保持活性几天以上。但是酶失活的现象偶尔也会发生。许多限制酶放在实验台上几个小时也仍具有活性，但最好不要让这样的事情发生。

DNA 和酶切缓冲液的贮存

纯化的 DNA 通常贮存在 4℃冰箱中。DNA 可以在－10～－20℃中贮存几个月或是更长的时间。反复冻融会损坏 DNA。酶切缓冲液最好冰冻保存，冻融不会对其产生任何影响。

缓冲液 354

在本实验中要使用几种缓冲液：酶切缓冲液、电泳缓冲液和连接缓冲液。每种都有不同的化学组成和用途。一定在使用前仔细检查确保正确使用。

Tris/硼酸/EDTA(TBE)电泳缓冲液可以重复使用。收集使用过的缓冲液装入大的玻璃瓶中。如果几天内缓冲液中要跑不同的凝胶，将缓冲液贮存在电泳槽中，盖上盖子以减缓蒸发。再次使用之前，前后晃动槽子，使槽中缓冲液混匀。这可以使在电泳过程中聚集在各处的离子重新平衡。

不同的限制酶须在不同的盐溶液和不同的 pH 下作用。为了最佳的酶活，在本次实验中不同的酶须使用不同的缓冲液。为了简化过程，我们在这里使用了“折衷”的酶切缓冲液——一种折衷考虑不同酶的工作条件的普遍适用的缓冲液。

所有的缓冲夜的工作浓度都是 1×，用基本公式 $C_1V_1 = C_2V_2$ 确定应加入多少缓冲液使最终浓度为 1×：

(缓冲液体积)	(缓冲液浓度)	=	(总反应体积)	(1×缓冲液)
(5μl)	(2×)	=	10μl	(1×)
(1μl)	(10×)	=	10μl	(1×)

如有可能，使用 2×酶切缓冲液最方便——这可以省去加水使反应总体积达到 10μl 的步骤。而且加入 5μl 比加入 1μl 更容易和准确。比较使用 2μl 和 10μl 缓冲液体的基本酶切反应：

	2×缓冲液	10×缓冲液
DNA	4μl	4μl
内切酶	1μl	1μl
缓冲液	5μl	1μl
水	—	4μl
总体系	10μl	10μl

噬菌体 λ DNA

纯化的噬菌体 λ DNA 最适合用于 DNA 的酶切验证，主要是因为其便宜和易于制备。λ DNA大约每毫克 0.1 美元而质粒 DNA 每毫克却要 2.0～3.0 美元。多数商品化的 λ DNA 都是从一种称为 cI857 的温度敏感的溶原性大肠杆菌中提取的，长度为 48 502 bp。用染色体 DNA 进行酶切，可以形成上千的长度近似的片段，在琼脂糖凝胶上很难区分，甚至用最简单的大肠杆菌染色体也不例外。

DNA 的稀释

短期使用可以用灭菌的蒸馏水溶解 DNA，用 Tris-EDTA(TE)缓冲液溶解 DNA 可以长期贮存。缓冲液中的 EDTA 可以络合诸如 Mg^{2+} 等的二价阳离子，这是 DNA 酶的
355 活性因子。按照以下方法将 DNA 溶解为所需浓度：

1. 根据使用次数和每次的使用量计算所需 DNA 体积，要有一定的余量。

   (10 次实验)(20μl DNA)= 200μl DNA

2. 将此数据和最终所需 DNA 浓度及贮存 DNA 的浓度带入公式 $C_1V_1 = C_2V_2$，计算出 V_1，即所需稀释的贮存 DNA 的体积数。

   (C_1 贮存 DNA)×(V_1)= (C_2 最终 DNA)×(V_2 总体积)

   (0.5μg /μl)×(V_1) = (0.1μg /μl)×(200μl)

   (V_1) = (0.1μg /μl)×(200μl)/(0.5μg /μl)= 40μl 贮存 DNA

3. 加入水或者 TE 使总体积达到所需的数量。

   40μl 贮存 DNA + 160μl H_2O 或 TE = 200μl 终溶液

试剂的使用

1. 将不同实验中使用的酶、DNA 和缓冲液置于不同的 1.5ml 的试管中是一种比较稳妥的做法。每种溶液都要略多于实验所需。下一次的实验，不要使用前次准备所用的管子，用新的试管配制溶液。这样做虽然看起来有些浪费，但是可以避免交叉污染。这是用小的代价换取稳定的实验结果。
2. 当吸取限制酶的时候，若需要 1～3μl，就多取 1μl，而需要 4～6μl 时就多取 2μl。多取的目的是为了避免微量取样时的误差。
3. 在使用前的一两天就将少量的酶分装出来是不明智的做法。一些细小的微滴黏附在

1.5ml 试管的管壁上，形成较大的表面积体积比，因此会受到温度变化的影响。如果已经提前配制，冷冻保存至使用。取出时置于冰上，一定确保试管浸没入冰中。

4. DNA 和缓冲液的取用量大约比实验所需多 20%，这可以弥补过量吸取等带来的问题。鉴于实验中 DNA 往往是最昂贵的成分，将其余的成分配好，直接加入到装有 DNA 的管中是最经济的做法。
5. 每次实验中，预实验准备所给出的各种试剂的体积都是给出富余量的。
6. 大量等份的双蒸水和上样液是可以在多次实验中使用的。
7. 用不同颜色的记号笔在 1.5ml 的试管上做标记便于操作进行。

溶液的收集 356

在试剂的准备过程中，容器间的转移很容易使试剂残留在管壁上。使用下列方法之一，使小滴的液体容易收集：

- 在台式离心机上离心试管；
- 使用离心套管离心小的试管，然后小心取出试管；
- 直接在实验台上轻敲试管。

限制酶的活性

用“单位”即“U”来衡量限制酶的活性，可以用来计算在 50μl 酶切体系中 1h 完全切开 λ DNA 所需的酶量。每种限制酶的单位浓度根据厂家和生产批号的不同而不同。一般的限制酶商品浓度范围在 5～20 U/μl 之间。

我们这里建议按照酶的最大活性使用——在酶切体系中每微升一个酶单位(U)。虽然这样算出的酶量大大超出所需，但是这样可以补偿下述实验条件的欠缺，使酶切完全：

1. 为了节省时间，酶切反应只进行 20min。如果按照常规 1U/μl DNA 使用酶，则会造成酶切不完全。
2. 很多限制酶在所处的缓冲液中不具有 100%的活性。
3. 由于操作的不熟练，限制酶使用一段时间后会丧失一定的活性。
4. 吸取 1μl 的酶很方便，但是越接近其刻度的边缘微量进样器的误差越大。

限制酶切反应温育

限制酶切反应的恒温水浴可用盛有热水的泡沫聚苯乙烯盒子，用温度计检测水温。可用玻璃缸加热器来保持水温。

酶切反应达到完全至少需要 20min。如果第二天电泳检测，则可酶切 1～24h。酶切几个小时候，限制酶会丧失活性，使反应停下来。当反应停止时结束温育，将反应物存于 −20℃冰箱至下一次使用，在检测前使之融化。

制胶 357

值得注意的是，酶切的成功与否并不是酶切分析成功的关键。一般情况下，酶失活的可能性很小，λ DNA 也很便宜，所以不必节省。实验方法也不是非常关键——当 DNA、限制酶和缓冲液加入到试管中时，酶切反应便开始了。多数酶切分析结果不理想是由制胶的问题所引起的。

薄凝胶的电泳结果明显好于厚凝胶。所以灌胶的厚度只要能容纳所需的上样量即可。薄凝胶染色快，可以在较短的垂直距离上聚集 DNA，这可以增强对比，使染色的 DNA 条带更明亮。其原因是，为了与 DNA 结合，染料需要在凝胶上聚集，那些没有结合的染料便形成了背景，降低染色条带的对比度，减弱其明亮程度。厚凝胶背景较高，对比度低，而且厚凝胶要在一个相对长的垂直高度上观察，减少了条带的宽度，所以观察效果不如薄凝胶。总之，厚凝胶要消耗较多的琼脂糖，需要较长时间凝固和染色，所以没有必要去灌制厚的凝胶。

虽然灌制薄凝胶比较理想，但薄凝胶易碎。一般情况下，宜于使用而不用担心破碎的凝胶的最低浓度是 0.8%。考虑到各种情况可将浓度提高到 1.0%。

形状整齐的点样孔是制备可以观察到清晰条带的凝胶的关键。点样孔的前壁决定着 DNA 进胶的方式和所形成的条带的形状。点样孔前壁一定要垂直和光滑，这可以使 DNA 垂直进胶，在胶中分离出清晰的条带。如果梳子松了或是弯曲了，就不能在胶槽中保持垂直，从而形成了倾斜的点样孔，使 DNA 进胶的面积变大。从上方观察，DNA 条带以斜面的方式分离，这样会使 DNA 条带亮度减弱，边界模糊。当从垂直角度观察染色过的凝胶时就会看到这种现象。倾斜点样孔所形成的模糊条带可以通过与倾斜角度一致的方向观察得以校正。

当胶还没有完全凝固时拔去梳子的做法是非常不明智的。由于重力的作用，半凝固的胶会进入点样孔，造成其边界向内弯曲，破坏其垂直的边界。这样电泳所形成的模糊条带不能通过改变视角而得到校正。由于胶凝固得不完全而形成的点样孔的变形一般是不能预见的，这是电泳产生模糊条带的主要原因，尤其是在短时间内，赶实验进度时，所以应当在需要跑胶时提前将胶灌制好。见图 L3-2。

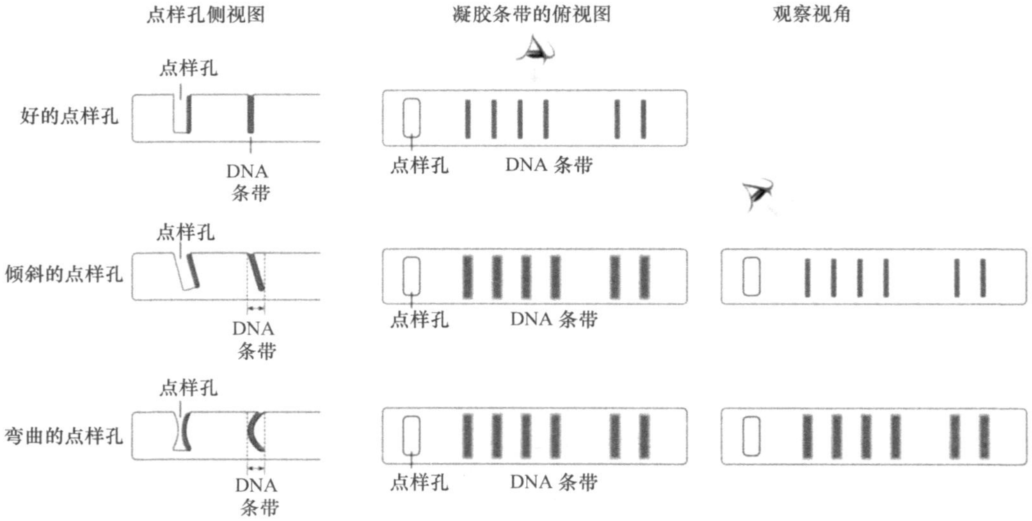

图 L3-2 制胶中的问题

在拔起梳子之前最好将凝胶浸泡在缓冲液中。缓冲液有助于冷却新灌制好的凝胶，
358 使其彻底凝固，而且缓冲液还可以润滑梳子，减少拔梳子时点样孔前壁损坏的机会。

不幸的是，一些商家供应的梳子和胶槽很难灌制出理想的凝胶。不好的模子铸造出来的梳子带有毛边，可以刮坏点样孔壁。非刚性材质的梳子容易弯曲，不匹配的梳子容易在胶槽中晃动。以上问题相对容易处理，梳子的齿与胶槽之间距离太远就是一个较难解决的问题。梳子的齿与胶槽之间的最适距离是 1mm，如果大于这个距离，灌出的胶就较厚，染色和对比度的问题就会随之而来，补救的措施就是尽量使梳子接近胶槽的底面。

凝胶的贮存

凝胶可以在使用前1～2天灌制，制好的胶可以浸泡在TBE缓冲液中或用保鲜膜包好，以防干燥。

电泳分离

接通电流不久就可以看到上样指示剂向正极方向泳动。最初看到一条蓝色的条带，最后形成两条色带。泳动快的紫色条带是溴酚蓝条带，后边泳动慢的是二甲苯氰。在0.8%的琼脂糖凝胶中，溴酚蓝移动的速度大约与300bp的DNA片段移动的速度相同， 359
而二甲苯氰则与9000bp的DNA片段移动速率相似。在检测质粒的电泳中，溴酚蓝移动至距点样孔4～7cm的位置时观察效果最佳。注意，电泳时不要使溴酚蓝跑出凝胶。

DNA在凝胶中的泳动速度取决于电压的大小——电压越大速度越快。各个电压时段的电泳时间参照下表，表中给出的时间依据的是84mm×96mm的小胶，时间因使用的仪器不同而有所变化。

电压/V	150	125	100	75	50	25	12.5
时间(h:min)	0:40	0:50	1:20	1:40	3:20	6:40	13:00

溴化乙锭的处理

本实验手册中溴化乙锭的使用一定要在专业人员的指导之下，在特定的区域中使用，一定要慎重。1μg/ml的稀释液在凝胶染色中使用危险程度最小。像许多天然和人工的物质一样，溴化乙锭在艾姆斯氏微粒体实验中能引起突变，怀疑是致癌物质。

注意：避免溴化乙锭的污染

1. 在使用溴化乙锭和接触染色的凝胶时一定要戴手套。
2. 将溴化乙锭的使用限制在特定区域内。
3. 凝胶染色后，用漏斗将溴化乙锭溶液尽可能收集至容器内，或再次使用或净化丢弃。
4. 染色后的凝胶和染色液的丢弃应遵从化学废物丢弃的规定，可以向地方安全办公室的官员请教。详细内容参见附录4。

吸入溴化乙锭的最大危险是在配制5mg/ml的母液之时。所以建议从供应商处购买已经预先配好的母液，使用时稀释至终浓度为1μg/ml。

用亚甲基蓝进行DNA染色

本手册中的实验都使用溴化乙锭对DNA进行染色，这是一种迅速和灵敏的方法。若在其他实验中用亚甲基蓝进行DNA染色时，对于λ DNA，染液的浓度要提高4～5倍，而对于质粒DNA，要提高2倍。如果DNA浓度增加则使用剂量保持不变，便于测定浓度。

观察染色的凝胶 360

透射灯的光线可以透过凝胶，用于观察溴化乙锭或亚甲基蓝染色的凝胶。中等波长(260～360nm)的紫外灯的波长范围最适合观察溴化乙锭染色的凝胶。商品化的凝胶成像仪是根据利于观察溴化乙锭染色的凝胶设计的，所使用的紫外灯光具有特定的波长，大部分有害的射线并不含在其中，但仍要注意不要将皮肤暴露在其中，不要忘记戴护目镜。

> **注意**　紫外光对视网膜有害，不要裸眼观察未屏蔽的 UV 光，观察时要戴护目镜。更多信息见附录 4。

观看幻灯片和底片的荧光灯箱为观察亚甲基蓝染色的凝胶提供了理想的光源。也可以使用投影仪对其进行观察。在观察时要在灯箱和投影仪的表面覆盖一层塑料薄膜，用以防潮。

凝胶照相

凝胶照片可以永久保存实验结果，以便有充分的时间分析实验结果，发现凝胶间的细微变化，校正实验误差。曝光时间过长，凝胶条带反差会减弱，不利于观察。

宝丽来(拍立得)“枪”照相机配备有特写镜头，可以装在紫外或日光投射仪上进行凝胶成像。相机前伸出的塑料罩形成微型暗室，也提供了一个调节焦距的空间。35mm 的近焦照相机也可以选择使用。紫外条件下拍照时，镜头前有两个滤光镜：一个 23A 的橙色滤光镜靠近相机，2B 的阻挡紫外的滤镜(无色)靠近被拍摄物体。黄色或橙色的滤镜可以增强亚甲基蓝染色凝胶的对比度。紫外滤镜在拍摄溴化乙锭和亚甲基蓝染色的凝胶时都可以使用。

曝光时间根据泳道中 DNA 的量、染色的水平、背景的程度、凝胶的厚度和滤镜的密度的不同而不同。多次尝试确定最佳曝光时间。尽可能将镜头调到离被拍摄物体较远(较高的 f/值)增加视野的深度使条带变得清晰。

在紫外条件下拍摄溴化乙锭染色的凝胶，使用宝丽来 667 型(ASA3000)高速黑白胶片。将光圈调至 f/8，将快门调至 B。曝光时将快门按下 2～3s。在白光下拍摄亚甲基蓝染色的凝胶，使用 667 型胶片时，将光圈调至 f/8，快门速度调至 1/125 s。

361 数码相机现在越来越广泛地应用于凝胶照相中。数码相机，尤其是具有近焦拍摄功能的数码相机可以拍摄出高质量的凝胶图片。附加的罩子(从镜头中延伸出来)可以阻挡外围的光线，增加对比度。图像可以在诸如 Microsoft Photo Editor、Adobe Photoshop 等图像处理软件中随时打开和编辑。图像可以用普通打印纸或光滑打印纸打印，可节约胶片的费用。数码图片还可以通过电子邮件和网络传送。

参考文献

本实验手册中的实验方法参考下列文献：

Aaij C. and Borst P. 1972. The gel electrophoresis of DNA. *Biochim. Biophys. Acta* **269:** 192–200.

Helling R.B., Goodman H.M., and Boyer H.W. 1974. Analysis of R-*Eco*RI fragments of DNA from lamboid bacteriophages and other viruses by agarose-gel electrophoresis. *J. Virol.* **14:** 1235–1244.

Sharp P.A., Sugden B., and Sambrook J. 1973. Detection of two restriction endonuclease activities in *Haemophilus parainfluenzae* using analytical agarose-ethidium bromide electrophoresis. *Biochemistry* **12:** 3055–3063.

预实验

在实验准备之前须阅读实验材料列表中的注意事项。

琼脂糖凝胶和 TBE 电泳缓冲液的体积根据所使用的电泳仪的不同而不同。本手册所给出的体积是根据典型的小型凝胶电泳系统估算出来的。

1. 每次实验准备下列溶液：
   - 20μl 的 0.11μg/μl 的 λ DNA(冰冻保存)
   - 25μl 的 2×酶切缓冲液(冰冻保存)
   - *Bam*HⅠ、*Eco*RⅠ、*Hin*dⅢ各 2μl (冰冻保存)
   - 500μl 双蒸水
   - 500μl 上样液
2. 制备 0.8%的琼脂糖溶液(每次实验 40～50ml)。在整个实验过程中将溶液置于 60℃左右的热水浴中，容器口覆盖铝箔以防蒸发。
3. 准备电泳所用的 TBE 缓冲液(每次实验 400～500ml)。
4. 准备溴化乙锭染液或亚甲基蓝染液(每次实验 100ml)
5. 调节水浴箱至 37℃。

材料 362

试剂	**耗材与设备**
琼脂糖凝胶(0.8%)	铝箔
双蒸水	盛琼脂糖的烧杯及用于装废物的容器
溴化乙锭▼(1μg/μl)(或 0.025%的亚甲基蓝▼)	相机和胶卷(可选)
λ DNA (0.1μg/μl)	电泳槽
2×酶切缓冲液	乳胶手套
限制性内切核酸酶	胶带
*Eco*RⅠ	台式离心机(可选)
*Bam*HⅠ	微量移液器(0.5～10μl)及枪头
*Hin*dⅢ	封口膜或石蜡膜(可选)
1×Tris▼/硼酸/EDTA(TBE)缓冲液	记号笔
	保鲜膜(可选)
	电源
	试管架
	透射仪▼
	试管(1.5ml)
	水浴箱(37℃)

▼见附录 4 注意事项。

方法

. 限制酶切(30min,包括温育)

1. 用记号笔分别标记 4 个 1.5ml 离心管,分别代表 4 种不同的反应:
   B = *Bam*HⅠ
   E = *Eco*RⅠ
   H = *Hind*Ⅲ
   —= 没有加入限制酶

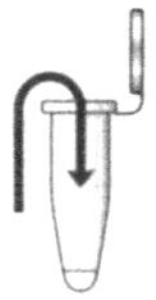

2. 按照下列清单加入每个反应所需试剂,可以将相同的试剂先配成总量再分装。每加一次换一个新的枪头。具体操作参考后面的详细阐述。

试管	λ DNA	缓冲液	*Bam*HⅠ	*Eco*RⅠ	*Hind* Ⅲ	水
B	4μl	5μl	1μl	—	—	—
E	4μl	5μl	—	1μl	—	—
H	4μl	5μl	—	—	1μl	—
—	4μl	5μl	—	—	—	1μl

363 3. 将每个欲加入溶液的试管放置在实验台的试管架上。

4. 每管加入 4μl λ DNA,枪头尽量接触近管底的管壁,利用毛细作用推出溶液。

加入同样的样品时,不必更换枪头。只要枪头不接触到试管内的溶液,同一个枪头可以用于所有的试管。

5. 在加限制酶之前加入缓冲液,换新的枪头在每个试管的另一处干净位置加入 5μl 缓冲液。
6. 分别用新的枪头在适当的试管中加入 1μl 的 *Bam*HⅠ、*Eco*RⅠ及 *Hind*Ⅲ。
7. 在标记"—"的试管中用新的枪头加入 1μl 的去离子水。
8. 盖好试管盖,离心或是在实验台上敲击试管的底部,使溶液集中于底部。

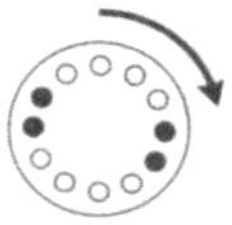

9. 将反应试管放入 37℃水浴 20min。酶切反应可以延长。

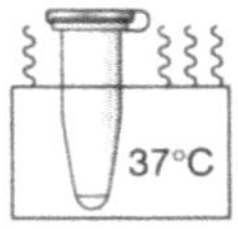

> STOP 温育以后将反应试管−20℃冷冻,在进行第Ⅲ部分的步骤 1 之前使其融化。此步骤可以暂停 15min。

几小时后,酶失活,反应终止。

. 灌制 0.8%的琼脂糖凝胶(15min)

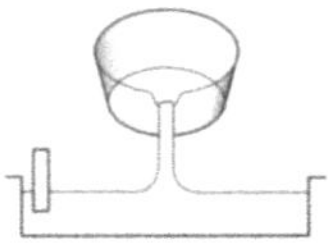

1. 胶槽两端用胶带封上,插上梳子。胶槽远离实验台以便于倒胶。
2. 把凝胶溶液倒入槽中大约 5mm 厚,胶覆盖大约 1/3 高度的梳子,用枪头除去大的气泡或块状杂质。

某些电泳设备中,凝胶可以直接灌入电泳槽。

3. 胶逐渐凝固(大约 10min),凝固过程中不要触动胶槽,在远离梳子的胶角轻触凝胶确定其是否凝固。

4. 制备好胶，除去胶带，放入电泳槽，梳子在负极。
5. 电泳槽加入 TBE 缓冲液，刚好浸没胶。
6. 轻轻拔掉梳子，小心不要把胶孔弄破。
7. 保证点样孔被完全浸没，如果没有浸没，小心加入缓冲液。

> STOP 盖好电泳槽，保存胶至使用。胶如果完全浸没在缓冲液里，可以保存至少好几天。

缓冲液过多，电流会从胶上部通过而不会通过凝胶，这样会增加分离 DNA 所需的时间。TBE 缓冲液可重复使用，不必丢弃，如果缓冲液已使用过几次，使用前将电泳槽左右摇动，使其中各种离子混匀。

缓冲液可以润滑梳子，有
些胶盒的设计是必须首先 364
拔出梳子才能放入电泳槽，此时，在拔梳子之前在凝胶表面倒入少许电泳缓冲液，干拔梳子会破坏点样孔。

. 加样和电泳分离

1. 在每个反应中加入上样缓冲液。有两种方法：
   a. 在每个反应中加入 1μl 上样缓冲液。盖上盖子，短暂离心，轻弹试管，或吹打混匀各种试剂。注意离心前把试管放在对称的位置。
   b. 在一小片封口膜或蜡纸上分别点上四滴上样缓冲液(大约 1μl)。吸出反应液，和上样缓冲液混合均匀。立即按照下一步上样。每上一次样，需更换枪头。

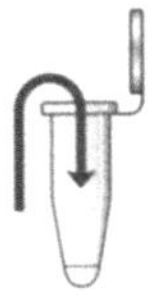

2. 用微量移液器把 10μl 的样品加入到点样孔里，如图 L3－3、图 L3－4 和图 L3－5 所示。每上一次样，需更换枪头。
   a. 加样时，用两只手操作以防晃动。 365
   b. 在加样前，确定点样孔里没有气泡。如果有气泡，用枪头将其赶出。
   c. 如果枪头的尖端有气泡，小心的将样品推至枪头的最尖

用黑纸放在胶盒底部可使点样孔更加清晰。

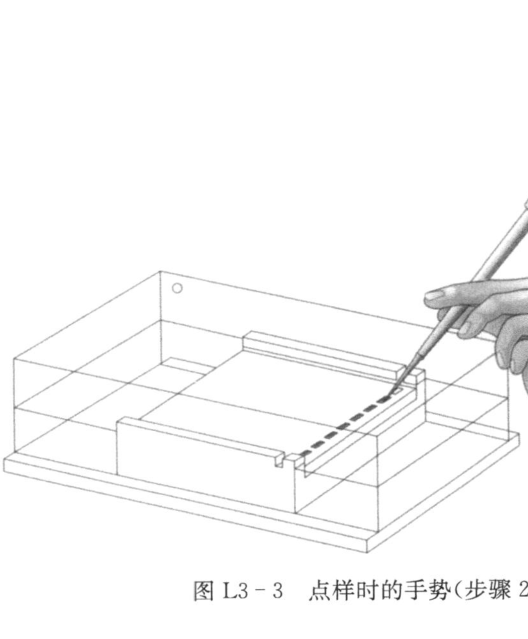

图 L3－3　点样时的手势(步骤 2)

端。(如果气泡给点样孔带了一个“帽子”,样品会顺着井壁流入缓冲液。)

d. 将枪头浸入缓冲液,置于孔的正上方,慢慢推出样品。上样缓冲液中的蔗糖会增加样品的比重,使它沉入孔底。注意枪头的尖端不要碰到胶。

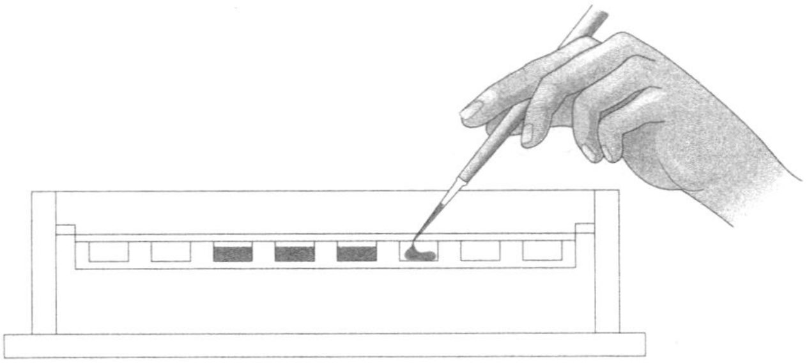

图 L3－4

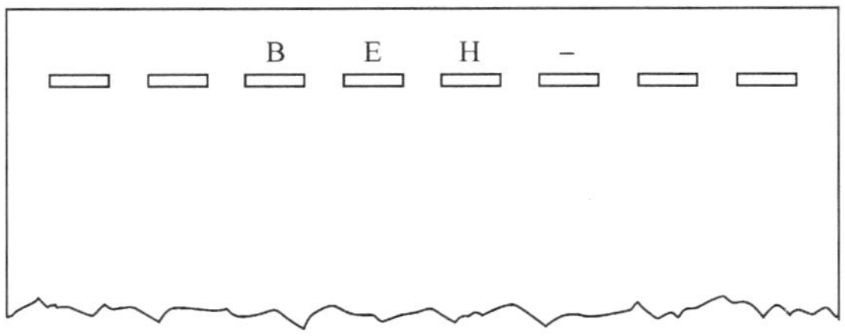

图 L3－5

3. 盖上电泳槽的盖子,把电极接头和电源连起来,正极接正极(红接红),负极接负极(黑接黑)。确定两个电极接的是电源的同一对电极。
4. 打开电源,调到 100～150V。此时的电流应该在 50～100 mA 之间。如果没有电流,检查连接,再试一次。
5. 电泳分离 40～60min,到溴酚蓝条带从加样孔前移 4～7cm 即可。若时间允许,电泳可持续到溴酚蓝条带接近胶的另一头。在溴酚蓝条带跑出胶末端前,停止电泳。
6. 关掉电源,从输入端拔掉电源,打开电泳槽盖子。
7. 小心取出胶盒,把胶放在托盘或其他的浅盘子里,做好标记。

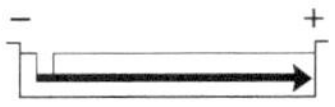

使用低电压电泳几个小时,如果用同一电泳仪跑两块胶,电流量将是在同样电压下跑一块胶的两倍。

染色可在指导下于特定区域内进行。

STOP 反应结束后,盖好电泳槽,保存胶备用。胶可以低温保存于封口的塑料袋中,直至第二天照相。但是,如果保存时间过长,DNA 会在胶中扩散,其条带会变得模糊甚至完全消失。

8. 使用ⅣA 和ⅣB 部分里描述的方法染或观察胶。

A. 溴化乙锭染色和成像(10～15min) 366

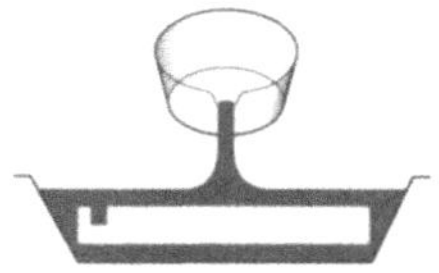

> **注意**　复习预实验中关于溴化乙锭使用的注意事项。在染色、观察、照相和清理过程中要始终戴乳胶手套。将所有用过的染料倾倒于指定的水槽里。如需更多信息,请查阅附录 4。

1. 将胶浸泡于溴化乙锭溶液(1μg/ml)中,染色 5～10min。
2. 染色后,用一个漏斗尽可能把所有的染料溶液倾倒贮存瓶里。
3. 用自来水漂洗胶和托盘。
4. 如果需要,胶可以在自来水和蒸馏水中脱色 5min 或更久以去掉背景。

厚凝胶染色时间长,不要提高染液中 EB 浓度,这只能增加背景,而不能提高 DNA 条带亮度。

EB 染色可重复使用 15 次以上,多次使用请参考注意事项中所介绍的方法。

> STOP 如果漂洗的胶在室温下放置过夜,染色效果会大大提高。把染色盘叠放,用塑料膜封住最上面的胶以防止干燥。

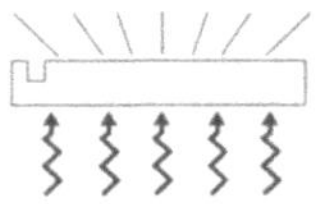

5. 在紫外灯或紫外投射光源的照射下观察胶。

> **注意**　紫外线会对眼睛有伤害,千万不要裸眼观察。可戴护目镜观察,防止损伤眼睛。如需更多信息,请查阅附录 4。

6. 用宝丽来或数码相机照相。
7. 最后认真负责地清理实验台。
   a. 擦拭相机、投射灯和染色区域。
   b. 离开实验室前要洗手。

B. 亚甲基蓝染色和成像(30 min)

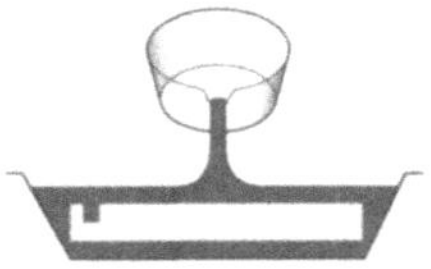

1. 在染色和清理过程中要始终戴乳胶手套。
2. 浸泡胶于 0.025%的亚甲基蓝溶液中,染色 20～30min。
3. 染色后,用一个漏斗尽可能把所有的染料溶液倾入贮存容器中。
4. 用自来水脱色。多次更换自来水,脱色几分钟。DNA 条带会变得越来越明显。

在温水中振荡染色时间加长。

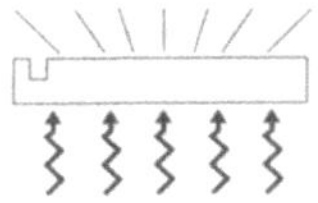

367

> STOP 注意:为了得到最好的效果,继续用少量体积的水脱色过夜。(如果使用过量的水,胶会脱色过度。)染色容器封口,以防挥发。

5. 在投射光源下观察胶;用塑料膜覆盖灯盒表面以防污染。
6. 用宝丽来或数码相机照相。

结果与讨论

用溴化乙锭对琼脂糖凝胶染色是一种快速检测 DNA 片段的方法。在这种技术于

1973 年出现以前,DNA 分子的分离是一件费力的工作。最初的分离方法包括蔗糖密度梯度离心,它只能给出粗略的分子大小而且还需要超过 24h 的时间才能完成。

玻璃管聚丙烯酰胺凝胶电泳是一种有所改进的实验方法,但只能分析 2000bp 以下的小 DNA 分子。其另一个缺点是 DNA 在电泳前需要进行放射性标记。

DNA 的限制性内切核酸酶分析是目前 DNA 重组技术的核心内容。能够准确地对 DNA 进行切割使得 DNA 分子可以精确地进行重组。事实上片段大小相同的 DNA 分子在琼脂糖凝胶电泳中呈现出一个条带,这说明在酶切反应中超过十亿的 λ DNA 分子在同一位点被准确切割。

在观察凝胶时通常将点样孔的位置摆放在上方,从左向右“看”。每个点样孔下方的区域称为“泳道”。从每个泳道可以看出每个酶切反应的结果。各条泳道中位置相同的 DNA 片段的大小相同。

1. 为什么Ⅰ部分中第七步加入水的试管标记为“－”?
2. 酶切缓冲液的功能是什么?
3. 上样液中的两种成分的作用分别是什么?
4. 溴化乙锭是怎样对 DNA 进行染色的?为什么要尽量避免与其接触?
5. 电泳中遇到如下问题,会出现什么现象?
   A. 如果用水代替 TBE 缓冲液跑电泳?
   B. 如果用水代替 TBE 缓冲液制胶?
   C. 如果电极反接?

368 6. 观察凝胶照片(或直接观察凝胶)。比较实验胶与下面给出的标准图片(图 L3－6),计算每个泳道的 λ DNA 片段数目。如何找出两张图片中片段分离和条带密度的不同?

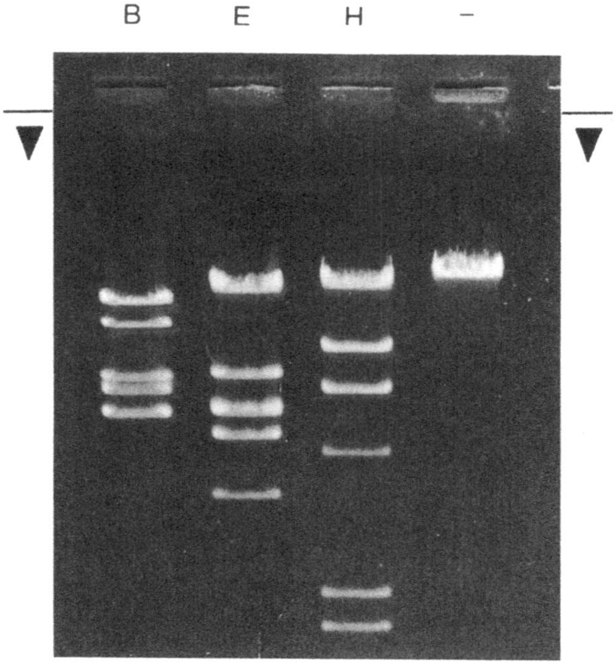

图 L3－6　标准胶

7. 制胶时出现如下问题，将会对观察染色的条带产生怎样的影响？

a. Ⅲ部分第 3 步中，如果在凝胶还没有完全凝固时移动或振动胶槽？

b. 如果用非常大的电压跑胶？

c. 如果灌胶时有很大的气泡或是冒顶？

d. 如果每条泳道的上样量过多？

8. 线状 DNA 分子的泳动速率与分子质量的对数成反比。简便起见，常用碱基对长度代替分子质量。

a. 下表给出了 λ DNA 被 *Hind*Ⅲ酶切后产生的片段大小。

369

*Hind*Ⅲ		*Eco*RⅠ			*Bam*HⅠ		
距离	准确碱基数	距离	计算碱基数	准确碱基数	距离	计算碱基数	准确碱基数
	27 491[a]						
	23 130[a]						
	9 416						
	6 557						
	4 361						
	2 322						
	2 027[b]						
	125[c]						

a. 凝胶上单一条带的碱基数。

b. 在亚甲基蓝染色的凝胶上可能观察不到。

c. 当溴酚蓝泳动至距凝胶底部 2cm 左右时，此条带已跑出胶，用亚甲基蓝染色无法观察到此条带，用溴化乙锭染色也很难观察。

b. 使用所出的标准胶图片，仔细测量每种酶切片段泳动的距离(mm)，测量每个条带距点样孔的距离，将数据填入下表，或者测量亚甲基蓝染色的凝胶中的各种片段的距离。

c. 比对标准胶图片上 *Hind*Ⅲ酶切片段碱基对的大小，将每个片段大小标记成 kb，如 27 491bp 记为 27.5kb。

d. 在坐标纸上以泳动距离为横坐标(x 轴)，碱基长度的对数为纵轴(y 轴)建立坐标图。将 *Hind*Ⅲ酶切片段的数据填入坐标图。

e. 将每个数据点连成线。

f. 在 x 轴上找到 *Eco*RⅠ酶切的第一个片段移动距离的位置，用直尺从这个点划一条垂直线至最适数据线。

g. 再从数据线的点划一条水平线至 y 轴，就可以得到这个片段的碱基数目。

h. 每一个 *Eco*RⅠ和 *Bam*HⅠ的酶切片段的大小都可以通过步骤 f 和 g 得到。将结果填入每个消化反应的“计算碱基数”栏(Cal. bp)中。

i. 将每个 *Eco*RⅠ和 *Bam*HⅠ的酶切片段的准确大小(由实验指导者给出)填入“准确的碱基数”栏中。

j. 你的计算结果中哪些片段的大小比较准确，哪些差一些？在凝胶电泳中你学到了哪些知识?

9. 片段大小接近的 DNA 很难通过电泳分离。这个现象可以通过标准胶图片的泳道 E 看出。5804bp 和 5643bp 的两个片段只能看到一个粗的条带。因为这个条带比单一的条带粗亮,所以我们认为这是两个条带。怎样处理和分析重叠的条带?

370 10. 根据凝胶上最大和最小条带 DNA 的质量判断溴化乙锭检测 DNA 的灵敏度,可以利用下面的公式:

片段的碱基数×(DNA 浓度)×(DNA 体积)/λ DNA 碱基数

例如:24 251bp×(0.1μg/1μl)×(4μl)/48 502bp=0.2μg

现在计算最大和最小单一片段的质量。

11. λ DNA 以线状和环状两种形式存在。在每一个线状分子的末端都有 12bp 的单链,称为 *cos* 位点。每个末端的 *cos* 位点都与另一端的互补,因此可以形成环状分子。这种互补的末端与限制性内切核酸酶所形成的“黏性末端”类似。购买到的 λ DNA 是线状分子和环状分子的混合物。这在凝胶电泳中就形成比单纯线状分子多的条带,同
371 时也可以造成一些其他片段的丢失。例如,最左边的 *Hin*dⅢ 酶切位点在线状分子左侧 23 130bp,最右边的 *Hin*dⅢ 切点距线状分子右侧 4361bp,4361bp 片段在凝胶上与其他片段比较相对较弱。这就说明在 DNA 分子中有一定比例的环状分子——4361bp 的末端片段和 23 130bp 的末端片段结合形成 27 491bp 的片段。通常27 491 bp 的结合片段在电泳中与线状分子中切下的 23 130bp 片段成对出现。

a. 用圆规划 3 个直径为 3 英寸的圆圈,代表 *cos* 位点配对的 λ DNA 分子。

b. 在每个圈的 12:00 处(总共 48 个刻度)划一个点(*cos* 位点接入处)。

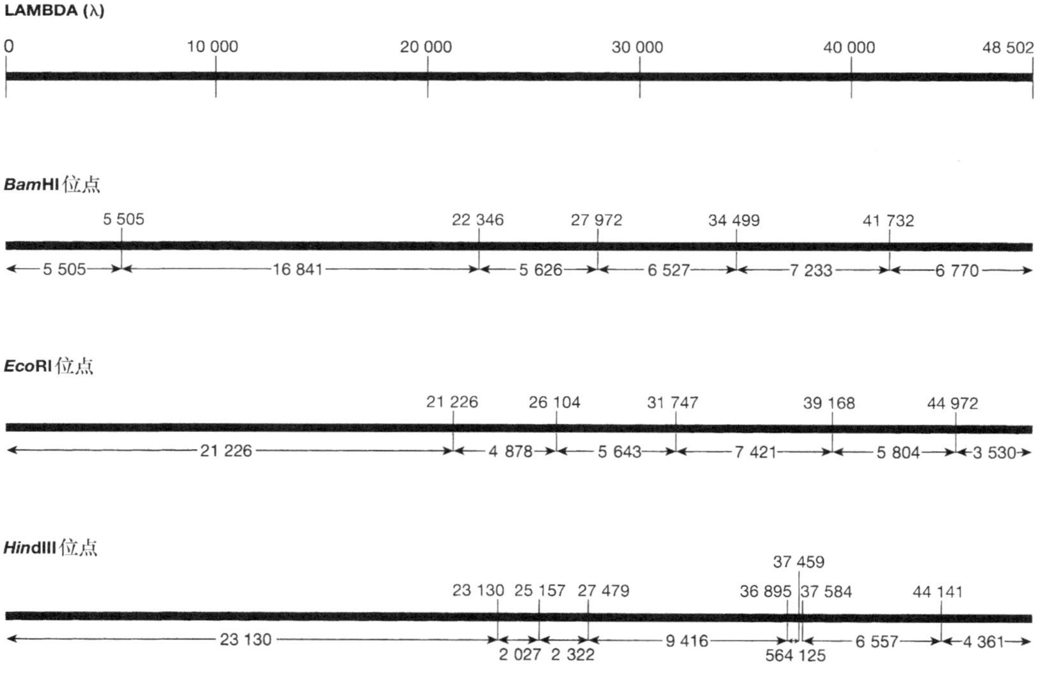

图 L3-7 线状 λ DNA 的限制酶切图谱

c. 利用线状 λ DNA 酶切图谱(图 L3 - 7)在其中的一个圆上标出 *Hin*dⅢ的酶切位点。

d. 在其余的两个圆上分别标出 *Eco*RⅠ和 *Bam*HⅠ的酶切位点。

e. 环状分子上会产生什么 *Eco*RⅠ和 *Bam*HⅠ的酶切片段？为什么能够(为什么不能)在凝胶上和标准胶图片上找到这些特定的酶切片段？

高级实验

1. 一些 λ 环状分子在 *cos* 位点共价结合，而另外的则仅以氢键结合，这些可以解链成线状分子。将 λ DNA 在 65℃加热 10min，使以氢键结合的 *cos* 位点打开，分子线状化。
   a. 取几份准备酶切的 λ DNA 样品，其中一半在 65℃加热 10min，另一半直接放在冰上。10min 后也将加热的这部分样品放在冰上。比较这两种样品酶切结果的异同，在结果与讨论中的问题 11 中论述。
   b. 如何用这次实验的结果确定环状 DNA 的百分含量。
2. 设计和进行一系列实验研究酶切反应动力学。
   a. 确定不同时间段的酶切效率。
   b. 用不同浓度的酶和 DNA 重复实验。
   c. 在各种实验条件下，酶切反应完全所需的时间。
3. 设计实验方案确定 *Eco*RⅠ、*Bam*HⅠ和 *Hin*dⅢ在室温的稳定性。 *372*
4. 确定不同酶切反应的一致性。
   a. 同上述几种已知的限制酶反应一样，使用未知的酶进行单酶切反应。使用 50 伏的电压跑胶，得到分离效果好且宜于观察的条带，电泳效果观察如图 L3 - 8 所示。
   b. 如“结果与讨论”中问题 8 所述，对每个酶切片段画出迁移率和碱基数目对应关系，如图L3 - 7。利用此图与购买的酶的酶切图谱比较，确定未知片段的大小。
5. 研究从大肠杆菌中纯化限制性内切核酸酶的相关操作，并确定其酶切图谱。

373

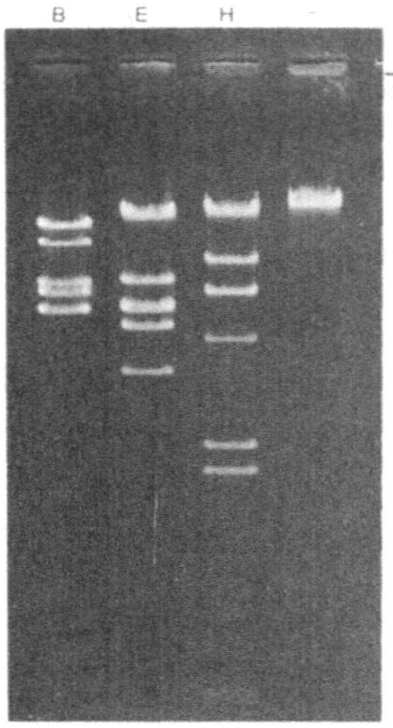

标准胶

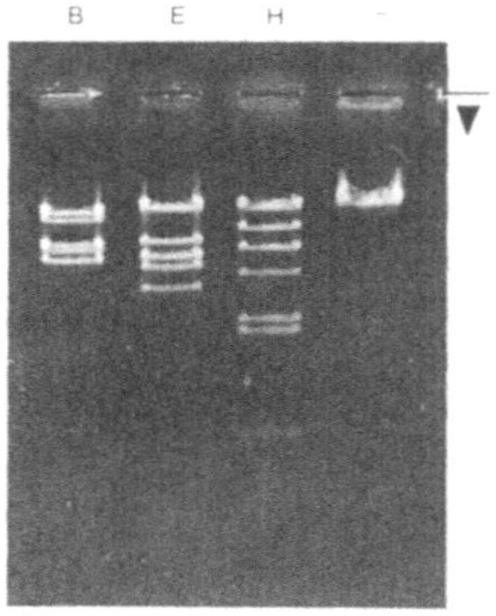

时间过短
条带压缩，电泳时间过短

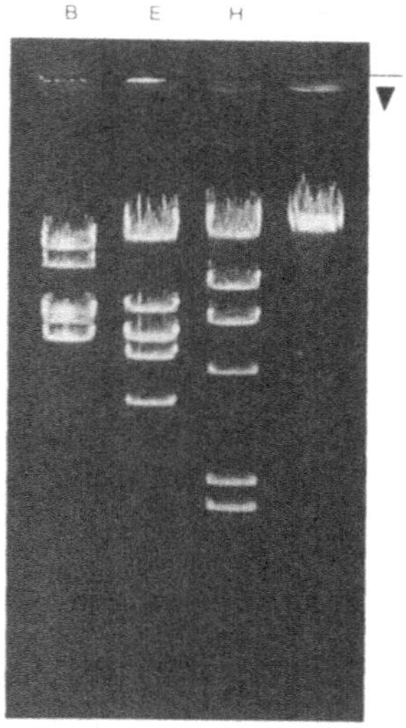

上样量过多
所有泳道条带弥散由于加入太多的DNA，而呈波浪化

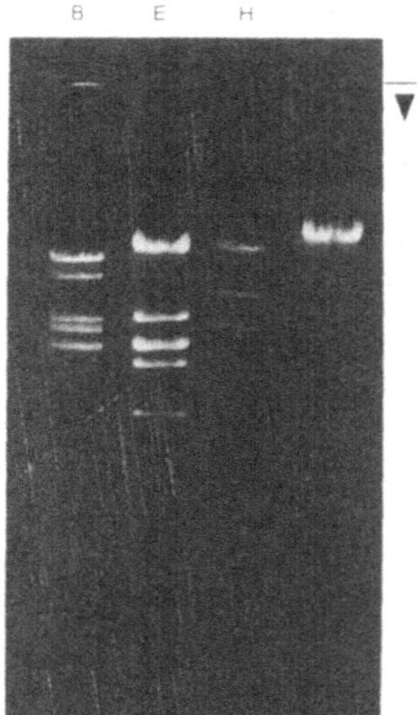

点样孔被刺破
B泳道条带很弱；H泳道DNA从被微量进样器刺破的点样孔中溢出

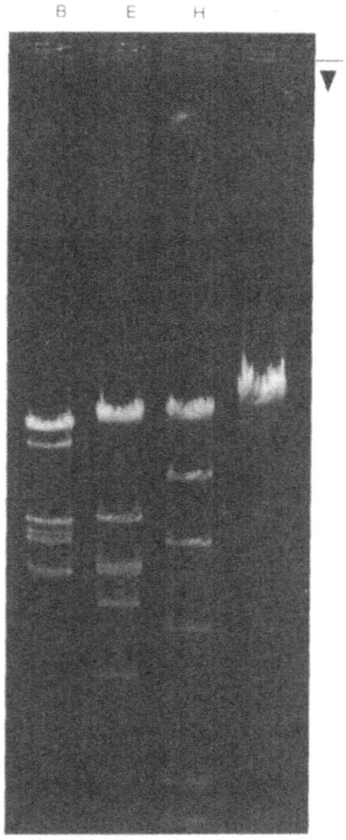

电泳时间过长
长时间的电泳而条带扩散

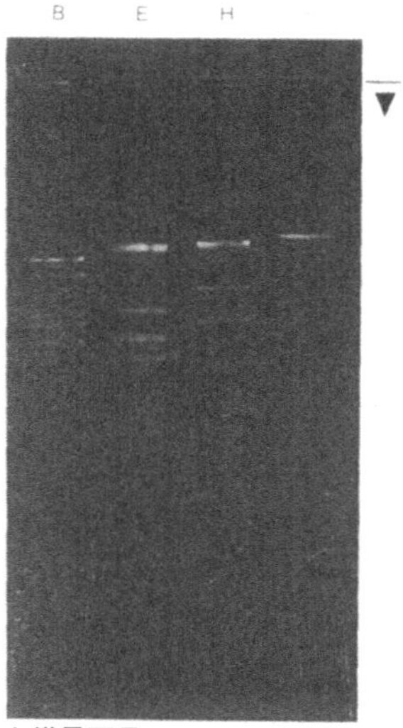

上样量不足
所有条带都弱，消化的DNA量太少

图 L3-8 电泳效果观察

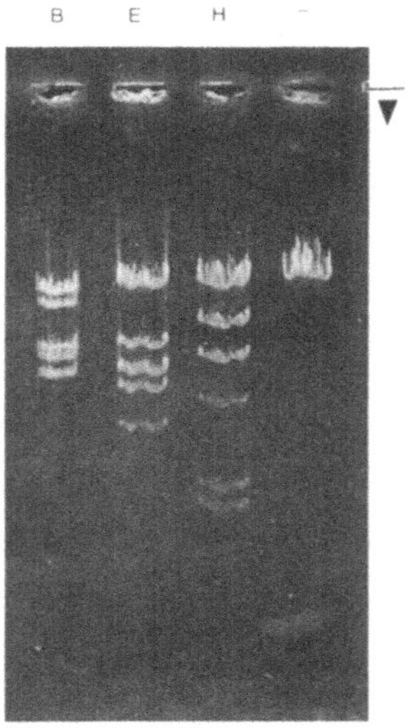

形状不好的点样孔
梳子在胶还没有完全凝固前就被拔去，电泳条带呈波浪型

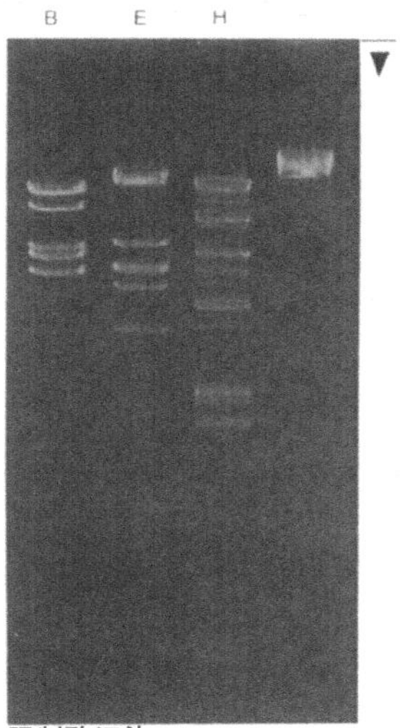

限制酶污染
H泳道出现多出的条带，因为在*Bam*HI中混有*Hin*dⅢ

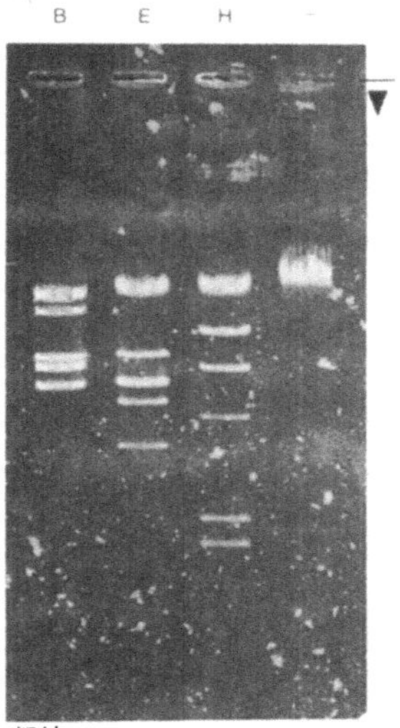

凝结
制胶的TBE缓冲液有沉淀

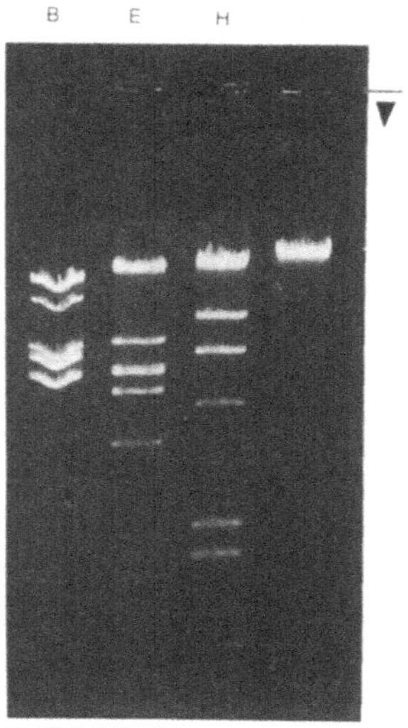

泳道中有气泡
泳道中有气泡引起条带弯曲

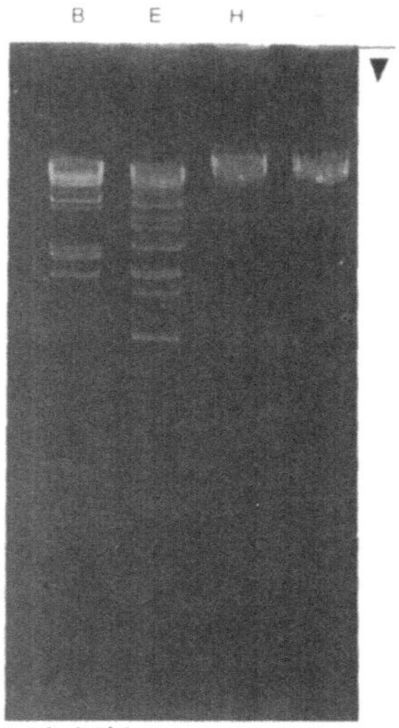

不完全酶切
泳道H中条带弱，酶切体系中*Hin*dⅢ太少

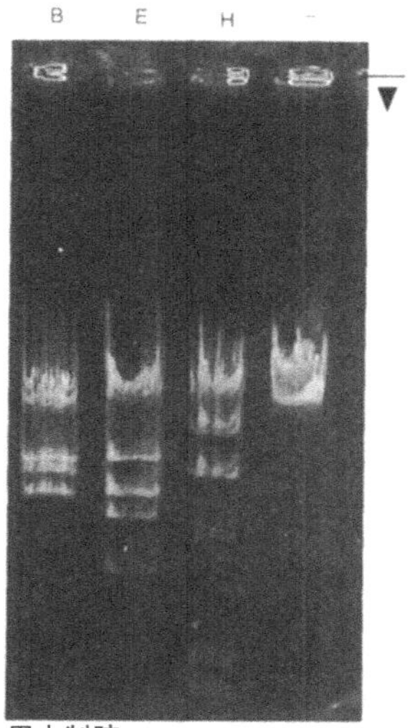

用水制胶
所有泳道中条带都弥散，因为制胶时使用的是水或TBE缓冲液浓度不对

图 L3-8　电泳效果观察(续)

375 实验四　DNA 甲基化对酶切的影响

在实验四中，*Eco*RⅠ甲基化系统对 DNA 特定序列进行保护性修饰，以防被限制性内切核酸酶切割(图 L4－1)。*Eco*RⅠ甲基化酶能在 *Eco*RⅠ限制酶所识别序列的第二个腺苷酸上加上一个甲基，从而阻止 *Eco*RⅠ和 DNA 的结合与切割。在此反应中，DNA 分子上所加的甲基基团是由 SAM(S-腺苷甲硫氨酸)提供的。

在三份噬菌体 λ DNA 样品加入 *Eco*RⅠ甲基化酶，然后在 37℃温育。随后，在其中一份样品中加入 *Eco*RⅠ；在另一份样品中加入 *Hin*dⅢ；在第三份样品中不加任何酶。在另外三个对照试验中，没有甲基化的 DNA 如上面同样处理，分别加入 *Eco*RⅠ、*Hin*dⅢ和不加任何酶。所有样品都进行琼脂糖凝胶电泳、染色和观察。带型差异表明甲基化 DNA 阻止了 *Eco*RⅠ对 DNA 的切割作用。但是，在 *Eco*RⅠ酶切位点的甲基化对 *Hin*dⅢ的酶切效果无任何影响。

本实验所需的设备和材料可从卡罗来纳生物制品公司购买(见附录 1)。

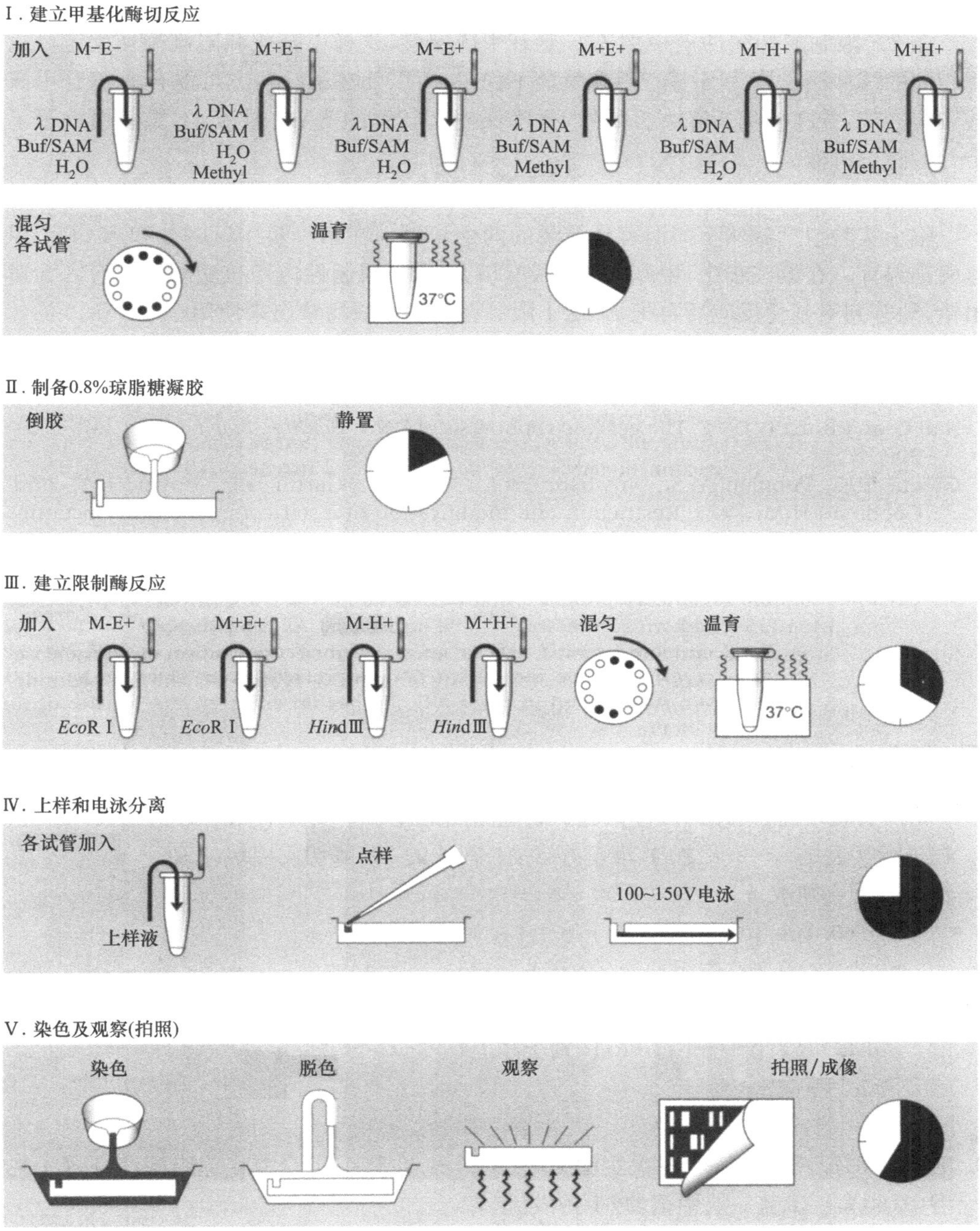

376

图 L4－1

377

注意事项

复习实验三“ DNA 的限制性内切核酸酶酶切分析”。

S-腺苷甲硫氨酸

在 2×限制酶切缓冲液中加入 S-腺苷甲硫氨酸，这样甲基化和限制酶切反应可以使用相同的缓冲液。因为 S-腺苷甲硫氨酸不稳定，所以要在试验前方可混合 S-腺苷甲硫氨酸和缓冲液，并在使用后弃去。另外，要确保使用新鲜的 SAM 母液，不要使用放置了几个月的陈旧母液。

避免出错

整个实验包括截然不同但容易混淆的两个步骤。在第一步中，DNA 和 *Eco*RⅠ甲基化酶预温育。在第二步中，甲基化的 DNA 和 *Eco*RⅠ限制性内切核酸酶共温育。为避免出错，须等到甲基化反应后再把 *Eco*RⅠ限制性内切核酸酶拿出来使用。

参考文献

本实验方案参考了以下发表的文献：

Aaij C. and Borst P. 1972. The gel electrophoresis of DNA. *Biochim. Biophys. Acta* **269:** 192–200.

Greene P.H., Poonian M.S., Nussbaum A.L., Tobias L., Garfin D.E., Boyer H.W., and Goodman H.M. 1975. Restriction and modification of a self-complementary octanucleotide containing the *Eco*RI substrate. *J. Mol. Biol.* **99:** 237–261.

Helling R.B., Goodman H.M., and Boyer H.W. 1974. Analysis of R-*Eco*RI fragments of DNA from lambdoid bacteriophages and other viruses by agarose-gel electrophoresis. *J. Virol.* **14:** 1235–1244.

Sharp P.A., Sugden B., and Sambrook J. 1973. Detection of two restriction endonuclease activities in *Haemophilus parainfluenzae* using analytical agarose–ethidium bromide electrophoresis. *Biochemistry* **12:** 3055–3063.

预实验

此预实验之前，请详细阅读试验材料里指出的注意事项。

1. 在进行实验的 1～2 天之内，准备好含有 SAM 的 2×酶切反应缓冲液。
2. 每一个反应须准备：

    30μl 0.1μg/μl λ DNA（置于冰上）

    40μl 2×酶切反应缓冲液（置于冰上）

    5μl *Eco*RⅠ甲基化酶（置于冰上）

    3μl *Eco*RⅠ和 3 ml *Hin*dⅢ（置于冰上）

    500μl 蒸馏水

    500μl 上样液

378 3. 准备 0.8%琼脂糖溶液（每次实验 40～50ml）。在整个实验中将琼脂糖溶液置于热水浴中（60℃），覆盖一层铝箔，减少挥发。
4. 准备 1×TBE 电泳缓冲液（400～500 ml）。
5. 准备溴化乙锭和亚甲基蓝染料溶液（每次实验需要 100ml）。
6. 水浴箱温度调至 37℃。

材料

试剂：

琼脂糖(0.8%)

蒸馏水

溴化乙锭▼ (1μg/ml 或 0.025%亚甲基蓝▼)

λ DNA(0.1μg/μl)

上样液

2×酶切反应缓冲液/SAM▼

酶

*Eco*RⅠ

*Hind*Ⅲ

*Eco*RⅠ甲基化酶

1×Tris▼ /硼酸盐/EDTA (TBE)缓冲液

仪器与耗材

铝箔纸

装琼脂糖、废液和废枪头的容器

照相机和胶卷(可选)

电泳槽

乳胶手套

胶带

微量离心机(可选)

微量移液器(0.5～10μl)和枪头

封口膜或蜡纸(可选)

永久性记号笔

保鲜膜

电源

试管架

透照灯(可选)▼

试管(1.5ml)

水浴箱(37℃ 和 60℃)

▼参照附表 4 的注意事项。

方法

. 甲基化反应(30min,包括温育)

1. 用记号笔标记 6 个 1.5ml 的试管,以便进行甲基化和酶切反应。

   M－E－＝无甲基化酶、无 *Eco*RⅠ酶

   M＋E－＝有甲基化酶、无 *Eco*RⅠ酶

   M－E＋＝无甲基化酶、有 *Eco*RⅠ酶

   M＋E＋＝有甲基化酶、有 *Eco*RⅠ酶

   M－H＋＝无甲基化酶、有 *Hind*Ⅲ酶

   M＋H＋＝有甲基化酶、有 *Hind*Ⅲ酶

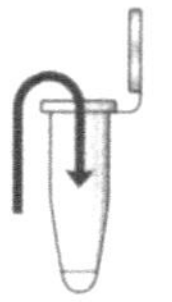

2. 参照下表,在每一个反应中加入相应的试剂。从上到下逐列阅读和添加试剂。更换试剂时需更换枪头。参考后面的详细说明。

加同一种试剂时不需换枪头,只要枪头没有接触到其他试剂,就可将同种试剂用一个枪头加到不同试管中。 379

为避免甲基化酶污染其他试剂(Ⅲ部分中)完成第 7 步后将其丢弃。

离心管	λ DNA	缓冲液/SAM	H_2O	*Eco*RⅠ甲基化酶
M－E－	4μl	5μl	2μl	—
M＋E－	4μl	5μl	1μl	1μl
M－E＋	4μl	5μl	1μl	—
M＋E＋	4μl	5μl	—	1μl
M－H＋	4μl	5μl	1μl	—
M＋H＋	4μl	5μl	—	1μl

3. 把各种试剂放置在试管架上。
4. 向每个离心管中加入 4μl DNA,用枪头轻轻接触试管的内壁,离管底越近越好,这样通过毛细作用很容易将溶液引出枪头。
5. 用新的枪头在每一个试管内壁的干净位点加入 5μl 含 SAM 的反应缓冲液。
6. 用新的枪头向每一个试管中加入适量的蒸馏水。
7. 用新枪头向试管 M+E−,M+E+和 M+H+中加入 1μl *Eco*RⅠ甲基化酶。
8. 盖上试管盖。轻弹试管后离心或在实验台上敲打管底,使试管中各种试剂集中到底部。
9. 把试管放在 37℃水浴中,温育至少 20min。反应可持续更长时间。

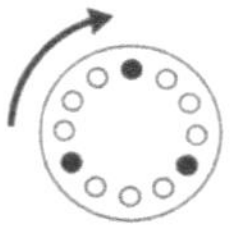

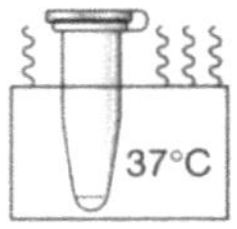

几个小时的温育后,甲基化酶失去活性,反应停止。

> 此步骤可以暂停。温育之后,反应产物于−20℃冷冻保存,在进行Ⅲ部分步骤 1 时,融化反应液。

. 制备 0.8%琼脂糖凝胶(5min)

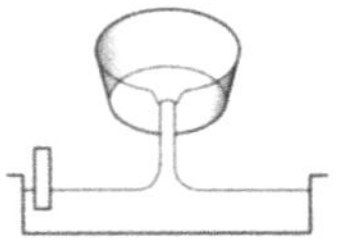

有些电泳仪可将凝胶直接倒入电泳槽中。

1. 用胶带将胶板两端封好,插入一把形状完好的梳子。应将胶板放在桌上不影响他人的位置。
2. 小心将琼脂糖溶液倒进胶板,厚 5mm,胶需浸没至梳齿 1/3 的高度。在胶凝固前,用枪头除去气泡,将固体碎片移到胶一侧或末端。
3. 10min 后胶凝固。胶凝固过程中不要移动或振动胶板。轻触远离梳子的部位看胶是否已凝固。
4. 使用胶时,将胶板末端的封口拆除,放于电泳槽中,梳子一端放在黑色的负极一端。
5. 将 TBE 缓冲液倒入电泳槽,浸没胶的上表面。

380 6. 轻轻移去梳子,注意不要破坏胶孔。

7. 确信点样孔被完全淹没。如果点样孔周围有气泡,慢慢加一点缓冲液去除。

缓冲液过多,电流会从胶上部通过而不会通过凝胶,这样会增加分离 DNA 所需的时间。TBE 缓冲液可重复使用,不必丢弃。如果缓冲液已使用过几天,使用前将电泳槽左右摇动,使其中各离子混匀。

缓冲液可以润滑梳子,有些胶盒的设计必须首先拔出梳子才能放入电泳槽,此时,在拔梳子之前在凝胶表面倒入少许电泳缓冲液,干拔梳子会破坏点样孔。

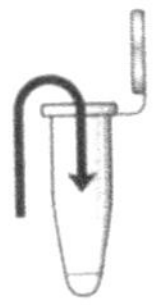

> 此步骤可以暂停。盖上电泳槽以保存胶。如果电泳液完全覆盖胶,胶可以保存几天。

. 限制性内切核酸酶切反应(30min,包括温育)

1. 把甲基化反应产物从水浴中拿出来或者把冰箱里冷冻的反应产物融化。
2. 参照下表向每个试管中加入相应试剂。每加一种试剂需更换枪头。并参考下述的详细说明。

试管	*Eco*RⅠ	*Hin*dⅢ
M－E－	—	—
M＋E－	—	—
M－E＋	1μl	—
M＋E＋	1μl	—
M－H＋	—	1μl
M＋H＋	—	1μl

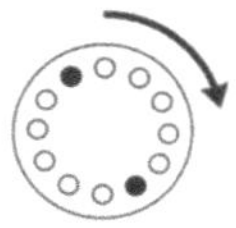

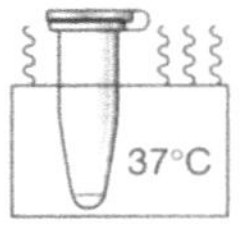

几小时后，酶失活，反应停止。

3. 取出 *Eco*RⅠ和 *Hin*dⅢ，放置于冰上。
4. 在 M－E＋和 M＋E＋管中加入 1μl 的 *Eco*RⅠ。
5. 用新枪头向 M－H＋和 M＋H＋加入 1μl 的 *Hin*dⅢ。
6. 盖好盖子。轻弹试管后离心或在实验台上敲打管底，使管中各种试剂集中于底部。
7. 把试管放在 37℃水浴中，温育至少 20min。反应可持续更长时间。

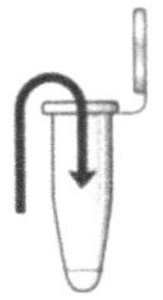

STOP 温育之后，将反应产物放到－20℃冷冻保存，在进行Ⅳ部分步骤 1 时，融化反应液。

. 加样和电泳分离(50～70min)

1. 向每个反应管中加入上样液。或者
   a. 向每个管中加入 1～2μl 上样液，盖上盖，敲击管底部，轻轻混匀，离心。确保管子放在平衡位置。或者
   b. 在小方形封口膜或蜡纸上滴 6 滴(约 1μl/滴)上样液。取出反应物，用枪将其与上样液混匀。直接按步骤 2 点样。每个反应都用新枪头。
2. 用移液器从每个反应管中取出 10μl 的反应产物，加入相应的点样孔(如图 L4－2 所示)。每加一个样品，换一个新枪头。
   a. 用双手将加样器稳定在点样孔上方。
   b. 确保加样前，点样孔中没有气泡。如果点样孔中有气泡，用枪头赶走。
   c. 如果枪头末端有空气，轻轻将样品推到枪头末端。(如果有气泡，会在孔上形成一个"帽"，DNA 和上样液会流进点样孔周围的缓冲液里。)
   d. 将移液器枪头浸入缓冲液，置于点样孔正上方，轻轻推出样品。上样液中的蔗糖会使样品沉入点样孔底部。小心枪头不要戳破胶孔底部。
3. 盖上电泳槽顶盖，接通电源，正极对正极，负极对负极，确保两极接到同一电源上。
4. 打开电源，电压调至 100～150V，电流为 50～100mA。如果无电流，需重新检查电泳装置。

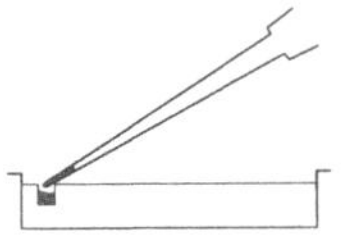

如果将胶盒下加一张黑纸则点样孔会更清晰。 381

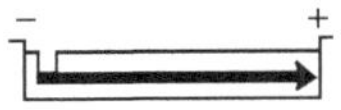

一般用低电压电泳几个小时，当用同一个电泳仪走两块胶时，电流是同电压下走一块胶的两倍。

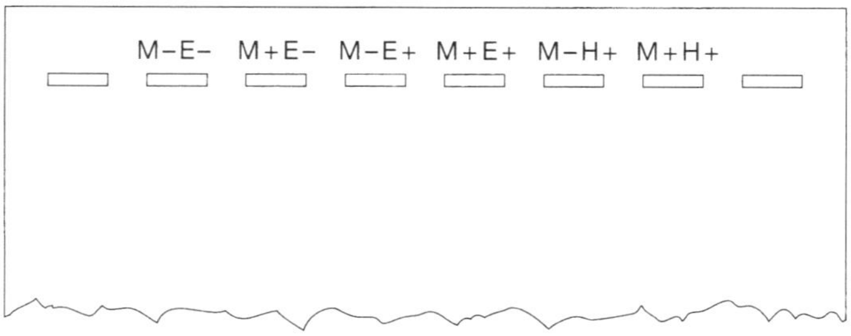

图 L4－2

5. 电泳分离 40～60min。当溴酚蓝移动 4～7cm 后，此时 DNA 完全分开。如果时间允许，可以等溴酚蓝移到胶底部之前，停止电泳。
6. 关闭电源，拆除电线，移开电泳槽顶盖。
7. 小心从电泳槽中取出胶板，将胶放于托盘中，做标记准备染色。
8. 按照ⅤA 和ⅤB 的任一方法染色，观察。

382

> STOP 盖上顶盖，保存胶直至使用。胶也可以放在密封塑料袋中，冷冻保存过夜，次日观察照相。但是如时间过长，DNA 会在胶中弥散，条带会变得不清楚或完全消失。

A. 用溴化乙锭染色、成像、观察(10～15min)

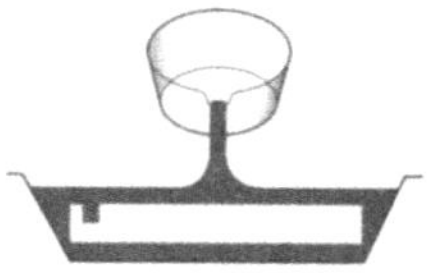

厚凝胶的染色时间较长，EB 染液可染 15 块以上的凝胶，按实验三介绍的方法丢弃废的染液。

> **注意**　复习实验三中“溴化乙锭的有效处理”。在染色、观察、成像、清洁过程中须戴乳胶手套。所有染色物品放在固定区域。更多信息见附录 4。

1. 将胶浸入溴化乙锭溶液($1\mu g/ml$)中染色 5～10min。
2. 染色完成后，用漏斗将 EB 溶液倒进贮存容器中。
3. 自来水漂洗胶和托盘。
4. 如果可能，可以用自来水或无菌水脱色 5min 或更长时间，以便降低胶中 EB 的背景。

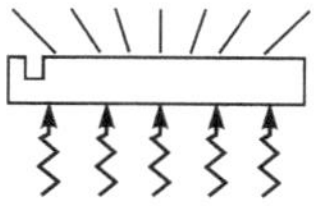

> STOP 如果在室温下过夜漂洗胶，染色效果明显增强。应该用塑料膜将托盘封上，防止干燥。在紫外透析仪或其他 UV 光源下观察胶。

> **注意**　UV 光伤害眼睛，不要裸眼观看未加屏蔽的 UV。或者使用具有吸收有害波长的滤波器或防护镜观察。更多信息见附录 4。

5. 用宝丽来相机或数码相机照相。

6. 清洁。

a. 清洁透析仪、相机和染色区域。

b. 离开实验室前洗手。

B. 亚甲基蓝染色、照相(30min)

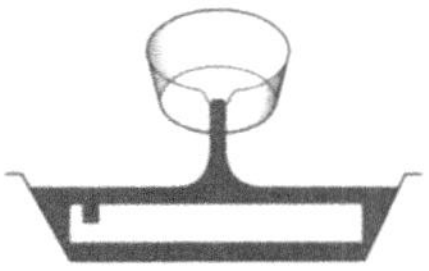

在温水中振荡洗脱可减少洗脱时间。

1. 在染色和清洁过程中,须戴乳胶手套。
2. 用0.025%亚甲基蓝溶液覆盖胶,染色20~30min。
3. 染色完成后,用漏斗将亚甲基蓝倒进贮存容器中。
4. 在自来水下漂洗胶,胶在水中浸几分钟,期间换几次水。脱 383
   色后DNA条带明显。

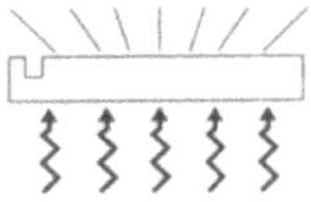

STOP 为使结果更理想,可继续在小体积水中过夜脱色。将染色盘盖上,防止蒸发。

5. 在透射仪上观察胶,用塑料膜覆盖透射仪表面,防止污染。
6. 用宝丽来相机或数码相机照相。

结果与讨论

每一种Ⅱ型的限制性内切核酸酶都对应着一种能识别相同核苷酸序列的甲基化酶。但是,这个甲基化酶不会切断DNA分子,而是在识别序列中加入一个甲基。这种修饰阻止限制酶去识别和结合酶切位点。在细菌中,甲基化可以保护宿主DNA不被其自身的限制酶所消化,没有甲基化的外源DNA则不受保护。

甲基化反应需要S-腺苷甲硫氨酸(SAM),它是原核生物和真核生物中通用的甲基供体。正如其名字显示,SAM是由一个腺苷酸和一个甲硫氨酸组成。甲硫氨酸提供甲基基团后变成为S-腺苷高丝氨酸。

在本实验中,常出现部分甲基化,即λ DNA上,只有一部分*Eco*RⅠ识别序列被加上甲基基团,没有被保护的位点,经*Eco*RⅠ酶切产生不同大小的限制酶切片段。DNA条带的浓度和其甲基化程度成反比。

1. 观察染色胶的图像(透射仪下或在投影仪上观察)。把所得图像和下一页列出的标准胶图谱(图L4-3)相比较,你能解释条带分离效果和强弱上的差别吗?
2. 从M+H+对照的带型,能否推断出*Eco*RⅠ甲基化的相关信息?
3. 从M+E-对照的带型,能否推断出*Eco*RⅠ甲基化的相关信息?
4. 甲基化酶在细菌中起到怎样的生物作用?它对细菌的适应性有何贡献?
5. 构建质粒有两个主要步骤,它们的顺序不能颠倒。第一步,*Bam*HⅠ酶切片段被插入到质粒pAMP的*Bam*HⅠ位点上。第二步,*Eco*RⅠ酶切片段必须被插入到上述*Bam*HⅠ插入序列的*Eco*RⅠ位点上。实验要求这两步不能颠倒。但是,质粒pAMP
   本身含有*Eco*RⅠ识别序列,这个序列却不是在第二步中要插入的位点。 384

   a. 画出本克隆实验的示意图。

   b. 解释为什么*Eco*RⅠ甲基化酶可以用来解决本实验中的问题。
6. *Eco*RⅠ甲基化酶会使哪些核苷酸甲基化?画出甲基化碱基的结构。

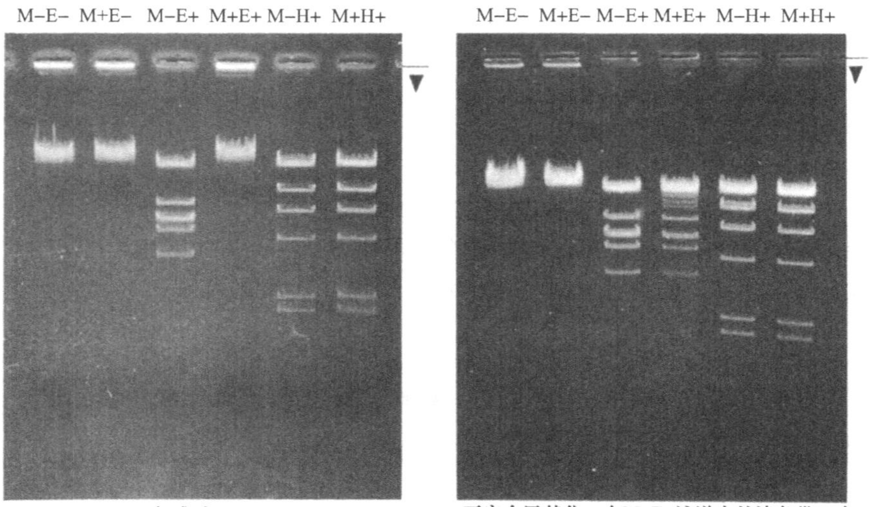

标准胶

不完全甲基化。在M+E+泳道中的淡条带，表明DNA被*Eco*R Ⅰ部分酶切

图 L4-3

高级实验

1. 设计一系列实验研究甲基化反应的动力学。
   a. 确定在不同时间中，被保护位点所占的百分比。
   b. 用不同浓度的甲基化酶和 DNA 来重复实验。
   c. 在每一个实验中，确定位点全部保护所需的时间。
2. 设计实验，利用 *Eco*R Ⅰ 甲基化酶在 λ 基因组里定位 *Eco*R Ⅰ 限制性内切核酸酶识别位点。
3. 论述在构建基因组文库中甲基化酶的作用。
4. 论述在高等生物的基因调控中 DNA 甲基化的作用。
5. 论述甲基化在控制玉米转座子移动中的作用。

实验五　质粒 DNA 的快速转化

385

实验五介绍了外源 DNA 快速转化大肠杆菌的方法。被称为"感受态"的细菌细胞能获取具有 *amp* 抗性基因的质粒 DNA。细菌细胞在含有 amp 的培养基中生长，可以判断该细胞成功获取质粒并表达了氨苄抗性基因。见图 L5－1。

从 LB 培养基上挑取大肠杆菌菌落，在两管含有 $CaCl_2$ 的溶液中悬浮培养。将三种质粒（pAMP、pBLU 或 pGREEN）中的一种加入到细胞悬浮液中。0℃孵育 15min。42℃短暂热激之后，致冷，加入 LB 液体培养基。将细胞悬浮液中分别涂抹在 LB 和 LB＋amp 两种固体培养基上。

在 37℃培养 15～20h，然后检查细菌的生长状况。只有转化了含有抗氨苄基因质粒的大肠杆菌才可以在含有氨苄的培养基上生长。由单个抗性细胞的分裂形成一个抗性菌落。所以，在氨苄培养基上看到的每一个菌落代表着一个成功的转化反应。此外，转化 pBLU 的细胞会显示蓝色（在特殊培养基上），转化了 pGREEN 的细胞在紫外照射下会产生荧光。

本实验所需试剂可以从卡罗来纳生物公司制品购买。

- 批号 No. 21-1142 克隆转化试剂盒
- 批号 No. 21-1082 绿基因转化试剂盒
- 批号 No. 21-1088 Glow-in-the-Dark Transformation Kit
- 批号 No. 21-1146 pBLU® 克隆转化试剂盒

386

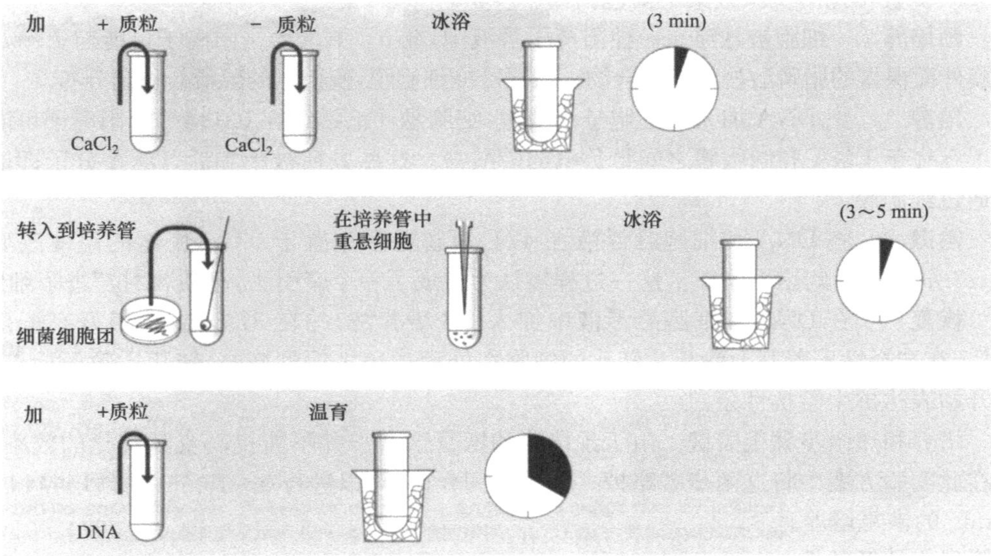

图 L5－1

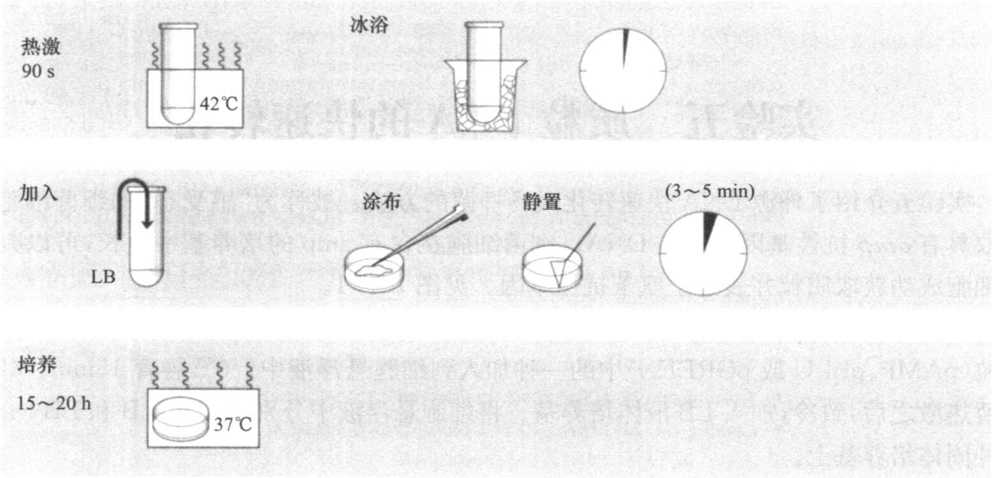

图 L5－1(续)

387 注意事项

复习实验一和二中关于无菌操作技术和 *E. coli* 培养的注意事项。

转化克隆的实验方案是实验十中经典转化方法的简化，经典转化方法需要生长在液体培养基里的处于对数期的细胞，而这个简单实验是从固体平板上挑取 *E. coli* 克隆。由于不使用液相培养基，所以对振荡培养的装置没有要求。克隆转化方法缩短了准备时间，并且步骤十分简单。然而，此方法存在的缺点是效率低。这个实验方案适用于转化完整的质粒，但不适于转化酶连接的 DNA，因为这种方法转化效率太低。

转化方法

大多数转化的实验方案主要包括四个步骤。

预培养　细胞被悬浮在一种阳离子溶液中，在 0℃下培养。阳离子可能与 *E. coli* 细胞膜外面裸露的脂磷酸盐形成复合物。低温冷冻细胞膜，使带电的磷酸盐稳定分布。

培养　把 DNA 加入到细胞悬浮液里，细胞悬浮液继续在 0℃培养。阳离子可能中和了存在于 DNA 和细胞膜之间带负电的磷酸盐。这些电荷被中和后，DNA 分子即能自由通过细胞膜。

热激　将 DNA 和细胞悬浮液在 42℃短暂温育后置于 0℃。快速的温度改变使 *E. coli*细胞膜两侧热不平衡。这一过程被认为造成了一个牵引力，把质粒“拉”进了细胞。

恢复　在 DNA 和细胞悬浮液中加入 LB 培养液，并在 37℃温育(最好有振荡)。然后，在选择性培养基上涂板。转化的细胞在处理过程中得到恢复，转化质粒开始扩增，并开始表达抗生素抗性蛋白。

培养和热激步骤很关键。由于预培养和恢复这两步并不能提高克隆转化的效率，所以在此实验方案中将这两步省略掉。如果时间允许，可以进行 5～15min 的预培养和 5～30min 的恢复培养。

克隆转化的低效性

本克隆方案所能达到的转化效率比传统方案每微克质粒低至 1/200～1/2(每微克质

粒 5×10^4～5×10^6 个克隆)。克隆转化最适合用纯化的质粒 DNA 去转化大肠杆菌。但是,用连接的 DNA,其中包括松弛的环状质粒和线状的 DNA。这些构型的质粒的转化效率要比同等质量的超螺旋质粒的转化效率低至 1/5～1/100。

用于克隆转化的大肠杆菌株系的保存 *388*

过长的培养会使大肠杆菌失去感受态,从而不能用于转化实验。有实验表明 4℃以下保存 MM294 会导致其失去感受态。所以,注意要室温保存培养的细胞。如果转化的细胞数目突然下降了许多(从每板 50～500 个下降至 0),则扔掉旧的细胞,换用新培养的细胞。

实验中所用的质粒

基本上任何含有选择性抗生素标记的质粒都能够替代 pAMP 用于大肠杆菌的转化,以演示大肠杆菌获得抗生素抗性表型的过程。但是,pAMP、pBLU 和 pGREEN 是专门构建来用作教学分子的,它们有如下优点。

1. 它们都源自 pUC 表达载体,这类载体在细胞内的拷贝数高。这样,质粒抽提时的产量要比 pBR322 和其他非高度增殖的质粒高得多。
2. 质粒 pAMP 是设计用来和另外一个教学质粒 pKAN 一起用的。每一个质粒可以在琼脂糖凝胶上产生独特的、易识别的限制酶切片段。所以,连接这些片段所产生的重组分子可以很好区分开来。
3. 质粒 pBLU 抗氨苄青霉素含有一个完整的 *lacZ*(β-半乳糖苷酶)编码基因。其他表达 β-半乳糖苷酶的质粒只含有 *lacZ* 基因的部分片段,所以只能产生其编码蛋白的一小段。这些载体需要依赖特殊宿主细胞所含有 *lacZ* 基因的互补部分,这种依靠互补部分来形成完整蛋白的方式叫 α 互补。

   需要指出的是野生型的大肠杆菌也含有 *lacZ* 基因。但是,在没有乳糖诱导的情况下,该基因是被抑制的。在质粒 pBLU 上的 *lacZ* 基因由 *lacZ* 启动子启动表达,但它没有正常的调控序列(即操纵子),而且它不表达由 *lacI* 基因所编码的 Lac 阻抑蛋白。这就是说转化了 pBLU 的细胞将组成型表达 β-半乳糖苷酶,而且表达的水平很高。如要检测 β-半乳糖苷酶的表达,需准备含有 X-gal 的培养基(见"注意事项")。
4. 质粒 pGREEN 有青霉素抗性,并编码一个绿色荧光蛋白(GFP)。质粒 pGREEN 含有一个增强了的 GFP 突变子,其 GFP 的表达可以在可见光下观察到。另外,pGREEN 不需要诱导表达的系统。所以,重组 GFP 的表达不需要在培养基中加入诱导物(比如 IPTG、阿拉伯糖等)。

> **注意**　当观察 GFP 表达时,使用长波的紫外灯光源("黑光")。不要使用短波的紫外灯。使用中波 DNA 透照灯观测时,一定要用树脂玻璃或能阻挡紫外线的玻璃来防护。

抗生素的选择 *389*

氨苄青霉素是实验中最常用的抗生素标记,尤其是在本书所介绍的快速转化实验中。氨苄青霉素会影响肽聚糖层的构建,会杀死正在合成细胞壁的分裂细胞。它不能够杀死具有完整细胞壁的细胞。所以,细胞在热激后,可以直接涂布在含有氨苄青霉素的培养基上，而省去了恢复培养这一步骤。与此相反，卡那霉素对生长期的细菌细胞就不是那么温和了，所以在涂板培养前恢复培养这一步骤就很重要。因为抗生素能迅速起作用，抑制蛋白质的合成，从而杀掉哪些不能表达抗性蛋白的细胞。

试管的选择

所用试管的类型对高效率的转化实验至关重要，甚至对整个克隆过程都很重要。所以，我们推荐使用预先灭菌的 15ml(17mm×100mm)聚丙烯试管。15ml 聚丙烯试管的热传导性便于热激。其他材质(如聚碳酸酯)或厚壁试管，传热效果不同。另外，体积较少的细胞悬浮液会在试管底部形成薄薄的一层，便于热量快速传入每个细胞。使用小的试管(比如 1.5ml)，细胞悬浮液的深度增加，同时也增加传热的难度。所以，试管规格改动则需要对热激方案做出相应的修改。Becton Dickinson Falcon 2059 型号的试管被认为是进行转化实验的标准试管。

纯净水

缓冲液中多余的盐分和矿物质会影响转化结果，所以应使用尽可能纯净的水。药品级别的蒸馏水是首选。应从附近的研究所和医院里购买一些多步离子交换系统(如 Milli-Q)所纯化的水。

耗材灭菌

使用无菌耗材可以达到良好的转化效果。应准备 15ml 培养管和成盒的 100～1000μl 的枪头，以备使用。有 250μl 刻度的 3ml 的移液管可以代替 100～1000μl 的移液器，实验速度和效率都不会降低。

原则上讲，实验中使用的所有器皿都需要灭菌。但是在实际操作中，没有灭菌但干净的 1.5ml 离心管可以用来盛装氯化钙、LB 培养液、质粒 DNA(必须在一到两天内使用)。干净的未灭菌的 1～10μl 枪头，也可以用来在第九步中向细胞悬浮液中添加 DNA。塑料耗材，如果没有使用过，一般是没有被污染的。使用抗生素可以弥补消毒过程中的一些疏漏。

细胞悬浮液的涂板

传统的细胞涂板器可以用灭菌的涂板玻璃珠代替。把 5～7 个玻璃珠放在含有细胞悬浮液的培养皿上，晃动玻璃珠直到细胞被均匀涂抹。此方法中，不需要酒精和火焰，从而降低了火灾的可能性。使用 3mm 的石英珠。从包装袋里取出的珠子或高压灭菌的珠子可以直接使用。

390 **参考文献**

本实验方法参考以下文献：

Cohen S.N., Chang A.C., and Hsu L. 1972. Nonchromosomal antibiotic resistance in bacteria: Genetic transformation of *Escherichia coli* by R-factor DNA. *Proc. Natl. Acad. Sci.* **69:** 2110–2114.

Hanahan D. 1983. Studies on transformation of *Escherichia coli* with plasmids. *J. Mol. Biol.* **166:** 557–580.

———. 1987. Techniques for transformation of *E. coli*. In *DNA cloning: A practical approach* (ed. D.M. Glover), vol. 1. IRL Press, Oxford.

Mandel M. and Higa A. 1970. Calcium-dependent bacteriophage DNA infection. *J. Mol. Biol.* **53:** 159–162.

预实验

在进行预实验之前，参考实验材料里列出的注意事项。

1. 实验的前一天，准备几个 MM294 或其他大肠杆菌宿主划线的平板。按照实验二 A 中的方案，挑选单个克隆。37℃过夜培养后，用作宿主细胞。
2. 事先做好计划。确保在划线时，应该用平板上或液体培养液中含有活性的大肠杆菌细胞。另外在 LB/amp 培养基上培养细胞时，确定没有拿错含有氨苄青霉素抗性的细胞。
3. 用高压灭菌的方法消毒 50mmol/L 的氯化钙($CaCl_2$)和 LB 培养液，然后用 0.45μm 或 0.22μm 的滤纸过滤。为了省去高压灭菌这一步，过滤液可以保存在事先消过毒的 50ml 锥形瓶内。
4. 每个实验准备：

   两个 LB 培养皿

   两个有氨苄青霉素的 LB 固体培养基(LB/amp)

   当用 pBLU 转化时，必须把 X-gal(5-溴-4-氯-3-吲哚-β-D-吡喃半乳糖苷)加入到 LB/amp 培养皿中，从而才能检测 *lacZ* 基因的表达。或者购买已配好的培养基或者溶解配制含 2% X-gal 的二甲基甲酰胺。当倒培养基时，将培养基冷却到 60℃，每升溶液中加入终浓度为 100μg/ml 的氨苄青霉素和 2ml 的 X-gal 母液。LB/amp/X-gal 可以与 LB/amp 培养基混用。
5. 每一个实验准备下列试剂：

   在 1.5ml 的离心管中加入 1ml 无菌的 50mmol/L 氯化钙(置于冰上)

   在 1.5ml 的离心管中加入 1ml 无菌 LB 培养液

   在 1.5ml 的离心管中加入 12μl 0.005μg/μl 的 pAMP、pBLU 或者 pGREEN(置于冰上)
6. 调节水浴温度到 42℃。可以用 42℃的自来水细水流来维持泡沫盒内水浴的温度。用温度计监控温度。水浴加热装置也可以用来维持水温。 391
7. 将培养箱预热到 37℃。
8. 为了减少挥发，用封口膜或塑料膜封住盛有酒精的烧杯。如果用的是小烧杯，可以用培养皿盖盖住。尽量回收和重新使用酒精灯里的酒精。
9. 如果用涂板玻璃珠，须小心将 5～7 个玻璃珠放进 1.5ml 试管内。可直接将试管中的玻璃珠倒进培养皿中。每个实验要准备四个试管。

材料

培养物、培养基和试剂	耗材与设备
氯化钙(50mmol/L)	盛放冰块和废弃物的容器
LB/amp 培养皿(2)(或如使用 pBLU，则需要准备两个 LB/amp/X-gal ▼培养皿)	盛放95%乙醇▼烧杯和涂板器(或涂板玻璃珠)
	“生物袋”或重污染垃圾袋
LB 培养液	漂白粉(10%)▼或消毒剂

LB 固体培养基(2)
MM294 母板
质粒(0.005μg/μl)(pAMP，pBLU 或者 pGREEN)

煤气灯
培养管(两个，15ml)
培养箱(37℃)
接种环
微量移液器(100～1000μl，0.5～10μl)和枪头
永久记号笔
试管架
37℃水浴(可选)
42℃水浴

▼见附录 4 的注意事项。

方法

大肠杆菌转化的准备(40min)

整个实验必须在无菌的环境下进行。复习实验一中的消毒技术。

1. 用永久记号笔标记一个无菌的 15ml 试管为“＋质粒”。标记另一个试管为“－质粒”。将质粒 DNA 放入“＋质粒”试管中。“－质粒”试管中不加质粒。

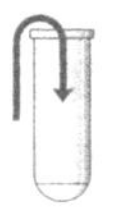

392 2. 用 100～1000μl 的微量移液器和灭菌的枪头，向每个试管中加入 250μl 的氯化钙。
3. 两个试管均置于冰上。

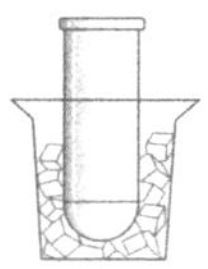

4. 用无菌的接种环从母板中挑取两个菌落到“＋质粒”试管中扩大培养。
   a. 置接种环于煤气灯的火焰上直至烧红。然后将金属丝的其余部分也用火烧一下。
   b. 将接种环在琼脂培养基上点几下使其冷却。
   c. 挑选比较大的菌落，挑起少许细胞，注意不要携带琼脂。(琼脂中的杂质会影响转化。)
   d. 将接种环的尖端浸没在氯化钙溶液中，在试管内壁上剧烈抖动，使所携带的细胞脱落下来。将试管举起，对着灯观察，看是否有细胞团掉进氯化钙溶液中。确认细胞没有粘在接种环或试管内壁上。
   e. 在放回接种环之前，重新用火焰杀菌消毒。

如果平板上没有独立的克隆，则用接种环刮取一个细胞团即可。但是如果加入 $CaCl_2$ 溶液中的细菌太多，转化效率会降低。

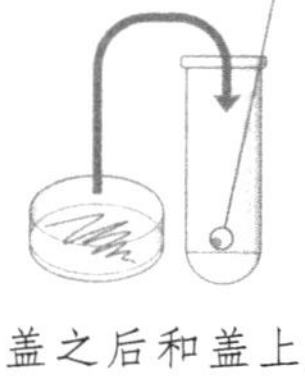

5. 用 100～1000μl 的微量移液器和无菌枪头，迅速将“＋质粒”试管中的细胞悬浮吹打均匀。

最好在开盖之后和盖上盖之前灼烧 15ml 试管管口。细胞团进入 $CaCl_2$ 溶液几分钟后会聚在一起，重悬会很困难。将“＋质粒”试管中的细胞在 0℃冰浴几分钟，在此期间可以准备“－质粒”试管。如果时间允许，可以将两个试管冰浴 5～15min。

注意 鼻子和嘴不要靠近枪头，以免吸入悬浮物中的污染物。

a. 小心混匀，避免细胞悬浮液中有气泡产生，不要让液体溅得太高。

b. 把试管拿起，对着灯光检查细胞悬浮液是否均匀。应该没有可见的块状细胞团。

6. 把“＋质粒”试管放到冰上。
7. 按照步骤 4 和 5，在“－质粒”试管内加入细胞。
8. 把“－质粒”试管重新放到冰上。两试管应都放在冰上冰浴。
9. 用 1～10μl 的微量移液器，在“＋质粒”试管的细胞悬浮液中直接加入 10μl 0.005μg/μl 的质粒溶液。用手指轻弹试管，不要产生气泡，不要让液体溅到试管壁上。
10. 把“＋质粒”试管重新放到冰上，两试管冰浴 15min。

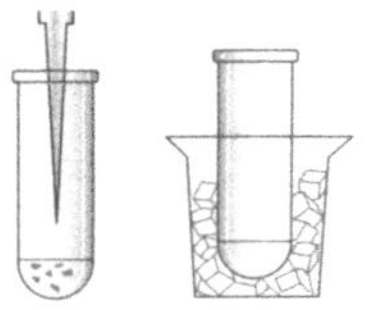

重复检查两个试管是否重悬完全，这对好的实验结果很重要。

11. 当细胞在冰浴时，在两个 LB 和两个 LB/amp 平板上，用永久记号笔标记日期和你的姓名。记住，如果是用 pBLU 做转化实验，就要用 LB/amp/X-gal 平板代替一般的LB/amp平板。

    标记一个 LB/amp 固体培养基皿为＋，为实验皿。

    标记另一个 LB/amp 培养皿为－，为负对照皿。

    标记一个 LB 培养皿为＋，为正对照。

    标记一个 LB 培养皿为－，为正对照。

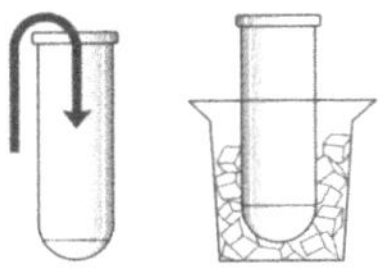

为了节省平板，不同的实验可以省去＋LB 或－LB 平板。

12. 冰浴 15min 后，热激“＋质粒”和“－质粒”试管中的细胞。本实验中，快速、剧烈的热激非常关键。 393

    a. 将盛有冰的烧杯放到水浴箱旁，从冰浴上取出试管，立即把试管放入 42℃ 的水浴中，热激 90s。

    b. 立即把两个试管放回冰上，放置 1min 或更长时间。

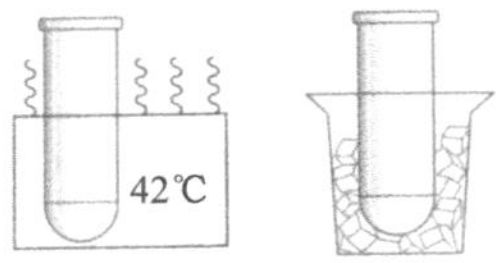

如果时间允许，“＋质粒”及“－质粒”细胞 37℃ 复苏 5～30min。也可以轻微振荡使其复苏。

> 热激后，过长时间的冰浴不会影响转化效率。如果条件允许，可将两试管在 0℃ 放置 24h，直到有时间可以进行下一步涂板，不要冷冻细胞悬浮液。

13. 把“＋质粒”和“－质粒”试管放在试管架上(室温)。
14. 用 100～1000μl 的微量移液器和无菌枪头，在每个试管中加入 250μl LB 培养液。用手指轻弹试管混匀溶液。
15. 根据下表，将“＋质粒”和“－质粒”试管中的细胞涂板。

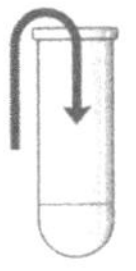

	转化的细胞 “＋质粒”	未转化的细胞 “－质粒“
LB/amp	100μl	100μl
LB	100μl	100μl

如果琼脂吸入太多液体，则细胞不会均匀分布。切记不要将涂布棒过分加热，在涂布前一定要等涂布棒冷却，热的涂布棒会烫死大肠杆菌。

16. 用微量移液器和无菌枪头，从“－质粒”试管中取出 100μl 细胞悬浮液加到－LB 培养基上。另外取出 100μl 细胞悬浮液放到－LB/amp 培养基上。不要让细胞悬浮液在培养皿上停滞时间过长。按照步骤 17 和 18 的方法，涂匀细胞(图 L5－2)。

图 L5－2　无菌涂板技术(步骤 16 和步骤 17)

394 17. 对细胞涂布器进行消毒，然后按照下面次序，将细胞在各自的培养基上涂抹均匀。

a. 把细胞涂布器在盛有酒精的烧杯里蘸一下，快速放到煤气灯的火焰上，点燃酒精，让酒精自己烧完。这时涂布器应该很热。

> **注意**　勿点燃烧杯中的酒精。如果不小心酒精燃烧，不要惊慌。将培养皿盖盖在烧杯上，造成无氧条件迅速使火熄灭。

b. 打开一培养皿，留有一个小缝，恰好能放进涂布器。*不要把盖子放在实验台上。*

c. 让涂布器在培养基表面轻轻滑过或接触盖子上的冷凝水以使其冷却，但不要碰到所加的细胞悬浮液。

d. 让涂布器和细胞悬浮液接触，然后轻轻地在琼脂培养基表面来回推拉几次。尽量使细胞在整个培养基表面分布均匀。

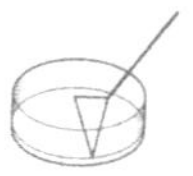

e. 盖上培养皿，涂布器可直接放到酒精中*无须灼烧*。

18. 按照下面顺序，用涂板玻璃珠把细胞在各自的培养皿上涂抹均匀。

a. 打开一培养皿的盖子，留有一个小缝，恰好能放进玻璃珠。*不要把盖子放在实验台上。*

b. 小心地把 5～7 个玻璃珠倾倒于培养基的表面。

c. 盖上盖子，晃动培养基使珠子在表面滚动，继续晃动直到液体全被琼脂糖培养基所吸收。

19. 用微量移液器和无菌枪头从“＋质粒”试管中吸取 100μl 细胞悬浮液加到＋LB 培养皿上，另外吸取 100μl 细胞悬浮液到＋LB/amp 培养皿上。不要让细胞悬浮液在培养皿上放置时间过长，立即进行下一步操作。

20. 重复步骤 17a～e 或步骤 18a～c，使细胞均匀涂抹在＋LB 和＋LB/amp 培养基上。

21. 如果进行步骤 17，在归复原位前，应将涂布器在火焰上燃烧进行消毒。

22. 静置培养皿几分钟，以使液体全部被琼脂吸收。如果进行步骤 18，应把培养皿翻过来，并轻轻敲打培养基底部，使玻璃珠落在培养皿盖上。小心倒出玻璃珠，回收并保存在容器中，以备重复使用。
23. 把培养皿叠放，并用胶带纸将同一实验的培养皿捆成一捆儿。将培养皿倒置在 37℃的培养箱中，培养 15～20h。

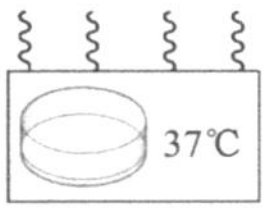

24. 培养结束后，将所有平板置于 4℃环境，使大肠杆菌生长停滞，并抑制其他杂菌的生长。
25. 如果准备做实验八质粒 DNA 的纯化和鉴定，应保留＋LB/amp 平板，用 395
作过夜悬浮培养细胞的来源。
26. 做清洁工作。
    a. 把可能沾染了大肠杆菌的培养皿、试管、枪头分离出来。
    b. 用 10％的漂白粉或消毒水对所有的细胞悬浮液、试管和枪头进行消毒。
    c. 用肥皂水、10％漂白粉或消毒水清洗实验台。
    d. 离开实验室前要洗手。

结果与讨论

计算＋LB/amp 培养皿上单菌落数目。从培养皿的底部观察菌落，记数时用记号笔画出每一个菌落。如果转化成功，应该能在＋LB/amp 培养皿上检测到 50～500 个菌落。100 个菌落相当于每毫克质粒 DNA 转化了 10^4 个菌落。（问题 3 解释如何计算转化效率。）

如果培养时间过长，或在室温下保存了几天，培养基上会有小的卫星菌落从大菌落周边辐射状出现。因为大的有抗性的菌落将其周围培养基中的青霉素分解，所以没有抗性的卫星菌落也会在"抗性细胞的影子"中生长。在计算转化菌落的数目时，不要将这些卫星菌落计数在内。还要仔细检查所有的菌落，看是否有杂菌污染。杂菌一般会在大小、颜色、形状上与正常抗性菌落有所不同。随着经验的积累，你会很容易分辨出大肠杆菌和杂菌。在正对照培养基上，分布着密密麻麻的菌落，分不清单个菌落，形成所谓的"草地"——一片。

如果 pBLU 被用来做转化实验，由于 β-半乳糖苷酶的表达，你将会在 LB/amp/X-gal 的培养基上观察到蓝色的菌落。X-gal 类似于 β-半乳糖苷酶的底物（乳糖）。β-半乳糖苷酶会切断 X-gal，把它的一部分即 5-溴-4-氯-3-吲哚（蓝色）从半乳糖苷上分离出来，所以蓝色菌落的存在代表了 β-半乳糖苷酶的活性的存在。

如果 pGREEN 被用来做转化实验，你会在长波紫外灯（黑光）照射下看到绿色的菌落。绿色菌落反映存在 GFP（绿色荧光蛋白）。

1. 用下表记录你对每个培养皿的观察结果。如果细胞生长过于茂盛，以致不能分清个体的菌落，记录为"草地"。结果和预期相符吗？如果有偏差，请解释。

	转化的细胞 "＋质粒"	未转化的细胞 "－质粒"
LB/amp	实验	负对照
LB	正对照	正对照

396 2. 比较下列各个培养皿的生长情况，从每组的比较中你能得到什么样的结论？

a. ＋LB 和－LB

b. －LB/amp 和－LB

c. ＋LB/amp 和－LB/amp

d. ＋LB/amp 和＋LB

3. 转化效率是由每毫克质粒 DNA 能转化出具有抗生素抗性的菌落数表示。所以实验目的是确定实验板上所涂布的质粒数量，因此，质粒浓度对获得多少转化子至关重要。

a. 计算步骤 9 中所用质粒的质量(mg)。

浓度×体积＝质量

b. 计算平铺于＋LB/amp 培养皿上的细胞悬浮液(步骤 9)占总体积的比率(步骤 2 和步骤 14)：涂布量/细胞悬液总量＝涂布比率

c. 计算涂布在＋LB/amp 培养皿上质粒的质量：

所有质粒的总质量(a)×涂布比率(b)＝涂布质粒的质量

d. 计算每毫克质粒 DNA 能转化的具有抗生素抗性的菌落数目。用公式表示如下：

菌落数/涂布质粒的质量＝转化效率

4. 哪些因子会影响转化效率？

5. 目的基因(*YFG*)已经克隆到了质粒 pAMP 上。根据本书中所述的实验方案，将 0.2μg 的质粒 pAMP/*YFG* 用来转化大肠杆菌。根据下列信息，计算在 200min 后，转化体系中 pAMP/*YFG* 的拷贝数。

a. 转化效率是每毫克完整质粒 pAMP/*YFG* 能产生 10^6 个菌落。

b. 质粒 pAMP/*YFG* 在每一个转化细菌的平均拷贝数是 100 个。

c. 热激后(步骤 12)，将 250μl 的细胞悬浮液全部接种在 25ml 的 LB 培养液中。37℃振荡培养。转化了的细胞在 60min 后进入对数生长期，每 20min 繁殖一代。

6. 取 10μl 不同浓度完整质粒，按前面步骤进行转化实验，取 100μl 转化细胞涂板，分别得到下列数目的菌落：

0.000 01μg/μl	4 个菌落
0.000 05μg/μl	12 个菌落
0.000 1μg/μl	32 个菌落
0.000 5μg/μl	125 个菌落
0.001μg/μl	442 个菌落
0.005μg/μl	542 个菌落
0.01μg/μl	507 个菌落
0.05μg/μl	475 个菌落
0.1μg/μl	516 个菌落

397 a. 计算每个浓度的转化效率。

b. 画出质粒 DNA 分子质量与菌落数对应曲线。

c. 画出质粒 DNA 分子质量与转化效率的曲线。

d. 转化所用的质粒 DNA 质量和转化效率之间有什么关系？

e. 在什么浓度下，转化反应接近饱和？

f. 最大的转化效率是多少？

7. 对于 pBLU 和 pGREEN 质粒转化的细胞，卫星菌落的颜色应该是什么？

高级实验

实验数据只有在重复实验后并得到可重复的结果时才会有说服力。因此，只有在+LB/amp培养基上得到 100～500 个菌落后，再进行下面的实验。

1. 设计并操作实验来比较线状和环状 DNA 的转化效率差异。应保证 DNA 分子质量一致。
2. 设计并进行实验，确定转化步骤中四个组成部分的相对重要性。这四步是：1）预培养；2）培养；3）热激；4）回收。哪一步是必不可少的？
3. 设计并进行一系列下面的实验来比较氯化钙和其他单价、二价和三价阳离子对转化效率的作用效果。

   a. 对于每一种离子，制备 50mmol/L 浓度的溶液。

   b. 测定其 pH，并调节 pH 到 7。

   c. 是否只有氯化钙才具有增强转化效率的作用？

   d. 对于转化效率的影响，单价离子和二价离子作用效果是否有显著的差异？
4. 进行下面一系列实验以确定转化反应的饱和点。

   a. 用问题 6 中列出的 DNA 浓度转染大肠杆菌。

   b. 绘制 DNA 质量与菌落数的曲线。

   c. 绘制 DNA 质量与转化效率的曲线。

   d. 在什么浓度下，转化反应接近饱和？

   e. 用近饱和点附近的浓度重复实验，确定精确的饱和点 DNA 浓度。
5. 重复步骤 4 中的实验，但是须在每个浓度 DNA 中加入 1∶1 混合的 pAMP 和 pKAN。分别涂板于 LB/amp、LB/kan 和 LB/amp+kan 培养基上。注意应包括 40～60min 振荡的细胞恢复步骤。

   a. 计算每个 DNA 质量下的双转化子效率 398

   $$\frac{\text{LB/amp+kan 平板菌落数}}{\text{LB/amp 平板菌落数+LB/kan 平板菌落数}}$$

   b. 绘制 DNA 质量与菌落数的曲线。

   c. 绘制 DNA 质量与双转化菌落数的曲线，在饱和情况下，双转化细菌的百分率为多少？
6. 绘制出转化 pKAN 质粒的大肠杆菌恢复生长曲线，在 0～120min 之内每间隔 20min 恢复细胞生长。

   a. 画出恢复时间与平板菌落数关系曲线。

   b. 何时上抗性表达最大化？

   c. 你能确定细胞开始复制的时间吗？

399 # 实验六　抗生素抗性酶的分析

实验六与蛋白有关，介绍酶分析。在实验五“质粒 DNA 快速转化大肠杆菌的方法”中，质粒转化大肠杆菌使大肠杆菌细胞获得抗生素抗性。这个引入氨苄抗性的基因编码 β-内酰胺酶，该酶可打断氨苄青霉素的 β-内酰胺环。本实验中，β-内酰胺酶从具有氨苄抗性的大肠杆菌中分离得到，在离体条件下分析观察其酶活。

氨苄青霉素是青霉素的衍生物，β-内酰胺酶对氨苄青霉素的破坏效率比对青霉素更高。青霉素在本实验中用作分析 β-内酰胺酶酶活的底物。β-内酰胺酶从携带氨苄抗性质粒（如 pAMP）的大肠杆菌的过夜培养物中分离得到（如 pAMP）。因为 β-内酰胺酶可以迅速地从细胞中渗入到培养基中，所以培养基本身用作 β-内酰胺酶的溶液。β-内酰胺酶将青霉素转化成青霉酸，此反应可通过酚红 pH 计监测，它可以由红色（碱性 pH）变成黄色（酸性 pH）从而指示青霉酸的形成。见图 L6－1。

该实验所需试剂盒可从卡罗来纳生物制品公司购买（目录号：21-1137）。

400

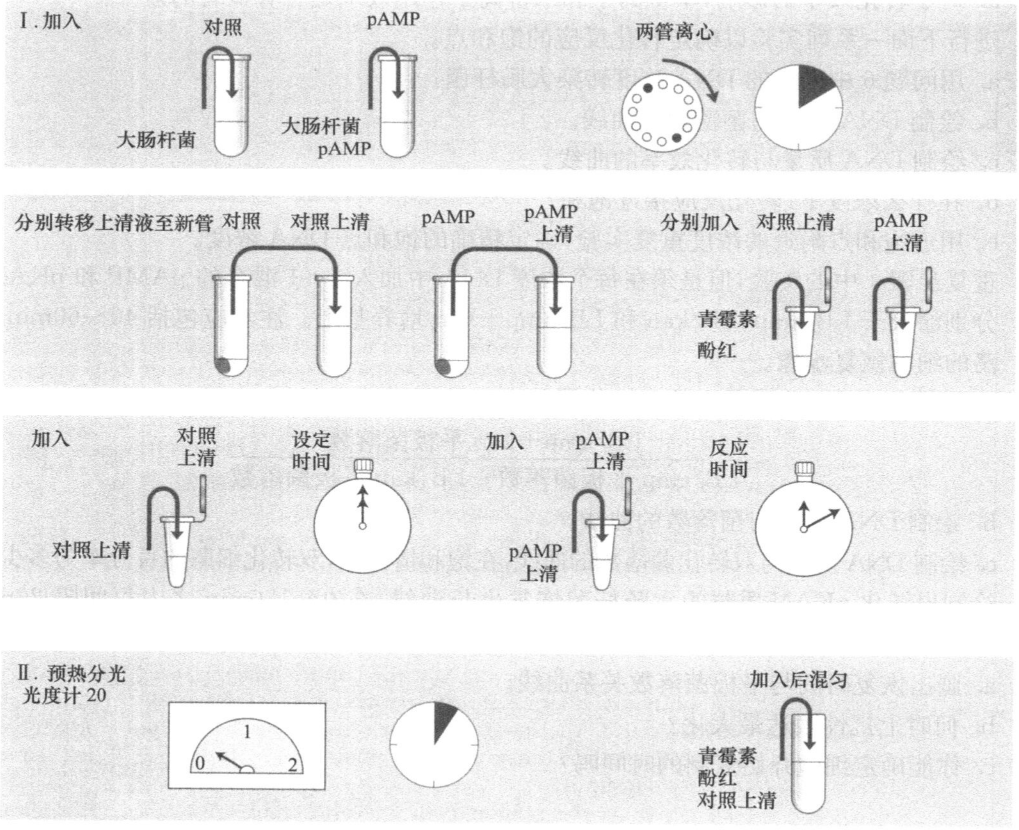

图 L6－1

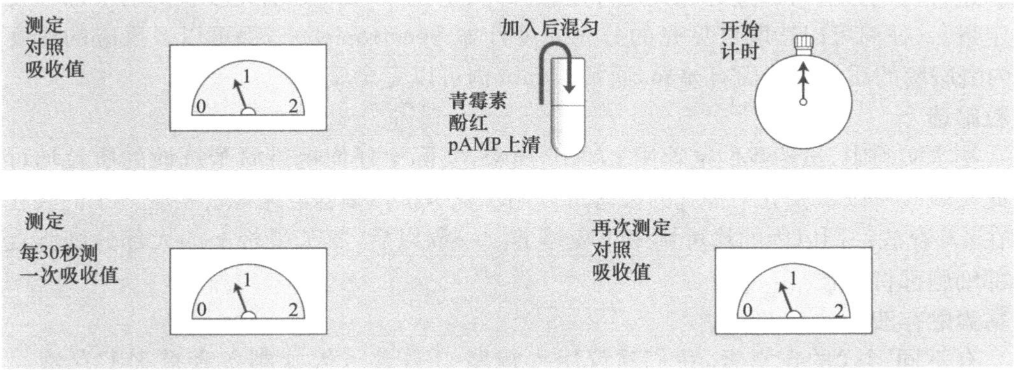

图 L6－1(续)

注意事项 401

β-内酰胺酶

之所以称其为β-内酰胺酶，是因为它破坏氨苄青霉素分子中一个称为β-内酰胺环的四元环。该酶对青霉素也会发生类似的反应产生青霉酸(图 L6－2)。实际上β-内酰胺酶又称为青霉素酶。

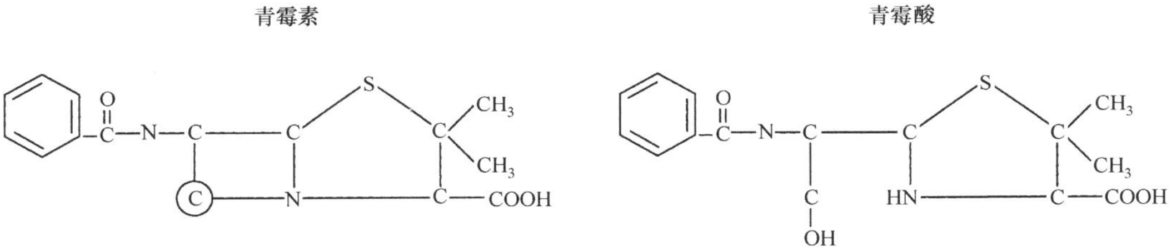

图 L6－2　青霉素和青霉酸的分子式

因为β-内酰胺酶存在于大肠杆菌的细胞周质即细胞壁和细胞膜之间，可渗漏到周围培养基中，所以，过夜培养含有 pAMP 的大肠杆菌的培养基可产生β-内酰胺酶。将细胞去除，上清液可以用作β-内酰胺酶的溶液。β-内酰胺酶非常稳定，可以冻融反复使用。与其他任何一种酶一样，β-内酰胺酶溶液不能在室温放置太长时间。不用时，将其放在冰上保存。

β-内酰胺酶溶液 pH 偏低，这可能影响分析。将 100μl 酚红和 200μl β-内酰胺酶溶液混合，如果溶液变为橙色或黄色，则说明β-内酰胺酶溶液的 pH 太低。可以用 NaOH 和 pH 计调β-内酰胺酶溶液的 pH 到 7.0。另一种方法是将酚红中 Tris(pH7.9)的含量从 10mmol/L 提高到 20mmol/L 或使用高 pH 的 Tris(如 pH8.5 或 9)。

分析条件

β-内酰胺酶活性的分析很简单。因为该酶将青霉素转化为青霉酸，可以利用 pH 指示剂检测 H^+ 的生成。本实验中的 pH 指示剂为酚红。在碱性 pH 条件下(>7.0)，酚红溶液是桃红色的。当 pH 下降到 7.0 以下(即变成酸性)则溶液先变成橙色最后变成黄色。这种比色分析可通过分光光度计定量，即测定在430nm处的光吸收值的增加程度进行定量。(任何可以读取可见光的分光光度计如Spectronic20＋都可以。)反应的速度因β-内酰胺酶的质量不同而有差异，通常10min内可以完全反应。

402 **质粒筛选**

在本实验中，虽然我们推荐用pAMP质粒，实际上任何携带氨苄抗性的质粒均可用于此实验。所以实验五中得到的菌落可以用作氨苄抗性菌株的来源。实验五中的转化菌落在4℃存放一周以内的均可用来过夜培养。一周以后，氨苄平板上的大部分细胞或者全部细胞都将死亡。

青霉素贮存液

有不同形式的青霉素，我们建议用青霉素-G普鲁卡因盐制备青霉素贮存液。贮存液中盐不一定会全部溶解，但该溶液仍可以使用。青霉素-G普鲁卡因盐通常以活性单位出售，通常是约1000U/mg。同时值得注意的是青霉素可以自然降解成青霉酸，尤其是在以下情况下：贮存液中存放了太长时间；贮存液在室温放置过夜或者是更长时间；青霉素盐使用时间过长。在使用前，将700μl贮存液和100μl酚红混匀，如果酚红变成淡红色直至粉红色，则表明贮存液中含有少量的青霉酸。如果酚红变成橙色，则建议换用新的青霉素-G贮存液。

参考文献

本实验参考如下文献资料：

Skinner A. and Wise R. 1977. A comparison of three rapid methods for the detection of beta-lactamase activity in *Haemophilus influenzae*. *J. Clin. Pathol.* **30:** 1030–1032.

Wong K.W. and Soo-Hoo T.S. 1976. A rapid, simple agar-overlay method for the detection of pencillinase-producing *Staphylococcus aureus* in the clinical bacteriology laboratory. *Jpn. J. Microbiol.* **20:** 153–154.

预实验

1. 以10mmol/L Tris (pH7.9)配制0.04%的酚红溶液。这种贮存液可以长期在室温保存。市售酚红一般为1%贮存液。
2. 实验前一天，按照实验二B准备两管大肠杆菌的菌液。一是从LB平板挑取野生型MM294单菌落接种到LB液体培养基中，需要5ml菌液。二是从实验五筛选得到的菌落，挑取单菌落，接种到LB/amp液体培养基中，需要5ml培养物。如果可能，最好用高浓度的氨苄抗生素(200mg/L)。

403 3. 实验当天，配制4mg/mL青霉素-G溶液，用之前放在4℃保存。如在前一天配制好，要注意在室温它可能会降解成青霉酸，应当在4℃过夜保存或－20℃长期保存。
4. 在实验当天检测试剂。将酚红溶液和青霉素贮存液混合检测其pH。(见注意事项。)
5. 每个实验准备以下组分：

   5ml过夜培养物(15ml培养管)，标记为“对照”

   5ml大肠杆菌/pAMP培养物(15ml培养管)，标记为“pAMP”

6ml 浓度为 4mg/ml 的青霉素-G

1ml 0.04%的酚红溶液

材料

试剂	耗材与设备
E. coli 过夜培养物	盛废弃枪头的容器
E. coli/pAMP 过夜培养物	10%漂白粉▼或消毒剂
LB 培养基	医用离心机
LB/AMP 培养基	培养管(15ml)
青霉素 G ▼(4mg/ml)	微量移液器(100～1000μl)和枪头
酚红溶液▼(0.04%)	记号笔
	分光光度计
	干净的比色杯
	试管架
	计时器
	离心管(1.5ml)

▼见附录 4 注意事项。

方法

Ⅰ. 进行 *β*-内酰胺酶分析(30min)

1. 将试剂放在实验台试管架上。
2. 准备两个 15ml 离心管，一管中装有 5ml 野生型 *E. coli* 过夜培养物(管上标有对照)，另一个管装有 5ml *E. coli*/pAMP 过夜培养物(管上标有 pAMP)。管壁标上你的名字，以防与他人混淆。
3. 将两个离心管放在离心机转子的平衡位置，2500～4000r/min 离心 10～15min，使细胞沉淀在管底。
4. 离心过程中，在另两个干净的离心管上分别标记"对照上清"和"pAMP 上清"，同时注上你的名字。
5. 离心完毕，将两份上清分别倒进相应的两个标好的离心管中。 404
不要破坏沉淀。标有"pAMP 上清"的管中含有大肠杆菌渗出的 *β*-内酰胺酶。标有"对照上清"的管中含有野生型上清。细菌沉淀可以冰冻保存，以便进一步分析。
6. 取两个 1.5ml 离心管，一个标记"对照上清"，另一个标记"pAMP 上清"。
7. 按照如下表格向每个离心管中加入试剂。每加一种试剂换一个新枪头。并参照下文的说明。

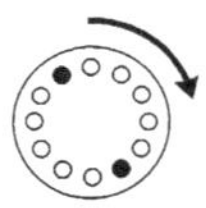

离心后细胞在管底形成紧实的沉淀，上清液为澄清。如果上清液浑浊，需再离心 10min 或提高离心速度。

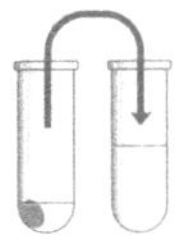

上清中不能有任何沉淀，而且 *β*-内酰胺酶溶液量大，所以取上清的时候，应在管底保留一些上清。以免破坏沉淀。

管	青霉素-G	酚红	对照上清	pAMP 上清
“对照上清”	700μl	100μl	200μl	—
“pAMP 上清”	700μl	100μl	—	200μl

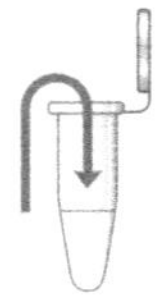

8. 用微量移液器，向两个 1.5ml 离心管中加入 700μl 青霉素-G 溶液。

酚红溶液可能会从深红色变为橙红色，这是正常现象。如果从橙色变成黄色，则说明青霉素-G 已经降解为青霉酸，须换新鲜的青霉素-G 溶液。

9. 用新枪头向两个离心管中各加 100μl 酚红。
10. 向标有“对照上清”的 1.5ml 离心管中加 200μl 对照上清。
11. 开始计时，同时用新的枪头向标有“pAMP 上清”的 1.5ml 离心管中加 200μl pAMP 上清，颠倒混匀。如果有合作者，一人加 β-内酰胺酶溶液，另一个人计时。
12. 将离心管放在试管架上，观察颜色变化（因为温度会影响反应速度，所以不要将离心管放在手中观察，以免加速反应），记下反应液变黄的时间。

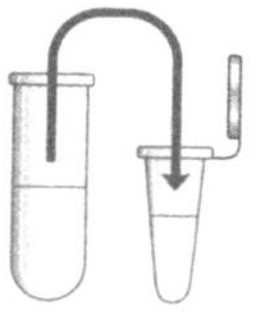

Ⅱ. β-内酰胺酶活性的定量分析(30 min)

利用分光光度计（如 Spectronic20＋）对酶活性定量。通过测定黄光吸收的增加程度可以确定青霉酸形成的量。

离心管溶液颜色应为从红色慢慢变为玫瑰红色，然后变成橙色，最后当反应完全时，变为黄色。

1. 预热分光光度计，将波长设在 430nm。
   a. 按照使用说明书将分光光度计调零。将含有青霉素、酚红和新鲜 LB 的混合液（见步骤 2）的比色杯在分光光度计上调零。酚红在碱性 pH 条件下（即红色时）的吸收峰是 560nm，在酸性 pH 条件下（即黄色时）的吸收峰是 430nm。
   b. 将 100μl 酚红溶于 3ml 水中，测定在几种波长下的光吸收值，以检查分光光度计的灵敏度。然后加少许酸，使其颜色变黄，再次测定在如上几种波长下的光吸收值。

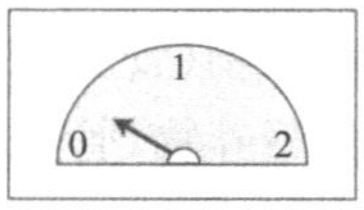

405 2. 分光光度计预热 5min 后，设一个对照管，以便消除反应背景的影响。（如果分光光度计中有一个 1ml 比色杯，则按照说明书，加入比色所需溶液的体积。）

设对照管的目的是用来确定反应体系在 430nm 可见光的背景吸收值，它应该具有很低的吸收值。

   a. 向分光光度计比色杯中加入 2ml 青霉素溶液（1ml 比色杯中加入 600μl）。
   b. 加入 100μl 酚红溶液（1ml 比色杯中加入 50μl）。
   c. 加入 600μl 对照上清（1ml 比色杯中加入 200μl）。
   d. 用封口膜封好，用拇指按住封口处，颠倒混匀两次。
3. 将对照管放进分光光度计，记录 430nm 处的吸收值。这就是对照上清的背景吸收值。保存这只管子以备在步骤 10 中再次读取吸收值用。
4. 记录本上绘制如下表格记录数据：

   对照上清背景起始的吸收值________________。

时间/s	0	30	60	90	120	150	180	210	240	270	300	330	360	390	420	480
pAMP 上清吸收值																

对照上清背景的最终吸收值 ______________。

5. 新比色杯中加入 2ml 青霉素溶液(如为 1ml 比色杯,则须加入 600μl)。
6. 加入 100μl 酚红溶液(如为 1ml 比色杯,须加入 50μl)。
7. 加入 500μl pAMP 上清(如为 1ml 比色杯,须加入 200μl)。
8. 用枪头上下混匀或用封口膜封好,用拇指按住封口,颠倒混匀两到三次,迅速放入分光光度计 20+。(因为一旦加入 β-内酰胺酶,则反应开始,所以动作要迅速,以便确定时间为零时的吸收值。)
9. 同时开始计时,读取在 430nm 处的起始吸收值。起始数据可能 406
不会像对照那样低,因为 *E. coli*/pAMP 过夜培养基中含有切开的氨苄青霉素,类似青霉酸,是酸性,会促进溶液由红色向黄色的转变。每 30s 读取一次吸收值,直到在一分钟内吸收值没有大的变化为止。
10. 将对照管(来自步骤 3)放在分光光度计中,再次记录其吸收值,以确认在这段时间内对照管没有发生变化。
11. 收拾整理。
    a. 将沾有大肠杆菌的一次性培养管和枪头分类放好。
    b. 用 10%漂白粉或消毒剂对培养管和枪头进行消毒。
    c. 用肥皂水或 10%漂白粉或消毒剂擦净水池。
    d. 洗手后离开实验室。

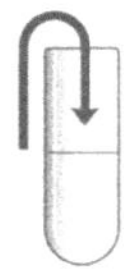

加少量的酚红可以使吸收值不至于超过读值范围。如果吸收值为 2,则需将酚红的量减半。

如果有合作者,一人计时,另一人观察吸收值的变化。

结果与讨论

在本实验中我们利用 β-内酰胺酶,也称青霉素酶,进行酶活性分析实验。β-内酰胺酶基因由 pAMP 编码,使大肠杆菌获得氨苄(青霉素的一种形式)抗性。该酶催化青霉素裂解为青霉酸,虽然反应是看不到的,但可通过氢离子的积累来检测。该实验演示了如何将不可视的反应以可视的方式呈现出来。后者是分子生物学家每天都面临的问题。

在实验过程中,对照上清管反应液,应该自始至终是红色的。相反,pAMP 上清液从浅红变成橙色,最后变成亮黄色。这种颜色变化是由于青霉酸的形成而改变了氢离子的浓度。酶反应管的颜色变化非常快,颜色变化的速度与酶的活性、浓度有关。

1. 为何酚红溶液用 10mmol/L Tris-HCl(pH7.9) 来配制?
2. 写出本实验中酶反应的方程式。
3. 预测以下影响因子会对反应速度造成什么样的影响?
    a. 降低温度。
    b. 利用高浓度的青霉素-G。
    c. 将 β-内酰胺酶溶液在 70℃保温 10min。

d. 加更多的 β-内酰胺酶。

407 e. 加更多的酚红。

f. 用 50mmol/LTris(pH7.9)配制酚红。

g. 用 10mmol/LTris(pH9.0)配制酚红。

4. 根据 β-内酰胺酶反应的数据，做曲线图。x 轴为时间，y 轴为吸收值。
5. 预测在波长 560nm(酚红在基本 pH 的吸收峰)处的曲线图。
6. 反应速度定义为一段时间内底物生成的量。在本实验中，通过对氢离子增加的检测来确定底物的生成量，氢离子的增加量可通过 430nm 处光吸收值的增加来断定。观察你的曲线图，描述反应速度最高点，用每分钟吸收值的变化表示反应速度。

高级实验

1. 酶一般对热敏感。在 70℃保温 10min 可使 1ml β-内酰胺酶溶液失活，重复此实验，比较热失活的酶和正常酶的区别。
2. β-内酰胺酶裂解平板中的氨苄青霉素，做以下实验：

a. 通过过滤除菌，将青霉素过滤于 1.5ml 离心管中。

b. 取无菌棉花、含氨苄青霉素的平板和一管野生型大肠杆菌培养物，将棉花浸入无菌的 β-内酰胺酶溶液。

c. 打开培养皿盖，在培养基表面写上你的姓名。

d. 将平板放置几分钟，这样 β-内酰胺酶渗入培养基中。

e. 用新的无菌棉花浸入大肠杆菌培养物中，将菌液涂在整个培养基表面。

f. 37℃培养(清理所用的物品)。

g. 24h 后，将平板放在 4℃，直到进行下一步分析。

h. 检查平板，解释出现这种现象的原因。

3. β-内酰胺酶存在于细胞壁和细胞膜之间，一般由细胞壁渗进培养基，但许多还滞留在周质中。溶菌酶是来自鸡蛋的酶，可以破坏细菌细胞壁，将滞留的 β-内酰胺酶释放进培养基中，用溶菌酶处理细菌使 β-内酰胺酶释放。

a. 制备 20mg/ml 的溶菌酶(pH7.9)贮存液(−20℃放置)。

b. 将 pAMP 和对照菌沉淀(方案Ⅰ步骤 5)化冻。

408 c. 向每个沉淀中加 5ml 新 LB 液体培养基，盖上盖，涡旋 1min。

d. 加 500μl 溶菌酶溶液，盖盖，颠倒混匀。

e. 37℃放置 10min 或室温放置 15min 后，用力摇或涡旋 1min。

f. 将离心管放在离心机的平衡位置，2000～4000r/min 离心 10min。

g. 在两个新的 15ml 离心管上，分别标记“pAMP＋lys”和“ck＋lys”。

h. 离心停止，将 pAMP 和对照的上清分别倒进标有“pAMP＋lys” 和“ck＋lys”的离心管中，前者含有细胞周质中释放的 β-内酰胺酶，后者含有对照上清。

i. 按照方案Ⅰ 步骤 6～12 操作，对照上清相当于“ck＋lys”，pAMP 上清相当于“pAMP＋lys”。

j. 比较“pAMP 上清”和“pAMP＋lys”离心管反应完全所需时间的差异。

4. 过夜的 *E. coli*/pAMP 培养物中含有切断的氨苄青霉素，同青霉酸一样是酸性的。参照本实验方案Ⅱ，用水代替青霉素-G，进行两个实验，比较对照上清和 pAMP 上清的差异，每个反应加 600μl 水和 50μl 酚红。一管中加 200μl 对照上清，另一管中加 200μl pAMP 上清，测定两者在 430nm 处吸收值的差别。

5. 从 *E. coli*/pAMP 过夜培养物中纯化 β-内酰胺酶。

   a. 向培养物中加入溶菌酶至终浓度为 2mg/ml，37℃振荡培养 15min，离心去除细胞。将 15g 硫酸铵溶于上清中，冰上放置 10min，离心 10min。管底会有沉淀形成，分别保留沉淀和上清。用 2ml 的 10mmol/L Tris(pH7.9)重悬沉淀。在上清中再加入 25g 硫酸铵，冰上放 10min。离心 10min，留下最终的上清。用 2ml 10mmol/L 的 Tris(pH7.9)重悬沉淀。

   b. 将初始上清、重悬的硫酸铵沉淀和最终的上清，用青霉素-G、酚红一起分析，确定哪个组分含有 β-内酰胺酶活性。利用 Bradford 分析或 Bio-Rad 溶液来确定初始上清中蛋白的浓度，并且和其他含有 β-内酰胺酶活性的组分进行比较。最后，像本实验中描述的那样利用分光光度计分析初始上清和活性组分的相对酶活，确定纯化后的 β-内酰胺酶的酶活和蛋白浓度比。

6. 可以通过 SDS-聚丙烯酰胺凝胶电泳观察 β-内酰胺酶蛋白，参照实验七“GFP 重组体的纯化和鉴定”。β-内酰胺酶样品与等体积的 2× 变性缓冲液[100mmol/L Tris(pH6.8)、200mmol/L 二硫苏糖醇、4%SDS、0.1%溴酚蓝、10%甘油]，煮沸 10min，然后走电泳。同时，取 5ml 野生型大肠杆菌和大肠杆菌/pAMP 培养物，离心，细胞用 1×的变性缓冲液重悬，煮沸 10min，走电泳。走胶完毕，确定 β-内酰胺酶的分子质量，在胶上样品的泳道中找相应大小的条带。结果应该是在大肠杆菌/pAMP 中出现该条带，而在野生型大肠杆菌中不存在。 *409*

411 # 实验七　重组 GFP 的纯化和鉴定

实验七介绍一种利用 HIC(疏水层析)快速纯化绿色荧光蛋白(GFP)的方法。纯化的蛋白用聚丙烯酰胺凝胶电泳进行鉴定。本实验分为两部分:利用 HIC 进行 GFP 的纯化和利用 PAGE 分析纯化的 GFP。

- 实验 A 介绍了纯化 GFP 的方法。将含有 GFP/氨苄抗性菌落的细胞悬浮培养生长至稳定期。取 2ml 培养物在冰上裂解,使其释放 GFP 和其他蛋白。纯化的第一步是将细胞在高盐结合缓冲液中裂解,结合缓冲液中的极性离子与 GFP 分子外部的离子相互排斥,使 GFP 分子露出内部的疏水基团。暴露的疏水基团与 HIC 树脂牢固结合,然后用中盐缓冲液洗脱掉未结合或结合很弱的蛋白。最后用低盐缓冲液以恢复 GFP 的正常构型,从而使其从树脂上分离出来。洗脱的蛋白转到特定的离心管中,在长波紫外光下鉴定其荧光特性。见图 L7 - 1。
- 实验 B 介绍了细胞裂解、中盐洗脱、GFP 纯化、蛋白分子质量的聚丙烯酰胺凝胶电泳和考马斯亮蓝染色等技术。纯化的蛋白的泳道上有一 GFP 单一条带,分子质量大约为 27kDa。在裂解物泳道和洗脱泳道上,可看到几条蛋白带或者呈弥散状态,但纯化的 GFP 中不存在多条或弥散条带。见图 L7 - 2。

本实验所用的试剂盒可以在卡罗来纳生物制品公司购买。

- 目录号 21-1082:模块 1(绿色基因转化试剂盒)
- 目录号 21-1070:模块 2(GFP 纯化)
- 目录号 21-1071:模块 3(纯化 GFP 的电泳分析)

412 ## A 部分　利用 HIC 方法纯化 GFP

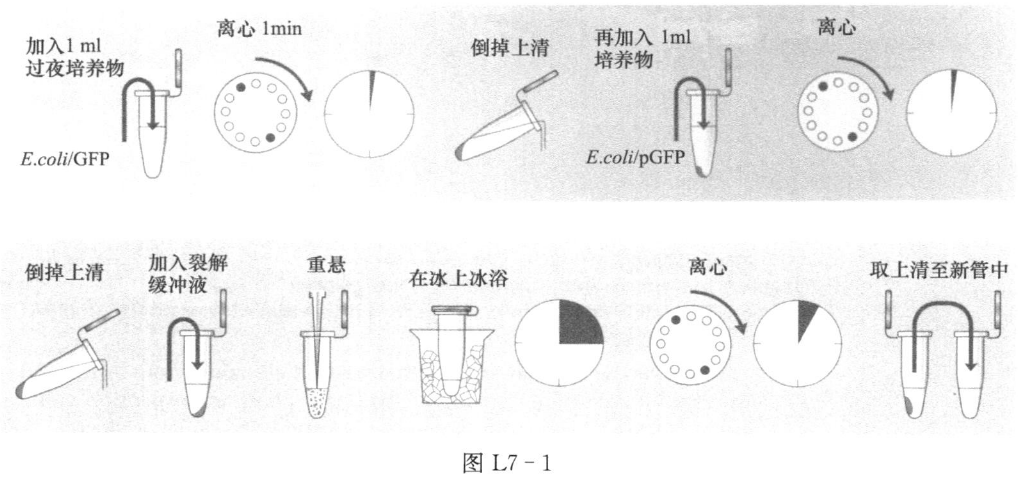

图 L7 - 1

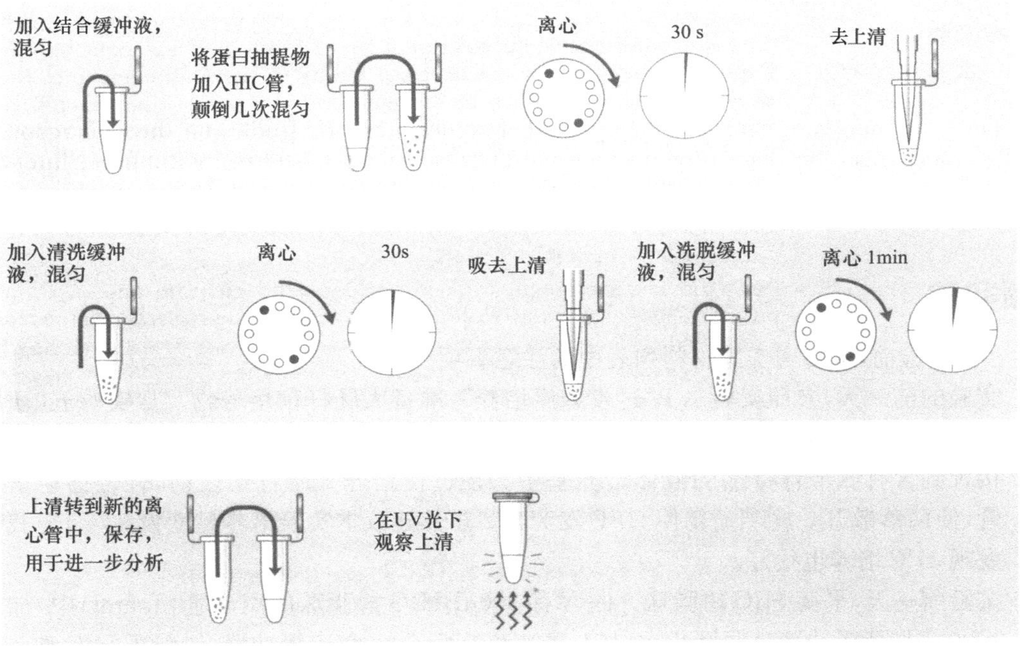

图 L7-1(续)

注意事项 413

GFP 在大肠杆菌中的表达

大肠杆菌/GFP 经剧烈振荡，在良好的通风环境中过夜培养。剧烈振荡可将空气中的气体引入培养基，因为氧气是大肠杆菌生长、质粒扩增和 GFP 正常表达所必需的。同时，氧气是 GFP 疏水基团转录而产生荧光的必需条件。没有正常的通风，GFP 转化菌株就无法产生荧光。

表达蛋白最好从过夜悬浮培养物中的*新鲜*细胞中提取。使用过夜培养不超过 16h 的细胞，因为到了稳定期的细胞中的 GFP 会降解。

蛋白的批量纯化技术

HIC 的基本技术是将细胞裂解液通过一个含有树脂的垂直柱。然而，裂解和从柱上洗脱是一个费时的过程。在装柱和处理柱子过程中，会出现很多问题。如树脂珠中有一点空气，也会影响洗脱的毛细作用。但是，GFP 与树脂珠结合能力强，可以避免这些误差。这种简化的技术称为"批量技术"，整个纯化过程在一个 1.5ml 离心管中进行。必须使用新的离心管，因为纯化过程中会有少量的 HIC 珠洗脱下来。

HIC 树脂珠

HIC 疏水珠是带有甲基基团、大小为 50μm 的多孔珠。甲基基团使其在高盐条件下与疏水蛋白相互作用。

SDS-PAGE 分子质量标记

很多公司出售不同的分子质量标记。分子质量标记有助于鉴定 GFP 蛋白。GFP 蛋白大约为 27kDa。蛋白分子质量标记范围在 20～150kDa 之间为宜。

参考文献

本实验参考以下文献：

Lin F.Y., Chen W.Y., and Hearn M.T. 2001. Microcalorimetric studies on the interaction mechanism between proteins and hydrophobic solid surfaces in hydrophobic interaction chromatography: Effects of salts, hydrophobicity of the solvent, and structure of the protein. *Anal. Chem.* **73:** 3875–3883.

414 ## 预实验

预实验前，请参考实验材料列表中的注意事项。

1. 实验的前一天，参照实验二 B“过夜悬浮培养”，准备大肠杆菌培养物。从实验五“质粒 DNA 快速转化大肠杆菌的方法”中得到的＋pGREEN 平板中的菌落中，挑取一个菌落接种到含有氨苄青霉素的液体培养基中。在过夜培养大肠杆菌之前，轻轻摇动培养管，使菌落散开。剧烈振荡使 GFP 发荧光。虽然建议本实验培养温度为 33℃，但我们发现 37℃培养也很好。
2. 实验前一天，平衡 HIC 树脂珠。向含有 500μl HIC 树脂珠的离心管(1.5ml)中，加入 1000μl 平衡缓冲液。颠倒几次混匀，高速离心 1min。移走缓冲液，勿破坏 HIC 珠。
3. 每个实验准备以下组分：
   - 2ml 大肠杆菌/GFP 过夜培养物
   - 500μl HIC 珠预缓冲液
   - 600μl 裂解缓冲液
   - 300μl 结合缓冲液
   - 600μl 洗涤缓冲液
   - 300μl 洗脱缓冲液(TE)
4. 复习实验 B 中纯化 GFP 的 PAGE 分析方法。

材料

试剂	耗材与设备
结合缓冲液	废弃枪头的收集器
大肠杆菌/GFP 过夜培养物	微量离心机
平衡缓冲液	微量移液器(100～1000μl)和枪头
葡萄糖/Tris ▼/EDTA 缓冲液 (GTE)	记号笔
HIC 树脂珠	恒温水浴振荡器(37℃)或培养箱
裂解缓冲液	试管架
Tris ▼-EDTA 缓冲液	离心管(1.5ml)
洗涤缓冲液	

▼见附录 4 注意事项。

方法 415

利用 HIC 进行 GFP 的纯化（40 min）

1. 振荡培养管，重悬大肠杆菌细胞。
2. 用移液器吸取 1ml 大肠杆菌/GFP 培养物于 1.5ml 试管中。
3. 盖上盖，将管子放在离心机的平衡位置上。离心 1min，收集细胞沉淀。

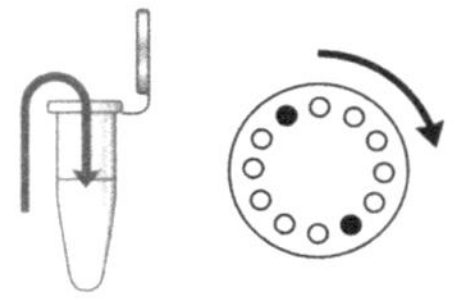

4. 将上清小心倒进废液收集器中。*勿破坏细胞沉淀。*
5. 再取 1ml 菌液，于同一管中重复步骤 1～4，在沉淀上方继续收集沉淀。这样会形成大量的沉淀，用 GTE 重悬沉淀。
6. 管中加入 500μl 裂解缓冲液，重悬吹打沉淀几次。

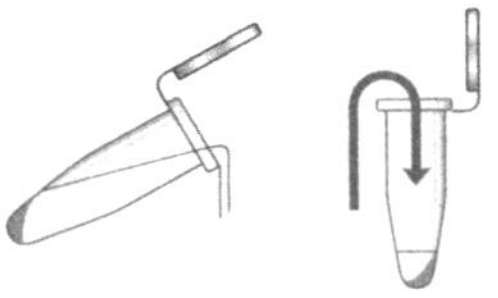

7. 冰上冷冻 15min，防止蛋白降解。
8. 平衡条件下，离心 5min，将不溶的细胞碎片沉淀下来。
9. 取 250μl 细胞上清液于新离心管中。*勿破坏细胞碎片沉淀。*

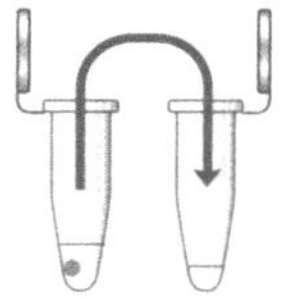

从剩余的裂解液中，取 100μl 放于新离心管中，在－20℃保存，以备在 B 部分中进行 PAGE 分析。

10. 向上述 250μl 上清液中加入 250μl 结合缓冲液。盖上盖，快速颠倒几次混匀。
11. 取出 400μl 上述混合液，加到疏水树脂珠中。盖上盖，颠倒混匀几次。
12. 离心 30s，小心移去上清液，不要碰到树脂珠。
13. 向树脂珠中加 400μl 洗涤缓冲液，颠倒混匀几次。这一步可洗掉结合不稳定的蛋白。
14. 离心 30s，用移液器小心吸走上清。*不要碰到树脂珠。*

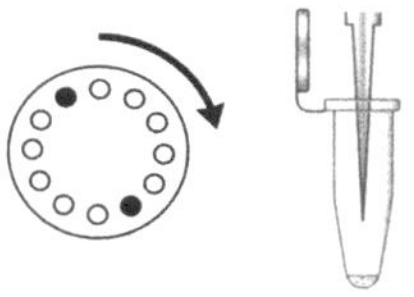

GFP 疏水基团与树脂珠结合。

15. 向树脂珠加入 200μl TE，洗脱重组的 GFP，将管颠倒混匀几次。
16. 离心 1min，上清含有纯化 GFP，用移液器将重组 GFP 转到新的离心管中。
17. 在 UV 光下观察，将纯化的 GFP 保存在－20℃以便进行 PAGE 分析（在冰冻状态下也发荧光）。

结果与讨论 416

HIC 是利用疏水基团进行分离蛋白的一种简单而有效的方法，实验人员应该熟悉纯化过程的每一步中所发生的生化反应。结合缓冲液中氯离子排斥带负电荷的 GFP 分子的 β-外壳。这种排斥使分子内部外翻，露出疏水基团。

- 露出的疏水基团牢牢与 HIC 珠的非极性甲基基团结合。
- 中盐洗涤使 GFP 保持为疏水状态，但可以洗脱未结合或结合弱的裂解蛋白。
- 低盐缓冲液（TE）使疏水基团回到 GFP 分子的原来位置，从而使 GFP 从 HIC 珠释放。

1. 裂解缓冲液与哪类分子作用使大肠杆菌细胞中的 GFP 释放？

2. GFP 结构的哪一部分使其与 HIC 珠牢固结合?
3. TE 如何使 GFP 分子从 HIC 珠上释放?
4. HIC 无法分离出 100%的纯 GFP。最可能存在于 GFP 贮存液中的细胞蛋白种类是什么?

高级实验

用另一种蛋白层析方法继续纯化由 HIC 纯化得到的 GFP 蛋白,以 SDS-PAGE 电泳来分析单一纯化和双重纯化得到的蛋白,比较两种蛋白的差异。

417

B 部分　纯化的 GFP 蛋白的 PAGE 分析

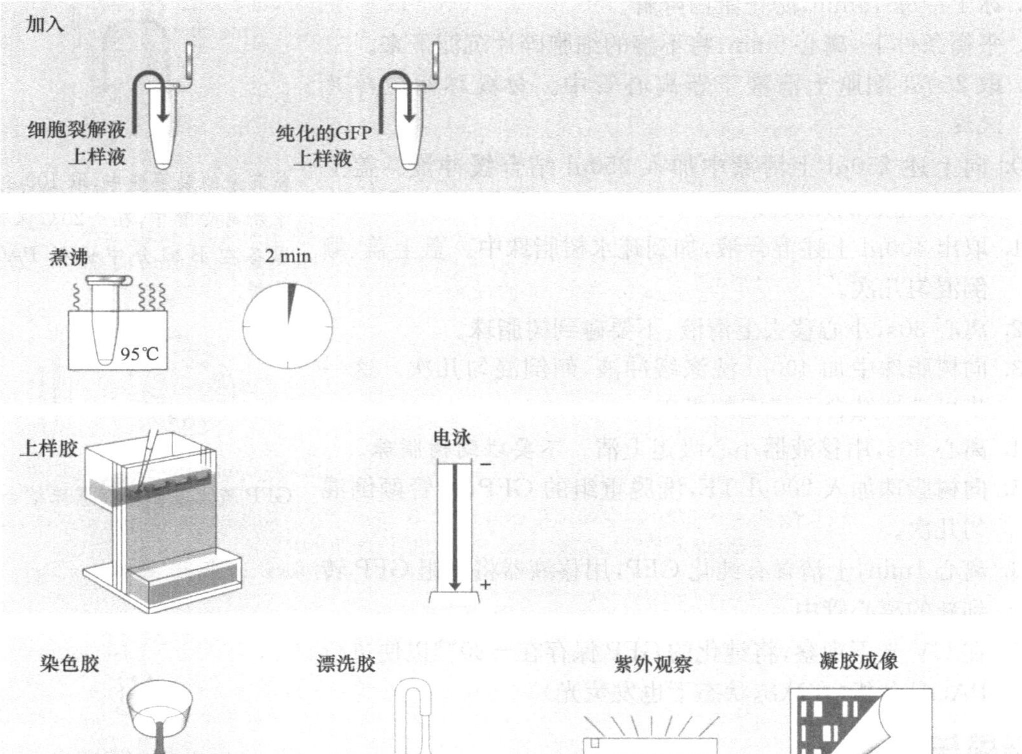

图 L7-2

418

注意事项

通常用聚丙烯酰胺变性凝胶电泳进行蛋白电泳分析。上样前,样品在 95℃变性。负电荷的变性剂 SDS 进入凝胶和电泳缓冲液中,保持蛋白各亚基的解离状态,防止蛋白凝集。

利用现成的胶条进行聚丙烯酰胺凝胶电泳

丙烯酰胺和甲叉双丙烯酰胺是神经毒剂,在教学实验室中配制这些试剂非常危险。

我们建议使用现成的胶条，此类胶条在许多公司有售。虽然多聚聚丙烯酰胺凝胶电泳没有直接的危险，即使使用现成胶条，依然要戴手套。因为市售的胶条比较昂贵，所以尽量合用一个胶条比较经济。

考马斯亮蓝

建议用考马斯亮蓝染色。

参考文献

本方案参考如下文献：

Davis B.J. 1964. Disc electrophoresis. II: Method and application to human serum proteins. *Ann. N.Y. Acad. Sci.* **121:** 404–427.

Hames B.D., ed. 1998. *Gel electrophoresis of proteins: A practical approach,* 3rd edition. Oxford University Press, New York.

Laemmli U.K. 1970. Cleavage of structural proteins during the assembly of the head of bacteriophage T4. *Nature* **227:** 680–685.

Ornstein L. 1964. Disc electrophoresis. I: Background and theory. *Ann. N.Y. Acad. Sci.* **121:** 321–349.

Sharp P.A., Sugden B., and Sambrook J. 1973. Detection of two restriction endonuclease activities in *Haemophilus parainfluenzae* using analytical agarose-ethidium bromide electrophoresis. *Biochemistry* **12:** 3055–3063.

预实验

在预实验前，参照实验材料列表中列出的注意事项。

1. 每个实验准备以下组分：

   5μg 蛋白分子质量标记(冰上放置)

   40μl 2×蛋白上样液。
2. 准备 1×Tris-甘氨酸-SDS 电泳缓冲液(每次电泳需要 400～500ml)。
3. 准备考马斯亮蓝蛋白染液(每次 100ml)。
4. 将水浴箱温度调到 95℃。

材料 419

试剂	耗材与设备
考马斯亮蓝▼蛋白染液	废弃枪头收集器
HIC 细胞裂解液	电泳仪
HIC 纯化过的 GFP	乳胶手套
Tris/HCl/SDS 聚丙烯酰胺凝胶(12.5%)▼	微量移液器(0.5～10μl)和枪头
2×蛋白上样液	记号笔
蛋白分子质量标记	保鲜膜(可选)
1×Tris/甘氨酸/SDS 缓冲液▼	电源
	离心管架
	离心管(1.5ml)
	透射灯▼(可选)
	水浴箱(95℃)

▼见附录 4 注意事项。

方法

Ⅰ. 蛋白变性，点样和电泳分离(90min)

参照实验三 DNA 限制性内切核酸酶酶分析。

1. 用记号笔将两个 1.5ml 离心管做好标记。

   "CL"＝细胞裂解液(来自实验 A 步骤 9)

   "GFP"＝纯化 GFP(来自实验 A 步骤 16)

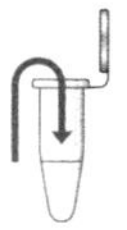

2. 将 5μl 细胞裂解液(CL)和 15μl 纯化 GFP(GFP)转到上述对应的离心管中。再取一个管加入蛋白分子质量标记，每管中约含有 10μg 总蛋白。

指导教师会给你指定一个样品加到公共胶上。

3. 向"CL"离心管加 5μl 2×蛋白上样液。向"GFP"管加入 15μl 2×蛋白上样液。

4. 将所有的样品(包括分子质量标记)在 95℃水浴箱中变性 2min。
5. 将现制的 12.5%Tris/HCl/SDS 聚丙烯酰胺凝胶胶条，直接放入垂直电泳槽中，将 1×Tris/甘氨酸/SDS 缓冲液灌入两个室中。

在上样前，使用移液器多次用缓冲液冲洗点样孔，可将点样孔中未聚合的丙烯酰胺去除掉。

6. 将所有样品点入各个胶孔，如图 L7－3 所示。

   每个样品用一个新枪头。

420

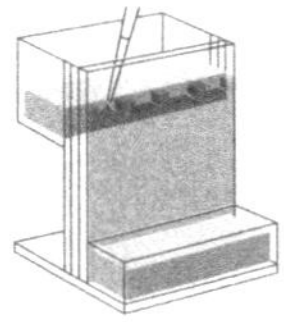

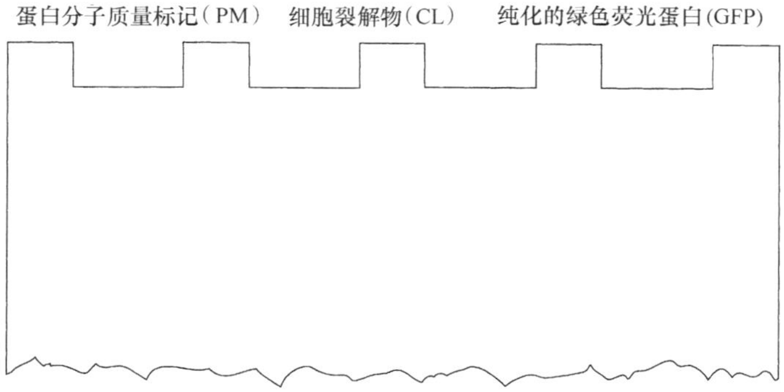

图 L7－3

7. 盖上电泳槽的顶盖，接通电源，正极对正极，负极对负极。电压调到 175V，电泳分离。直至溴酚蓝走到胶的底部，大约需要 1h。
8. 关闭电源，撤去接线，移走顶盖。
9. 小心将胶板移出电泳槽，用匙状物将胶板打开，将胶移到染色托盘中。

电泳样品从负极移向正极。

注意 小心操作，聚丙烯酰胺凝胶容易破碎。

STOP 此步可以过夜：盖上电泳槽，保存胶条。胶条可放在密封塑料袋中于 4℃冰箱过夜保存，以便次日观察或照相。但时间过长，蛋白质会在胶中弥散，条带会变模糊甚至完全消失。

Ⅱ. 用考马斯亮蓝染色、观察(照相)(180min)

1. 用考马斯亮蓝将胶浸没,盖上染胶盒盖,染色 1h 或过夜。
2. 戴上手套,倒掉染液,用自来水漂洗胶,去除残留的染液。
3. 用自来水脱色 1～2h,每 15min 换一次水,蛋白质条带会变蓝。脱色时间越长,背景就会越少。但脱色时间不要太长,否则蛋白质条带会变得不清晰。
4. 在白色背景下或在白色透射光下观察胶。
5. 用宝丽来相机或数码相机照相。

指导教师应在远离学生的区域内进行染色实验。

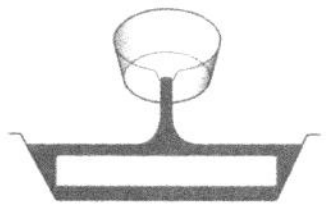

在脱色摇床上轻微振荡可以加快脱色。水中加入一片海绵或泡沫可吸收染料。

结果与讨论 421

1. 比较琼脂糖凝胶和聚丙烯酰胺凝胶的性质和用途的区别。
2. 为什么蛋白质在点样前要在 95℃温育?
3. 凝胶和电泳液中加入的 SDS 的功能是什么?
4. 考马斯亮蓝如何进行蛋白质染色?为什么脱色很重要?
5. 在白光投射灯下观察染色后的蛋白胶,以图 L7－4 所示标准胶和你的胶进行比较,试确定哪个条带是 GFP。
   a. 将胶置于紫外下观察,为什么 GFP 条带不能发荧光?
   b. 为什么在纯化的 GFP 条带中会存在其他类细菌的蛋白质?
6. 在如下情况下,聚丙烯酰胺凝胶中的染色条带会出现什么现象?
   a. 样品在上样前未在 95℃水浴箱中处理。
   b. 在太高或太低电压下进行电泳。
   c. 蛋白质上样量太多。
7. 如果对混合有结合缓冲液(A 部分步骤 10)的裂解物,进行 SDS-PAGE 分析,预测蛋白质的带型?如果与 HIC 树脂珠进行温育(A 部分步骤 10),蛋白质带型会有什么区别?如果将漂洗液(A 部分步骤 14)进行 SDS-PAGE 分析,蛋白质带型怎样?

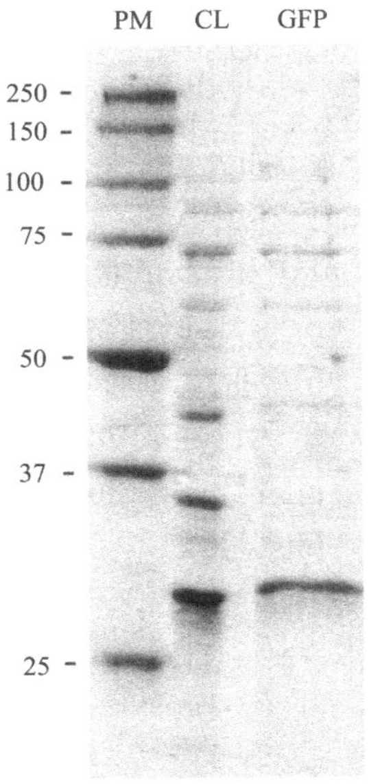

图 L7－4　标准胶

高级实验 422

在其他类型的聚丙烯酰胺凝胶电泳中鉴定上述纯化的 GFP 样品。

1. 在非变性条件下,天然的 PAGE 使蛋白质保持生物活性。紫外照射时,GFP 条带会发荧光。这种条件下染色后的条带模式与 SDS-PAGE 电泳会有什么区别?
2. 梯度 PAGE 利用胶的浓度梯度达到有效分离大范围分子质量蛋白质的目的。它与非梯度 PAGE 的染色条带有什么区别?

423 实验八　质粒 DNA 的纯化和鉴定

E. coli 在含有青霉素平板上的生长表明：细胞已经转化获得抗性。实验五的基本观点是，出现这种表型是因为获得了 pAMP 质粒——一种经鉴定的 DNA 分子。

通过实验可以获得两个或多个 DNA 片段连接形成的重组质粒。抗性标记仅仅能反映细胞获得了带有抗性基因的质粒，但无法反映出质粒结构的具体信息。所以常规方法是分离转化细胞的质粒 DNA、利用限制性内切核酸酶分析鉴定重组分子。

如果重组质粒中的 DNA 分子片段的序列已知，利用限制性内切核酸酶分析可以确定重组质粒的结构。在其他情况下，必须对插入的核苷酸序列进行测序。该实验分为两部分：pAMP 的少量制备和纯化；pAMP 的限制性内切核酸酶酶切分析。

- A 部分介绍从转化大肠杆菌中纯化质粒 DNA 的方法，以供限制性内切核酸酶分析。在液体培养基中，培养具有氨苄抗性的菌株至生长稳定期，收集 1ml 悬浮培养液，裂解，将质粒 DNA 与细胞的蛋白、脂类、染色体 DNA 分离开。这个实验得到 2～5μg 粗提质粒 DNA。如大量制备，可从 1L 培养液中得到 1mg 左右的纯化质粒。见图 L8-1。
- B 部分利用 A 部分分离得到的纯化质粒 DNA 和对照质粒 pAMP 的两份样品，分别用 *Bam*HⅠ 和 *Hin*d Ⅲ 酶切，一起在琼脂糖凝胶电泳中分离，限制酶切带型染色和观察。见图 L8-2。纯化质粒 DNA 与对照 pAMP 具有相同的条带。纯化的质粒 DNA 经 *Bam*HⅠ 和 *Hin*d Ⅲ酶切后，应该具有一个 784bp 和一个 3755bp 的片段，表明实验五得到的 pAMP 为已经成功转化入大肠杆菌。本实验试剂盒可在卡罗来纳生物制品公司购买。

  目录号：21-1200（用溴化乙锭染色）

  目录号：21-1205（用亚甲基蓝染色）

424 A 部分　pAMP 质粒的小量制备

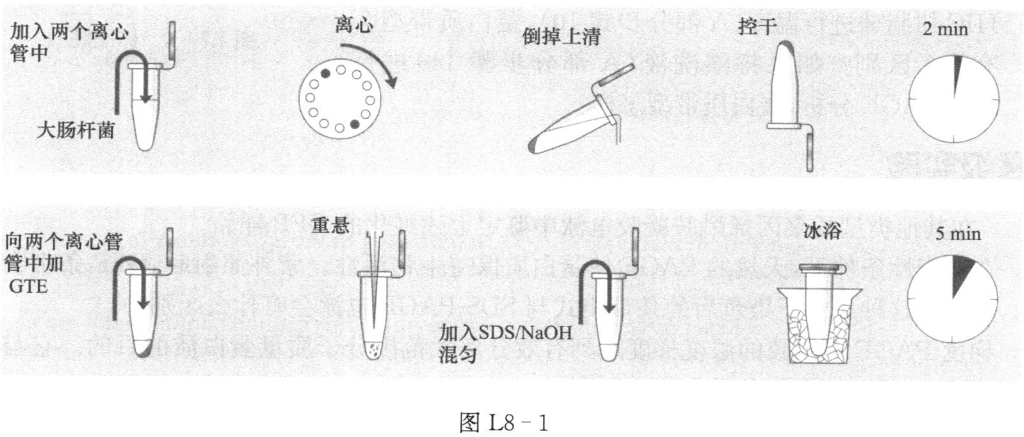

图 L8-1

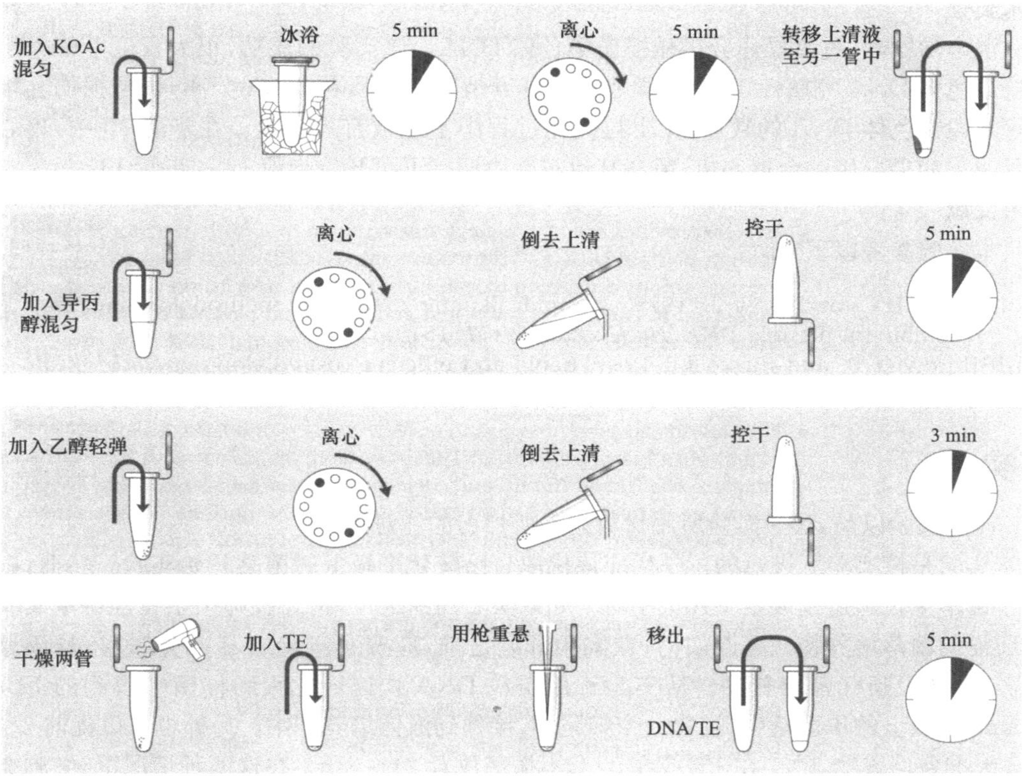

图 L8－1(续)

注意事项

425

制备小量质粒最好选用刚刚转化的细胞，这样的细胞能够确定其表型-基因型的关系。另外，也可以将转化的大肠杆菌划线，制备新鲜的单菌落。

质粒筛选

pAMP 较 pBR322 在质粒的小量制备中更具有优势。作为 pUC 表达载体的衍生质粒，pAMP 在每个大肠杆菌细胞中具有 100 个拷贝数。如果选用其他质粒，最好选择 pUC 家族的成员，如 pUC18 或 pUC19。

离心

为有效快速地纯化质粒 DNA，应选用能够产生大约 12 000g 离心力的微量离心机。慢速医用离心机不能替代上述离心机。

实验耗材

本实验中所需器皿，无须灭菌。1ml 移液管或微毛细管可以代替微量移液器使用。从步骤 11 开始，使用高质无色的 1.5ml 离心管。劣质和有色管的管壁上常有气泡，在步骤 19 中可能会被误认为乙醇液滴。学生干燥 DNA 沉淀时，为除去管壁上的液滴会用 15min 或更长时间干燥，而干燥时间实际上几分钟即可。

技术要领

混合勿剧烈，过度操作会机械损伤染色体 DNA。该实验的成功，很大程度上依赖于保持染色体 DNA 完整性，只有这样才可以特异地将其与质粒 DNA 分离，机械损伤会增加短片段染色体 DNA 的数量，在质粒纯化过程中不能被有效去除。在步骤 13 中，离心要及时。如果合用一台离心机，需与其他实验协调一下再开始步骤 12 和步骤 13。

参考文献

本实验参考以下文献：

Birnboim H.C. and Doly J. 1979. A rapid alkaline extraction method for screening recombinant plasmid DNA. *Nucleic Acids Res.* **7:** 1513–1523.

Ish-Horowicz D. and Burke J.F. 1981. Rapid and efficient cosmid cloning. *Nucleic Acids Res.* **9:** 2989–2998.

426 预实验

在预实验以前，参考实验所用材料列表所列出的注意事项。

1. 本实验是接实验五进行的。学生应该挑取自己转化平板上的菌落开始实验。然而，由于菌落生长须过夜或至少几个小时。如果实验间断进行，指导教师须亲自准备本实验所需的菌落培养物。无论如何，在实验开始之前，应按照实验二 B 部分“过夜悬浮培养”准备大肠杆菌培养物。从实验五用质粒 DNA 快速转化大肠杆菌中得到的 LB/amp 平板上的单菌落中，挑取一个细胞群，接种到液体培养基中。另外也可以提前 2～3 天准备培养物，贮存在 4℃或在 37℃不振荡放置 24～48h。在这两种情况下，细胞会沉积在培养管管底，实验前须摇动管子重悬细胞。
2. SDS/NaOH 溶液必须新鲜制备。如果提前几天配制，须在室温放置，因为在低温下会形成沉淀。如果有沉淀形成，在盛有热水的容器中温育，轻轻摇动使沉淀溶解。
3. 每个实验准备以下组分：

    250μl 葡萄糖/Tris/EDTA(GTE)溶液(冰上放置)
    500μl SDS/NaOH 溶液
    400μl 乙酸钾/乙酸(KOAc)(冰上放置)
    1000μl 异丙醇
    500μl 95%乙醇
    50μl Tris/EDTA(TE)
4. 复习 B 部分“纯化 pAMP 的限制性内切核酸酶分析”。

427 材料

试剂和培养基	耗材与设备
大肠杆菌/pAMP 过夜培养物	冰盒和盛放废弃枪头的容器
乙醇(95%～100%)▼	漂白粉▼(10%)或消毒剂
葡萄糖/Tris ▼/EDTA(GTE)溶液	纸塔
异丙醇▼	干燥器
乙酸钾/乙酸▼(KOAc)	微量离心机

SDS/NaOH ▼	微量移液器(100～1000μl 和 0.5～10μl)和枪头
Tris ▼/EDTA(TE)	记号笔
	试管架
	1.5ml 离心管

▼见附录 4 注意事项。

方法

准备两份小量提取质粒(50 min)

下面的方法用于制备双份质粒,因为双份便于平衡离心机,并可防止关键步骤出错。

1. 振荡培养管,重悬大肠杆菌细胞。
2. 将两个 1.5ml 离心管做上标记,用微量移液器分别取 1ml 大肠杆菌/pAMP 过夜培养物加入到两个离心管中。
3. 盖上盖,将离心管放在离心机的平衡位置上,离心 1min 收集细胞。
4. 将上清液倒进废弃容器中,用后须消毒。另外,也可以用微量移液器吸取上清,不要破坏细胞沉淀。将离心管倒置,在干净的纸塔上轻叩,使上清彻底流干。
5. 向每个管中加 100μl 冰冷的 GTE,用移液器吹打重悬细胞沉淀。在光下检查管中悬液是否均匀,是否还有可见的细胞团存在。
6. 向每个管中加 200μl SDS/NaOH,盖上盖,快速颠倒 5 次混匀。
7. 冰上放置 5min,悬浮液会变得相对清澈一点。
8. 向每个管中加入 150μl 冰冷的 KOAc,盖上盖,快速颠倒 5 次混匀,立即会产生白色沉淀。
9. 冰浴 5min。 428
10. 将离心管放在离心机平衡位置上,离心 5min,将沉淀离心在管壁的一侧。
11. 每管取 400μl 上清,转移到干净的 1.5ml 离心管中。如果加样准确的话,还应该剩下一些上清。不要将沉淀吹打起来。在打出上清之前,要擦去粘在枪头外面的沉淀,丢弃盛有沉淀的旧管。
12. 向每管上清中加入 400μl 异丙醇,盖上盖,快速用力颠倒 5 次混匀。在室温仅放置 2min。(异丙醇首先沉淀核酸,但是随着沉淀时间的延长,溶液中的蛋白也会开始沉淀下来)。
13. 将离心管放在离心机平衡位置离心 5min,收集核酸沉淀。

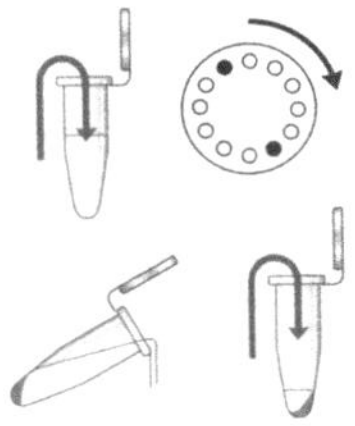

细胞沉淀会在管底形成小的灰白色斑点。虽然细胞沉淀很容易看到,但是在步骤 14 中的 DNA 沉淀却很难观察到。所以,离心时须养成将管盖铰链朝外的习惯,这样离心会使沉淀集中于靠近铰链一侧的管底。

正确的吹打对于获得高质量的质粒非常重要。每种溶液须精确校准,只有这样步骤 6 中的 NaOH 才能被步骤 8 中的乙酸中和。

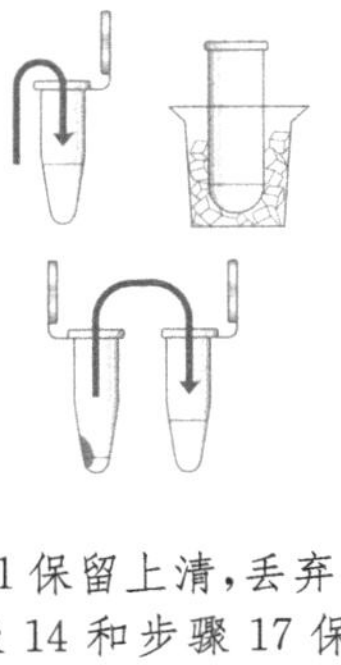

步骤 11 保留上清,丢弃沉淀;在步骤 14 和步骤 17 保留沉淀去除上清。

步骤 12 要迅速,保证步骤 13 及时得到离心。

将管子排好使铰链朝外。不管是否可以观察到核酸沉淀，离心过程中都会将沉淀收集到铰链一侧的管底。

14. 去除上清，小心不要破坏核酸沉淀。也可以用 1000μl 微量移液器转移上清，枪头不要碰到沉淀。如果不小心将沉淀吸进了枪头，则将上清一并转到另一个干净的离心管中，重新离心，重新去上清。倒置离心管，在干净纸塔上轻叩，流尽上清。

DNA 沉淀可能看起来像个小斑点，如果看不到沉淀不要紧张；沉淀的大小不能说明得到质粒的多少。大沉淀中可能有 RNA 和第一步沉淀中的细胞碎片。小的沉淀通常说明质粒比较干净。

15. 向每管中加入 200μl 100%乙醇，盖上盖，轻弹管子几次以洗涤沉淀。

核酸沉淀不溶于乙醇，洗涤过程中沉淀不会被悬起。

STOP 此步骤可以暂停。将含有 DNA 乙醇溶液贮存于−20℃冰箱备用。

16. 将离心管平衡离心 2～3min。
17. 去除上清，小心不要破坏核酸沉淀。也可以用 1000μl 微量移液器转移上清，枪头不要碰到沉淀。如果不小心将沉淀吸进了枪头，则将上清一并转到另一个干净的离心管中，重新离心，重新去上清。倒置离心管，在干净纸塔上轻叩，流尽上清。

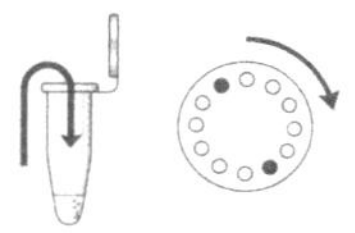

18. 利用下面任一方法，干燥核酸沉淀。
    a. 直接用干燥器干燥敞口的离心管，持续 3min。小心勿将沉淀吹出离心管。

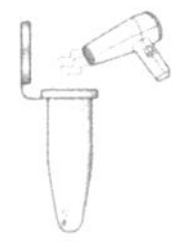

    b. 盖上离心管盖。离心机离心可收集残留的乙醇，用 1～10μl 微量移液器小心取出乙醇液滴，离心管敞口，室温干燥 10min。

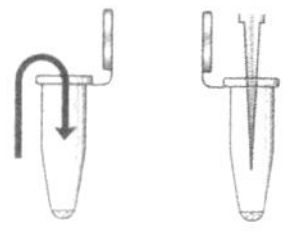

如果用 0.5～10μl 枪，调至 7.5μl，吸两次。

19. 光下检测是否完全干燥。如果仍有乙醇，则可在管口处闻到乙醇的味道。乙醇必须挥发干净，方可进行步骤 20。
429 20. 向每管中加入 15μl TE，用移液器上下吹洗重悬沉淀，重点为沉淀区域。须检测 DNA 是否完全溶解，在枪头或管壁上是否有残存未溶的颗粒。
21. 合并两管 DNA/TE 于一管中。

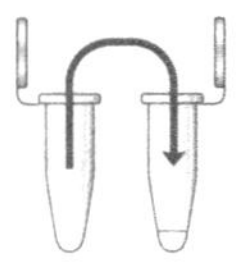

STOP 此步骤可以暂停。将 DNA/TE 溶液贮存于−20℃冰箱备用。用前需融化。

22. 进行清洁工作。
    a. 将使用过的培养管和枪头分别放置以便处理。
    b. 对步骤 10 的过夜培养物、枪头、上清液用 10%漂白粉或消毒剂消毒。
    c. 用肥皂水、10%漂白粉或消毒剂擦桌面。
    d. 离开实验室前洗手。

结果与讨论

质粒小量制备法是分离质粒 DNA 的一种简单有效的方法。须熟悉实验中每种试剂的分子和生化作用。

- GTE：Tris 缓冲液使 pH 维持在 pH7.9，EDTA 与磷脂双分子层中的二价阳离子结合，从而破坏细胞膜。
- SDS/NaOH：碱性裂解液裂解细胞。去污剂 SDS 溶解细胞膜的脂类成分和细胞内的蛋白。NaOH 使染色体和质粒 DNA 变性成为单链。完整的环状质粒可保持双螺旋状态。
- KOAc/HOAc：使 pH 恢复为中性，并使 DNA 链复性。打断的染色体链无法复性，而呈开链或不完全复性的混乱状态。同时，KOAc 使 SDS 及与其结合的蛋白质、脂类变为沉淀（SDS 在钾离子溶液中不溶）。复性的染色体 DNA 与 SDS、脂类、蛋白质等沉淀物缠绕在一起，只有小的质粒 DNA 和 RNA 分子可以继续存在于溶液中。
- 异丙醇：可以快速沉淀核酸，但沉淀蛋白质的速度较慢。所以快速沉淀的为核酸。
- 乙醇：用乙醇洗涤沉淀，可以洗去残存盐类和 SDS，也可以洗涤残存异丙醇（异丙醇较乙醇难挥发）。乙醇/异丙醇在干燥步骤挥发更快。 430
- Tris/EDTA：Tris 起到缓冲 DNA 溶液的作用，EDTA 通过与二价阳离子结合，防止 DNA 酶降解 DNA，因为二价阳离子是 DNA 酶活性的辅助因子。DNA 溶液的缓冲作用非常重要，低 pH（小于 6）会导致去嘌呤。去嘌呤（嘌呤从糖基上切除）在细胞内是一种普遍现象（每个细胞每天进行 10^5 次），由特异 DNA 修复系统修复，而提取质粒 DNA 的管中没有 DNA 修复系统，所以缓冲液 pH 非常重要。记住水的 pH 可以低至 5。

1. 质粒 DNA 提取过程中，哪一步作用于蛋白质？哪一步作用于脂类？哪一步作用于核酸？
2. 质粒 DNA 结构的哪一方面允许其在步骤 8 中有效复性？
3. 除质粒 DNA，你认为哪种分子在最后小量提取样品中存在？你如何发现这一点？

高级实验

计算每 1ml 细胞中得到的质粒 DNA 的量。

1. 用 15μl pAMP 质粒和已知量的 λ DNA，建立一个 20μl *Hin*dⅢ酶切反应体系。
2. 将消化的 pAMP 和 λ DNA 进行 1∶10、1∶50、1∶100 的稀释。
3. 从每个稀释液中取同样体积样品，在琼脂糖凝胶电泳上分离，用 EB 染色。

> **注意**　复习实验三中“EB 的处理”。染色观察、凝胶成相、清洗中要戴手套，所有染色器具限制在固定区域。更多信息见附录 4。

4. 观察鉴定一个 λ DNA 消化样品泳道，在 4361 bp 处具有可见条带，鉴定出在 4539 bp 处具有相近强度的 pAMP 泳道。
5. λ DNA 片段的量已知，利用下面的公式计算 λ DNA 中 4361 bp 的质量。

$$\frac{\text{该片段 bp 数} \times (\lambda\ \text{DNA 浓度}) \times (\lambda\ \text{DNA 体积数})}{\lambda\ \text{DNA bp 数}}$$

6. 步骤 5 得到的数据乘以所选泳道的稀释系数即为质粒 DNA 的量。

431 B部分　纯化 pAMP 的限制性内切核酸酶分析

Ⅰ. 建立限制酶消化体系

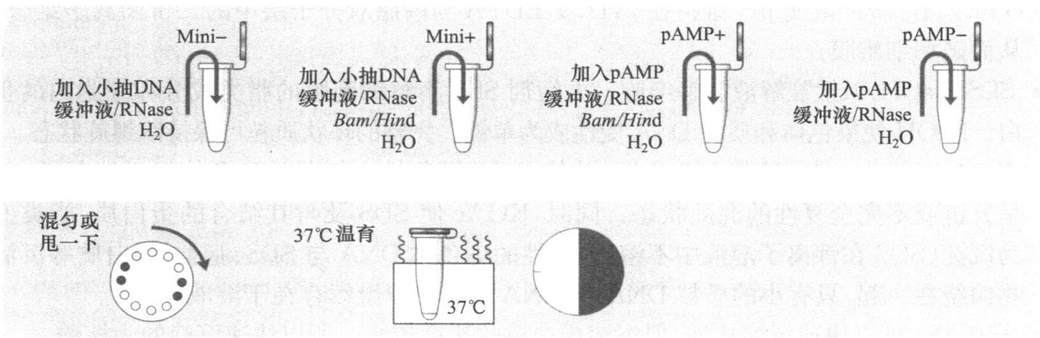

Ⅱ. 制 0.8%琼脂糖凝胶

Ⅲ. 上样和电泳分离

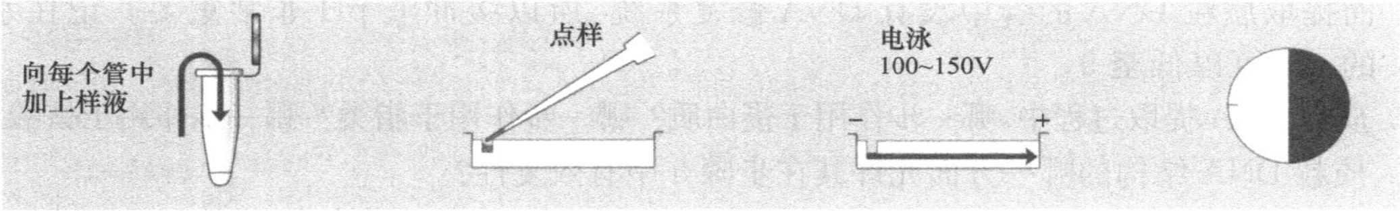

Ⅳ. 染色观察(照相)

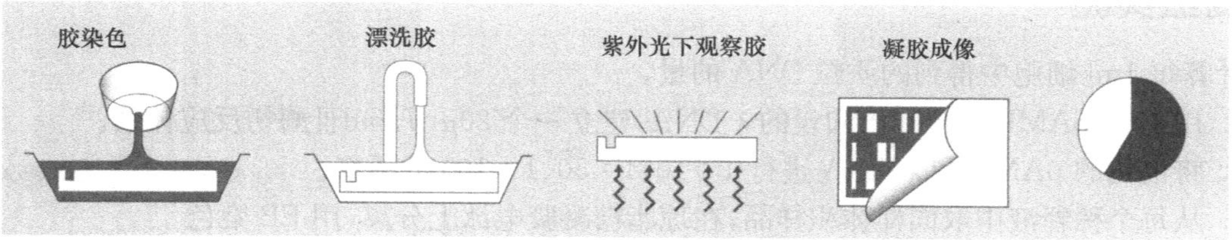

图 L8－2

432 注意事项

复习实验三"DNA 的限制性内切核酸酶分析"的注意事项。

限制 DNase 活性

与公司出售的高纯度的质粒 DNA 不同,小量抽提的质粒 DNA 纯度不高,会含有一定比例的 RNA 和染色体 DNA 片段。一般来说,小量抽提的质粒 DNA 中有 DNase 污染,它能将染色体 DNA 切成小片段的核酸。如果在室温(甚至在冰上)下放置太长时间,

DNase 也会降解质粒 DNA。所以将质粒 DNA 贮存于－20℃，用之前融化。

限制性内切核酸酶消化过程复杂，DNase 和限制性内切核酸酶都需要二价阳离子，如 Mg^{2+}。TE 缓冲液中，Na_2EDTA 浓度为 1mmol/L，每个 Na_2EDTA 螯合两个二价阳离子。所以每 1mmol/L Na_2EDTA 溶液可以螯合 2mmol/L 二价阳离子。反应体系中存在许多二价阳离子，但 Na_2EDTA 浓度不能过高，因为高浓度的 Na_2EDTA 会螯合限制性内切核酸酶所必需的 Mg^{2+}。所以 EDTA 浓度应保证既能抑制大量 DNase 活性，又不影响限制性内切核酸酶的活性。

另一个问题是操作时间要适中。一方面，质粒中的污染物会抑制限制性内切核酸酶的活性——酶切 20min 反应不完全。另一方面，如酶切时间过长，限制性内切核酸酶缓冲液中的 Mg^{2+} 会激活 DNase，降解 DNA。酶切经验表明，酶切 30min 最佳。

RNase

小量提取的质粒 DNA 中，含有大量的 rRNA 和少量的 mRNA 及 tRNA。如果不去除 RNA，会使琼脂糖中的 DNA 变得模糊。在酶切过程中，RNase 会将 RNA 消化成小片段（小于 100bp），这些 RNA 片段会走在 DNA 片段的前面或太小无法观察。

参考文献

本方案参考如下文献：

Aaij C. and Borst P. 1972. The gel electrophoresis of DNA. *Biochim. Biophys. Acta* **269:** 192–200.

Helling R.B., Goodman H.M., and Boyer H.W. 1974. Analysis of R-*Eco*RI fragments of DNA from lambdoid bacteriophages and other viruses by agarose-gel electrophoresis. *J. Virol.* **14:** 1235–1244.

Sharp P.A., Sugden B., and Sambrook J. 1973. Detection of two restriction endonuclease activities in *Haemophilus parainfluenzae* using analytical agarose-ethidium bromide electrophoresis. *Biochemistry* **12:** 3055–3063.

预实验 *433*

在预实验前，请参考实验使用材料列表中的注意事项。

1. 按 1∶1 的比例混匀 *Bam*H Ⅰ与 *Hin*d Ⅲ限制酶（每次实验 6μl），置于冰上。
2. 每个实验准备以下组分：

   12μl 0.1μg/μl pAMP（置于冰上）

   12μl 5×限制酶缓冲液/RNase（置于冰上）

   6μl *Bam*H Ⅰ/*Hin*d Ⅲ（置于冰上）

   500μl 无菌水

   500μl 上样液

   转化中如采用其他质粒，则在酶切消化中以相同质粒作为对照。
3. 准备 0.8%琼脂糖溶液（每次实验 40～50ml），热水浴（～60℃）配制。用铝箔封口防止挥发。
4. 准备 1×Tris/硼酸/EDTA（TBE）电泳缓冲液（每次实验需要 400～500ml）。
5. 准备 EB 或亚甲基蓝染液（每次实验 100ml）或其他染液。
6. 将水浴箱温度调至 37℃。

材料

试剂	耗材与设备
琼脂糖(0.8%)	铝箔纸
	盛琼脂糖和废弃枪头的容器
	相机和胶片
	电泳槽
*Bam*H Ⅰ/*Hind*Ⅲ(50：50 混合液)	乳胶手套
无菌水	胶带
溴化乙锭▼(1μg/ml)(或 0.025%亚甲基蓝▼)	离心机(可选)
	微量移液器(0.5～10μl)和枪头
上样液	封口膜或蜡纸(可选)
小量提取 DNA	保鲜膜
pAMP(0.1μg/μl)	电力供应
5×限制性内切核酸酶缓冲液	试管架
1×Tris▼/硼酸/EDTA 缓冲液(TBE)	紫外透析仪(可选)▼
	离心管(1.5 ml)
	水浴箱(37℃和 60℃)
	电源

▼见附录 4 注意事项。

434

方法

Ⅰ. 建立限制性内切核酸酶反应体系(40min,包括温育时间)

参考实验三“DNA 的限制性内切核酸酶分析”。

1. 用记号笔标记 4 个 1.5ml 离心管。

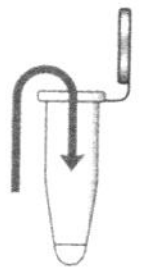

   mini－＝小量提取质粒,无限制性内切核酸酶

   mini＋＝小量提取质粒＋*Bam*H Ⅰ/*Hind*Ⅲ

   pAMP＋＝pAMP＋*Bam*H Ⅰ/*Hind*Ⅲ

   pAMP－＝pAMP 无限制性内切核酸酶

2. 参考下表向每个反应管中加入试剂。每加一种试剂换一个枪头。

离心管	小量提取 DNA	pAMP	限制酶缓冲液/RNase	*Bam*H I/*Hind*Ⅲ	H_2O
mini－	5μl	—	2μl	—	3μl
mini＋	5μl	—	2μl	2μl	1μl
pAMP＋	—	5μl	2μl	2μl	1μl
pAMP－	—	5μl	2μl	—	3μl

3. 将所需试剂放在试管架上(*Bam*H Ⅰ/*Hind*Ⅲ置于冰上)。
4. 向 mini－和 mini＋加入 5μl 小量提取 DNA。

5. 用新枪头向 pAMP+和 pAMP-中加入 5μl pAMP。
6. 用新枪头向每个反应管的干净部位加入 2μl 限制酶缓冲液/RNase。
7. 用新枪头向 mini+和 pAMP+中加入 2μl *Bam*H I/*Hind*Ⅲ。
8. 用新枪头向每个反应管中加入一定体积的灭菌水。
9. 盖上盖,轻弹或敲击管底混匀体系,并收集底部。
10. 放于 37℃水浴箱,温育 30min。

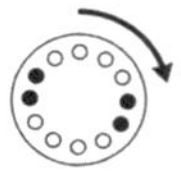

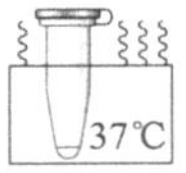

酶切不要过夜,因为温育时间过长,小量制备质粒的 DNA 中的 DNase 就会降解质粒 DNA。

STOP 此步骤可以暂停。处理:温育完毕,将反应体系放在-20℃冰冻贮存,在进行第Ⅲ部分实验步骤 1 之前融化。

Ⅱ. 制备 0.8%琼脂糖凝胶(15min)

1. 用胶带将胶板两端封好,插入一把形状完好的梳子。应将胶板放在桌上不影响他人的位置。
2. 小心将琼脂糖溶液倒进胶板,厚度为 5mm,胶需浸没至梳齿 1/3 高度处。在胶凝固前,用枪头除去气泡,将固体碎片移到胶的一侧或末端。
3. 10min 后胶凝固。胶凝固过程中不要移动或振动胶板。轻触远离梳子的部位看胶是否已凝固。 435
4. 使用胶时,将胶板末端的封口拆除,放于电泳槽中,梳子一端放在黑色的负极一端。
5. 将 TBE 缓冲液倒入电泳槽,浸没胶的上表面。
6. 轻轻移去梳子,注意不要破坏胶孔。
7. 确信点样孔被完全淹没。如果点样孔周围有气泡,慢慢加一点缓冲液去除。

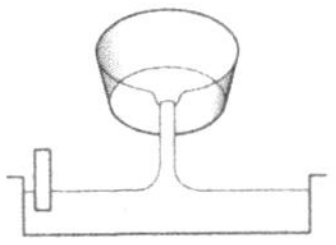

胶可以直接在电泳槽中制备。

如加太多缓冲液,会增加分离 DNA 的所需时间。TBE 可重复使用,勿丢弃。如果电泳仪中有上次实验留下的缓冲液,晃动电泳槽,使原来分布不均匀的离子重新混匀。

缓冲液可润滑梳子,许多胶板的设计使得梳子必须在拔出后,才可放于电泳液中,干拔梳子会使点样口粗糙。

STOP 此步骤可以暂停。盖上电泳槽可保存胶。如果电泳液完全覆盖胶,胶可以保存几天。

Ⅲ. 点样和电泳分离(30~50min)

1. 向每个反应管中加入上样液,以下两种方式任选其一。
   a. 向每个管中加入 1μl 上样液,盖上盖,敲击管底部,轻轻混匀,离心。确保管子放在平衡位置。
   b. 在小方形封口膜或蜡纸上滴 4 滴(约 1μl/滴)上样液。取出反应物,用枪将其与上样液上下混匀。直接按步骤 2 点样,用新枪头将每个反应管依次点样。
2. 用移液器分别从每个反应管中取 10μl 分别加入各个加样孔,分别每加一个样品,换一个新枪头。如图 L8-3。
   a. 在点样前,确保每个点样孔中没有气泡。如果有气泡,用枪去除。
   b. 用双手将加样器稳定在加样孔附近。
   c. 如果枪头末端有空气,轻轻将样品推到枪头末端。(如果有气

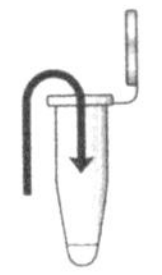

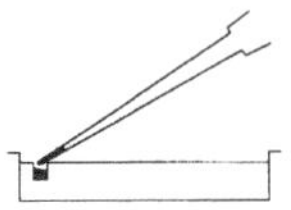

电泳槽底部深色背景有利于看清点样孔。

泡，会在孔上形成一个“帽”，DNA 和上样液会流进点样孔周围的缓冲液里。）

d. 将移液器枪头浸入缓冲液，置于点样孔正上方，轻轻推出样品。上样液中的蔗糖会使样品沉入点样孔底部。小心枪头不要戳破胶孔底部。

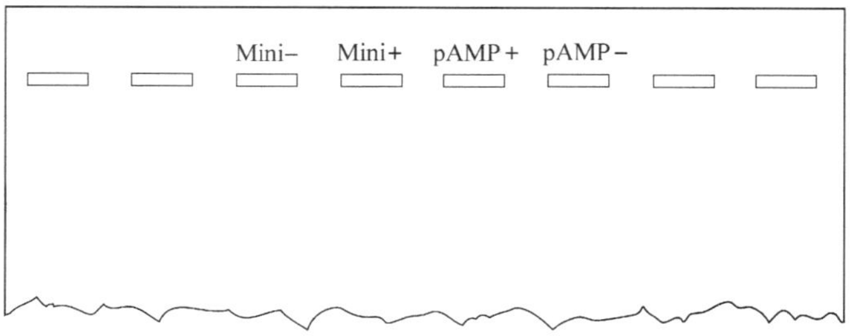

图 L8 - 3

436 3. 盖上电泳槽顶盖，接通电源，正极对正极，负极对负极，确信两极接到同一电源上。

4. 打开电源，电压调至 100～150V。电流为 50～100mA。如果无电流，须重新检查电泳装置。

5. 电泳分离 20～40min。当溴酚蓝移动 4～7cm 后，此时 DNA 完全分开。如果时间允许，可以等溴酚蓝移到胶底部之前，停止电泳。

6. 关闭电源，拆除电线，移开电泳槽顶盖。

7. 小心从电泳槽中取出胶板，将胶放于胶盘中，做标记准备染色。

8. 按照ⅣA 和ⅣB 部分的任一方法染色，观察。

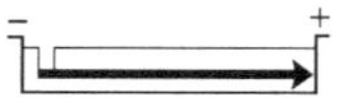

或者用低电压长时间走胶。如果同时走两块胶，电流应是同电压下走单块胶的两倍。

*Bam*HⅠ/*Hind*Ⅲ酶切产生两条带，一条为 784bp，另一条为 3755bp。784bp 紧跟在溴酚蓝（相当于 300bp）后面，3755bp 走在二甲苯氰（相当于 9000bp）前面。

染色应该在特定区域中进行，由指导教师完成。

A. 用溴化乙锭染色、成像、观察（10～15min）

> **注意**　复习实验三中“溴化乙锭的有效处理”。在染色、观察、成像、清洁过程中须戴乳胶手套。所有染色物品放在固定区域，更多信息见附录 4。

1. 将胶浸入溴化乙锭溶液中（1μg/ml），染色 5～10min。
2. 染色完成后，用漏斗将 EB 溶液倒进贮存容器中。
3. 自来水漂洗胶和胶盘。

437 4. 如果可能，可以用自来水或无菌水脱色 5min 或更长时间，以便降低胶中 EB 的背景。

> STOP 此步骤可以暂停。如果在室温下过夜漂洗胶，染色效果将得到明显增强。应用塑料膜将胶盘封上，防止干燥。

5. 在紫外透析仪或其他 UV 光源下观察胶。

厚胶需延长染色时间。EB 溶液可重复使用 15 次或更多。如 EB 含量太低，应按实验 3 处理 EB 溶液。

> **注意**　UV 光伤害眼睛，不要裸眼观看未加屏蔽的 UV。或者使用具有吸收有害波长作用的滤波器或防护镜观察。更多信息见附录 4。

6. 用宝丽来相机或数码相机照相。

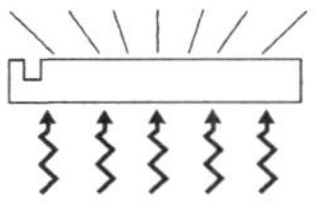

7. 清洁。
   a. 清洁透析仪、相机和染色区域。
   b. 离开实验室前洗手。

B. 亚甲基蓝染色、照相(30 min)

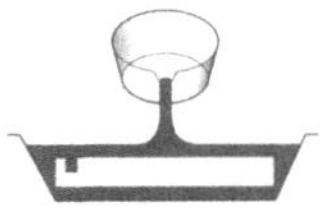

1. 在染色和清洁过程中，须戴乳胶手套。
2. 用 0.025%亚甲基蓝溶液覆盖胶，染色 20～30min。
3. 染色完成后，用漏斗将亚甲基蓝倒进贮存容器中。
4. 在自来水下漂洗胶，胶在水中浸几分钟，期间换几次水。脱色后 DNA 条带明显。

在温水中摇动漂洗可减少脱色时间。

> STOP 此步骤可以暂停。为使结果更理想，可继续在少量水中过夜脱色。将染色盘盖上，防止蒸发。

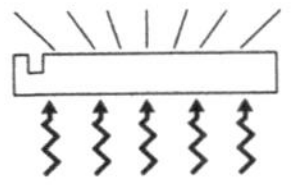

5. 在光盒下观察胶，用塑料膜覆盖光盒表面，防止污染。
6. 用宝丽来相机或数码相机照相。

结果与讨论

分析质粒 DNA 的电泳结果不是很容易，而且小量制备的质粒 DNA 纯度低，会使问题更加复杂。观察凝胶中酶切的 pAMP、未酶切的 pAMP、酶切的小量制备质粒 DNA、未酶切的小量制备质粒 DNA 的泳道，即使你搞混了点样顺序，利用以下特性仍可以确定小量制备质粒的泳道：

1. 在小量制备 DNA 泳道中可见“弥散”背景(包括降解的和不完全消化的染色体 DNA、 438
质粒 DNA 和 RNA)。“弥散”是由相差一个碱基梯度的淡条带组成的。亮的“弥散”背景表明，小量制备质粒 DNA 中污染了大量的染色体 DNA。
2. 通常，未溶解物质和大分子质量 DNA 会滞留在加样孔周围，商业所售质粒不会有这种现象发生，因为后者是通过 $CsCl_2$ 梯度超速离心分离得到的。
3. 通常在酶切和未酶切的小量制备质粒泳道中，可见 200bp 大小或更小分子质量的 RNA。而且也可以观察到被 RNase 不完全酶切的大小不同的 RNA 分子。实际上，大部分 RNA 被切成小片段致使 EB 无法插入，或跑到凝胶的末端，而无法观察到。
4. 在已经酶切的小量抽提 DNA 泳道上，应该见到两条带(分别为 3755bp 和 784bp)。实际上，在通常情况下，胶的上端会有一条或几条淡的条带，它们是未酶切完全的具有如下构型的质粒。不完全酶切可能是由于小量抽提 DNA 样品中含有抑制限制性内切核酸酶活性的污染物，或由于质粒浓度太高。质粒 DNA 也许仅被切开一个位点，形成一个线状质粒，移动速度慢于 3755bp，这称为不完全酶切。

在未经酶切的质粒 DNA 中也有几条带。这是因为质粒 DNA 在琼脂糖凝胶中的移动速度依赖于它的分子构型和分子大小。质粒 DNA 有三种构型存在(见图 L8-4)。

- 构型Ⅰ:超螺旋结构　在通常情况下,质粒在大肠杆菌细胞内是以开环形式存在,但 DNA 链由于缠绕着组蛋白,会形成紧密结构。这些螺旋会与双螺旋 DNA 形成超螺旋分子。在蛋白质抽提过程,会将蛋白质从 DNA 上剥离下来,使 DNA 分子自我缠绕。超螺旋可以用一根绳子来演示:将绳子对折,抓住绳子一端,绳子拉直勿松弛,朝一个方向捻绳,绳会聚成簇,打成结。如果松开打成结的绳子,绳子会缠绕在一起。从 DNA 上分离蛋白质的过程与此过程作用机制相似。在大多数情况下,超螺旋是走得最快的一种构型。其紧凑的分子构型,使其在琼脂糖基质中移动最快。未被酶切的质粒 DNA 中走得最快的为超螺旋构型。
- 构型Ⅱ:松弛开环状　DNA 复制前,拓扑异构酶Ⅰ在 DNA 双螺旋的一条链引入一个缺刻,链旋转,释放保持质粒呈双螺旋结构的拓扑链,释放 DNA 解螺旋部位,便于复制酶进入。在超螺旋 DNA 上引入缺刻,产生开环结构。质粒分离过程中,机械剪切和酶切都会在超螺旋质粒上引入缺刻,所以超螺旋构型的比例表明质粒抽提过程的小心程度。开环构型是质粒 DNA 中走得慢的一种构型。其"笨拙"构型阻碍了自身在琼脂糖中的移动。

439 - 构型Ⅲ:线状　线状质粒的形成是由于限制性内切核酸酶将其在单一位点切割或者机械伤害造成的缺刻正好位于双螺旋正对的两侧。通常情况下,线状质粒 DNA 的存在表明有限制酶存在或操作过度(过度混匀或 SDS/NaOH 和 KOAc 加入量不对)。

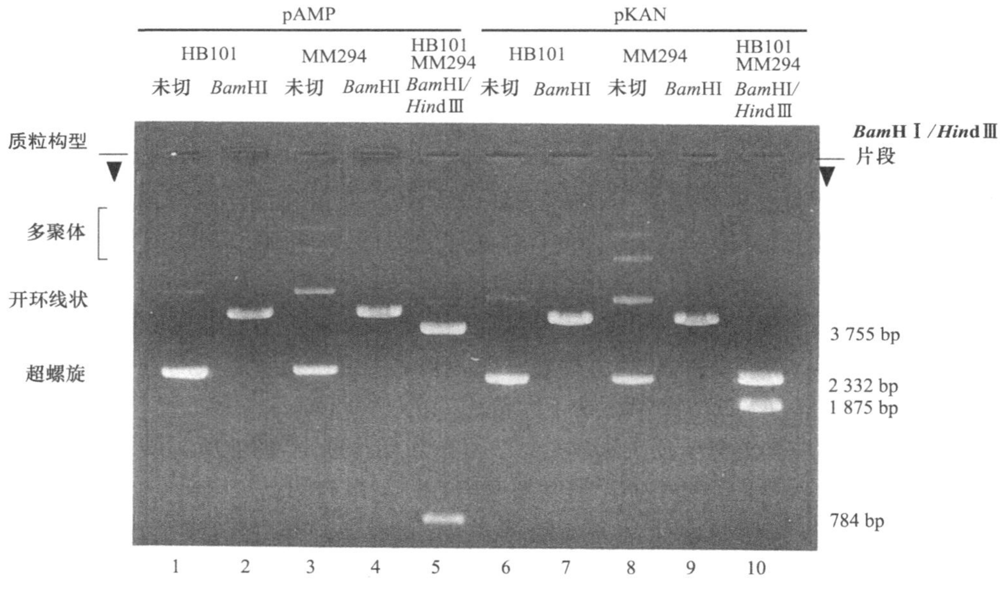

440 图 L8-4　从 $recA^-$ 和 $recA^+$ 株中分离到的质粒 DNA 的成分

MM294 和其他称为 $recA^+$ 的大肠杆菌株系,都具有一种酶系统——可以将质粒重组成为两个或多个质粒的多联体。同源重组是形成多联体质粒的一般机制,即两个 DNA 分子的相同核苷酸区域发生交换。因为在同一个细胞内有大量相同的质粒,所以细胞内质粒间同源重组发生频率高。RecA 蛋白与切口质粒的单链部分结合,促进同源区域的交叉和重新连接,这样可形成多聚质粒。这种质粒在凝胶上表现为位于顶端的移动缓慢的条带。因为多聚体可以以上述三种构型中的任一构型存在，所以超螺旋多聚体可能比少几个核苷酸的开环或线状质粒跑得更快些。

1. 检测胶的照片（或在光盒上观察），观察与理想状态下的区别（图 L8－5），标记每个泳道 DNA 片段的分子质量大小。
2. 比较小量抽提 DNA 和对照 pAMP 的两个泳道，解释出现多种条带的原因。
3. 一个 pAMP 质粒样品全部由二聚体分子组成，两个分子在离 *Hin*dⅢ 酶切位点 655bp 处头头相连。
   a. 画出前述二聚体质粒的图谱。
   b. 画出前述二聚体在相同位点重组后头尾相连的图谱。
   c. 用 *Bam*H Ⅰ/*Hin*dⅢ双酶切后的带型，标记出每条带的核酸分子大小。
4. 溶解小量抽提 DNA 的 TE 缓冲液的组分 EDTA 有何作用？

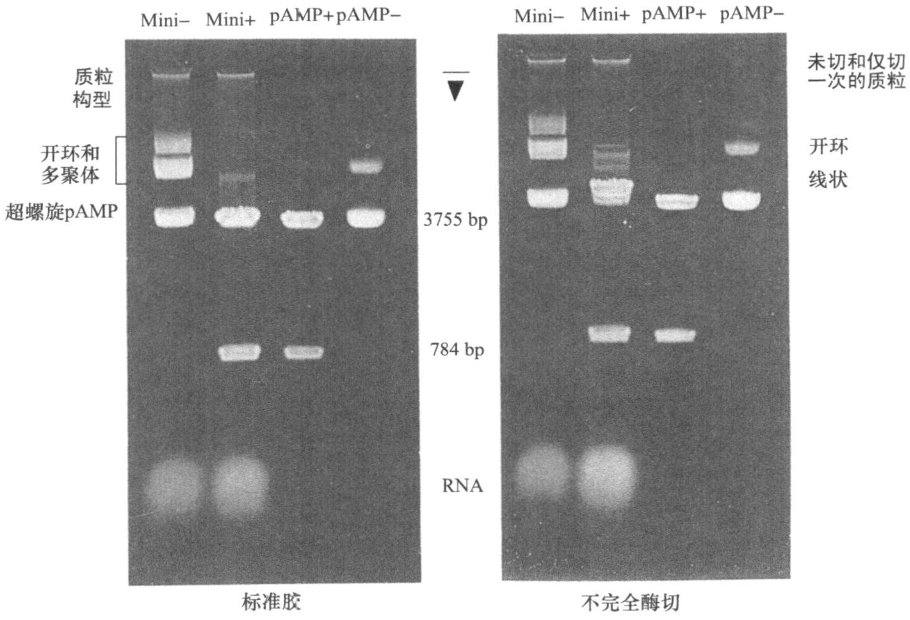

图 L8－5

高级实验

441

1. 分离鉴定一个未知质粒。制备转化了市售质粒的大肠杆菌过夜培养物，如 pAMP、pKAN、pUC19、pBR322，以 *Bam*H Ⅰ/*Hin*dⅢ消化小量抽提质粒和对照质粒，用琼脂糖凝胶电泳分离。
2. 以 pAMP 或其他质粒转化 $recA^+$ 株系（MM294）和 $recA^-$ 株系（HB101）。从每个株系的过夜培养物中小量制备质粒。将样品分别进行如下处理：不进行酶切、用 *Hin*dⅢ单酶切、*Bam*HI/*Hin*dⅢ双酶切。在琼脂糖凝胶电泳分离样品，样品尽量走远。比较两种株系带型的区别，重点比较未进行酶切质粒的带型差异。
3. 基因治疗中同源重组的潜在作用。

443 # 实验九　抗生素抗性基因的重组

实验九介绍了重组 DNA 的构建和分析。材料为开环质粒 pAMP 和 pKAN，每个质粒携带一个抗生素抗性基因。pAMP 为氨苄抗性基因(*amp*)，pKAN 为卡那抗性基因(*kan*)。实验目的是构建既携带 *amp* 基因，又携带 *kan* 基因的质粒(图 L9－1)。本实验分为两部分，一是 pAMP 和 pKAN 的限制性内切核酸酶酶切；二是连接 pAMP 和 pKAN 酶切片段。

- 实验 A 对两份质粒样品分别用 *Bam*HⅠ/*Hind*Ⅲ双酶切。37℃温育后，两份样品分别以琼脂糖凝胶电泳分离，判断酶切是否正确。每个质粒都含有两种酶的单一识别位点，可产生两个限制酶切片段。pAMP 酶切后形成 784bp 和 3755bp 片段，pKAN 形成 1861bp 和 2332bp 两个片段。见图 L9－2。

444

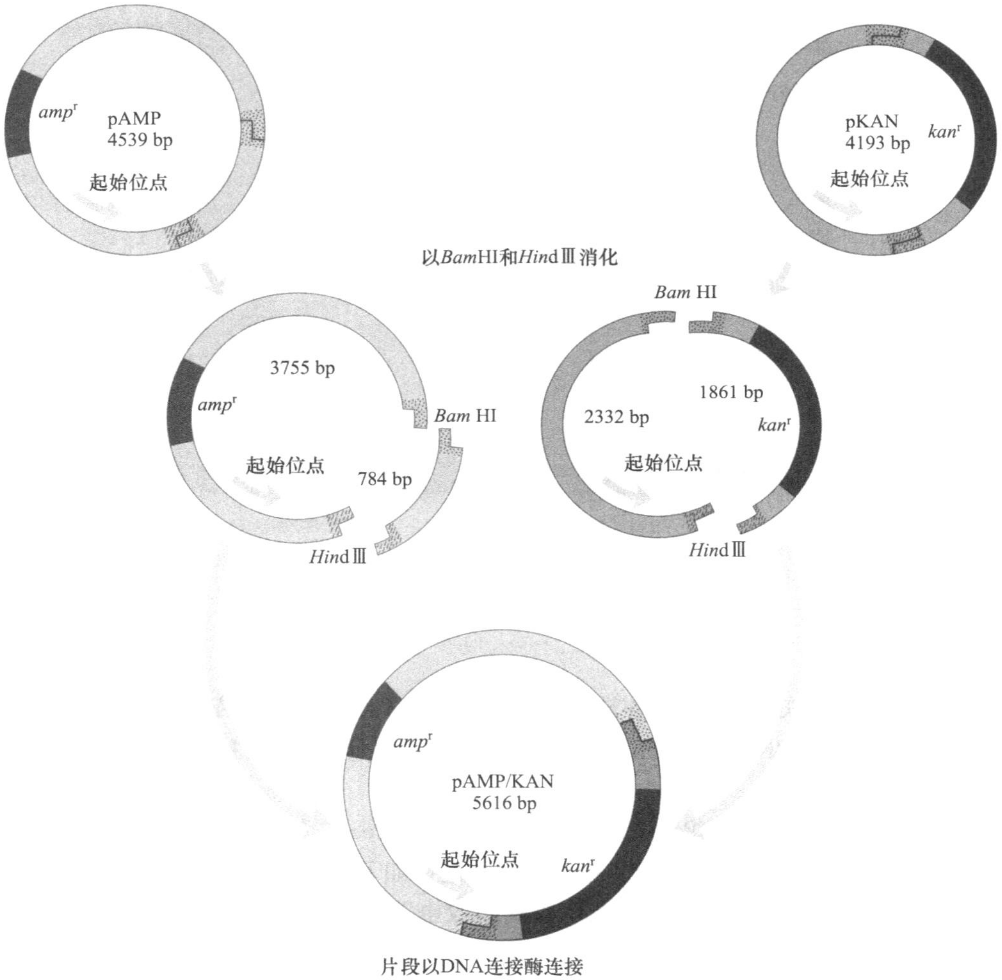

图 L9－1　pAMP/pKAN 重组体的构建

• 实验 B 介绍 pAMP 和 pKAN 酶切片段的连接方法。将消化后的 pAMP 和 pKAN 样品加热，破坏 *Bam*H Ⅰ和 *Hin*dⅢ活性。每个反应的样品与 DNA 连接酶、ATP 混匀，室温反应。互补的 *Bam*H Ⅰ和 *Hin*dⅢ“黏性末端”靠氢键作用使限制酶切片段配对。连接酶催化磷酸二酯键的形成，使两个 DNA 分子共价连接，形成稳定的重组 DNA 分子。

本实验仪器和材料均可从卡罗来纳生物制品公司购买。

A 部分 pAMP 和 pKAN 质粒的限制酶切 *445*

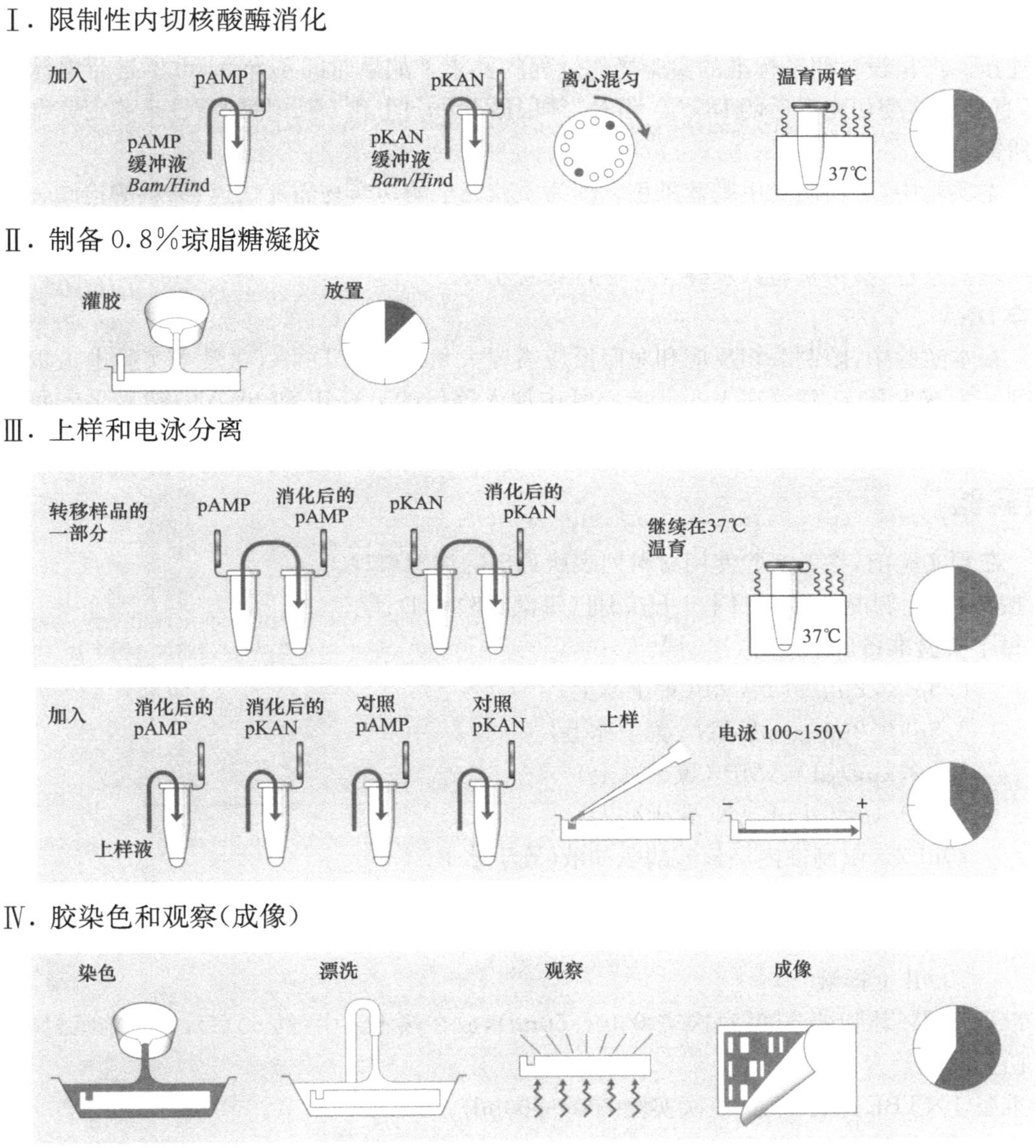

图 L9 - 2

446 注意事项

复习实验三“DNA 的限制性内切核酸酶分析”。

质粒替代

构建和分析重组子的过程很复杂。然而，只要仔细按照教程操作，就有可能得到满意的结果。本教程介绍了 pAMP 和 pKAN 质粒操作的最佳方法，对重组子的进一步分析应该完全根据重组子来源质粒的结构。

设置严谨的对照

在第三部分中，须对酶切片段进行琼脂糖凝胶电泳分析，检测到完全酶切后，方可进行连接。严格设对照是标准的实验操作过程的要求。如果时间不允许，可不进行电泳分析，直接连接酶切完全后的 DNA。但是，须根据 *Bam*HⅠ和 *Hind*Ⅲ的活性来确定完全酶切所需时间。

本实验中，不适用亚甲基蓝染色。因为质粒完全酶切产物需要快速、灵敏的检测。亚甲基蓝脱色至少需要 30min，不能检测出分子质量小但数量多的未酶切 DNA。但如果用亚甲基蓝染色，参考实验八步骤ⅣB 中的染色方法。

保存 DNA

在本实验中，限制酶切反应和对照反应需要大量的质粒 DNA，它是本实验中最贵的试剂。为减少开支，建议在 1.5ml 离心管中加入等份的 pAMP 和 pKAN，然后再向每份 DNA 中加入限制性内切核酸酶酶切所需的试剂。

预实验

在预实验前，参考实验使用材料列表所列出的注意事项。

1. 按 1∶1 比例混匀 *Bam*HⅠ＋*Hind*Ⅲ(每次实验 6μl)
2. 每个实验准备以下组分：

    5.5μl 0.2μg/μl pAMP(置于冰上)
    5.5μl 0.2μg/μl pKAN (置于冰上)
    5μl 0.1μg/μl pAMP (置于冰上)
    5 μl 0.1μg/μl pKAN(置于冰上)
    20μl 2×限制性内切核酸酶缓冲液(置于冰上)
    6μl *Bam*HⅠ/*Hind*Ⅲ
    500μl 无菌水
    500μl 上样液

447 3. 准备 0.8%琼脂糖溶液(每次实验 40～50ml)，放在热水浴中(约 60℃)，用铝箔纸封口，防止蒸发。
4. 准备 1×TBE 进行电泳(每次实验 400～500ml)
5. 准备 EB 染液(每次实验 50ml)
6. 将水浴温度调到 37℃。
7. 复习实验 B“pAMP 和 pKAN 限制酶切片段的连接”。

材料

试剂	耗材与设备
酶切消化：pAMP(0.2μg/μl)	铝箔纸
pKAN (0.2μg/μl)	盛琼脂糖和废弃枪头所用容器
对照：pAMP(0.1μg/μl)	相机和相纸(可选)
pKAN (0.1μg/μl)	电泳槽
	乳胶手套
琼脂糖(0.8%)	胶带
*Bam*H Ⅰ/*Hind*Ⅲ	离心机(可选)
无菌水	微量移液器(0.5~10μl)和枪头
EB▼(1μg/μl)(或0.025%亚甲基蓝▼)	封口膜或蜡纸(可选)
上样液	记号笔
2×限制性内切核酸酶缓冲液	电源
1×Tris▼/硼酸/EDTA(TBE)缓冲液	保鲜膜(可选)
	透射仪▼(可选)
	离心管(1.5ml)
	试管架
	水浴箱(37℃和60℃)

▼见附录4列表。

方法

Ⅰ. 限制性内切核酸酶酶切消化(需40~60min包括温育到步骤Ⅲ的时间)

参考实验三"DNA的限制性内切核酸酶分析"，以获得更多信息。 448

1. 参考如下列表向每个反应中加入以下试剂。每加一种试剂换一个新枪头。同时参考接下来的详细说明。

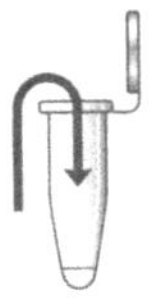

试管	pAMP (0.2μg/μl)	pKAN (0.2μg/μl)	2×限制性内切核酸酶缓冲液	*Bam*HⅠ/*Hind*Ⅲ
消化pAMP	5.5μl	—	7.5μl	2μl
消化pKAN	—	5.5μl	7.5μl	2μl

为防止混淆，将0.1μg/μl的对照放在一边直到步骤Ⅲ使用。

为减少消耗浪费，每份质粒DNA加到标有pAMP和pKAN的试管中。直接向各管中加试剂，甩一下，在37℃温育。

2. 准备2×限制性内切核酸酶缓冲液和*Bam*HⅠ/*Hind*Ⅲ(在冰上)、pAMP和pKAN的质粒DNA，放在试管架上。
3. 向pAMP和pKAN管中各加入7.5μl 2×限制性内切核酸酶缓冲液。
4. 用新枪头向每个管中各加入2μl *Bam*HⅠ/*Hind*Ⅲ。
5. 盖上盖，用离心机或用力在桌上敲打混匀。
6. 37℃至少温育30min。

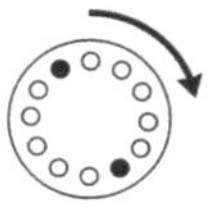

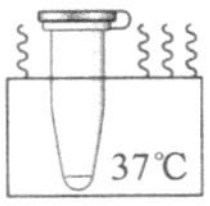

> STOP 此步骤可以暂停。温育30min后，可在−20℃冰冻保存。在进行步骤Ⅲ1之前事先融化。

Ⅱ. 制备 0.8%琼脂糖凝胶(15 min)

1. 用胶带将胶板两端封好,插入形状完好的梳子。应将胶板放在桌面上不影响他人操作的位置。
2. 小心将琼脂糖溶液倒进胶板,厚度为 5mm,胶须浸没梳齿 1/3 的高度。在胶凝固前,用枪头除去气泡,将固体碎片移到胶一侧或末端。
3. 10min 后胶凝固。胶凝固过程中不要移动或振动胶板。轻触远离梳子的部位看胶是否已凝固。
4. 使用胶时,将胶板末端的封口拆除,放于电泳槽中,梳子一端放在黑色的负极一端。
5. 将 TBE 缓冲液倒入电泳槽,浸没胶的上表面。
6. 轻轻移去梳子,注意不要破坏胶孔。
7. 确信点样孔被完全淹没。如果点样孔周围有气泡,慢慢加一点缓冲液去除。

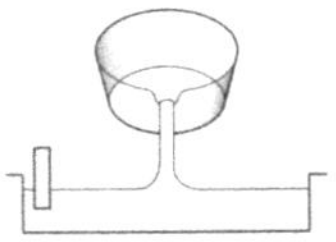

太多的缓冲液会使电流在胶上通过,而不是在胶中通过,延长了分离 DNA 的时间。TBE 缓冲液可以重复使用多次,不要丢弃,如果使用上次用过的缓冲液,前后摇动电泳槽,使在一端累积的离子重新混匀。

STOP 此步骤可以暂停。盖上电泳槽,保存胶。如果电泳液完全覆盖胶,胶可以保存几天。

449 ## Ⅲ. 上样和电泳分离(20~30 min)

只取一部分 *Bam*H Ⅰ/*Hin*dⅢ酶切的 pAMP 和 pKAN 样品进行电泳,以便检测质粒 DNA 是否已完全酶切。酶切样品与未经酶切的 pAMP 和 pKAN 一起电泳。

1. 在两个干净的 1.5ml 离心管上分别标记"酶切 pAMP"和"酶切 pKAN"。
2. 将在 37℃温育酶切的 pAMP 和 pKAN 取出,从两管中分别取出 5μl 样品,分别加入到对应标记好的两管中。
3. 迅速将剩下的两个酶切消化产物放回 37℃,继续温育。
4. 取出两个分别盛有 5μl 0.1μg/μl 纯化质粒的管,即"对照 pAMP"和"对照 pKAN"。
5. 向两个酶切管和两个对照管中加入 1μl 上样液,轻弹管子或用枪上下吹打混匀。
6. 将样品点入凝胶点样孔(如图 L9-3 所示)。

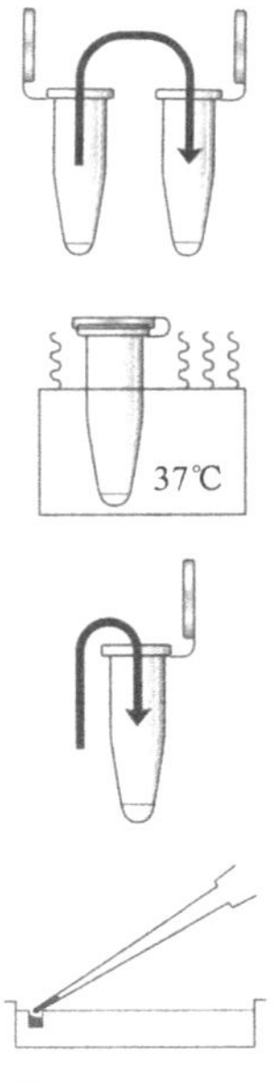

在胶槽下垫一黑纸,容易观察到加样孔。

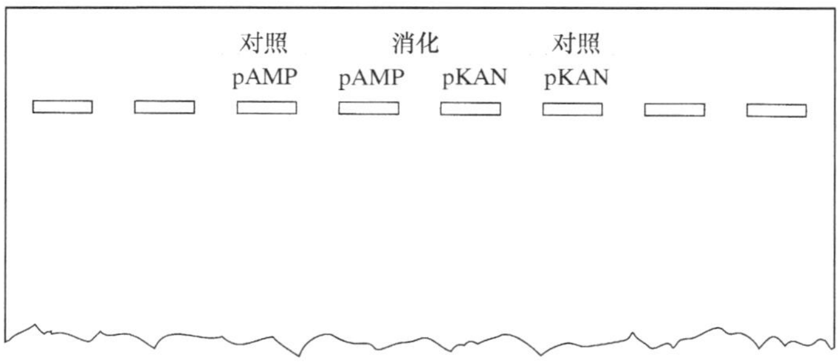

图 L9-3

7. 在 100～150V 电泳槽中电泳 15～30min。待溴酚蓝跑出点样孔 2～4cm时即已有效分离。

8. 关闭电源,取走电源线,打开电泳槽顶盖。

pAMP 的 784bp *Bam*H Ⅰ/*Hind*Ⅲ片段走在溴 450
酚蓝后面,在溴酚蓝走出胶末端之前停止电泳,防止此片段丢失。

> STOP 此步骤可以暂停。盖上顶盖,保存胶直至使用。胶也可以放在密封塑料袋中,冷冻保存过夜,次日观察照相。但是如时间过长,DNA 会在胶中弥散,条带会变得不清楚或完全消失。

9. 小心取出胶板,将胶倾斜放进胶盘,在胶盘上做上标记。
10. 按步骤Ⅳ染色。

Ⅳ. EB 染色与观察、成像(10～15min)

> **注意**　复习实验三"溴化乙锭的有效处理"。染色、观察、胶成像和清洁过程中都要戴乳胶手套。将所有染色物品放在固定区域。更多信息见附录 4。

1. 将胶浸入溴化乙锭溶液(1μg/ml),染色 5～10min。
2. 染色完成后,用漏斗将 EB 溶液倒进贮存容器中。
3. 用水冲洗胶和胶盘。

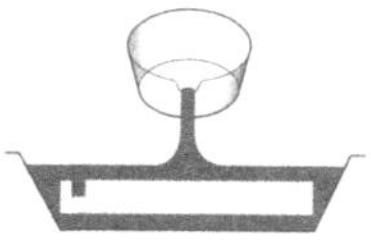

4. 如果可能,可以用水冲洗或在无菌水中脱色 5min 或更长时间,以便降低胶中 EB 的背景。
5. 在紫外透析仪或其他 UV 光源下观察胶。

> **注意**　UV 光伤害眼睛,不要裸眼观看未加屏蔽的 UV。或者使用具有吸收有害波长的滤波器或防护镜观察。更多信息见附录 4。

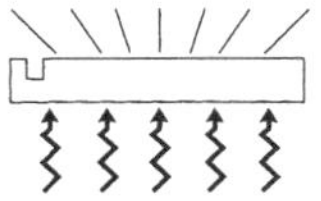

6. 用宝丽来相机或数码相机照相。
7. 如果两个样品都已经被酶切完全或接近酶切完全(见"结果与分析"),继续进行实验 B"pAMP 和 pKAN 限制酶切片段的连接"。若未酶切完全,则继续温育。

8. 如果两份样品看起来酶切不完全,则再加入 1μl *Bam*H Ⅰ/*Hind*Ⅲ溶液,再温育 20min。然后再进行实验 B" pAMP 和 pKAN 限制酶切片段的连接"。
9. 清洁。
   a. 擦拭相机、紫外透析仪和染色区域。
   b. 离开实验室前洗手。

> STOP 此步骤可以暂停。在下一步实验前,需将反应样品冷冻贮存在－20℃。在进行实验 B"pAMP 和 pKAN 限制酶切片段的连接"之前解冻样品。

结果与讨论 451

观察已成像的胶(或可在光盒下观察染色完毕的胶),比较你的胶和图 L9－4 所示标准胶,检测两个质粒是否已经酶切完全。

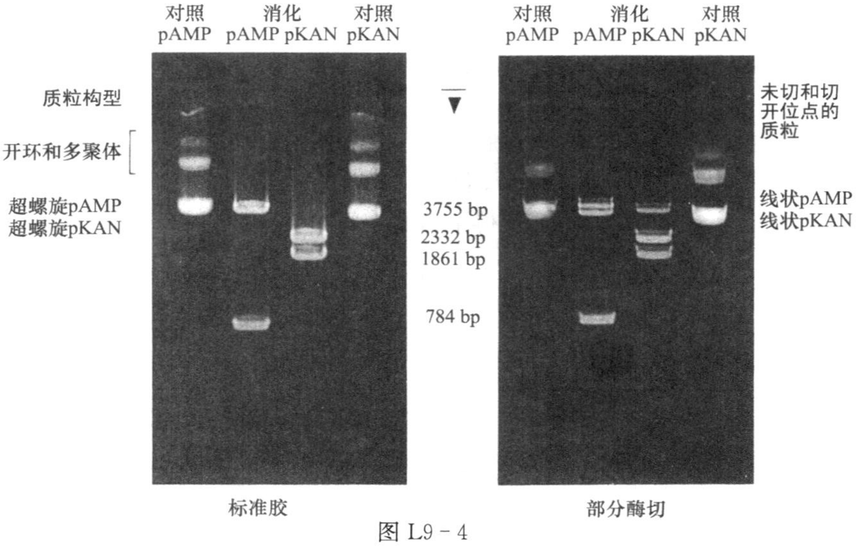

图 L9 - 4

1. pAMP 酶切泳道必须含有两个明显的条带:784 bp 和 3755bp。
2. pKAN 酶切泳道必须含有 1861bp 和 2332bp 两个明显的条带。
3. 酶切泳道应该没有与对照 pAMP 和 pKAN 泳道大小一致的条带,若有也应当很淡。这表明全部或大部分 pAMP 和 pKAN 质粒已经被两种酶彻底消化。
4. 如果两种质粒看起来酶切还算彻底或接近完全酶切,则进行实验 B“ pAMP 和 pKAN 限制酶切片段的连接”。若没有完全酶切,则继续在 37℃下温育。
5. 如果两份样品都未酶切完全,再加 1μl *Bam*H Ⅰ/*Hin*dⅢ溶液,在进行 B 部分实验之前,须温育 20min。

STOP 此步骤可以暂停。在下一步实验前,须将反应样品冷冻贮存在−20℃。在进行 B 部分实验“pAMP 和 pKAN 限制酶切片段的连接”之前解冻样品。

452 ## B 部分　pAMP 和 pKAN 限制酶切片段的连接

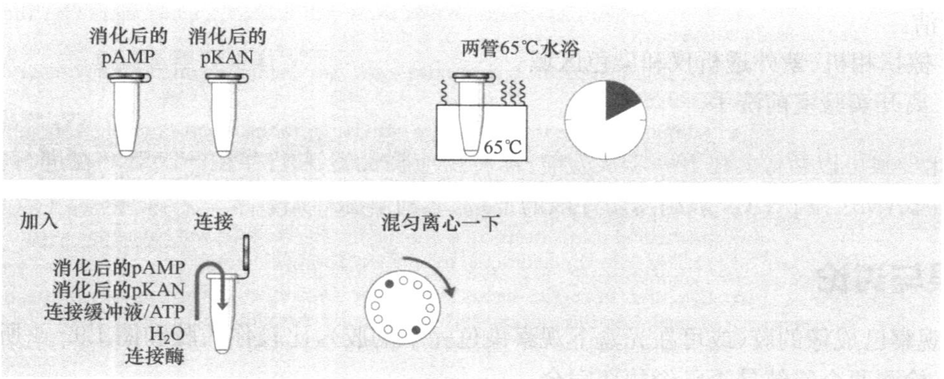

图 L9 - 5

图 L9－5(续)

注意事项 453

DNA 连接酶

本实验只能用 T4 DNA 连接酶。大肠杆菌 DNA 连接酶需要的反应条件不同，不能用于本实验。黏性末端单位用于校正连接酶活性。一单位的酶，于 16℃在 30min 内催化连接 λ DNA(20μl 中含 6μg)*Hind*Ⅲ片段的 50%。

一般连接反应在室温过夜进行。对于短时连接来说，最少要 1h。选择高浓度的连接酶(至少 100～500 黏性末端单位/μl)对连接很重要。

参考文献

本方案参考如下文献：

Cohen S.N., Chang A.C.Y., Boyer H.W., and Helling R.B. 1973. Construction of biologically functional bacteria plasmids in vitro. *Proc. Natl. Acad. Sci.* **70:** 3240–3244.

预实验

1. 取新鲜 2×连接缓冲液/ATP 溶液。由于 ATP 在溶液中不稳定，所以不要用陈旧的连接缓冲液/ATP，不用时注意冷冻保存。
2. T4 DNA 连接酶对于本实验很重要，也很昂贵。取一份足够本次所有实验所需要量的酶，置于冰上。我们建议直接将酶分配到每个反应管中。
3. 将水浴箱温度调到 65℃。
4. 将 A 部分所剩的 2×限制性内切核酸酶缓冲液丢弃，以免与 2×连接缓冲液/ATP 混淆。

材料

试剂	耗材与设备
酶切的 pAMP(来自 A 部分)	盛放废弃枪头的容器
酶切的 pKAN(来自 A 部分)	微离心机(可选)
无菌水	微量加样器(0.5～10μl)和枪头
2×连接缓冲液/ATP	试管架
T4 DNA 连接酶	试管(1.5ml)
	水浴箱(65℃)

454 ## 方法

连接 pAMP 和 pKAN（30min，含温育时间）

1. 将消化 pAMP 和 pKAN 在 65℃温育 10min。
2. 在一个 1.5ml 离心管上标上 LIG。
3. 根据下表向 LIG 管中加入以下试剂，每加一种试剂换一个新枪头，并参考以下详细说明。

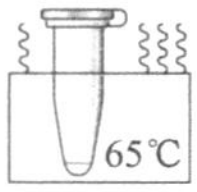

步骤 1 很重要，加热使蛋白变性，这样使限制性内切核酸酶失活。

管	消化的 pAMP	消化的 pKAN	2×连接缓冲液/ATP	无菌水	T4 DNA 连接酶
LIG	3μl	3μl	10μl	3μl	1μl

4. 将所有试剂（除连接酶），放在试管架上。
5. 用新枪头加入 3μl 酶切的 pAMP。
6. 用新枪头加入 3μl 酶切的 pKAN。
7. 用新枪头加 10μl 2×连接缓冲液/ATP。
8. 用新枪头加 3μl 灭菌水。
9. 用新枪头加 1μl 连接酶，仔细检查连接酶液滴是否存在于离心管内壁上。
10. 盖上盖，离心或敲击管底，使试剂混匀。
11. 室温放置 2～24h。
12. 如果时间允许，可以取 5μl 连接样品和已被 *Bam*H Ⅰ/*Hind*Ⅲ消化的 pAMP 和 pKAN 样品一起电泳。电泳结果应为连接 DNA 泳道不再有母液中任一条带。

向教师索要连接酶。

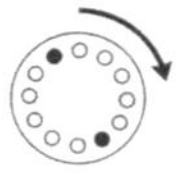

对于 2～4h 连接来说，需要用高浓度 T4 DNA 连接酶，1μl 至少为 100～500 黏性末端单位。

STOP 此步骤可以暂停。将连接产物在－20℃冰冻保存。在进行实验十之前融化样品。

结果与讨论

pAMP 和 pKAN 以 *Bam*H Ⅰ/*Hind*Ⅲ酶切的四个片段（参见图 L9－1）会连接成不同类型的杂合分子——即由两个或两个以上酶切片段连接形成不同的质粒。但是，只有含有复制起始位点的质粒可以存在和表达。连接两个 *Bam*H Ⅰ/*Hind*Ⅲ片段可以形成三种不同的携带抗性基因的质粒。

- 784bp 和 3755bp 条带连接形成 pAMP。
- 1861bp 和 2332bp 条带连接形成 pKAN。
- 连接 1861bp 和 3755bp 条带形成“简单重组子质粒”pAMP/pKAN，在此质粒中卡那抗性基因融入 pAMP 的质粒中，连接产物在实验十中检测。

455 1. 根据上面描述的 pAMP/pKAN，绘制一个简单重组子的图谱。包括片段大小，*Bam*H Ⅰ、*Hind*Ⅲ酶切位点，复制起始位点的位置，抗性基因的位点。
2. 按照下面的描述，绘出由两个片段重组形成的质粒图谱。
   a. 三种含有两个复制起始位点的质粒。

b. 三种不带起始位点的质粒。

绘出所有可能重组的质粒图谱，指出：片段大小；*Bam*H Ⅰ 和 *Hin*dⅢ酶切位点；起始位点的位置；抗性基因的位点。

3. 784bp、3755bp、1861bp 和 2332bp 连接形成一个双质粒 pAMP/pKAN(或超质粒)，绘出此质粒的图谱。
4. 绘出四种质粒酶切片段中，任何三种片段所形成的重组质粒图谱。包括片段大小；*Bam*H Ⅰ、*Hin*dⅢ酶切位点；起始位点的位置；抗性基因的位点。三种片段按照什么规则重组为一个质粒？
5. 对以 1～4 描述的所有质粒转化的大肠杆菌细胞进行鉴定与筛选，应选用何种抗生素？
6. 解释什么是黏性末端？为什么它们会在 DNA 重组分子形成中起作用？
7. 什么 ATP 在连接反应中很重要？

高级实验

利用 pUC18 或 pBLU 克隆一个 DNA 片段。这些载体包含部分或全部 β-半乳糖苷酶(见实验五中的讨论)。β-半乳糖苷酶与底物 X-gal 作用，产生蓝色产物。所以，携带这类质粒的细胞生长在含有 X-gal 的平板上会呈出蓝色，pUC18 和 pBLU 的 β-半乳糖苷酶基因含有单一的酶切位点。将 DNA 片段克隆进这些位点会破坏这个基因，从而破坏 β-半乳糖苷酶的功能。如果该基因被插入的外源片段破坏，则宿主细胞在含有 X-gal 的平板上呈白色。所以 pUC18 和 pBLU 能帮你识别区分带有外源 DNA(白色)宿主细胞和没有外源 DNA(蓝色)的宿主细胞。取已知序列的噬菌体 λ DNA 或大肠杆菌 DNA，用 *Bam*H Ⅰ/*Hin*dⅢ酶切，与同样经过 *Bam*H Ⅰ/*Hin*dⅢ酶切的 pUC18 或 pBLU 的 DNA 片段连接，在含有X-gal的平板上涂板，选取几个白色菌落，在少量液体 LB 培养基中培养每个单菌落，小量抽提质粒，用 *Bam*H Ⅰ/*Hin*d Ⅲ 消化。在琼脂糖凝胶电泳上分离 DNA，观察克隆到的 DNA 片段。

457 # 实验十　重组 DNA 转化大肠杆菌

在 A 部分中介绍了大肠杆菌感受态细胞制备的基本流程，此感受态细胞可吸收质粒 DNA。此方法一直延用 1970 年 Morton Mandel 和 Akiko Higa 发表的内容，未有改变。此方法的第一步就是悬浮培养获得对数生长期的大肠杆菌细胞，然后离心收集，用 $CaCl_2$ 溶液 0℃重悬。见图 L10－1。

此方案较多的涉及到实验五中快速克隆的方法。此经典方案的转化效率为 5×10^4～5×10^6转化克隆/mg 质粒 DNA——较一般克隆方法提高了 2～200 倍。在转化连接 DNA(包括开环与线状质粒 DNA)时高转化率是非常重要的，因为连接 DNA 产生的转化子比质粒 DNA(含有高比例的超螺旋构型)低至 1/100～1/5。

B 部分实验是用重组 DNA 转化大肠杆菌。感受态细胞是用实验九中介绍的连接产物进行转化的。重组的抗性基因与质粒 DNA 整合后加入一份感受态细胞中，而纯化的 pAMP 和 pKAN 质粒作为对照加入两份感受态细胞中。细胞悬浮培养液与质粒 DNA 在 0℃进行培养 20min 后，迅速在 42℃热激，加入 LB 培养液进行 37℃复苏培养 40～60min。不同于实验五中采用的 *amp* 抗性筛选复苏步骤是 *Kan* 抗性筛选必要的。转化细胞在以下三种 LB 琼脂板上涂板：只含 *Amp* 抗性；只含 *Kan* 抗性，以及具有两种抗性的平板。见后文中图 L10－3。

连接反应会产生多种重组分子，如含有 *Bam*HⅠ/*Hind*Ⅲ酶切片段，以及质粒 pAMP 和 pKAN 会重新再连接。此实验的目的是筛选含有两种抗性的细胞，也就是必须含有 3755bp 片段的 *pAMP* 基因表现 *Amp* 抗性，以及含有 1861bp 的 pKAN 片段具有 *Kan* 抗性。只有含有两个序列的单质粒或具有 pAMP 和 pKAN 质粒的双转化细胞会在含 Amp＋Kan抗性的 LB 平板上长出菌落。

实验仪器及材料可从卡罗来纳生物制品公司购买(见附录 1)。

458 ## A 部分　感受态细胞的传统制备方法

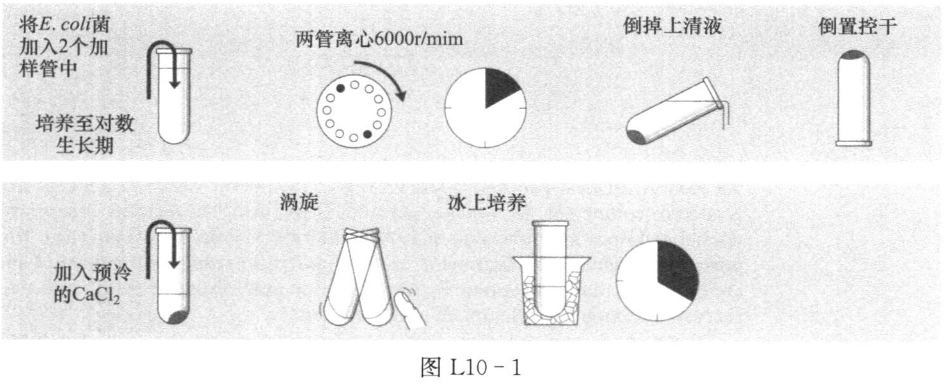

图 L10－1

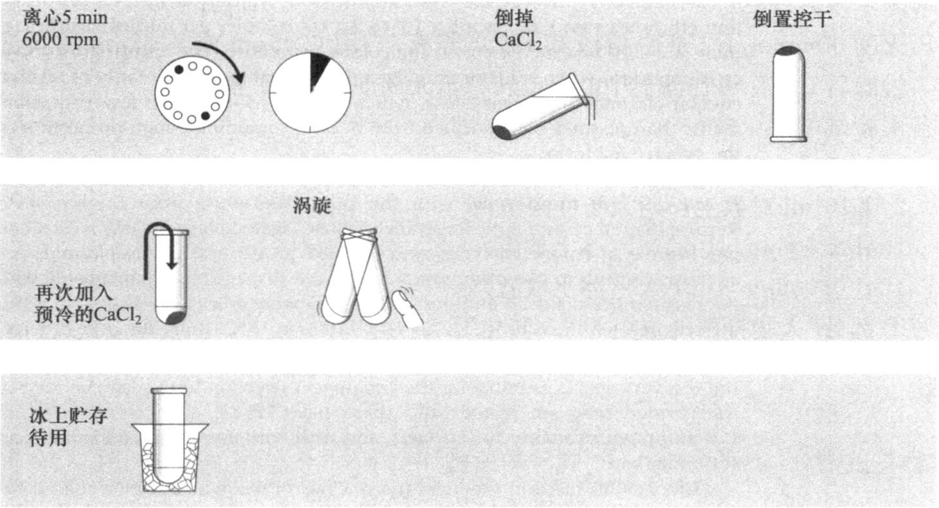

图 L10－1(续)

注意事项

459

预习实验一、二和五关于无菌操作的知识以及大肠杆菌的培养及转化。

提高感受态细胞活性

如果有可能，在转化重组 DNA 之前准备好感受态细胞，将感受态细胞在 0℃放置 12～24h，可以使转化效率提高 5～10 倍。这样就可以确保得到实验九目的片段的重组克隆。

参考文献

本方案参考如下文献：

Cohen S.N., Chang A.C., and Hsu L. 1972. Nonchromosomal antibiotic resistance in bacteria: Genetic transformation of *Escherichia coli* by R-factor DNA. *Proc. Natl. Acad. Sci.* **69:** 2110–2114.

Dagert M. and Ehrlich S.D. 1979. Prolonged incubation in calcium chloride improves the competence of *Escherichia coli* cells. *Gene* **6:** 23.

Mandel M. and Higa A. 1970. Calcium-dependent bacteriophage DNA infection. *J. Mol. Biol.* **53:** 159–162.

预实验

预实验之前，请阅读实验材料列表中列出的注意事项。

1. 实验前一天，参照实验二 B 挑取 MM294 菌落悬浮培养过夜。
2. 准备一个活的大肠杆菌划线平板从这个平板过夜接种。分别在 LB/amp 和 LB/kan 平板上划线培养大肠杆菌，确保没有使用抗性菌株。
3. 实验前 2～4h，确保大肠杆菌处于对数生长期(参照实验二 C)，当细胞培养至 OD_{550} 值达 0.3～0.4 之间为转化的最佳时期。室温下 LB 培养需 2h15min 之后可进行转化。对数生长期的细胞可在冰上放置 2h 之后用 $CaCl_2$ 处理。每个实验需 20ml 对数生长期的悬浮培养细胞。

4. 高压灭菌 50mmol/L $CaCl_2$ 溶液和 LB 培养液，或用 0.45μm 或 0.22μm 滤膜过滤除菌。过滤后 $CaCl_2$ 可在滤器中贮存或转移至无菌 50ml 锥形瓶中。

460 5. 准备实验试剂：

   15ml 50mmol/L $CaCl_2$（冰上放置）
   2 管 10 ml 对数生长期大肠杆菌菌液
   12μl 0.005μg/μl pAMP（冰上放置）
   12μl 0.005μg/μl pKAN（冰上放置）

6. 预习 B 部分“大肠杆菌的重组 DNA 转化”。

材料

培养物与试剂	耗材与设备
$CaCl_2$（50mmol/L）	盛碎冰或废弃物的容器
对数生长期 MM294 细胞	漂白粉（10%）▼或消毒剂
（两个 10ml 的培养物）	煤气灯
	干净纸塔
	离心机（2000～4000r/min）
	微量移液器（100～1000μl）和枪头
	移液管（5ml 或 10ml）
	分光光度计（可选）
	试管架
	无菌移液管吸球

▼见附录 4 注意事项。

方法

感受态细胞的制备（40～50min）

整个实验无菌操作。预习实验一中无菌操作技术、微量点样枪等的使用。

1. 将无菌 $CaCl_2$ 置于冰上。
2. 标记两个 15ml 离心管，分别加入 10ml 对数期生长的大肠杆菌细胞。
3. 将两管达对数生长期的大肠杆菌菌液对称放置于离心机中，3000r/min 离心 10min。

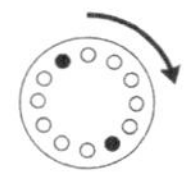

细菌沉淀很易看出。如果看不到应再次离心 5min。

461 4. 弃上清，小心保留沉淀（无菌操作）。
   a. 打开试管，迅速在火上烧一下瓶口。不要将管盖放在实验台上。
   b. 弃上清，倒置管盖在干净吸水纸上使残余液体流出。
   c. 烧一下瓶口，然后盖上盖子。

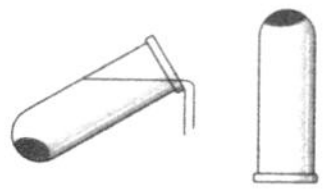

对步骤 4 做好计划，准备好迅速完成实验。

5. 每管加 5ml 冰浴过的 $CaCl_2$。

a. 打开盛放 $CaCl_2$ 离心管的盖子。勿将盖子放在实验台上。

b. 取 5 ml $CaCl_2$，重新盖上盖子。

c. 取下培养管的盖子，勿将盖子放在实验台上。

d. 将 $CaCl_2$ 加入培养管中，重新盖上盖子。

不需要火焰，因为感染性细菌在 $CaCl_2$ 溶液中不易生长。

6. 迅速振荡，重悬细胞。

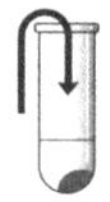

a. 盖紧盖子。

b. 用拇指与食指握住管的上半部分。

c. 用另一只手的拇指与食指弹起管的底部，以便使细胞重悬。直到细胞团完全重悬可停止弹击，这里需要几分钟时间。见图 L10－2。

d. 光下观察悬浮液是否均匀分布，应无可见细胞块的存在。

如果是小组共同做实验，可以一个人处理沉淀而另一个人可取盖盖子。

细胞在 $CaCl_2$ 溶液中过长时间会使悬浮沉淀变得更难。

再一次检查两管，确保细胞完全悬浮。因为这一步对于获得满意结果非常重要。

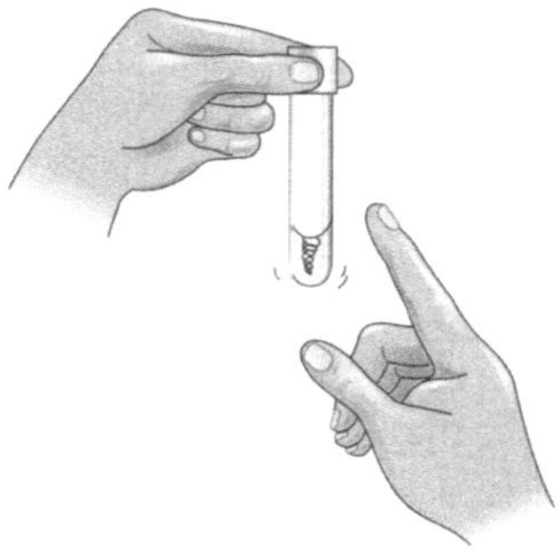

图 L10－2　弹击（步骤 6 和步骤 11）

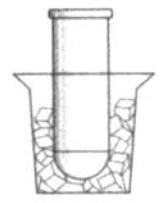

7. 冰上放置 20min。

8. 2000～4000r/min 离心 5min，使细胞沉淀在试管的底部。

9. 小心弃去 $CaCl_2$，勿碰及细胞沉淀。

a. 从试管上取下盖子，不要将盖子放在实验台上。

b. 小心倒掉上清，倒置培养试管，在干净吸水纸上轻轻点击，除尽液体。

c. 盖上盖子。

$CaCl_2$ 处理改变 *E. coli* 膜的通透性。第二次离心后，细胞团变得易于分散。 462

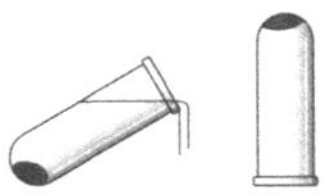

10. 用 100μl～1ml 微量移液器向每管中加入 1ml 冰浴过的无菌 $CaCl_2$。

a. 打开盛放 $CaCl_2$ 离心管的盖子，勿将盖子放在实验台上。

b. 取出 1ml $CaCl_2$，重新盖上盖子。

c. 取下培养管的盖子，勿将盖子放在实验台上。

d. 将 $CaCl_2$ 打入培养管中，重新盖上盖子。

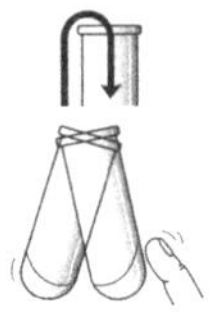

11. 盖紧盖子，迅速用手振荡培养管重悬细胞，检查悬浮液是否均匀，是否有块状细胞遗留。

此时细胞团会比开始时容易分散，再次确定两个试管中的细胞团重悬完全。

STOP 将细胞于 0℃冰箱保存，0℃放置 24h 可增加转化效率 5～10 倍。

12. 如果不直接进行 B 部分实验，则进行清理工作。

a. 分别处理与大肠杆菌接触过的平板、培养管、枪头。

b. 用 10％的漂白粉或消毒剂对步骤 4～9 使用过的对数生长期悬浮培养液、枪头等物品进行消毒。

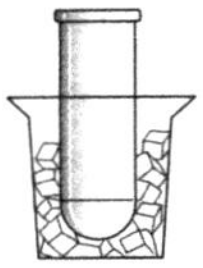

c. 用肥皂粉、10％的漂白粉或消毒剂擦净实验台。

d. 离开实验室前洗手。

463

B 部分　重组 DNA 转化大肠杆菌

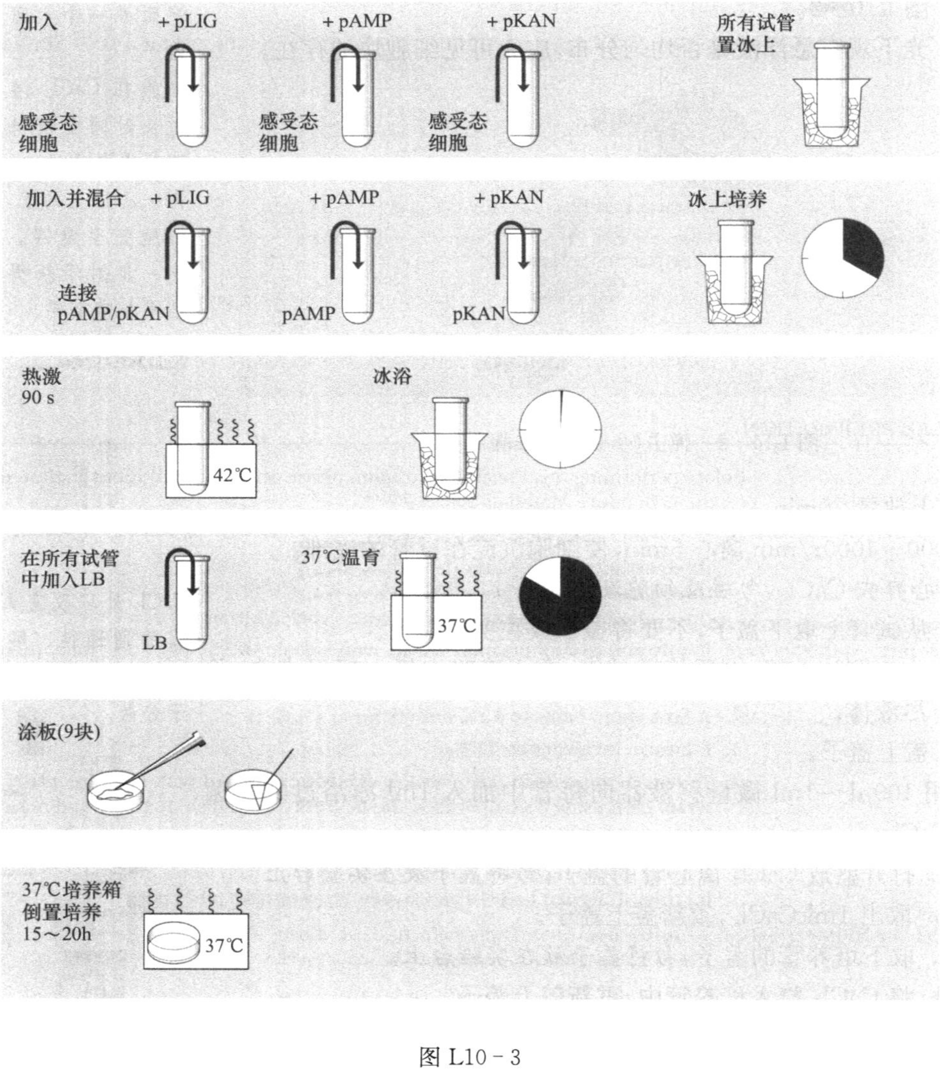

图 L10－3

注意事项 464

复习实验五"质粒 DNA 快速转化大肠杆菌的方法"。

仪器备用

标准 1ml 移液管可用 100～1000μl 的微量移液器代替。

恢复期

37℃ 40～60min 温育复苏培养，振荡，把转化的细胞涂在 kan 板上，可以迅速杀死那些没有表达抗性蛋白的细胞。

参考文献

本方案参考如下文献：

Cohen S.N., Chang A.C.Y., Boyer H.W., and Helling R.B. 1973. Construction of biologically functional bacteria plasmids in vitro. *Proc. Natl. Acad. Sci.* **70:** 3240–3244.

预实验

1. 准备下列实验用品：

   三块 LB＋amp 板（做好标记 LB/amp）

   三块 LB＋kan 板（做好标记 LB/kan）

   三块 LB＋amp＋kan（标上 LB/amp＋kan）

   如果只有一个对照，每种可少用一块平板。
2. 调节水浴至 42℃和 37℃。
3. 培养箱预热至 37℃。
4. 为防止乙醇蒸发，烧杯上要用封口膜封口或盖上塑料盖子。
5. 如果要使用玻璃珠，每个 1.5ml 管子 5～7 颗珠子，每次实验准备 9 个管子。

材料 465

培养基及试剂	耗材与设备
大肠杆菌细胞（A 部分）	95％乙醇▼
LB 培养液（3）	冰盒、废弃枪头收集器
LB/amp 板（3）	特定垃圾袋
LB/kan 板（3）	10％漂白粉▼或消毒剂
LB/amp＋kan 板（3）	煤气灯
连接用的试管（实验九）	细胞涂布器或玻璃珠
pAMP（0.005μg/μl）	培养管（15ml 3 个）
pKAN（0.005μg/μl）	微量移液器（100～1000μl）和枪头
	记号笔
	试管
	37℃恒温箱
	42℃水浴箱

37℃水浴摇床

试管架

▼见附录 4 注意事项。

方法

大肠杆菌的转化(70～90min)

整个实验须无菌操作。

1. 用记号笔标记好三个无菌的 15ml 培养试管。

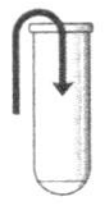

   ＋pLIG＝连接 DNA

   ＋pAMP＝pAMP 对照

   ＋pKAN＝pKAN 对照

2. 用 100～1000μl 微量移液器和无菌枪头在每管中加入 200μl 感受态细胞。

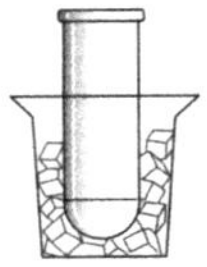

3. 冰上放置。
4. 用 1～10μl 微量移液器在标有＋pLIG 的试管上加入 10μl pAMP/KAN 连接产物。

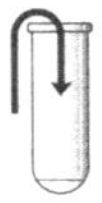

5. 在标有＋pAMP 的管中加入 10μl 0.005μg/μlpAMP 溶液。
6. 在标有＋pKAN 的管中加入 10μl 0.005μg/μlpKAN 溶液。

剩余的连接 DNA 4℃保存。电泳检测实验十二中酶切 pAMP 产物和 pKAN 对照观察连接反应的产物。

466 7. 盖上盖子，用手指轻弹试管，混匀，避免产生气泡以及避免重悬物溅出。
8. 将三个试管在冰上放置 20min。

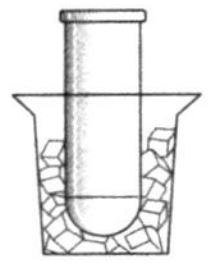

9. 标记 9 块 LB 平板，写上名字、日期，把平板分成三组如下标记：
   a 组：在一块 LB/amp、一块 LB/kan 和一块 LB/amp＋kan 板上标上 L。
   b 组：在一块 LB/amp、一块 LB/kan 和一块 LB/amp＋kan 板上标上 A。
   c 组：在一块 LB/amp、一块 LB/kan 和一块 LB/amp＋kan 板上标上 K。

为节省平板，实验可忽略步骤 b 或 c。

10. 20min 冰浴后，对三管细胞进行热激。
    a. 迅速取出培养试管，42℃水浴 90s。
    b. 迅速回到冰浴中放置至少 1min。

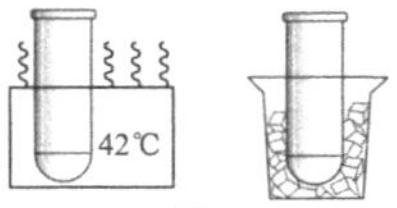

11. 用 100～1000μl 微量移液器加入 800μl LB 培养液，混匀。

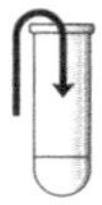

12. 三管细胞于 37℃水浴复苏振荡 40～60min，如果没有水浴摇床，可以用普通水浴，间断振荡。

如果没有恒温水浴振荡培养箱，细胞可在 37℃水浴中温育几分钟。然后转移到 37℃温箱中，或者在 37℃水浴中手动摇晃。

STOP 细胞可以复苏培养 2h，复苏培养可以产生尽可能多的卡那抗性的重组克隆。

13. 根据下表涂布细胞于相应抗生素板上。

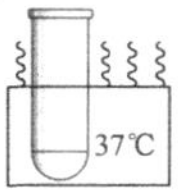

	连接 DNA L	pAMP 对照 A	pKAN 对照 K
LB/amp	100μl	100μl	100μl
LB/kan	100μl	100μl	100μl
LB/amp+kan	100μl	100μl	100μl

14. 用微量移液器在将来源于标记有“pLIG”的管中的细胞悬浮物100μl分别加到标有“L”的三个平板上。**在进入步骤15或步骤16之前，悬浮物不可长时间置入平板上。**用步骤15和步骤16所述方法涂布细胞。

如果琼脂板上有过多的液体，细胞不会分散均匀。

15. 用涂布器把细胞均匀涂布在平板上。见图 L10－4。
   a. 把涂布器浸入乙醇，取出至酒精灯上烧干，防止涂布棒过热。 467

细胞应均匀分布在平板上，涂布时，涂布棒不能过热，否则会杀死大肠杆菌。

注意　不要点燃放有乙醇的烧杯，如果乙醇被点燃不要惊慌，盖上盖子，隔绝氧气可迅速灭火。

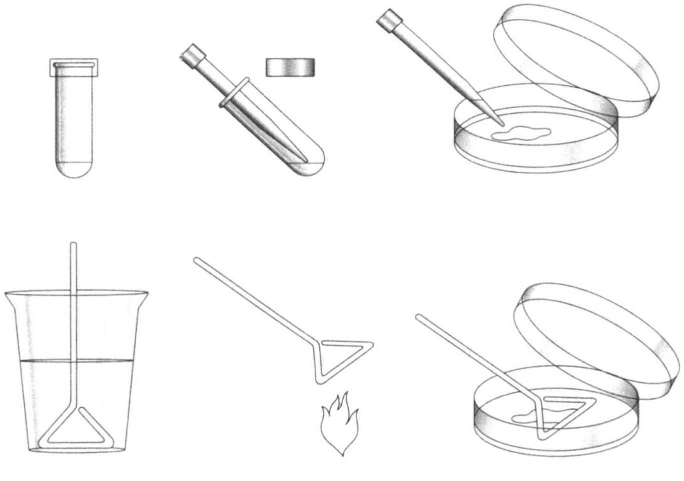

图 L10－4　无菌涂板技术(步骤14和步骤15)

   b. 打开L平板的盖子(不要放置于实验台上)。
   c. 把涂布器放在琼脂表面，降温。
   d. 涂匀细胞，注意不要把琼脂弄裂。
   e. 盖上盖子，把涂布器放在乙醇中。
   f. 同上操作涂剩下两块L平板。

16. 用玻璃珠使细胞均匀分布在L平板表面。
   a. 打开L平板的盖子，不要把盖子放在操作台面上。
   b. 从1.5ml管子里小心倒出5～7个玻璃珠于琼脂表面。
   c. 盖上盖子，转动平板，通过珠子使细胞均匀分布在琼脂表面。 468

d. 重复上述操作，涂布剩下的两块 L 平板。

17. 取无菌枪头，分别加 100μl 标有＋pAMP 的细胞悬浮液于三块 A 平板中。
18. 重复步骤 15、16 涂布细胞于 A 板上。

19. 取无菌枪头，加 100μl 标有＋pKAN 的细胞悬浮液于三块 K 平板中。
20. 重复步骤 15、16 涂布细胞于 K 板上。
21. 步骤 15 后，将涂布器重新用火消毒，放在实验台上。

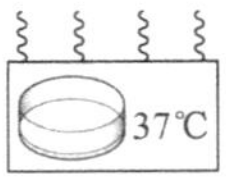

22. 平板放置几分钟，琼脂吸收悬浮液。如果进行步骤 16，倒置平板，倒出珠子，保存好。
23. 把平板叠在一起，倒置放入 37℃培养箱，培养 15～20h。
24. 4℃保存平板。

保存 L LB/amp 和 L LB/kan 和 L LB/amp ＋kan 平板

25. 实验后整理工作。
    a. 分别处理与大肠杆菌接触过的平板、培养管、枪头。
    b. 用 10％的漂白粉或消毒剂对步骤 4～9 使用过的对数生长期悬浮培养液、枪头等物品消毒。
    c. 用肥皂粉、10％的漂白粉或消毒剂擦净实验台。
    d. 离开实验室前洗手。

结果与讨论

观察平板底部长出的菌落，用记号笔标记、计数。如果试验顺利，L 平板（LB/amp＋kan）约长出 5～50 个菌落，A（LB/amp）平板约长出 500～5000 个菌落，K 平板（LB/kan）约长出 200～2000 个菌落（如果菌落数太多，在板底用记号笔平均分成几块，分别计数，得到总数）。在相应的 L 平板上，大约可以看到 10 倍的菌落数，复苏时间越长菌落数会越
469
多（问题 3 解释如何计算转化率）。如果平板温育时间过长或置于室温几天，LB/amp 会产生卫星菌落，LB/kan 或 LB/amp＋kan 则不会。

1. 在下表中记下每块平板的菌落数。

	连接 DNA L	pAMP 对照 A	pKAN 对照 K
LB/amp			
LB/kan			
LB/amp＋kan			

2. 比较下列成对平板，每对结果说明了什么？

   L LB/amp 和 A LB/amp

   L LB/kan 和 A LB/kan

   A LB/amp 和 K LB/kan

   L LB/amp 和 L LB/kan

   L LB/amp 和 L LB/amp＋kan

L LB/kan 和 L LB/amp+kan

3. 计算 A LB/amp 和 K LB/kan 阳性对照的转化效率。转化率可表达为每毫克质粒DNA转化所得的菌落数，我们需要确定每个平板上导致转化的质粒 pAMP 或 pKAN 的量。
   a. 计算步骤 5 所用的 pAMP 的总量(mg)以及步骤 6 所用的 pKAN 的总量：浓度×体积=质量
   b. 计算涂于 A LB/amp 平板(步骤 17)和 K LB/kan 平板(步骤 19)上的菌液比率：涂布菌液的体积/菌液总体积涂板细胞液比率
   c. 计算 A LB/amp 和 K LB/kan 平板菌液上中 pAMP 或 pKAN 质粒的量：总量(a)×涂布比率=涂布质粒的质量
   d. 计算每微克质粒产生的转化菌落的个数。菌落数/涂布质粒的量(c)=转化效率
4. 计算 L LB/amp、L LB/kan、L LB/amp+kan 平板的转化率。
   a. 计算实验九(见 A 部分步骤 1 中的表)中用于酶切反应的 pAMP 和 pKAN 的质量和酶切反应中的质粒浓度。
   b. 计算实验九 B 部分步骤 3 中用于连接反应的 pAMP 和 pKAN 的质量和连接反应中质粒总浓度。
   c. 用这一浓度计算问题 3 中的 a～d。
5. 比较 A LB/amp 与实验五 +pAMP 平板的转化率，影响转化率的重要因素是什么？ 470
   两者在增强转化效率的过程中有什么区别？
6. 比较对照 pAMP、pKAN 和相应连接产物的转化效率。考虑转化效率不同的原因，并注意前文对转化效率的定义。

高级实验

实验数据只有在重复实验后，并得到可重复的结果时才会有说服力。当你可以在 A LB/amp 平板上重复产生 500～2000 个菌落后尝试进行如下实验。

1. 设计并进行实验比较环状质粒 DNA 和线状质粒 DNA 的转化效率。分子质量须一致。
2. 设计和进行实验来判断转化操作步骤中的四个步骤哪一个相对重要：(1)预热；(2)温育；(3)热激；(4)复苏。哪一步是必需的？
3. 设计实验比较 $CaCl_2$ 与单价、两价、三价盐的对转化率的影响。
   a. 准备 50mmol/L 盐溶液。
   b. 测定 pH，调到 pH7。
   c. 是否只有氯化钙才具有增强转化效率的作用？
   d. 单价、两价、三价盐离子对转化率的影响有何不同？
4. 测试不同 pH 对转化率的影响。
   a. 准备不同 pH 的 50mmol/L $CaCl_2$/20mmol/L Tris 转化溶液，pH 分别为 5.0，5.5，6.0，6.5，7.0，7.5，8.0，8.5，9.0。
   b. 培养 100ml 大肠杆菌至对数生长期(OD_{550} 0.4～0.6)，取出 9 份，每份 10ml，用上述转化液制备感受态细胞。

c. 用质粒 DNA 如 pAMP 进行转化，取相同浓度涂板，培养过夜。

d. 第二天计数，确定转化率最大的 pH。

5. 进行类似的实验确定加入不同浓度的 DTT 对转化率的影响。使用 50mmol/L $CaCl_2$/20mmol/L Tris 转化溶液(pH7)(或者根据上述实验确定的最优 pH)。DTT 浓度分别为 0mmol/L，0.5mmol/L，1mmol/L，2mmol/L，5mmol/L，10mmol/L。

471 6. 设计实验确定转化的饱和量。

a. 用以下 DNA 浓度转化大肠杆菌

0.000 01μg/μl

0.000 05μg/μl

0.0001μg/μl

0.0005μg/μl

0.001μg/μl

0.005μg/μl

0.01μg/μl

0.05μg/μl

0.1μg/μl

b. 画出 DNA 分子质量与每块平板上菌落数目的关系图。

c. 画出 DNA 分子质量与转化率大小的关系图。

d. DNA 量多少时转化可达到饱和?

e. 重复实验确定饱和点。

7. 重复实验六，但用每种浓度均按 1∶1 混合的 pAMP 与 pKAN 转化，涂平板于 LB/amp、LB/kan 和LB/amp+kan。确保复苏时间为 40～60min，振荡。

a. 计算转化率

$$\frac{\text{amp+kan 平板上的菌落数}}{\text{Amp 平板菌落数+Kan 平板菌落数}}$$

b. 画出 DNA 量与每块平板菌落数关系图。

c. 画出 DNA 量与双转化率关系图，在饱和情况下双转化率是多少?

8. 绘出大肠杆菌 pKAN 的复苏曲线，在 0～120min 内间隔 20min。

a. 画出复苏时间与每板菌落数的曲线。

b. 哪一个时间点抗性最强?

c. 你能否确定哪一个时间点细胞开始复苏?

9. 尝试使用实验五中菌落转化步骤来分离 pAMP/KAN 重组子。怎样增加 *amp*/*kan* 抗性菌落?

实验十一　影印法鉴定大肠杆菌菌落 473

在实验九中连接 pAMP 和 pKAN 的 *Bam*HⅠ/*Hin*dⅢ双酶切片段，得到大量含有氨苄抗性基因（amp^r）或卡那抗性基因（kan^r）或双抗性基因（amp^r/kan^r）的重组质粒。将这些连接 DNA(L)转化大肠杆菌，涂于相应平板 LB/amp，LB/kan，LB/amp＋kan。结果表明生长在平板 L LB/amp＋kan 上的克隆具有双抗基因（amp^r/kan^r 基因型）。

但是并不能确定大肠杆菌生长在 LB/amp 或 LB/kan 上就有 amp^r/kan^r 基因型。尽管一个菌落生长在 LB/amp 平板上具有 amp^r，但并不能肯定它也具有 kan^r 基因。一个菌落生长在 LB/kan 平板上一定具有/kan^r 基因，但并不能肯定它也具有 amp^r 基因。我们可以总结出当微生物生长于特定抗生素的环境下必定具有相应抗性基因。

在本章，影印培养的方法可以快速区分菌落是否具有单抗还是双抗的特性。从平板 L LB/amp 和平板 L LB/kan 各挑 12 个菌落点在新鲜的 L LB/amp 和 L LB/kan 上，每个菌落用无菌牙签（接种环）接种于新鲜平板上。37℃过夜培养，同时长在 L LB/amp 和平板 L LB/kan 上的菌落具有 amp^r/kan^r 双抗表型。 474

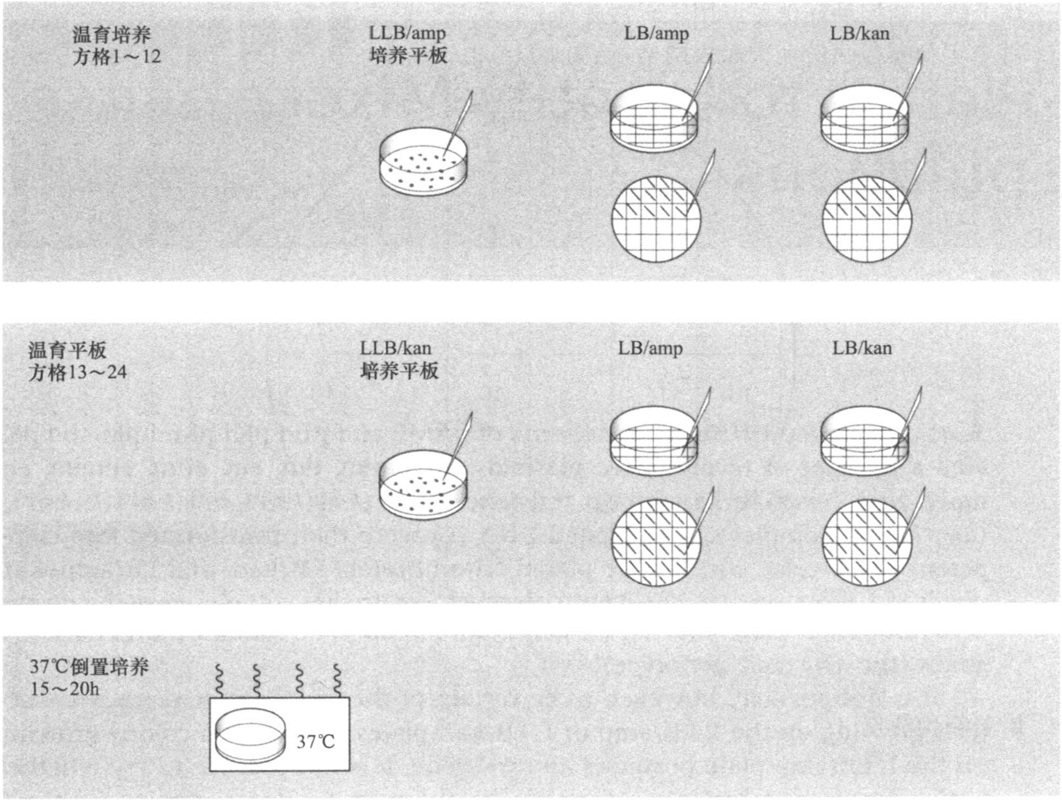

图 L11－1

475 注意事项

复习实验二 A 中分离单菌落的预实验注意事项。

影印培养提供了从 L LB/amp 和 L LB/kan 单抗平板中快速筛选具有 *pAMP/KAN* 双抗克隆方法。如果在平板 L LB/amp＋kan 上没有得到菌落，影印培养的方法为实验十二（纯化和鉴定重组 DNA）提供了另一个鉴定双抗菌落的方法。

参考文献

本方案参考如下文献：

Lederberg J. and Lederberg E.M. 1952. Replica plating and indirect selection of bacterial mutants. *J. Bacteriol.* **63:** 399.

预实验

在准备实验前，请参阅实验材料列表中的注意事项。

1. 每个实验准备：

    1 块 LB＋amp 平板（LB/amp）

    1 块 LB＋kan 平板（LB/kan）

2. 每个实验准备 30 根牙签，把牙签放在 50ml 烧杯里，盖上铝箔，121℃灭菌 15min。（火焰上烧过的接种环也可以用来转移菌落）
3. 每个实验准备两份多次涂板网格，见图 L11－2。

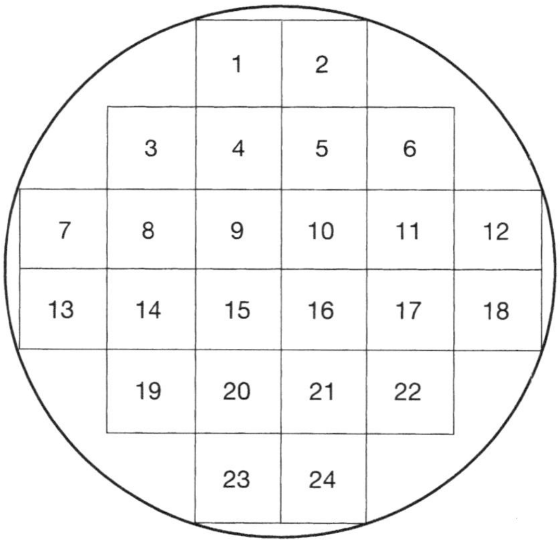

475 图 L11－2

4. 培养箱预热至 37℃。

材料 476

培养基	耗材与设备
L LB/amp 板 w/菌落(实验十)	废液缸
L LB/kan 板 w/菌落(实验十)	垃圾袋
LB/amp 板(1)	10%漂白粉▼或消毒剂
LB/kan 板(1)	培养箱(37℃)
	记号笔
	网格图(2 张)
	无菌牙签(接种环和煤气灯)

▼见附录 4 列表注意事项。

方法

准备平板(10min)

1. 把网格图放在 LB/amp 平板和 LB/kan 板的底部,用记号笔在每块平板上做标记。

用记号笔在平板底部划上 24 个方格。

2. 把一个菌落分别划在 LB/amp 平板和 LB/kan 板上。

微开平板盖,空隙大小恰好可以挑取菌落,不要把平板盖放在台面上。

   a. 用无菌牙签(或接种环)在 LB/amp 挑一个菌落。
   b. 立即用此牙签(或接种环)在 LB/amp 平板的方格 1 中轻划,成对角线状。
   c. 用此牙签(或接种环)再在 LB/kan 平板上的方格 1 中轻划,成对角线状。
   d. 扔掉牙签(或者把接种环在火焰上烧一下)。

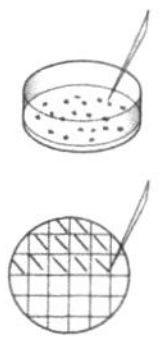

3. 换新牙签重复步骤 2a～d 从 LB/amp 平板上挑 11 个菌落分别划在 LB/amp 和 LB/kan 平板的 2～12 方格中。

如果每个平板上的菌落少于 12 个,重复本步骤。

4. 换新牙签重复步骤 2a～d 从 LB/kan 平板上接 11 个菌落分别划在 LB/amp 和 LB/kan 平板的 2～12 方格中。

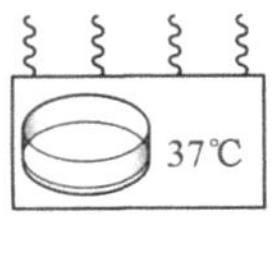

5. 平板在 37℃培养箱倒置培养 15～20h。
6. 培养后,把平板置于 4℃,阻止大肠杆菌及其他微生物生长。
7. 清洁工作。 477

如果 L LB/amp+kan 平板少于两个菌落,保存平板以作为实验 12 分离质粒 DNA 的细胞源。

   a. 分别处理菌液和用过的牙签。
   b. 平板和牙签用漂白粉或消毒剂消毒。
   c. 用肥皂水、10%漂白粉或消毒剂擦净实验台面。
   d. 离开实验室前洗手。

结果与讨论

一般来说,多次涂板实验结果说明实验九连接反应的成功,它和实验十中 L LB/amp+

kan 平板观察的结果也是一致的。如果平板 L LB/amp+kan 上有大量菌落，那么生长在平板 L LB/amp 上的双抗菌落比率会很高。一般来说，30%～70%的选自 amp 或 kan 的菌落具有双抗特性。LB/amp 和 LB/kan 平板上有双抗特性的菌落数基本相等。

1. 观察平板 LB/amp 和平板 LB/kan。如果有新的菌落在划线上生长，则在下面的表格中记上+，反之则记上-。非抗性菌落也可能在抗性划线处存活，但是不会在新的抗性平板上生长。

	菌落来源	多次涂板		菌落来源	多次涂板	
L	LB/amp	LB/amp	LB/kan	L LB/kan	LB/amp	LB/kan
1				13		
2				14		
3				15		
4				16		
5				17		
6				18		
7				19		
8				20		
9				21		
10				22		
11				23		
12				24		

2. 根据观察，
   a. 计算 LB/amp(1～12 方格)中双抗菌落的比率。
   b. 计算 LB/kan(13～24 方格)中双抗菌落的比率。
   c. 解释为什么两个不同来源平板双抗菌落的比例相同或不同?
3. 画出限制酶切图谱，解释双抗表型的原因。

478

高级实验

1. 我们已经讨论过 LB/amp 平板上卫星菌落的现象。在大的抗性菌落旁生长出一圈小的非抗性菌落。为了证明这一点，从 LB/amp 平板上挑取卫星菌落分别涂板于新鲜的 LB 和 LB/amp 平板上。
2. Amp^r 蛋白(β-内酰胺酶)并没有被主动分泌到培养基里，但它会从大肠杆菌的细胞壁渗出来。Kan 平板上没有卫星菌落，因为抗生素杀死了所有的非抗性细胞，下列实验检测是否有抗性蛋白从抗性细胞中释放出来。
   a. 从 LB/amp 平板和 LB/kan 平板分别挑一个 amp^r 菌落和 kan^r 菌落过夜培养，各自接种于 5ml LB 培养液中，过夜悬浮培养。
   b. 把培养液用 0.22μm 或 0.45μm 过滤器过滤，上清液收集于 15ml 无菌试管中，滤去大肠杆菌细胞。
   c. 分别标记 LB/kan 和 LB/amp 平板。在平板中央划线一分为二，其中一半标上"+"。
   d. 在 LB/amp 平板的"+"区域涂上 100μl amp^r 菌落过滤所得的溶液。在 LB/kan 平

板的“+”区域涂上 100μl *kan*[r] 菌落过滤所得的溶液。

e. 把野生型的大肠杆菌分别在两块平板中央划线区来回划线。

f. 平板 37℃培养 15～20h。比较两块板的每个区域的生长情况。

3. Amp[r] 蛋白被认为在静止期就渗出来，下列实验用来测试 β-内酰胺酶渗出是否和生长阶段有关。

a. 挑一个 *amp* 抗性菌落接种至 1ml LB 培养液，过夜悬浮培养(根据实验二 B)。

b. 把过夜培养菌液接种于 100ml 新鲜 LB 培养基。

c. 1、2、4h 各取 10ml 培养也放置于冰上，无菌操作。

d. 分别测定 OD_{550} 值。

> **注意**　实验目的是测试抗性蛋白渗出是否与培养时间，而不是细胞数目有关。因为细胞数目随着时间的延长而增多，因此 2h 和 4h 取得的样品须用无菌的 LB 稀释以便与 1h 取样浓度一致。OD_{550} 的数值与细胞数目成正比，所以可用来估计稀释倍数。

e. 三个样品分别用 0.22μm 或 0.45μm 滤器过滤除菌。 *479*

f. 每个组分分别用无菌的 LB 培养液稀释 10 倍、100 倍。

g. 用记号笔分别在 6 块 LB/amp 平板中央划线。

h. 取 1h 样品 100ml(未稀释)涂在第一块平板二分之一区域，标记上取样时间和稀释倍数，静置 10～15min。

i. 分别取 100μl(未稀释)2h、4h 样品在另两块板的二分之一区域涂布，操作同上。

j. 用 10 倍、100 倍稀释液，操作同 h 和 *i*。

k. 平板干后，把野生型的大肠杆菌分别涂在平板的两个区域。

l. 37℃培养 15～20h，比较结果。

481 实验十二　重组 DNA 的转化和鉴定

实验十中生长在 LB/amp＋kan 平板上的菌落具有 amp^r/kan^r 双抗基因表型。这样的抗性来自于单拷贝或多拷贝的质粒。这些质粒是实验九中 pAMP、pKAN 质粒 *Bam*HⅠ/*Hin*dⅢ双酶切后四个片段的连接产物：

- 784bp pAMP 片段；
- 3755bp pAMP 片段含有复制起始区和抗性基因 amp^r；
- 1861bp pKAN 片段含有 kan^r 基因；
- 2332bp pKAN 片段含有复制起始区。

实验十二的目的是确定双抗基因表型的来源，即任意两个或多个 pAMP、pKAN 片段的重排。本实验分为两个部分：pAMP/pKAN 重组质粒的小量制备和纯化重组 DNA 的酶切。

- A 部分提供了一个简单的方法从过夜培养物中提取质粒 DNA，两个克隆分别来自 pAMP＋pKAN 平板（实验十）和复制平板（实验十一）。见图 L12－1。
- B 部分提取 A 部分的质粒和 *Bam*HⅠ/*Hin*dⅢ双酶切的对照质粒。三个酶切产物和未酶切的质粒进行电泳，同时点上未酶切的 pAMP 和 λ/*Hin*dⅢ分子质量标记进行电泳，这样可以比较每个转化子中质粒的结构、大小和数目。见图 L12－2。

本实验的仪器和材料的供应商目录见附录 1。

482 A 部分　pAMP/pKAN 重组质粒的小量制备

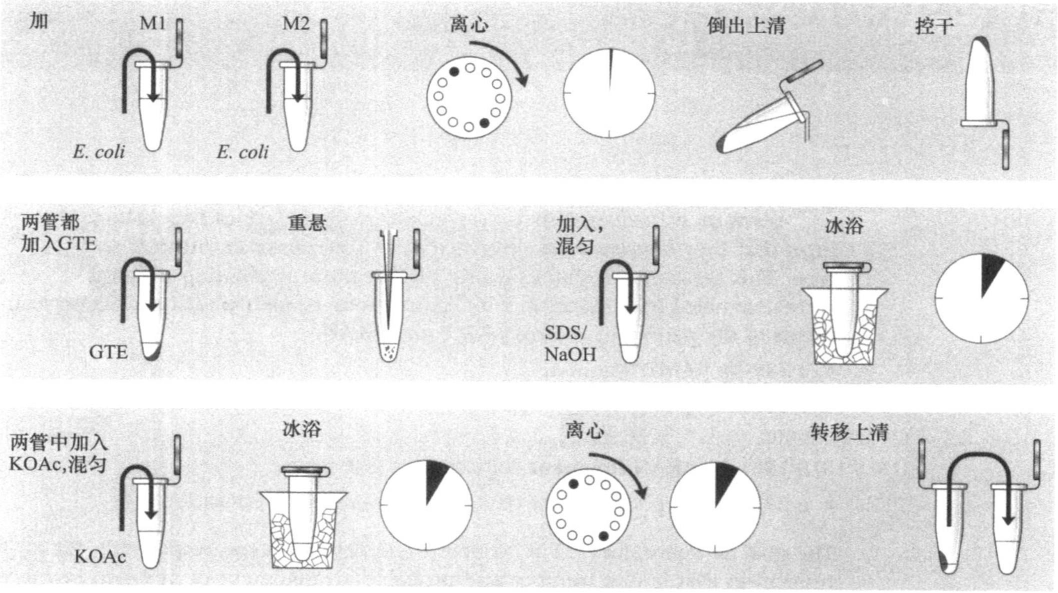

图 L12－1

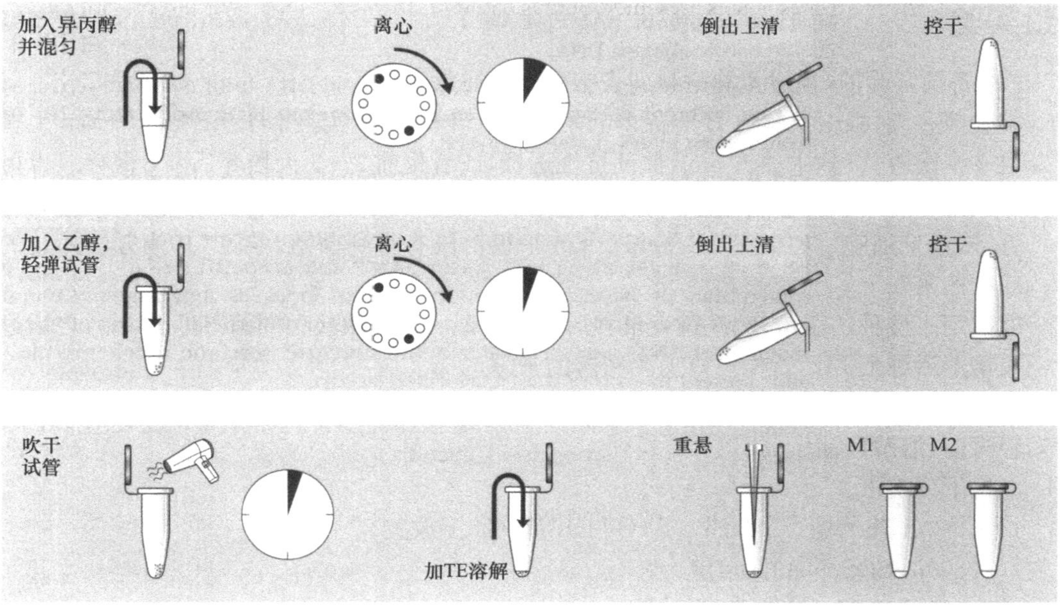

图 L12-1(续)

注意事项

483

复习实验八 A(pAMP 的小量制备)的注意事项。

抗生素的选择

尽管可使用普通 LB 培养基，但当过夜培养含有重组质粒的大肠杆菌时，最好使用含抗生素的培养基，用 LB/amp 选择即可。

其他方法筛选的双抗菌落

如果在 LB/amp+kan 平板上并没有得到菌落，则进行如下操作。

1. 使用实验十一中影印培养确定的双抗菌落，它可以来自 LB/amp 板或 LB/kan 板。
2. 如果没有足够的时间影印培养，挑取 5 个以上的菌落，过夜培养。下列选择策略可以选择出双抗菌落，第二天早上至少有两个培养物浑浊。
   a. 从 L LB/kan 平板上接种菌落于 LB/amp 中。
   b. 从 L LB/amp 平板上接种菌落于 LB/kan 中。
   c. 从 L LB/kan 或 L LB/amp 平板上接种菌落于 LB/amp+kan 中。

参考文献

本方案参考如下文献：

Birnboim H.C. and Doly J. 1979. A rapid alkaline extraction method for screening recombinant plasmid DNA. *Nucleic Acids Res.* **7:** 1513–1523.

Ish-Horowicz D. and Burke J.F. 1981. Rapid and efficient cosmid cloning. *Nucleic Acids Res.* **9:** 2989–2988.

预实验

准备预实验前，预习实验材料列表中列出的注意事项。

1. 实验前一天，根据实验二 B 准备 2 个大肠杆菌培养物，从实验十 L LB/amp+kan 上挑取 2 个菌落。LB 中加入 amp 保证抗性选择，或者提前 2～3 天培养后 4℃保存。也可以接种于 37℃静置培养 24～48h，后两种方法细胞会沉在培养管底部，在实验前振荡管子，重悬细胞。如果在 LB/amp+kan 平板上没有得到菌落，参见“其他方法筛选的双抗菌落”。
484 2. 圈出用于接种的菌落，每次过夜培养后做上标记。第一次接种的菌落标上 M1，之后过夜培养后标上 M2，这样可以追溯菌落的来源。
3. 提前几天准备 SDS/NaOH 溶液，室温保存。温度过低会产生沉淀，在水浴中加热，轻轻振荡，溶解沉淀。
4. 准备下列溶液：

   250μl 葡萄糖/Tris/EDTA(GTE)溶液(冰上放置)

   500μl SDS/NaOH 溶液

   400μl KOAc 溶液(冰上放置)

   1000μl 异丙醇

   500μl 100% 乙醇

   500μlTris/EDTA 溶液(TE)
5. 预习 B 部分，酶切分析纯化的重组 DNA。

材料

试剂	耗材与设备
大肠杆菌 pAMP/pKAN 过夜培养物	废液缸和碎冰
乙醇▼(95%和 100%)	10%漂白粉▼或消毒剂
葡萄糖▼/Tris/EDTA(GTE)	干净的纸塔
异丙醇▼	吹风机
醋酸钾/醋酸(KOAc)▼	离心机
SDS/NaOH	微量移液器(0.5～10μl 和 100～1000μl)和枪头
Tris/EDTA(TE)	记号笔
	试管架
	透射灯(可选)▼
	离心管(1.5ml)

▼见附录 4 注意事项。

方法

质粒的小量制备(50min)

1. 振荡培养管，重悬大肠杆菌。

2. 在两根 1.5ml 离心管上分别标上 M1、M2，用移液器分别对应加入 1000μl 培养物。 485

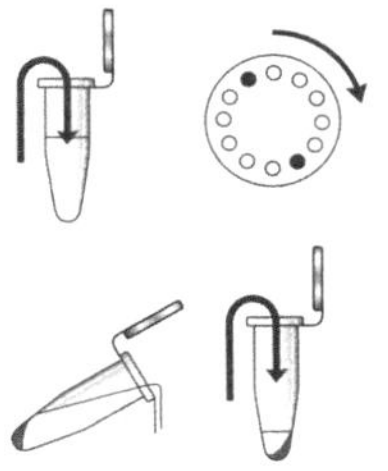

3. 盖上盖子，把离心管对称放入离心机，离心 1min，沉淀细胞。
4. 倒掉或用移液器吸掉上清，不要打散细胞，倒扣离心管，在纸上轻敲，除净上清。
5. 每管加入 100μl 冰浴的 GTE 溶液，反复吹打重悬沉淀，使之均匀，没有可见的块状细胞沉淀。

细胞沉淀于试管底部，呈白色。虽然细胞沉淀可见，但步骤 14 的 DNA 沉淀很难看到。离心时，将盖管接头朝外放置，保证沉淀在试管底部接头的一侧。

6. 每管加入 200μl SDS/NaOH 溶液，盖上盖子，快速颠倒 5 次，混匀。
7. 试管冰浴 5min，重悬物变清。
8. 每管加入 150μl 冰浴 KOAc 溶液，盖上盖子，快速颠倒 5 次，产生白色沉淀。

准确移液对于质粒的高效制备是非常必要的，应准确计算试剂的体积，以保证步骤 6 中加入的 NaOH 的量能够中和步骤 8 中的醋酸。

9. 冰上放置 5min。
10. 离心 5min，试管底部出现沉淀。

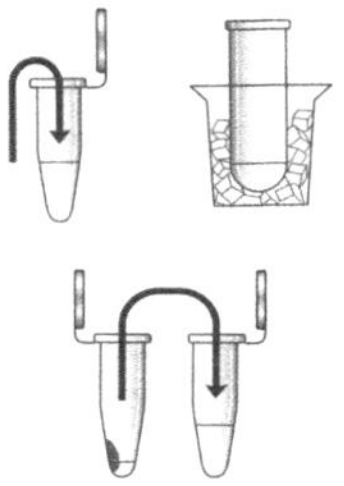

11. 从 M1 中取 400μl 上清转入新的标有 M1 的 1.5ml 管中，从 M2 中取 400μl 上清转入新的标有 M2 的 1.5ml 管中，避免沉淀悬浮，丢弃旧管。
12. 每管上清加入 400μl 异丙醇，盖上盖子，快速颠倒试管 5 次混匀上清，室温静置 2min。（异丙醇可以快速沉淀核酸，但随时间延长，蛋白也会被沉淀。）
13. 离心 5min，沉淀核酸。
14. 小心倒掉上清，或者用 100μl 微量移液器移去上清，枪头远离沉淀。如果沉淀被吸出，把上清倒入另一个 1.5ml 管，离心，去上清，倒置离心管，使液体流尽。
15. 每管加入 200μl 100%乙醇，盖上盖子，轻敲管子，洗涤沉淀。

步骤 11 中，保留上清，弃沉淀，而在步骤 14 和 17 中，则相反：弃上清，保留沉淀。

快速完成步骤 12，然后快速离心。

沉淀位于试管底部呈絮状或颗粒状。肉眼可能观察不到沉淀，沉淀大小并不反映质粒的产量。大的沉淀可能包含有 RNA 和细胞残余物。小的沉淀可能是质粒 DNA，较干净。

核酸沉淀不溶于乙醇，在洗涤过程中不会溶解。

STOP 将 DNA/乙醇溶液放到−20℃保存备用。

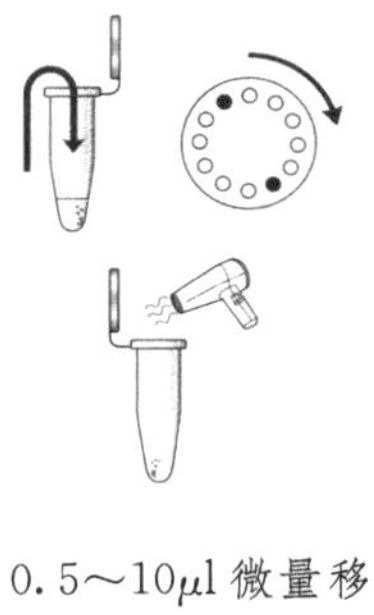

16. 平衡离心 2～3min。 486
17. 小心弃上清，或者用 100μl 微量移液器移去上清，枪头远离沉淀。如果沉淀被吸出，把上清倒入另一个 1.5ml 管，离心，去上清，倒置离心管，使液体流尽。
18. 采用下列方法使核酸干燥。
    a. 用吹风机吹管口 3min，不要使沉淀倒出。
    b. 盖上盖子，离心将残留乙醇收集到管底，小心用 1～10μl 移

用 0.5～10μl 微量移液器移取 7.5μl，两次。

液器移去乙醇，把盖子打开，放在试管架上，空气干燥 10min。

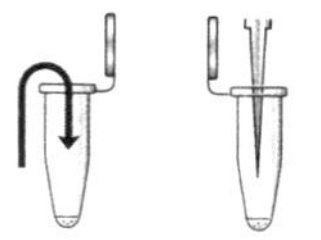

19. 在操作步骤 20 乙醇必须蒸发干，光下检查乙醇是否有残留，如果乙醇正在蒸发，则可以在管口闻到乙醇的气味。
20. 每管加入 15μl TE，用微量移液器吹打沉淀，轻微离心将溶液收集于试管底部。
21. M1、M2 各自的 DNA/TE 溶液分开储存，不要混在一起。

STOP DNA/TE 可－20℃保存，使用前融解。

22. 清理工作：
    a. 分别正确处理大肠杆菌接触过的培养管和枪头；
    b. 用 10%漂白粉或消毒剂对步骤 4 的过夜培养物、枪头、上清消毒；
    c. 用肥皂水、10%漂白粉或消毒剂擦净实验台；
    d. 离开实验室前洗手。

487

B 部分　纯化的重组质粒的酶切分析

Ⅰ. 酶切消化

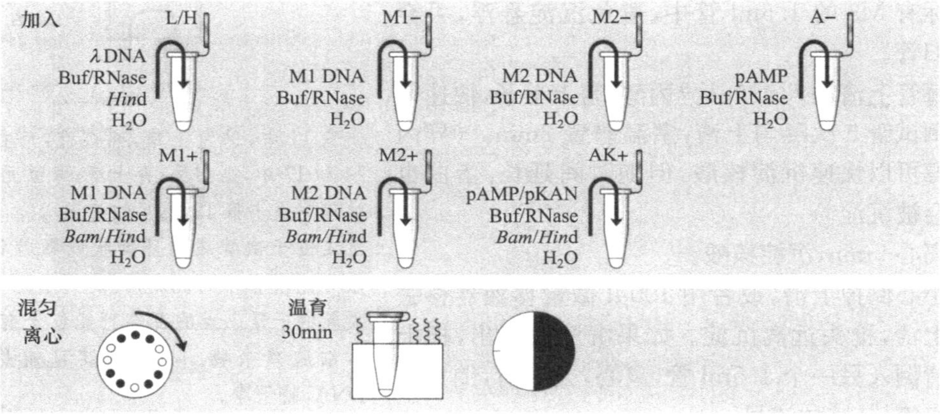

Ⅱ. 制 0.8%琼脂糖凝胶

Ⅲ. 电泳检测

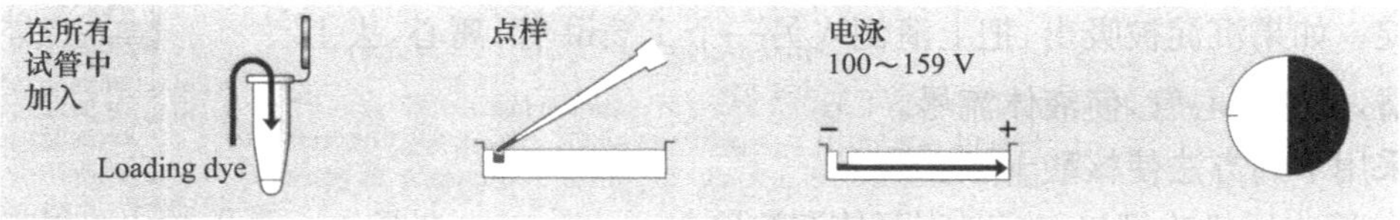

图 L12－2

Ⅳ. 染色和拍照

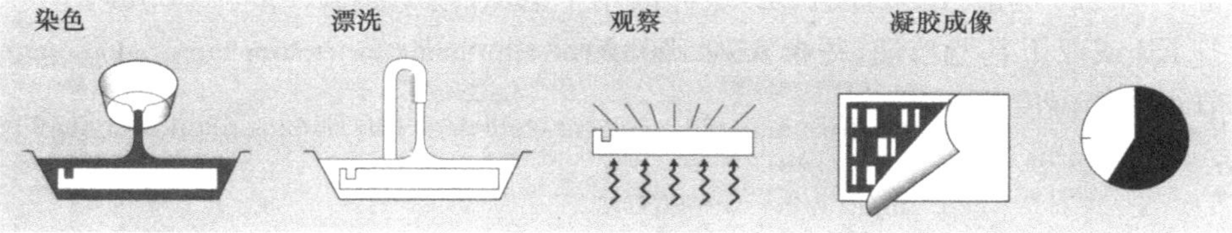

图 L12-2(续)

注意事项 488

复习实验八 B(纯化质粒 pAMP 的限制酶切分析)的注意事项。

参考文献

本方案参考以下文献:

Aaij C. and Borst P. 1972. The gel electrophoresis of DNA. *Biochim. Biophys. Acta* **269:** 192–200.

Cohen S.N., Chang A.C., Boyer H.W., and Helling R.B. 1973. Construction of biologically functional bacteria plasmids in vitro. *Proc. Natl. Acad. Sci.* **70:** 3240–3244.

Helling R.B., Goodman H.M., and Boyer H.W. 1974. Analysis of R-*Eco*RI fragments of DNA from lambdoid bacteriophages and other viruses by agarose-gel electrophoresis. *J. Virol.* **14:** 1235–1244.

Sharp P.A., Sugden B., and Sambrook J. 1973. Detection of two restriction endonuclease activities in *Haemophilus parainfluenzae* using analytical agarose-ethidium bromide electrophoresis. *Biochemistry* **12:** 3055–3063.

预实验

操作前请阅读实验材料列表中列出的注意事项。

1. 1∶1 混合下列溶液:

   *Bam*HⅠ/*Hind*Ⅲ(8μl 每次实验)

   pAMP+pKAN(6μl 每次实验)

2. 准备下列试剂:

   6μl 0.1μl/μg pAMP/pKAN (冰上放置)

   6μl 0.1μl/μg pAMP (冰上放置)

   6μl 0.1μl/μg λDNA(冰上放置)

   16μl 5×酶切缓冲液/RNase(冰上放置)

   8μl *Bam*HⅠ/*Hind*Ⅲ(冰上放置)

   2μl *Hind*Ⅲ(冰上放置)

   500μl 无菌水

   500μl 上样液

λ DNA 可以直接购买,*Hind*Ⅲ酶切后可用来作为分子质量标记,如果已有酶切好的 λ DNA,则不用准备 *Hind*Ⅲ。

3. 准备 0.8%的琼脂糖溶液(40～50ml 每个实验),实验过程中保存琼脂糖溶液在 60℃水浴中。用铝箔封口防止蒸发。

4. 准备 1×Tris/硼酸/EDTA(TBE)缓冲液用于电泳(每个实验 400～500ml)。

5. 准备 EB 或亚甲基蓝溶液(每个实验 100ml)。

6. 调节水浴箱温度至 37℃。

489

材料

试剂	耗材与设备
琼脂(0.8%)	铝箔
*Bam*HⅠ/*Hind*Ⅲ	盛放废弃物的容器
蒸馏水	照相机(可选)
溴化乙锭▼(1μg/ml)(或 0.025%亚甲基蓝▼)	封口膜
*Hind*Ⅲ	电泳槽
λ DNA(0.1μg/μl)	手套
上样缓冲液	胶带
小量制备 DNA/TE (M1、M2)	微量离心机(可选)
pAMP(0.1μg/μl)	微量移液器(0.5～10μl)及其枪头
pAMP/pKAN(0.1μg/μl)	薄膜(parafilm)或蜡纸(可选)
5×酶切缓冲液/RNase	记号笔
1×TBE▼	塑料薄膜(可选)
	电源
	试管架
	投射灯(可选)▼
	1.5ml 试管
	水浴(37℃,60℃)

▼见附录 4 注意事项。

方法

Ⅰ. 酶切(40min,包括温育时间)

参见实验三。

1. 用记号笔标记下列 7 个 1.5ml 试管,进行酶切反应。

    L/H=λDNA, *Hind* Ⅲ
    M1－=小量制备 1,未酶切
    M2－=小量制备 2,未酶切
    A－=pAMP,未酶切
    M1+=小量制备 1,*Bam*HⅠ/*Hind*Ⅲ
    M2+=小量制备 2,*Bam*HⅠ/*Hind*Ⅲ
    AK+=pAMP/pKAN,*Bam*HⅠ/*Hind*Ⅲ

2. 根据下表在每个反应中添加试剂,注意换枪头。

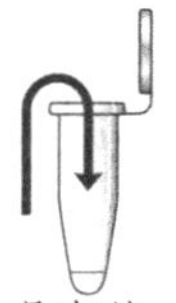

如果使用现有的 λ/*Hind* Ⅲ 分子质量标记,可省略L/H 此管。

剩余的小量制备 DNA(M1 和 M2)于－20℃保存,以备使用。

试管	λDNA	M1	M2	pAMP	pAMP/pKAN	缓冲液/RNase	*Hind*Ⅲ	*Bam*HⅠ/*Hind*Ⅲ	H_2O
L/H	5μl	—	—	—	—	2μl	1μl	—	2μl
M1−	—	5μl	—	—	—	2μl	—	—	3μl
M2−	—	—	5μl	—	—	2μl	—	—	3μl
A−	—	—	—	5μl	—	2μl	—	—	3μl
M1＋	—	5μl	—	—	—	2μl	—	2μl	1μl
M2＋	—	—	5μl	—	—	2μl	—	2μl	1μl
AK＋	—	—	—	—	5μl	2μl	—	2μl	1μl

3. 准备试剂，把它们放在试管架上（*Bam*HⅠ/*Hind*Ⅲ置于冰上）。 490
4. 加 5μl λ DNA 于标有 L/H 的离心管上。
5. 用新枪头加 5 μl M1 DNA 于标有 M1－和 M1＋的离心管内。
6. 分别用新枪头加 5 μl M2 DNA 于标有 M2－和 M2＋的离心管内。
7. 用新枪头加 5μl pAMP 于标有 A－的离心管内。
8. 用新枪头加 5μl pAMP/pKAN 于标有 AK＋的离心管内。
9. 用新枪头加 2μl 酶切缓冲液/RNase 于每个离心管中。
10. 用新枪头加 1μl *Hind*Ⅲ于标有 L/H 的离心管中。
11. 分别用新枪头加 2μl *Bam*HⅠ/*Hind*Ⅲ于标有 M1＋、M2＋和 AK＋的离心管中。
12. 用新枪头于每管中加适当体积的无菌水。
13. 盖上盖子，混匀，离心收集溶液于管底。
14. 37℃温育 30min。

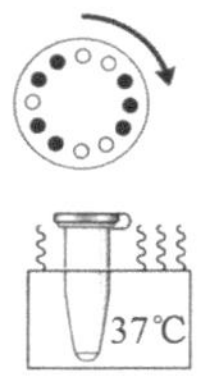

不要温育过长时间，否则质粒中的 DNase 会降解质粒 DNA。

STOP 温育后，贮存于－20℃保存，直至步骤Ⅲ1 之前融解。

Ⅱ. 制备 0.8%琼脂糖凝胶（15min）

1. 胶槽两端用胶带封上，插上梳子。胶槽远离实验台以便于倒胶。
2. 把凝胶溶液倒入槽中，厚约 5mm，胶覆盖大约 1/3 高度的梳子，用枪头除去大的气泡或块状杂质。
3. 胶逐渐凝固（大约 10min），凝固过程中不要触动胶槽，在远离梳子的胶角轻触凝胶确定其是否凝固。
4. 制备好胶，除去胶带，放入电泳槽，梳子在负极。
5. 电泳槽加入 TBE 缓冲液，刚好浸没胶。 491
6. 轻轻拔掉梳子，小心不要把胶孔弄破。
7. 保证点样孔被完全浸没，如果没有浸没，小心加入缓冲液。

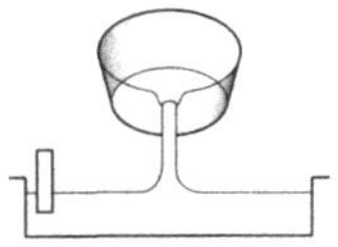

过多电泳缓冲液会消耗电流，增加分离 DNA 所需的时间，TBE 缓冲液可反复使用，下一次电泳前摇动电泳槽混匀缓冲液中的离子。

STOP 盖上电泳槽，备用。琼脂糖凝胶完全浸没可保存几天。

Ⅲ. 点样和电泳检测（30～50min）

1. 每管加入 1μl 上样液，盖上盖子，敲击，吹打或离心混匀。
2. 每个点样孔加入 10μl 样品，如图 L12－3 所示，每次点样要换枪头。上样前除尽空气，注意不要戳破凝胶。

491 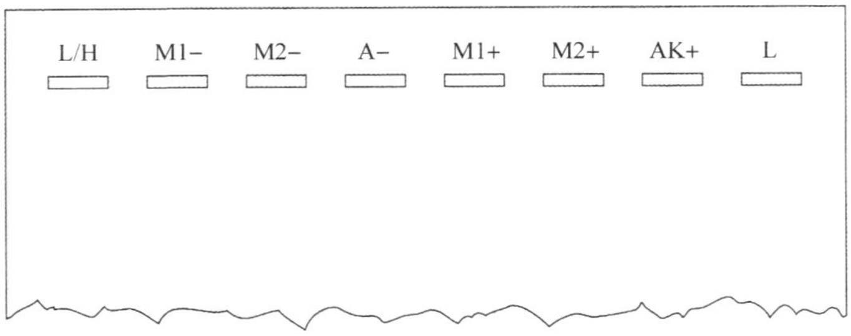

图 L12-3

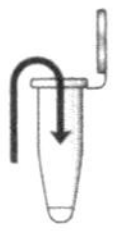

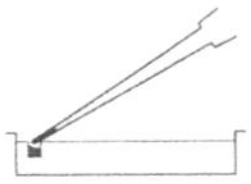

在胶槽下垫一张深色纸，容易观察到点样孔。

3. 在实验九重组抗性 DNA 样品中加入上样缓冲液，把管中的样品全部加入(约 5～10μl)点样孔。
4. 100～150V，电泳 20～40min，溴酚蓝跑出 4～6cm 样品即可有效分离。
   - 如果时间允许，溴酚蓝跑至胶底，这样可以最大限度地分离未完全酶切的“超级质粒”和含有两个小质粒的双转化子。
   - 在溴酚蓝跑出凝胶之前停止电泳，否则泳动在其后的 784bp 的 *Bam*HⅠ/*Hin*dⅢ酶切的 pAMP 片段会丢失。
5. 关闭电源。

492 6. 把胶槽从电泳槽中取出，把胶放入另一做好记号的槽中，准备染色。

> STOP 盖上电泳槽，将凝胶放于冰箱保存过夜第二天观察，但时间过长会使 DNA 条带弥散。

学生不在场时，染色应由指导教师操作。

7. 用ⅣA 或ⅣB 方法染色。

A. 用 EB 染色观察(拍照)(10～15min)

> **注意**　复习实验三中使用 EB 的相关内容。在整个实验过程中(包括染色、观测、拍照、清洗)须戴上手套操作。整个过程必须在特定区域内进行，详情见附录 4。

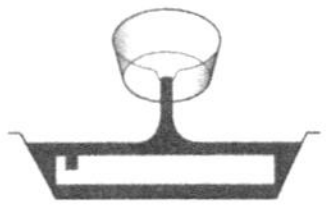

EB 染色液可染至少 15 块胶。按实验三处理废弃染色液。

1. 凝胶用 EB 溶液(1μg/ml)浸没，染色 5～10min。
2. 染好后用漏斗除尽 EB 溶液，把凝胶放回胶盘中。
3. 用水冲洗凝胶和胶盘。
4. 可以在水中浸泡凝胶 5min 以降低 EB 背景。

> STOP 染色密度会相差很大，如果胶在室温过夜放置，须把染槽盖盖上，胶用塑料纸包起来防止干燥。

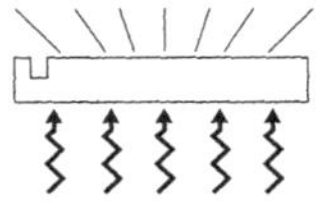

5. 在紫外灯下观测凝胶。

> **注意**　紫外光会灼伤眼睛，不要裸眼直接在紫外灯下观察凝胶。可佩戴护目镜观察凝胶。详情见附录 4。

6. 用宝丽来相机或数码相机给凝胶照像。

7. 整理工作。
   a. 擦拭相机，投射灯，清洁染色区。
   b. 离开实验室前洗手。

B. 用亚甲基蓝染色成像（30＋min） 493

1. 在染色和清洗过程中戴上手套。
2. 用 0.025％亚甲基蓝浸没凝胶，染色 20～30min。
3. 染好后用漏斗除尽染液，把凝胶放回容器中。
4. 冲洗凝胶，再用水浸泡几分钟，DNA 条带会更清晰。

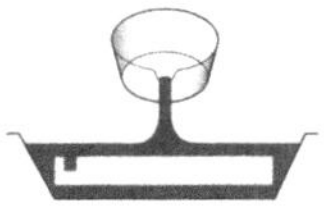

温水晃动洗脱可减少洗脱时间。

> STOP 用少量的水过夜脱色凝胶会使条带更加清晰（如果使用大量的水会脱色过度），盖上盖子以防止水分蒸发。

5. 光下观测；用塑料纸包裹凝胶防止污染。
6. 用宝丽来相机或数码相机给凝胶照像。

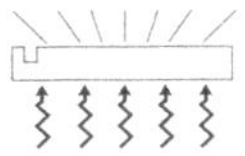

结果与讨论

观察凝胶，确定 pAMP/pKAN 和 M1、M2 的位置，通过以下特征分辨容易混淆的条带。

- “弥散”的条带是降解和部分酶切的染色体 DNA、质粒 DNA 和 RNA。
- 不溶物质及大分子质量的 DNA 滞留在点样孔中。
- 小分子 RNA 呈团状分布于 100～200bp 处。
- 在酶切泳道中有大分子质量的没有酶切的质粒。

参见实验八 B 部分“结果与讨论”中的详细说明。考虑 M1、M2 中连接质粒的可能构型时应注意以下三点。

1. 每一个可自主复制的质粒一定有复制起始区。含有不止 1 个复制起始区的重组质粒也能正常复制，但是，只有一个复制起始区有活性。
2. 相同酶切产生的黏性末端可以互相连接：如 *Bam*HⅠ酶切片段之间，*Hin*dⅢ酶切片段之间。一个重组质粒一定由偶数个片段组成（2、4、6、8 等）。
3. 完全相同的酶切片段在重组质粒中不能相邻，即它们必须和其他片段相连。因为相邻的重复片段是互补的，这样的分子不能被正确复制。DNA 聚合酶会使质粒酶切位点区域两侧形成大的发夹环，这会导致无法复制。

下列问题 1～8 解释了每对小量制备质粒的结果（M1＋/－和 M2＋/－）。

1. 观察染色胶的图像，比较实验结果与标准图片的异同（见图 L12－4），标出每条片段的大小。
2. 在 AK＋泳道上（pAMP，pKAN 酶切对照），依次标出四条带的大小：3755bp、2332bp、1861bp、784bp。每个质粒 DNA 一定含有 3755bp 的 amp^r 基因片段和 1861bp 的 kan^r 基因片段。通过与 M＋泳道（酶切样品）和 AK＋泳道（酶切对照）比较确定这些条带。 494
3. 参照 AK＋的条带，观察 M＋，M＋应该含有 2332bp 和（或）784bp 的片段，如果没有这两条条带，那么该分子是“简单重组子”。
4. 如果第三条片段的大小为 784bp，该分子可能为：

495

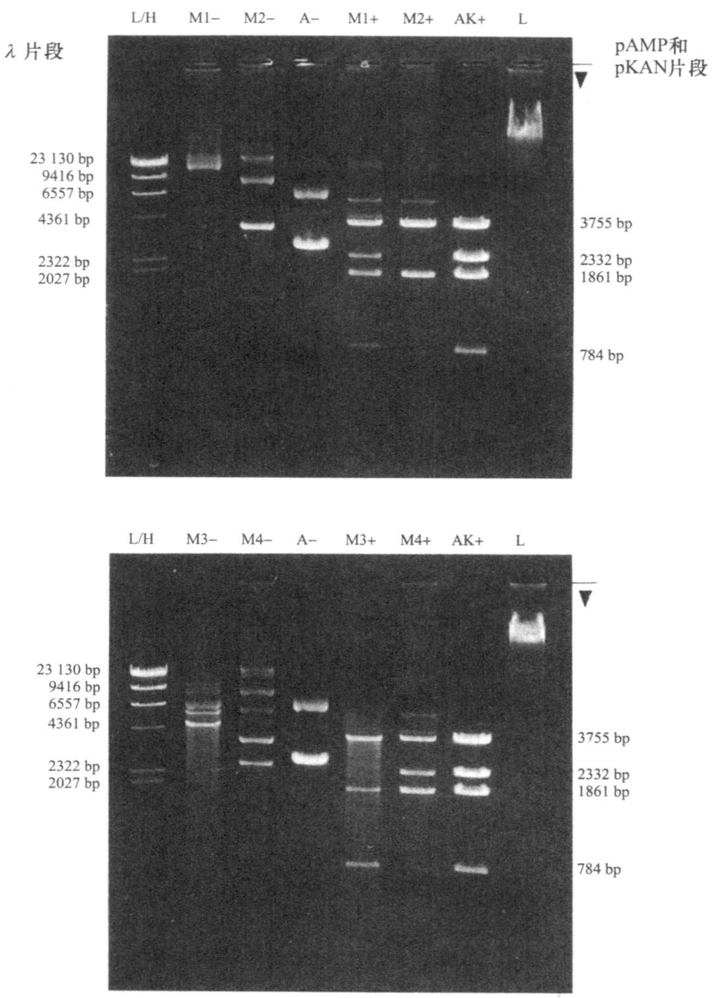

图 L12－4　四个 pAMP/pKAN 重组分子 M1、M2、M3、M4 的限制酶切图谱

a.“超级质粒”：其中三个片段之一被重复；

b. 简单重组子和 pAMP 再连接的双转化子。

5. 如果第三条片段的大小为 2332bp，该分子可能为：

a.“超级质粒”：其中三个片段之一被重复；

b. 简单重组子和 pKAN 再连接的双转化子；

c. 简单重组子和 3755bp－2332bp 片段连接的双转化子；

d. 再连接 pKAN 和 3755bp－2332bp 片段连接的双转化子。

6. 如果存在四条带，该分子可能是：

a. 含有 4 个片段的超级质粒；

b. 再连接 pAMP 与再连接 pKAN 的双转化子；

c. 简单重组子和 2332bp－784bp 连接的双转化子；

496 7. 比较 M(未酶切质粒)与 A(未酶切 pAMP)和 L/H 泳道(λ分子质量标记)确定小量制备质粒的大小。

在未酶切质粒的几种构型中，电泳速度最快的是超螺旋结构。

a. A 泳道中电泳速度最快的是超螺旋结构的 pAMP。

b. 如果 M 泳道中跑得最远的和 A 泳道相应的条带位置一致，制备的质粒可能是双转化子，其分子质量范围为 3116bp(步骤 6c)到 6087bp(步骤 5c、d)之间，可能远远低于或高于超螺旋 pAMP。

c. 如果未酶切的质粒的电泳速度最快的条带跑至凝胶很远的位置，该分子可能为超质粒，计算其分子质量大小。

8. 当用两个不同的质粒(但含有相类似的复制区转化细菌)时，其中一个质粒在细菌内会被优先复制。几代后，其中一个质粒会丢失，因此双转化子的四条不同的带中，其中有一对比另一对弱。

9. 基于上述判断，确定你所制备的 M1、M2 质粒的酶切图谱。

高级实验

进一步实验验证重组质粒的结构，双倍小量制备实验十(M1 和 M2)中或实验一中相关的质粒。

1. 进行一系列的实验区分结果与讨论中问题 4～6 中涉及的超质粒和双转化子。

a. 1∶10 稀释小量制备 DNA。

b. 用稀释的质粒转化大肠杆菌涂在 LB/amp 和 LB/kan 平板上。

c. 多次涂布于新鲜的 LB/amp 和 LB/kan 平板上。

d. 检查双抗菌落的比例。

- 如果所有的酶切片段都在这个超质粒中，则所有的转化子都具有双重抗性。
- 如果三个或四个片段存在于不同的质粒中，转化子会表现出不同的抗性，结合不同的检测方式，可以揭示两个质粒的结构。

用限制性内切核酸酶 *Xho*Ⅰ酶切小量制备的 DNA 可以揭示超质粒或双转化质粒的结构。该酶在 1861bp pKAN 片段中有一个识别位点，而在其他三个 *Bam*HⅠ/*Hin*dⅢ片段中没有酶切位点。电泳检测 *Xho*Ⅰ酶切产物和未酶切的 pAMP，用 λ/*Hin*dⅢ作分子质量标记。

2. 如果小量制备的 DNA 有三个片段，包括 784bp 片段(“结果与讨论”中的问题 4)，此质 497
粒可能是有一个重复片段的超质粒或双转化子。

a. 可以根据 *Xho*Ⅰ酶切片段，推测超质粒的结构。

- 如果 784bp 片段重复，可能产生 7184bp 线状片段。
- 如果 3755bp 片段重复，可能产生 10，155bp 线状片段。
- 如果含有 *Xho*Ⅰ酶切位点的 1861bp 片段重复，可能产生 2645bp 和 5616bp 片段。

b. 简单重组子以及 pAMP 自连的双转化子电泳产生一个线状的 5616bp 质粒片段及未酶切的 pAMP 质粒片段。

3. 如果小量制备的 DNA 有三条带，包括 2332bp 片段(结果与讨论中的问题 5)，此超质粒可能是有一个重复片段的超质粒或双转化子。

a. 可以根据 *Xho*Ⅰ酶切片段，推测超质粒的结构。

- 如果 2332bp 片段重复，可能产生 10 280bp 线状质粒。
- 如果 3755bp 片段重复，可能产生 11 703bp 线状质粒。

• 如果含有 *Xho* Ⅰ酶切位点的 1861bp 片段重复，可能产生 4193bp、5616bp 片段。

b. 简单重组子和再连接的 pKAN 的双转化产生 5616bp 和 4193bp 两个片段。

c. 简单重组子和 3755bp－2332bp 连接片段的双转化产生线状 5616bp 片段和未酶切 6087bp 质粒。

d. 再连接的 pKAN 和 3755bp－2332bp 连接片段的双转化产生线状 4193bp 片段和未酶切 6087bp 质粒。

4. 如果小量制备的 DNA 含有 4 个片段(结果与讨论的问题 6)，*Xho* Ⅰ酶切可区分超质粒和双转化子。

a. 一个超质粒酶切产生 8732bp 线状质粒。

b. 再连接的 pAMP 和 pKAN 的双转化酶切产生 4193bp 线状 pKAN 质粒和未酶切的
498 pAMP 质粒。

c. 简单重组子和 2332bp－784bp 连接片段的双转化，产生 5616bp 的线状质粒和未酶切 3102bp 质粒。

5. 用 *Bam*HⅠ、*Hind*Ⅲ、*Pvu*Ⅰ酶切简单重组子质粒作酶谱分析，前面实验显示 *Bam*HⅠ和 *Hind*Ⅲ位点被 1861bp 片段分开，*Pvu*Ⅰ在质粒上有两个酶切位点。

a. 小量制备 2 倍量的简单重组质粒。

b. 用下列组合进行酶切。

*Pvu*Ⅰ

*Pvu*Ⅰ＋*Bam*HⅠ

*Pvu*Ⅰ＋*Hind*Ⅲ

*Bam*HⅠ＋*Hind*Ⅲ

*Bam*HⅠ＋*Hind*Ⅲ＋*Pvu*Ⅰ

c. 在 1.2%凝胶上电泳检测并照相。

d. 片段的预期数量和大小如图 L12－5 所示。

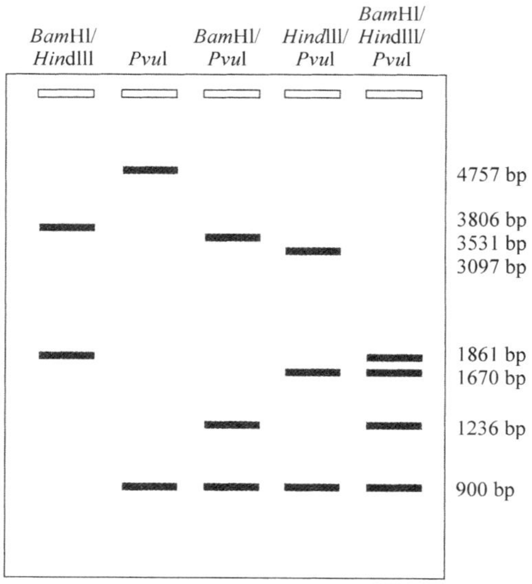

图 L12－5

6. 根据实验五的结果可以确定简单重组子质粒的酶切图谱。

a. *Bam*HⅠ/*Hin*dⅢ酶切显示了 *Bam*HⅠ和 *Hin*dⅢ位点相隔 1861bp。

b. *Pvu*Ⅰ酶切显示两个 *Pvu*Ⅰ位点相隔 900bp。

c. *Bam*HⅠ/*Hin*dⅢ/*Pvu*Ⅰ酶切同时产生 1861bp 和 900bp 片段，这说明 1670bp 和 *499*
1236bp 片段分别位于 *Pvu*Ⅰ酶切的 900bp 片段和 1861bp *Bam*HⅠ/*Hin*dⅢ片段之间。

d. *Pvu*Ⅰ/*Bam*HⅠ酶切产生 3531bp 片段说明它为 1861bp 与 1670bp 片段的组合。

e. *Pvu*Ⅰ/*Hin*dⅢ酶切产生 3097 片段说明它一定包含 1861bp 片段和 1236bp 片段。

f. 从 d 和 e 说明 1236bp 片段相邻于 *Bam*HⅠ酶切位点，1670bp 片段和 *Hin*dⅢ位点相邻。

g. 完成限制酶切图谱，并指出所有酶切位点和其间隔距离。

501 # 答案与讨论

实验一　称量、微量移液和灭菌消毒技术

1. 为什么试管必须在离心机中平衡放置？

如果不平衡会损坏离心机或马达。

2. 下图显示怎样平衡放置 3～11 个(12 孔)、或 3～15 个(16 孔)。[①]

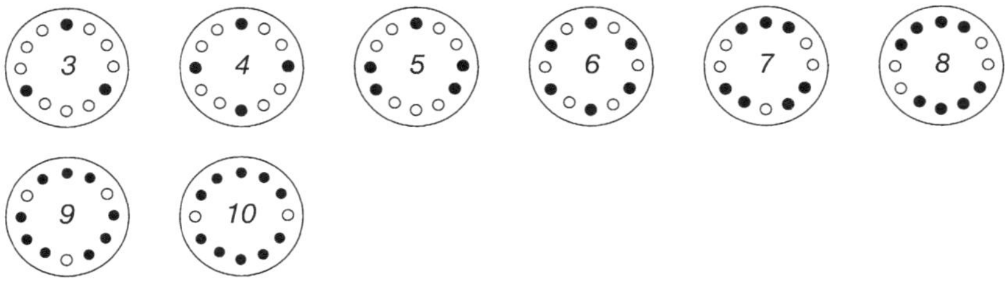

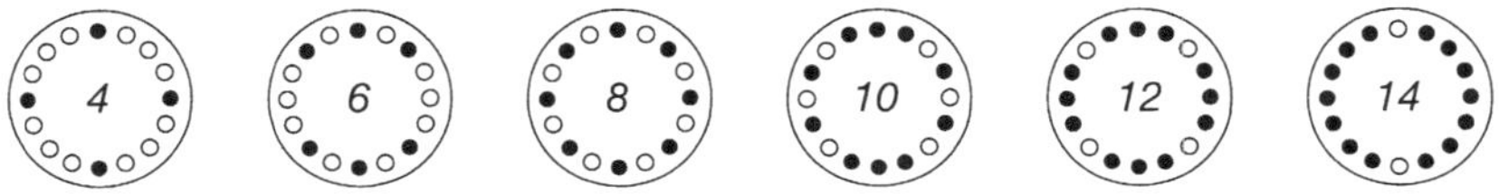

在 12 或 16 孔离心机中哪些数目的管子不能平衡放置？

1 或 11 在 12 孔离心机中不能平衡放置，16 孔离心机中任何奇数个试管都不能平衡放置。

3. 将太多的试剂移入试管时，操作微量移液器会有什么常见错误？哪些错误使移液量不足？

最常见的过量移液是因为过度挤压微量移液器的活塞，导致吸取过多液体。移液不足可能因为大拇指释放太快，使空气进入了枪头或没有完全从微量移液器枪头赶走先前的液滴。

4. 什么时候无菌操作是必要的？

操作活体细菌时需要无菌操作。

5. 火焰的用途是什么？

火焰灼烧瓶口的主要目的不是将瓶口的微生物烧死，而是形成向外气流，防止微生物掉入瓶内。

502 6. 把下列体积的单位转换为以 μl 表示：0.130ml，0.002ml，0.025ml，1.034ml

130μl，2μl，25μl，1034μl

把以下体积的单位转换为以 ml 表示：0.036L，345 μl，0.803L，1345μl

36ml，0.345ml，803ml，1.345ml

实验二 A　单菌落的分离

1. 是否达到预期结果，解释与预期结果不同的原因。

如果在不应生长的地方长出菌落(LB/amp 平板上的野生型细胞)或在应该生长的地方没有长出菌落(LB/amp 平

① 答案与讨论部分中的问题与前文各实验中的问题意义相同，但表述上略有差别。原文即如此。—— 译者注

板上的转化细胞)，证实合适有用的细胞已被分离出来。

2. 步骤下：

a. 为什么要 Z 形划线？

Z 形划线可保证细胞被充分稀释并在平板上分散开。

b. 为什么每次划线前，接种环都要重新消毒？

杀死接种环上残留的细菌，确保每次新的划线细胞不断稀释。

c. 为什么新的划线只与上一次划线的末端交叉？

保证新的划线只分离一小部分细胞。

3. 描述单个大肠杆菌的菌落形态。为什么单个菌落可以认为遗传上是同源的？

单个大肠杆菌菌落是圆形的，边缘略微不规则，呈白色或棕黄色。如果细胞正确分布，那么可认为每个菌落是有单个细胞有丝分裂而成的。这意味着菌落中的每个细胞是一个菌落而且遗传上与母细胞和其他细胞一致。

4. 实验中所用的从单菌落或几个分散的母菌落中分离出的大肠杆菌培养物为什么在遗传实验上是很重要的？

用这些遗传一致的细胞，可以认为其表型的差异是由实验操作造成的，而不是由原始细胞的遗传差异引起的。

5. 携带 pAMP 质粒的大肠杆菌有氨苄抗性，解释此质粒是如何起抗性作用的？

pAMP 质粒含有一个编码抗性蛋白 β-内酰胺酶的基因。这个酶水解 β-内酰胺环，使得药物不能干扰细胞壁的形成。

6. 医学上所面临的主要问题是抗性菌株数量的不断增长。抗药性是环状 DNA——即质粒(自主复制)产生的。推测一个新的抗药性菌株产生的机制。 503

无抗性菌株可以吸收不同种抗性菌株的质粒(通过转化)，新的转化菌株就具有抗性。

种属之间的复制起始区和启动子之间的不相容性可能会阻碍这个过程，但细菌有惊人的适应性。如果一个细菌获得抗性片段，它就可以通过重组将此片段转移到合适的质粒中。

实验二 B　过夜悬浮培养

1. 为什么 37℃是大肠杆菌的生长最适温度？

大肠杆菌是一种寄生于人肠道的细菌，在接近人体温度 37℃能最适生长。

2. 给出两个原因解释为什么连续振荡对悬浮培养有利。

振荡培养可使空气流通并有利于营养物质的交换，有利于废物的排出。

3. 37℃过夜培养大肠杆菌，它能达到什么生长阶段？

过夜培养后，大肠杆菌生长到稳定期。

4. 稳定期的一管培养液(5ml)中大约有多少大肠杆菌细胞？

50 亿个。

实验二 C　对数期培养

1. 什么因素影响大肠杆菌到达对数期的时间？

接种量、摇瓶的体积、摇动速率和培养温度。

2. 为什么用过夜培养物接种培养至对数期优于直接从平板上挑菌接种？

从平板上挑菌落培养有很大比例的死细胞或无生长力的细胞，另外，挑的细胞在到达对数期之前必须完全分散开。

实验三　DNA 的限制性内切核酸酶分析 504

1. 在步骤Ⅰ7 中为什么要在标有“－”的试管中加水？

此管是未酶切对照，显示未酶切 DNA 的形态。加水到试管中使体积与酶切 DNA 体积一致，以保证所有管中的盐浓度一致。

2. 酶切缓冲液的作用是什么？

酶切缓冲液保证酶稳定作用的 pH，同时为催化作用提供适当的盐离子。由于不同的限制性内切核酸酶需要不同的盐溶液和 pH，酶切缓冲液可以为不同的酶提供一个平衡体系。

3. 上样液的两个作用？

上样液含有蔗糖（或甘油）可提高样品的密度，使样品沉于点样孔底部。虽然染料溴酚蓝和二甲苯氰不与 DNA 结合，但是电泳时可以看到。可见染料的移动可以帮助我们判断不可见 DNA 片段的位置。

4. 溴化乙锭如何染色 DNA，使用时怎样减少对人体的危害？

溴化乙锭非特异的插入双螺旋 DNA 中。由于溴化乙锭插入 DNA 会干扰 DNA 的正确复制，所以它是一种突变剂和致癌物质。

5. 电泳可能出现的问题。

a. 如果电泳槽中是水而不是 TBE？

电泳速率会很慢。在恒定电压下，水的高电阻率会降低电流 3～4 倍。

b. 如果用水而不是用 TBE 制胶？

电泳会正常进行，但是 DNA 会降解。

c. 如果电极反接？

DNA 片段会反向泳动，短时间内，DNA 会跑出凝胶，进入 TBE 缓冲液中。

6. 观察凝胶，比较标准胶和自己配制胶的条带区别。

条带分离的差异主要由电压强度、电泳时间和缓冲液的量决定。增大电压或延长电泳时间会增加分离效率，而缓冲液过多会降低分离效果，因为过多的缓冲液会消耗电流。显而易见，上样量越多，条带越清晰。在一个点样孔中，小的片段相对亮度较弱，因为它所结合的 EB（或其他染料）较少。

505 7. 琼脂糖凝胶的哪些因素影响 DNA 条带的观察？

a. 如果在琼脂糖凝固过程中胶盒被移动或振动：

胶会凝固得不平，条带会扩散、模糊。

b. 如果凝胶在高电压下跑电泳：

高电压产热会使条带模糊。

c. 琼脂中有大气泡或块状物：

所有经过气泡或块状物的 DNA 片段会呈 V 形，过大的气泡会分开 DNA 条带，产生断裂。

d. 如果 DNA 上样量太多：

条带会散乱模糊。

8. a～i 没答案。

j. 你的酶切图谱中哪些片段比较精确？哪些片段不太精确？这说明什么？

1000bp 到 10 000bp 片段比较准确。远离此区间的片段不准确，说明给定琼脂糖浓度下，线状 DNA 片段迁移距离与碱基对大小成反比。

9. 怎样分开重叠的 DNA 片段？

延长电泳时间。最佳方法是在相应浓度的琼脂凝胶下重新跑电泳。

10. 通过比较胶上 DNA 的最大条带和最小条带的分子质量确定 EB 染色检测 DNA 的灵敏度。

最大的 DNA 片段为未酶切的 λ DNA 样品。分子质量计算公式如下：

$$0.1\mu g/\mu l \times 4\mu l = 0.4\mu g$$

最小的 DNA 片段为 *Hin*dⅢ 消化 λ DNA 的 2027bp 片段，分子质量计算如下：

$$\frac{2027\text{bp}(0.1\mu g/\mu l)(4\mu l)}{48\ 502\text{bp}} = 0.042(0.4\mu g) = 0.017\mu g$$

11. a～d 没答案。

e. 环状分子可以产生哪些 *Bam*HⅠ和 *Eco*RⅠ酶切片段？为什么可以（或不可以）在你的胶上或标准胶上确定这些条带？

环状 λ DNA 分子用 *Bam*HⅠ酶切产生 12 275bp 片段，用 *Eco*RⅠ酶切产生 24 756bp 的片段。12 275bp 片段（*Bam*HⅠ酶切产生）用 0.8%的琼脂糖凝胶检测观察时在最大片段（16 841bp）之前，但是 24 756bp 片段（*Eco*RⅠ酶切产物）和 21 226bp 片段不能分离。

实验四　DNA 甲基化对限制性内切核酸酶反应的影响 506

1. 解释条带分离效果和条带浓度的差别。

条带分离的差异主要取决于电压、电泳时间和电泳液的量。升高电压或延长电泳时间会有利于条带的分离，而增加缓冲液会消耗电流而阻碍条带的分离。上样量越多条带越亮。在一个点样孔中，小片段由于结合的 EB（或其他染料）的量较少而比较暗。

2. M＋H＋的对照能告诉你关于 *Eco*RⅠ甲基化的什么信息？

*Eco*RⅠ甲基化酶是序列特异性的，不会保护 DNA 免受 *Hind*Ⅲ消化。

3. M＋E－的对照能告诉你关于甲基化的什么信息？

甲基化不影响 DNA 的迁移率。

4. 细菌中甲基化酶的生物学功能，它对于细菌的适应性有什么作用？

甲基化酶可保护细菌自身的 DNA 不被限制性内切核酸酶消化。这使得细菌可以特异地降解外源 DNA 而保存自身的 DNA。

5. a. 图示克隆实验。

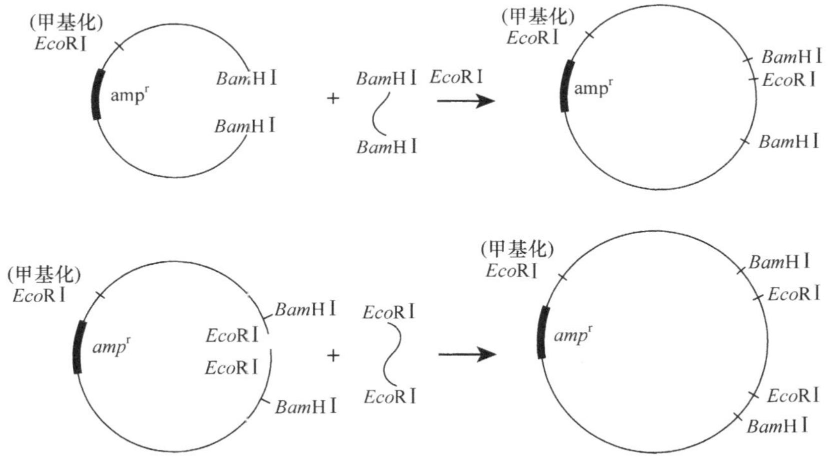

b. 说说怎样利用 *Eco*RⅠ甲基化酶解决实验中的问题。 507

首先，*Eco*RⅠ甲基化酶使 pAMP 的 *Eco*RⅠ位点甲基化。其次，含有一个未甲基化 *Eco*RⅠ位点的 *Bam*HⅠ片段被克隆到 pAMP 中。最后，*Eco*RⅠ切开 *Eam*HⅠ片段中未甲基化的 *Eco*RⅠ位点，使得两个 *Eco*RⅠ末端被连接。

6. 哪个核苷酸被 *Eco*RⅠ甲基化酶甲基化？画出新的甲基化碱基的结构。

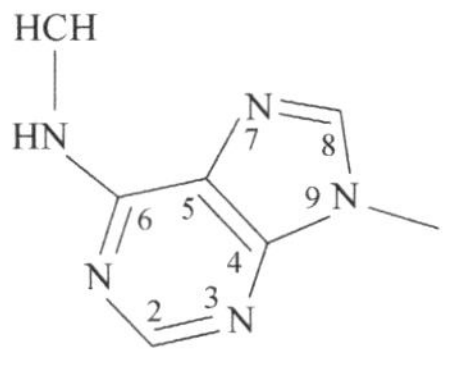

A

甲基化的核苷酸是酶识别位点 GAATTC 的第二个 A。

实验五　质粒 DNA 快速转化大肠杆菌的方法

1. 解释与预期结果不同的可能原因。

如果在不应生长的地方(LB/amp 上的阴性对照)长出菌落或在应该生长的地方没有长出(LB/amp 的转化细胞),则须确定是否将正确的细胞涂布在合适的平板上。如果在所有的平板上都长出菌落,说明氨苄板仍有效。

2. 比较下列平板的生长结果,这些结果说明什么?

a. +LB 和−LB

证明实验中的细胞有活性。

b. −LB/amp 和−LB

−LB/amp 平板上没有长出菌落,说明氨苄有活性。

c. +LB/amp 和−LB/amp

+LB/amp 板上长出菌落,−LB/amp 没有生长,说明 pAMP 质粒使得大肠杆菌具有抗氨苄的特性。

d. +LB/amp 和+LB

+LB/amp 上的菌落明显少于+LB 板,说明转化效率较低。

3. a. 计算步骤 9 中所用质粒的总量(mg):浓度×体积=质量

$$0.005\mu g/\mu l \times 10\mu l = 0.05\mu g$$

508 b. 计算步骤 19 中涂布于+LB/amp 板上的细胞悬液的比率:涂布量/细胞悬液总量=涂布比率

$$100\mu l/500\mu l = 0.2$$

c. 计算+LB/amp 板上质粒的质量:质粒的总质量(a)×涂布比例(b)=涂布质粒的质量

$$0.05\mu g \times 0.2 = 0.01\mu g$$

d. 计算每毫克质粒产生的菌落数。菌落数/质粒质量=转化效率

$$500/0.01\mu g = 5\times10^4 \text{ 转化子}/\mu g$$

4. 什么因素影响转化效率?

影响因素有大肠杆菌的生长状态、$CaCl_2$ 重悬细胞的能力、热激的温度和时间,所用质粒的量、涂布技术和复苏时间。

5. *YFG* 基因被克隆到 pAMP 中,0.2μg 的 pAMP/YFG 用于转化大肠杆菌。根据下列信息计算转化 200min 后 pAMP/YFG 分子的数目。

509 a. 转化效率为 1×10^6 菌落/μg,共 0.2μg 质粒被用于转化,最终菌落数为 $0.2\times10^6=2\times10^5$。

b. 该质粒的平均拷贝数为 100,总拷贝数为 $100\times(2\times10^5)=2\times10^7$。

c. 60min 后到达对数生长期,到达稳定期前每 20min 数量加倍,最后增加到 2^7(128)。200min 后,培养物中含有 $128(2\times10^7)=2.56\times10^9$ 个 YFG 的拷贝。

6. 用 10μl 不同浓度的质粒 DNA 转化大肠杆菌。用 100μl 转化的细胞涂布时所得结果如下:

0.00001 μg/μl	4 个菌落
0.00005μg/μl	12 个菌落
0.0001μg/μl	32 个菌落
0.0005μg/μl	125 个菌落
0.001μg/μl	442 个菌落
0.005μg/μl	542 个菌落
0.01μg/μl	507 个菌落

0.05μg/μl　　475 个菌落

0.1μg/μl　　516 个菌落

a. 计算每一浓度的转化效率。

浓 度	转化效率
0.00001 μg/μl	2×10^5
0.00005μg/μl	1.2×10^5
0.0001μg/μl	1.6×10^5
0.0005μg/μl	1.25×10^5
0.001μg/μl	2.21×10^5
0.005μg/μl	5.42×10^4
0.01μg/μl	2.54×10^4
0.05μg/μl	4.75×10^3
0.1μg/μl	2.58×10^3

b. 画出 DNA 质量-克隆数关系曲线。c. 画出 DNA 质量-转化效率关系曲线。

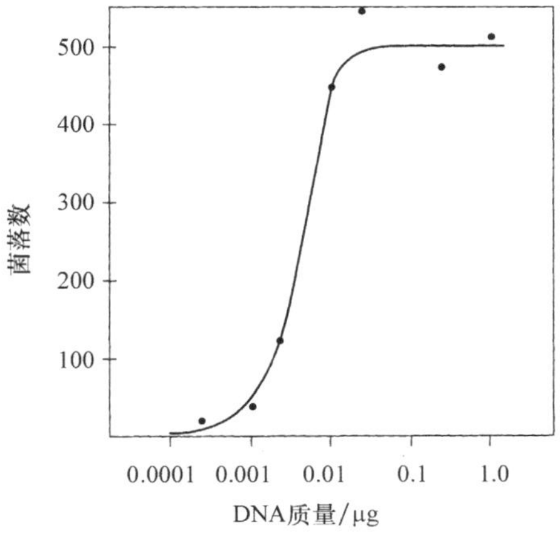

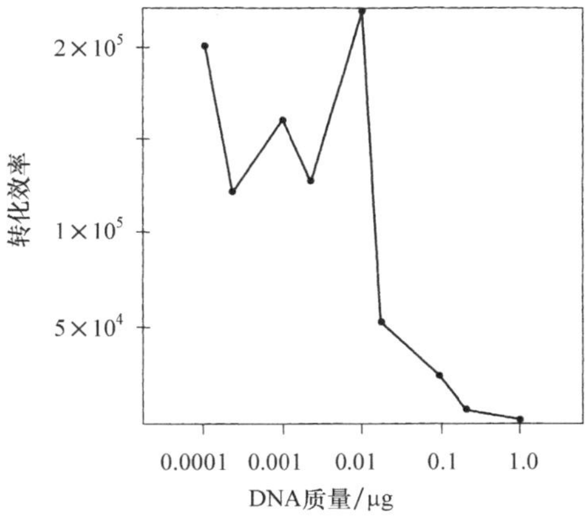

d. 简述 DNA 质量-转化效率的关系。

在细胞达到饱和前转化效率保持相对稳定，此后，转化效率随 DNA 质量的增加而下降。

e. 转化饱和浓度是多少？ *510*

饱和浓度是 0.001μg/μl。

f. 什么是真实的转化率？

在饱和浓度下计算的转化率。

7. 用 pBLU 或 pGREE 转化细胞，未转化的卫星菌落的颜色是怎样的？

应为无色或透明。

实验六　抗生素抗性酶的分析

1. 为什么酚红溶液要用 10mmol/L Tris-Cl(pH 7.9)配制？

Tris-Cl 可以保持恒定的 pH。如果酚红用水配制，水的 pH 会影响到酚红的颜色。使用 Tris-Cl(pH7.9)可使反应在一个恒定的 pH 下进行。使用低浓度的 Tris-Cl 可方便检测 pH 的变化。

2. 写出此实验的酶反应方程式。

反应式：　青霉素⟶青霉酸＋H^+

3. 下列因素通常怎样影响反应速率？

a. 降低温度。

降低温度会减慢反应速度。

b. 高浓度的青霉素-G。

因为速率依赖于底物浓度，所以反应速度加快。

c. 70℃加热 β-内酰胺酶 10min。

酶失活，反应终止。

d. β-内酰胺酶量增多。

反应速率和酶浓度有关，所以反应会加快。

e. 增加酚红的量。

对反应速率没有影响，只是颜色加深。

f. 用 50mmol/L Tris(pH7.9)配制酚红。

由于 Tris-Cl 浓度增加，pH 发生改变，所以变黄所需时间延长。

g. 用 10mmol/L Tris(pH9.0)配制酚红。

因为起始 pH 较高，pH 降低到 7 以下以及改变颜色的时间会延长。

4. 以时间(min)为 x 轴，光吸收为 y 轴，画“pAMP 上清”-β-内酰胺酶反应关系曲线。

曲线应先是斜线的，然后变得平坦。

511 5. 如果在 560nm 处读数(基础 pH 下酚红的最大光吸收值)，这条曲线应是怎样的？

560nm 是基础 pH 下酚红的最大光吸收，图应与 430nm 处相反——由最高吸收值开始，随时间逐渐下降。

6. 反应速率定义为底物量随时间的变化。本实验中，通过测定 430nm 处吸光值的增加，即[H^+]的增加量，间接测定底物量的变化。观察曲线并指出哪一点反应速率最大。写出每分钟反应速率的变化。

斜率最大，反应速率最大。反应速率是每 min 内光吸收值的差值。

实验七 A　利用 HIC 方法纯化 GFP

1. 裂解缓冲液中的哪类分子使大肠杆菌释放 GFP 分子？

表面活性剂 SDS 与细胞膜磷脂的疏水部分作用破坏脂质双层。细胞膜被破坏后释放 GFP 和其他蛋白。

2. GFP 的什么结构和 HIC 珠强烈结合？

在高盐溶液中 GFP 分子的疏水基团暴露，与疏水树脂紧密结合。

3. 步骤 15 中，TE 缓冲液怎样从 HIC 珠子上分离 GFP 分子？

低盐缓冲液使 GFP 分子恢复正常结构。疏水基团不再暴露，从而与疏水树脂分离。

4. HIC 层析不可能得到 100%的纯 GFP 蛋白。GFP 制备物中还可能发现哪些蛋白？

细菌蛋白的疏水结构域在高盐缓冲液的作用下暴露，和 HIC 树脂结合，同 GFP 一起被纯化。

实验七 B　纯化的 GFP 蛋白的 PAGE 分析

1. 描述琼脂糖凝胶与聚丙烯酰胺凝胶的特性与使用的差异。

两者都是根据分子质量大小使分子分离，小分子电泳速度较快。几乎所有的蛋白都用聚丙烯酰胺凝胶检测。一般来说，点样前在蛋白样品中加入阴离子去垢剂 SDS 并加热变性蛋白。

聚丙烯酰胺凝胶可分离小于 500 个核苷酸的 DNA 分子。但是，聚丙烯酰胺凝胶不允许大的 DNA 分子通过。分离大分子 DNA 一般用琼脂糖凝胶电泳。

2. 在点样前为什么蛋白质样品要在 95℃温育？ *512*

保证蛋白质完全变性。

3. SDS 去垢剂在凝胶和电泳缓冲液中的作用是什么？

SDS 是带负电荷的表面活性剂，用来与蛋白质的疏水区结合，使其形成外伸的多肽链。加热时，被 SDS 包裹的蛋白从与其他蛋白的连接中释放出来，或从脂分子上脱落，被溶解。SDS 与蛋白的结合量和蛋白质的分子质量大小成正比，在蛋白质周围形成负电场。SDS-PAGE 中 SDS-多肽复合物的电泳速率由多肽链的大小决定。小分子的蛋白质迁移速率较快。SDS 在胶中和电泳缓冲液中的作用是使蛋白质维持负电性，并防止蛋白聚集。

4. 考马斯亮蓝如何染色凝胶？为什么染色需要足够的时间？

考马斯亮蓝对整个凝胶进行染色，脱色过程中染料从胶上洗脱。但是，在染料与氨基酸的离子键的作用下，染料仍能与蛋白质结合。足够的脱色反应时间可充分洗脱胶中的染料，而使染色的蛋白质片段特异地显现出来。

5. 观察凝胶，比较实验凝胶与标准胶的结果，并指出哪一条带代表 GFP？

 a. 紫外灯下观察凝胶，解释为什么 GFP 条带不显荧光？

 GFP 在 SDS 和加热条件下变性，结构发生改变，所以不能发出荧光

 b. 在纯化的 GFP 泳道中为什么可以看到某些细菌的蛋白？

 暴露疏水结构域的细菌蛋白也可结合 HIC 树脂，所以它和 GFP 一起被纯化。

6. 下列条件下，聚丙烯酰胺凝胶中的条带会有怎样变化？

 a. 上样前不经过 95℃温育？

 如果上样前不经过 95℃温育，蛋白会凝集。GFP 条带迁移速率会减慢，呈现较大的分子质量。

 b. 电压过高或过低？

 当电压过高时，蛋白质会降解。如果电泳液过热，蛋白质条带会扭曲。如果电泳时间过长，蛋白质会跑出胶，造成条带丢失。如果电压过低，蛋白质条带会扩散。

 c. 如果蛋白上样量过多？

 上样量过多，蛋白条带会呈现降解状，相邻泳道之间会呈现被挤压的样子。另外，在浓缩胶与分离胶之间蛋白质会黏着。

7. 预测与结合缓冲液（A 部分步骤 10）混合的细胞裂解液经聚丙烯酰胺凝胶电泳后的条带模式。这种模式同与 HIC 珠子结合（A 部分步骤 12）的模式有什么不同？如果用洗脱液配制 SDS-PAGE，条带会有什么不同？ *513*

和结合缓冲液结合的细胞裂解液，和未与结合缓冲液混合的条带电泳结果相似，只是条带较宽。与 HIC 珠子结合后，GFP 条带和其他条带的结合强度会减弱。洗脱液含有细菌蛋白，它和 HIC 珠子结合较弱，中盐溶液可洗脱。

实验八 A　pAMP 质粒的小量制备

1. 生物体中最重要的三种分子：蛋白质、脂类和核酸。小量制备中哪一步针对蛋白？脂类？核酸？

SDS-NaOH 体系有助于溶解被醋酸钾沉淀的蛋白质和脂类。其余蛋白被异丙醇除去。异丙醇和乙醇都可沉淀核酸。

2. 在步骤 8 中质粒 DNA 的哪些结构可以有效复性？

双链 DNA 间的连接。

3. 除质粒 DNA 之外，什么样的分子可能出现在小量制备样品中？如何发现？

应该存在 RNA 分子。在用 EB 染色的琼脂糖凝胶中可以看出，用 RNase 可除去。

实验八 B 纯化 pAMP 的限制性内切核酸酶分析

2. 比较 pAMP 对照和小量制备质粒 DNA 电泳结果，解释条带不同的原因。

小量制备质粒 DNA 在胶的底部会有模糊的 RNA 条带，异源染色体 DNA 在胶的顶部也能看到，两者在对照 pAMP 中都没有。这说明染色体 DNA 在质粒纯化的过程中没有被完全清除。

514 3. pAMP 质粒全部由 pAMP/pAMP 以二聚体的形式组成。两个分子是以“头对头”的方式重组，重组位点位于距离 *Hin*dⅢ 655bp 的地方，处于复制起始区附近。

a. 根据上面的描述画出质粒图。

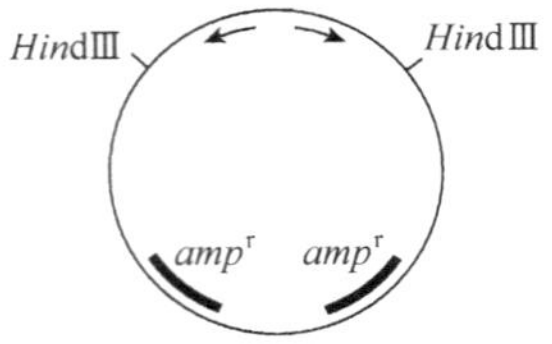

b. 画出 pAMP 质粒以头对尾方式连接形成二聚体的图。

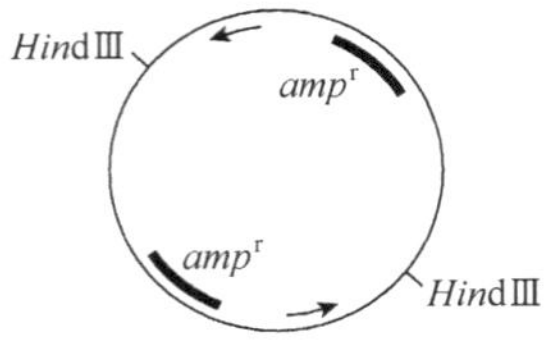

c. 画出以两种连接方式的 pAMP 质粒经 *Bam*HⅠ和 *Hin*dⅢ双酶切后的电泳条带，并标出条带的大小。

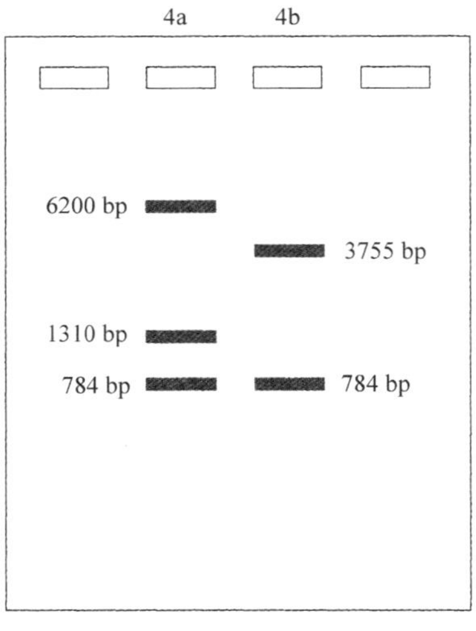

4. 解释为什么 EDTA 是溶解小量制备 DNA 的 TE 缓冲液的重要组分？

EDTA 螯合二价阳离子，特别是 Mg^{2+}，Mg^{2+} 是纯化质粒时细胞释放的外切酶的辅助因子。除去 Mg^{2+} 有利于 DNA 的稳定。

实验九 B　pAMP 和 pKAN 限制酶切片段的连接　515

1. 画出 pAMP/pKAN 简单重组的质粒图谱，包括片段的大小，*Bam*HⅠ和 *Hind*Ⅲ的酶切位点，复制起始位点和抗性基因的位置。

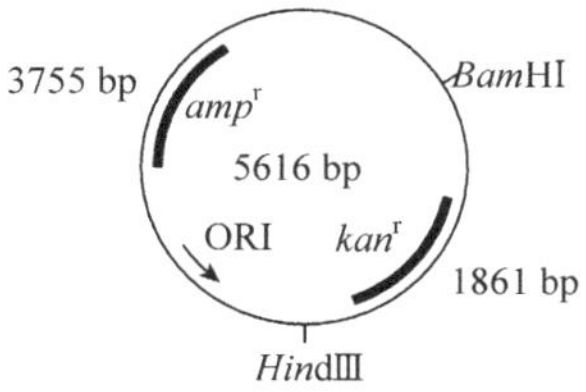

2. 画出有下列特点的质粒图谱。

   a. 三类有两个复制起始区的质粒。

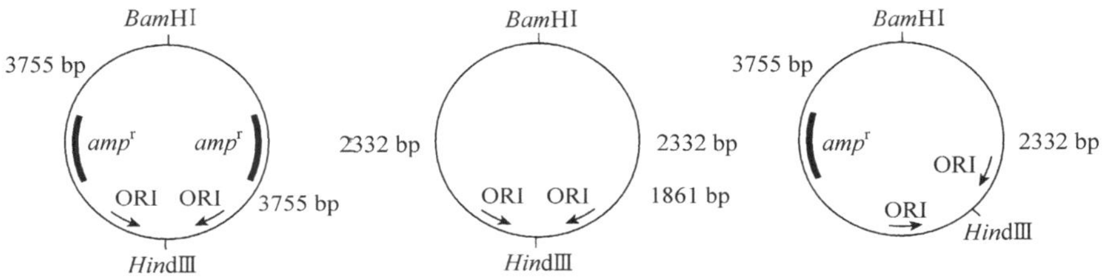

   b. 三类无起始区的质粒。

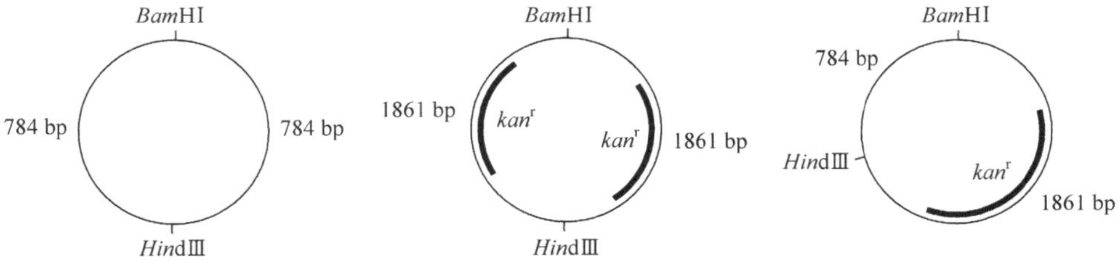

3. 784bp、3755bp、1861bp 和 2332bp 连接产生的“双质粒” pAMP/pKAN（或超级质粒）。画出双质粒的图谱。

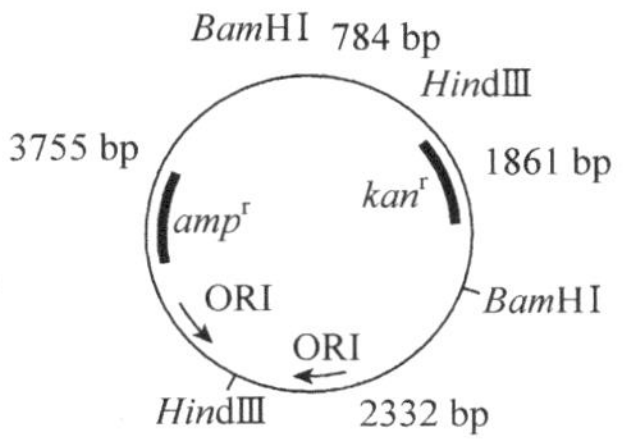

4. 画出包含 pAMP、pKAN、*Bam*HⅠ/*Hind*Ⅲ四个酶切片段中任意三个片段的三个质粒　516
   图，包括片段大小、两个酶的酶切位点、复制起始区位置和抗性基因的位置。三类酶切片段构成质粒的规则是什么？

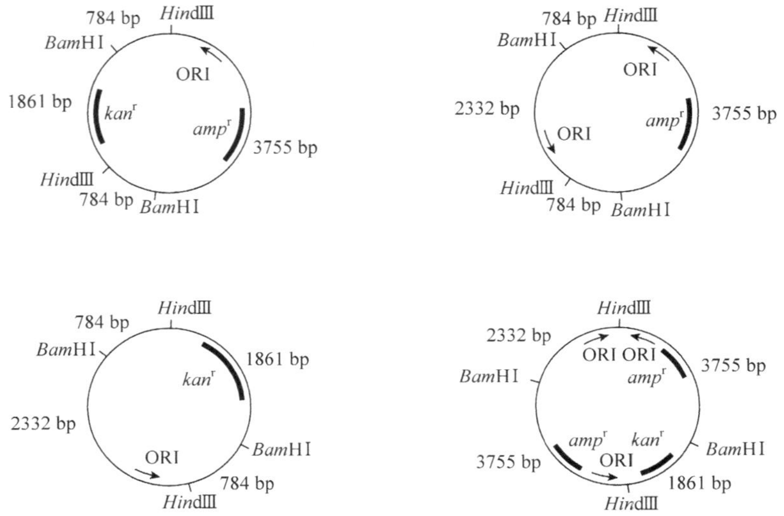

质粒中必须含有偶数个以 *Hind*Ⅲ和 *Bam*HⅠ酶切位点为末端的片段。因此，在含有三个酶切片段的重组质粒中，必须有两个相同的片段。但是，为使质粒有效复制，相同的片段不能以头对头的方式连接。

5. 哪种抗性筛选可以确定大肠杆菌细胞被问题 1～4 中描述的质粒转化？

检查每个质粒并确定其存在哪些抗性基因（amp^r，kan^r，或两者都具有）。含有单个抗性基因的质粒可由相应的抗生素筛选，同时含有两种抗性基因的质粒应同时用两种抗生素筛选。

6. 解释什么叫"黏性末端"。为什么它们在 DNA 重组中非常重要？

黏性末端是限制性内切核酸酶在识别序列位点切开时产生的一段单链核苷酸序列。不同的 DNA 被相同的限制酶切开时会产生相同的黏性末端，这样有利于配对和形成重组分子。

7. 为什么 ATP 在连接反应中是必需的？

ATP 是 T4 DNA 连接酶的辅助因子。它是 DNA 分子共价连接的能量来源。

517

实验十 B　重组 DNA 转化大肠杆菌

1. 此次实验结果理想吗？解释原因。

用对照 pAMP 转化的细菌应在 LB/amp 上长出上百个菌落，而在 LB/kan 和 LB/amp＋kan 平板上没有菌落生长。同样，用对照 pKAN 转化的细菌只能在 LB/kan 平板上长出。用连接 DNA 转化的细菌在三种抗性平板上都应长出菌落，但应比对照长出的菌落少一个数量级。

如果在不应该长菌落的地方长出菌落，则说明无菌操作有问题。如果 pAMP 转化子在 LB/kan 平板上生长或 pKAN 在 LB/amp 平板上生长，那么 pAMP DNA 可能被小量的 pKAN DNA 污染或 pKAN DNA 可能被小量的 pAMP DNA 污染。如果在不应长出菌落的地方长出大量菌落，应考虑抗生素是否还有效。另外一个解释就是细胞涂在了错误的平板上。

如果在应长出菌落的地方没有菌落生长，可能原因是涂布棒太热。如果连接 DNA 的转化子没有长出而对照长出，说明连接反应可能不充分。如果以琼脂糖凝胶电泳检测 DNA 连接成功，而转化子生长得比预期的少，则说明感受态不好。

518 2. 比较下列每对平板，说出转化和(或)抗性选择的结果。

L LB/amp 和 A LB/amp

生长在 L LB/amp 平板上的菌落可能是 A LB/amp 上的十分之一。因为大分子质量的连接 DNA 不利于转化。例如，缺少复制起始区的 DNA 片段相互连接。

L LB/kan 和 A LB/kan

菌落可在 L LB/kan 上生长，但不能在 A LB/kan 上生长。这说明卡那是有活性的，它能够抑制缺少卡那抗性基因的细菌的生长。

A LB/amp 和 K LB/kan

K LB/kan 上的菌落应比 A LB/amp 上的菌落少。这说明 kan 的抗性选择比 amp 更严格。长的复苏过程会使两个平板上的长势相同。

L LB/amp 和 L LB/kan

L LB/kan 平板上的菌落比 L LB/amp 上少说明 kan 筛选较为严格。

L LB/amp 和 L LB/amp＋kan

L LB/amp＋kan 平板上长出的菌落比 L LB/amp 上少，说明双抗筛选比单抗筛选严格。

L LB/kan 和 L LB/amp＋kan

由于双抗筛选比单抗筛选严格，理论上 L LB/kan 平板上的菌落应比 L LB/amp＋kan 多，但实际上两个平板上的菌落几乎相等。这说明菌落生长的数量很大程度上取决于筛选较严格的抗生素：kan。

3. a. 计算步骤 5 中的所用的 pAMP 的总质量(mg)和步骤 6 中 pKAN 的用量：浓度×体积＝质量

   0.005μg/μl×10μl＝0.05μg

   b. 计算步骤 17 中 A LB/amp 和步骤 19 中 K LB/kan 平板涂布所使用的细胞悬浮液的比率：涂布菌液体积/总体积＝涂布比率。

   100μl/1000μl＝0.1

   c. 计算 A LB/amp 和 K LB/kan 平板上所涂布的 pAMP 和 pKAN 质粒的质量：质粒总质量(a)×涂布比率(b)＝涂布质粒的质量(c)。

   0.05μg×0.1＝0.005μg

   d. 计算每毫克 pAMP 和 pKAN 产生的转化菌落数。方程式为：菌落数/涂布质粒的质量(c)＝转化效率

   2000 个菌落/0.005μg＝4×10^5 转化子/μg

4. a. 计算实验九酶切反应中所使用的 pAMP 和 pKAN 的质量，以及每次酶切反应的质粒浓度。

   0.2μg/μl×5.5μl＝1.1μg

   浓度＝1.1μg/15μl＝0.073μg/μl

   b. 计算连接反应中(实验九，B 部分，步骤 3)pAMP 和 pKAN 的质量，再计算连接物中的质粒总浓度。

   质量(每个质粒)＝0.073μg/μl×3μl＝0.22μg

   质粒总浓度＝0.44μg/20μl＝0.022μg/μl

   c. 参照问题 3 a～d 中计算的浓度计算下列问题。

   质粒质量＝0.022μg/μl×10μl＝0.22μg

   菌液涂布比例＝100μl/1000μl＝0.1

   涂布质粒的质量＝0.22μg×0.1＝0.022μg

   转化效率＝50 个菌落/0.022μg＝2.27×10^3 转化子/μg

5. 比较本实验中 A LB/amp 的转化效率和实验五中＋pAMP 的转化效率。经典转化过程中的哪些因素影响了转化效率？操作过程中的哪些不同导致转化效率提高？ 519

   经典过程比一般菌落转化效率高 5～10 倍。经典方法效率的提高主要是因为其利用对数期的细胞而不是直接挑取平板上的细胞。如果经典方法复苏时间增长，转化效率会进一步提高。

6. 根据转化效率的定义，比较对照 pAMP、pKAN 与连接 pAMP、pKAN 的转化效率，指

出其不同的原因。

一般来说，连接 DNA 的转化效率是对照的十分之一。连接产物中有效 DNA 量的减少是反应效率下降的原因。连接反应产生的许多分子不能被转化，因为它们没有相应的抗性基因，或没有复制起始区。而且，有些片段不能和其他片段连接或不能产生环状质粒。

实验十一　影印培养鉴定大肠杆菌菌落

2. 根据你的观察：

a. 计算 L LB/amp(1～12 方格)双抗的比例。

由于 1～12 方格内的菌落挑取自 LB/amp 平板，所以所有的菌落都应在 LB/amp 上生长。通过 1～12 格中在 LB/kan 上生长的菌落数计算双抗比例。

520 b. 计算 L LB/kan(13～24 方格)双抗的比例。

由于 13～24 方格内的菌落挑取自 LB/kan 平板，所以所有的菌落都应在 LB/kan 上生长。通过 13～24 格中在 LB/amp 上生长的菌落数计算双抗比例。

c. 解释上述两种方法筛选出来的双抗菌落比例相同或不同的原因。

有文献指出，饱和条件下，对于 DNA 来说，一个细胞吸收 2 种质粒的概率为 50%，因为 pAMP、pKAN 和重组质粒的大小相同，有同样的吸收概率。所以，实验中，可推测每种平板大约一半的菌落具有双重抗性。

3. 画出双抗表型的不同质粒分子的酶切图谱。

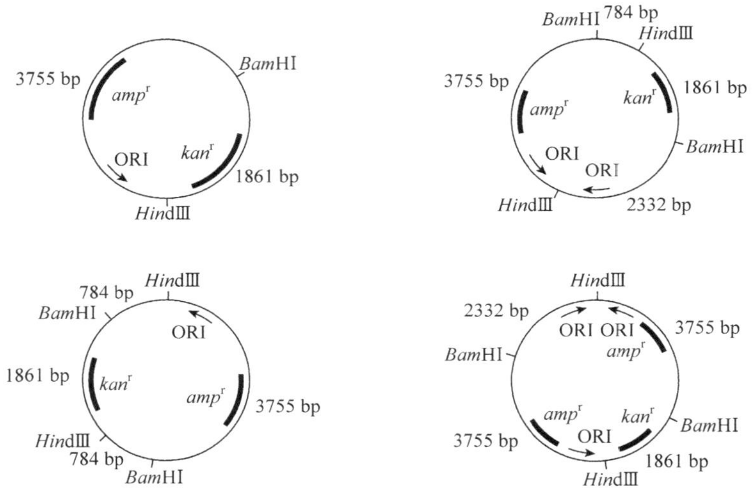

附录 1　仪器、耗材与试剂

仪器

所需器材	实验编号												CBS 目录号*
	1	2	3	4	5	6	7	8	9	10	11	12	
细胞涂布器					×					×			70-3412
医用离心机[a]						×				×			21-4075
电泳槽[a]			×	×				×	×			×	21-3668
电泳电源[a]			×	×			×	×	×			×	21-3673
玻璃涂布珠					×					×			21-5821
温箱/培养箱[a]		×			×	×[b]		×[b]		×	×	×[b]	21-5868
接种环[a]		×			×	×[b]	×[b]	×[b]		×[b]	×	×[b]	70-3060
微量离心机[a]	×		×	×			×	×	×			×	21-4050
微量移液器[a](可调)													
0.5～10 μl	×		×	×	×		×	×	×	×		×	21-4651
20～2000 μl			×[b]	×[b]	×[b]			×[b]	×[b]	×[b]		×[b]	73-6877
100～1000 μl	×				×	×	×	×		×		×	21-4659
水浴箱			×	×	×		×	×	×	×		×	21-6248
移液管[a](10 ml)	×	×				×[b]		×[b]		×		×[b]	21-4684
移液器[a](10 ml)	×	×				×[b]		×[b]		×		×[b]	73-6877
振荡水浴箱		×					×[b]	×[b]		×		×[b]	21-6256
分光光度计		×				×				×[b]			65-3300
试管架[a]	×	×	×	×	×	×	×	×	×	×		×	21-5570
紫外灯							×						15-4683
紫外透射/照相机			×	×				×	×			×	21-3678
垂直电泳槽							×						21-3671
白光透射仪/照相机			×	×			×	×	×			×	21-3680

* 卡罗来纳生物制品公司目录[Carolina Biological Supply(CABISCO)Company Catalog]。

a. 可供选择的更多信息见卡罗来纳生物制品公司目录。

b. 只适用于实验使用。

522 耗材

所需材料	实验编号												CBS 目录号*
	1	2	3	4	5	6	7	8	9	10	11	12	
烧杯[a]	×		×	×	×	×	×	×	×	×	×	×	72-1475
煤气灯[a]	×	×			×					×	×		70-6702 21-6115
胶卷			×	×			×	×				×	21-3679
无菌试管可旋盖子(50ml)	×	×				×[b]	×[b]	×[b]		×[b]		×[b]	21-5095
无菌培养试管 2-position 盖子(15ml)	×				×	×				×			21-5090
胶手套，latex			×	×				×	×			×	70-6380 70-6381 70-6382
微量移液器[a]													
0.5～10μl	×		×	×	×			×	×	×		×	21-5070
1～200μl			×[b]	×[b]	×[b]			×[b]	×[b]	×[b]		×[b]	21-5050
101～1000μl	×				×	×[b]	×	×		×		×	21-5060
封口膜								×	×			×	21-5600
三角瓶 无菌(100mm×15mm)		×			×					×	×		74-1250
移液管[a] 1ml					×					×			21-4550
(10 ml 刻度为 1ml)	×	×				×[b]		×[b]		×		×[b]	21-4576
事先制好的丙烯酰胺胶(12%)(8cm×10cm)							×						21-1375
涂布器										×			70-3442
无菌过滤器(0.45μm)[a]					×					×			73-4701 19-9595A
离心管(1.5ml)[a]	×	×	×	×[b]	×	×	×	×	×	×		×	21-5232

* 卡罗来纳生物制品公司目录。

a. 可供选择的更多信息见卡罗来纳生物制品公司目录。

b. 只适用于实验使用。

523 培养基

所需材料	实验编号												CBS 目录号*
	1	2	3	4	5	6	7	8	9	10	11	12	
A. 即倒，无菌(20 个平板)													
LB 培养基		×			×								21-6620
LB 培养基+氨苄青霉素		×			×					×	×		21-6621
LB 培养基+卡那霉素										×	×		21-6622
LB 培养基+氨苄青霉素+卡那霉素										×			21-6623
LB 培养基+氨苄青霉素+X-gal					×								21-6624
B. 即用，事先倒好(10 个平板)													
LB 培养基		×			×								21-6600
LB 培养基+氨苄青霉素		×			×					×	×		21-6601

续表

所需材料	实验编号												CBS 目录号*
	1	2	3	4	5	6	7	8	9	10	11	12	
LB 培养基＋卡那霉素										×	×		21-6602
LB 培养基＋氨苄青霉素＋卡那霉素										×			21-6603
LB 培养基＋氨苄青霉素＋X-gal					×								21-6604
C. 培养液，无菌(5～50 ml 等份)													
LB 培养液		×			×	×[a]				×			21-6650
LB 培养液＋氨苄青霉素		×				×[a]	×[a]	×[a]		×		×[a]	21-6652

* 只适用于实验使用。

Ⅳ. 培养基成分

所需材料	实验编号												CBS 目录号*
	1	2	3	4	5	6	7	8	9	10	11	12	
LB 琼脂基质		×			×					×	×		21-6700
LB 基质		×			×	×[a]	×[a]	×		×	×	×	21-6710
蛋白胨		×			×	×[a]	×[a]	×		×	×	×	21-6741
酵母提取物		×			×	×[a]	×[a]	×		×	×	×	21-6745
NaOH(1mol/L)		×			×	×[a]	×[a]	×		×	×	×	88-9571
氨苄青霉素溶液(10mg/ml)		×			×	×[a]	×[a]	×		×	×	×	21-6860
氨苄青霉素粉剂		×			×	×[a]	×[a]	×		×	×	×	21-6880
氨苄青霉素＋X-gal					×								21-6874
卡那霉素溶液(10mg/ml)											×	×	21-6861
卡那霉素粉剂											×	×	21-6881

* 只适用于实验使用。

Ⅴ. 生物试剂与酶类 524

所需材料	实验编号												CBS 目录号*
	1	2	3	4	5	6	7	8	9	10	11	12	
A. DNA													
λ DNA			×	×								×	21-1408
质粒 pAMP					×			×	×	×		×	21-1430
质粒 pKAN									×	×		×	21-1440
质粒 pBLU					×								21-1420
质粒 pGREEN					×								21-1449
B. 细菌株系													
MM294		×			×	×				×			21-1530
MM294/pAMP		×				×		×					21-1540

续表

所需材料	实验编号												CBS 目录号*
	1	2	3	4	5	6	7	8	9	10	11	12	
C. 酶													
BamH Ⅰ			×					×	×			×	21-1660
*Eco*R Ⅰ			×	×									21-1670
*Eco*R Ⅰ 甲基化酶(含 10×限制酶切反应缓冲液/SAM)				×									21-1671
*Hind*Ⅲ			×	×				×	×			×	21-1690
T4 DNA 连接酶									×				21-1740
RNase A,胰腺(5mg/ml)								×				×	21-1745
蛋白质分子质量标记						×							21-1510

525

Ⅵ. 试剂

所需材料	实验编号												CBS 目录号*
	1	2	3	4	5	6	7	8	9	10	11	12	
琼脂糖(LE)			×	×				×	×			×	21-7080
无菌 $CaCl_2$(50mmol/L)					×					×			21-1320
考马斯亮蓝脱色液							×						21-9785
考马斯亮蓝染色液							×						21-9784
乙醇(95%)[a]					×			×		×		×	86-1281
溴化乙锭(5μg/ml)[b]			×	×				×	×			×	21-7422
葡萄糖-Tris-EDTA(GTE)溶液								×				×	21-7710
异丙醇								×				×	88-4890
连接缓冲液/ATP(2×)									×				含有 T4DNA 连接酶
加样液			×	×				×	×			×	21-8200
酚红溶液(0.04%)													
120ml						×							87-9873
500ml						×							87-9875
蛋白加样液							×						21-8660
限制酶切反应缓冲液(10×组成型)			×	×				×	×			×	21-8770
10% SDS 溶液							×	×				×	21-8822
Tris/硼酸/EDTA 缓冲液(TBE)(20×混合型)			×	×				×	×			×	21-9027
Tris-EDTA(TE)缓冲液			×				×	×				×	21-9026
Tris-甘氨酸-SDS							×						21-9030

a. 小心,勿点燃烧杯中的酒精。

b. 预习实验三中关于溴化乙锭的处理方法。在染色、观察与凝胶成像以及清洁中,需带乳胶手套。染色时应在固定的区域进行。

Ⅶ. 试剂组分 526

所需材料	实验编号												CBS 目录号*
	1	2	3	4	5	6	7	8	9	10	11	12	
冰醋酸								×				×	84-1290
硫酸铵							×						84-4360
硼酸			×	×				×	×			×	84-8440
溴酚蓝			×	×				×	×			×	84-9080
$CaCl_2$，无水					×					×			85-1800
EDTA-Na 无水			×	×			×	×	×			×	86-1790
葡萄糖，无水								×				×	85-7450
$MgCl_2$ $6H_2O$			×	×				×	×			×	87-3248
醋酸钾								×				×	88-2540
NaCl		×	×	×	×	×	×	×	×	×	×	×	88-8880
SDS							×	×				×	21-8820
固体 NaOH								×				×	88-9470
蔗糖			×	×				×	×			×	89-2870
Tris 碱			×	×		×		×	×			×	89-6970

Ⅷ. 试剂盒 527

表现型细菌 ID 试剂盒

21-1136 学生试剂盒

21-1136C 新包装替代品(perishable refill)

菌落转化试剂盒

21-1140 教师展示用试剂盒

21-1141 三人一组的学生用试剂盒

21-1142 六人一组的学生用试剂盒

21-2730V 教学录像带

绿色基因菌落转化试剂盒

21-1080 教师展示用试剂盒

21-1081 三人一组学生用试剂盒

21-1082 六人一组学生用试剂盒

21-1088 黑暗发光转化试剂盒

pBLU 菌落转化试剂盒

21-1145X 教师展示用试剂盒

21-1145Y 三人一组的学生用试剂盒

21-1146 六人一组的学生用试剂盒

限制酶切分析试剂盒

21-1148Y 三人一组的学生用试剂盒

21-1149 六人一组的学生用试剂盒
21-272V 教学录像带
21-1149B 试剂盒有录像带
21-1149A 只有 DNA

DNA 限制酶切分析试剂盒

21-1103 试剂盒含有溴化乙锭
21-1106 试剂盒含有卡罗来纳蓝
21-2732V 教学录像带

EZ 基因剪切的 DNA 重组与转化试剂盒

21-1160 教师展示用试剂盒
21-1162 学生用试剂盒

抗生素抗性酶活性分析

21-1137 教师展示用试剂盒
21-1139 六人一组学生用试剂盒

重组 GFP 的纯化与鉴定

一组:纯化
21-1070 教师展示用试剂盒
21-1072 六人一组学生用试剂盒
二组:鉴定
21-1071 教师展示用试剂盒
21-1073 六人一组学生用试剂盒

528 供应商

此部分只介绍这些耗材的出售地址,除此之外本手册所介绍的其他供应商可直接查询生物耗材网资料书以及直接登录网址 http:/www. biosupplynet. com。

- 免费索取资料书,可在网站 http://www. biosupplynet. com 注册。
- 电子邮件索取 info@biosupplynet. com
- 传真索取 1-919-659-2199

附录 2　培养基、试剂、贮存液的配制

529

未污染的试剂决定着本书所介绍实验的成功。仔细阅读配制方法以及最大可能地做到清洁。使用干净的勺匙称取试剂或者小心的从每个试剂瓶中倾倒每个试剂。

配制方法共分为八大部分。多个实验都使用的贮存液，在第一次使用的实验中列出，其他实验不再列出。

注意　参见附录 4 正确处理标记▼的有毒物质。

1. 细菌培养液

4mol/L NaOH
10 mg/ml 氨苄青霉素
10 mg/ml 卡那霉素
LB 培养液(LB)
LB 培养液＋抗生素
LB 培养基平板
LB 培养基＋抗生素
穿刺培养基

2. DNA 限制酶切分析

1mol/L Tris (pH 8.0)
5mol/L NaCl
1mol/L $MgCl_2$
1mol/L DTT
10×组成型限制酶切缓冲液
2×限制酶切缓冲液
30mmol/L SAM
2×限制酶切缓冲液/SAM
0.05%冰醋酸
5mg/ml RNase A(胰腺 RNase)
5×限制酶切缓冲液/RNase

3. 凝胶电泳分析

10×Tris/硼酸/EDTA(TBE)电泳缓冲液
1×Tris/硼酸/EDTA(TBE)电泳缓冲液
0.8%琼脂糖 530
上样液
1μg/ml 溴化乙锭染色液
1%亚甲基蓝

0.025%亚甲基蓝染色液

4. 细菌转化

1mol/L $CaCl_2$

50mmol/L $CaCl_2$

5. 酶活性分析

0.04% 酚红

4mg/ml 青霉素 G

6. 蛋白质纯化

结合缓冲液

平衡缓冲液

洗涤缓冲液

Tris/EDTA(TE)缓冲液(稀释缓冲液)

洗脱缓冲液

裂解缓冲液

疏水层析柱(HIC)

7. 质粒小量制备

0.5mol/L EDTA

Tris/EDTA(TE)缓冲液

葡萄糖/Tris/EDTA(GTE)

5mol/L 醋酸钾

醋酸钾/醋酸

10% SDS

1%SDS/0.2 N NaOH

8 . DNA 的连接

1mol/L Tris (pH 7.6)

10×连接缓冲液

0.1mol/L ATP

2×连接缓冲液+ATP

缓冲液配制注意事项

- 需将固体试剂先溶解到最终配制体积的 70%~80%去离子水或蒸馏水中,这样便于加酸或碱来调节 pH。最后加水到溶液中,达到最终的总体积。
- 每个溶液的最终浓度都列在试剂栏的右侧栏里。
- 通常情况下,使用的缓冲液浓度为 2×、5×或者为 10×溶液。当与其他试剂混合后,缓冲液的最终工作浓度为 1×。

531 I. 细菌培养

4mol/L NaOH

制备 100ml。

可于室温长期保存。

1. 将 16g 固体 NaOH(M_r=40.00)缓缓加入到 80ml 去离子水或蒸馏水中,轻轻晃动,溶液会变得很热。
2. NaOH 完全溶解后,加水定容至 100ml。

10mg/ml 氨苄青霉素溶液

制备 100ml。

于-20℃可放置一年或于 4℃可放置 3 个月。

1. 向盛有 100ml 去离子水或蒸馏水的干净烧杯中加入 1g 氨苄青霉素(钠盐,M_r=371.40)。(盐形式很容易溶解,游离酸形式则不好溶解。)
2. 晃动使其溶解。
3. 用 50~100ml 去离子水或蒸馏水预洗一个 0.45μm 或 0.22μm 的滤菌器(Nalgene 或 Corning)。用预洗过的滤菌器将氨苄青霉素溶液过滤除菌。
4. 用 15ml 离心管将滤菌溶液每份分装 10ml,贮存在-20℃。

10mg/ml 卡那霉素

制备 100ml。

于-20℃可放置一年或于 4℃可放置 3 个月。

1. 向盛有 100ml 去离子水或蒸馏水的干净 250ml 摇瓶中加入 1g 硫酸卡那霉素(M_r=582.60)。
2. 晃动使其溶解。
3. 用 50~100ml 去离子水或蒸馏水预洗一个 0.45μm 或 0.22μm 的滤菌器(Nalgene 或 Corning)。用预洗过的滤菌器将硫酸卡那霉素溶液过滤除菌。
4. 用 15ml 离心管将滤菌溶液按每份 10ml 分装,贮存在-20℃。

LB 液体培养基

配制 1L。

可于室温长期保存。

1. 称量

   10g 蛋白胨

   5g 酵母提取物

   10g 氯化钠(M_r=58.44)

   或者称量 25g 含有以上所有成分的预制粉剂。
2. 将上述所有成分加入到一个干净的用去离子水或蒸馏水漂洗过的干净的 2 L 烧杯中。 532
3. 向烧杯中加入 1L 去离子水或蒸馏水。
4. 加入 0.5ml 4mol/L NaOH
5. 晃动烧杯,最好用磁力振荡器搅动溶解所有成分。
6. 如果用于培养对数生长期培养物:将 LB 培养基分成 500ml 体积两份,盛放在 2 L 瓶中,用泡沫或棉花封口,然后用铝箔纸盖住(或者只用铝箔纸封口),在 121℃ 灭菌 15~20min。

或者

如果用于一般的转化:用以下任一方法将培养基等分成每份 100ml,放在 150~250ml 瓶中。

a. 瓶口不要扎得太紧。在 121℃ 灭菌 15~20min。(为防止爆喷,将瓶子放在浅容器加少量水灭菌。)

或者

b. 用 50～100ml 去离子水或蒸馏水预洗一个 0.45μm 或 0.22μm 的滤菌器(Nalgene 或 Corning)。用预洗过的滤菌器将 LB 培养基过滤除菌,将其等份分装入灭菌瓶中。

> **注意** 只要溶液是澄清的,就可以认为 LB 培养基是无菌的。如果溶液变得浑浊,则表明有微生物污染。经常晃动溶液,检查是否有细菌或真菌细胞。(因为此类细胞可能附着在瓶底。)

LB 培养基+抗生素

制备 100ml。

在 4℃可放置 3 个月。

1. 在无菌条件下向冷却的 100ml LB 培养液中加入 1ml 10mg/ml 的抗生素。
2. 摇动混匀。

LB 琼脂平板

制备 35～40 个平板。

在 4℃或室温下,可放置 3 个月。

1. 称量

    10g 蛋白胨

    5g 酵母提取物

    10g 氯化钠(M_r=58.44)

    15g 琼脂粉

    或者称量 40g 含有以上所有成分的预制粉剂。

2. 将上述所有成分加入到一个干净的用去离子水或蒸馏水漂洗过的干净的 2 L 摇瓶中。
3. 向瓶中加入 1L 去离子水或蒸馏水。
4. 加入 0.5ml 4mol/L NaOH。

533 5. 晃动培养瓶,最好用磁力振荡器搅动溶解所有成分,在灭菌过程中所有物质都会溶解。

6. 用铝箔纸盖上瓶口,在 121℃灭菌 15min。
7. 在灭菌过程中琼脂粉会沉在瓶底,摇动使琼脂粉混匀。
8. 溶液冷却至可以手握(55～60℃)。(如果冷却时间过长,琼脂开始凝固,则需短时间灭菌 5min 或更短时间使其重溶,或者在微波炉中加热几分钟。)
9. 琼脂冷却过程中,在皿底标记日期和对这种培养基简单描述(如 LB)。如果用聚乙烯平皿,则切开封条末端,保留封条,以便在保存琼脂平板时用。
10. 琼脂冷却到可以手握时,打开平皿顶盖可以倒入培养基。不要将盖放在桌面上,迅速将溶液倒进培养皿。覆盖整个皿底(约 25～30ml),晃动培养皿,使琼脂铺平,迅速将盖盖上。
11. 继续将溶液倒入其他平皿。间断灼烧瓶口,以保持无菌。
12. 如果琼脂表面有气泡,在琼脂没有凝固之前以火焰接触其表面,消除气泡。
13. 静置使琼脂平板凝固。
14. 如果允许,将平板倒置在 37℃温育几个小时(如果方便可以过夜),这样使平板干燥,避免在 4℃放置时产生冷凝水，而且可以检测平板上是否有微生物污染。

15. 将平板叠放置于原来的封条中保存。

LB 琼脂固体平板＋抗生素

制备 30～45 个平板。

在 4℃下可保存 3 个月。

1. 按上述 LB 平板制备至步骤 9。
2. 琼脂溶液冷却至可以手握，无菌条件下加入 10ml 10 mg/ml 抗生素。过热可以破坏氨苄青霉素和卡那霉素，所以在培养基冷却后加抗生素很重要。（对于 LB/amp＋kan 平板来说，各加入 10ml 10mg/ml 氨苄青霉素▼和 10mg/ml 卡那霉素▼。）
3. 晃动三角瓶，使抗生素充分混匀。
4. 重复上面的步骤 10。

> **注意**　可以将 200μl 10mg/ml 抗生素均匀涂在 LB 平板的表面来迅速制备含抗生素的固体平板。在使用前，放置 10～20min，使抗生素被琼脂完全吸收。放置时间过长而失效的抗生素平板可以通过这种方法重新获得抗生素活性。

穿刺培养 *534*

制备 30～40 个培养基。

室温黑暗条件下可保存 1 年。

准备小管

1. 称量

　　1.0g 蛋白胨

　　0.5g 酵母提取物

　　1.0g NaCl (M_r＝58.44)

　　0.7g 琼脂粉

> **注意**　这与上步 LB 琼脂培养基制备相同，但琼脂粉的浓度较低，使穿刺培养基更好用。标准的 LB 琼脂粉或 4g 预制粉剂也可以用。

2. 将上述试剂加入到用去离子水或蒸馏水漂洗干净的 250 ml 摇瓶中。
3. 加入 100ml 去离子或蒸馏水。
4. 加入 50μl 4mol/L NaOH ▼。
5. 将所有成分加热，用搅拌器搅拌溶解。
6. 将溶液倒入 4ml 小管(15mm×45mm)至管 2/3 处，将盖子盖松一点。
7. 在 121℃灭菌 15min (或者将灭好菌的培养基倒进灭菌的小管中)。
8. 静置使琼脂凝固。
9. 贮存前，将盖子盖紧。
10. 用封口膜将盖封好，以便长期保存。

接种

1. 在无菌条件下，从具有目的遗传型的单菌落中刮取一个细胞团。
2. 将接种环多次插入琼脂培养基中。

3. 将盖子盖松点，在 37℃过夜培养。

4. 培养完毕，盖紧盖子，室温黑暗条件下保存。用封口膜将盖封好以长期保存。

Ⅱ. DNA 的限制性内切核酸酶酶切

1mol/L Tris(pH8.0)

配制 100ml。

在室温下长期保存。

1. 将 12.1gTris 碱(M_r=121.10)溶于 70ml 去离子水或蒸馏水中。
535 2. 缓慢加入约 5.0ml 浓盐酸▼(HCl)用 pH 计调整 pH。(如果没有 pH 计，加入约 5.0ml 浓盐酸溶液，pH 大约为 8.0。)
3. 用去离子水或蒸馏水定容至 100ml。

> **注意**
> - 如果溶液颜色呈黄色，表明 Tris 质量差，弃之，取新 Tris 重新配制。
> - 许多种电极无法准确测量 Tris 溶液的 pH，阅读说明书，选取一种合适的电极。
> - Tris 溶液 pH 因随温度的变化而变化，故在室温测量 pH。
> - 利用 pH 试纸也可以测定溶液的 pH。

5mol/L 氯化钠(NaCl)

配制 100ml。

在室温下长期保存。

1. 将 29.2gNaCl(M_r=58.44)溶于 70ml 去离子水或蒸馏水中。
2. 用去离子水或蒸馏水定容至 100ml。

1mol/L 氯化镁($MgCl_2$)

配制 100ml。

在室温长期放置。

1. 将 20.3g $MgCl_2 \cdot 6H_2O$，M_r=203.30 溶于 80ml 去离子水或蒸馏水中。
2. 用去离子水或蒸馏水定容至 100ml。

1mol/L 二硫苏糖醇(DTT)

配制 10ml。

于－20℃长期保存。

1. 将 1.5g DTT ▼(M_r=154.25)溶于 8ml 去离子水或蒸馏水中。
2. 用去离子水或蒸馏水定容至 10ml。
3. 将溶液每份 1ml 分装，贮存在 1.5ml 管中。

> **注意**　不要将 DTT 或含有 DTT 的溶液灭菌。

10×组成型限制酶切缓冲液

配制 1ml。

于－20℃长期保存。

将以下试剂在 1.5ml 离心管中混匀。

100μl 1mol/L Tris ▼(pH8.0) (100mmol/L) 536
100μl 1mol/L $MgCl_2$ ▼ (100mmol/L)
200μl 5mol/L NaCl (1mol/L)
7μl 14.3mol/L β-巯基乙醇▼ (100mmol/L)
593μl 去离子水。

或者

100μl 1mol/L Tris ▼(pH 8.0) (100mmol/L)
100μl 1mol/L $MgCl_2$ ▼ (100mmol/L)
200μl 5mol/L NaCl (1mol/L)
10μl 1mol/L DTT ▼ (10mmol/L)
590μl 去离子水。

注意

- β-巯基乙醇，又称 2-巯基乙醇，在室温下呈液体状态，浓度为 14.3mol/L。
- 组成型缓冲液可为一系列不同的限制性内切核酸酶的高活性提供盐条件，包括本实验手册中所用的所有酶。如果在关键实验中用的酶较昂贵时，可以参考实验手册中提供的特定缓冲液。
- 如果反复冻融，第二种方法中用到的 DTT 会从溶液中析出来，剧烈涡旋，使其溶解。

2×限制性内切核酸酶缓冲液

配制 1ml。

在－20℃长期保存。

将 200μl 10×限制性内切核酸酶缓冲液和 800μl 去离子水混匀。

30mmol/L S-腺苷甲硫氨酸 (SAM)

配制 1ml。

在－20℃保存 1 年。

1. 准备 1mol/L 硫酸 (H_2SO_4)或将 1 份浓硫酸(18mol/L)和 17 份去离子水或蒸馏水混匀。
2. 向 995μl 去离子水或蒸馏水中加入 5μl 1mol/L H_2SO_4，配制 5mmol/L H_2SO_4。
3. 将 900μl 5mmol/L H_2SO_4 溶液与 100μl 乙醇(100%) 混匀。
4. 将 15.8mg SAM(碘盐，等级Ⅰ，M_r＝526.30)溶于 1ml 5mmol/L H_2SO_4/10%乙醇溶液中。
5. 将配好的溶液分装在 1.5ml 离心管中，每管 100μl。每管溶液用一次即丢弃。

注意

- SAM 很不稳定，反复冻融会使其活性迅速丧失。在实验过程中将其放在冰上。室温下 SAM 溶液的半衰期为 30min。
- 使用 *Eco*RⅠ甲基化酶时一般采用 30 mmol/L SAM。

2×限制性内切核酸酶缓冲液/SAM 537

制备 1ml。

在冰上或－20℃放置，混匀后几小时内使用。

1. 在 1.5ml 管中混匀：

10μl 30 mmol/L SAM▼

200μl 10×限制性内切核酸酶缓冲液

790μl 去离子水。

2. 几小时内使用，用完弃之。

> **注意**　自始至终将限制性内切核酸酶缓冲液/SAM 放在冰上。室温下 SAM 溶液的半衰期为 30min。

0.05%冰醋酸

配制 50ml。

于室温长期放置。

1. 将 25μl 冰醋酸▼与 50ml 去离子水混匀。
2. 溶液的 pH 大约在 4.0。

5mg/ml RNaseA（胰 RNaseA）

配制 20ml。

于－20℃长期保存。

1. 将 100mg RNaseA 溶解在 50ml 0.05%冰醋酸▼中，然后转移到 50ml 锥形管中。
2. 将锥形管在沸水中煮沸 15min。
3. 将溶液冷却，加入 120μl 1mol/L Tris(pH8.0)中和溶液。
4. 每份 1ml 分装在 1.5ml 离心管中。

> **注意**
> - 只能使用牛胰 RNaseA。
> - 将 RNaseA 溶解在乙酸中可以防止其沉淀。也可以将 RNaseA 溶解在去离子水或蒸馏水中配制 RNaseA 溶液。但是，RNaseA 会沉淀出来导致活性丧失。

5×限制性内切核酸酶缓冲液/RNase

配制 1ml。

于－20℃可以保存几个月。

在 1.5ml 离心管中混匀下面试剂：

500μl 10×限制性内切核酸酶缓冲液

100μl 5mg/ml RNase

400μl 去离子水。

538
Ⅲ. 凝胶电泳

10×Tris/硼酸/EDTA(TBE)电泳缓冲液

配制 1L。

室温下长期保存。

1. 将下列试剂在 2 L 三角瓶中以 700ml 去离子水或蒸馏水溶解。

1g NaOH▼(M_r=40)

108g Tris▼碱（M_r＝121.10）

55g 硼酸▼（M_r＝61.83）

7.4g EDTA（二钠盐，M_r＝372.24）

2. 摇动混匀，最好用磁力搅拌器搅拌。
3. 加入去离子水定容至1L。

> **注意**　如果TBE贮存液中有沉淀析出，将三角瓶放在温水浴中（37℃或42℃），间断搅拌，直到沉淀消失。

1×Tris/硼酸/EDTA（TBE）电泳缓冲液

配制10L。

于室温长期保存。

1. 向1L10× Tris/硼酸/EDTA（TBE）电泳缓冲液中加入9L去离子水或蒸馏水。
2. 摇动混匀。

0.8%琼脂糖

配制200ml。

用新鲜或室温保存几周的固体琼脂糖。

1. 称取1.6g琼脂糖（低EEO规格）加入到含有200ml 1×TBE电泳缓冲液的600ml烧杯或三角瓶中。
2. 振荡将琼脂糖悬浮。
3. 用铝箔纸将瓶口盖上，在沸水中加热使琼脂糖溶解约10min。

或者

不要盖盖，在微波炉中加热3～5min，使琼脂糖溶解。

> **注意**　只要溶液开始沸腾，琼脂糖就开始溶解。不要让溶液长时间沸腾，因为这会改变琼脂糖的终浓度。

4. 摇动溶液，检查瓶底，确定所有琼脂糖已经全部溶解。（在完全溶解以前，琼脂糖颗粒呈半透明颗粒状态。）如果没有完全溶解，再加热几分钟。

> **注意**
> - 预先称好1.6g琼脂糖粉末，放入有盖试管中备用。
> - 凝固的凝胶可室温保存，使用时可于沸水浴中加热（15～20min）或置于微波炉中（5～7min），融化凝胶时松开瓶盖。

539

5. 用铝箔盖好瓶口，置于60℃水浴中备用，倒胶前，除去溶液表面未融化的琼脂颗粒。

上样液

总体积100ml。

室温保存。

1. 在60ml去离子水或蒸馏水中溶解下列试剂：

　　0.25g 溴酚蓝▼（M_r＝669.96）

　　0.25g 二甲苯腈▼（M_r＝538.60）

50.00g 蔗糖（M_r＝342.30）

1.00ml 1mol/L Tris▼(pH 8.0)

2. 用去离子水或蒸馏水定容至 100ml。

> **注意**　甘油可代替蔗糖。在 40ml 去离子水或蒸馏水中溶解二甲苯腈、溴酚蓝和 Tris，与 50ml 甘油混匀，定容至 100ml。

1μg/ml 溴化乙锭染色液

总体积 500ml。

室温蔽光长期保存。

> **警告**　溴化乙锭经艾姆斯氏微粒体实验分析试验证明是一种诱变剂和致癌剂，在配制和使用溴化乙锭溶液时要戴好橡胶手套。复习实验三中溴化乙锭的相关操作。

1. 在 500ml 去离子水或蒸馏水中加入 100μl 5mg/ml 溴化乙锭溶液。
2. 保存于不易碎的容器中(蔽光)，做上标记：警告：溴化乙锭——诱变剂和致癌物。操作时戴上橡胶手套。

> **注意**　EB 对光敏感；应储存于蔽光容器内或在容器外包裹一层铝箔。

540 **1% 亚甲基蓝**

总体积 50ml。

室温长期保存。

将 0.5g 亚甲基蓝▼溶解于 50ml 去离子水或蒸馏水中。

0.025%亚甲基蓝染色液

总体积 400ml。

室温长期保存。

将 10ml 1%亚甲基蓝▼加入 390ml 去离子水和蒸馏水溶解而成。

Ⅳ. 细菌转化

1mol/L $CaCl_2$。

总体积 100ml。

室温长期保存。

1. 将 11.1g $CaCl_2$ 无水(M_r＝110.99)或 14.7g $CaCl_2 \cdot H_2O$(M_r＝146.99)溶解于 80ml 去离子水或蒸馏水中。
2. 用去离子水或蒸馏水定容至 100ml。

50mmol/L $CaCl_2$

总体积 1000ml。

4℃或室温长期保存。

1. 将 50ml 1mol/L $CaCl_2$ 与 950ml 去离子水混合。
2. 用 50～100ml 去离子水或蒸馏水洗涤 0.45 或 0.22μm 的无菌滤膜。

3. 然后用浸润的滤膜过滤除菌 $CaCl_2$。
4. 将上述溶液分装至 50ml 无菌锥形瓶或 150～250ml 玻璃瓶中。

> **注意**
> - 也可先将 $CaCl_2$ 溶液分装至 150～250ml 玻璃瓶中，每瓶 100ml，湿热灭菌，121℃，15min。
> - 4℃保存，备用。

Ⅴ. 酶活性分析

0.04% 酚红
总体积 50ml。
室温长期保存。
将下列试剂混匀：
    2ml 1% 酚红
    0.5ml 1mol/L Tris(pH7.9)
    47.5ml 去离子水或蒸馏水

4mg/ml 青霉素-G *541*
总体积 50ml。
当天使用需冰上放置，－20℃保存(1 个月)。
1. 将 200mg 青霉素-G 加到 50ml 去离子水或蒸馏水中。
2. 搅拌溶解。
3. 正常情况下，搅拌几分钟后，青霉素溶解，但是溶液不是澄清的。

Ⅵ. 蛋白质纯化

结合缓冲液
总体积 100ml。
室温长期保存。
称取 52.8g 硫酸铵，溶解于 TE(pH8)中，定容至 100ml。

平衡缓冲液
总体积 100ml。
室温长期保存。
称取 26.4g 硫酸铵，溶解于 TE(pH8)中，定容至 100ml。

洗涤缓冲液
总体积 100ml。
室温长期保存。
称取 17.2g 硫酸铵，溶解于 TE(pH8)中，定容至 100ml。

Tris/EDTA(TE)缓冲液
总体积 100ml。
室温长期保存。

混合下列试剂：

　　1ml 1mol/L Tris(pH 7.9)　　(10mmol/L)

　　200μl 0.5mol/L EDTA　　(1mmol/L)

　　99ml 蒸馏水

洗脱缓冲液

洗脱液就是 TE(pH 8)。参见 TE 制备。

542 **裂解缓冲液**

总体积 50ml。

室温长期保存。

混合下列试剂：

　　10 ml 1mol/L Tris(pH 8.0)

　　2.5 ml 5mol/L NaCl

　　2.5ml 0.5mol/L EDTA

　　2.5ml 10% SDS

　　32.5ml 去离子水

甲基化疏水反应层析(HIC)树脂

总体积 50ml。

室温长期保存。

混合下列试剂：

　　25ml HIC 树脂

　　25ml 平衡缓冲液

　　在移取树脂前将其混匀是非常重要的，将树脂分装至 1.5ml 试管中，每管 1.5ml，离心，弃上清，备用，将细胞裂解液(含连接缓冲液)加到疏水树脂之前再除去上清。

Ⅶ. 质粒的小量制备

0.5mol/L EDTA(pH 8.0)

总体积 100ml。

室温长期保存。

1. 将 18.6g EDTA(二钠盐，M_r=372.24)溶解于 80ml 蒸馏水或去离子水中。
2. 缓慢加入约 2.2g NaOH(M_r=40.00)调节 pH。(如果没有 pH 计，加入 2.2g NaOH 后可使溶液 pH 约为 8。)
3. 用磁力搅拌器或手剧烈混匀。EDTA 只有在溶液 pH 至少达到 8 时才会溶解。
4. 用蒸馏水或去离子水定容至 100ml。

注意	一定使用 EDTA 钠盐。

Tris/EDTA(TE)缓冲液

总体积 100ml。

室温长期保存。

混匀下列试剂：

1ml 1mol/L Tris(pH 8.0)	(10mmol/L)
200μl 0.5mol/L EDTA	(1mmol/L)
99ml 去离子水	

葡萄糖/Tris/EDTA(GTE) 543

总体积 100ml。

4℃或室温保存。

混匀下列试剂：

0.9g 葡萄糖(M_r=180.16)	(50mmol/L)
2.5ml 1mol/L Tris(pH 8.0)	(25mmol/L)
2ml 0.5mol/L EDTA	(10mmol/L)
94.5ml 去离子水	

注意　4℃保存，备用。

5mol/L KOAc

总体积 200ml。

室温长期保存。

1. 将 98.1g KOAc(M_r=98.14)溶解于 160ml 去离子水中。
2. 定容至 200ml。

醋酸钾/醋酸

总体积 100ml。

4℃或室温保存。

将 60ml 5mol/L 醋酸钾和 11.5ml 冰醋酸加到 28.5ml 去离子水或蒸馏水中。

注意

- 醋酸钾/醋酸溶液中强烈的味道可与 KOAc 溶液区分，两者很容易混淆。
- 4℃保存，备用。

10% SDS

总体积 100ml。

室温长期保存。

1. 将 10g 电泳级别的 SDS(M_r=288.37)溶解于 80ml 去离子水中。
2. 定容至 100ml。

注意

- 为避免吸入 SDS 粉末；操作时戴好口罩。
- SDS 即十二烷基硫酸钠(Sodium lauryl sulfate)。
- 应使用新鲜的 SDS/NaOH 溶液。
- 低温下会使溶液产生沉淀，温育并轻微振荡会使沉淀溶解。

544 **1% SDS/0.2N NaOH**

总体积 10ml。

室温保存。

将 1ml 10% SDS,0.5ml 4mol/L NaOH 和 8.5ml 蒸馏水混匀。

注意

- 应使用新鲜的 SDS/NaOH 溶液。
- 低温下会使溶液产生沉淀,温育并轻微振荡会使沉淀溶解。

Ⅷ. DNA 连接

1mol/L Tris(pH 7.6)

总体积 100ml。

室温长期保存。

1. 将 12.1g Tris(M_r=121.10)溶解于 70ml 去离子水或蒸馏水中。
2. 缓慢加入约 6.3ml 浓盐酸调节 pH。(如果没有 pH 计,加入 6.3ml 浓盐酸后,溶液 pH 约为 7.6)。
3. 定容至 100ml。

注意

- 溶液如果呈黄色,说明 Tris 质量有问题,丢弃此溶液,换新 Tris。
- 许多 pH 计的电极不适于测量 Tris 溶液的 pH;根据说明书选择适合的电极。
- Tris 溶液的 pH 随温度而变化;应室温下测量 pH。

10×连接缓冲液

总体积 1000μl。

-20℃长期保存。

在 1.5ml 试管中混匀下列试剂:

600μl 1mol/L Tris(pH7.6)	(600mmol/L)
100μl 1mol/L $MgCl_2$	(100mmol/L)
70μl 1mol/L DTT	(70mmol/L)
230μl 去离子水	

注意　反复冻融会使 DTT 沉淀,剧烈振荡,混匀。

545 **0.1mol/L ATP**

总体积 5ml。

-20℃保存(1 年)。

1. 将 0.3g ATP(二钠盐,M_r=605.19)溶解于 5ml 去离子水或蒸馏水中。
2. 分装至 1.5ml 试管中,每管 500μl。

注意　ATP 经反复冻融后会失活,丢弃使用过多次的 ATP。

2×连接缓冲液+ATP

总体积 500μl。

−20℃保存(1 个月)。

1. 将 100μl 10×连接缓冲液和 10μl 0.1MATP 在 1.5ml 试管中混匀。
2. 加入 390μl 去离子水或蒸馏水。

注意	ATP 在稀释液中失活,应换一管新的。

547 # 附录 3　pAMP、pKAN、pBLU、pGREEN 及 λ 噬菌体的限制酶切图谱

548 ## Ⅰ. pAMP、pKAN、pBLU、pGREEN 的限制酶切图谱

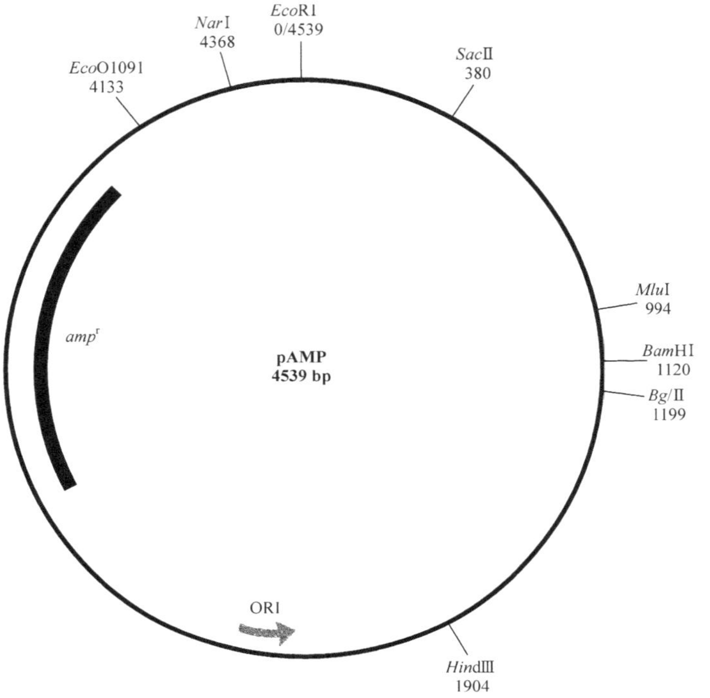

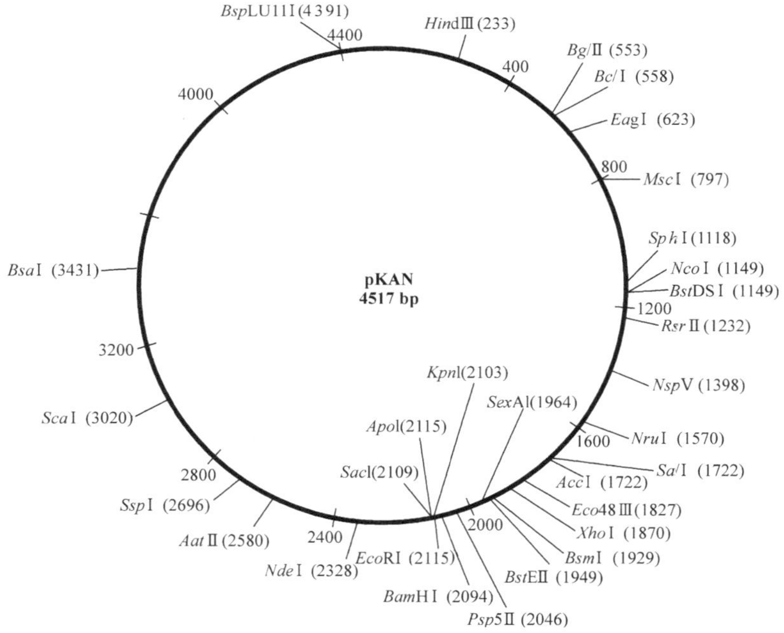

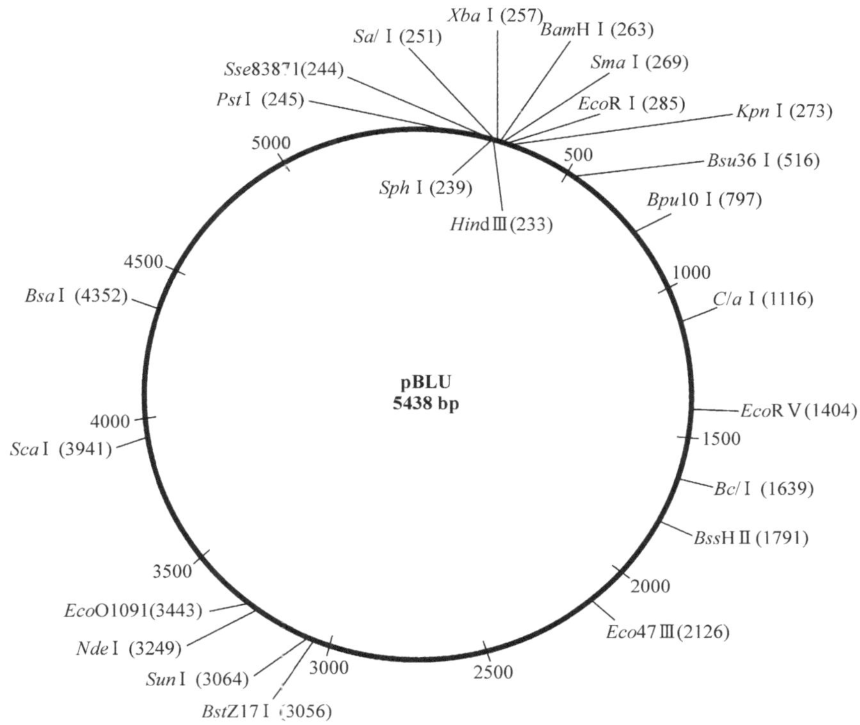
Xba I (257)
BamH I (263)
Sal I (251)
Sma I (269)
Sse8387 I (244)
EcoR I (285)
Pst I (245)
Kpn I (273)
5000
500
Bsu36 I (516)
Sph I (239)
Bpu10 I (797)
HindⅢ (233)
4500
1000
Bsa I (4352)
Cla I (1116)
pBLU
5438 bp
EcoR V (1404)
4000
1500
Sca I (3941)
Bcl I (1639)
BssH Ⅱ (1791)
3500
2000
EcoO1091(3443)
Eco47 Ⅲ (2126)
Nde I (3249)
3000
2500
Sun I (3064)
BstZ17 I (3056)

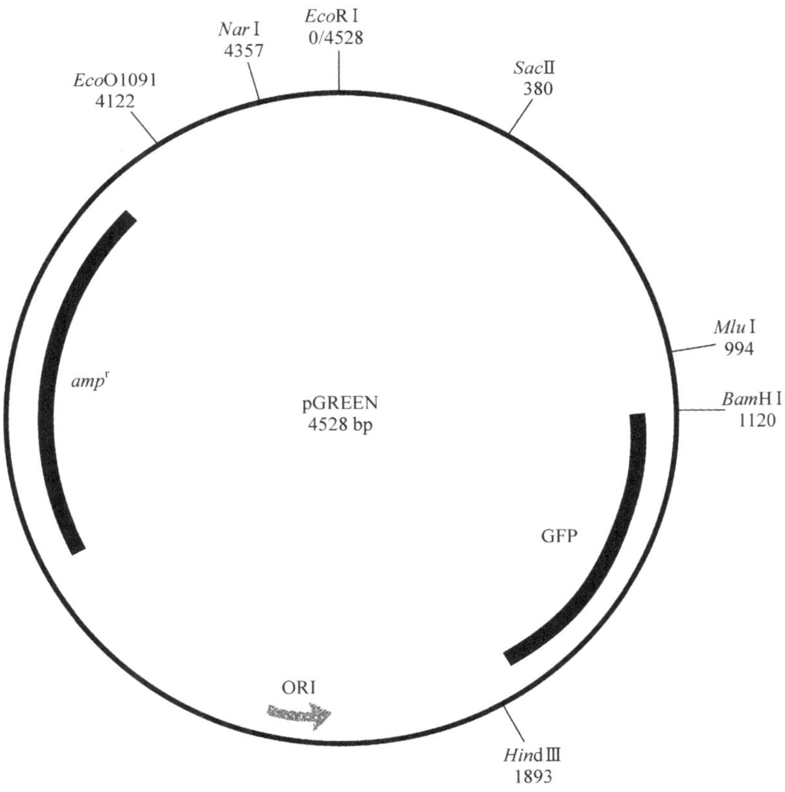
EcoR I
0/4528
Nar I
4357
EcoO1091
4122
SacⅡ
380
Mlu I
994
ampr
pGREEN
4528 bp
BamH I
1120
GFP
ORI
HindⅢ
1893

Ⅱ. pAMP 和 pKAN 的单酶切位点以及在 λ 噬菌体中的对应位点

酶	识别序列	定位		
		pAMP	pKAN	λ噬菌体
Aat Ⅱ	GACGT^C	4078	4138	5105;9394;11,243;14,974;29,036;40,806;41,113;42,247;45,563;45,592
Afl Ⅲ	A^CACGT	——	2651	无
	A^CGTGT			
*Alw*NI	CAGNNN^CTG	2676	3062	无
*Bal*I	TGG^CCA	34	1727	18 位
*Bam*HI	G^GATCC	1120	418	5505;22,246;27,972;34,499;41,732
Ban Ⅱ	GPuGCPy^C	344	402	581;10,086;19,763;21,570;24,772;25,877;39,453
Bgl Ⅱ	A^GATCT	1199	1973	415;22,425;35,711;38,103;38,754;38,814
*Bsp*M Ⅱ	T^CCGGA	1117	—	24 位
*Cfr*10 Ⅰ	Pu^CCGGPy	3238	3624	无
*Econ*O109I	PuG^GNCCPy	4133	—	2815;28,797;48,473
*Eco*RI	G^AATTC	0/4539	396	21,226;26,104;31,747;39,168;44,972
Hae Ⅱ	PuGCGC^Py	—	1902	无
Hind Ⅲ	A^AGCTT	1904	2293	23,130;25,157;27,479;36,895;37,459;37,584;44,141
Kpn Ⅰ	GGTAC^C	—	408	17,053;18,556
Mlu Ⅰ	A^CGCGT	994	—	458;5548;15,372;17,791;19,996;20,952;22,220
Nar Ⅰ	GG^CGCC	4368	235	45,679
Nde Ⅰ	CA^TATG	4316	183	27,630;29,883;33,679;36,112;36,668;38,357;40,131
Rsr Ⅱ	CG^GACCG	1016		3800;6041;13,983;19,288;
	CG^G $\overline{\text{T}}$CCG			22,242
Sac Ⅰ	GAGCT^C	—	402	24,772;25,877
Sac Ⅱ	CCGC^GG	380	—	20,320;20,530;21,606;40,386
Sal Ⅰ	G^TCGAC	—	804	32,745;33,244
Sma Ⅰ	CCC^GGG	—	412	19,397;31,617;39,888
Sph Ⅰ	GCATG^C	—	1405	2212;12,002;23,942;24,371;27,374;39,418
Xho Ⅰ	C^TCGAG	—	662	33,498

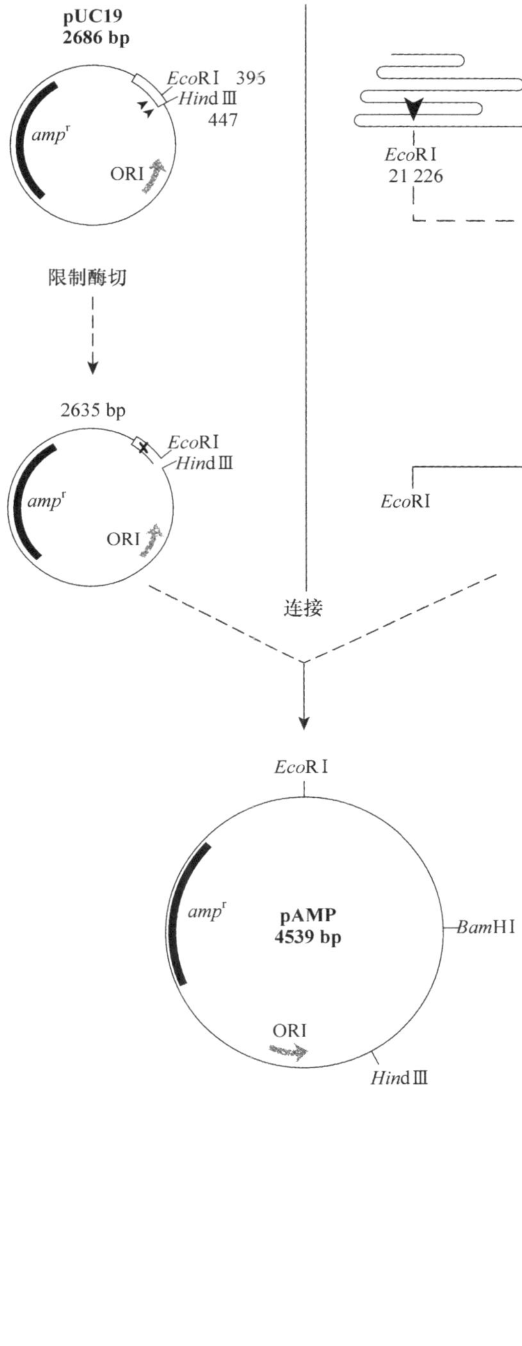
pUC19
2686 bp
EcoRⅠ 395
HindⅢ
447
amp^r
ORI
LAMBDA
EcoRⅠ
21 226
BamHⅠ
22 346
HindⅢ
23 130
1904 bp
限制酶切
限制酶切
2635 bp
EcoRⅠ
HindⅢ
amp^r
ORI
1904 bp
EcoRⅠ
BamHⅠ
HindⅢ
连接
EcoRⅠ
amp^r
pAMP
4539 bp
BamHⅠ
ORI
HindⅢ

pKAN 的构建

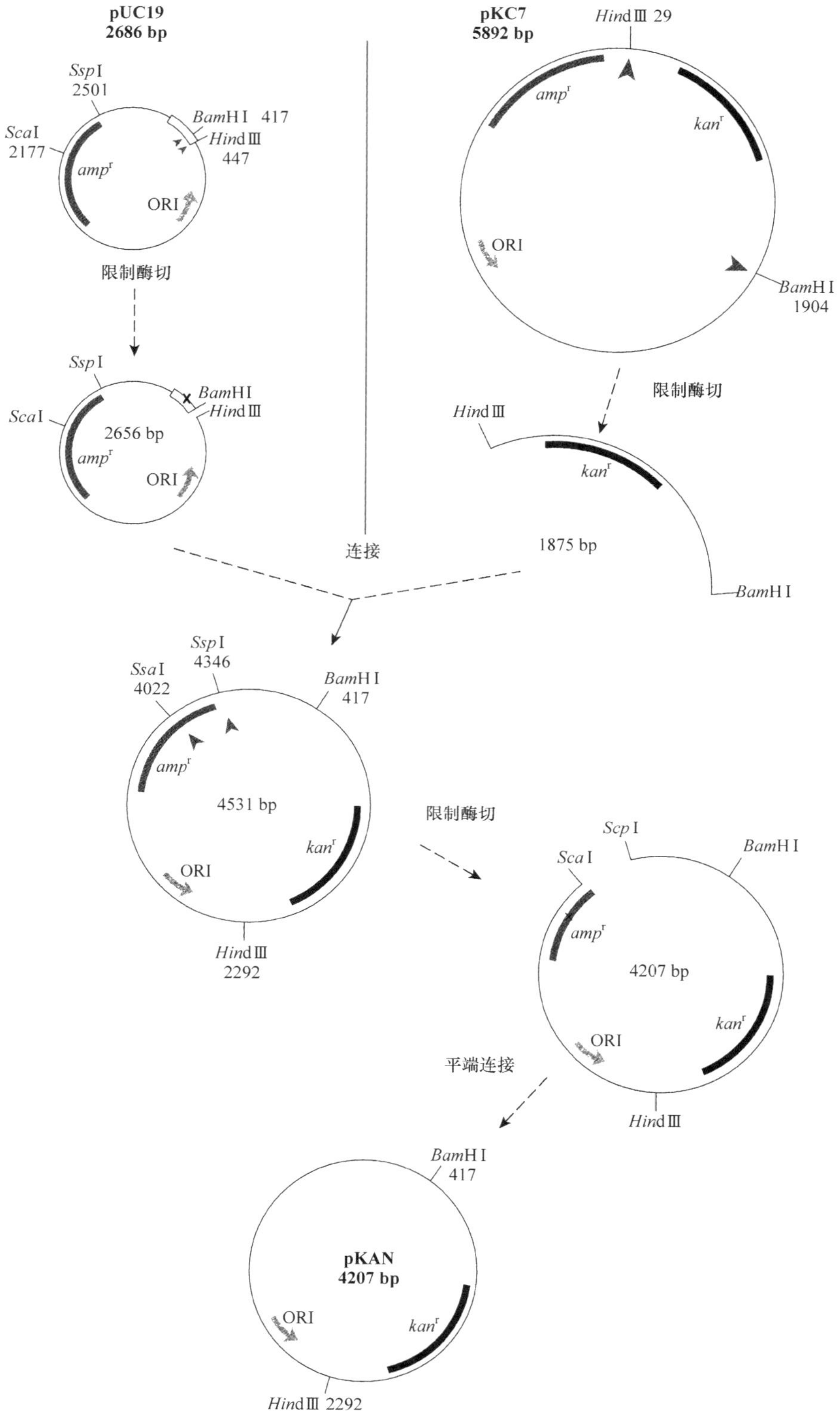
pUC19
2686 bp
SspI
2501
ScaI
2177
BamHI 417
HindⅢ
447
amp^r
ORI
限制酶切
SspI
ScaI
BamHI
HindⅢ
2656 bp
amp^r
ORI
pKC7
5892 bp
HindⅢ 29
amp^r
kan^r
ORI
BamHI
1904
限制酶切
HindⅢ
kan^r
1875 bp
BamHI
连接
SsaI
4022
SspI
4346
BamHI
417
amp^r
4531 bp
kan^r
ORI
HindⅢ
2292
限制酶切
ScpI
ScaI
BamHI
amp^r
4207 bp
kan^r
ORI
HindⅢ
平端连接
BamHI
417
pKAN
4207 bp
ORI
kan^r
HindⅢ 2292

附录4 注 意 事 项 553

常规的注意事项

无论何时都应该遵守下述的常规注意事项。

- 在开始操作之前，**对要使用的所有物质的性质十分熟悉。**
- **没有注意事项**未必意味着物质是安全的，因为信息不可能是完美无缺的。
- **如果接触了有毒的物质，**要立即与当地安全机构联系，以接受指导。
- 对所有化学、生物和放射性废物要**使用适当的程序处理。**
- **关于合适手套的特殊要求，**应向当地安全部门咨询。
- **处理浓酸和浓碱要特别小心。**要戴护目镜和合适的手套，如果处理的量大时佩戴防护面罩。

  强酸不能与有机溶剂混合，因为它们能起化学反应。

  特别是硫酸和硝酸能发生剧烈放热反应，易引起失火和爆炸。

  强碱不能与卤化物溶剂混合，因为它们能形成可导致爆炸的活性卡宾(碳烯)。
- **绝不能用嘴吸取溶液。**这种方法既不保证无菌，同时也是危险的。要使用移液管或吸球。
- **将卤化物溶剂与非卤化物溶剂分开保存**(如氯仿和丙酮混合在碱存在条件下能引起意外反应)。卤化物溶剂是有机溶剂，像氯仿、二氯甲烷、三氯三氟乙烷和二氯乙烷。某些非卤化物溶剂是戊烷、庚烷、乙醇、甲醇、苯、甲苯、*N*,*N*-二甲基甲酰胺(DMF)、二甲亚砜(DMSO)和氰化甲烷。
- **激光辐射**(可见的或不可见的)都能严重损伤眼睛和皮肤。采取适当的预防措施以防止接触直射和反射的光束。始终遵守制造商的安全指导准则并向当地安全机构咨询。更详细的信息参见下面的注意事项。
- **闪光灯**的强光对眼睛有害，在某些情况下可能爆炸。应戴防护镜并遵守操作规则。 554
- **定影液和显影液**含有有害的化学物质。按照制造厂商的用法说明小心操作。
- **电源和电泳设备，**如果使用不当会引起严重失火和电击事故。
- 实验室中的**微波炉和高压锅**需要安全的预防措施(如熔化凝胶或瓶中的细菌培养基或者灭菌)。如果瓶子上的旋口帽没有松开或松到足够的程度，蒸汽则没有足够空隙排出，当容器从微波炉或高压锅拿出来时瓶子会爆炸，故在容器放入微波炉或高压前，应将瓶帽拧松。另一个不需要灭菌的制胶方法是称出所需琼脂糖，将溶液倒入烧瓶。
- 在**使用显微切片刀、解剖刀、剃刀或注射针等器械**时要特别小心。切片刀非常锋利！如果操作者使用不熟练，应找有经验的人演示正确的使用方法。为了便于处置，实验室里应配置一个“利器”处理容器。丢弃使用过的无罩注射针时，应与注射器连接。这可以避免受伤(和可能的感染，见生物安全)。在处理用过的注射针时，应谨慎操作，因为在把针套罩回时，往往会出现很多事故。断的巴斯德移液管、盖玻片或载玻片也可以引起损伤。

常用化学药品的一般特性

危险物质的目录可归结为下述的种类：

- 像盐酸、硫酸、硝酸或磷酸这样的无机酸，是带有刺激烟雾的无色液体。应避免溢出物洒到皮肤和衣服上。如果溢出，用大量的水去稀释溢出物。浓酸能毁坏纸张、纺织品和皮肤以及对眼睛引起严重伤害。
- 无机碱如氢氧化钠通常是白色粉末，溶于水时会有热量产生。浓溶液会缓慢腐蚀皮肤甚至指甲。
- 重金属盐通常是有色的溶于水的粉末状固体。其中许多是强有力的酶抑制剂。因此，对人和环境(如鱼和水藻)有毒性。
- 大部分的有机溶剂是易燃易挥发的液体。吸收挥发的气体可引起恶心或头晕。也要避免与皮肤接触。
- 其他的有机化合物包括像巯基乙醇或有机胺这类的有机硫磺化合物有很强的臭味。其他的有机硫磺化合物气味也很刺激，必须谨慎操作。
- 如果操作不当，染料及其溶液不仅能染样品，也可能染皮肤和衣服。某些染料(如溴化乙锭)是诱变剂、致癌剂，具有毒性。
- 555 几乎所有的以“ase”结尾的名词[如过氧化氢酶(catalax)，β-葡糖醛酸糖苷酶(β-glucumnidax)或连接酶(ligase))都归入酶类。也有的酶不是系统命名的，如胃蛋白酶(pepsin)。它们中许多是由制造厂商命名定的，其制品中含有缓冲物质等。要了解在这些物质中所含原料的特性。
- 常用于处理细胞的有毒化合物可能是危险的物质，操作应得当。
- 当心那些目前还没有完全研究清楚其毒理学的有毒化合物。小心操作。虽然有些毒物的毒性是可以定量的(如 LD_{50}值)，但是这不能说明这些毒物的致癌性和致突变性。而且有毒化合物的毒性根据其物理状态的不同而不同(如粉末状/结晶状，二乙基/甘油，干冰/高压气罐中的一氧化碳)。预先考虑好实验中所接触的物品，应如何保护自己以及环境。

有毒的物质

- **乙酸(浓)**　必须小心操作，吸入或皮肤吸收会危害健康。使用时要戴合适的手套和防护镜，并在通风橱中进行。
- **S-腺苷甲硫氨酸**(SAM)　有毒性，可能由于吸入或皮肤吸收而危害健康。使用时要戴合适的手套和防护镜，在通风橱中进行。不要吸入其粉末。
- **硫酸铵**[$(NH_4)_2SO_4$]　人可因吸入、咽下或皮肤吸收而危害健康，使用时要戴合适的手套和防护镜，在通风橱中进行。
- **氨苄**　人可因吸入、咽下或皮肤吸收而危害健康，使用时要戴合适的手套和防护镜，在通风橱中进行。
- **细菌菌株**(运输)　健康、教育和福利部(HEW)将不同的细菌进行了划分并对其运输作出了不同的要求(见 Sanderson and Zeigler，Methods Enzymol. 204：248—264[1991])。非病源菌株大肠杆菌(如 K12)和枯草杆菌被划分到Ⅰ类，在一般的条件下运输就可以了。沙门氏菌、嗜血杆菌以及链霉菌和假单胞菌的某些菌株被划入Ⅱ类，Ⅱ类菌株是“日常具有潜在危害的病原体：可以引起不同严重程度的疾病，但通过常规的试验技术可加以控制。”详细信息见Ⅱ类菌株的包装和运输，见 Sanderson and Zeigler，Methods Enzymol. 204：248—264[1991]或 Alexander 和 Brandon 编写的小册子 Packaging and Shipping of Biological Materials at ATCC[1986]。这本小册子可从美国模式培养物保藏所(ATCC)获得。

- **BCIG，见 5-溴-4-氯-3-吲哚-*β*-D 半乳糖苷。** 556

漂白粉($NaOCl$) 有毒、易爆，易与有机溶剂反应。人可因吸入、咽下或皮肤吸收而危害健康。使用时须戴合适手套与防护镜，在通风橱中操作，以防吸入刺鼻气味。

BME，见 *β* 巯基乙醇，$HOCH_3CH_3SH$

硼酸(H_3BO_3) 人因吸入、咽下或皮肤吸收而危害健康，使用时戴合适的手套和防护镜。

5-溴 4-氯-3-吲哚-*β*-D-半乳糖苷(BCIG)，见 X-gal

溴酚蓝 人因吸入、咽下或皮肤吸收而危害健康，使用时要戴合适的手套和防护镜，在通风橱中操作。

CH_3CH_2OH，见乙醇

考马斯亮蓝 人因吸入、咽下或皮肤吸收而危害健康，使用时要戴合适的手套和防护镜。

***N*，*N*-二甲基甲酰胺(DMF)，$HCON(CH_3)_2$** 对眼睛，皮肤和黏膜有刺激作用，人可因吸入，咽下或皮肤吸收而危害健康。经常吸入可引起肝脾损伤，使用时要戴合适的手套和防护镜，在通风橱中操作。

二硫苏糖醇(DDT) 是一种很强的还原剂，散发出一种难闻的气味。因吸入、咽下或皮肤吸收而危害健康。当使用固体或高浓度贮液时，要戴手套和防护镜，在通风橱中操作。

DMF，见 *N*，*N*-二甲基甲酰胺

DDT，见二硫苏糖醇

乙醇(EtOH)(CH_3CH_2OH) 人因吸入、咽下或皮肤吸收而危害健康，使用时要戴合适的手套和防护镜。

溴化乙锭，是一种强烈的致突变剂和毒剂，向所在的安全部门咨询其使用和丢弃的方法。避免吸入其粉末，当使用溴化乙锭染液时要戴手套。

EtOH，见乙醇

玻璃器皿(高压处理) 使用时要非常小心。在金属容器中进行灭菌与冷却密封的试剂瓶。在树脂玻璃屏蔽下进行高压处理玻璃瓶。戴护目镜打开 20L 的玻璃瓶。真空下处理玻璃器皿，如干燥器、真空泵、干燥装置或者在氩氖条件下的反应器，应小心操作，须戴防护眼镜。

甘氨酸 吸入、咽下或皮肤吸收而危害健康。使用时要戴合适的手套和护目镜。避免吸入粉尘。

H_3BO_3，见硼酸

HCl，见盐酸 557

$HOCH_2CH_2SH$，见 *β*-巯基乙醇。

H_2SO_4，见硫酸

盐酸(HCl) 盐酸很不稳定，人如吸入、吞食或者被皮肤吸收可致死。它对黏膜、上呼吸道、眼睛和皮肤的伤害最大。应戴手套、安全镜,在通风橱内操作。如果操作的量比较大,应戴护目镜。

异丙醇 气味刺激,呼吸、吞咽或被皮肤吸收有害,应戴手套或防护镜。不要呼吸其气体。不要加热或灼烧。

卡那霉素 如果呼吸、吞食或者被皮肤吸收可有害。应戴手套或防护镜。在通风良好的区域中进行。

溶解酵素 会危害黏膜。应戴手套或防护镜。

$MgCl_2$ 人如吸入、咽下或皮肤吸收而危害健康。应戴手套、防护镜,在通风橱内操作。

β-巯基乙醇($HOCH_2CH_2SH$)人如吸入、咽下或皮肤吸收而危害健康。高浓度的β-巯基乙醇会危害黏膜、上呼吸通道、皮肤与眼睛。β-巯基乙醇有很臭的味道。应戴手套、防护镜,在通风橱内操作。

亚甲基蓝 会刺激眼睛与皮肤。吸入、吞食或者被皮肤吸收可有害。应戴手套或防护镜。

$MgCl_2$,见氯化镁。

NaOCl,见漂白粉。

NaOH,见氢氧化钠。

$(NH_4)_2SO_4$,见硫酸铵。

青霉素 G(普洛卡因盐) 可导致呼吸敏感和皮肤反应。吸入、吞食或者被皮肤吸收可有害。应戴手套操作。不要吸入其颗粒。

酚红 吸入、吞食或者被皮肤吸收可有害。应戴手套、防护镜在通风橱内进行。

放射性物质 在设计涉及到放射性物质的实验时,应考虑同位素的生化性质(半衰期、放射类型和能量)、放射的化学形式、放射强度(特定活性)、总量和其化学浓度。订购本次所需的量。操作过程中要一直戴手套、穿实验服、戴防护镜。**X 射线**和 **γ 射线**是短波射线,可以由技术仪器或放射性物质产生。它们的潜在危害依赖于辐射的时间、强度和所用的波长。注意通常用铅或其他相似物质来防护这类射线。防护的厚度依赖于 X 射线或 γ 射线的能量。关于放射性物质的使用和处理的进一步信息咨询当地的安全办公室。在操作过程中要彻底检测。常规的放射性估算方法可以在以下网站找到:

http://www.graphpad.com./quickcalcs/radcalcform.cfm

558 **SAM,见 S-腺苷甲硫氨酸**

氢氧化钠(NaOH)和含有 NaOH 的溶液 毒性很强,腐蚀性也很强,操作应该非常小心。应戴手套和面罩。其他强碱也应该以相同的方式操作。

硫酸(H_2SO_4) 极毒,对黏膜系统、上呼吸道、眼睛和皮肤破坏性最强。易燃,与其他物质(如纸)接触可燃烧。应戴手套、防护镜、穿实验服,在通风橱内操作。

投射仪,见 UV 光。

Tris 吸入、吞食或皮肤吸收有害。应戴手套和防护镜操作。

UV 光和(或)**UV 辐射** 对眼睛视网膜有害。不要用裸眼看未经屏蔽的光。实验室常用的 UV 光源包括手提灯和透射仪。通过吸收有害波长的滤波器或防护镜观察。UV 诱变致癌。为了减少辐射,确保 UV 光被完全屏蔽。如果在 UV 光下拿着样品,要戴防护手套。

X-gal 对眼睛和皮肤有害，吸入、吞食或皮肤吸收均有害。应戴手套或防护镜操作。注意其贮存液在 DMF 中配制。细节见 ***N*,*N*-二甲基甲酰胺(DMF)**。亦见 **5-溴-4-氯-3-吲哚-*β*-D-半乳糖糖苷(BCIG)**。

二甲苯 易燃，高浓度有麻醉作用。吸入、吞食或皮肤吸收有害。应戴手套或防护镜，在通风橱内操作。不要加热和灼烧。

二甲苯氰，见二甲苯。

索　　引

说明：(1) 为了方便读者对照使用，各汉译词条后保留了对应的原英文词条。

(2) 排序：数码在前(先阿拉伯数字，后罗马数字，分别由小至大排列)；西文为次(先英文，后希腊文，分别按字母顺序排列)；中文在后，按汉语拼音顺序排列。

(3) 各词条后面的数字指英文版原书页码，这些页码已在正文页边的空白处标出，可对应查找。